한국의 나무

한국의 나무
—우리 땅에 사는 나무들의 모든 것
Woody Plants of Korean Peninsula

김태영·김진석 지음

2011년 12월 19일 초판 1쇄 발행
2018년 10월 19일 개정신판 1쇄 발행
2023년 1월 31일 개정신판 6쇄 발행

펴낸이 한철희 | **펴낸곳** 돌베개 | **등록** 1979년 8월 25일 제406-2003-000018호
주소 (10881) 경기도 파주시 회동길 77-20 (문발동)
전화 (031) 955-5020 | **팩스** (031) 955-5050
홈페이지 www.dolbegae.co.kr | **전자우편** book@dolbegae.co.kr
블로그 blog.naver.com/imdol79 | **트위터** @dolbegae79 | **페이스북** /dolbegae

주간 김수한 | **편집** 김서연·이혜승 | **초판 디자인 기획** 민진기
표지디자인 김동신 | **본문디자인** 김동신·designforme
마케팅 심찬식·고운성·조원형 | **제작·관리** 윤국중·이수민 | **인쇄·제본** 상지사 P&B

ⓒ 김태영(Tae Young, Kim)·김진석(Jin Seok, Kim), 2018

ISBN 978-89-7199-905-9 04480
        978-89-7199-907-3 (세트)

책값은 뒤표지에 있습니다.

이 도서의 국립중앙도서관 출판예정도서목록(CIP)은 서지정보유통지원시스템 홈페이지(http://seoji.nl.go.kr)와
국가자료종합목록시스템(http://www.nl.go.kr/kolisnet)에서 이용하실 수 있습니다. (CIP제어번호 : CIP2018029726)

개정신판

한국의 나무

우리 땅에 사는 나무들의 모든 것

김태영
김진석

개정신판 책머리에

"나는 지금껏 불평불만을 늘어놓는 나무를 본 적이 없다. 기쁘게 흙을 움켜쥔 나무는 땅에 단단히 뿌리내리고 있음에도 인간들만큼이나 멀리 여행을 떠난다."
— 존 뮈어

하루에도 수많은 책이 서점의 서가를 잠시 장식하다가 사라지는 엄혹한 현실 속에서『한국의 나무』를 출간한 지도 벌써 7년이라는 시간이 지났다. 자연에 관해 공부를 하는 사람이라면 누구나 믿고 볼만한 나무 사전을 만들겠다는 저자들의 소망이 유능한 출판 전문가들을 만나 알찬 결실을 맺었지만,『한국의 나무』가 지난 7년 동안 정확하고 생생한 나무 참고서로서 제구실을 할 수 있었던 것은 전적으로 이 책에 전폭적인 성원을 보내준 독자들 덕분이다. 계속해서 책을 구입하고 피드백을 준 독자들이 있었기에 저자들도 증쇄 때마다 중단 없이 오류를 수정하고 최신 정보를 업데이트할 수 있었다. 독자들의 신뢰에 보답하려면 마땅히 그렇게 해야 한다고 믿었기 때문이다. 그러나 시간이 지나면서 문헌 속에서 이름만 보아온 나무들의 실체에 관한 자료가 축적되었고, 또한 예전에 알려지지 않았던 미기록종 식물들의 한반도 자생 여부도 새로이 확인하게 되었다. 따라서 지금까지 해온 부분적인 원고 수정 작업만으로는 저자들이 취합한 관련 지식을 제대로 반영하기 어렵다고 판단했다. 이런 까닭으로 초판에 수록된 콘텐츠를 보다 정확하게 다듬고 보강한 개정신판을 내놓게 되었다.

　이번에 발간하는 개정신판에서는 만주곰솔, 뇌성목, 몽고뽕나무, 산진달래, 바늘까치밥나무, 넓은잎까치밥나무, 단풍잎복분자, 용가시나무 같은 희귀수목을 상세하게 소개했다. 이 나무들은 모두 과거 문헌 자료에 기록이 있지만 지금껏 정확한 실체를 알기 어려웠거나 최근에 들어서야 비로소 한반도 자생 사실이 알려진 미기록종 식물이다. 그리고 외국에서 도입한 식물로서 초판에서는 참고종으로 간략히 소개하는 데 그쳤으나 현재 시점에서 좀 더 상세하게 다룰 필요가 있다고 판단한 일부 도입수종들도 정식으로 다루었다. 미국느릅나무, 대왕참나무, 꽃개오동이 그 예가 될 것이다. 초판에서 이미 공언한 바와 같이, 저자들은 수록종 수만 억지로 늘려서 책의 외양을 부풀리는 바람직하지 않은 관행을 따르지 않았다. 개정신판에 새로 수록하는 식물 역시 독자들이 주목해야 할 만큼 해당 식물종의 실체가 명확한지 엄격하게 따졌고, 도입수종의 경우 독자들이 주변에서 얼마나 자주 접할 수 있는지 냉정히 평가하여 선별적으로 수록했다. 『한국의 나무』는 어디까지나 한반도에 자생하는 목본식물을 총체적으로 소개하는 데 주안점을 두고 있기 때문이다.

희귀수목을 추가한 것이 개정의 전부가 아니다. 초판에 수록한 기존 식물종은 사진과 설명을 보다 더 정교하게 가다듬었다. 일부 식물의 학명과 분류를 최신 연구 성과에 따라 업데이트했고, 기재문도 최신 논문이나 저자들이 직접 확인한 바에 따라 새로이 밝혀진 점이 있다면 거기에 상응하도록 내용을 수정·보완했다. 사진 또한 기존에 게재된 사진을 그냥 그대로 쓰지 않았다. 책에 수록된 5,000여 장의 사진을 일일이 재검토하여 조금이라도 개선의 여지가 있는 항목은 해당 사진을 미련 없이 교체했다. 초판에 실린 수많은 사진과 마찬가지로, 개정신판에 새로 소개하는 사진들 역시 상당수가 국내 출판물에서는 최초로 공개되는 진귀한 사진임을 밝혀둔다.

이렇게 하는 것은 저자들로서도 손이 대단히 많이 가는 어려운 작업이었지만, 저자들의 끊임없는 요구 사항에 맞추어 거의 책을 다시 만들다시피 한 담당 편집자와 디자이너의 수고에는 견줄 바가 못

된다. 또한 개정신판이 나오기까지 여러 식물 전문가와 자연애호가의 전폭적인 지원을 받았음도 분명히 밝혀야겠다. 요컨대 수많은 사람의 지원과 도움을 받고서야 비로소 이처럼 방대한 책이 만들어진다는 사실을 깊이 실감했으니 어찌 저자들의 능력만으로 책을 완성했다고 쉽게 말할 수 있겠는가. 『한국의 나무』를 구상한 것은 저자들이겠지만, 이만한 책을 완성시킨 공은 저자들을 독려해준 독자들에게 돌리고 싶다.

이제 기나긴 연단 과정을 마무리하고 새롭게 개정신판을 독자 앞에 내놓는다. 금융 전문가인 워런 버핏은 일찍이 이렇게 말했다. "오늘 누군가 나무 그늘 아래서 쉴 수 있는 것은, 오래전 다른 누군가가 그 나무를 심었기 때문이다." 저자들과 편집자, 디자이너 일동이 합심하여 『한국의 나무』라는 한 그루 나무를 다시 심었으니, 나무를 사랑하는 사람이라면 누구나 이 그늘에서 편안한 휴식을 즐기기 바란다. 시간이 충분히 흐르고 난 뒤에 훗날 누군가 자리에서 일어나 또 한 그루의 아름다운 나무를 심으리라 기대해본다.

2018년 9월

초판 책머리에
나무 공부의 소박한 즐거움을 나누고 싶다

"나무는 우리에게 기쁨의 눈물을 흘리게 할 정도로 감동을 주기
도 한다. 하지만 어떤 사람들에게는 그저 거추장스러운 초록색
덩어리로 보일 뿐이다."
— 윌리엄 블레이크

『한국의 나무』는 이 땅에서 만날 수 있는 650여 종의 나무들을 정확
하고 상세한 세부 사진과 함께 소개한 책이다. 이 책을 완성하기 위해
저자들은 지난 10년 동안 연중 150일 이상 남북으로는 제주도에서 백
두산, 동서로는 가거도에서 울릉도, 심지어는 식물지리학적으로 한
반도와 연관이 있는 일본 쓰시마섬에 이르기까지 방방곡곡을 직접
돌아다니며 나무를 관찰·조사해왔다. 만약 이 작업에 참여한 사람들
이 투여한 총 소요시간을 합산한다면, 책이 세상에 나오기까지 25년
이 넘는 긴 세월이 걸린 셈이라 해도 틀린 말은 아닐 것이다.
　　책에 수록한 나무들은 저자들이 직접 자생지를 답사하면서 실체
를 확인한 것으로서 한반도의 산야에서 만날 수 있는 거의 모든 수종
(樹種)을 망라하고 있다. 단순히 과거의 문헌과 식물표본 검색에 그
치지 않고 직접 현장을 조사하고 사진까지 촬영한 만큼 『한국의 나
무』는 지금껏 국내에서 출간된 그 어느 나무도감보다도 훨씬 더 상세
한 정보와 생생한 사진을 담고 있다고 감히 말하고 싶다. 만일 독자들
이 야외에서 모르는 나무를 만났을 때 이 책을 참고해도 그 정체를 파
악할 수 없다면, 그 나무는 필경 지금껏 북한 지역에서만 자생하는 것
으로 알려져 있는 식물이거나 분류학적으로 종(種)의 실체에 대해서
논란의 소지가 있는 식물, 아니면 주변에서 쉽게 보기 어려운 낯선 외
래종이거나 원예품종일 가능성이 크다.
　　책에 실린 사진들은 거의 모두 저자들이 직접 자생지에서 촬영

했음을 밝혀둔다. 성격상 실내 촬영을 할 수밖에 없는 겨울눈(冬芽)이나 종자(種子) 역시 야생의 식물에서 직접 표본을 채집하여 사진 찍는 것을 원칙으로 했다. 불가피한 사정으로 수목원이나 식물원에서 촬영할 수밖에 없었던 극소수 사진들에 대해서는 분명하게 출처를 표시했다.

현장에서 촬영을 할 때에도 단순히 보기 좋은 사진보다는 학술적으로 의미 있는 정확한 사진을 찍으려 노력했다. 이렇게 한 것은 야생식물을 별도의 연출 없이 있는 그대로 보여주는 사진이 좋은 자연생태 사진이라고 여기기 때문이기도 하지만, 무릇 식물도감에 사용할 사진이라면 마땅히 독자들이 야외에서 해당 식물을 찾는 데 실질적으로 도움이 되어야 하지 않겠는가 하는 생각 때문이었다. 명확한 특징은 고사하고 형체조차 알아보기 힘든 모호한 사진들을 사용한 식물도감 탓에 식물 식별에 갑갑함을 느껴본 독자라면 저자들의 이런 생각에 공감해주리라 믿는다. 그래서 이 책에 수록할 사진을 결정하는 데 있어서도, 장식적인 사진과 그에 비해 다소 거칠더라도 해당 식물의 특징과 느낌이 잘 나타난 사진 중에서 택일해야 하는 미묘한 상황이 생기면 저자들은 한참을 고민하다가도 결국 후자를 선택하곤 했다.(우리라고 해서 독자들에게 예쁜 사진을 보여주고픈 욕구가 왜 없었겠는가!)

저자들이 가까운 수목원 등지를 순회하며 손쉽게 사진 자료를 모으지 않고 험난한 자생지 촬영을 고집한 데에는 나름대로 분명한 이유가 있다. 다른 나라도 사정이 마찬가지이겠지만 식물원이나 수목원에는 이 땅에서 살고 있는 나무들이 100% 심어져 있지도 않을뿐더러, 보는 사람의 입장에서도 인위적인 환경에서 자라는 나무란 아무래도 자연 그대로의 모습과는 느낌이 다소 다를 수 있다는 점도 고려해야 했다. 그리고 현재의 국내 실정으로는 자생지가 아닌 곳에서 자생식물에 대한 정확한 자료를 확인하는 데 여러 가지 현실적인 어려움이 있다. 그래서 애초부터 내용이 정확한 책을 만들고자 했던 저자들로서는 별 수 없이 고달픈 자생지 촬영을 고수할 수밖에 없었다. 이처럼 오랜 시간 힘들게 작업한 덕분에 『한국의 나무』는 지금껏 나온 국내의 어떤 책에서도 찾아볼 수 없는 희귀한 사진 자료들을 상세하게 소개할 수 있었다. 큰 보람과 자부심을 느낀다.

고집스럽게 자생지 촬영을 고수하자니 장기간에 걸쳐 막대한 경비가 소요되었을 뿐 아니라 심신의 고초는 이루 말할 수가 없었다. 국내 개화기 정보가 전혀 알려지지 않았던 어떤 나무는 머나먼 남쪽 섬을 3년에 걸쳐 반복해서 찾아가기를 무려 열 번째 만에 비로소 꽃을 확인하기도 했다. 눈보라가 몰아친 어느 해 겨울날에는 달랑 겨울눈 사진 한 장을 얻겠노라고 앙상하게 가지만 남은 작은 나무를 찾아 무릎까지 빠지는 숫눈을 헤치며 강원도의 황량한 산속을 뒤지고 다닌 적도 있었다. 나무 하나를 찾아 밤을 새워 먼 길을 달려갔다가 현지의 기상 조건이 좋지 않아 하릴없이 발걸음을 돌려야 했던 순간도 잊혀지지 않는다. 심지어 각종 개발 공사나 인위적인 산림 형질의 변화, 무분별한 벌채로 인하여 목표로 한 희귀수목이 아예 통째로 사라져버린 안타까운 모습을 봐야 하는 경우도 적지 않았다.

찾으러 간 나무를 야생에서 찾는 데 간신히 성공하더라도 실제 사진 촬영에는 막상 어려움이 많았다. 바람 부는 날 어두운 숲속에서는 광량이 부족하여 촬영에 애를 먹었고, 높은 곳에 달리는 큰키나무의 꽃이나 열매를 찍기 위해서는 나무 자체를 찾는 것도 어려운 판에 사진을 찍을 수 있는 별도의 촬영 포인트를 따로 찾아다녀야 했다. 수형(樹形)을 촬영할 때에는 촬영자가 피사체의 배경과 채광 조건을 임

의대로 통제할 수 없다는 근본적인 한계에 부딪힐 수밖에 없었다. 이 책에 수록한 5,000여 장의 사진들은 일일이 이야기를 하자면 사연이 끝이 없을 정도로 힘들게 모은 것들이다.

모든 고등생물에게 성(性)의 문제는 종족 번식과 직접 결부된 삶의 중요한 주제라고 할 수 있을 것이다. 국내에서는 아직까지 식물의 성 체계 연구가 미진한 탓에 식물의 성별에 대해서는 기존 문헌들에 수록된 내용이 사실과 맞지 않는 경우가 허다하다. 이 문제와 관련해서『한국의 나무』는 자생수종의 성 체계를 재정리하고, 연관된 생식기관(꽃)과 열매의 상세 사진을 일일이 제시하고자 노력했다. 또한 종의 식별에 필요한 경우라면 꽃의 단면 사진까지 일일이 게재하였다.(예를 들어, *Salix*속과 *Prunus*속)

겨울눈은 나무를 식별하는 데 있어 대단히 중요한 단서지만, 이 분야 역시 국내에서는 아직까지 신뢰할 수 있는 자료가 전무한 실정이다.『한국의 나무』는 더욱 심도 있게 나무를 관찰하고자 하는 독자들을 위해 거의 모든 자생수목의 정확한 겨울눈 사진을 제시하고 있다.

원고를 집필하면서 기존에 출간된 국내 식물도감의 문제점을 생각하지 않을 수 없었다. 물론 전부 다 그렇다는 것은 아니지만, 자연도감을 출간한다면서 우리 실정에 맞지 않는 외국 문헌이나 오래된 국내 문헌 속의 부정확한 정보들을 별다른 확인·검증 절차 없이 그대로 베껴 쓰는 사례가 많았다. 이 분야의 연구자들이 합심하여 악습을 개선하려 노력하지 않는다면 새로 출간되는 책조차도 케케묵은 오류의 함정에서 벗어날 길이 없을 것이고, 잘못된 정보들이 인터넷을 통해 끊임없이 확대 재생산될 우려도 있다. 저자들은 이런 현실을 직시하여 일종의 관행처럼 통용되는 남부끄러운 구태를 벗고자 노력했다. 기재 내용의 타당성에 대해서는 일차적으로 국내외의 여러 자료를 교차 비교한 다음, 여건이 허락하는 대로 이를 일일이 자생지에서 재검증하는 확인 작업을 거침으로써 독자들에게 더욱더 생생한 정보를 전달할 수 있도록 최선을 다했다. 관심이 있는 독자라면 아무쪼록 이 책에 수록된 내용과 사진을 기존에 국내에서 출간된 유사한 책들의 해당 항목과도 대조해보기 바란다.

흔히 사람들은 나무라는 생명체를 그저 한곳에 고정된 채 미동도 하지 않는 정적인 사물인 양 치부하는 경향이 있다. 이런 오해는 인간의 무딘 인지 능력이 사물의 미묘한 변화를 제대로 간파하지 못하는 데서 비롯한 착시현상일 뿐, 진정한 실상은 우리 눈에 보이는 피상적인 모습과 사뭇 다를 것이다. 요컨대 나무는 시공간 속에서 단 한순간도 가만히 있는 법이 없다. 일찍이 로마의 시인이자 철학자 루크레티우스는 다음과 같이 노래했다.

영원한 것은 하나도 없고 만물은 유전한다.
단편에 단편이 이어져 사물이 된다.
우리가 알아보고 이름을 붙일 때에 이르면
점차적으로 사물은 용해되어
우리가 알고 있는 사물은 이미 존재하지 않는다.

만일 자연을 공부하는 이들이 "생물(식물)의 종이란 무엇인가?" 하는 근본적인 의문을 일상의 화두로 품고 산다고 한다면, 그 대답으로서 이보다 더 적절한 비유를 찾기도 어려울 듯하다. 생명의 역사라는 큰 그림 속에서 본다면 나무도 도도하게 흐르는 시간의 강물을 따라 끊임없이 생존을 위한 변신을 거듭하고 있는 것이 아닐까? 이 책을 통해 한곳에 그저 우두커니 서 있는 것처럼 보이는 저 조용한 나무들이 실은 나름 분명한 자기주장을 가지고 다양하고 창의적인 생존전략을 구사해가면서 누구 못지않게 치열하게 살고 있다는 사실에 공감할 수 있기를 바란다. 결국 나무 역시 인간과 함께 이 지구에서 역동적인 삶을 살아가는 아름다운 동반자가 아니겠는가. 있는 그대로의 자연을 경외하고 사랑하는 지혜로운 이들과 더불어 나무 공부의 소박한 즐거움을 나누고 싶다.

2011년 12월

감사의 말

책을 완성하는 데 여러 분야의 전문가가 도움을 주셨다. 없는 시간을 쪼개어 희귀수목의 자생지와 개화기 정보를 직접 확인하여 알려준 분들, 귀한 사진들을 사용하도록 흔쾌히 허락해준 분들 그리고 출판사와의 계약 과정에서 자기 일처럼 발 벗고 나서서 자문과 조언을 해준 분들이 있다. 책의 내용 중 관련 항목에 해당 전문가들의 의견이 반영되었음을 확인할 수 있을 것이다. 그분들의 이름을 아래에 남겨 감사의 마음을 전하고자 한다. 특히 고근연 선생은 책의 기획 단계부터 완성에 이르는 오랜 시간 동안 실질적인 제3의 저자로서 고된 연구 작업에 동참해주었고, 고익진 선생은 제주 지역에 자생하는 진귀한 수목들의 자료를 확보하는 데 물심양면으로 지원을 아끼지 않았다. 여러 분들의 헌신적인 도움이 없었더라면 저자들만으로는 이만큼 충실한 책을 만들기란 애당초 불가능했을 것이다. 끝으로, 국내의 열악한 출판 환경에도 불구하고 저자들의 열정과 진정성을 믿고 흔쾌히 출판의 결단을 내려주신 돌베개 한철희 사장과 수년에 걸친 지난한 편집 작업을 성공적으로 수행해준 담당 편집자와 디자이너에게 고마움을 전하고 싶다.

도움 주신 분

고근연(교사), 고익진(아름다운조경 대표), 고동민(문화해설사), 권경인(식물애호가), 김경용(세종한의원 원장), 김남옥(물향기수목원), 김상희(울산생명의숲 편집위원), 김소영(디자이너, 식물사진가), 김예진(식물자수연구가), 김종환(식물분류학자), 김현철(식물생태학자, 제주도 한라생태숲), 류희진(사진작가), 민병훈(식물연구가), 박순덕(숲해설가), 박용주(문화해설사), 성기수(곤충생태연구가), 송영기(연구원, 제주도 세계자연유산본부), 심상득(식물연구가), 안향기(유아숲지도사), 엄의호(식물사진가, 충남 서산고등학교 교사), 오영숙(유아숲지도사), 오정숙(지질해설사), 윤경란(건축사), 윤연순(식물분류학자), 이강협(국립수목원), 이웅(식물연구가), 이중효(국립생태원 생태보전연구실 실장), 임현옥(생태교육가, 천리포수목원), 장영주(가드너, 물향기수목원), 전유나(교사), 정경희(식물연구가), 조아영(가드너, 경의선숲길공원), 조양훈(식물연구가), 지용주(식물조경전문가), 최명림(백두산 식물가이드), 최현명(작가, 야생동물연구가), 한승희(식물사진가), 현익화(균학자, 식물연구가)

차례

나자식물문 PINOPHYTA

은행나무강 GINKGOPSIDA

소철강 CYCADOPSIDA

소나무강 PINOPSIDA

피자식물문 MAGNOLIOPHYTA

● 목련강 MAGNOLIOPSIDA

목련아강 MAGNOLIIDAE

조록나무아강 HAMAMELIDAE

오아과아강 DILLENIIDAE

한반도 자생 목본식물의 개요 및 현황

목본식물(나무, woody plants)이란?

일반적으로 줄기가 단단한 목재(木材, wood)로 이루어진 다년생 식물을 말하며, 흔히 줄기가 딱딱한 수피층으로 덮여 있다. 목본식물의 목재는 관다발조직(형성층)에 인접하여 매년 2차생장(부피생장)을 하며, 셀룰로오스와 리그닌이 주성분이다.

자생 목본식물의 현황

『The genera of vascular plants of Korea』(2007)에 기록된 목본식물은 97과 234속 583종 5아종 128변종 18품종의 총 734분류군이며, 이 중 한반도에 자생하는 목본식물은 81과 204속 470종 5아종 123변종 17품종의 총 615분류군이다. 자생 목본식물 중 한반도 고유종은 총 70분류군으로 자생 목본식물의 약 11%를 차지하는 것으로 집계되었다.

※ 전체 자생 관속식물 중 고유종의 비율: 약 15%(백원기·허권, 2002)

활엽수와 침엽수의 구성비

자생 목본식물 중 활엽수는 77과 193속 450종 5아종 117변종 17품종의 총 589분류군(약 96%)이며, 그중 상록성(반상록성 포함) 목본은 95분류군(약 16%)이다. 침엽수는 4과 11속 20종 6변종의 총 26분류군(약 4%)이며, 대부분 상록성이고 낙엽성은 잎갈나무 1종뿐이다.

활엽수 589 (약 96%)

침엽수 26(약 4%)

생육형에 따른 구성비

자생 목본식물을 생육형으로 구분해보면, 관목이 51과 104속 217종 4아종 78변종 10품종의 총 309분류군(약 50%)으로 과반수를 차지한다. 교목은 34과 66속 144종 21변종 1품종의 총 166분류군(약 27%)이고 그다음이 소교목(77분류군, 약 13%), 덩굴목본(63분류군, 약 10%) 순이다.

상록 덩굴목본 16(약 3%) 상록 소교목 9(약 2%)

목본식물의 성별

한반도 자생 목본식물의 성별을 살펴보면 양성화가 피는 수종이 약
57%(353분류군)로 가장 많고, 그다음이 암수딴그루(146분류군, 약
24%), 암수한그루(65분류군, 약 11%) 순이다. 전 세계의 목본을 대상
으로 성별을 조사한 연구결과에 비교해볼 때 양성화 비율이 훨씬 낮
은 반면, 암수딴그루 비율은 상대적으로 높은 것으로 집계되었다.

한반도 자생 목본식물의 성별 비율

전 세계 목본식물의 성별 비율(중복 집계로 인해 총계 100%를 초과함)

※Tree Sex: Gender & Reproductive Strategies(Coder, 2008)에서 인용

나무의 성 분류
Tree sexual classification

1. 양성화(Cosexual, Bisexual, Hermaphroditic)

기능을 하는 암술과 수술 모두 갖춘 꽃

예 동백나무, 진달래, 말발도리, 해당화, 무궁화, 싸리, 개회나무,
병꽃나무

- 순차적 양성화(Sequential Cosexual): 수령 또는 크기 등
성장 과정의 어느 시점에서 성전환을 하는 개체를 갖는 나무이며
(주로 수그루에서 성전환하는 경우가 흔함), 이런 경우
수꽃양성화딴그루로 혼동하는 경우가 많다.
- 자웅이숙(암수이숙, Dichogamy): 암술과 수술이 서로
시간을 달리하여 성숙하는 경우를 말한다. 수술이 먼저 성숙하는
것을 웅예선숙(Protoandry)이라고 하며, 암술이 먼저
성숙하는 것을 자예선숙(Protogyny)이라고 한다.
이는 자가수분을 최소화하기 위한 장치로 해석할 수 있다.

2. 암수한그루(자웅동주, Monoecious)

암꽃과 수꽃이 같은 그루에서 피는 나무

예 소나무, 측백나무, 으름덩굴, 푸조나무, 가래나무,
너도밤나무, 신갈나무, 박달나무, 서어나무, 감나무, 사람주나무

3. 수꽃양성화한그루
(웅성양성동주*, Andromonoecious)

수꽃과 양성화가 같은 그루에서 피는 나무

예 조록나무, 팽나무, 모과나무, 자귀나무, 단풍나무, 음나무,
황칠나무

4. 암꽃양성화한그루
(자성양성동주*, Gynomonoecious)

암꽃과 양성화가 같은 그루에서 피는 나무

5. 암수딴그루(자웅이주, Dioecious)

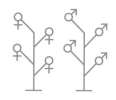

암꽃과 수꽃이 각각 다른 그루에서 피는 나무

예 은행나무, 주목, 비자나무, 생강나무, 산뽕나무, 버드나무,
사시나무, 명자순, 옻나무, 초피나무, 노박덩굴, 감탕나무,
이팝나무

* Cryptic Dioecious: 수꽃 안에 불임성의 암술이 있거나
암꽃에 불임성의 수술이 붙어 있어 외관상으로는 양성화로
보이는 현상   **예** 개다래
* Subgynoecious: 다수의 암꽃 속에 소수의 양성화 또는
수꽃이 섞여 피는 현상   **예** 쉬나무
* Subandroecious: 다수의 수꽃 속에 소수의 양성화 또는
암꽃이 섞여 피는 현상   **예** 쉬나무, 산초나무, 새모래덩굴

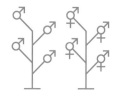

6. 수꽃양성화딴그루
(웅성양성이주*, Androdioecious)

수꽃과 양성화가 각각 다른 그루에서 피는 나무

예 후피향나무, 왕머루, 부게꽃나무, 물푸레나무

7. 암꽃양성화딴그루
(자성양성이주*, Gynodioecious)
암꽃과 양성화가 각각 다른 그루에서 피는 나무
예 천선과나무

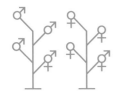

8. 암꽃수꽃양성화한그루
(잡성동주, Polygamomonoecious)
양성화, 수꽃, 암꽃이 같은 그루에서 피는 나무

9. 암꽃수꽃양성화딴그루(잡성이주, Trioecious)
양성화, 수꽃, 암꽃이 각각 다른 그루에서 피는 나무
예 장구밥나무

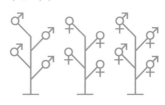

10. 암꽃양성화·수꽃양성화딴그루
(다접자웅이주*, Polygamodioecious)
양성화와 암꽃이 같이 피는 그루와 양성화와
수꽃이 같이 피는 그루가 각각 따로 있는 나무

* 표시는 『생물학 용어집』(한국생물과학협회 엮음, 아카데미서적, 2005)에서 참조

일러두기

수록종

『한국의 나무』는 한반도에서 만날 수 있는 총 670여 종의 목본식물에 대한 사진과 기재문 및 분포 정보를 수록하고 있다. 책에 수록된 목록의 특징은 다음과 같다.

한반도에 자생하는 대다수의 목본식물을 다루고 있지만, 분류학적으로 볼 때 종의 실체에 대해서 논란이 있는 변종이나 품종은 과감히 배제함으로써 엄격하고 현실적으로 한반도(남한 중심)의 자생수목 목록을 제시하고자 했다. 자생식물이 아닌 도입수종의 경우, 국내에서는 월동이 되지 않아 온실이나 실내에 식재하고 있는 나무이거나 주변에서 쉽게 접할 수 없는 외래수종은 제외하되, 이미 오래전부터 민가 주변에서 널리 식재해오고 있거나 전국의 산야에 비교적 흔하게 조림되어 있어 일반인도 어렵지 않게 접할 수 있는 수종은 한반도 자생수종이 아닐지라도 선별적으로 수록했다(원산지 표기함). 그렇더라도 이 책의 주안점은 한반도와 그 부속 도서(島嶼)에 자생하는 목본식물에 있음을 밝힌다.

분류체계

전체 식물들의 분류체계 및 과(科) 안의 속(屬)과 종(種)의 배열 순서는 원칙적으로 『The genera of vascular plants of Korea』(2007)의 체계를 따랐다. 다만 속 이하의 기재 순서는 책의 편집 과정에서 불가피하게 약간의 변동이 있었다.

학명과 국명

원칙적으로 『The genera of vascular plants of Korea』를 기준으로 삼았으나, 학명은 경우에 따라서 중국식물지(FOC)나 근래 발표된 논문들, 또는 서울대학교 산림자원학과 장진성 교수 등이 제시한 학명 중에서 저자들이 가장 타당하다고 판단한 견해를 선택적으로 인용했다.

분포 정보

세계적인 분포는 중국식물지 및 일본식물지를 참조하여 정리했으며, 국내분포는 다년간 직접 자생지를 누비며 습득한 광범위한 필드 데이터를 근간으로 하고 여기에 『The genera of vascular plants of Korea』 및 『원색한국기준식물도감』(이우철, 아카데미서적,

1996)을 일부 참조하여 제시했다.

기재문

중국식물지, 일본식물지, 『원색한국기준식물도감』, 『대한식물도감』(이창복, 향문사, 1980) 등을 참고하되, 이들 문헌에 기록되어 있지 않거나 문헌의 내용 중 명백한 오류라고 판단되는 항목들은 자생지에서 직접 취득한 데이터와 일일이 대조하여 내용을 수정·보완했다. 아울러 해당 수종에 대한 독자들의 이해를 돕고자 나무 이름의 유래, 생태적 특징, 식별 형질, 분류학적 소견, 한의학적 명칭 등의 참고 자료도 추가로 제시했다. 용어는 가급적 우리말 표현을 사용하는 것을 원칙으로 했으나, 우리말로 풀어 쓸 경우 표현이 모호해질 소지가 있는 용어는 부득이하게 한자식으로 표기했다.

사진

극히 일부 불가피한 경우를 제외하고는 거의 대부분 자생지에서 직접 촬영했다. 독자들이 국내의 개화기, 결실기 및 자생지 정보를 가늠할 수 있도록 대표사진 아래에는 개략적인 촬영 장소 및 일자를 표기했다. 수록하는 사진은 크게 대표사진, 꽃, 열매, 잎, 수피, 수형, 겨울눈, 종자의 8가지 주요 카테고리로 구성하여 계절의 순환 주기에 따라 나무가 변화해가는 다양한 모습을 알 수 있도록 했다. 세부 특징을 상세히 보여줄 필요가 있을 때에는 초접사 사진이나 현미경 사진을 병용했다.

척도

세부 사진(주로 종자)에 사용한 척도 단위는 별도의 설명이 없는 경우 ㎜다.

크기

외국에서 도입되어 한국에 자생하는 나무의 경우, 외국 문헌을 참조하여 원산지 나무의 크기를 기준으로 삼았다. 그리고 나무의 지름은 별도의 설명이 없다면 흉고(胸高) 지름을 지칭한다.

나자식물문
PINOPHYTA

은행나무강
GINKGOPSIDA

은행나무과 GINKGOACEAE

소철강
CYCADOPSIDA

소철과 CYCADACEAE

소나무강
PINOPSIDA

금송과 SCIADOPITYACEAE
소나무과 PINACEAE
측백나무과 CUPRESSACEAE
나한송과 PODOCARPACEAE
개비자나무과 CEPHALOTAXACEAE
주목과 TAXACEAE

은행나무
Ginkgo biloba L.

은행나무과 GINKGOACEAE Engl.

●**분포**
중국(저장성 서남부) 원산
❖**국내분포/자생지** 가로수, 공원수로
전국에 널리 식재
●**형태**
수형 낙엽 교목이며 높이 60m, 흉고
지름 4m까지 자란다.
겨울눈 광택이 나는 반구형이며 털이
없다.
잎 긴가지(長枝)에서는 어긋나며 짧은
가지(短枝) 끝에서는 3~5개씩 모여난
다. 잎은 부채 모양이고 끝은 흔히 얕
게 2갈래로 갈라지며, 엽맥은 연속해
서 2갈래로 갈라진다.
생식기관 암수딴그루이며, 수분기(受
粉期)는 4월이다. 생식기는 짧은가지
에서 잎이 전개하면서 동시에 성숙한
다. 수그루의 화분수(소포자낭수, mic-
rosporangiate strobilus)는 길이 1.2
~2.2cm의 원통형이며 연한 황록색을
띤다. 암그루의 배주(胚珠, ovule)는
짧은가지 끝의 잎겨드랑이에서 나온
길이 2cm가량의 자루 끝에 2개씩 달
린다.
종자 길이 2.5~3.5cm의 타원형 또는 난
형이며 9~10월에 황색으로 성숙한다.
바깥 육질층(육질외종피, sarcotesta)은
익으면 달걀이 썩는 듯한 악취가 나며,
표면에 백색 분(粉)이 생긴다. 딱딱한
중간 껍질(후벽내종피, sclerotesta)은
백색이고 2~3개의 능선이 있으며, 그
안의 기름종이같이 얇은 껍질(내종피,
endotesta)은 연한 적갈색을 띤다.
●**참고**
속명 Ginkgo는 일본명[ぎんなん(銀杏)]
을 잘못 읽은 데서 유래했다. 열매 모
양(核果狀)의 종자는 밖에 드러난 배
주가 발달한 것이므로 열매가 아니라
종자라고 표현하는 것이 맞다.

2009. 9. 15. 서울시

❶암그루의 생식기관(배주) ❷❸소포자 산
포 전후의 소포자낭수 ❹식용으로 쓸 때 종
피를 제거한 종자를 은행(銀杏)이라 부른다.
❺열매처럼 보이는 종자

26

❻수령(樹齡) 800세가량으로 추정되는 반계리의 은행나무(강원도 원주시, 천연기념물 제167호) ❼지상에 드러난 근계(根系, root system) ❽수피는 세로로 갈라진다. ❾노목에 발달하는 유주(乳柱) ❿잎끝은 갈라지기도 하고 전혀 갈라지지 않는 경우도 있다. ⓫엽맥은 연속해서 2갈래로 갈라진다(차상분지). ⓬짧은가지에 생기는 겨울눈
✽식별 포인트 잎/종자

소철
Cycas revoluta Thunb.

소철과 CYCADACEAE Pers.

● **분포**
중국 동남부(푸젠성), 일본(규슈 남부,
오키나와), 타이완
❖ **국내분포/자생지** 제주 및 남부지방
에 조경수로 식재
● **형태**
수형 상록 관목 또는 소교목이며 높이
1~6m로 자란다.
수피 잎이 떨어진 흔적이 비늘 모양으
로 남는다.
잎 줄기의 끝부분에서 돌려나듯이 모
여나며, 길이 0.5~2m의 우상복엽이
다. 작은잎은 길이 10cm 정도의 선형이
며 끝이 뾰족하다. 표면은 짙은 녹색이
고 광택이 난다.
생식기관 암수딴그루이며 수분기는
6~8월이다. 수그루의 소포자낭수는 장
타원형 기둥 모양이며, 소포자엽 배축
면에 소포자낭이 밀집하여 달린다. 암
그루에는 대포자엽(megasporophylls,
배주엽)이 모여 달리며, 대포자엽 아랫
부분에 2~6개의 배주가 드러나 있다.
대포자엽은 길이 20cm 정도이고, 황갈
색의 부드러운 털이 밀생한다.
종자 길이 4cm 정도의 광난형이며, 11
~12월에 적색으로 성숙한다.
● **참고**
소철속(*Cycas*) 식물은 쥐라기와 백악
기에 크게 번성한 것으로 알려져 있으
며, 다른 종자식물에서 볼 수 없는 원
시적 형태의 생식기관 때문에 '살아 있
는 화석'이라 불리기도 한다. 소철류
식물은 식물체 속에 강한 독성이 있으
므로 식용하기에 위험하지만, 남태평
양의 토착부족들은 전통적으로 식물
체 속에 함유된 녹말을 정제하여 식재
료로 사용하기도 했다.

❶대포자엽이 모여 달린 암그루의 생식기관
❷대포자엽. 기부의 돌기가 배주이며 수분이
되면 종자로 성숙한다. ❸소포자엽 배축 면
에 붙은 둥근 소포자낭 ❹다수의 소포자엽으
로 형성된 기둥 모양의 소포자낭수 ❺❻늦가
을에 적색으로 성숙하는 종자 ❼새순
✱식별 포인트 잎(횡단면)/대포자엽

2018. 2. 6. 일본 쓰시마섬

28

2008. 9. 19. 충남 안면도 자연휴양림

금송
Sciadopitys verticillata (Thunb.)
Siebold & Zucc.

금송과 SCIADOPITYACEAE Luerss.

●**분포**
일본(혼슈 이남) 원산
❖**국내분포/자생지** 공원수, 정원수로
전국에 널리 식재
●**형태**
수형 상록 교목이며 높이 30m, 지름
80㎝ 정도로 자란다.
어린가지 긴가지와 짧은가지가 함께
발달한다.
잎 엽상지(葉狀枝, cladophyll). 잎처
럼 보이는 부위는 잎의 기능을 하는 엽
상지다. 엽상지는 길이 6~13㎝의 선
형이며 2개가 합착되어 두껍다. 표면
은 짙은 녹색이고 광택이 나며, 뒷면은
연한 녹색-황백색을 띠고 중앙에는 백
색의 기공선이 있다. 엽상지 끝은 얕게
파지고 양면 중앙에 얕은 홈이 있다.
구화수 암수한그루이며, 수분기는 4월
이다. 수구화수는 길이 7㎜ 정도의 타
원형이며 가지 끝에 20~30개씩 모여
달린다. 암구화수는 타원형이며 가지
끝에 1~2개씩 달린다.
구과/종자 구과(毬果, cone)는 길이 8
~12㎝의 난상 타원형이고 위로 곧추
서며, 이듬해 10~11월에 성숙한다. 종
린은 폭 2.5㎝ 정도이고 윗부분이 젖
혀진다. 구과 안쪽에는 7~9개의 종자
가 있다. 종자는 길이 8~12㎜로, 가장
자리에 좁은 날개가 있다.
●**참고**
국명은 잎 뒷면이 황백색(금색)을 띠
는 특징에서 유래했다는 설과 일본에
서 잘못 사용한 중국명에서 유래했다
는 설이 있다. 종린 위에 종자가 놓이
는 방향이 국내에서 볼 수 있는 여타
침엽수와는 반대라는 점이 특이하다.
개잎갈나무[*Cedrus deodara* (Roxb.)
G. Don], *Araucaria heterophylla*
(Salisb.) Franco와 더불어 세계적으
로 유명한 조경수다.

❶암구화수 ❷수구화수 ❸구과. 이듬해 늦가
을에 성숙한다. ❹수피. 적갈색이며 세로로
길게 벗겨진다. ❺수형 ❻종자
✱식별 포인트 잎/수형

29

전나무(젓나무)
Abies holophylla Maxim.

소나무과
PINACEAE Spreng. ex Rudolphi

2002. 6. 17. 강원 양양군 구룡령

●**분포**

중국(동북부), 러시아(우수리), 한국

❖**국내분포/자생지** 중부 이북의 높은 산지 능선이나 계곡부에 드물게 자람

●**형태**

수형 상록 교목이며 높이 30m, 지름 1.5m 정도로 자란다.

수피/겨울눈 수피는 회색 또는 암갈색 이고 표면이 거칠다. 겨울눈은 난형이며 털이 없고 약간의 수지가 배어 나온다.

잎 길이 2~4cm, 폭 1.5~2.5mm의 선형 이며, 끝이 뾰족하고 뒷면 주맥 양쪽에 백색의 기공선이 있다.

구화수 암수한그루이며, 수분기는 4~5월이다. 수구화수는 황록색을 띠는 원통형인데 2년지의 잎겨드랑이에 달린다. 암구화수는 연한 녹색의 장타원형이며 2년지에 위로 곧추서서 달린다.

구과/종자 구과(毬果)는 길이 6~12cm의 원통형이다. 종자는 연한 갈색이고 길이 8~9mm의 난상 삼각형 또는 아원형이며, 길이 1.5cm 정도의 날개가 있다.

●**참고**

전나무의 옛말은 젓나모로, 구과(毬果) 또는 가지에서 흰 젓(鮓/醘)이 나오는 것에서 '젓+나모'가 '젓나모 → 젓나무 → 전나무 → 전나무'로 변화하여 현재의 전나무가 되었다는 설이 현재로 서는 가장 유력해 보인다. 전나무는 구상나무나 분비나무에 비해 잎끝이 갈라지지 않고 뾰족하며 구과가 보다 대형이라는 점이 다르다. 전나무 학명의 종소명(*holophylla*)은 '갈라지지 않는 잎을 가진'이라는 뜻이다.

❶❷암구화수. 길이 5cm 미만이고 하늘을 향해 직립한다. 키가 매우 큰 나무의 정상부에 위치하므로 관찰하기가 어렵다. ❸수구화수. 성숙하기 전에는 붉은빛이 돈다. ❹구과의 중축은 종자와 종린이 떨어지고 난 뒤에도 그대로 남는다. ❺겨울눈과 잎. 잎 뒷면에는 백색의 기공선이 1쌍 있고 잎자루 주변에는 얕은 홈이 생긴다. ❻종린(좌)과 날개가 달린 종자(우)

✽식별 포인트 잎/수형/암구화수/종린과 종자의 형태

2010. 5. 8. 제주 한라산

구상나무
Abies koreana E. H. Wilson

소나무과
PINACEAE Spreng. ex Rudolphi

●**분포**
한국(한반도 고유종)
❖**국내분포/자생지** 경남(지리산), 전북(덕유산), 충북(속리산), 제주(한라산)의 해발고도 1,000m 이상 산지 사면 및 능선부
●**형태**
수형 상록 교목이며 높이 18m, 지름 1m 정도로 자란다.

수피/어린가지/겨울눈 수피는 밝은 회색이고 매끈한 편이지만, 오래되면 거칠게 갈라진다. 어린가지는 처음에는 황색이지만 차츰 털이 없어지면서 갈색으로 변한다. 겨울눈은 난상 원형이며 수지가 겉으로 배어 나온다.

잎 길이 15~25mm의 도피침상 선형이다. 끝이 갈라져 오목하게 들어가며, 뒷면은 백색이 돈다.

구화수 암수한그루이며, 수분기는 4~5월이다. 수구화수는 타원형이며, 암구화수는 짙은 자주색, 흑색, 녹색 등으로 색상이 다양하다.

구과/종자 구과(毬果)는 길이 4~6cm, 폭 2.5cm 정도의 원통형이며 녹갈색 또는 자갈색이다. 종린은 길이 9mm, 폭 1.8cm 정도이고 끝이 노출되어 뒤로 젖혀진다. 종자는 길이 6mm 정도의 난상 삼각형이고 연한 갈색을 띠며, 길이 4.5mm 정도의 날개가 있다.

●**참고**
분비나무와 유사하지만 잎이 약간 짧고 넓으며, 구과의 종린 끝이 뒤로 젖혀지는 점이 다르다. 국명은 '잎이 성게(쿠살) 같은 나무(낭)'라는 뜻의 제주 방언 '쿠살낭'에서 유래한 것으로 추정하고 있다.

❶❷다양한 색상을 띠는 구상나무의 암구화수. 종린의 침상돌기는 대개 뒤로 젖혀진다. ❸수분기의 수구화수. 암구화수보다 아래쪽에 위치한다. ❹구과와 ❺겨울눈과 잎. 겨울눈은 수지에 덮여 있다. 잎 뒷면에는 백색의 기공선이 있다. ❻수피 ❼종린(좌)과 종자우)
✽식별 포인트 잎/수피/암구화수 종린(침상돌기가 젖혀진 형태)/구과/자생지

분비나무

Abies nephrolepis (Trautv.)
Maxim.

소나무과
PINACEAE Spreng. ex Rudolphi

●**분포**
중국(동북부), 러시아(동부), 몽골, 한국
❖**국내분포/자생지** 중북부지방(소백
산, 치악산, 설악산 등)의 해발고도
700m 이상 아고산대 산지의 능선부
●**형태**
수형 상록 교목이며 높이 25m, 지름
75cm 정도로 자란다.
수피/어린가지/겨울눈 수피는 밝은
회색이고 어릴 때는 표면이 다소 매끄
럽다. 어린가지에는 갈색 털이 있다.
겨울눈은 연한 갈색의 난상 원형이며,
털이 없고 약간의 수지가 배어 나온다.
잎 길이 15~30mm, 폭 1.5~2mm의 선형
이다. 대개 끝이 갈라지지만 구과가 달
리는 가지의 잎은 간혹 끝이 뾰족해지
기도 한다.
구화수 암수한그루이며, 수분기는 4~
5월이다. 수구화수는 길이 1cm 정도의
타원형이며, 암구화수는 길이 4.5cm 정
도의 원통형이고 짙은 자주색 또는 녹
색을 띤다.
구과/종자 구과(毬果)는 길이 4~9.5
cm, 폭 2~3cm의 난상 타원형이며 자갈
색이다. 종린은 길이 1~1.5cm, 폭 1.4~
2.2cm의 신장형 또는 부채꼴 신장형이
다. 종자는 길이 4~6mm의 난상 삼각
형이며, 3~5mm의 쐐기형 날개가 있다.
●**참고**
일반적으로 분비나무는 구상나무에 비
해 잎이 약간 좁고 길며 구과의 종린 끝
이 뒤로 젖혀지지 않아 다르다고 알려
져 있지만, 두 종이 형태적으로 매우 유
사해 명확하게 구분하기는 쉽지 않다.

2012. 8. 7. 강원 인제군 설악산

❶암구화수. 종린의 침상돌기는 보통 수평으
로 뻗는다. ❷수분 초기의 수구화수. 성숙하
기 전에는 적색을 띤다. ❸구과. 속에서 배어
나온 수지가 굳어서 표면에 백색 얼룩처럼
보인다. ❹잎. 뒷면에는 백색의 기공선이 있
다. ❺수피. 표면에는 작은 돌기들과 함께 수
지낭이 생긴다. ❻종린(좌)과 종자(우)
✿**식별 포인트** 자생지/암구화수/수피/구과

32

개잎갈나무
(히말라야시다)
Cedrus deodara (Roxb.) G. Don

소나무과
PINACEAE Spreng. ex Rudolphi

●**분포**
중국(티베트 서남부), 히말라야 서남쪽
❖**국내분포/자생지** 가로수, 공원수로 전국에 널리 식재
●**형태**
수형 상록 교목이며 자생지에서는 높이 60m, 지름 3m 정도까지 자란다.

수피/어린가지 수피는 어두운 회색이며, 오래된 수피는 불규칙하게 벗겨진다. 어린가지는 보통 아래로 드리워지며, 새가지는 황화색을 띠고 털이 있다.

잎 긴가지에서는 1개씩 달리며 짧은가지에서는 15~20개씩 모여 달린다. 짙은 녹색이며, 끝이 뾰족하고 횡단면은 삼각상이다.

구화수 암수한그루이며, 구화수는 10~11월에 짧은가지 끝에서 위를 향해 달린다. 수구화수는 길이 3~7cm의 원통형이며 황색을 띤다. 암구화수는 길이 1.5~2.5cm의 장타원형이며 녹색을 띤다.

구과/종자 구과(毬果)는 길이 7~12cm의 난형 또는 광타원형이며 이듬해 가을에 성숙한다. 종린은 부채꼴 삼각형으로 가장자리와 뒷면이 밋밋하며, 종자가 2개씩 붙어 있다. 종자는 길이 1cm 정도의 삼각형이며, 폭 1.5~2cm의 넓은 날개가 있다.

●**참고**
내한성이 다소 약해 주로 중부 이남에 식재하며, 뿌리가 땅속 깊이 박히지 않는 특징(천근성) 때문에 강풍에 잘 넘어간다. 한반도 자생 소나무류의 수분기가 봄철인 데 비해 개잎갈나무의 수분기는 10~11월이다.

2001. 4. 18. 대구시 경북대학교

❶암구화수 ❷❸수분기 전후의 수구화수. 수분기에는 대량의 화분(소포자)을 날린다. ❹암·수구화수의 크기 비교 ❺구과 ❻잎 ❼종린(좌)과 종자(우). 날개 달린 종자는 총길이가 6cm에 이르기도 한다.
✱식별 포인트 수형/잎/구과

솔송나무
Tsuga sieboldii Garrière

소나무과
PINACEAE Spreng. ex Rudolphi

● **분포**
일본(혼슈 이남), 한국
❖**국내분포/자생지** 울릉도의 산지 사면 및 능선
● **형태**
수형 상록 교목이며 높이 20m, 지름 60cm까지 자란다. 가지가 수평으로 퍼져 넓은 원추형으로 된다.

수피/어린가지/겨울눈 수피는 적갈색 또는 회갈색이며 오래되면 껍질이 세로로 벗겨져 떨어진다. 어린가지는 연한 갈색-황갈색이며 털이 없다. 겨울눈은 난상 원형이며 털이 없고 광택이 약간 난다.

잎 길이 1~2cm, 폭 2mm 정도의 납작한 선형이며 끝이 갈라진다. 표면은 광택이 있는 짙은 녹색을 띠며, 뒷면에는 2개의 넓은 백색 기공선이 있다. 잎자루는 길이 1mm 정도다.

구화수 암수한그루이며, 수분기는 4~5월이다. 수구화수는 길이 5~6mm의 난형이고 자루가 있으며 짧은가지 끝에 달린다. 암구화수는 길이 5mm 정도의 난형이며 2년지의 끝에서 아래를 향해 달린다.

구과/종자 구과(毬果)는 길이 2~2.5 cm의 타원형 또는 난형이며, 10월에 갈색으로 성숙한다. 종자는 황갈색이고, 날개는 장타원형이며, 길이가 종자의 2배 정도로 길다.
● **참고**
일본 북부에 자생하는 *T. diversifolia* (Maxim.) Mast.와 비교해 어린가지에 털이 없고, 구과가 길이 2.5cm 정도의 광난형인 점이 다르다. 학자에 따라서 솔송나무를 *T. diversifolia*와 동일종으로 보는 견해도 있고, 또는 울릉도 고유종(*T. ulleungensis* G. P. Holman, Del Tredici, Havill, N. S. Lee, and C. S. Campb.)으로 분류하기도 한다.
❶암구화수. 아래를 향해 달린다. ❷미성숙한 수구화수는 적색을 띤다. ❸잎 ❹수피. 적갈색 또는 회갈색이다. ❺종린(좌)과 종자(우) ❻수형(울릉도 태하령)
✽식별 포인트 자생지/암구화수/잎

2006. 7. 27. 경북 울릉도

2014. 4. 24. 서울시

독일가문비나무
Picea abies (L.) H. Karst.

소나무과
PINACEAE Spreng. ex Rudolphi

● **분포**
유럽 원산
❖ **국내분포/자생지** 중부 이남의 정원 및 공원에 흔히 식재
● **형태**
수형 상록 교목이며 자생지에서는 높이 60m, 지름 3m까지도 자란다.
수피/어린가지/겨울눈 오래된 수피는 회색이며 작은 조각으로 떨어진다. 어린가지는 아래로 처지고 적갈색이며 털이 약간 나기도 한다. 겨울눈은 적갈색의 원추형이며, 겨울눈의 인편은 보통 끝이 뒤로 젖혀진다.
잎 길이 1.2~2.5cm의 침상 사각형이며 약간 굽다. 표면은 광택이 있는 짙은 녹색을 띤다.
구화수 암수한그루이며, 수분기는 4~5월이다. 수구화수는 황록색의 원통형이고, 암구화수는 녹색 또는 연한 홍색의 장타원형이다.
구과/종자 구과(毬果)는 길이 10~15cm의 원주상 타원형이고 아래를 향해 달리며, 10월에 갈색으로 성숙한다. 종자는 길이 4mm 정도이며, 장타원형의 날개는 길이 1cm 정도로 종자의 2배 이상으로 길다.
● **참고**
가문비나무에 비해 잎의 횡단면이 찌그러진 네모꼴이며, 구과는 긴 원주상 타원형이고 아래를 향해 달리는 것이 특징이다. 가문비나무속 중에서 기온 변화에 대한 내성이 가장 강한 종으로 알려져 있으며, 유럽에서 크리스마스 트리로 흔히 이용하는 나무다.

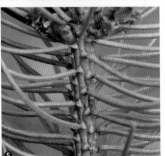

❶암구화수 ❷수분기의 수구화수 ❸결실기의 구과. 아래를 향해 달린다. ❹수피 ❺잎의 횡단면은 찌그러진 네모꼴이다. ❻종린(좌)과 종자(우)
✳식별 포인트 수형/구과/잎의 횡단면

가문비나무
Picea jezoensis
(Siebold & Zucc.) Carrière

소나무과
PINACEAE Spreng. ex Rudolphi

●**분포**
중국(동북부), 일본(홋카이도), 러시아
(동부), 한국
❖**국내분포/자생지** 전남(지리산), 전
북(덕유산), 강원(계방산) 이북의 산지
능선 및 정상부
●**형태**
수형 상록 교목이며 높이 30~50m,
지름 1.5m까지 자란다.
수피/겨울눈 수피는 어두운 회갈색-
회적갈색이고 거칠며, 오래되면 인편
상으로 불규칙하게 벗겨진다. 겨울눈
은 적갈색의 원추형이며, 수지가 배어
나오지 않는다.
잎 길이 1~2cm의 납작한 선형이며, 끝
이 뾰족하지만 간혹 2갈래로 갈라지기
도 한다. 표면의 주맥 양쪽에 백색의
기공선이 있고 뒷면은 회녹색을 띤다.
구화수 암수한그루이며, 수분기는 4~
5월이다. 수구화수는 길이 1.5~3.5cm
의 원통형이며 연한 갈색이다. 암구화
수는 길이 2~3cm의 타원형이며 녹색
또는 자갈색-적갈색을 띤다.
구과/종자 구과(毬果)는 길이 3~7cm
의 원통형 또는 좁은 난형이며 황록
색-적갈색을 띤다. 종린은 길이 1.2cm
정도의 마름모형 또는 난상 타원형이
며 가장자리에 불규칙한 톱니가 있다.
종자는 길이 3mm 정도의 난형이며, 길
이 4~6mm의 장타원형 날개가 있다.
●**참고**
지리산, 덕유산 주 능선에서는 구상나
무와 혼생해 자라는 까닭에 수형이 서
로 비슷해 혼동할 수 있지만, 구과가 아
래쪽을 향해 달리고 대개 잎끝이 갈라
지지 않는 특징으로 구상나무와 쉽게
구별한다. 겨울눈도 확연하게 다르다.

❶화사한 색을 띤 암구화수 ❷수구화수 ❸
구과. 아래를 향해 달리며 성숙하면 통째로
바닥에 떨어진다. ❹수형 ❺겨울눈 ❻오래된
수피. 인편처럼 갈라져 독특한 느낌을 준다.
❼잎 ❽종자
✱식별 포인트 수피/구과/자생지

2018. 5. 24. 경남 산청군 지리산

2011. 6. 중국 지린성

종비나무
Picea koraiensis Nakai

소나무과
PINACEAE Spreng. ex Rudolphi

● **분포**

중국(동북부), 러시아(동부), 한국

❖ **국내분포/자생지** 압록강 일대 산지

● **형태**

수형 상록 교목이며 높이 30m, 지름 80㎝까지 자란다. 수형은 피라미드형이다.

수피/어린가지/겨울눈 수피는 회갈색 또는 적갈색이며 얇은 조각으로 벗겨져 떨어진다. 어린가지는 황색에서 차츰 회갈색으로 변한다. 겨울눈은 적갈색의 원주상 난형이며 속에서 수지가 배어 나온다.

잎 길이 1.2~2.2㎝의 선형이고 낫 모양으로 살짝 굽는다. 횡단면은 네모꼴이다. 어린가지의 아래쪽 측면과 윗면에 촘촘히 달리며, 끝이 뾰족하다.

구화수 암수한그루이며, 구화수는 2년지의 끝에 달린다. 수분기는 5~6월이다.

구과/종자 구과(毬果)는 길이 5~8㎝의 난상 원통형이며 황갈색으로 성숙한다. 종린은 길이 1.5~1.9㎝의 도란형이고 끝이 둥글며, 가장자리는 톱니가 없고 앞쪽 표면에 광택이 난다. 종자는 길이 4mm 정도의 도란형이며 짙은 회색이다. 종자의 날개는 길이 9~12㎜의 도란상 장타원형이며 연한 갈색이다.

● **참고**

잎의 횡단면이 네모지고 낫 모양으로 약간 굽으며, 구과가 난상 원통형이고 아래로 처지는 것이 특징이다. 남한에는 자생하지 않으며 드물게 수목원 등지에 식재하고 있다. 중국(북부), 몽골, 러시아에 분포하는 *P. obovata* Ledeb.와 동일종으로 보는 견해도 있다.

❶암구화수. 수분기에는 길이 4㎝가량이며 가문비나무의 암구화수보다 약간 더 길쭉하다. ❷수구화수 ❸겨울눈 ❹수피 ❺수형
✱식별 포인트 자생지/잎

잎갈나무
(이깔나무)

Larix gmelinii (Rupr.) Kuzen.
[*Larix olgensis* A. Henry var.
koreana (Nakai) Nakai]

소나무과
PINACEAE Spreng. ex Rudolphi

2013. 9. 26. 중국 지린성

●**분포**
중국(동북부), 러시아(동부), 한국
❖**국내분포/자생지** 강원도 이북의 높
은 산지 능선 및 고원
●**형태**
수형 낙엽 교목이며 높이 35m, 지름
1m까지 자란다. 가지가 수평으로 뻗고
전체적으로 피라미드형이 된다.
수피/어린가지/겨울눈 수피는 회색
또는 회갈색이고 세로로 갈라지며, 오
래되면 인편 모양으로 떨어진다. 어린
가지는 밝은 갈색에서 차츰 어두운 회
색으로 변한다. 겨울눈은 적갈색의 난
형이다.
잎 길이 1.5~2.5cm의 침상 선형이며,
짧은가지에 모여난다.
구화수 암수한그루이며, 5~6월에 짧
은가지에 달린다.
구과/종자 구과(毬果)는 길이 1.2~4
cm의 난상 타원형이며 9월에 적자색
또는 적갈색으로 성숙한다. 종린은 14
~30개이며, 폭 9~12mm의 사각상 난
형이다. 종자는 길이 9~10mm(날개를
포함)이며 밝은 황색 또는 백색이고 불
규칙한 자주색 점이 있는 경우도 있다.
●**참고**
국명은 '잎을 가는(낙엽 지는) 나무'라
는 뜻이다. 일본잎갈나무에 비해 잎 뒷
면이 녹색이며, 구과의 종린 수가 적고
종린 끝이 뒤로 말리지 않는 점이 특징
이다. 중국(동북부), 러시아(동부)에 분
포하는 *L. olgensis* A. Henry와 비교·
검토할 필요가 있다.

❶수분기의 암·수구화수. 암구화수는 위로
서고 수구화수는 아래쪽을 향해 달린다. ❷
암구화수. 일본잎갈나무에 비해 상단부가 다
소 납작하다. ❸❹성숙 과정의 구과는 적자
색 또는 녹색을 띤다. ❺소나무와 흡사한 수
피 ❻구과의 비교: 일본잎갈나무(좌)와 잎갈
나무(우). 일본잎갈나무는 잎갈나무에 비해
종린의 끝이 뒤로 젖혀지고 구과의 종린 수가
더 많다.
✻식별 포인트 구과/수형/자생지

2007. 11. 10. 경북 안동시

일본잎갈나무 (낙엽송)

Larix kaempferi (Lamb.) Carrière
[*Larix leptolepis* (Siebold &
Zucc.) Gordon]

소나무과
PINACEAE Spreng. ex Rudolphi

● **분포**
일본(혼슈) 원산
❖ **국내분포/자생지** 전국 산지에 조림
용으로 널리 식재
● **형태**
수형 낙엽 교목이며 높이 20m, 지름
60cm까지 자란다. 수형은 넓은 피라미
드형이다.
수피/어린가지/겨울눈 수피는 갈색이
며 얇은 조각으로 벗겨져 떨어진다. 어
린가지는 황색에서 차츰 회갈색으로
변한다. 겨울눈은 길이 7mm 정도이며
황갈색-적갈색이다.
잎 길이 1~2.5cm의 선형이며, 뒷면은
흰빛을 띤다. 긴가지에서는 1개씩 나
지만 짧은가지에서는 20~30개씩 모
여 달린다.
구화수 암수한그루이며, 구화수는 4~
5월에 잎이 전개되면서 동시에 성숙한
다. 성숙한 수구화수는 황록색이며 잎
이 나지 않는 짧은가지에서 아래를 향
해 달린다. 암구화수는 연한 홍색을 띠
고 잎이 달리는 짧은가지 끝에서 위를
향해 달린다.
구과/종자 구과(毬果)는 길이 1.5~3.5
cm의 난형 또는 구형이다. 종린은 30
~40개이고 끝이 뒤로 젖혀진다. 종자
는 길이 4mm 정도의 삼각상 난형이고
다소 납작하며, 끝에 길이 8mm 정도의
날개가 있다.
● **참고**
일본 고유종으로 가을에 잎이 노란색
으로 낙엽이 지기 때문에 흔히 '낙엽
송'으로 부르고 있다. 잎갈나무에 비해
잎의 뒷면이 흰빛이 도는 녹색이고, 구
과의 종린 끝이 뒤로 젖혀지는 점이 다
르다(38쪽 잎갈나무 ❻번 사진 참조).

❶수분기의 구화수. 봄에 잎이 전개됨과 동시
에 성숙한다. 암구화수는 위로 서고 수구화수
는 아래쪽을 향한다. ❷성숙한 구과 ❸잎. 짧
은가지에서는 20~30개씩 모여난다. ❹어린
가지의 겨울눈. 표면에 광택이 있다. ❺수피
❻종자
✻식별 포인트 수형/잎/구과/가을단풍

방크스소나무
Pinus banksiana Lamb.

소나무과
PINACEAE Spreng. ex Rudolphi

●**분포**
미국(중부), 캐나다

❖**국내분포/자생지** 조림용으로 도입
되었으며 공원수로 드물게 식재

●**형태**
수형 상록 교목이며 높이 25m, 지름
60cm까지도 자라지만, 생육환경이 좋
지 못한 곳에서는 관목상으로 자라기
도 한다.

수피/겨울눈 수피는 회색 또는 암갈색
이며, 오래되면 좁고 두꺼운 조각으로
벗겨져 떨어진다. 겨울눈은 연한 갈색
의 난형이며 송진에 싸여 있다.

잎 2개씩 모여나며, 길이 2~5cm로 소
나무보다 짧고 살짝 뒤틀린다.

구화수 암수한그루이며, 수분기는 4~
5월이다. 구화수는 새가지 끝에 달린
다. 암구화수는 수구화수의 위쪽에 생
긴다.

구과/종자 구과(毬果)는 길이 3~5.5
cm이고 비대칭이며 다소 구부러진다.
구과는 2년 만에 성숙하는데, 성숙해
도 벌어지지 않은 채 수년 동안 가지에
매달려 있다. 종자는 길이 4~5mm의
도란형이고 갈색 또는 흑색을 띠며, 길
이 1cm가량의 날개가 있다.

●**참고**
방크스소나무의 구과처럼 성숙해도
종린이 벌어지지 않는 구과를 폐쇄구
과라고 하는데, 방크스소나무의 구과
는 산불이 나서 고온에 노출되어야 비
로소 종린이 벌어져서 종자를 산포한
다. 방크스소나무는 극양지식물로서
북미 자생지에서는 스트로브잣나무조
차도 잘 자랄 수 없는 척박한 지역에
순림을 형성한다.

❶암구화수 ❷수구화수 ❸잎. 짧고 뒤틀린
침엽이 2개씩 모여난다. ❹수형 ❺종자의 표
면에는 돌기와 홈이 있다. ❻산불 상황을 재
현하고자 구과를 프라이팬에 놓고 가열하니
종린이 벌어지면서 그 사이에서 종자가 쏟아
져 나왔다. 하단은 가열 전의 구과(방크스소
나무의 구과는 대표적인 폐쇄구과다).
❖**식별 포인트** 구과/잎

2008. 4. 30. 서울시

2020. 3. 29. 서울시 창경궁

백송
Pinus bungeana Zucc. ex Endl.

소나무과
PINACEAE Spreng. ex Rudolphi

● **분포**
중국(중북부) 원산
❖ **국내분포/자생지** 정원수, 공원수로
전국에 식재
● **형태**
수형 상록 교목이며 자생지에서는 높
이 30m, 지름 3m까지도 자란다. 줄기
는 밑동에서 분지하기도 한다.
수피/겨울눈 수피는 회백색이고 매끈
하지만, 오래되면 불규칙하게 얇고 큰
조각으로 벗겨져 떨어지며 백색 얼룩
이 많아진다. 겨울눈은 적갈색의 난형
이며 송진이 배어 나오지 않는다.
잎 길이 5~10cm의 침형이고 3개씩 모
여나며 약간 뻣뻣하다.
꽃 암수한그루이며, 수분기는 4~5월
이다. 수구화수는 장타원형, 암구화수
는 난형이다.
구과/종자 구과(毬果)는 길이 5~7cm
의 난형 또는 원추상 난형이며 이듬해
10~11월에 황갈색으로 성숙한다. 종
린은 마름모형이며 중앙부에 돌기가
발달하고 윗부분은 둥글다. 종자는 길
이 1cm 정도의 아원형이고 회갈색이
며, 끝에 길이 5mm 정도의 잘 분리되는
날개가 붙어 있다.
● **참고**
오래된 수피가 조각으로 벗겨져 백색
이 되기 때문에 백송(白松)이라고 하
며, 간혹 백골송(白骨松)이라 부르기
도 한다. 국내에서 볼 수 있는 다른 소
나무류에 비해 생장이 느린 편이다. 백
송은 중국의 중부-북부에 불연속적으
로 분포하는 희귀식물이다. 우리나라
에는 600여 년 전에 도입되었으며, 예
로부터 귀한 나무로 여겨 궁궐 및 정원
에 식재했다.

❶암구화수 ❷수구화수 ❸미성숙한 구과 ❹
종자가 빠져나간 후의 구과 ❺잎과 겨울눈.
잎은 한곳에서 3개씩 나온다. ❻수피. 오래
될수록 백색이 많이 돈다. ❼종자. 작은 날개
가 붙어 있다. ❽소나무류 구과의 비교(왼쪽
부터): 해송/소나무/리기다소나무/백송
✱식별 포인트 수피

41

소나무
Pinus densiflora Siebold & Zucc.

소나무과
PINACEAE Spreng. ex Rudolphi

● **분포**

중국(동북부), 일본, 러시아(동부), 한국

❖**국내분포/자생지** 북부 고원지대와 높은 산 정상부를 제외한 전국의 산지

● **형태**

수형 상록 교목이며 높이 35m, 지름 1.8m까지 자란다.

수피/어린가지/겨울눈 수피는 적갈색을 띠며 오래되면 인편 모양으로 벗겨진다. 새가지는 황적색이고 털이 없다. 겨울눈은 타원상 난형이고 적갈색을 띠며, 윗부분의 인편은 뒤로 살짝 젖혀진다.

잎 길이 5~15cm의 침형이며 2개씩 모여나고 모양이 살짝 뒤틀린다.

구화수 암수한그루이며, 구화수는 4~5월에 성숙한다. 수구화수는 황색이고 새가지 끝에 촘촘히 모여 달린다. 암구화수는 진한 자주색을 띠며 흔히 수구화수 위쪽에 (1~)2(~4)개씩 달린다.

구과/종자 구과(毬果)는 길이 4~5cm의 난상 원추형이며 이듬해 9~10월에 황갈색으로 성숙한다. 종자는 흑갈색의 타원형이며 윗부분에 날개가 있다.

● **참고**

밑동에서 가지가 많이 분지해 수형이 반원형인 나무를 반송(f. *multicaulis* Uyeki), 아주 곧게 자라는 나무를 금강소나무(f. *erecta* Uyeki), 가지가 아래쪽으로 처지는 나무를 처진소나무(f. *pendula* Mayr)라 부르기도 한다. 이들은 소나무의 품종 또는 개체변이로서 넓게 보아 모두 동일종인 소나무로 통합 처리한다.

2002. 4. 19. 강원 삼척시 준경묘

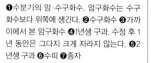

❶수분기의 암·수구화수. 암구화수는 수구화수보다 위쪽에 생긴다. ❷수구화수 ❸가까이에서 본 암구화수 ❹1년생 구과. 수정 후 1년 동안은 그다지 크게 자라지 않는다. ❺2년생 구과 ❻수피 ❼종자

❽ 경북 울진군 근남면 행곡리 처진소나무(천연기념물 제409호) ❾ 전북 고창군 아산면 삼인리 장사송(천연기념물 제354호) ❿ 경북 청도군 매전면 동산리 처진소나무(천연기념물 제295호) ⓫ 경북 청도군 운문면 신원리 운문사 처진소나무(천연기념물 제180호) ⓬ 경북 울진군 서면 소광리 금강소나무 ⓭ 경북 울진군 소나무 자생지
✽식별 포인트 곰솔과는 겨울눈과 수피의 색상으로 구별한다.

잣나무

Pinus koraiensis Siebold & Zucc.

소나무과
PINACEAE Spreng. ex Rudolphi

● **분포**
중국(동북부), 일본, 러시아(동부), 한국
❖**국내분포/자생지** 주로 지리산 이북 높은 산지의 능선부

● **형태**
수형 상록 교목이며 높이 30m, 지름 1m까지 자란다.

수피/어린가지/겨울눈 수피는 회갈색 또는 회색이며, 오래되면 불규칙한 조각으로 벗겨진다. 새가지는 적갈색이고 흔히 황색 털이 있다. 겨울눈은 황갈색의 난상 장타원형이다.

잎 길이 6~12cm의 침형이며 5개씩 모여난다. 표면은 짙은 녹색이며, 뒷면은 백색 기공선이 있어 멀리서 보면 분녹색으로 보인다.

구화수 암수한그루이며, 수분기는 4~5월이다. 수구화수는 황색이고 새가지 아래쪽에 모여 달리며, 암구화수는 연한 홍자색이고 새가지 끝에 달린다.

구과/종자 구과(毬果)는 길이 9~14cm의 난상 원통형이며 이듬해 10월에 성숙한다. 구과가 성숙한 다음에도 종린이 완전히 벌어지지 않아 종자가 밖으로 떨어지지 않고 속에 그대로 남는다. 종자는 길이 1.2~1.6cm의 일그러진 삼각상 난형이며 날개가 없다.

● **참고**
우리나라에 자생하는 소나무류 중에서 구과의 크기가 가장 크다. 목재의 색이 붉어 '홍송'이라 부르기도 한다. 소나무는 바람에 의해 종자가 산포되지만, 잣나무는 주로 어치 같은 조류, 또는 청서 같은 설치류에 의한 저장성 산포에 의존하여 전파된다.

2002. 6. 15. 강원 양양군 설악산

❶암구화수 ❷수구화수 ❸1년생 구과 ❹2년생 구과 ❺수피 ❻종자의 외종피를 제거한 부분을 잣이라 하여 식용한다. ❼지면에 드러난 뿌리(설악산)
✿식별 포인트 5개씩 속생하는 잎/구과

2008. 7. 10. 경북 울릉도

섬잣나무
Pinus parviflora Siebold & Zucc.

소나무과
PINACEAE Spreng. ex Rudolphi

●**분포**
일본(홋카이도 남부 이남), 한국
❖**국내분포/자생지** 울릉도의 산지 사면 및 능선부
●**형태**
수형 상록 교목이며 높이 30m, 지름 60㎝ 정도까지 자란다.

수피/어린가지/겨울눈 수피는 회색 또는 짙은 회색이며, 오래되면 불규칙한 인편상 조각으로 벗겨진다. 새가지는 처음에는 녹색이다가 차츰 황갈색으로 변하며, 흔히 황색 털이 있다가 차츰 없어진다. 겨울눈은 장타원형이며 황갈색을 띤다.

잎 길이 4~8㎝의 침형이며 5개씩 모여난다. 표면은 짙은 녹색이며, 뒷면은 백색 기공선이 있어 흰빛이 돈다.

구화수 암수한그루이며, 수분기는 5월이다. 수구화수는 장타원형이며 새가지의 아래쪽에 모여 달린다. 암구화수는 홍자색 또는 녹색의 타원형이며, 새가지 끝에 2~3개씩 달린다.

구과/종자 구과(毬果)는 길이 5~7㎝의 난형-원추형이며 이듬해 10월에 성숙한다. 종자는 길이 1㎝ 정도의 타원상 도란형이며 윗부분에 짧은 날개가 있다.

●**참고**
울릉도의 해변부터 성인봉 주변에 이르기까지 섬 전역에 분포하며, 특히 능선이나 경사가 급한 바위지대에서 흔히 볼 수 있다. 울릉도에 자생하는 섬잣나무는 일본에서 도입해 흔히 조경용으로 식재하는 품종보다 잎이 더 길며 구과도 훨씬 크다. 잣나무와 유사하지만 구과가 원추형으로 좁고 길며, 종자에 짧은 날개가 있는 점이 다르다.

❶암구화수. 보통 2~3개씩 달린다. ❷수구화수 ❸구과 ❹수피 ❺종자. 잣나무 종자보다 약간 작다. 짧은 날개의 흔적이 보인다. ❻자생지(울릉도). 자생하는 섬잣나무는 흔히 보는 조경용 수목과는 판이할 정도로 야성미가 넘친다.
✽**식별 포인트** 자생지/구과/잎

눈잣나무
Pinus pumila (Pall.) Regel

소나무과
PINACEAE Spreng. ex Rudolphi

● **분포**
중국(동북부), 일본(혼슈 중부 이북),
러시아(동부), 몽골, 한국
❖ **국내분포/자생지** 강원(설악산) 이북
의 높은 산지

● **형태**
수형 높이 6m 정도까지 자라기도 하
지만, 보통은 2m 이하의 상록 관목상
이다. 기는 줄기는 10m까지 뻗는다.
수피/어린가지/겨울눈 수피는 흑갈색이
며 얇게 벗겨진다. 어린가지에는 적
갈색 털이 있다. 겨울눈은 적갈색의
삼각상 난형이며 송진이 살짝 배어 나
온다.
잎 길이 3~6cm의 침형이고, 5개씩 모
여난다. 표면은 짙은 녹색이며, 뒷면은
2줄의 백색 기공선이 있어 흰빛이 돈다.
구화수 암수한그루이며, 수분기는 5~
6월이다. 수구화수는 황적색의 타원형
이고, 새가지 아래쪽에 모여 달린다.
암구화수는 홍자색을 띤 난형이며, 새
가지 끝에 1~5개가 달린다.
구과/종자 구과(毬果)는 길이 3~4.5
cm의 난형이며, 이듬해 7~8월에 성숙
한다. 종자는 적갈색이고 길이 6~10
mm의 난형이며 날개가 없다.

● **참고**
보통 관목상으로 자라지만, 바람이 약
한 곳 또는 평지에 심을 경우 6m까지
도 자란다. 강원도 설악산이 눈잣나무
분포지의 남방한계선이다. 설악산의
눈잣나무 집단은 러시아·일본의 다른
집단보다 유전적 다양성이 크게 떨어
지며, 지구온난화에 따른 식생변화에
매우 취약할 것으로 예상하는 연구결
과가 있다. 눈잣나무의 종자는 설악산
대청봉 일대에 서식하는 잣까마귀
(*Nucifraga caryocatactes* L.)의 중요
한 식량원이다.

❶암구화수 ❷수구화수 ❸1년생 구과 ❹2년
생 구과 ❺잣까마귀가 쪼아 먹은 구과 ❻자
생지의 모습 ❼종린(좌)과 종자(우)
✽식별 포인트 수형/자생지/구과

2002. 6. 15. 강원 양양군 설악산

2010. 1. 19. 전남 광주시 월각산

리기다소나무
Pinus rigida Mill.

소나무과
PINACEAE Spreng. ex Rudolphi

●분포
북아메리카(동북부) 원산

❖국내분포/자생지 전국에 조림

●형태
수형 상록 교목이며 높이 30m, 지름 90㎝ 정도까지 자란다. 흔히 줄기에 부정아(epicormic buds, 맹아)에서 자라난 짧은가지가 있는 것이 특징이다.

수피/어린가지/겨울눈 수피는 적갈색이고 깊게 갈라지며 오래되면 불규칙하게 벗겨진다. 어린가지는 연한 갈색이며, 겨울눈은 난상 원통형이고 적갈색을 띤다.

잎 길이 7~14㎝의 침형이고 3개씩 모여나며 약간 뒤틀린다.

구화수 암수한그루이며, 수분기는 5월이다. 수구화수는 황록색의 장원통형이고, 새가지의 아래쪽에 모여 달린다. 암구화수는 연한 자주색의 난형이며, 새가지 끝에 달린다.

구과/종자 구과(毬果)는 길이 3~9㎝의 난상 원추형이며 이듬해 9~10월에 성숙한다. 종린 끝에는 가시 같은 돌기가 있다. 종자는 길이 4~6mm의 난상 삼각형이고 양 끝이 좁으며, 종자 길이의 2배가 넘는 긴 날개가 있다.

●참고
잎이 3개씩 모여나며, 줄기에서 짧은 가지가 나와 잎이 무성하게 달리는 것이 특징이다. 토양이 척박한 곳에서도 생장이 양호하여 예전에는 전국의 산지에 조림했으나, 최근에는 전염병인 가지마름병류에 걸려 고사하는 개체가 많이 늘어나고 있다.

❶암구화수 ❷수구화수. 소나무에 비해서 길이가 좀 더 길다. ❸미성숙한 구과. 종린 끝에는 날카로운 가시가 발달한다. ❹겨울눈과 잎. 잎이 3개씩 모여나는 점이 소나무와 다르다. ❺수피 아래의 부정아로부터 잎이 돋아난 모습 ❻종자
✽식별 포인트 수피

스트로브잣나무
Pinus strobus L.

소나무과
PINACEAE Spreng. ex Rudolphi

● **분포**
북아메리카(동부) 원산

❖ **국내분포/자생지** 공원과 고속도로변에 흔히 식재

● **형태**
수형 상록 교목이며 대개 높이 50m, 지름 1.5m까지 자란다. 오래된 나무의 수형은 원추형이다.

수피/겨울눈 수피는 회갈색이며, 어릴 때에는 매끈하다가 오래되면 세로로 불규칙하게 갈라진다. 겨울눈은 밝은 적갈색이며, 길이 4~5mm의 난상 원통형이다. 수지가 약간 배어 나오기도 한다.

잎 길이 6~14cm의 침형이고 5개씩 모여난다. 짙은 녹색-회녹색이며, 엽질이 부드럽다. 기공선은 뒷면에 뚜렷이 나타난다. 잎의 수명은 2~3년 정도다.

구화수 암수한그루이며, 구화수는 5월에 성숙한다. 수구화수는 황색이고 길이 1~1.5cm의 난형이며, 새가지 아래쪽에 여러 개가 모여 달린다. 암구화수는 타원형 또는 난상 구형이며, 새가지 끝에 달린다.

구과/종자 구과(毬果)는 길이 7~20cm의 긴 원통형이고 아래로 처져 달리며, 이듬해 가을에 성숙한다. 종자는 길이 5~6mm의 넓은 도란형이고 적갈색을 띠며, 길이 1.8~2.5cm의 날개가 있다.

● **참고**
잎이 5개이고 비교적 엽질이 부드러우며, 긴 원통형의 구과가 아래로 처지는 것이 특징이다. 성장이 빠르며, 전국의 공원·고속도로변·아파트단지에 흔히 식재한다. 북아메리카 동부에서 키가 가장 크게 자라는 수종이며, 자생지에는 최고 수령 500년에 이르는 개체들도 드물게 있다.

❶암구화수 ❷수구화수 ❸잎과 구과. 스트로브잣나무는 구과가 아래로 처진다. 잎은 잣나무보다 가늘고 섬세하다. ❹수형 ❺❻수피의 변화 ❼종자
✱식별 포인트 부드러운 엽질/구과/수피

2007. 9. 4. 서울시

48

2001. 10. 22. 경북 울릉도

곰솔(해송)
Pinus thunbergii Parl.

소나무과
PINACEAE Spreng. ex Rudolphi

● **분포**
일본(혼슈 이남), 한국
❖ **국내분포/자생지** 중남부의 해안가 및 인근 산지

● **형태**
수형 상록 교목이며 높이 25m, 지름 1.5m까지 자란다.
수피/어린가지/겨울눈 수피는 회색 또는 어두운 회색이며, 거북 등껍질 모양으로 깊게 갈라진다. 어린가지는 황갈색이며, 겨울눈은 은백색의 원통형이다.
잎 길이 6~12cm의 침형이고 2개씩 모여나며, 엽질이 상당히 억센 편이다.
구화수 암수한그루이며, 수분기는 4~5월이다. 수구화수는 황색의 타원형-장타원형이며, 새가지 아래쪽에 여러 개가 모여 달린다. 암구화수는 연한 홍자색의 난형이며, 새가지 끝에 보통 2개씩 달리지만 그 이상 달리기도 한다.
구과/종자 구과(毬果)는 길이 4.6~6cm의 난형이며 이듬해 가을에 성숙한다. 종자는 길이 5~7mm의 난상 타원형이며, 길이 1cm가량의 날개가 있다.

● **참고**
내염성 및 내공해성이 강하고 생장이 빠른 특징 때문에 바닷가에 방풍림으로 조림하거나 공해가 심한 도로변에 식재하고 있다. 국명은 수피가 검어 '검솔'이라고 부르던 데서 유래한 것으로 추정하며, 흔히 해송(바닷가에 자라는 소나무)이라고도 부른다. 소나무에 비해 수피의 회색조가 더 짙고 겨울눈이 은백색을 띠는 점이 다르다. 또한 곰솔은 소나무보다 가지가 더 굵으며 훨씬 뻣뻣하다.

❶구화수. 암구화수의 아래쪽에 수구화수가 자리한다. ❷구과 ❸잎과 겨울눈. 겨울눈은 은백색을 띤다. ❹수피는 소나무와 달리 어두운 회색이 돈다. ❺종자 ❻잎의 비교: 곰솔/소나무/리기다소나무/잣나무
✱ **식별 포인트** 겨울눈/수피/자생지(해안지대)

만주곰솔

Pinus tabuliformis Carrière
[*Pinus tabuliformis* Carrière var. *mukdensis* (Uyeki ex Nakai) Uyeki]

소나무과
PINACEAE Spreng. ex Rudolphi

● 분포
중국, 한국

❖ 국내분포/자생지 북부지방의 산지

● 형태
수형 상록 교목이며 높이 25m, 지름 1m까지 자란다.

수피/어린가지/겨울눈 오래된 수피는 회갈색 또는 짙은 회색이고 위쪽의 수피는 연한 적갈색-연한 갈색이다. 새 가지는 밝은 회갈색-밝은 갈색이며 털이 없다. 겨울눈은 장타원형이고 밝은 황갈색이다.

잎 길이 6~15cm의 침형으로 곧고 뻣뻣하며 2(~3)개씩 모여난다.

구화수 암수한그루이며, 구화수는 5~6월에 성숙한다. 수구화수는 황색이고 새가지의 끝에 밀집해서 달린다. 암구화수는 황갈색-적갈색을 띠며 흔히 수구화수의 위쪽에 모여 달린다.

구과/종자 구과(毬果)는 길이 4~9cm의 난상 원추형이며 이듬해 9~10월에 성숙한다. 종자는 연한 갈색-연한 흑갈색이며 길이 6~8mm의 좁은 난형-난형이고 윗부분에 길이 9~10mm의 날개가 있다.

● 참고
소나무에 비해 잎이 굵고(지름 1~2mm) 뻣뻣하며 구과 종린 윗부분의 돌기(臍, apophyses)가 피라미드 모양으로 뚜렷하게 돌출하는 것이 특징이다.

2013. 9. 24. 중국 지린성 룽징 일송정

❶암구화수. 새가지의 끝에 달린다. ❷수구화수. 장타원상 원통형이며 새가지의 아래쪽에 모여 달린다. ❸구과. 소나무에 비해 종린이 피라미드 모양으로 뚜렷하게 돌출한다. ❹잎과 겨울눈. 잎은 곰솔처럼 뻣뻣한 편이다. 겨울눈은 밝은 황갈색을 띤다. ❺수피. 밝은 적갈색이며 오래되면 회갈색-회색으로 변한다. ❻수형

✿식별 포인트 잎/구과/수피/겨울눈

2009. 8. 13. 충남 안면도 자연휴양림

편백

Chamaecyparis obtusa
(Siebold & Zucc.) Endl.

측백나무과 CUPRESSACEAE Gray

●**분포**
일본(혼슈 이남) 원산
❖**국내분포/자생지** 중부 이남에 식재
(주로 남부지방과 제주에 조림)
●**형태**
수형 상록 교목이며 높이 30m, 지름
60㎝까지 자란다. 수형은 좁은 피라미
드형이다.
수피/어린가지 밝은 적갈색이며 세로
로 길게 벗겨진다. 어린가지는 납작하
며 아래로 처진다.
잎 길이 1~1.5㎜의 난상 마름모형의
비늘 모양이다. 뒷면에 Y 자 모양의 백
색 기공선이 있으며, 측엽은 난상 타원
형이고 끝만 떨어진다.
구화수 암수한그루이며, 구화수는 4월
에 가지 끝에 달린다. 수구화수는 길이
3㎜ 정도의 타원형이며, 붉은색이 도
는 황색이다. 암구화수는 길이 3~5㎜
의 구형이다.
구과/종자 구과(毬果)는 지름 1~1.2㎝
의 구형이며 10~11월에 적갈색으로
성숙한다. 종린은 8~10개이며, 각 종
린 사이에는 2~5개의 종자가 들어 있
다. 종자는 지름 3~3.5㎜의 납작한 원
형상이고 측면에 날개가 붙어 있으며,
광택이 나는 적갈색이다.
●**참고**
화백과 닮았으나, 잎 뒷면의 백색 기공
선이 좁고 Y 자형인 특징으로 쉽게 구
별된다. 목재의 재질이 좋아 일본에서
는 예로부터 절, 신사(神社), 성을 축조
할 때 많이 사용했다. 특히 세계 최고
(最古)의 목조건축물로 유명한 호류지
(法隆寺, 창건시기 601~607년)의 서
원가람(西院伽藍)에도 편백[일본명: ひ
のき(檜)] 목재가 사용되었다고 한다.

❶암구화수는 가지 끝 쪽에 달린다. 수분기에
액체를 분비하는 분비샘이 있다. 액체의 점착
력을 이용해 소포자가 효율적으로 들러붙게
하는 장치일 것이다. ❷수구화수와 잎. 잎 뒷
면의 백색 기공선은 Y 자 모양이다. ❸수피
❹수형 ❺구과 ❻종린과 종자 ❼화백(좌)과
편백(우)의 구과 비교. 편백의 구과가 더 크다.
❖**식별 포인트** 잎 뒷면의 기공선/종자

화백

Chamaecyparis pisifera
(Siebold & Zucc.) Endl. **var.
pisifera**

측백나무과 CUPRESSACEAE Gray

●**분포**
일본(혼슈 이남) 원산
❖**국내분포/자생지** 주로 남부지방에서 공원수, 정원수 및 생울타리용으로 식재
●**형태**
수형 상록 교목이며 높이 30m, 지름 60㎝까지 자란다. 수형은 피라미드형이다.
수피/어린가지 수피는 적갈색이며 세로로 길게 벗겨진다. 어린가지는 많이 분지하며 납작하고 아래로 처진다.
잎 비늘 모양의 난상 타원형이며, 상하·좌우로 마주나고 잎끝이 뾰족하다. 뒷면에는 삼각상 점 모양의 백색 기공선이 있어 흰빛이 많이 돈다.
구화수 암수한그루이며, 구화수는 4월에 가지 끝에 달린다. 수구화수는 길이 3mm 정도의 타원형이며 자갈색을 띤다. 암구화수는 길이 3~5mm다.
구과/종자 구과(毬果)는 지름 6mm 정도의 구형이며 9~10월에 갈색으로 성숙한다. 종린은 10~12개이며 각 종린 사이에 1~2개의 종자가 들어 있다. 종자는 길이 2mm 정도의 좁은 도란형-타원형이며 측면에 날개가 붙어 있다.
●**참고**
생식기관의 구조나 구과의 형태, 수형이 편백과 유사하지만, 잎끝이 날카롭고 뒷면 기공선이 삼각상 점 모양(W자 또는 나비 모양으로 보이기도 함)이며 구과가 편백에 비해 크기가 작다. 가지가 가늘고 아래로 처지는 변종을 실화백(var. *filifera* Hartwig & Rumpler)이라고 하며, 전국의 공원과 정원에 간혹 식재한다.

❶암구화수 ❷수구화수와 잎. 화백의 잎은 편백과는 달리 잎끝이 뾰족하고 뒷면의 백색 기공선이 W 자(또는 나비) 모양이다. ❸구과 ❹수피 ❺수형 ❻종린(좌)과 종자(우) ❼실화백. 잎이 길고 가늘게 늘어진다.
✿**식별 포인트** 잎 뒷면의 기공선/구과

2009. 8. 17. 서울시

52

2011. 6. 21. 제주

삼나무

Cryptomeria japonica
(Thunb. ex L. f.) D. Don

측백나무과 CUPRESSACEAE Gray

●**분포**
일본(혼슈 이남) 원산

❖**국내분포/자생지** 제주 및 남부지방
에 조림용으로 식재

●**형태**
수형 상록 교목이며 자생지에서는 높
이 50m, 지름 2m까지도 자란다. 수형
은 피라미드형이다.

수피/어린가지 수피는 적갈색이며 세
로로 길게 찢어져 벗겨진다. 어린가지
는 녹색이고 보통 아래로 처진다.

잎 길이 1.2~2.5cm의 다소 굽은 침형
이며, 횡단면이 세모 또는 네모 모양이
고 나선상으로 달린다. 끝이 매우 뾰족
하고, 측면 양쪽에 4~6개의 기공선이
있다.

구화수 암수한그루이며, 수분기는 3~
4월이다. 수구화수는 연한 황색이고
길이 5~8mm의 타원형이며, 가지 끝에
짧은 이삭 모양으로 달린다. 암구화수
는 지름 2~3mm의 구형이며 녹색이다.

구과/종자 구과(毬果)는 지름 1.6~3
cm의 구형이며, 1~6개씩 모여 달린다.
목질화된 종린은 20~30개다. 종자는
길이 5~6mm의 장타원형이며 둘레에
좁은 날개가 있고, 각 종린 사이에 2~
5개씩 들어 있다.

●**참고**
일본에는 국토의 넓은 면적에 삼나무가
조림되어 있는데, 3~4월에 편백과 삼
나무의 소포자(화분)가 날리면서 알레르
기성 비염(화분병)을 유발하는 것으로
알려져 있다. 일본 규슈 지역의 야쿠시
마(屋久島)에는 수령 2,000~7,500년으
로 추정되는, 세계에서 가장 오래된 삼
나무[じょうもんすぎ(繩文杉)]가 있다. 삼
나무의 정확한 영명(英名)은 Japanese
cedar다. 이제는 의미가 모호해진
cedar라는 영명을 섣부르게 삼나무로
번역하는 관행은 잘못된 것이다.

❶암·수구화수. 가지 끝에 달리는 암구화수
(화살표)는 수구화수와는 달리 눈에 잘 띄지
않는다. ❷암구화수 ❸구과 ❹잎. 끝이 날카
롭다. ❺수피 ❻종자
✱식별 포인트 수형/구과/잎

노간주나무

Juniperus rigida Siebold & Zucc.

측백나무과 CUPRESSACEAE Gray

● **분포**

중국(중북부), 일본(혼슈 이남), 러시아 (동부), 한국

❖ **국내분포/자생지** 전국의 건조한 산지 및 풀밭, 암석지대

● **형태**

수형 상록 소교목 또는 관목이며 높이 10m, 지름 40~50㎝까지도 자란다. 수형은 피라미드형이다.

수피/가지 수피는 적갈색이며 세로로 얇게 갈라져 긴 조각으로 떨어진다. 오래된 가지는 아래로 처진다.

잎 길이 1.2~2㎝의 침형이며 흔히 3개씩 돌려난다. 표면에 백색의 좁은 홈이 있으며, 횡단면은 V 자 모양이다.

구화수 암수딴그루(간혹 암수한그루)이며, 4월에 2년지의 잎겨드랑이에 구화수가 달린다. 수구화수는 길이 3~5㎜의 타원형 또는 아원형이며 황갈색이다. 암구화수는 녹색이며 3개의 인편이 있다.

구과/종자 육질의 구과(毬果)는 지름 6~9㎜의 구형이다. 구과는 이듬해 가을에 남청색-흑색으로 성숙하고 표면에 백색 분이 돈다. 구과 속에는 길이 4~5㎜의 타원형 종자가 2~3개씩 들어 있다.

● **참고**

목재와 가지가 유연하며 물에 잘 썩지 않아 소의 코뚜레 같은 생활도구를 만드는 데 사용했다. 바닷가에서 줄기가 땅에 누워 자라는 나무를 해변노간주 [var. *conferta* (Parl.) Patschke]로 따로 구분하는 견해도 있다. 우리나라에서는 전북(어청도) 및 인천(백령도) 등지에서 볼 수 있다.

2001. 4. 16. 대구시 경북대학교

❶암구화수. 수분 직후에는 암구화수가 다소 붉은빛이 돈다. 지름 2~3㎜ 정도다. ❷구과. 녹백색의 구과는 수정된 해의 미성숙한 구과다. 성숙하면 흑색이 된다. ❸잎 ❹수피 ❺종자. 여러 개의 수지낭으로 싸여 있다. ❻자생지의 전경(강원 영월군). 석회암지대에서는 큰 집단을 이루기도 한다.

✽식별 포인트 수형/잎/구과

2007. 6. 25. 백두산

곱향나무

Juniperus sibirica Burgsd.
[*Juniperus communis* L. subsp. *alpina* (Suter) Celak.; *J. communis* L. var. *montana* Aiton]

측백나무과 CUPRESSACEAE Gray

● **분포**

북반구(북아메리카, 북유럽, 만주, 일본, 시베리아 등)의 한대 지역 및 고산지대

❖ **국내분포/자생지** 함북과 함남의 고산지대 풀밭

● **형태**

수형 상록 관목 또는 소교목이며 흔히 줄기가 땅에 누워 자라지만, 높이 10m까지 서서 자라기도 한다.

수피/가지 수피는 암갈색이며, 가지가 굵고 빽빽하게 달린다.

잎 길이 7~10㎜의 침형이고 활처럼 구부러지며, 흔히 3개씩 돌려난다. 표면 안쪽에 백색의 기공선이 있으며, 뒷면은 녹색이다.

구화수 암수딴그루(간혹 암수한그루)이며, 구화수는 6~7월에 2년지의 잎겨드랑이에 달린다. 수구화수는 길이 2~3.5㎜의 타원형이며 황색 또는 황갈색이다. 암구화수는 길이 3~4㎜의 타원형 또는 아원형이며 녹색 또는 황적색이다.

구과/종자 육질의 구과(毬果)는 지름 6~12㎜의 구형이며, 이듬해 가을에 흑갈색-흑자색으로 성숙한다. 구과 속에는 길이 3~4㎜의 타원형 종자가 1~3개씩 들어 있다.

● **참고**

노간주나무와 유사하지만, 관목상으로 줄기가 땅을 기며 잎이 길이 7~10㎜로 짧고 안쪽으로 활처럼 굽는 점이 다르다. 전 세계에서 분포범위가 가장 넓은 목본류 중 하나다. 학자에 따라 유럽과 시베리아에 분포하는 *J. communis* L.과 동일종 또는 종내 분류군으로 보기도 한다.

❶수분 직후의 암구화수 ❷화분(소포자)이 터지기 전의 수구화수 ❸구과 ❹잎. 노간주나무에 비해 짧고 활처럼 굽는 점이 다르다. ❺ 곱향나무 군락(2016. 몽골)
✽식별 포인트 자생지/수형/잎

향나무
Juniperus chinensis L. var. *chinensis*

측백나무과 CUPRESSACEAE Gray

● **분포**
중국, 일본(혼슈 이남), 러시아(동남부), 미얀마, 한국
❖ **국내분포/자생지** 강원(삼척시, 영월군), 경북(의성군, 울릉도)의 암석지대
● **형태**
수형 상록 관목 또는 교목이며 높이 20m, 지름 70cm까지 자란다.
수피 회갈색을 띠며 세로로 찢어져서 얇게 벗겨진다.
잎 인편엽과 침엽의 2가지 형태가 있으며, 개체에 따라 인편엽만 나기도 한다. 인편엽은 길이 1.5mm 정도이며, 침엽은 길이 5~10mm이고 3개씩 엉성하게 돌려난다.
구화수 암수딴그루(간혹 암수한그루)이며, 4월에 성숙한다. 수구화수는 길이 3~5mm의 타원형이며 황색이다. 암구화수는 길이 3~4mm이며 인편은 6개다.
구과/종자 육질의 구과(毬果)는 지름 6~7mm의 구형이다. 이듬해 가을에 흑자색으로 성숙하며 표면에 백색 분이 생긴다. 종자는 길이 3~6mm이며 흔히 난형이지만 형태에 변화가 많다. 종자는 구과당 2~4개씩 들어 있다.
● **참고**
울릉도의 해안가 절벽에 비교적 많은 개체가 자라지만, 내륙에서는 매우 드물게 발견된다. 전 세계적으로 100종류 이상의 재배종이 있다. 일본 원산으로 가지가 용솟음치듯 굽어 자라는 재배종을 가이즈카향나무(*J. chinensis* 'Kaizuka')라고 하는데, 가지가 나사처럼 꼬인다고 하여 '나사백'이라 부르기도 한다.

2009. 6. 22. 경북 울릉도 통구미(천연기념물 제48호)

❶암구화수 ❷수구화수 ❸구과 ❹잎 ❺수피
❻종자 ❼가이즈카향나무
✽식별 포인트 잎/구과/수형

56

2012. 8. 12. 강원 인제군 설악산

눈향나무
Juniperus chinensis L. **var. sargentii** A. Henry

측백나무과 CUPRESSACEAE Gray

●**분포**
중국 북부(헤이룽장성), 일본, 러시아
(사할린), 타이완, 한국
❖**국내분포/자생지** 한라산, 지리산,
설악산, 태백산 등 고산지대의 바위지
대에 드물게 자람
●**형태**
수형 상록 관목이며 높이 50㎝ 정도로
자란다. 줄기는 땅 위를 기면서 자라
지만, 절벽지에서는 아래로 처져서 자
란다.
잎 대부분은 인편엽이며 어린가지에
간혹 침엽이 난다. 인편엽은 마름모형
이고 끝이 둥글며, 침엽은 길이 4~5
㎜다.
구화수 암수딴그루(간혹 암수한그루)
이며, 4월에 성숙한다. 수구화수는 길
이 4~6㎜의 광난형이며 황색이다. 암
구화수는 구형이며 가지 끝에 달린다.
구과/종자 구과(毬果)는 길이 6~8㎜
의 편구형 또는 구형이며 이듬해 가을
에 흑자색으로 성숙한다. 표면에는 백
색 분이 돈다. 종자는 길이 3~6㎜의
난형이며 구과당 1~3개씩 들어 있다.
●**참고**
전 세계적으로 동북아시아 지역에만
제한적으로 분포한다. 국내에서는 한라
산, 지리산, 설악산, 태백산 등 고산지
대의 바위지대에 매우 드물게 자라는
희귀식물이다. 눈향나무에 비해 잎이
대부분 침엽이며 주로 해안가에 자라
는 나무를 섬향나무(var. *procumbens*
Siebold ex Endl.)라고 하지만, 섬향나
무도 어릴 적에는 인편엽과 침엽이 같
이 난다. 우리나라에서는 전남(홍도, 흑
산도, 장도, 소허사도 등)의 바닷가 모
래땅과 바위지대에 드물게 자란다.

❶암구화수 ❷수구화수 ❸구과. 향나무보다
다소 소형이다. ❹잎. 거의 인편엽뿐이다.
❺종자 ❻섬향나무(ⓒ이중효)
✽식별 포인트 수형/잎/자생지

57

측백나무

Platycladus orientalis (L.) Franco
(*Thuja orientalis* L.)

측백나무과 CUPRESSACEAE Gray

● **분포**

중국(서북부), 러시아(동부), 한국

❖ **국내분포/자생지** 대구시, 안동시, 영양군, 단양군 등 석회암 또는 퇴적암 절벽지

● **형태**

수형 상록 교목이며 높이 20m, 지름 1m까지 자란다.

수피/어린가지 수피는 적갈색이며 세로로 갈라진다. 어린가지는 녹색이며 수직 방향으로 발달한다.

잎 길이 1~3mm의 비늘 모양이며 끝이 뾰족하다. 양면 모두 녹색이다.

구화수 암수한그루이며, 구화수는 3~4월에 가지 끝에 달린다. 수구화수는 길이 2~3mm의 타원형이며 황록색이다. 암구화수는 길이 3mm 정도의 구형이며, 청록색 또는 황적색이다.

구과/종자 구과(毬果)는 길이 1.5~3 cm이며, 처음엔 분백색을 띤 녹색이지만 성숙하면서 적갈색으로 변한다. 종린은 6~12개이고 종린 사이에 1~2개의 종자가 들어 있다. 종자는 길이 5~7mm의 타원형이며, 회갈색을 띠고 날개가 없다.

● **참고**

대구시 동구 도동에 있는 측백나무 자생지는 천연기념물 제1호로 지정되어 있는데, 약 1,000개체가 군락을 이루며 자라고 있다. 측백나무를 오래전에 도입된 종으로 보는 견해도 있다.

2008. 6. 29. 충북 단양군

❶암구화수 ❷수구화수 ❸구과 ❹잎. 앞면과 뒷면이 별다른 차이가 없다. ❺수피 ❻종자에는 날개가 없다.

✽식별 포인트 잎/구과/종자

2002. 6. 16. 강원 양양군 설악산

눈측백(찝빵나무)
Thuja koraiensis Nakai

측백나무과 CUPRESSACEAE Gray

● **분포**
중국(백두산), 한국

❖ **국내분포/자생지** 강원(태백산, 설악산, 함백산 등), 경기(화악산) 이북 높은 산지의 능선부 및 바위지대

● **형태**
수형 자생지에서는 흔히 관목상으로 자라지만, 바람이 약한 곳이나 평지에서는 높이 10m, 지름 30(~80)cm까지 자라기도 한다.

수피/어린가지 수피는 적갈색이고 세로로 얕게 갈라지며, 오래되면 껍질이 떨어진다. 어린가지는 녹색이고 광택이 나며 옆으로 퍼진다.

잎 길이 1.8~3.4mm이고 끝이 둔하다. 표면은 짙은 녹색이며, 뒷면은 황록색이고 2줄의 백색 기공선이 있다.

구화수 암수한그루이며, 구화수는 5월에 가지 끝에 달린다. 수구화수는 길이 2~3mm의 난형 또는 구형이며 황적색이다. 암구화수는 연한 홍색의 난형이다.

구과/종자 구과(毬果)는 길이 7~10mm의 타원형 또는 난형이며, 9~10월에 짙은 갈색으로 성숙한다. 구과당 5~10개씩의 종자가 들어 있다. 종자는 길이 4mm 정도의 타원형이고, 너비 1~1.5mm의 좁은 날개가 있다.

● **참고**
중국에서도 백두산(장백산) 일대에만 분포하는 희귀수목이며 취약종(VU)으로 지정되어 있다. 측백나무와 생김새가 유사하지만 구과와 종자의 형태에서 큰 차이가 나서 별도의 속으로 분류하고 있다. 백두대간 일대의 노거수(老巨樹) 실태조사에서 지름 87.9cm의 큰 나무가 발견되기도 했다.

❶암구화수 ❷수구화수는 크기가 작아 눈에 잘 띄지 않는다. 짧은 자루가 있다. ❸구과 ❹벌어져서 종자가 떨어진 시기의 종린 모습 ❺잎의 뒷면 ❻수피 ❼종자에는 날개가 있다.
*식별 포인트 자생지/수형/잎/구과/종자

서양측백나무
Thuja occidentalis L.

측백나무과 CUPRESSACEAE Gray

2018. 8. 5. 경기 남양주시

● **분포**

북아메리카(동부)

❖ **국내분포/자생지** 전국적으로 공원수 및 정원수로 식재

● **형태**

수형 상록 침엽수이며 원추형으로 높이 20m까지 자란다.

수피 수피는 적갈색-회갈색이고 세로로 길게 갈라지며, 오래되면 얇게 조각으로 벗겨져 떨어진다.

잎 어린가지의 양면에 나며 황록색을 띤다. 길이는 (1.5~)3~5mm이며 뒷면(배축면)의 축을 따라 선점이 뚜렷하게 돌출해 있다. 측엽은 축엽과 길이가 거의 같으며 끝이 안쪽으로 살짝 굽는다.

구화수 암수한그루이며, 구화수는 3월 하순~4월 초순 가지 끝에 달린다. 수구화수는 길이 2~3mm의 난형 또는 구형이며 황적색이다. 암구화수는 길이 3~4mm이며 적록색을 띤다.

구과/종자 구과(毬果)는 길이 9~14mm의 타원형이며, 결실 초기에는 황록색이었다가 9~10월에 갈색으로 성숙하며 위로 곧추선다. 구과 안에는 4개 정도의 종자가 들어 있다. 종자는 날개를 포함해서 길이 4~7mm 정도의 광타원형이다.

● **참고**

북아메리카에서 유럽으로 최초로 전파된 수종 중 하나다. 목재 생산용 또는 관상용으로 다양한 재배품종이 개발되어 있다. 국내에서는 흔히 담장 구획용으로 사용한다.

❶암구화수(좌)와 수구화수(우) ❷성숙기의 구과 ❸❹수피의 변화 ❺잎의 중축을 따라 돌기가 발달하는 것이 특징이다(화살표). ❻수형 ❼날개에 싸인 종자

❋식별 포인트 잎 뒷면의 돌기/구과

메타세쿼이아

Metasequoia glyptostroboides
Hu & W.C. Cheng

측백나무과 CUPRESSACEAE Gray

● **분포**
중국(서남부, 양쯔강 상류) 원산
❖**국내분포/자생지** 공원수 및 가로수로 전국에 흔히 식재
● **형태**
수형 낙엽 교목이며 자생지에서는 높이 50m, 지름 2.5m까지도 자란다. 수형은 원추형이다.
수피/겨울눈 오래된 수피는 적갈색이며 세로로 얕게 갈라져 벗겨진다. 겨울눈은 길이 3~5mm의 난형이고 끝이 둔하며 황갈색이다.
잎 잎의 길이는 2cm가량이고, 폭은 1~2mm 정도도. 선형의 잎은 마주나며 마치 엽축처럼 보이는 측지에 45~60° 각도로 배열된다. 잎뿐만 아니라 잎이 달리는 측지도 마주나므로 그 모습이 우상복엽처럼 보이지만 단엽이라고 하는 것이 옳다.
구화수 암수한그루이며, 수분기는 3~4월이다. 소포자낭은 길이 3~5mm의 타원형이며, 아래로 처지는 소포자낭수에 다수(多數)가 모여 달린다. 암구화수는 적록색이고 길이 1cm 정도이며, 암구화수보다 긴 자루 끝에 달린다.
구과/종자 구과(毬果)는 지름 1.4~2.5cm의 구형이고 흔히 구과 길이보다 긴 자루 끝에 달리며, 10~11월에 갈색으로 변한다. 종자는 길이 4mm 정도이며 넓은 날개가 있다.
● **참고**
1945년 양쯔강 상류 지역에 자생하는 *M. glyptostroboides*가 보고되기 전까지 *Metasequoia*속 식물은 화석으로만 알려져 있던 희귀식물이다. 낙우송과 수형이 비슷하지만, 가지와 잎이 마주나며 구과에 긴 자루가 있어 쉽게 구별할 수 있다.

❶암구화수. 수분기가 지나면서 점차 녹색으로 변한다. ❷❸수구화수 ❹미성숙한 구과 ❺수피 ❻종자는 넓은 날개에 싸여 있다. ❼❽낙우송(❼)과 메타세쿼이아(❽)의 잎 비교. 낙우송은 잎이 측지 양쪽으로 어긋나게 배열되고, 메타세쿼이아는 마주 보며 달린다.
✱식별 포인트 수형/잎/구과

2017. 5. 3. 서울시

낙우송

Taxodium distichum (L.) Rich.

측백나무과 CUPRESSACEAE Gray

●**분포**

북아메리카 동남부

❖**국내분포/자생지** 공원수 및 가로수로 전국에 흔히 식재

●**형태**

수형 낙엽 교목이며 자생지에서는 높이 40m, 지름 2~3m까지도 자란다. 가지가 수평으로 뻗어서 원추형의 수형이 된다.

수피/어린가지 수피는 회색 또는 적갈색이고, 껍질이 세로로 얇게 벗겨진다. 어린가지는 2열로 배열되며, 처음엔 녹색이다가 차츰 적갈색으로 변한다.

잎 긴가지에서는 나선상으로 달리며, 짧은가지에서는 수평으로 2열로 어긋나게 달린다. 잎은 길이 4~5cm의 납작한 선형이다. 표면은 밝은 녹색이며 뒷면은 회녹색이 돈다.

구화수 암수한그루이며, 수분기는 3~4월이다. 수구화수는 타원형이고 짧은 자루가 있으며, 어린가지 끝에서 나온 길이 5~12cm의 총상꽃차례 또는 원추꽃차례에 모여 달린다. 암구화수는 녹색이며, 어린가지 끝에 몇 개씩 모여 달린다.

구과/종자 구과(毬果)는 지름 2~4cm의 구형이고, 10~11월에 황갈색으로 성숙한다. 종자는 길이 1.2~2.5cm의 불규칙한 삼각상이며 갈색이다.

●**참고**

습한 곳에서 자라는 낙우송의 밑동 주위에 발달하는 목질 기둥은 가근(假根)의 일종으로 슬근(膝根, cypress knee)이라 한다. 슬근의 정확한 기능은 명확하지 않지만, 현재로서는 호흡을 위한 기근(氣根)이라기보다 연약한 지반에서 생육하기 위한 버팀목 같은 역할을 하는 것으로 추정된다.

❶암·수구화수. 녹색을 띤 왕관 모양의 기관이 암구화수다. ❷미성숙한 구과 ❸❹잎. 낙우송의 잎은 메타세쿼이아에 비해 더욱 섬세하게 갈라진다. ❺수피 ❻종자. 수지낭이 붙어 있다. ❼슬근

✽식별 포인트 수형/구과/잎/밑동 주변의 슬근

2011. 11. 13. 서울시 올림픽공원

*2008. 7. 28. 제주

나한송
Podocarpus macrophyllus
(Thunb.) Sweet

나한송과 PODOCARPACEAE Engl.

●**분포**
중국(중남부), 일본(혼슈 이남의 바다 인근 산지), 타이완, 미얀마, 한국
❖**국내분포/자생지** 전남(가거도) 해안가 절벽에 소수 개체 자생
●**형태**
수형 상록 교목이며 높이 20m, 지름 60㎝까지 자란다. 가지가 위를 향해 무성하게 뻗는다.
수피 회백색 또는 적갈색이며 얕게 갈라져서 오래되면 껍질이 떨어진다.
잎 어긋나며 길이 8~14㎝의 넓은 선형 또는 좁은 피침형이다. 양 끝은 뾰족하며 주맥이 뚜렷하다. 가장자리는 밋밋하고 뒤로 약간 젖혀진다. 표면은 짙은 녹색이고 광택이 나며, 뒷면은 연한 녹색이다.
생식기관 암수딴그루이며, 수분기는 5~6월이다. 소포자낭수는 길이 3㎝ 정도의 원통형이며, 잎겨드랑이에서 나온 짧은 꽃자루에 3~5개씩 모여 달린다. 암배우체는 길이 1㎝ 정도이며, 2년지 잎겨드랑이에서 1개씩 달린다.
종자 육질의 종린은 원통형이며 적색으로 성숙한다. 핵과상의 종자는 육질의 암녹색 껍질로 완전히 싸여 있으며 표면에 백색 분이 생긴다. 종자는 지름 1~1.5㎝의 난형이고 황색이며 10~12월에 성숙한다.
●**참고**
나한송속의 식물 중 가장 북쪽에 분포하는 종이며, 전 세계적으로 아열대에서 난대 지역에 걸쳐 널리 식재한다. 우리나라와 가까운 일본 쓰시마섬의 산지에도 드물지 않게 자생한다. 홍콩에서는 풍수와 관련된 귀한 나무로 여겨 비싸게 판매된다. 성숙기에 직색으로 변하는 종린은 식용할 수 있다.

❶암배우체 ❷소포자낭수 ❸핵과상의 종자
❹수피 ❺수형
✽식별 포인트 잎

개비자나무
(큰개비자나무)

Cephalotaxus harringtonia
(Knight ex J. Forbes) K. Koch
(*Cephalotaxus koreana* Nakai)

개비자나무과
CEPHALOTAXACEAE Neger

● **분포**
일본(혼슈 이남), 한국
❖**국내분포/자생지** 중남부지방의 산
지 숲속

● **형태**
수형 상록 관목 또는 소교목이며 높이
6(~10)m, 지름 30cm까지도 자란다.
수피/어린가지/겨울눈 수피는 암갈색
이고 오래되면 세로로 갈라져 벗겨진
다. 어린가지는 녹색이며, 겨울눈은 좁
은 난형이다.
잎 2열로 배열하며 길이 3~5cm의 선
형이고 납작하다. 표면은 짙은 녹색이
며, 뒷면은 2줄의 넓은 백색 기공선이
있어 흰빛이 돈다.
생식기관 암수딴그루(간혹 암수한그
루)이며, 생식기관은 3~4월에 성숙한
다. 소포자낭수는 지름 3~4mm의 타원
형이고, 2년지 잎겨드랑이에 6~10개
씩 둥글게 모여서 핀다. 암배우체는 녹
색의 난형이며 가지 끝에 달린다.
종자 길이 1.5~2.5cm의 타원형 또는
난형이며 육질의 가종피로 완전히 싸
여 있는 핵과상이다. 이듬해 9~10월
에 적갈색으로 성숙하며, 성숙기의 가
종피는 단맛이 난다.

● **참고**
음지에 견디는 힘(내음성)이 아주 강
하다. 비자나무와 유사하나 개비자나
무의 잎이 보다 부드러워 피부를 찔러
도 아프지 않으며, 주맥이 도드라져 있
고 잎 뒷면의 기공선이 비자나무보다
넓어 쉽게 구별할 수 있다. 줄기가 누
워 자라는 나무를 눈개비자나무[var.
nana (Nakai) Rehder]로 구분하기도
하지만, 최근에는 개비자나무에 통합
하는 추세다.

❶암배우체 ❷소포자낭수 ❸성숙한 종자. 적
색의 가종피에 싸여 있다. 적색의 가종피는
단맛이 난다. ❹잎 뒷면 ❺수피 ❻수형 ❼가
종피를 제거한 종자. 비자나무 종자에 비해
종피의 표면이 더욱 매끄럽다.
✸**식별 포인트** 잎/가종피(종자)

2007. 4. 15. 전남 해남군 두륜산

2001. 6. 12. 강원 태백시 태백산

주목
Taxus cuspidata Siebold & Zucc.

주목과 **TAXACEAE** Gray

● **분포**

중국(동북부), 일본, 러시아(동부), 한국

❖**국내분포/자생지** 전국 아고산대 산지의 능선 및 사면

● **형태**

수형 상록 교목이며 높이 20m, 지름 1.5m까지 자란다.

수피/어린가지 수피는 적갈색이며 얇게 벗겨진다. 어린가지는 녹색에서 차츰 연한 갈색 또는 회갈색으로 변한다.

잎 길이 1.5~2cm의 선형이며, 줄기에 나선상으로 달린다. 표면은 짙은 녹색이고, 뒷면에 2줄의 백색 또는 연한 황색 줄이 있다.

생식기관 암수딴그루(간혹 암수한그루)이며, 생식기관은 4월에 성숙한다. 소포자낭수는 길이 3.5mm의 도란형 또는 구형이며 길이 0.5~1mm의 자루가 있다. 암배우체는 녹색의 난형이며 잎겨드랑이에 달린다.

종자 길이 5~6mm의 삼각상 난형 또는 난상 구형이며 8~9월에 성숙한다. 종자는 컵 모양을 한 적색의 육질 가종피에 싸여 있다.

● **참고**

국명은 '붉은(朱) 나무(木)'라는 뜻이며 수피 및 심재가 붉은빛을 띤다. 줄기가 흔히 옆으로 퍼져서 누워 자라는 일본 원산의 나무를 눈주목(var. *nana* Rehder)이라고 하며, 공원수 및 정원수로 널리 식재한다. 울릉도에 자라는 주목을 회솔나무[var. *latifolia* (Pilg.) Nakai]로 따로 구분하기도 하지만, 주목과 동일종으로 보는 편이 타당할 것이다.

❶암배우체는 녹색의 배주가 몇 개의 인편에 싸여 있고, 배주 끝의 구멍(micropyle)에서는 수분기에 액체가 분비된다. 수분의 효율을 높이는 장치일 것이다. ❷소포자낭수와 잎. 잎끝이 날카롭지만 피부에 찔려도 그다지 아프지는 않다. ❸성숙한 종자. 종자는 적색의 가종피에 싸여 있다. ❹수피 ❺가종피를 제거한 종자 ❻소백산의 주목 군락(천연기념물 제244호)

✽식별 포인트 적색의 수피/잎/가종피(종자)

비자나무
Torreya nucifera (L.) Siebold & Zucc.

주목과 TAXACEAE Gray

2004. 6. 27. 전남 해남군 대흥사

●**분포**
일본(혼슈 이남), 한국

❖**국내분포/자생지** 남부지방 및 제주의 해발고도가 낮은 지대

●**형태**
수형 상록 교목이며 높이 25m, 지름 2m까지 자란다.

수피/어린가지 수피는 회백색이며 오래되면 세로로 얇게 갈라져서 긴 조각으로 떨어진다. 어린가지는 녹색이고 3년째의 가지는 적갈색이다

잎 길이 2cm 정도의 선형이며 우상으로 배열된다. 끝이 뾰족하고 딱딱해 피부에 찔리면 아플 정도다. 잎은 가죽질이며, 표면은 광택이 나는 짙은 녹색이고 주맥이 불분명하다. 뒷면에는 주맥 양쪽에 백색 또는 황백색의 가는 기공선이 있다.

생식기관 암수딴그루이며, 생식기관은 5월경에 성숙한다. 소포자낭수는 길이 1cm 정도의 타원형이며, 2년지의 잎겨드랑이에 달린다. 암배우체는 새 가지 밑부분의 잎겨드랑이에 달린다.

종자 길이 2~3.5cm의 타원형 또는 도란상이고 녹색의 육질 가종피로 완전히 싸여 있는 핵과상이다. 종자는 이듬해 9~10월에 성숙하며, 녹색의 가종피가 벌어지면 속에서 갈색의 종자가 나온다.

●**참고**
자생종으로 확실히 단정하기가 어렵다. 어린 개체는 개비자나무와 유사하지만, 잎이 보다 딱딱하며 잎 뒷면의 백색 기공선의 폭이 훨씬 좁다. 개비자나무보다 종자가 크고, 개비자나무의 종자와는 달리 성숙기에도 가종피가 녹색을 띠는 점이 특징이다.

❶암배우체 ❷수분기의 소포자낭수 ❸수형 ❹잎. 딱딱하고 끝이 날카롭다. 뒷면에 황백색의 기공선이 보인다. ❺가종피를 제거한 종자. 딱딱한 종피에 싸여 있다. 예전에는 종피를 제거한 종자로 기름을 짜거나 구충제로 사용했다. ❻개비자나무(좌)와 비자나무(우)의 잎과 종자 비교

✿식별 포인트 잎(촉감)/가종피(종자)

66

피자
식물문

MAGNOLIOPHYTA

목련강
MAGNOLIOPSIDA

목련아강
MAGNOLIIDAE

목련과 MAGNOLIACEAE
녹나무과 LAURACEAE
홀아비꽃대과 CHLORANTHACEAE
쥐방울덩굴과 ARISTOLOCHIACEAE
후추과 PIPERACEAE
붓순나무과 ILLICIACEAE
오미자나무과 SCHISANDRACEAE
미나리아재비과 RANUNCULACEAE
매자나무과 BERBERIDACEAE
으름덩굴과 LARDIZABALACEAE
새모래덩굴과 MENISPERMACEAE

태산목
Magnolia grandiflora L.

목련과 MAGNOLIACEAE Juss.

● **분포**
북아메리카 동남부(멕시코만 및 대서양 연안) 원산

❖ **국내분포/자생지** 공원수 및 정원수로 남부지방과 제주에 식재

● **형태**
수형 낙엽 교목이며 높이 20m, 지름 60㎝까지 자란다.

수피/어린가지/겨울눈 수피는 연한 갈색-회색이며, 오래되면 얇은 조각으로 떨어진다. 어린가지와 겨울눈(꽃눈)에는 갈색 털이 밀생한다.

잎 어긋나며 길이 10~20㎝ 정도의 장타원형이다. 끝은 둔하거나 뾰족하고 밑부분은 쐐기형이며, 가장자리는 밋밋하다. 엽질은 두꺼운 가죽질이고, 잎의 표면은 진한 녹색이고 광택이 나며, 뒷면에는 갈색 털이 밀생한다. 잎자루는 길이 1.5~4㎝이며, 윗면에 깊은 홈이 있고 갈색 털이 밀생한다.

꽃 5~6월 가지 끝에 지름 15~25㎝의 백색 양성화가 핀다. 꽃은 향기가 진하다. 화피편은 9~12개다. 수술은 길이 2㎝ 정도이며, 수술대는 자주색이고 납작하다. 암술은 화탁이 길어진 원추형의 기둥에 다수가 달리며 긴 털이 밀생한다. 암술대는 개화기가 끝날 때까지 아래를 향해 굽어 있다.

열매/종자 열매(聚果)는 길이 7~10㎝의 타원형-난형이며 갈색 털이 밀생한다. 종자는 길이 1.4㎝ 정도의 난형이고 적색의 외종피로 싸여 있다.

● **참고**
상록성이며 어린가지, 잎 뒷면, 잎자루 등에 갈색 털이 밀생하는 점이 특징이다. 종소명 *grandiflora*는 '큰(*grand*) 꽃(*flora*)'이라는 뜻이다.

2011. 10. 4. 전북 고창군

❶꽃. 지름 10㎝ 이상의 탐스러운 꽃을 피운다. ❷수술기의 꽃 ❸잎. 표면은 광택이 나고 뒷면은 갈색 털이 밀생한다. ❹열매. 종자가 빠져나간 골돌은 다시 오므라든다. ❺겨울눈(잎눈) ❻수피 ❼수형 ❽외종피를 제거한 종자
✽식별 포인트 잎

2009. 4. 11. 제주 한라산

목련
Magnolia kobus DC.
(*Magnolia praecocissima* Koidz.)

목련과 MAGNOLIACEAE Juss.

●분포
일본, 한국

❖국내분포/자생지 제주의 숲속에 드
물게 자생

●형태
수형 낙엽 교목이며 줄기가 곧추서고
높이 15m까지 자란다.

수피/어린가지/겨울눈 수피는 회백색
이고 매끈하며 피목이 발달한다. 어린
가지는 굵고 털이 없으며, 녹색 바탕
에 자줏빛이 약간 돈다. 잎눈에는 털
이 없으며, 꽃눈에는 긴 황갈색 털이
밀생한다.

잎 어긋나며 길이 5~15cm의 넓은 도
란형이다. 끝이 급히 뾰족해지고 밑부
분은 쐐기형이며, 가장자리가 밋밋하
다. 뒷면은 연한 녹색이며, 어릴 때는
백색 털이 있으나 차츰 없어진다. 잎자
루는 길이 1~2cm다.

꽃 3~4월 잎이 나기 전에 지름 7~10
cm의 백색 양성화가 핀다. 보통 꽃 밑
에 1개의 잎을 달고 있다. 향기가 있다.
화피편은 9개인데 바깥쪽 3개는 넓은
선형이고 크기가 작으며, 안쪽 6개는
장타원형의 꽃잎 모양이고 옆으로 벌
어진다. 수술은 황색의 선형이며 다수
가 달린다. 암술은 화탁이 길어진 녹색
의 원추형 기둥에 다수가 모여 달린다.

열매/종자 열매(聚果)는 길이 7~10cm
의 타원형이며 10월에 적색으로 익는
다. 종자는 길이 1.2~1.3cm의 심장형
이고 흑갈색을 띠며 적색의 외종피로
싸여 있다.

●참고
백목련과 유사하지만, 꽃이 필 때 꽃잎
모양의 화피편이 옆으로 활짝 펴지며
꽃 밑에 작은잎이 1~2개씩 달리는 특
징이 있다.

❶암술기의 꽃. 암술이 먼저 성숙하며, 이 시
기에는 꽃밥이 아직 터지지 않는다. 화피편
의 밑부분은 연한 적색이 돈다. ❷열매 ❸수
형 ❹잎 ❺겨울눈. 꽃눈은 털로 덮여 있다.
❻적색 외종피를 제거한 종자
✳식별 포인트 꽃/잎

❶

❷

❸

❹

❺

❻

일본목련(후박나무)

Magnolia obovata Thunb.
[*Houpoëa obovata* [Thunb.] N. H.
Xia & C. Y. Wu]

목련과 MAGNOLIACEAE Juss.

●**분포**
일본 원산

❖**국내분포/자생지** 공원수 및 정원수
로 전국에 식재

●**형태**
수형 낙엽 교목이며 높이 20m, 지름
1m까지 자란다.

수피/겨울눈 수피는 회백색이며 원형
의 피목이 있다. 겨울눈은 길이 3~5
cm이며, 2개의 인편으로 싸여 있고 털
이 없다.

잎 어긋나지만 보통은 가지 끝에 모여
달리며, 길이 20~40cm의 도란상 장
타원형이다. 뒷면은 흰빛이 돌며 부드
러운 털이 흩어져 있다.

꽃 5~6월에 잎이 난 후에 백색의 양
성화가 핀다. 꽃은 지름 15cm 정도인
데, 강한 향기가 나며 위를 향해 달린
다. 화피편은 9~12개이다. 바깥쪽 3
개는 꽃받침 모양이고 짧으며, 안쪽의
6~9개는 꽃잎 모양이다. 수술은 길이
2cm 정도인데, 수술대는 적색이고 꽃
밥은 황백색이다.

열매/종자 열매(聚果)는 길이 15~20
cm의 난상 타원형이며 적갈색으로 익
는다. 종자는 길이 1cm 정도이고 적색
의 외종피로 싸여 있다. 종자는 골돌과
속에 2개씩 들어 있으며, 익으면 골돌
밖으로 빠져나와 백색 실에 매달린다.

●**참고**
꽃이 잎이 난 후에 위를 향해 피며, 잎
이 20~40cm로 대형인 점이 특징이다.
꽃과 잎이 일본의 자생수목 중 가장 크
다고 한다. 국내에 유통되는 한약재 후
박(厚朴)은 중국에 자생하는 목련류인
M. officinalis Rehder et. Wilson 또는
일본목련의 줄기껍질 등을 일컫는다.

2011. 5. 11. 서울시 올림픽공원

❶암술기의 꽃. 암술기에는 꽃잎이 활짝 벌
어지지 않는다. ❷수술기의 꽃. 개화기 끝 무
렵이 되면 화피편이 수평에 가깝게 활짝 벌
어진다. 색깔도 미백색으로 변한다. ❸열매
❹겨울눈 ❺수피 ❻수형 ❼외종피를 제거한
종자
❉식별 포인트 잎/꽃

70

2004. 6. 15. 강원 평창군 발왕산

함박꽃나무(산목련)

Magnolia sieboldii K. Koch
(*Magnolia sieboldii* K. Koch
subsp. *japonica* K. Ueda)

목련과 MAGNOLIACEAE Juss.

●**분포**

중국(중북부), 일본(혼슈 이남), 한국

❖**국내분포/자생지** 전국의 산지에 흔히 자람

●**형태**

수형 낙엽 소교목이며 높이 7~10m까지 자란다.

수피/어린가지/겨울눈 수피는 회백색으로 매끈하며, 오래되면 표면에 사마귀 같은 피목이 발달한다. 어린가지는 회갈색이며 누운털이 있다. 겨울눈(꽃눈)은 길이 1~1.5cm의 장타원상이며, 인편은 가죽질이고 털이 없다.

잎 어긋나며 길이 6~15cm의 타원형-넓은 도란형이다. 끝은 급히 뾰족해지고 가장자리가 밋밋하다. 뒷면은 회녹색이며, 맥 위에 털이 있다. 잎자루는 길이 1~2cm다.

꽃 5~6월 잎이 난 다음에 가지 끝에 지름 7~10cm의 백색 양성화가 옆이나 아래를 향해 달린다. 향기가 있다. 화피편은 9~12개인데 바깥쪽 3개는 소형의 꽃받침 모양이며, 안쪽의 6~9개는 꽃잎 모양이다. 수술은 선형이고 수술대와 꽃밥은 적색이다. 암술은 화탁이 길어진 원추형의 기둥에 다수가 달리며 황록색이다.

열매/종자 열매(聚果)는 길이 5~7cm의 장타원형이고, 9~10월에 적색으로 익는다. 종자는 길이 6~10mm의 심장형-광난형이며 적색의 외종피에 싸여 있다.

●**참고**

꽃은 잎이 난 다음에 피며 가지 끝에서 옆이나 아래를 향해 달리는 점이 특징이다. 북한에서는 '나무에 피는 난초꽃'이라는 뜻으로 '목란'이라 부른다. 현재 북한의 국화다.

❶암술기의 꽃 ❷수술기의 꽃 ❸열매 ❹겨울눈: 꽃눈(상)과 잎눈(하). 인편에 털이 없다. ❺잎. 뒷면에는 갈색 털이 있다. ❻수피. 매끄러운 표면에 돌기가 산재한다. ❼수형 ❽외종피를 제거한 종자

✱식별 포인트 꽃/열매/겨울눈/자생지

백목련
Magnolia denudata Desr.
[*Magnolia heptapeta* (Buc'hoz)
Dandy; *Yulania denudata* (Desr.)
D. L. Fu]

목련과 MAGNOLIACEAE Juss.

● **분포**

중국(중남부) 원산

❖**국내분포/자생지** 전국의 공원 및 정원에 식재

● **형태**

수형 낙엽 교목이며 자생지에서는 높이 25m, 지름 1m까지 자란다.

수피/겨울눈 수피는 진한 회색이고 평활하다가 차츰 불규칙하게 갈라진다. 겨울눈(꽃눈)은 길이 2~2.5cm이며, 황갈색의 긴 털이 밀생한다.

잎 어긋나며 길이 10~15cm의 도란형이다. 잎 표면은 털이 있다가 차츰 없어지며, 뒷면은 연한 녹색을 띠고 맥 위에 털이 있다. 잎자루는 길이 1~2.5cm이며 털이 있다.

꽃 3~4월 잎이 나오기 전에 길이 10~16cm의 종 모양을 한 백색의 양성화가 위를 향해 풍성하게 달린다. 향기가 강하며, 꽃에는 육질의 좁은 도란형 화피편이 9개 있다. 화피는 개화 절정기에도 활짝 벌어지지 않는다. 수술은 선형이고 다수가 나선상으로 붙는다. 암술은 화탁이 길어진 원추형의 기둥에 다수가 모여 달린다.

열매/종자 열매(聚果)는 길이 12~15cm의 장타원형이며, 9~10월에 적갈색으로 익는다. 식재된 수목은 열매의 태반이 성숙하지 못해 구부러지는 예가 흔하다. 적색의 외종피로 싸인 종자는 길이 1~1.5cm의 심장형 또는 난상이고 흑갈색을 띤다.

2008. 4. 1. 경기 가평군

❶암술기의 꽃. 암술머리가 수평에 가깝게 굽어 있다. ❷수술기의 꽃. 암술머리가 기둥(길게 늘어난 화탁)에 밀착한다. ❸열매. 사진 속의 열매만큼 충실하게 결실하는 경우는 드물다. ❹잎. 끝이 갑자기 좁아져서 목련의 잎보다 다소 둥글게 보인다. ❺겨울눈(꽃눈). 측면의 작은 눈은 잎눈이다. ❻꽃눈의 종단면 ❼수피

⑨

⑩

● 참고

꽃의 화피편 안쪽이 흰색이고 겉은 홍자색을 띠는 식물을 자주목련이라 하며 학명을 흔히 *M. denudata* var. *purpurascens* (Maxim.) Rehder & E. H. Wilson으로 쓰지만, 꽃의 형태에서 원 기재문과 차이가 있어 학명의 재검토가 필요할 것 같다. 한편 자목련(*M. liliiflora* Desr.)은 화피편의 양면이 모두 자주색이다. 개화기도 백목련이나 자주목련보다 늦다.

❽수형 ❾외종피를 제거한 종자. 목련에 비해 표면이 좀 더 거칠다. ❿외종피를 제거한 목련류의 종자 비교(왼쪽 위부터 시계 방향): 목련/백목련/자주목련/초령목/태산목/함박꽃나무/일본목련 ⓫자주목련 ⓬~⓮자목련 ⓬자목련은 중국 원산의 낙엽 교목으로 각지의 공원이나 정원에 식재한다. 꽃의 화피편은 자주색이며 곧추선다. 암술군도 자주색을 띤다. 겨울눈과 잎은 백목련보다 다소 소형이다. ⓭암술기의 꽃 ⓮수술기의 꽃
＊식별 포인트 꽃/잎

⑪

⑫

⑬

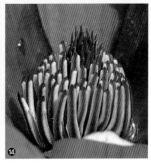

⑭

73

초령목
Michelia compressa (Maxim.) Sarg.

목련과 MAGNOLIACEAE Juss.

●분포
일본(혼슈 이남), 타이완, 필리핀, 한국
✤국내분포/자생지 제주와 전남 신안군 흑산도에 매우 드물게 자생하며 남부지방에 간혹 식재

●형태
수형 상록 소교목이며 높이 15m, 지름 1m까지 자란다.

수피/어린가지/겨울눈 수피는 회색 또는 암갈색이고 매끈하다. 어린가지는 녹색이며, 간혹 갈색의 누운털이 있다. 겨울눈의 표면에는 광택이 있는 황갈색의 부드러운 털이 밀생한다.

잎 어긋나며 길이 8~12cm의 장타원형이고 가죽질이다. 표면은 짙은 녹색이고 광택이 있으며, 뒷면은 청백색이 돈다. 잎자루는 길이 2~3cm이며 황갈색털이 있다. 잎은 좋은 향기가 난다.

꽃 2~3월에 잎겨드랑이에 지름 3cm 정도의 백색의 향기로운 양성화가 달린다. 도란상의 화피편은 12개이고 백색을 띠지만, 기부는 대개 붉은빛이 돈다.

열매/종자 열매(聚果)는 길이 5~10cm의 타원형-장타원형이며 적색으로 익는다. 종자는 골돌 속에 2~3개씩 들어 있으며, 외종피는 적색을 띤다.

2017. 2. 18. 전남 흑산도

❶꽃의 정면 ❷꽃의 측면 ❸꽃의 종단면. 초령목속(*Michelia*)의 식물은 암술이 붙는 부분과 수술이 붙는 화탁 기부 사이에 자루가 있다는 특징이 있다. ❹열매 ❺❻잎 앞면과 뒷면 ❼겨울눈. 하단의 금빛을 띤 큰 겨울눈이 꽃눈, 상단은 잎눈이다.

●참고

근래에는 *Michelia*속을 *Magnolia*속으로 통합하여 초령목의 학명을 *Magnolia compressa* Maxim.으로 쓰는 견해가 점차 지지를 얻고 있다. 촛대초령목[*M. figo* (Lour.) DC.]은 중국 원산의 상록 관목인데, 이를 초령목으로 오인하는 경우가 간혹 있다. 촛대초령목은 어린가지와 겨울눈 표면이 갈색 털로 덮여 있는 점이 초령목과 다르다.

❽수형(일본 쓰시마섬) ❾❿수피의 변화 ⓫외종피를 제거한 종자 ⓬국내에서 최초로 발견된 전남 신안군 소재 흑산도의 초령목. 예전에는 천연기념물로 지정되었으나 나무가 고사하는 바람에 지정이 해제되었다. ⓭-⓯ 촛대초령목 ⓭촛대초령목은 초령목과 달리 미백색의 꽃이 핀다. ⓮화피편을 제거한 암술기(좌)와 수술기(우)의 꽃 ⓯촛대초령목은 어린가지와 겨울눈에 갈색 털이 밀생한다.
✱식별 포인트 꽃/겨울눈/열매

튤립나무
(튜울립나무, 백합나무)

Liriodendron tulipifera L.

목련과 MAGNOLIACEAE Juss.

● **분포**
북아메리카(동남부) 원산

❖ **국내분포/자생지** 전국에 가로수 및 공원수로 널리 식재

● **형태**

수형 낙엽 교목이며 높이 40m, 지름 1.5m까지 자란다.

수피/겨울눈 수피는 회갈색이고 세로로 얕게 갈라진다. 겨울눈은 길이 1~1.5cm이며, 인편은 2개이고 털이 없다.

잎 어긋나며 길이 6~18cm의 사각상 원형이다. 끝은 보통 얕은 V 자형으로 들어가고, 밑부분은 넓은 쐐기형 또는 얕은 심장형이다. 잎자루는 길이 3~10cm다.

꽃 5~6월에 튤립을 닮은 지름 5~6cm의 황록색 양성화가 새가지 끝에 1개씩 달린다. 화피편은 9개다. 그중 바깥쪽 3개는 녹백색이고 꽃받침열편 모양이며, 안쪽 6개는 꽃잎 모양이고 밑부분에 오렌지색의 무늬가 있다. 수술은 선형이며 암술은 원추형의 기둥(화탁)에 다수가 달린다.

열매 열매(聚果)는 길이 6~7cm의 솔방울 모양이며, 위를 향해 곧게 선다. 취과에는 다수의 시과(翅果)가 모여 달린다. 시과는 길이 3cm가량의 장타원형이며 끝이 뾰족하다.

● **참고**
'백합과 비슷한 꽃이 피는 나무'라는 의미로 백합나무 또는 목백합이라고도 부른다. 튤립나무는 잎 모양이 사각상 원형이고 2~6개의 결각이 있으며 열매가 솔방울 모양으로 모여 달리는 점이 다른 목련과 식물과 다르다.

2007. 5. 28. 서울시 올림픽공원

❶꽃 ❷결실기의 열매 ❸잎. 마치 잎끝을 가위로 오린 것처럼 보인다. 뒷면에는 맥을 따라 날카로운 돌기가 있다. ❹겨울눈. 끝눈(頂芽)은 꽃눈, 곁눈(側芽)은 잎눈이다. ❺수피 ❻시과 ❼수형
❖식별 포인트 잎/꽃

2001. 11. 8. 대구시 팔공산

생강나무
Lindera obtusiloba Blume

녹나무과 LAURACEAE Juss.

● **분포**
중국(중부 이북), 일본(혼슈 중부 이남), 네팔, 부탄, 인도, 한국
❖국내분포/자생지 전국의 산지

● **형태**
수형 낙엽 관목이며 높이 3~6m 정도로 자란다.
잎 어긋나며 길이 5~15cm의 난상 원형이고 윗부분은 보통 얕게 갈라진다. 잎자루는 길이 1~2.8cm이며, 연한 황색 털이 있다.
꽃 암수딴그루이며, 3~4월에 잎이 나기 전에 황색의 꽃이 핀다. 꽃자루는 길이 1.2~1.5cm이며, 연한 갈색 털이 밀생한다. 수꽃은 화피편이 6개이며 길이 3.5mm 정도다. 수술은 9개이며, 그중 안쪽에 있는 수술 3개는 좌우에 황색의 선체(腺體)가 달려 있다. 암꽃은 화피편의 길이가 2.5mm 정도이며, 9개의 헛수술과 1개의 암술대가 있다. 안쪽 헛수술의 기부에는 선체가 달려 있다.
열매 열매(核果)는 지름 7~8mm의 구형이다. 핵은 구형이고 기부에 돌기가 있으며, 연한 갈색-갈색을 띤다.

● **참고**
꽃은 멀리서 보면 산수유와 비슷하지만, 꽃자루가 짧고 털이 밀생하며 수술이 짧아 꽃 밖으로 나오지 않는 점이 다르다. 가지나 잎을 꺾어서 비비면 생강 냄새가 나므로 생강나무라고 한다. 지역에 따라서 열매를 짜서 나온 기름을 동백유라고도 하며, 머리를 단장하는 데 사용하기도 했다. 김유정의 소설 「동백꽃」에 나오는 동백꽃의 실체가 바로 생강나무다.

❶개화기의 수그루. 암그루보다 꽃을 더욱 풍성하게 피운다. ❷수꽃 ❸암꽃은 수꽃보다 크기가 다소 작다. 꽃차례도 수꽃차례보다 빈약하다. ❹열매. 익으면서 청색→적색→흑색으로 변한다. ❺잎. 보통 3갈래로 갈라지며, 가을에는 황색으로 단풍이 든다. ❻겨울눈. 뾰족한 것이 잎눈, 둥근 것이 꽃눈이다. ❼핵
✽식별 포인트 잎/꽃/열매

뇌성목

Lindera angustifolia W.C.Cheng

녹나무과 LAURACEAE Juss.

2017. 5. 19. 인천시 옹진군 연평도

● **분포**

중국(중부, 남부), 한국

❖ **국내분포/자생지** 황해도, 서해 도서
지역

● **형태**

수형 낙엽 관목 또는 소교목이며 높이
2~8m로 자란다.

수피/겨울눈 수피는 밝은 갈색 또는
적갈색이고, 표면에 작은 피목들이 많
다. 겨울눈은 적갈색을 띠며 꽃눈은 난
형, 잎눈은 꽃눈보다 긴 장난형이다.
꽃눈은 잎눈의 기부에 1~3개씩 달린
다. 인편 표면 중앙부와 가장자리에 부
드러운 털이 있다.

잎 어긋나며 길이 5~10cm의 장타원형
이고 가죽질로 약간 두꺼운 편이다. 잎
의 양 끝은 뾰족하며 가장자리가 밋밋
하다. 표면은 녹색이고 광택이 나며,
뒷면은 회녹색이고 맥을 따라 약간의
털이 있다.

꽃 암수딴그루이며, 5월에 잎이 나면
서 동시에 새잎 아래쪽의 산형꽃차례
에 연한 황록색의 꽃이 2~7개씩 달린
다. 암꽃의 자방과 암술대는 화피편 밖
으로 드러나며 자방에는 털이 없다. 암
술머리는 쟁반 모양이고 흰색이다.

열매 열매(核果)는 지름 8mm 정도의 구
형이며 9~10월에 적색→흑색으로 익
는다. 핵은 구형이며 표면에 융기선이
있다. 한겨울에도 낙엽이 떨어지지 않
는다.

● **참고**

암수딴그루로 알려져 있으나 국내의
서해 도서 지역에 자생하는 개체들 중
에는 수그루가 보이지 않는다. 겨울눈
의 잎눈과 꽃눈이 따로 발달하는 점이
감태나무와 다르다. 잎을 정제하여 아
로마 오일을 추출하며, 종자유는 비누
나 윤활유의 원료로 사용한다.

❶개화기에도 지난해의 묵은 잎들이 달려 있
다. ❷암꽃 ❸성숙한 열매 ❹겨울눈. 중앙부
가 잎눈, 좌우 양쪽이 꽃눈이다. ❺수피 ❻핵
❼수형

✽식별 포인트 잎/겨울눈

78

2010. 9. 10. 전남 목포시 유달산

감태나무
(백동백나무)

Lindera glauca (Siebold & Zucc.) Blume

녹나무과 LAURACEAE Juss.

● **분포**

중국(중부 이남), 일본(혼슈 이남), 타이완, 미얀마, 베트남, 한국

❖**국내분포/자생지** 주로 중부 이남의 산지에 분포

● **형태**

수형 낙엽 관목 또는 소교목이며 높이 8m까지 자란다.

수피/겨울눈 수피는 연한 갈색이고 작은 피목이 많다. 겨울눈은 진한 갈색이고, 길이 1.5㎝ 정도의 장난형이다.

잎 어긋나며 길이 5~10㎝의 타원형 또는 장타원형이다. 엽질은 가죽질로 약간 두꺼운 편이다. 양 끝은 뾰족하며 가장자리는 밋밋한 물결 모양이다. 표면은 녹색이고 광택이 나며, 뒷면은 회녹색이고 처음에는 털이 있다가 차츰 없어진다.

꽃 암수딴그루이며, 4~5월에 잎이 나면서 동시에 잎겨드랑이에서 연한 황색의 꽃이 몇 개씩 산형꽃차례에 핀다. 꽃자루는 길이 1.2㎝ 정도이고 백색 털이 밀생한다. 화피편은 6개이고, 길이 1.5㎜ 정도의 광타원형이다. 암꽃은 헛수술이 9개 있으며, 자방과 암술대는 화피편 밖으로 나온다. 자방에는 털이 없고, 암술머리는 쟁반 모양이다.

열매 열매(核果)는 지름 7㎜가량의 구형이며, 10~11월에 흑색으로 익는다. 핵은 구형이고 융기선이 있다.

● **참고**

암수딴그루로 알려져 있으나 주변에 수그루는 보이지 않으며, 일본에서도 같은 현상을 보이는 것으로 알려져 있다.

❶암꽃차례 ❷열매. 익어가면서 녹색→적색→흑색으로 변한다. ❸잎 ❹겨울눈 ❺수피 ❻수형. 자갈색으로 단풍이 든 잎이 한겨울에도 떨어지지 않고 그대로 달려 있다. ❼핵 ✽식별 포인트 잎/열매

79

비목나무
Lindera erythrocarpa Makino

녹나무과 LAURACEAE Juss.

● **분포**

중국(중부 이남), 일본(혼슈 이남), 한국
✤**국내분포/자생지** 중부 이남(주로 남부)의 산지

● **형태**

수형 낙엽 교목이며 높이 6~15m, 지름 40cm까지 자란다.

수피/겨울눈 수피는 연한 회갈색이고 피목이 많으며, 오래되면 불규칙하게 작은 인편상으로 떨어진다. 잎눈은 적갈색이고 길이 1cm 정도의 장타원상이다. 꽃눈은 구형이고 자루가 있다.

잎 어긋나며 길이 6~13cm의 도피침형 또는 장타원형이다. 끝은 뾰족하고 밑부분은 차츰 좁아져 날개 모양으로 잎자루와 연결된다. 뒷면은 녹백색이고, 맥 위와 맥겨드랑이에 연한 갈색의 긴 털이 있다. 잎자루는 길이 7~20mm이며 붉은빛이 돈다.

꽃 암수딴그루이며, 4~5월에 새가지 밑의 잎겨드랑이에 연한 황색의 꽃이 산형꽃차례에 모여 달린다. 꽃자루에는 긴 털이 밀생하며 화피편은 6개다. 수꽃은 수술이 9개이며, 그중 안쪽에 있는 수술 3개는 좌우에 황색의 선체가 있다. 암꽃은 9개의 헛수술과 1개의 암술대가 있다.

열매 열매(核果)는 지름 7mm 정도의 구형이며, 9~10월에 적색으로 익는다.

● **참고**

생강나무속(*Lindera*)의 교목들이 대부분 상록성인 데 비해, 비목나무는 낙엽성이고 추위에 강한 편이다.

2002. 9. 28. 경남 양산시 천성산

❶암꽃차례. 진한 황색 부분은 선체다. 꽃은 잎이 전개됨과 동시에 개화한다. ❷수꽃차례. 수꽃은 암꽃보다 더 풍성하게 핀다. ❸열매 ❹잎 뒷면 ❺❻암그루(❺)와 수그루(❻)의 겨울눈. 중앙부의 잎눈 주위를 여러 개의 꽃눈이 둘러싸고 있다. 수그루는 암그루보다 꽃눈이 좀 더 크고 더 많이 달린다. ❼❽수피의 변화. 자라면서 불규칙하게 세로로 갈라진다. ❾핵. 표면에 얼룩무늬가 있다.
✲식별 포인트 열매/잎/수피

80

2005. 10. 3. 전남 순천시 조계산

털조장나무
Lindera sericea (Siebold & Zucc.) Blume

녹나무과 LAURACEAE Juss.

● **분포**
일본(혼슈 일부, 시코쿠, 규슈), 한국
❖ **국내분포/자생지** 전남(조계산, 무등산, 모악산 등)의 산지 계곡가 및 숲 가장자리에 드물게 자람

● **형태**
수형 낙엽 관목이며 높이 3m까지 자란다.
어린가지 2년지는 녹색을 띠며, 흑갈색 무늬가 있고 털이 없다.
잎 어긋나며 길이 6~15cm의 장타원형 또는 난상 장타원형이다. 끝은 뾰족하고 밑부분은 좁은 쐐기형이며, 가장자리가 밋밋하다. 표면에는 짧은 털이 밀생하며, 뒷면은 회백색이고 부드러운 긴 털이 밀생한다. 잎자루는 길이 5~20mm이며 털이 많다.
꽃 암수딴그루이며, 4월 잎겨드랑이에서 나온 산형꽃차례에 황색의 꽃이 모여 달린다. 화피편은 6개다. 수꽃은 수술이 9개이고, 그중 안쪽 3개에는 선체가 좌우 1개씩 있다. 암꽃은 수꽃에 비해 약간 작으며, 9개의 헛수술과 1개의 암술대가 있다.
열매 열매(核果)는 지름 6~8mm의 구형이며, 10월에 흑갈색으로 익는다. 핵은 구형이고 갈색-진한 갈색을 띤다.

● **참고**
꽃이 필 때는 생강나무와 혼동할 수 있지만, 꽃이 주로 가지 끝에 달리며 줄기가 녹색이고 흑갈색 무늬가 발달하는 특징으로 쉽게 구별할 수 있다. 자생지 현지의 주민들은 털조장나무를 생강나무라고 부르고 있다.

❶암꽃차례 ❷수꽃차례. 꽃의 기본구조는 같은 속의 생강나무나 비목나무와 흡사하다. 비목나무와는 달리 잎의 전개 직전에 꽃을 피운다. ❸털조장나무(좌)와 비목나무(우)의 겨울눈 비교. 두 나무의 암·수그루 모두 중앙부의 잎눈을 몇 개의 꽃눈이 둘러싸고 있다. ❹열매. 익으면서 녹색→적색→흑색으로 변한다. ❺수피. 녹색 바탕에 흑갈색 얼룩무늬가 있다. ❻수형(개화기) ❼핵. 생강나무와 흡사하나 다소 색이 어둡다.
✽식별 포인트 잎/수피/2년지/꽃

참식나무
Neolitsea sericea (Blume) Koidz.

녹나무과 LAURACEAE Juss.

2007. 10. 15. 전남 신안군 가거도

● **분포**

중국(저장성), 일본(혼슈 이남), 타이완, 한국

✤ **국내분포/자생지** 울릉도, 제주 및 서남해 도서 지역

● **형태**

수형 상록 교목이며 높이 15m, 지름 1.2m까지 자란다.

잎 어긋나며 길이 8~18cm의 장타원형 또는 난상 피침형이다. 표면은 녹색을 띠고 광택이 나며, 뒷면은 백색-회백색이다. 잎자루는 길이 2~3.5cm다.

꽃 암수딴그루이며, 10~11월에 잎겨드랑이에서 나온 자루가 없는 산형꽃차례에 황백색의 꽃이 모여 달린다. 꽃자루에는 갈색 털이 밀생한다. 화피편은 4개다. 수꽃은 수술이 6(~8)개이고, 그중 안쪽의 2개에는 좌우 1개씩 2개의 선체가 있다. 꽃밥은 4실이다. 암꽃은 암술이 1개이고 6개의 헛수술이 있다. 헛수술의 기부에도 황색의 선체가 있다.

열매 열매(核果)는 지름 1.3cm가량의 구형이며, 이듬해 10월에 적색으로 익는다. 핵은 구형이며 아랫부분에 돌기가 있다.

● **참고**

새덕이와 유사하지만, 잎이 좀 더 크며 폭도 넓다. 또한 새덕이는 꽃이 이른 봄에 피고 그해 가을에 열매가 흑색으로 익으나, 참식나무는 꽃이 가을에 피고 이듬해 가을에 열매가 적색으로 익는 점이 다르다.

❶암꽃차례. 암꽃에는 방망이처럼 생긴 6개의 상아빛 헛수술이 있다. 백색의 암술머리가 눈길을 끈다. ❷수꽃차례. 수꽃에도 암술의 흔적이 남아 있다. ❸❹열매. 이듬해 늦가을에 적색으로 익는다. 열매가 노랗게 익는 것을 노랑참식나무[f. *xanthocarpa* (Nakai) Okuyama]라는 품종으로 구분하기도 한다 (❹). ❺잎. 가죽질이고 3출맥이다. 봄의 신엽은 황갈색의 부드러운 털에 덮여 햇빛에 반사되면 금빛이 돈다. ❻잎눈 ❼수피. 자잘한 피목이 많다. ❽핵

✱식별 포인트 새잎(봄)/열매(가을)

2016. 3. 12. 전남 완도군

새덕이
(흰새덕이)
Neolitsea aciculata (Blume)
Koidz.

녹나무과 LAURACEAE Juss.

● **분포**
일본(혼슈 이남), 타이완, 한국
❖**국내분포/자생지** 전남, 서남해 도
서(외연도, 거제도 등) 및 제주의 산지
● **형태**
수형 상록 교목이며 높이 10m까지 자
란다.
수피/겨울눈 수피는 회색-회갈색이고
매끈하며 작은 피목들이 발달한다. 잎
눈은 피침형이고 줄기 끝과 잎겨드랑
이에 붙으며, 꽃눈은 구형이고 잎겨드
랑이에 달린다.
잎 어긋나지만 가지 끝에서는 다소 모
여나며, 길이 5~12cm의 장타원형-난
상 장타원형이다. 양 끝은 뾰족하고 3
출맥이 뚜렷하다. 표면은 녹색이고 광
택이 나며, 뒷면은 흰빛이 돈다.
꽃 암수딴그루이며, 3~4월에 잎겨드
랑이에서 나온 자루가 없는 산형꽃차
례에 적색의 꽃이 모여 핀다. 화피편은
4개다. 수꽃은 수술이 6개이며, 안쪽 2
개의 기부에 좌우 1개씩 2개의 선체가
있다. 수꽃에도 1개의 암술이 있으나
결실하지는 않는다. 암꽃은 1개의 암
술과 6개의 헛수술이 있으며, 안쪽 2
개의 헛수술 기부에 좌우 1개씩 2개의
선체가 있다. 자방과 암술대에는 털이
있으며 암술머리는 두상이다.
열매 열매(核果)는 지름 7~8mm의 타원
형이며, 10월에 흑자색으로 익는다. 핵
은 도란상 타원형이며 다갈색을 띤다.
● **참고**
국명은 '몸이 납작하게 생긴 바닷물고
기 종류인 서대기와 잎이 닮은 나무'라
는 뜻에서 유래한 것으로 추정된다.

❶암꽃차례. 수꽃차례보다 꽃이 성기게 달린
다. ❷수꽃차례. 수꽃은 암꽃보다 다소 크며
암술의 흔적이 남아 있으나 결실하지는 않는
다. ❸열매 ❹잎. 3출맥이고 뒷면은 흰빛이
돈다. ❺잎눈 ❻수피 ❼핵
✽식별 포인트 잎/열매(늦가을)/꽃(초봄)

육박나무

Litsea coreana H. Lév.
[*Actinodaphne lancifolia* (Siebold & Zucc.) Meisn.; *Daphnidium lancifolium* Siebold & Zucc.]

녹나무과 LAURACEAE Juss.

2016. 9. 8. 제주

● **분포**
일본(혼슈 이남), 타이완(중부), 한국
❖**국내분포/자생지** 남해 도서 및 제주의 산지

● **형태**
수형 상록 교목이며 높이 20m, 지름 1m까지 자란다.

수피/겨울눈 수피는 회흑색이며 불규칙한 인편상으로 껍질이 떨어져 회갈색-백색의 얼룩무늬가 생긴다. 잎눈은 피침형이며, 꽃눈은 둥글고 잎겨드랑이에 모여 달린다.

잎 어긋나며 길이 5~9㎝의 도피침형-도란상 장타원형이다. 표면은 녹색이고 광택이 나며, 뒷면은 흰빛이 돈다. 측맥은 7~10쌍이며, 잎자루는 길이 8~15㎜다.

꽃 암수딴그루이며, 8~10월에 연한 황색의 꽃이 산형꽃차례에 3~4개씩 모여 달린다. 화피편은 6개이며 타원형-난형이다. 수꽃은 수술이 9개이고 수술대에 털이 있으며, 안쪽 3개의 수술은 기부 좌우에 1개씩 2개의 선체가 있다. 암꽃은 암술이 1개이며, 꽃밥이 퇴화된 9개의 헛수술이 있다.

열매 열매(核果)는 지름 7~8㎜의 도란상 구형이며 이듬해 7~9월에 적색으로 익는다. 핵은 연한 갈색의 구형-난상 구형이며 상반부에 흑갈색 무늬가 있다.

● **참고**
국명은 나무껍질이 육각상으로 벗겨지는(六駁) 특징에서 유래했다. 수피가 독특해 쉽게 알아볼 수 있으며 남해 일부 도서에서는 군복의 무늬와 닮았다고 해서 '해병대나무' 또는 '국방부나무'라 부르기도 한다.

❶암꽃차례. 한 꽃차례에 꽃이 3~4개씩 달린다. 헛수술은 백색이다. ❷수꽃차례. 수술이 화피편 밖으로 길게 나온다. ❸열매. 이듬해 가을에 적색으로 익는다. ❹❺잎. 가죽질이며 뒷면(❺)은 회백색이 돈다. ❻잎눈. 잎눈만 보면 새덕이와 흡사하기도 하나, 새덕이와는 엽맥 형태가 다르다. ❼수피 ❽수형 ❾핵
❖식별 포인트 수피/잎/잎눈

2008. 10. 1. 전남 신안군 흑산도

까마귀쪽나무
(가마귀쪽나무)
Litsea japonica (Thunb.) Juss.

녹나무과 LAURACEAE Juss.

● **분포**

일본(혼슈 이남), 한국

❖ **국내분포/자생지** 서남해 도서, 제주
의 바닷가 및 인근 산지

● **형태**

수형 상록 소교목이며 높이 7m까지
자란다. 뿌리에서 줄기가 많이 갈라져
둥근 모양의 수형이 된다.

수피/어린가지/겨울눈 수피는 갈색이
며 매끈하다. 어린가지는 굵고 황갈색
털이 밀생한다. 잎눈은 장타원형이고
가지 끝과 잎겨드랑이에 달리며, 꽃눈
은 구형이고 잎겨드랑이에 달린다.

잎 어긋나며 길이 8~15㎝의 장타원형
이고 두꺼운 가죽질이다. 가장자리는
밋밋하고 약간 뒤로 말린다. 잎자루는
길이 1.5~4㎝이며, 황갈색 털이 밀생
한다.

꽃 암수딴그루이며, 10~1월에 밝은
황백색의 꽃이 잎겨드랑이에서 나온
복산형꽃차례에 달린다. 화피편은 6개
다. 수꽃의 수술은 9~12개이고, 안쪽
3개의 수술 기부에는 각각 2개의 선체
가 있다. 암꽃은 암술이 1개이며, 6개
의 헛수술 중 안쪽 3개에는 선체가 각
각 2개씩 있다. 자방은 구형이고 암술
머리는 2~3갈래로 갈라진다.

열매 열매(核果)는 길이 1.5㎝ 정도의
타원형이며 이듬해 6~7월에 흑자색
으로 익는다. 핵은 갈색의 타원형이다.

● **참고**

까마귀쪽나무는 해안가에 주로 자라
며, 잎이 비파나무와 닮았다 하여 일본
명이 하마비와[はまびわ(浜枇杷)]다.
약간 단맛이 나는 열매는 새들이 좋아
한다.

❶암꽃차례. 암술머리는 화피편 밖으로 돌출
한다. ❷수꽃차례. 한 꽃차례에 다수의 꽃이
밀집해 마치 한 송이의 꽃처럼 보인다. ❸열
매는 이듬해 초여름 흑자색으로 익는다. ❹
잎. 뒷면은 갈색 털로 덮여 있고 엽맥이 돌출
해 있다. ❺잎눈 ❻수피 ❼수형 ❽핵
❊식별 포인트 잎/열매

녹나무
Cinnamomum camphora (L.)
J. Presl

녹나무과 LAURACEAE Juss.

2002. 5. 15. 제주

●**분포**
중국(양쯔강 남쪽), 일본(혼슈 이남), 타이완, 베트남, 한국
❖**국내분포/자생지** 제주(남부)의 계곡부에 드물게 자람

●**형태**
수형 상록 교목이며 높이 30m, 지름 3m까지도 자란다.

겨울눈 난형이고 끝이 뾰족하며 연한 적갈색이다.

잎 어긋나며 길이 6~10cm의 난형이다. 끝은 길게 뾰족하고 밑부분은 쐐기형-넓은 쐐기형이며, 가장자리는 물결 모양으로 약간 주름진다. 잎자루는 길이 15~25mm다.

꽃 5~6월에 새가지의 잎겨드랑이에서 나온 원추꽃차례에 연한 황백색의 꽃이 모여 달린다. 암수한그루다. 화피편은 6개이고 길이 1.5mm 정도다. 수꽃의 수술은 12개이며, 3개씩 4열로 배열한다. 3열째 수술 기부에 선체가 달리며, 4열째 수술은 꽃밥이 없는 헛수술이다. 암꽃의 암술대는 길이 1mm 정도이고 가늘며, 암술머리의 끝은 쟁반 모양으로 부풀어 있다.

열매 열매(核果)는 길이 8mm 정도의 광타원형이며, 10~11월에 흑자색으로 익는다. 열매자루의 끝은 종 모양으로 부풀어 있다. 핵은 암갈색의 구형이며 표면에 미세한 돌기가 나 있다.

●**참고**
종소명 *camphora*는 장뇌(camphor)를 함유하고 있음을 의미하는데, 장뇌는 전통적으로 방충제 및 감염성 질병의 예방약으로 사용해왔다.

❶ 녹나무 노목(일본 쓰시마섬)

❷녹나무 자생지(제주 서귀포시 도순동. 천연기념물 제162호) ❸암꽃의 화피편은 활짝 벌어지지 않는다. 화피편의 색상은 점차 백색→황백색으로 변한다. ❹수꽃 ❺열매. 과병의 끝이 부풀어 오르는 점이 특이하다. 늦가을부터 흑자색으로 익는다. ❻잎은 3출맥이 뚜렷하고 잎자루가 매우 길다. ❼잎 뒷면의 측맥 분기점에는 작은 선점이 있다. ❽겨울눈 ❾수피. 세로로 거칠게 갈라지는 점도 녹나무의 특징이다. ❿구형의 핵. 중앙부를 가로지르며 돌기가 돌출해 있다.

✽식별 포인트 수피/잎/열매

생달나무

Cinnamomum yabunikkei
H. ohba
[*Cinnamomum japonicum*
Siebold]

녹나무과 LAURACEAE Juss.

● **분포**
일본(혼슈 이남), 중국(남부), 타이완,
한국
❖**국내분포/자생지** 서남해 도서 및 제
주의 낮은 산지

● **형태**
수형 상록 교목이며 높이 15m, 지름
50㎝까지 자란다.
수피/겨울눈 수피는 회흑색-흑갈색이
고 매끈하다. 겨울눈은 적갈색의 난형이
고 끝이 뾰족하다.
잎 어긋나며 길이 6~15㎝의 장타원형
이다. 표면은 광택이 나며, 뒷면은 분
백색이다. 잎자루는 길이 8~20㎜다.
꽃 5~6월에 잎겨드랑이에 나온 산형
꽃차례 또는 취산꽃차례에 연한 황색
의 꽃이 모여 달린다. 암수한그루다.
꽃은 지름 4~5㎜이고 꽃자루가 길다.
화피편은 6개이며 안쪽에 잔털이 있
다. 수꽃의 수술은 12개이며, 3개씩 4
열로 배열한다. 3열째 수술 기부에 선
체가 있고, 가장 안쪽의 3개는 헛수술
이다. 암꽃의 자방은 길이 1㎜ 정도의
난형이며 털이 조금 있다. 암술대는
자방보다 약간 길며, 암술머리는 흰색
의 원반형이다.
열매 열매(核果)는 길이 1.5㎝의 구형-
타원형이며, 10~12월에 자흑색으로
익는다. 자루는 길이 3~5㎝이고 끝은
컵 모양으로 부풀어 있다. 핵은 암갈색
의 난형이다.

● **참고**
녹나무에 비해 꽃이 산형꽃차례(또는
취산꽃차례)에 달리며 잎의 맥겨드랑
이에 선점이 없는 점이 다르다. 잎은 차
(茶) 대용이나 향수 및 향료의 원료가
되며 종자에서는 기름을 얻기도 한다.

❶암꽃 ❷수꽃 ❸열매. 늦가을부터 흑자색으
로 익는다. ❹잎 앞면. 잎을 으깨면 좋은 향
기가 난다. 가장자리가 물결상이고 잎에 흔
히 벌레혹이 생긴다. ❺겨울눈. 4개의 적갈
색 인편으로 싸여 있다. ❻수피. 회흑색이며
매끈하다. ❼수형 ❽핵
✱식별 포인트 잎/겨울눈/수피/열매

2010. 6. 10. 전남 거문도

2010. 5. 10. 전남 진도군

후박나무

Machilus thunbergii Siebold & Zucc. ex Meisn.

녹나무과 LAURACEAE Juss.

●**분포**
중국(산둥반도 이남), 일본(혼슈 이남), 한국, 타이완

❖**국내분포/자생지** 경북(울릉도), 울산시(목도), 제주 및 서남해 도서(백령도 이남)의 낮은 지대

●**형태**
수형 상록 교목이며 높이 20m, 지름 1m까지 자란다.

수피 수피는 갈색-연한 갈색이며 매끈하다. 표면에 피목이 생긴다.

잎 어긋나며 길이 7~15cm의 도란상 장타원형이다. 표면은 짙은 녹색이고 광택이 나며, 뒷면은 회녹색이 돈다. 잎자루는 길이 2~3cm다.

꽃 5~6월에 새가지 밑부분의 잎겨드랑이에서 나온 원추꽃차례에 황록색의 양성화가 모여 달린다. 화피편은 6개이며, 길이 5~7mm의 장타원형이고 안쪽 면에 잔털이 있다. 수술은 12개이며 3개씩 4열로 배열한다. 3열째 수술 기부에 선체가 있으며, 가장 안쪽의 3개는 헛수술이다. 자방은 구형이고 털이 없으며 암술머리는 두상이다.

열매 열매(核果)는 지름 8~10mm의 약간 눌린 구형이며 7~8월에 흑벽색으로 익는다. 기부에 화피편의 흔적이 남아 있으며, 열매의 자루는 붉은빛을 띤다. 핵은 갈색의 편구형이고 표면에 무늬가 있다.

●**참고**
열매는 국내 자생 녹나무과 식물 중 가장 먼저 익으며, 흑비둘기가 즐겨 먹는다. 국명은 '잎과 나무껍질이 두꺼운 나무'라는 뜻에서 유래했다. 한약재 '후박'(厚朴)과는 아무런 연관이 없다.

❶꽃은 양성화이다. 안쪽 수술의 기부에는 자루가 있는 선체가 좌우에 있다. ❷열매. 여름에 흑벽색으로 익는다. ❸봄에 새로 나는 잎은 붉은빛이 돈다. ❹꽃과 잎이 함께 들어 있는 겨울눈(混芽). 인편은 붉은빛이 돈다. ❺수피 ❻후박나무 노목(전남 진도군 조도면 관매리, 천연기념물 제212호) ❼핵
✽식별 포인트 겨울눈/잎/열매

센달나무

Machilus japonica Siebold & Zucc. ex Meisn.

녹나무과 LAURACEAE Juss.

2009. 3. 19. 제주

●**분포**
일본(혼슈 중부 이남), 타이완(해발 2,300m 이하), 한국

❖**국내분포/자생지** 서남해 도서 및 제주의 낮은 지대

●**형태**
수형 상록 교목이며 높이 10~15m까지 자라지만 관목상의 나무도 흔하다.

수피/겨울눈 수피는 회갈색-황갈색이며, 적갈색 피목이 발달한다. 겨울눈은 장난형이고 인편은 15개 정도다.

잎 어긋나지만 가지 끝에서는 모여 달리며, 길이 8~20cm의 피침상이다. 끝은 점차 좁아져 꼬리처럼 길고 밑부분은 쐐기형이며, 가장자리가 밋밋하다. 표면은 청록색이며, 뒷면은 청백색이다. 측맥은 7~15쌍이고 희미하며, 잎자루는 길이 1~3cm다.

꽃 5~6월에 새가지 밑부분에서 나온 원추꽃차례에 연한 황록색의 꽃이 모여 달린다. 꽃차례는 길이 20cm 정도이며, 길이 3~5cm의 긴 자루에 달린다. 화피편은 6개다. 수술은 12개이며 3개씩 4열로 배열한다. 3열째 수술 기부에 선체가 있으며 가장 안쪽의 3개는 헛수술이다. 자방은 구형이고 털이 없으며 암술머리는 두상이다.

열매 열매(核果)는 길이 1~1.5cm의 구형이며 8~9월에 흑자색으로 성숙한다. 열매의 자루는 붉은빛을 띤다. 핵은 연한 갈색 바탕에 적갈색의 반점이 있다.

●**참고**
후박나무에 비해 잎이 좁고 길며 끝이 꼬리처럼 뾰족한 점이 특징이다. 국내에 자생하는 녹나무과 식물 중 잎이 가장 길다.

❶꽃. 황록색이다. ❷열매. 대개 꽃차례마다 1~3개 정도씩만 성숙한다. 열매의 기부에는 뒤로 젖혀진 화피편이 남는다. ❸겨울눈 ❹수피. 적갈색 피목이 발달한다. ❺수형 ❻핵
✽식별 포인트 잎/겨울눈/열매

2004. 12. 1. 제주 서귀포시

죽절초

Sarcandra glabra [Thunb.] Nakai
[*Chloranthus glabra* [Thunb.] Makino]

홀아비꽃대과
CHLORANTHACEAE R. Br. ex Sims

●**분포**

중국(중남부), 일본(중남부), 타이완, 말레이시아, 베트남, 인도, 캄보디아, 필리핀, 한국 등

❖**국내분포/자생지** 제주(서귀포시)의 낮은 지대 하천을 따라 드물게 분포

●**형태**

수형 상록 아관목이며 높이 50~150cm 정도로 자란다. 뿌리에서 줄기가 많이 나온다.

줄기 녹색이고 털이 없으며 마디가 부풀어 있다.

잎 마주나며 길이 6~20cm의 장타원형이다. 끝은 뾰족하고 가장자리에는 치아상의 톱니가 있다. 표면은 광택이 나며, 뒷면은 황록색이다. 잎자루는 길이 5~20mm다.

꽃 4~5월에 가지 끝에서 나온 수상꽃차례에 연한 녹색의 양성화가 모여 달린다. 꽃에는 꽃잎과 꽃받침이 없다. 수술은 연한 황색이며 자방 중간에서 수평으로 달린다. 자방은 길이 1mm 정도의 난형이며, 암술머리는 끝이 뭉뚝하다.

열매 열매(核果)는 지름 5~7mm의 구형이며 11~12월에 적색으로 익는데, 보통 5~10개씩 모여 달린다. 핵은 지름 3~4mm의 구형이다.

●**참고**

국명은 '대나무처럼 줄기의 마디가 발달한 풀'이라는 의미다. 죽절초의 국내 자생지는 서귀포시의 하천을 따라 분포하며, 제주가 죽절초 분포의 최북단이다. 환경부 멸종위기야생동식물 2급으로 지정되어 법적 보호를 받고 있다. 자가수분이 잘되고 삽목이나 종자 발아도 잘되어 번식이 용이한 편이다.

❶꽃. 구조가 매우 단순해 암술과 수술만 있다. ❷열매 ❸잎 ❹줄기. 대나무처럼 마디가 지고 마디 위쪽이 부풀어 오른다. ❺수형 ❻핵
✽식별 포인트 잎/열매/수피/수형

등칡

Aristolochia manshuriensis Kom.

쥐방울덩굴과
ARISTOLOCHIACEAE Juss.

2008. 4. 26. 강원 삼척시

● **분포**

중국(동북부), 러시아(동부), 한국

❖ **국내분포/자생지** 경남(거제도, 운문산) 이북의 계곡 및 너덜지대

● **형태**

수형 낙엽 덩굴성 목본이며 높이 10m 정도로 자란다.

수피 수피는 회백색–황갈색이며 코르크가 발달한다.

잎 어긋나며 길이 20~30㎝의 둥근 심장형이고 가장자리가 밋밋하다. 어린잎에는 털이 밀생하나 차츰 없어진다. 잎자루는 길이 7㎝이며 털이 있다.

꽃 4~5월에 잎겨드랑이에서 황록색(간혹 황적색)의 양성화가 1~2개씩 달린다. 꽃은 U자형으로 꼬부라지며, 화관통부에는 백색 털이 있다. 통부의 앞쪽은 삼각상인 3개의 열편으로 갈라지며, 밑부분은 지름 2~2.5㎝다. 꽃밥은 길이 2.3㎜ 정도의 장타원형이며 꽃술대는 3갈래로 갈라진다. 자방은 길이 5㎜ 정도이고 둥글며, 짧은 자루가 있다.

열매/종자 열매(蒴果)는 길이 9~11㎝의 좁은 원통형이며, 9~10월에 익는다. 표면에 6개의 능선이 있으며, 자루는 길이 2㎝ 정도이고 털이 없다. 종자는 삼각상 심장형이고 한쪽 면에 막질의 날개가 있으며, 표면에는 사마귀 같은 잔돌기가 있다.

● **참고**

국명은 '잎이 칡을 닮은 덩굴식물'이라는 뜻에서 유래했다. 경남(거제도 및 운문산)과 경기(화악산)에는 드물게 분포하지만 경북, 강원에서는 비교적 흔하게 분포한다. 등칡은 사향제비나비(*Byasa alcinous* Klug) 애벌레의 먹이식물이다.

❶꽃 ❷꽃의 종단면. 등칡의 꽃 속에서는 곤충의 사체가 흔하게 발견된다. ❸꽃술대는 삼각뿔 모양이다. 꽃의 개화는 암술기→수술기 순으로 진행한다(자예선숙, 雌蕊先熟). ❹ 열매

＊꽃술대(gynostemium): 암술과 수술이 융합된 기관. 난초과 식물이 그 예다.

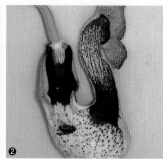

❺수형 ❻잎의 밑부분은 깊은 심장형이다. ❼겨울눈 ❽코르크가 발달한 수피 ❾오래된 줄기의 종단면. 마치 페이스트리빵처럼 여러 겹으로 겹쳐 있음을 알 수 있다. ❿줄기의 횡단면 ⓫열매의 종단면 ⓬종자. 막질의 날개가 붙어 있다. ⓭등칡 잎 위에 있는 사향제비나비의 종령 애벌레

✽식별 포인트 수형/잎/꽃

후추등(바람등칡)
Piper kadsura (Choisy) Ohwi

후추과 PIPERACEAE Giseke

2005. 5. 25. 제주 서귀포시

● **분포**

일본(혼슈 이남), 타이완, 한국

❖**국내분포/자생지** 제주 및 남해 일부 도서(거문도, 손죽도)의 낮은 지대

● **형태**

수형 상록 덩굴성 목본이며 길이 10m, 지름 4cm까지 자란다. 줄기 마디에서 뿌리(기근)를 내어 나무와 바위에 착생한다.

수피/줄기 수피는 연한 자갈색-황갈색이며 사마귀 같은 피목이 발달한다. 줄기는 짙은 갈색-짙은 녹색이며 세로 줄이 나 있다.

잎 어긋나며 길이 6~12cm이고 5개의 뚜렷한 맥이 있다. 어린가지의 잎은 광난형 또는 심장형이며, 꽃이나 열매가 달리는 줄기의 잎은 좁은 난형이다. 잎자루는 길이 5~20mm다.

꽃 암수딴그루이며, 5~6월에 황록색의 꽃이 피는데 꽃잎과 꽃받침이 없다. 수꽃차례는 잎과 마주나며 길이 4~15cm다. 꽃에는 방패 모양의 포가 있으며 수술은 2~3개이고 꽃밥은 연한 황색이다. 암꽃차례는 길이 2~4cm로 잎보다 짧으며, 자루는 잎자루와 길이가 비슷하다. 자방은 구형이고 암술머리는 3~4갈래로 갈라진다.

열매 열매이삭(果穗)은 길이 2~4cm 다. 열매(核果)는 지름 3~4mm의 구형이며, 11월~이듬해 2월에 적색으로 익는다.

● **참고**

국명은 '서남아시아에 자생하는 후추나무(*P. nigrum* L.)와 모양과 향이 비슷한 덩굴'이라는 뜻이며, 열매는 후추와 흡사한 매운맛과 향이 난다.

❶❷암꽃차례. 수꽃차례보다 길이가 훨씬 짧다(수꽃차례는 대표사진 참조). ❸수꽃차례(상)와 암꽃차례(하) 길이 비교 ❹잎과 열매. 잎에는 5개의 맥이 뚜렷하다. ❺암꽃눈 ❻수꽃눈. 길게 뻗은 꽃눈의 기부에 잎눈이 있다. ❼수피는 세로로 피목이 발달하고 마디가 진다. ❽핵

✱식별 포인트 잎/수형/열매

2009. 3. 19. 제주

붓순나무
Illicium anisatum L.

붓순나무과 ILLICIACEAE A. C. Sm.

●**분포**
일본(혼슈 이남), 타이완, 한국
❖**국내분포/자생지** 남해 일부 도서(진도, 완도) 및 제주의 숲속에 드물게 자람
●**형태**
수형 상록 소교목이며 높이 2~5m 정도로 자란다.

수피/겨울눈 수피는 어두운 회색-자갈색이며, 오래되면 얇게 세로로 갈라진다. 잎눈은 장난형이고 꽃눈은 구형이다.

잎 어긋나며 길이 5~10cm의 장타원형이다. 표면은 진한 녹색이고 광택이 나며, 뒷면은 연한 녹색이다. 잎자루는 길이 6~10mm이며 털이 없다.

꽃 3~4월에 가지 윗부분의 잎겨드랑이에 연한 녹백색의 양성화가 1개씩 달린다. 꽃은 지름 2~3.5cm이며 꽃자루는 길이 1~2cm다. 화피편은 10~15개이며, 길이 1.1~1.5cm의 선형 또는 피침상 장타원형이다. 수술은 많으며 길이 2.7~3mm다. 자방은 길이 1.8~2mm이고 6~12개가 모여나며, 암술대는 길이 2~2.6mm다.

열매/종자 열매(蓇葖果)는 바람개비처럼 배열되고 9~10월에 익으며, 골돌마다 황갈색의 종자가 1개씩 들어 있다.

●**참고**
전체에 독성물질이 있으며, 특히 열매는 맹독성이므로 주의해야 한다. 중국 요리에 많이 이용되는 향신료인 팔각(또는 팔각회향, star anise)과 모양이 흡사하다. 참고로 팔각은 중국 남부에 자생하는 *I. verum* Hook. f.의 열매인데, 항바이러스제인 타미플루의 주원료로도 유명하다.

❶꽃 ❷❸결실기 전후의 열매. 과피가 마르면 종자가 "탁" 하고 밖으로 튀어 나간다. ❹❺잎 앞면과 뒷면. 가죽질로서 양면 모두 털이 없으며 으깨면 향긋한 비누 냄새가 난다. ❻잎눈. 꽃눈은 이보다 둥글다. ❼수피. 적갈색을 띠며 세로줄이 있다. ❽수형 ❾종자
✽식별 포인트 꽃/열매/잎

남오미자
Kadsura japonica (L.) Dunal

오미자나무과
SCHISANDRACEAE Blume

● **분포**
일본(혼슈 중부 이남), 타이완, 한국
✤**국내분포/자생지** 남해 도서 및 제주의 숲 가장자리·길가

● **형태**
수형 상록 덩굴성 목본이며 길이 3m, 지름 2㎝ 정도로 자란다.
수피/겨울눈 수피는 갈색이고 코르크가 발달하며 세로로 길게 갈라진다. 겨울눈은 길이 3~7mm의 장난형-피침상 삼각형이며 인편이 많다.
잎 어긋나며 길이 5~10㎝의 장타원형 또는 광난형이다. 가장자리에는 치아상 톱니가 드문드문 있다. 잎자루는 길이 1~2㎝다.
꽃 암수딴그루(간혹 암수한그루)이다. 7~9월에 연한 황색의 꽃이 잎겨드랑이 사이에 1개씩 달린다. 수꽃의 꽃자루는 길이 1~2.5㎝이고, 암꽃의 꽃자루는 길이 1.3~4㎝다. 화피편은 8~12개이며 길이 6~9mm의 꽃잎 모양이고 황색이다. 수술은 25~50개가 적색의 구형으로 모여 달린다. 암술은 녹백색-녹색의 구형으로 모여 달리며 자방은 30~48개다.
열매/종자 열매(漿果)는 지름 5~7mm의 구형이며 11~12월에 적색으로 익는다. 종자는 길이 3~4mm의 신장형이다.

● **참고**
국명은 '남쪽에 자라는 오미자'라는 뜻이며, 열매를 오미자 대용으로 사용하기도 한다. 남오미자는 상록성이며, 열매가 구형으로 모여 달리는 점이 국내에 자생하는 여타 오미자나무속의 식물들과 다르다.

❶암꽃. 암술대는 둥근꼴이며 초록색을 띤다. 끝에 투명한 백색의 암술머리가 보인다. ❷수꽃의 수술대도 둥근꼴로 합착하는데 붉은색을 띤다. ❸열매. 장과(漿果)가 화탁에 구형으로 모여 달린다. ❹잎. 광택이 있는 가죽질이다. 뒷면의 돌출된 주맥은 대개 붉은색을 띤다. 늦가을에는 잎이 적색으로 변하기도 한다. ❺겨울눈 ❻수피 ❼종자
✤식별 포인트 잎/열매

2009. 11. 3. 제주 서귀포시

2008. 5. 12. 강원 철원군

오미자
Schisandra chinensis (Turcz.) Baill.

오미자나무과
SCHISANDRACEAE Blume

●분포
중국(동북부), 일본(혼슈 중부 이북), 러시아(아무르, 사할린), 한국

❖국내분포/자생지 전국의 산지 숲속

●형태

수형 낙엽 덩굴성 목본이며 길이 10m, 지름 3㎝ 정도로 자란다.

수피/겨울눈 수피는 광택이 나는 적갈색이고 사마귀 같은 피목이 발달하며, 오래되면 종이처럼 얇게 벗겨진다. 겨울눈은 길이 3~6㎜의 장난형이다.

잎 어긋나지만 보통은 짧은가지에서는 모여나며, 길이 7~10㎝의 타원형-도란형이다. 끝은 뾰족하고 밑부분은 쐐기형-넓은 쐐기형이며, 가장자리에 5~10쌍의 물결 모양의 톱니가 있다. 맥 위를 제외하고는 털이 없으며, 잎자루는 길이 1.5~3㎝다.

꽃 암수딴그루(간혹 암수한그루)이며, 5~6월에 새가지 아래의 잎겨드랑이에 연한 홍백색의 꽃이 핀다. 화피편은 5~9개이며 홍백색이다. 수꽃은 수술이 4~5개이며, 암꽃은 자방이 14~20개다.

열매/종자 열매(漿果)는 길게 늘어난 화탁(꽃턱)에 총상으로 달린다. 지름 7㎜가량의 구형이며 9~10월에 적색으로 익는다. 종자는 신장형이며 표면이 매끈하고 광택이 난다.

●참고
오미자(五味子)는 열매에서 '5가지 맛(단맛·쓴맛·신맛·매운맛·짠맛)이 난다'라는 뜻이다. 깊은 산지에서는 비교적 흔하게 자라며, 잎의 가장자리가 물결 모양의 톱니이고 약간 주름지는 것이 특징이다.

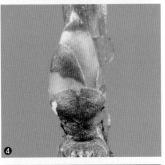

❶암꽃(좌)과 수꽃(우). 오미자는 대개 암수딴그루이지만, 사진처럼 간혹 암수한그루인 경우도 있다. ❷성숙한 열매 ❸잎 ❹겨울눈 ❺적갈색을 띠는 수피는 거칠게 갈라지고 피목이 있다. ❻종자. 신장형이다.
✱식별 포인트 잎/열매

97

흑오미자

Schisandra repanda (Siebold & Zucc.) Radlk.

오미자나무과
SCHISANDRACEAE Blume

● **분포**

일본, 한국

❖ **국내분포/자생지** 제주(해발고도 600~1,000m)의 산지 숲속에 드물게 자람

● **형태**

수형 낙엽 덩굴성 목본이며 시계 방향으로 감고 자란다.

수피/줄기 오래된 수피는 코르크가 발달한다. 줄기를 자르면 솔잎 냄새가 난다.

잎 어긋나지만 보통은 짧은가지 끝에서 모여나며, 길이 2~6cm의 난형 또는 광타원형이다. 끝은 뾰족하고 밑부분은 둥글거나 넓은 쐐기형이며, 가장자리에 3~5쌍의 얕은 치아상 톱니가 있다. 잎자루는 길이 1.5~4cm다.

꽃 암수딴그루(간혹 암수한그루)이며, 5~6월에 짧은가지의 잎겨드랑이에서 밑으로 늘어진 꽃이 핀다. 꽃은 지름 1~1.5cm이며, 꽃자루는 길이 2~4cm다. 꽃잎 모양의 화피편은 9~10개이며 연한 황백색이다. 수꽃은 합착된 수술대 위에 꽃밥이 길게 붙는다. 암꽃의 암술은 나선상으로 둥글게 모여 달린다.

열매/종자 열매(漿果)는 길게 자란 화탁에 총상으로 모여 달리며 밑으로 처진다. 열매는 지름 8~10mm의 구형이며 9~10월에 검게 익는다. 종자는 적갈색의 신장형이며 유두상의 돌기가 있다.

● **참고**

오미자에 비해 잎이 가죽질로서 표면이 매끈하고 털이 없으며, 화피편이 많고(9~10개) 열매가 검게 익는 점이 다르다. 간혹 오미자의 대용으로 재배하는데, 오미자보다 신맛이 적다.

❶암꽃. 암술대 끝의 반투명한 암술머리는 돌기처럼 보인다. ❷수꽃. 수술대는 누른빛을 띠는 합착된 수술 위에 꽃밥이 붙어 있다. ❸❹잎 앞면과 뒷면. 앞면의 엽맥은 홈이 파이지 않고 뒷면은 분백색이 돈다. ❺미성숙한 열매. 검게 익는다. ❻코르크질의 수피 ❼겨울눈

✽식별 포인트 잎/꽃/열매

2010. 10. 6. 제주 한라산

2002. 6. 15. 강원 양양군 설악산

세잎종덩굴
(누른종덩굴, 구례종덩굴)

***Clematis koreana** Kom.*
(Clematis chiisanensis Nakai)

미나리아재비과
RANUNCULACEAE Juss.

● **분포**
중국(동북부), 한국
❖**국내분포/자생지** 주로 전국의 해발고도 1,200m 이상 산지 능선 및 정상부
● **형태**
수형 낙엽 덩굴성 목본이며 2~3m 정도로 자란다.
줄기/겨울눈 줄기는 가늘며, 둥글거나 희미하게 4~6개의 각이 진다. 겨울눈은 길이 1~1.5cm의 좁은 난형이다.
잎 3출엽이며 마주난다. 작은잎은 끝이 길게 뾰족하며 밑부분은 둥글거나 얕은 심장형이다. 가장자리에는 예리한 치아상 톱니가 있고, 간혹 2~3갈래로 갈라지기도 한다. 잎자루는 길이 3~8cm이며 털이 있다.
꽃 6~8월에 새가지의 잎겨드랑이에 자주색 또는 황색의 양성화가 1개씩 아래를 향해 달린다. 꽃은 지름 2.2~3.8cm의 종 모양이고 화피편은 4개다. 화피편은 끝이 뾰족하고 기부에 돌기가 발달하며, 표면은 다소 주름진다. 꽃자루는 길이 5~12cm다. 수술은 길이 8mm 정도이고 다수가 모여나며 털이 있다. 화피편과 수술 사이에는 주걱 모양의 헛수술이 있다. 자방에는 털이 밀생하며 암술대는 길이 8mm 정도다.
열매 열매(瘦果)는 길이 4~5mm의 도란형이며, 끝에 길이 4.5cm 정도의 깃털 모양 암술대가 남는다.
● **참고**
누른종덩굴은 꽃색을 제외하고는 모든 형질이 세잎종덩굴과 중첩되며, 꽃색이 간혹 누른색과 자주색이 섞여 있는 개체도 관찰되므로 세잎종덩굴에 통합하는 편이 타당하다고 본다.

❶꽃의 종단면 ❷열매 ❸잎. 작은잎은 길이 4~8cm이고 광난형이며, 봄철에 나온 잎에는 잔털이 밀생한다. ❹겨울눈. 털이 다소 있다. ❺수과의 집산 모습. 표면에 잔털이 밀생하고 끝부분에는 깃털 모양으로 변한 암술대가 남는다. ❻누른종덩굴 타입 ❼꽃색이 적색과 누른색이 섞인 타입
✿식별 포인트 잎/꽃(색과 화피편)/열매

99

자주종덩굴
(산종덩굴, 고려종덩굴, 함북종덩굴)

Clematis alpina (L.) Mill. **subsp.**
ochotensis (Pall.) **Kuntze**
[*Clematis nobilis* Nakai; C.
ochotensis (Pall.) Poir.]

미나리아재비과
RANUNCULACEAE Juss.

2007. 6. 26. 백두산

●**분포**
중국(동북부), 일본(중북부), 러시아(동부), 한국

❖**국내분포/자생지** 강원(태백산, 설악산, 가리왕산) 이북의 해발고도가 높은 산지 능선 및 정상부

●**형태**
수형 낙엽 덩굴성 목본이며 2~3m 정도로 자란다.

줄기/겨울눈 줄기는 가늘며, 둥글거나 희미하게 4~6개의 각이 진다. 어린 줄기는 붉은빛이 돈다. 겨울눈은 길이 5~18mm의 삼각상이다.

잎 2회 3출엽이며 마주난다. 작은잎은 길이 4~10cm의 피침형-장난형이다. 잎자루는 길고 솜털이 약간 있다.

꽃 지름 2.2~4.5cm의 자주색 양성화가, 5~6월에 새가지의 잎겨드랑이에서 1개씩 아래를 향해 핀다. 화피편은 4개이며 끝이 뾰족하고 양면에 털이 약간 있다. 주걱 모양의 헛수술은 화피편 길이의 ½ 정도다. 수술은 길이 1~1.4cm이며 털이 있다. 자방에는 털이 밀생하며, 암술대는 길이 8~9mm이고 털이 밀생한다.

열매 열매(瘦果)는 길이 4~5mm의 도란형이며, 끝부분에 길이 2.5~4.5cm의 깃털 모양 암술대가 남는다.

●**참고**
세잎종덩굴에 비해 잎이 2회 3출엽이며, 화피편 표면에 주름이 없어 매끈하다. 잎과 꽃의 형태변이가 심한 편이어서 산종덩굴, 고려종덩굴, 함북종덩굴 등으로 세분화하기도 하지만 최근 연구결과에 따라 자주종덩굴로 통합 처리했다.

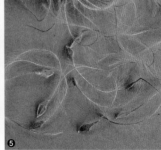

❶꽃. 자주색(간혹 자갈색)의 종 모양이다. ❷잎은 끝이 꼬리처럼 뾰족하며, 가장자리에 예리한 톱니가 있다. 털은 거의 없다. ❸열매 ❹겨울눈. 끝부분에 털이 조금 있다. ❺수과는 표면에 털이 약간 있다.
✱식별 포인트 잎/꽃(색과 화피편)/열매

2005. 8. 18. 강원 삼척시 덕항산

바위종덩굴
Clematis calcicola J. S. Kim

미나리아재비과
RANUNCULACEAE Juss.

●분포
한국(한반도 고유종)
❖국내분포/자생지 강원의 석회암 바위지대
●형태
수형 낙엽 덩굴성 목본이며 3m 정도까지 자라지만, 50㎝ 이하 개체가 대부분이다.
줄기/겨울눈 줄기는 가늘며, 둥글거나 희미하게 각진다. 겨울눈은 4~10㎜의 좁은 난형 또는 삼각형이다.
잎 3출엽이며 마주난다. 작은잎은 길이 3~7㎝의 장타원형-난형이다. 끝은 뾰족하며, 가장자리에는 치아상 톱니가 드물게 있고 흔히 1~2개의 결각이 있다. 엽맥과 잎의 가장자리에는 털이 드물게 있다. 잎자루는 길이 3~8.5㎝이며 털이 없다.
꽃 5~6월에 새가지 또는 겨울눈에서 나온 짧은가지 끝에 적자색의 양성화가 아래를 향해 달린다. 화피편은 4개이며 다소 두껍고 주름이 지지 않는다. 주걱 모양의 헛수술은 길이 1.5~1.8㎝다. 수술은 길이 1~1.5㎝이며 수술대에 털이 있다. 자방도 털이 있으며, 암술머리는 길이 8㎜ 정도이고 털이 밀생한다.
열매 열매(瘦果)는 길이 4~5㎜의 좁은 도란형이며, 끝에 길이 4.5㎝ 정도의 깃털 모양 암술대가 남는다.
●참고
세잎종덩굴에 비해 잎이 다소 두꺼운 가죽질이고 털이 거의 없는 점과, 화피편이 두껍고 주름지지 않으며 기부에 돌기가 발달하지 않는 점이 특징이다. 개화시기도 한 달 정도 빠르다.

❶꽃. 적자색의 종 모양이며 지름 2.5~3㎝다. 화피편은 두꺼운 편이다. ❷열매. 수과 표면에 털이 밀생한다. ❸잎. 가장자리에 불규칙하게 치아상 톱니가 생긴다.
✱식별 포인트 잎/꽃(색과 화피편)/열매

검종덩굴
Clematis fusca Turcz. var. *fusca*

미나리아재비과
RANUNCULACEAE Juss.

2011. 8. 11. 강원 인제군

●**분포**
중국(동북부), 일본, 러시아, 한국
❖**국내분포/자생지** 강원, 경기 이북의
숲 가장자리 또는 하천가

●**형태**
수형 낙엽 덩굴성 목본이며 1~3m 정도
로 자란다.
줄기/어린가지 가늘며 4~8개의 얕은
골이 진다. 어린가지에는 털이 약간 있다.
잎 마주나며 5~9개의 작은잎으로 이
루어진 복엽이다. 작은잎은 길이 2~8
(~12)cm의 장타원형-타원형 또는 난
형-광난형이며, 양면에 털이 거의 없거
나 약간 있다. 잎끝은 뾰족하거나 길게
뾰족하고 가장자리가 밋밋하지만 간혹
2~3갈래로 갈라지는 것도 있다. 잎자
루는 길이 2~6cm이며 털이 약간 있다.
꽃 6~7월에 잎겨드랑이에서 짙은 적
갈색-흑갈색의 양성화가 1개씩 밑을
향해 달린다. 꽃은 종 모양이며 지름
1.5~3.5cm다. 꽃자루는 길이 2~35mm
이고 흑갈색의 털이 밀생한다. 화피편
은 4개이며 표면에 흑갈색 털이 밀생
한다. 헛수술은 없다. 수술은 길이
1~1.5cm이고, 수술대에 황갈색 털이
있다. 자방에 털이 있으며, 암술대는
길이 8~12mm이고 털이 밀생한다.
열매 열매(瘦果)는 길이 5~8mm의 납
작한 타원형-광난형-아원형이며 끝
에는 암술대가 변한 길이 3~4.2cm의
깃털 모양 긴 털이 있다.

●**참고**
요강나물에 비해 줄기가 목질이어서
겨울철에 말라 죽지 않으며 꽃이 흔히
줄기 양쪽에 1개씩 잎겨드랑이에 달리
는 것이 특징이다.
❶꽃. 화피편은 흔히 짙은 적자색을 띠고 표
면에 흑갈색의 털이 밀생한다. 종덩굴과는
달리 꽃자루에도 흑갈색의 털이 밀생한다.
❷꽃의 단면. 헛수술은 없다. ❸❹수과. 흔히
광난형-아원형이며 끝에 달리는 깃털 모양
의 긴 털(부리)은 황갈색을 띤다. ❺잎. 흔히
엽축 또는 작은잎의 잎자루가 덩굴손처럼 다
른 물체를 감는다. ❻줄기. 요강나물에 비해
지상부의 줄기가 완전한 목질이다.
✽식별 포인트 꽃(액생, 꽃자루)/수형

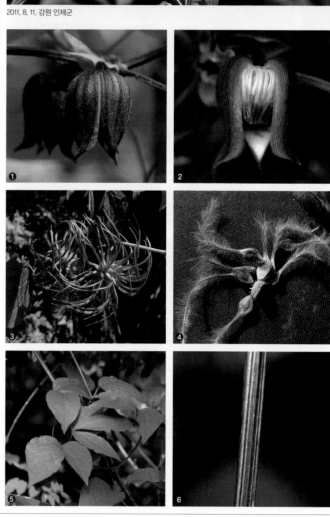

2001. 5. 27. 강원 태백시 금대봉

요강나물

Clematis fusca Turcz. var.
flabellata (Nakai) J. S. Kim

미나리아재비과
RANUNCULACEAE Juss.

● **분포**
한국(한반도 고유종)
❖ **국내분포/자생지** 강원 이북의 해발
고도 1,200m 이상 아고산대 산지 능선
및 정상부
● **형태**
수형 낙엽 반관목 또는 다년생 초본이
며, 0.3~1m 정도로 곧추 자란다. 줄기
윗부분은 흔히 덩굴성이 된다. 지상부
의 줄기는 겨울철에는 말라 죽는다.
땅속줄기/뿌리 땅속줄기는 매우 짧으
며 뿌리는 수염 모양으로 모여난다.
잎 마주나며 보통 3출엽이지만 간혹
단엽일 때도 있다. 작은잎은 전체에 털
이 많으며, 가장자리는 밋밋하거나 둔
한 톱니가 드물게 있다.
꽃 5~6월에 흑갈색의 양성화가 줄기
끝에 1개씩 아래를 향해 달린다. 꽃은
종 모양이며 지름 2.5~3.5cm다. 화피
편은 4개이며 삼각상이고, 표면에 흑
갈색 털이 밀생한다. 꽃자루는 길이 6
~15mm이며 털이 밀생한다. 수술은 길
이 1~1.4cm이고 수술대에 갈색 털이
있다. 자방은 털이 있으며, 암술대는
길이 8~12mm이고 털이 밀생한다.
열매 열매(瘦果)는 도란형이며, 끝부
분에 암술대가 변한 깃털 모양의 갈색
털이 있다.
● **참고**
국명은 '꽃이 요강과 닮은 나물'이라는
뜻이다. 요강나물은 직립성이고 길이
1m 이하로 자라며 잎이 단엽 또는 3출
엽인 특징으로 검종덩굴과 구분하지만
학자에 따라 검종덩굴에 포함시키는
경우도 있다.

❶ 꽃. 화피편의 표면에 흑갈색 털이 밀생한
다. ❷ 꽃의 종단면. 수술이 다수이고 헛수술
은 없다. ❸ 잎과 미성숙한 열매. 잎 가장자리
에 결각이 지거나 몇 개의 둔한 톱니가 생기
기도 한다. ❹ 수과. 표면에는 갈색 털이 밀생
한다.
✽ 식별 포인트 꽃(정생, 꽃자루)/수형/잎

종덩굴

Clematis fusca Turcz. var.
violacea Maxim.

미나리아재비과
RANUNCULACEAE Juss.

● **분포**
중국(동북부), 일본, 러시아, 한국
❖ **국내분포/자생지** 제주를 제외한 거
의 전국에 분포하며 주로 숲 가장자리
에 자람
● **형태**
수형 낙엽 덩굴성 목본이며 3~5m 정
도로 자란다.
줄기 가늘며 4~8개의 얕은 골이 진
다. 어린가지에는 털이 약간 있다.
잎 마주나며 5~7개의 작은잎으로 이
루어진 복엽이다. 작은잎은 길이 3~6
㎝의 난형 또는 난상 타원형이며, 끝이
뾰족하고 뒷면에 잔털이 약간 있다. 가
장자리는 밋밋하나 간혹 2~3갈래로
갈라지는 것도 있다. 잎자루는 길이
2.5~4.5㎝다.
꽃 6~7월에 줄기 끝 또는 잎겨드랑이
에서 암자색의 양성화가 1개씩 밑을
향해 달린다. 간혹 수꽃이 달리기도 한
다. 꽃은 종 모양이며 지름 2.5~3.5㎝
다. 꽃자루는 2~40mm로 짧은 편이고
꽃자루에 2개의 포엽이 있다. 화피편
은 4개이며, 끝이 뒤로 젖혀지고 표면
에 털이 약간 있다. 헛수술은 없다. 수
술은 길이 1~1.4㎝이며 수술대에 갈
색 털이 있다. 암술대는 길이 8~12mm
이고 긴 털이 밀생하며 자방에도 털이
있다.
열매/종자 열매(瘦果)는 납작한 타원
형이며, 앞쪽 끝에는 암술대가 변한
길이 3~4㎝의 깃털 모양의 긴 털이
있다.
● **참고**
검종덩굴에 비해 화피편이 자주색이
며, 털이 거의 없고 광택이 다소 나는
점이 다르다.

❶❷종덩굴의 꽃 모양은 2가지 형태가 있다.
❸열매 ❹수과는 짧은 갈색 털로 덮여 있다.
❺뿌리. 짧은 땅속줄기에서 수염 모양으로
모여난다.
✽식별 포인트 수형/잎/꽃(꽃자루)

2004. 7. 1. 경기 포천시 광릉

❶

❷

❸

❹

❺

2013. 9. 10. 경북 봉화군 석포면

개버무리

Clematis serratifolia Rehder

미나리아재비과
RANUNCULACEAE Juss.

● **분포**

중국(동북부 일부), 일본(북부), 러시아, 한국

❖ **국내분포/자생지** 주로 경북, 강원 이북의 계곡 및 하천 가장자리

● **형태**

수형/줄기 낙엽 덩굴성 목본이며 3~4m 정도로 자란다. 줄기는 가늘고 6~8개의 얕은 홈이 있다.

잎 마주나며 2회 3출엽이다. 작은잎은 장타원형 또는 피침형이고 가장자리에 불규칙한 톱니가 있다. 엽질은 얇은 종이질이며, 양면에 털이 약간 있다. 잎자루는 길이 3~7.5cm다.

꽃 7~8월에 잎겨드랑이에서 나온 꽃자루에 연한 황색의 양성화가 1~3개씩 달린다. 꽃자루는 길이 3~7cm이며, 포는 길이 4~5mm의 피침형 또는 주걱형이다. 화피편은 4개이며, 장타원형이고 안쪽에만 털이 있다. 수술은 다수이며 길이 8~12mm이고, 수술대에 털이 있다. 자방의 표면에도 털이 있으며, 암술대는 길이 7~9mm이고 털이 밀생한다.

열매 열매(瘦果)는 길이 2.5mm 정도의 난형이며 표면에 털이 있다. 끝부분에는 암술대가 변한 깃털 모양의 긴 털이 있다.

● **참고**

꽃은 종 모양으로 세잎종덩굴이나 자주종덩굴과 형태가 비슷하지만, 헛수술이 없는 것이 가장 큰 차이점이다. 개버무리는 경북 울진 및 봉화 이북에 분포하는데, 국내에서는 드물다고 할 수 없으나 일본에서는 개체수가 매우 적어 극심멸종위기종(Critically Endangered)으로 분류하고 있다.

❶ 꽃. 아래를 향해 달리며 헛수술이 없는 것이 특징이다. ❷ 잎. 2회 3출엽이며 작은잎의 잎끝은 흔히 길게 뾰족하다. ❸ 겨울눈 ❹ 수과의 접사 모습 ❺ 수형. 땅 위를 기거나 다른 식물을 감으며 길게 자란다.
✻ 식별 포인트 잎/꽃(헛수술 없음)/열매

자주조희풀

Clematis heracleifolia DC. var. *heracleifolia*
[*Clematis davidiana* Decne. ex Vert.; *C. heracleifolia* DC. var. *tubulosa* (Turcz.) Kuntze]

미나리아재비과
RANUNCULACEAE Juss.

● **분포**
중국(중부-동북부), 한국

❖ **국내분포/자생지** 충남, 충북 이북의 산지

● **형태**
수형 낙엽 반관목 또는 다년생 초본이며 80cm까지 자란다.

수피/어린가지 줄기 밑부분은 목질이며, 위쪽 줄기의 일부는 겨울에 마른다. 줄기와 가지에는 6~10개의 얕은 홈이 있다. 겨울눈은 장타원상 난형이며 털이 밀생한다.

잎 마주나고 3출엽이다. 작은잎은 길이 3~17cm의 타원형-광난형이며, 끝이 뾰족하고 양면에 거친 털이 약간 있다. 잎자루는 길이 (3~)6~20cm이며 털이 있다.

꽃 수꽃, 암꽃, 양성화가 한 그루에 달리는 것(trimonoecious)으로 알려져 왔지만, 실제로는 수꽃양성화딴그루(웅성양성이주, androdioecious)로 보인다. 꽃은 길이 3cm 정도의 항아리 모양이며, 7~8월에 하늘색-청자색 또는 연한 적자색으로 핀다. 화피편의 끝부분은 뒤로 말리듯 젖혀지며, 가장자리가 넓어져서 날개 모양이 된다. 수술은 길이 1~1.3cm이고 꽃밥은 길이 5~6mm이다.

열매 열매(瘦果)는 길이 3.8~4.5mm의 광타원형-광난형이며, 끝에는 암술대가 변한 길이 2.5~3.7cm의 깃털 모양 털이 있다.

● **참고**
병조희풀에 비해 화피편의 끝부분이 뒤로 말리듯 젖혀지며 가장자리가 날개 모양으로 넓어지고, 수술이 좀 더 긴 점이 특징이다.

❶꽃. 양성화(좌)는 수꽃(우)에 비해 밑부분이 좀 더 넓게 부풀어 있다. ❷양성화 단면 ❸수꽃 단면 ❹열매. 수과의 끝에 길이 3cm 정도의 깃털 모양 털(부리)이 있다. ❺잎. 3출엽이며 작은잎이 대형이고 가장자리에 톱니가 많다. ❻겨울눈 ❼수형. 자주조희풀은 병조희풀에 비해 해발고도가 낮은 산지에 분포하는 경향을 보인다.(ⓒ조민제)

✽**식별 포인트** 꽃(화피편, 수술)

2017. 9. 3. 경기 포천시 한탄강

2004. 7. 14. 강원 태백시 금대봉

병조희풀(조희풀)

Clematis heracleifolia DC. var. *urticifolia* [Nakai ex Kitag.] U. C. La
(*Clematis urticifolia* Nakai ex Kitag.)

미나리아재비과
RANUNCULACEAE Juss.

● **분포**

일본(?), 한국

❖**국내분포/자생지** 제주와 남해 도서를 제외한 전국의 산지

● **형태**

수형 낙엽 반관목 또는 다년생 초본이며 1m 정도로 자란다.

줄기/겨울눈 줄기 밑부분은 목질이며, 윗부분의 일부는 겨울철에 마른다. 겨울눈은 긴 난상이며 털이 밀생한다.

잎 마주나며 3출엽이다. 작은잎은 길이 6~15cm의 광난형이며, 끝이 뾰족하고 양면에 거친 털이 약간 있다. 가장자리에는 치아상의 톱니가 있고, 흔히 3개의 얕은 결각이 있다.

꽃 수꽃, 암꽃, 양성화가 한 그루에 달리는 것(trimonoecious)으로 알려져왔지만, 실제로는 수꽃양성화딴그루(웅성양성이주)로 보인다. 꽃은 길이 2~2.5cm의 항아리 모양이며, 7~8월에 짙은 하늘색 또는 자주색으로 핀다. 화피편은 4개이며, 겉에 털이 있고 끝이 뒤로 말린다. 수술에는 털이 드물게 있으며, 자방은 길이 3~4mm의 타원형이고 털이 밀생한다.

열매 열매(瘦果)는 길이 3~5mm의 납작한 타원형이며, 끝에는 암술대가 변한 길이 2.5~3.7cm의 깃털 모양 털이 있다.

● **참고**

최근까지 대부분의 국내 문헌에서 학명을 잘못 사용해왔으나, 병조희풀은 자주조희풀(기본종)의 변종으로 처리하는 것이 타당하다. 한반도 고유종으로 추정되지만 일본의 석회암지대에 분포하는 *C. stans* var. *austrojaponensis* (Ohwi) Ohwi와 면밀하게 비교·검토할 필요가 있다.

❶양성화의 종단면. 항아리 모양의 꽃은 짧은 원추상꽃차례에 모여 달린다. ❷수꽃의 종단면 ❸열매(초기) ❹잎 ❺수피 ❻수과의 접사 모습. 표면에 백색 털이 있고, 암술대가 변한 깃털 모양의 털은 다른 자생 *Clematis* 보다는 다소 성기다.

✽식별 포인트 수형/잎/꽃

큰꽃으아리

Clematis patens C. Morren & Decne.

미나리아재비과
RANUNCULACEAE Juss.

●**분포**
중국(산둥반도, 랴오닝성), 일본, 한국
❖**국내분포/자생지** 제주를 제외한 전국의 산야

●**형태**
수형 낙엽 덩굴성 목본이며 3m 정도로 자란다.

줄기/겨울눈 줄기는 가늘며 세로 방향으로 5~6개의 얕은 홈이 있다. 겨울눈은 삼각상 난형이며 털이 있다.

잎 보통 3출엽이지만 드물게 단엽이나 5개의 작은잎으로 된 복엽도 있다. 작은잎은 길이 3~7cm의 난형 또는 넓은 피침상이며, 가장자리가 밋밋하고 털이 밀생한다. 잎자루는 길이 4~8cm 이다.

꽃 5~6월에 줄기 끝이나 잎겨드랑이에서 나온 긴 꽃자루에 지름 7~12cm의 백색 양성화가 달린다. 화피편은 5~8개이며 장타원형-타원형이고, 뒷면에 털이 밀생한다. 수술은 길이 1.2~2cm이며 털이 없다. 자방은 길이 8~10mm이고 표면에 털이 있다.

열매/종자 열매(瘦果)는 길이 3.5~5mm의 광난형이며, 약간 납작하고 표면에 털이 있다. 끝에는 암술대가 변한 길이 3~3.8cm의 깃털 모양의 황갈색 긴 털이 있다.

●**참고**
전국의 숲 가장자리에 비교적 흔하게 자라며, 잎 모양은 종덩굴과 비슷하나 맥 위와 가장자리에 긴 털이 있는 점이 다르다. 꽃의 형태는 으아리와 비슷하지만, 유전적으로는 종덩굴에 더 가깝다. 일본에 분포하는 큰꽃으아리와 비교·검토가 필요하다.

❶꽃. 국내 자생 *Clematis* 중 꽃이 가장 크다. 개화 직후부터 많은 곤충들이 모여들어 깨끗한 상태의 꽃을 보기가 쉽지 않다. ❷잎. 가장자리와 맥 위에 긴 털이 있는 것이 특징이다. ❸겨울눈 ❹수과. 비교적 대형이며 형태는 종덩굴과 유사하다.
✻식별 포인트 잎/꽃/열매

2008. 5. 12. 경기 양평군

2007. 6. 24. 중국 지린성 룽징

좁은잎사위질빵
(가는잎사위질빵)
Clematis hexapetala Pall.

미나리아재비과
RANUNCULACEAE Juss.

● **분포**
중국(중부-동북부), 몽골, 러시아(시베리아 일대), 한국
❖ **국내분포/자생지** 충남 이북의 들이나 낮은 산지의 풀밭

● **형태**
수형 낙엽 반관목이며 0.3~1m 정도로 자란다. 줄기는 곧으며 세로 방향으로 8~12개의 얕은 홈이 있고, 지상줄기는 겨울에 마른다.

잎 마주나며 우상복엽이지만 줄기 윗부분의 잎은 3출엽이다. 작은잎은 길이 5~9cm의 선상 피침형 또는 타원형이며, 끝이 뾰족하고 가장자리가 밋밋하다. 엽질은 가죽질이고, 잎 기부의 엽맥이 도드라져 있다. 잎자루는 길이 5~20mm다.

꽃 6~7월에 줄기 끝이나 잎겨드랑이에서 나온 꽃자루에 지름 2.5~4cm의 백색 양성화가 (1~)3개씩 모여 달린다. 화피편은 5~8개이고 수평으로 퍼져서 달리며, 길이 1~2cm의 좁은 장타원형이고 뒷면에는 백색 털이 밀생한다. 수술은 길이 6~9mm이고 털이 없다. 자방은 도란형이고 털이 있으며, 암술대는 길이 5.5~8mm이고 긴 털이 밀생한다.

열매 열매(瘦果)는 광타원형이다. 끝에는 암술대가 변한, 길이 2cm 정도인 깃털 모양의 긴 털이 있다.

● **참고**
외대으아리에 비해 잎이 좁고 열매 끝에 깃털 모양의 긴 털이 있는 점이 특징이다.

❶꽃. 으아리나 외대으아리에 비해 꽃이 비교적 큰 편이며 화피편은 5~8개다. ❷잎. 폭이 좁고 양면 모두 털이 없다. ❸❹수과
✿식별 포인트 수형/잎/꽃(크기와 화피편 수)/열매

109

외대으아리
Clematis brachyura Maxim.

미나리아재비과
RANUNCULACEAE Juss.

2004. 6. 1. 충북 단양군 매포면

● **분포**

한국(한반도 고유종)

❖ **국내분포/자생지** 제주 및 도서 지역을 제외한 내륙 전역의 건조한 산지 또는 풀밭

● **형태**

수형 낙엽 반관목 또는 다년생 초본이며 0.3~1m 정도로 자란다. 지상줄기는 겨울에 마른다.

잎 마주나며 3~5개의 작은잎으로 구성된 복엽이다. 작은잎은 난형, 타원형 또는 장타원형이며, 가장자리가 밋밋하다. 끝은 뾰족하고 밑부분은 둥글거나 넓은 쐐기형이다. 엽질은 가죽질이며, 양면에 털이 없고 표면에 광택이 난다. 잎자루와 작은잎자루는 덩굴손처럼 다른 물체를 감는다.

꽃 6~7월에 줄기 끝이나 잎겨드랑이에 지름 2.5~3cm의 백색 양성화가 1~3개씩 달린다. 화피편은 4~6개이며, 길이 1.2~1.5cm의 도피침형 또는 도란형이고 수평으로 퍼진다. 수술은 다수이고 털이 없으며, 암술은 비교적 적고 암술대에 털이 밀생한다.

열매 열매(瘦果)는 난상 원형이고 날개가 있다. 끝부분에는 돌기 모양으로 변한 짧은 암술대의 흔적이 남는다.

● **참고**

으아리에 비해 꽃이 1~3개씩 달리며, 열매의 가장자리에 날개가 있고 끝이 깃털 모양이 아니라 돌기 모양인 짧은 암술대 흔적이 있는 점이 특징이다. 열매가 없을 경우, 으아리와 명확히 구별하기가 쉽지 않다. 꽃이 필 때에는 암술대에 긴 털이 밀생하지만 열매가 익는 과정에서 암술대는 윗부분이 말라 떨어지고 돌기 모양으로 된다.

❶꽃. 으아리에 비해 꽃차례에 적은 수의 꽃이 달린다. ❷수과는 암술대가 떨어져 돌기 모양의 흔적만 남는다.(ⓒ고근연) ❸잎. 가장자리가 밋밋하다. ❹수피 ❺수형 ❻수과. 끝에는 돌기처럼 암술대의 흔적이 남아 있다 (오른쪽 끝은 으아리의 수과).

✱식별 포인트 수형/꽃/열매(모양과 암술대)

2017. 9. 10. 강원 삼척시

참으아리
Clematis terniflora DC. var.
terniflora

미나리아재비과
RANUNCULACEAE Juss.

● **분포**
중국(동부, 중북부), 일본, 타이완, 한국
❖ **국내분포/자생지** 전국의 바닷가 및
인근 산지
● **형태**
수형 낙엽 덩굴성 목본이며 3~5m, 지
름 2㎝ 정도로 자란다.
수피/줄기 수피는 회백색이며 세로로
얕게 갈라진다. 줄기는 굵고 목질화
된다.
잎 마주나며 3~7개의 작은잎으로 이
루어진 복엽이다. 작은잎은 길이 3~
10㎝의 광난형, 타원형 또는 피침형이
며, 가장자리는 밋밋하지만 간혹 결각
상으로 갈라진다. 밑부분은 둥글거나
얕은 심장형이다. 엽질은 가죽질로 다
소 두껍고 양면에 털이 없다.
꽃 7~8월에 가지 끝이나 잎겨드랑이
에서 나온 원추꽃차례에 지름 3~3.5
㎝의 백색 양성화가 모여 달린다. 화피
편은 4~6개이며, 길이 1.2~1.5㎝의
장타원형이다. 꽃자루에는 비로드(벨
벳) 같은 털이 있다. 수술은 다수이고
털이 없으며, 암술은 암술대에 긴 털이
밀생한다.
열매 열매(瘦果)는 황갈색의 난형이며
표면에 잔털이 있다. 끝에는 암술대가
변한 깃털 모양의 긴 털이 있다.
● **참고**
으아리와 아주 유사하지만 줄기가 목
질화되는 것이 가장 뚜렷한 차이점이
다. 잎의 밑부분이 밋밋하거나 심장형
인 점과, 꽃자루에 부드러운 털이 있는
점도 으아리와 다르다. 으아리가 주로
내륙 산지에 분포하는 데 비해, 참으아
리는 주로 바닷가나 바닷가 인근 산지
에 분포한다.

❶꽃. 꽃차례에 부드러운 털이 밀생한다. ❷
열매. 보통 4~7개 정도씩 모여 달린다. ❸잎.
가죽질이며 밑부분은 밋밋하거나 얕은 심장
형이다. ❹수피. 으아리에 비해 줄기가 목질
이다. ❺수과. 암술대가 변한 깃털 모양의 털
(부리)은 길이 2~4㎝다. ❻수형
❇**식별 포인트** 줄기(목질화)/꽃(꽃자루 털)/
열매

으아리

Clematis terniflora DC. var.
mandshurica (Rupr.) Ohwi

미나리아재비과
RANUNCULACEAE Juss.

2001. 7. 7. 경북 영천시 화산면

●**분포**
중국(동북부), 러시아(시베리아 일대),
몽골, 한국

❖**국내분포/자생지** 섬 지역을 제외한
전국의 숲 가장자리 및 풀밭

●**형태**
수형 낙엽 덩굴성 반목본이며 0.5∼
5m 정도로 자란다. 다른 물체를 감거
나 약간 비스듬히 자라며 지상부의 줄
기는 겨울에 마른다.

잎 마주나며 3∼7개의 작은잎으로 구
성된 복엽이다. 작은잎은 난형, 타원형
또는 장타원형이며, 엽질은 다소 가죽
질이고 표면은 광택이 난다. 밑부분은
둥글거나 넓은 쐐기형이고, 가장자리
가 밋밋하다. 작은잎자루는 덩굴손처
럼 다른 물체를 감는다.

꽃 6∼10월에 줄기 끝이나 잎겨드랑이
에서 나온 원추상꽃차례에 백색의 양
성화가 모여 달린다. 꽃은 지름 2.5∼3
㎝이며, 화피편은 4∼6개로 수평으로
퍼진다. 수술은 많고 털이 없으며, 암
술은 비교적 적은 편이고 암술대에는
긴 털이 밀생한다.

열매 열매(瘦果)는 난상 타원형이며,
끝에 암술대가 변한 깃털 모양의 긴 털
이 있다.

●**참고**
외대으아리와 비교해 열매의 끝에 깃
털 모양의 털이 있는 것이 특징이다.
참으아리에 비해서는 잎이 비교적 얇
고 꽃자루에 털이 거의 없으며, 줄기가
목질화되지 않고 겨울철에 마르는 점
이 다르다. 외대으아리는 6∼7월에,
참으아리는 7∼8월에 꽃을 피우지만,
으아리는 생육지에 따라 개화기가 6월
에서 10월까지 차이 난다.

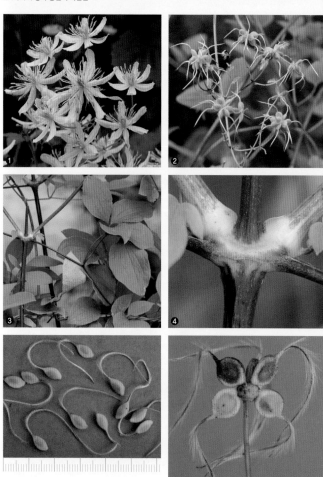

❶꽃. 원추상으로 모여 달린다. ❷결실기의
수과 ❸잎. 외대으아리와 구별하기 어렵다.
❹줄기는 겨울철에 고사하기도 한다. ❺❻수
과는 타원형 또는 구형이다. 수과 끝에는 깃
털 모양의 긴 털이 있다.
✽식별 포인트 줄기(목질화되지 않음)/꽃(꽃
자루에 털 없음)/열매(깃털 모양의 암술대)

2008. 8. 22. 경북 안동시 일직면

사위질빵
Clematis apiifolia DC.

미나리아재비과
RANUNCULACEAE Juss.

● **분포**

중국(중북부), 일본, 한국

❖**국내분포/자생지** 전국의 산야

● **형태**

수형 낙엽 덩굴성 목본이며 1~8m, 지름 3㎝ 정도로 자란다.

수피/어린가지/겨울눈 수피는 연한 갈색이며 세로로 불규칙하게 골이 진다. 어린가지는 세로 방향으로 5~6개의 얕은 홈이 있으며 털이 약간 있다. 겨울눈은 광난형이고 백색 털이 밀생한다. 줄기는 힘을 약하게 가해도 잘 끊어진다.

잎 마주나고 3출엽이다. 작은잎은 길이 2~9㎝의 난형, 광난형 또는 타원형이며, 가장자리에는 예리한 톱니가 있고 흔히 2~3갈래로 갈라진다. 끝은 뾰족하며 밑부분은 원형-얕은 심장형이다. 잎자루는 길이 1.5~4㎝이며 털이 약간 있다.

꽃 7~9월에 줄기 끝이나 잎겨드랑이에서 나온 원추꽃차례에 백색의 양성화가 모여 핀다. 꽃은 지름 1.3~2.5㎝이며, 화피편은 4개이고 길이 7~10mm의 도란상 장타원형 또는 장타원형이다. 수술은 다수이며 길이 4~6mm이고 털이 없다. 자방은 털이 있으며, 암술대는 길이 4~6mm이고 긴 털이 밀생한다.

열매 열매(瘦果)는 타원상이며 5~10개씩 모여 달린다. 끝에는 암술대가 변한 1㎝ 정도의 깃털 모양의 백색 털이 있다.

● **참고**

좀사위질빵에 비해 잎이 3출엽이며, 작은잎이 타원형-광난형으로 더욱 넓은 것이 특징이다.

❶꽃은 원추상으로 모여 달린다. ❷결실기에는 5~10개의 수과가 모여 달린다. ❸잎. 3출엽이고 가장자리에는 톱니가 있다. ❹겨울눈 ❺수피. 세로로 홈이 있으며 중간중간 마디처럼 부푼다.

✿**식별 포인트** 잎(3출엽)/꽃차례(원추상)/열매/줄기(잘 끊어짐)

좀사위질빵
Clematis brevicaudata DC.

미나리아재비과
RANUNCULACEAE Juss.

2017. 8. 27. 강원 영월군

● **분포**
중국, 몽골, 러시아, 한국

❖ **국내분포/자생지** 강원, 충북 이북의
숲 가장자리 및 하천가

● **형태**
수형 낙엽 덩굴성 목본이며 3~5m, 지
름 1~3㎝로 자란다.

수피/어린가지 수피는 회갈색-연한 갈
색이고, 세로로 불규칙하게 골이 진다.
어린가지는 세로로 5~6개의 얕은 홈
이 있으며, 털이 약간 있거나 거의 없다.

잎 마주나고 2회 3출엽이다. 작은잎은
길이 1~4(~8)㎝의 피침형-난형이며,
가장자리에는 둔한 톱니 또는 뾰족한
톱니가 있다. 작은잎의 끝이 길게 뾰족
하고 밑부분은 쐐기형-원형이다. 잎자
루는 길이 2~8㎝이며 털이 약간 있다.

꽃 8~9월에 줄기의 끝이나 잎겨드랑
이에서 나온 취산꽃차례 또는 원추꽃
차례에 백색의 양성화가 모여 핀다.
꽃은 지름 1.5~2㎝이며, 화피편은
4(~5)개이고 길이 7~10㎜의 장타원형
이다. 수술은 다수이며, 길이 5~10㎜
이고 털이 없다. 자방은 털이 있으며 암
술대는 길이 5㎜ 정도이고 긴 털이 밀
생한다.

열매 열매(瘦果)는 길이 3㎜ 정도의 타
원상 난형-난형이고 털이 많다. 끝에
는 암술대가 변한, 길이 1~2㎝의 깃털
모양 백색 털이 있다.

● **참고**
사위질빵에 비해 잎이 흔히 2회 3출엽
이며, 작은잎의 끝이 길고 뾰족한 것이
특징이다. 남한에서는 주로 강원, 충북
의 석회암지대 숲 가장자리나 하천가
에 드물게 자란다.

❶꽃차례. 수술에는 털이 없고 암술대와 자
방에 털이 있다. ❷❸수과. 결실률은 사위질
빵에 비해 낮은 편이다. 암술대가 변한 깃털
모양의 털은 길이 1.5㎝ 정도이다. ❹잎. 2회
3출엽이고 작은잎의 끝이 길게 뾰족하다. ❺
겨울눈 ❻수형. 사위질빵에 비해 전체적으로
소형이다.
❖식별 포인트 잎 형태/열매(수과)

2004. 5. 30. 경기 가평군 화악산

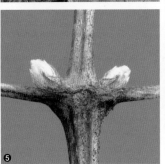

할미밀망
Clematis trichotoma Nakai

미나리아재비과
RANUNCULACEAE Juss.

●**분포**

한국(한반도 고유종)

❖**국내분포/자생지** 전국의 산지에 분포함

●**형태**

수형 낙엽 덩굴성 목본이며 5~7m, 지름 3㎝ 정도로 자란다.

수피/어린가지/겨울눈 수피는 연한 갈색이며 세로로 불규칙하게 골이 진다. 어린가지는 5~8개의 얕은 홈이 있으며 털이 약간 있다. 겨울눈은 난형 또는 삼각상 난형이고, 백색 털이 밀생한다.

잎 마주나며 3~5개의 작은잎으로 구성된 우상복엽이다. 작은잎은 길이 5~8㎝의 난형이며, 끝이 매우 뾰족하고 밑부분은 넓은 쐐기형 또는 얕은 심장형이다. 가장자리에는 1~3개의 결각상의 큰 톱니가 있다. 어릴 때에는 표면에 털이 많지만, 차츰 떨어져 없어진다. 잎자루는 길며 털이 있다.

꽃 5~6월에 잎겨드랑이에서 나온 꽃자루에 백색 양성화가 (2~)3개씩 달린다. 꽃은 지름 3~3.5㎝이며, 꽃자루는 길이 3~5㎝이고 잔털이 있다. 화피편은 4~6개이며 장타원형이고 겉에 연한 갈색 털이 있다. 수술은 다수이고 털이 없으며, 암술대에는 긴 털이 밀생한다.

열매/종자 열매(瘦果)는 보통 15~16개씩 모여 달리며, 표면에 털이 거의 없다. 끝부분에는 암술대가 변한 깃털 모양의 긴 털이 있다.

●**참고**

가장 두드러지는 특징은 꽃이 3개씩 모여 피는 것인데, 이 점에 주목하여 북한에서는 '셋꽃으아리'라고 부른다.

❶꽃. 사위질빵보다 크며 3개씩 모여 달린다. ❷❸결실기의 수과. 보통 15~16개씩의 수과가 모여 달린다. 표면에 털이 거의 없다. ❹잎. 보통 5개의 작은잎으로 이루어진 우상복엽이다. ❺겨울눈 ❻수형

✻식별 포인트 잎(우상복엽)/꽃차례(3개씩)/수과(털 없음)

매자나무
Berberis koreana Palib.

매자나무과
BERBERIDACEAE Juss.

2007. 5. 31. 경기 포천군 명성산

● **분포**

한국(한반도 고유종)

❖**국내분포/자생지** 경기를 중심으로 강원, 충북 일부 지역에 분포하며 주로 숲 가장자리 및 하천 가장자리에 자람

● **형태**

수형 낙엽 관목이며 높이 2m까지 자라고 밑에서 가지가 갈라진다.

수피/어린가지/겨울눈 수피는 회색 또는 회갈색이며 오래되면 불규칙하게 갈라진다. 어린가지는 적갈색 또는 암갈색이며, 길이 5~10㎜의 가시가 있다. 겨울눈은 타원형 또는 난형이고 인편은 적갈색이고 끝이 뾰족하다.

잎 어긋나지만 짧은가지에는 모여나는 것처럼 보인다. 잎은 길이 3~7㎝의 도란형-타원형이며 가장자리에는 불규칙하고 둔한 톱니가 있다. 뒷면은 회녹색을 띤다.

꽃 5월에 짧은가지 끝에서 나온 꽃차례에 황색 양성화가 모여 달린다. 꽃받침은 6개이고 2열로 배열하며, 안쪽 것이 바깥쪽 것보다 길다. 꽃잎은 6개이며 길이 3~3.5㎜의 타원형이고 기부에 2개의 밀선이 있다. 수술은 6개다. 자방은 장타원형이고 털이 없으며, 암술머리는 원반형으로 부풀어 있다.

열매/종자 열매(漿果)는 지름 6㎜ 정도의 구형 또는 난상 구형이며, 9~10월에 적색으로 익는다. 종자는 길이 4~6㎜의 장타원형이며 짙은 갈색을 띠고 광택이 난다.

● **참고**

매발톱나무에 비해 어린가지가 적갈색이며, 잎 가장자리의 톱니가 불규칙하고 열매가 보다 둥근 점이 다르다.

❶꽃차례 ❷열매는 구형이다. ❸잎. 마디에 모여나며 가장자리의 톱니가 불규칙적이다. ❹겨울눈. 잎눈이 묵은 엽흔의 중앙부에서 나오므로 해가 갈수록 마디가 비대해진다. 줄기는 적갈색이다. ❺종자 ❻❼매발톱나무 (❻)와 매자나무(❼)의 잎 가장자리 비교
✿식별 포인트 잎 가장자리/열매/어린가지

2001. 4. 3. 대구시 경북대학교

일본매자나무
Berberis thunbergii DC.

매자나무과
BERBERIDACEAE Juss.

●**분포**
일본(혼슈 이남) 원산
❖**국내분포/자생지** 정원수로 전국에 흔히 식재
●**형태**
수형 낙엽 관목이며 높이 2m까지 자라고 위가 납작하고 둥근 수형을 이룬다.
수피/어린가지/겨울눈 수피는 회색이며, 어린가지는 적갈색이고 세로로 불규칙한 홈이 있다. 줄기 마디에는 길이 7~10mm의 긴 가시가 1~3개 있다. 겨울눈은 길이 2mm 정도의 구형 또는 타원형이며, 다수의 적갈색 인편으로 덮여 있다.
잎 어긋나지만 짧은가지에서는 모여나며 길이 1~5cm의 도란상이다. 끝은 둥글며 가장자리는 밋밋하다. 양면에 털이 없으며 표면은 녹색이고 뒷면은 흰빛이 돈다.
꽃 4~5월에 짧은가지 끝에서 황록색 양성화가 2~4개씩 아래를 향해 산형으로 달린다. 꽃잎과 꽃받침은 6개이며, 꽃받침의 길이는 꽃잎과 같거나 조금 더 길다. 꽃잎 기부에는 2개의 밀선이 있다. 수술은 6개다. 암술대는 굵고 크며, 암술머리는 원반 모양으로 부풀어 있다.
열매 열매(漿果)는 길이 5~7mm의 타원상이며 10월에 적색으로 익는다.
●**참고**
매자나무속 중 세계적으로 가장 널리 식재하는 종이며 여러 품종이 있다. 당매자나무로 잘못 알려진 경우가 많은데, 꽃이 산형으로 모여 피는 일본매자나무와 달리 당매자나무(*B. chinensis* Poir.)는 꽃이 총상으로 모여 피는 것이 특징이다.

❶꽃. 산형으로 모여 달린다. ❷잎 ❸열매
❹수형 ❺겨울눈 ❻종자
✻식별 포인트 잎/꽃차례(산형)

매발톱나무

Berberis amurensis Rupr.
var. *amurensis* f. *amurensis*

매자나무과
BERBERIDACEAE Juss.

● **분포**

중국(동북부), 일본, 러시아, 몽골, 한국

✤ **국내분포/자생지** 제주(한라산) 및 지리산 이북의 아고산대 산지 능선부

● **형태**

수형 낙엽 관목이며 높이 3m까지 자라고 밑부분에서 가지가 갈라진다.

수피/어린가지/겨울눈 수피는 회갈색이며 코르크층이 발달하고 세로로 얕게 갈라진다. 어린가지는 회갈색이며 얕은 홈이 있다. 마디마다 길이 8~20mm의 가시가 1~3(~5)개씩 난다. 겨울눈은 길이 2~4mm의 타원형-난형이며, 가시의 위쪽에 달린다.

잎 어긋나지만 짧은가지에서는 모여나는 것처럼 보인다. 잎은 길이 3~10cm의 도란형-타원형이며 양면에 털이 없다. 끝은 둔하고 밑부분은 좁아져서 잎자루처럼 되며, 가장자리에는 예리한 톱니가 있다.

꽃 5~6월에 짧은가지 끝에서 나온 꽃차례에 지름 6mm 정도의 황색 양성화가 모여 달린다. 꽃받침은 6개이며 2열로 배열한다. 꽃잎도 6개이며 도란상 장타원형이고, 기부에 2개의 밀선(蜜腺)이 있다. 수술은 6개다.

열매/종자 열매(漿果)는 길이 1cm 정도의 타원형이고, 10월에 적색으로 익는다. 종자는 길이 4~6mm의 장타원형-타원형이며 광택이 난다.

2017. 6. 6. 강원 설악산

❶꽃차례 ❷열매는 타원형이다. ❸잎은 크기가 다양하며 가장자리에 날카로운 톱니가 고르게 발달한다. ❹줄기 마디에는 날카로운 가시가 생긴다. ❺겨울눈 ❻코르크질의 수피 ❼수형 ❽종자

118

2005. 5. 5. 경북 울릉도

119

●참고

매자나무에 비해 줄기가 회갈색이고 열매가 타원형인 점이 특징이다. 국명은 '줄기 마디에 난 3~5개의 날카로운 가시가 매의 발톱과 닮았다'라는 뜻에서 유래했다. 왕매발톱나무[*B. amurensis* Rupr. var. *amurensis* f. *latifolia* (Nakai) W. T. Lee]는 매발톱나무에 비해 잎이 보다 둥글고 대형인 품종인데, 울릉도의 바닷가 인근 산지에 자생한다. 넓은 의미에서 매발톱나무에 통합시키는 추세다. 한편, 제주의 한라산에 자생하는 섬매발톱나무(*B. amurensis* Rupr. var. *quelpaertensis* Nakai)는 가시가 매발톱나무보다 더 크고 잎과 꽃차례가 소형인 특징으로 매발톱나무의 변종으로 처리하기도 하지만, 울릉도에 분포하는 왕매발톱나무와 더불어 매발톱나무에 통합시키기도 한다.

❾-⓫왕매발톱나무 ❾꽃 ❿열매 ⓫잎. 매발톱나무보다 더 둥글고 대형이다. ⓬-⓮섬매발톱나무 ⓬꽃과 잎. 매발톱나무보다 잎이 좀 더 작고 가장자리의 톱니가 더 날카롭게 발달한다. ⓭열매 ⓮수형
✽식별 포인트 잎 가장자리/열매/어린가지

남천
Nandina domestica Thunb.

매자나무과
BERBERIDACEAE Juss.

2006. 6. 29. 전남 해남군

●**분포**
중국(중부 이남), 일본(불명확), 인도

❖**국내분포/자생지** 관상용으로 전국
에 흔히 식재

●**형태**
수형 상록 관목이며 높이 3m, 지름
10㎝ 정도로 자란다.
수피 갈색이며 줄기에는 세로로 얕은
홈이 있다.
잎 3회 우상복엽이며 엽축에 마디가
있고, 길이가 30~50㎝에 이른다. 봄
철 새순은 적색이고 겨울철 월동하는
잎도 적색이다. 작은잎은 길이 2~10
㎝의 피침형 또는 타원형이며, 엽질이
다소 가죽질이고 털이 없다.
꽃 5~6월에 줄기 끝의 대형(길이 20
~35㎝) 원추꽃차례에 지름 6~7mm의
백색 양성화가 모여 달린다. 꽃받침열
편은 3개이고 꽃잎은 6개다. 수술도 6
개이며 수술대가 매우 짧다.
열매/종자 열매(漿果)는 지름 6~7mm
의 구형이며, 10~12월에 적색으로 익
는다. 종자는 지름 5~6㎜의 구형이고
황색을 띤다.

●**참고**
남천속(*Nandina*)을 매자나무과가 아닌
독립된 남천과(NANDINACEAE)로 처
리하는 견해도 있다. 열매가 황백색으
로 익는 것을 노랑남천('Shironanten')
으로 구분하기도 한다. 타이완 원산의
상록 관목으로서 잎 가장자리에 날카
로운 톱니가 있는 나무를 뿔남천
[*Mahonia japonica* (Thunb.) DC.]이라
고 한다.

❶❷꽃. 수술대가 짧고 상대적으로 꽃밥이
매우 비대하다. ❸열매. 구형이며 적색으로
익는다. ❹잎은 3회 우상복엽이다. ❺수피
❻뿔남천
✱식별 포인트 잎(3회 우상복엽)/꽃차례(원
추꽃차례)

2005. 5. 1. 경남 양산시 천성산

으름덩굴
Akebia quinata (Thunb.) Decne.

으름덩굴과
LARDIZABALACEAE R. Br.

● **분포**

중국(산둥반도 남부), 일본(혼슈 이남), 한국

❖ **국내분포/자생지** 황해도 이남의 산지에 흔히 자람

● **형태**

수형 낙엽 덩굴성 목본이며 길이 7m 정도로 자란다.

수피/겨울눈 수피는 갈색이고, 겨울눈은 적갈색이다.

잎 새가지에서는 어긋나지만 오래된 가지에서는 모여난다. 작은잎은 5~7개로 이루어진 장상복엽이고, 길이 3~5cm의 도란형 또는 타원형이며 가장자리가 밋밋하다. 표면은 진한 녹색이며 뒷면은 흰빛이 돈다. 잎자루는 길이 4~10cm다.

꽃 암수한그루이며, 꽃은 4~5월에 짧은가지 끝의 잎 사이에서 나온 총상꽃차례에 달린다. 수꽃은 꽃차례의 끝에 4~8개씩 달리며, 작은꽃자루는 길이 1~2cm다. 꽃잎은 3(~5)개이고 연한 자주색을 띠며, 길이 6~8mm의 고깔상 광난형이다. 수술은 꽃잎보다 짧다. 암꽃은 수꽃보다 훨씬 크고 꽃차례의 기부에 1~3개씩 달리며, 작은꽃자루는 길이 4~5cm다.

열매/종자 열매(蓇葖果)는 길이 5~10cm의 타원형이며, 익으면 세로로 갈라져서 과육을 드러낸다. 종자는 장타원상이고 다소 납작하다.

● **참고**

열매는 바나나 맛과 유사하지만 종자가 많아서 먹기 불편하다. 잎이 8개인 것을 여덟잎으름[f. *polyphylla* (Nakai) Hiyama]으로 따로 구분하기도 하지만, 종내 변이로 보는 편이 타당할 것이다.

❶수꽃(좌)과 암꽃(우). 암꽃의 암술머리는 끈끈한 점액을 분비한다. 수꽃은 수술대의 바깥쪽에 꽃밥이 2개씩 붙는다. ❷❸열매. 익으면 사진처럼 벌어져 백색 과육을 드러낸다. ❹겨울눈 ❺수피 ❻종자. 흑갈색이고 광택이 있다.

❖식별 포인트 잎/꽃/열매

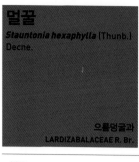

멀꿀
Stauntonia hexaphylla (Thunb.) Decne.

으름덩굴과
LARDIZABALACEAE R. Br.

● **분포**

일본(혼슈 이남), 타이완, 한국

❖**국내분포/자생지** 전남, 서남해 도서 및 제주

● **형태**

수형 상록 덩굴성 목본이며 길이 15m, 지름 8㎝ 정도로 자란다.

어린가지/겨울눈 어린가지는 녹색이고 털이 없다. 겨울눈은 길이 6~8mm의 원추형 또는 장타원형이며, 인편은 10~16개다.

잎 어긋나며 작은잎 3~7개로 이루어진 장상복엽이다. 작은잎은 길이 6~10cm의 난형 또는 타원형이며 가장자리가 밋밋하다. 표면은 광택이 나는 녹색-짙은 녹색이며, 뒷면은 연한 녹색이고 그물 모양의 맥이 뚜렷하다. 잎자루는 길이 6~8cm다.

꽃 암수한그루이며, 5~6월에 잎겨드랑이에서 나온 짧은 총상꽃차례에 연한 녹백색의 꽃이 2~7개씩 달린다. 꽃자루는 길이 3~5cm다. 화피편은 6개가 2줄로 배열하며, 바깥쪽 3개는 길이 1.3~2cm의 피침형이고 안쪽 3개는 선형이다. 안쪽 면에는 흔히 연한 홍자색의 줄이 있다. 수꽃에는 합착된 6개의 수술이 있고 암꽃에는 3개의 암술이 있다.

열매/종자 열매(漿果)는 길이 5~8cm의 장난형 또는 난원형이며, 10~11월에 적갈색으로 익는다. 종자는 길이 5~8mm의 난상 타원형이다.

● **참고**

으름덩굴과 달리 열매가 익어도 벌어지지 않으며, 연한 황백색의 과육은 단맛이 난다.

❶수꽃(좌)과 암꽃(우). 암꽃이 수꽃보다 크기가 다소 크며 외화피편과 내화피편의 길이도 좀 더 길다. ❷열매. 식용할 수 있으며 홍시 같은 단맛이 난다. ❸잎. 두꺼운 가죽질이며 표면은 광택이 나고, 뒷면은 그물맥이 뚜렷하다. ❹인편이 벌어진 직후의 잎눈 ❺수피. 거칠게 세로로 갈라진다. ❻종자(우). 흑색이고 광택이 난다.

✱식별 포인트 잎/수형

2005. 5. 1. 전남 완도군

2010. 10. 6. 경북 의성군

댕댕이덩굴

Cocculus trilobus (Thunb.) DC.
[*Cocculus orbiculatus* (L.) DC.]

새모래덩굴과
MENISPERMACEAE Juss.

● **분포**

중국(산둥반도 이남), 일본, 타이완, 동남아시아, 한국

❖**국내분포/자생지** 전국의 햇볕이 잘 드는 산지 및 풀밭

● **형태**

수형 낙엽 덩굴성 목본이며 길이 3~5m 정도로 자란다.

줄기 가늘고 연한 황갈색의 털이 밀생한다.

잎 어긋나며 길이 3~8(~12)cm다. 잎 모양은 선상 피침형, 장타원형, 도피침형, 난상 원형 등 변이가 심하며 간혹 윗부분이 3갈래로 갈라지기도 한다. 잎자루는 길이 1~3cm이며 털이 있다.

꽃 암수딴그루이며, 6~8월에 잎겨드랑이에서 나온 원추꽃차례에 연한 황백색의 꽃이 모여 달린다. 꽃받침열편과 꽃잎은 각각 6개다. 수꽃의 바깥쪽 꽃받침열편은 길이 1~1.8mm의 난형 또는 타원상 난형이며, 안쪽 꽃받침열편은 길이 2~2.5mm의 타원형-원형이다. 꽃잎은 길이 1~2mm의 장타원상이고 흔히 끝이 2갈래로 갈라진다. 수술은 6개이며 꽃잎보다 짧다. 암꽃은 헛수술과 심피가 각각 6개다.

열매/종자 열매(核果)는 지름 6~8mm의 구형이며 10월에 흑색으로 익는다. 핵은 지름 5~6mm이고 달팽이 껍데기 모양으로 구부러지며 표면에 주름이 있다.

● **참고**

한국에서는 뿌리를 한약재 이름으로 목방기(木防己)라 하지만 거의 쓰지 않는다.

❶암꽃차례. 암꽃은 꽃잎의 끝이 매우 뾰족하다. 암술은 6개이고 암술머리도 6갈래다. ❷수꽃차례. 수꽃이 암꽃보다 더 풍성하게 달린다. ❸수꽃. 꽃밥은 수술의 아랫부분을 감싼 듯한 모양이다. ❹열매 ❺잎 뒷면. 잎은 양면 모두 연한 갈색의 털이 있다. ❻겨울눈과 수피 ❼핵의 모양은 곤충의 애벌레를 연상시킨다.

❖**식별 포인트** 잎/열매/핵

새모래덩굴
Menispermum dauricum DC.

새모래덩굴과
MENISPERMACEAE Juss.

● **분포**
중국(동북부), 일본, 러시아, 한국

❖ **국내분포/자생지** 전국의 햇볕이 잘
드는 산지 및 풀밭

● **형태**
수형 낙엽 덩굴성 목본이며 길이 1~
3m 정도로 자란다. 줄기는 땅속줄기
에서 나오며 세로줄이 있고 털은 없다.
잎 어긋나며 길이 5~13cm의 심장상
원형이고, 보통 3~5갈래로 얕게 갈라
진다. 표면은 녹색이며 뒷면은 흰빛이
돌고 털이 없다. 잎자루는 방패처럼 잎
몸(엽신) 기부의 위쪽에 달린다.
꽃 암수딴그루이며, 5~6월에 잎겨드
랑이에서 나온 원추꽃차례에 연한 유
백색의 꽃이 모여 달린다. 꽃차례의 자
루는 가늘고 길이 2~7cm로, 잎보다
짧다. 수꽃의 꽃받침열편은 황록색의
막질이고 4~6개가 있으며, 꽃잎은 6
~10개이고 수술은 12~28개다. 암꽃
은 심피가 3개이고 암술머리는 2갈래
로 갈라진다.
열매 열매(核果)는 지름 1.5cm 정도의
구형이며 흑자색으로 익는다. 핵은 길
이 5~7mm의 초승달 또는 말굽 모양이
며 표면에 요철이 심한 홈이 있다.

● **참고**
잎이 연잎꿩의다리나 순채의 잎처럼
방패형인 것이 특징이다. 길가 및 밭둑
에 비교적 흔히 자라지만 풀베기와 농
약 살포로 인해 열매를 맺는 개체를 관
찰하기가 쉽지 않다. 한약재명으로 덩
굴줄기를 편복갈(蝙蝠葛)이라 부르는
데(정보섭·신민교, 『향약대사전: 식물
편』, 영림사, 1990, 1160쪽), 잎이 박쥐
를 닮았다는 의미다. 국내 한의학계에
서는 거의 쓰지 않는다.

❶암꽃차례 ❷수꽃차례. 암꽃보다 풍성하게
핀다. 꽃잎과 수술대의 색깔은 유백색이다.
❸새모래덩굴은 암수딴그루이지만, 사진처
럼 간혹 양성화가 피기도 한다. ❹열매 ❺잎.
갈라지지 않는 잎이 더 많다. 잎자루는 잎 기
부가 아닌 잎 안쪽에 달린다. ❻겨울눈과 수
피 ❼말굽 또는 초승달을 닮은 핵
✱식별 포인트 잎(잎자루가 달리는 위치)/핵

2008. 5. 10. 경기 연천군

2002. 4. 27. 전남 신안군 홍도

방기
Sinomenium acutum (Thunb.)
Rehder & E. H. Wilson

새모래덩굴과
MENISPERMACEAE Juss.

●**분포**
중국(중부 이남), 일본(혼슈 이남), 인도, 타이, 한국
❖**국내분포/자생지** 서남해 도서 및 제주의 숲 가장자리, 돌담 등의 햇볕이 잘 드는 곳
●**형태**
수형 낙엽 덩굴성 목본이며 길이 20m, 지름 3㎝ 정도로 자란다.

줄기/겨울눈 어린줄기는 둥글고 녹색이지만 오래되면 회색을 띠고 불규칙하게 세로로 갈라진다. 겨울눈은 둥글고 밑부분이 줄기에 묻혀 있으며, 엽흔의 약간 위쪽에 떨어져 달린다.

잎 어긋나며 길이 5~15㎝의 난형 또는 원형이다. 어릴 때는 3~7갈래로 갈라지기도 하며, 털이 있으나 차츰 없어진다. 표면은 진한 녹색이고 뒷면은 회녹색 또는 흰빛을 띤다. 잎자루는 길이 5~10㎝다.

꽃 암수딴그루이며, 6~7월에 잎겨드랑이에서 나온 길이 10~20㎝의 총상꽃차례에 황백색의 꽃이 모여 달린다. 꽃차례에는 털이 있으며, 포는 선형 또는 피침상이다. 꽃받침열편과 꽃잎은 각각 6개이고 수술은 9~12개다. 암꽃에는 수술이 변형된 헛수술이 있으며 암술대는 3갈래로 갈라진다.

열매 열매(核果)는 길이 7~9㎜의 구형이며 10월에 흑색으로 익는다. 핵은 길이 5~7㎜의 톱니 모양이다.

●**참고**
한약재로 쓸 때 중국에서는 방기를 청풍등(靑風藤)이라고 부른다. 중국 약전에서 방기(防己)로 표기한 약재의 기원 식물은 *Stephania tetrandra* S. Moore 이다.

❶❷수꽃차례 ❸암꽃 ❹열매. 흑색으로 익으며 표면은 백색의 분가루로 덮여 있다. ❺잎. 어린줄기의 잎은 갈라지는 정도의 변화가 심하다. ❻잎자루가 잎의 끝에 붙는 점이 새모래덩굴과 다르다. ❼겨울눈과 수피 ❽톱니바퀴를 닮은 핵
✿식별 포인트 잎(잎자루가 달리는 위치)/수피/핵

함박이

Stephania japonica (Thunb.) Miers

새모래덩굴과
MENISPERMACEAE Juss.

2007. 5. 23. 제주 서귀포시

●분포

중국(남부), 일본, 말레이시아, 스리랑카, 인도, 타이, 한국

❖**국내분포/자생지** 전남(홍도) 및 제주의 바닷가, 돌담, 풀밭 등 햇볕이 잘 드는 곳

●형태

수형 상록 덩굴성 목본이지만 생태지에 따라 낙엽이 지기도 한다.

줄기 가늘고 세로줄이 있으며, 오래되면 목질화된다.

잎 어긋나며 길이 5~13cm의 삼각상 난형 또는 원형이다. 표면에 털이 약간 있거나 없고 광택이 나며, 뒷면은 털이 없고 흰빛이 돈다. 엽맥은 장상(掌狀)이고 8~11맥이며, 가장자리가 밋밋하다. 잎자루는 길이 4~12mm이고 잎몸(엽신)의 중앙부 아래에 달린다.

꽃 암수딴그루이며, 7~8월에 잎겨드랑이에서 나온 복산형꽃차례에 연한 녹색의 꽃이 모여 달린다. 수꽃은 꽃받침열편이 6~8개이고 꽃잎이 3~4개다. 수술은 6개이지만 합착해서 원반 모양을 이룬다. 암꽃은 꽃받침열편, 꽃잎이 각각 3~4개이고 자방은 1개다.

열매 열매(核果)는 지름 8mm 정도의 구형이며, 8~10월에 주홍색-적색으로 익는다. 핵은 길이 5mm 정도이고 납작한 모양이다.

●참고

주로 제주의 바닷가 근처 숲 가장자리나 민가의 돌담에서 드물게 자란다. 방기나 새모래덩굴에 비해 꽃이 산형상꽃차례에 달리며, 열매가 적색으로 익는 점이 다르다. 함박이의 줄기, 잎 또는 뿌리를 한약재명으로 천금등(千金藤)이라 부르지만 국내에서는 거의 쓰지 않는다(『향약대사전: 식물 편』, 1160쪽 참조).

❶암꽃차례. 암꽃의 암술머리는 5갈래로 갈라진다. ❷수꽃차례. 수꽃은 꽃밥이 서로 합착하여 마치 하나의 원반처럼 보인다.(ⓒ고근연) ❸열매 ❹잎 뒷면. 잎자루는 잎 안쪽에 달린다. ❺겨울눈 ❻핵

✽식별 포인트 잎/열매/핵

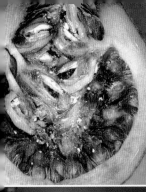

피자
식물문

MAGNOLIOPHYTA

목련강
MAGNOLIOPSIDA

조록나무아강
HAMAMELIDAE

나도밤나무과 SABIACEAE
계수나무과 CERCIDIPHYLLACEAE
버즘나무과 PLATANACEAE
조록나무과 HAMAMELIDACEAE
굴거리나무과 DAPHNIPHYLLACEAE
두충과 EUCOMMIACEAE
느릅나무과 ULMACEAE
팽나무과 CELTIDACEAE
뽕나무과 MORACEAE
쐐기풀과 URTICACEAE
가래나무과 JUGLANDACEAE
소귀나무과 MYRICACEAE
참나무과 FAGACEAE
자작나무과 BETULACEAE

나도밤나무

Meliosma myriantha Siebold
& Zucc.

나도밤나무과
SABIACEAE Blume

●**분포**
중국(동부), 일본(혼슈 이남), 한국
✿**국내분포/자생지** 주로 전남, 전북
및 제주의 산지에 분포하지만, 해안을
따라 충남, 인천(대청도 등 연안 부속
도서)에서도 간혹 자람
●**형태**
수형 낙엽 교목이며 높이 20m, 지름 30
㎝까지 자라지만 흔히 소교목상이다.
수피 회갈색이며 타원형의 작은 피목
이 발달한다.
잎 어긋나며 길이 5~20㎝의 타원형
또는 도란상 장타원형이다. 끝은 뾰족
하고 밑부분은 넓은 쐐기형이다. 가장
자리에는 까락 같은 톱니가 있으며, 측
맥은 20~28쌍이다. 잎자루에는 갈색
털이 있다.
꽃 6~7월에 새가지 끝에 나오는 원추
꽃차례에 연한 황백색의 양성화가 모
여 달린다. 꽃차례의 길이는 15~25㎝
이고 털이 밀생한다. 꽃은 지름 3㎜ 정
도이며, 꽃받침열편은 4~5개이고, 길
이 1㎜ 정도의 난형이다. 꽃잎은 5개인
데, 바깥쪽의 3개는 광난형이고 안쪽
의 2개는 선형으로 바깥쪽 꽃잎보다
작다. 수술은 5개이지만, 1~2개만 완
전한 모양이고 나머지는 인편상으로
퇴화된 헛수술이다. 암술은 길이 2㎜
정도이며 자방에 털이 없다.
열매/종자 열매(核果)는 지름 4~5㎜
의 구형이며 9~10월에 적색으로 익는
다. 핵은 갈색이며 주맥이 약간 돌출해
있다.
●**참고**
국명은 잎 모양이 밤나무와 닮은 특징
에서 유래했다.

2011. 6. 10. 경남 남해군

❶꽃. 헛수술들이 암술대의 기부를 감싸고
있다. 꽃은 향기가 좋다. ❷열매. 다소 성기
게 달린다. ❸잎. 길이가 20㎝까지 자랄 정도
로 대형이다. ❹겨울눈. 인편 없이 드러나 있
으며 갈색 털로 덮여 있다. 끝눈에 비해 곁눈
은 매우 소형이다. ❺수피 ❻핵 ❼수형
✽**식별 포인트** 잎/겨울눈

2008. 6. 17. 울산시(ⓒ김상희)

합다리나무

Meliosma oldhamii Miq. ex Maxim.

나도밤나무과
SABIACEAE Blume

●**분포**

중국(동부), 일본(혼슈, 규슈 일부), 타이완, 한국

❖**국내분포/자생지** 주로 전북, 경남 이남의 산지에 분포하지만, 해안을 따라 황해도, 충남, 경기에서도 간혹 자람

●**형태**

수형 낙엽 교목이며 높이 15m까지 자란다.

잎 어긋나며 4~7쌍의 작은잎으로 된 길이 12~20cm의 우상복엽이고, 가지 끝에 모여 달린다. 작은잎은 약간 가죽질이며 길이 4~12cm의 타원형-난형이다. 표면은 광택이 나며, 주맥에는 연한 갈색의 누운털이 있다. 뒷면 맥 위 또는 맥겨드랑이에 황갈색 털이 밀생한다. 잎자루는 길이 3~10cm이며 윗부분에 홈이 진다.

꽃 6~7월에 가지 끝에서 나오는 원추꽃차례에 연한 황백색의 양성화가 모여 달린다. 꽃은 지름 3~4mm이며, 꽃받침열편은 5개이고 길이 1mm 정도의 타원상 난형이다. 꽃잎은 5개다. 바깥의 3개는 길이 2mm 정도의 아원형이며, 안쪽의 2개는 선형이고 수술보다 약간 짧다. 수술은 1~2개이고 나머지는 헛수술이며, 자방에는 털이 밀생한다.

열매/종자 열매(核果)는 지름 4~5mm의 구형이며, 9~10월에 적색으로 익는다. 핵은 지름 4mm 정도이고 암갈색이며 표면이 울퉁불퉁하다.

●**참고**

잎 모양만 놓고 보면 같은 속의 나도밤나무와 전혀 다른 나무로 보이지만, 꽃의 구조는 거의 동일하다.

❶꽃. 기능을 하는 수술은 1~2개다. ❷열매 ❸잎. 우상복엽이며 잎 가장자리에는 미세한 톱니가 발달한다. ❹겨울눈. 드러나 있으며 갈색 털로 덮여 있다. 끝눈에서 잎과 꽃이 함께 나온다. ❺❻수피의 변화. 표면이 매끈하지만 미세한 골이 있다. ❼수형 ❽핵

✽식별 포인트 잎/겨울눈

계수나무

Cercidiphyllum japonicum
Siebold & Zucc.

계수나무과
CERCIDIPHYLLACEAE Engl.

● **분포**
중국(중남부), 일본 원산
❖**국내분포/자생지** 전국적으로 공원
수 및 조경수로 식재

● **형태**
수형 낙엽 교목이며 높이 30m, 지름
2m까지 자란다.
잎 마주나며 전체에 털이 없거나 뒷면
아랫부분 맥겨드랑이에 털이 있다. 엽
맥은 5~7개이며, 잎 표면에서 약간
도드라진다. 잎은 2가지 형태를 보이
는데, 짧은가지의 잎은 밑부분이 둥글
거나 평평한 타원형-난형이고 가장자
리가 밋밋하지만, 긴가지의 잎은 밑부
분이 심장 모양인 광난형이며 가장자
리에 둔한 톱니가 있다.
꽃 암수딴그루이며, 꽃은 3~4월에 잎
이 나기 전에 핀다. 암·수꽃 모두 꽃잎
과 꽃받침이 없다. 수꽃의 수술은 길이
9mm 정도이며, 수술대가 아래로 처진
다. 암꽃의 암술머리는 적색이고 2~5
갈래로 갈라진다.
열매/종자 열매(蓇葖果)는 길이 1~1.8
cm의 원통형이고 다소 굽으며 9~10월
에 흑갈색으로 익는다. 종자는 길이 4
~5mm(날개 포함)의 납작한 사다리꼴
모양이며, 기부 끝에 날개가 있다.

● **참고**
일반적으로 계피(cinnamon)라는 향신
료는 녹나무과 *Cinnamomum*속에 속
한 *C. verum* 및 몇몇 근연종 식물들의
속껍질을 말린 것을 두루 지칭한다. 계
수나무와는 연관이 없다.

2009. 7. 26. 서울시

❶암꽃의 암술머리는 적색이고 2~5갈래로
갈라진다. 꽃잎은 없다. ❷수꽃 ❸열매. 익으
면 봉선이 갈라진다. ❹잎. 보통 광난형. 잎
이 겹치지 않도록 전개되는 양식이 독특하
다. ❺짧은가지에 생성된 겨울눈(假頂芽) ❻
수피. 흑회색이고 세로로 거칠게 갈라진다.
❼종자
✿식별 포인트 잎/수피

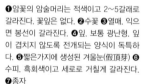

2008. 4. 15. 경기 포천군

양버즘나무
(플라타너스)
Platanus occidentalis L.

버즘나무과
PLATANACEAE T. Lestib.

●**분포**

북아메리카(동부) 원산

❖**국내분포/자생지** 전국적으로 가로수 및 공원수로 흔하게 식재

●**형태**

수형 낙엽 교목이며 높이 20~40m까지 자란다.

잎 어긋나며 길이 7~20cm의 광난형-장상이고 3~5갈래로 얕게 갈라진다. 양면에 성상모가 밀생하지만, 차츰 떨어져 표면의 엽맥에만 남는다.

꽃 암수한그루이며, 4~5월 두상꽃차례에 꽃이 빽빽하게 모여 핀다. 수꽃차례는 지름 1.5~2cm이고 잎겨드랑이에 달린다. 암꽃차례는 지름 1~1.5cm이고 새가지 끝에 1~2(~3)개씩 달린다. 꽃잎과 꽃받침열편은 각각 4~6개이며, 꽃받침열편은 삼각상이고 털이 있다. 수꽃의 수술은 4~6개이며 수술대가 매우 짧다. 암꽃의 퇴화된 수술은 비늘모양이며 암술대는 1개이고, 자방 밑부분에 긴 털이 있다.

열매/종자 열매(桑果)는 지름 3~4cm의 구형이다. 수과(瘦果)는 길이 1cm 정도이고 기부에 황갈색의 긴 털이 밀생한다.(대표 사진)

●**참고**

꽃차례가 3~7개씩 주렁주렁 달리고 잎의 중앙열편이 깊게 갈라져 길이가 폭보다 긴 나무를 버즘나무(*P. orientalis* L.)라고 한다. 국명은 '수피가 피부에 생기는 버즘(버짐)처럼 벗겨지는 나무'라는 의미다. 국내에 자생하지 않으며 식재 여부도 불분명하다.

❶암꽃차례. 적색의 암술머리 때문에 붉게 보인다. ❷수꽃차례. 암꽃차례보다 약간 큰 편이다. ❸잎. 버즘나무에 비해 열편이 얕게 갈라지며 중앙열편의 폭이 매우 넓다. ❹겨울눈 ❺수피. 세로로 얇은 조각으로 떨어지면서 얼룩무늬가 생긴다. 수피의 무늬와 질감은 변화가 매우 심하다. ❻털을 제거한 수과. 주두의 흔적이 남아 있다. ❼버즘나무(호주 시드니식물원)

✿식별 포인트 잎/열매

조록나무
(조롱나무)

Distylium racemosum Siebold & Zucc.

조록나무과
HAMAMELIDACEAE R. Br.

●**분포**
중국(동남부), 일본(혼슈 이남), 타이완, 한국

❖**국내분포/자생지** 경남, 전남의 도서지역 및 제주의 산지

●**형태**
수형 상록 교목이며 높이 20m, 지름 80cm까지 자라지만, 흔히 소교목상이다.

수피/겨울눈 수피는 짙은 회색이고 오래되면 조각상으로 떨어진다. 겨울눈에는 갈색의 성상모가 밀생한다.

잎 어긋나며 길이 4~9cm의 장타원형이다. 측맥은 5~6쌍이며 잎자루는 길이 5~10mm다.

꽃 수꽃양성화한그루(웅성양성동주, andromonoecious)이며, 꽃은 3~4월에 잎겨드랑이에서 나온 총상꽃차례에 달린다. 꽃차례의 길이는 1.8~2cm이며 꽃잎이 없다. 꽃받침열편은 피침형이고 겉에 갈색의 성상모가 있다. 수술은 6~8개이며 꽃밥은 적색이다. 양성화의 경우, 꽃밥이 터진 이후 암술대가 계속 자라 두드러진 모습을 보인다. 자방에는 성상모가 밀생하며 암술대는 6~7mm다.

열매/종자 열매(蒴果)는 목질이며 표면에 털이 밀생한다. 9~10월에 성숙하면 2갈래로 갈라진다. 종자는 길이 4~5mm의 장난형-타원형이며, 광택이 나는 흑색이다.

2008. 9. 30. 제주 서귀포시

❶꽃차례의 상단부에는 양성화(화살표), 하단부에는 수꽃을 피운다. ❷양성화, 2갈래로 갈라진 암술머리는 털로 덮여 있다(화살표). ❸열매. 끝에는 암술대의 흔적이 남는다. ❹잎 앞면 ❺잎 뒷면. 양면 모두 털이 없고 가장자리가 매끈하다.

●참고

국명은 잎이나 겨울눈에 조롱박 같은 충영(蟲癭)이 달리는 특징에서 유래했다. 조록나무에는 조록나무용안진딧물(*Nipponaphis distychii*)을 비롯한 여러 종류의 곤충들이 기생하여 충영을 만드는 것으로 알려져 있다.

❻개화기의 모습. 녹색의 잎 사이로 수꽃의 붉은색 꽃밥이 보인다. ❼조록나무에 생기는 충영. 조록나무에는 큼직한 충영이 많이 발생하는데, 이를 식별의 단서로 활용할 수 있다. ❽충영의 단면 ❾수형 ❿겨울눈. 성상모로 덮여 있다. ⓫수피 ⓬종자. 성숙한 열매가 마르면서 속의 종자가 "탁" 하고 밖으로 튀어 나간다. 이와 같은 방식으로 종자를 산포하는 식물의 종자는 모두 표면이 매끄럽다는 공통점이 있다.

✽식별 포인트 열매/충영

풍년화

Hamamelis japonica Siebold & Zucc.

조록나무과
HAMAMELIDACEAE R. Br.

2004. 3. 16. 경기 포천시

● **분포**
일본(혼슈의 동해안 일부 지역, 시코쿠, 규슈) 원산
❖ **국내분포/자생지** 공원수, 조경수로 간혹 식재

● **형태**
수형 낙엽 관목이며 높이 2~5m 정도로 자란다.
수피/어린가지 수피는 회색이며, 어린가지는 타원상의 피목이 발달한다.
잎 어긋나며 길이 4~12cm의 약간 일그러진 마름모꼴 타원형. 끝은 둔하며 밑부분은 얕은 심장형이다. 중앙 이상부의 가장자리에는 물결 모양의 톱니가 있으며 주름이 약간 있다. 측맥은 6~8쌍이다. 잎자루는 길이 5~12mm이고 털이 있다.
꽃 3~4월에 잎이 나기 전에 잎겨드랑이에 1개 또는 여러 개씩 밝은 황색의 양성화가 모여 달린다. 꽃받침열편은 4개이고 난형이며, 암자색이고 겉에는 긴 털이 밀생한다. 꽃잎은 4개이며 길이 2cm 정도의 선형이다. 수술과 헛수술은 각각 4개이며, 헛수술은 선형의 인편 모양이다. 암술대는 2갈래로 깊게 갈라진다.
열매/종자 열매(蒴果)는 난상 구형으로 겉에 짧은 털이 밀생하며 9월에 익는다. 종자는 흑색이며 광택이 난다.

● **참고**
국명은 꽃이 평년보다 많이 피거나 일찍 피면 그해에는 풍년이 든다는 뜻에서 유래했다. 국내에서는 히어리와 개화시기가 비슷하거나 약간 빠른 편이다. 중국풍년화(모리스풍년화, *H. mollis* Oliv.)는 풍년화와 유사하지만 꽃이 보다 밀집해서 피며, 잎이 넓은 도란상이고 겨울 동안 가지에 달려 있는 것이 특징이다.

❶꽃. 꽃잎은 밝은 황색의 선형이다. ❷열매 ❸잎. 물결 모양의 톱니가 있다. ❹수피 ❺꽃눈(열매 사이에 섞여 있는 작은 돌기 같은 부분)
✱식별 포인트 꽃/잎/열매

2014. 3. 27. 전남 보성군

히어리
(송광납판화)
Corylopsis coreana Uyeki

조록나무과
HAMAMELIDACEAE R. Br.

● **분포**
한국(한반도 고유종)
❖ **국내분포/자생지** 강원(망덕봉), 경기(광덕산, 백운산), 경남, 전남의 산지
● **형태**
수형 낙엽 관목이며 높이 2~4m 정도로 자란다.
수피/어린가지 수피는 회갈색이다. 어린가지는 갈색이고 털이 없으며, 피목이 발달한다.
잎 어긋나며 길이 5~9cm의 난상 원형이다. 밑부분은 심장형이고 가장자리에는 뾰족한 톱니가 있다. 표면은 녹색이고 측맥이 뚜렷이 발달하며, 뒷면은 녹백색이다. 잎자루는 길이 1.5~2.8cm다.
꽃 3~4월에 밝은 황색의 양성화가 5~12개씩 총상꽃차례에 늘어져 달린다. 꽃차례는 길이 3~4cm다. 기부의 포는 막질의 장난형이며, 양면에 털이 있다. 꽃받침열편, 꽃잎, 수술은 각각 5개다. 꽃잎은 도란형이고 끝이 둥글다. 암술대는 2개다.
열매/종자 열매(蒴果)는 지름 7~8mm의 넓은 도란형-구형이며 9월에 익는다. 열매 윗부분에는 뿔처럼 암술대의 흔적이 남는다. 종자는 장타원형이며 광택이 나는 흑색이다.
● **참고**
일본에 분포하는 *C. glabrescens* Franch. & Sav. var. *gotoana* (Makino) T. Yamanaka와 동일종으로 보는 견해도 있다. 히어리의 국내분포는 지리산을 중심으로 전남 지역의 산지에 집중되어 있으며, 중부지방의 망덕봉(강릉) 및 백운산(포천) 지역에도 격리 분포한다.

❶꽃은 봄에 잎이 나기 전에 핀다. ❷열매에는 암술대의 흔적이 그대로 남는다. ❸잎은 측맥이 뚜렷하고 뒷면은 녹백색이 돈다. ❹겨울눈. 어린가지에는 둥근꼴의 피목이 많이 생긴다. ❺수피 ❻수형 ❼종자. 성숙한 열매가 마르면 속의 종자가 "탁" 하고 튀어 나간다.
✱**식별 포인트** 꽃/잎/열매

굴거리나무

Daphniphyllum macropodum Miq.

굴거리나무과
DAPHNIPHYLLACEAE Müll. Arg.

● **분포**
중국(중남부), 일본(혼슈 이남), 타이완, 베트남, 한국

❖ **국내분포/자생지** 경북(울릉도), 전북, 전남 및 제주의 산지

● **형태**
수형 상록 교목이며 높이 10m, 지름 30cm까지 자라지만 흔히 소교목상이다.

수피/겨울눈 수피는 회갈색이며 매끈하고, 타원형의 피목이 발달한다. 겨울눈은 적색이고 좁은 타원형이다.

잎 가지 끝에서 좁은 간격으로 어긋나게 달리며, 길이 8~20cm의 좁은 장타원형이다. 표면은 진한 녹색이며 뒷면은 분백색이고, 그물맥이 그다지 뚜렷하지 않다. 측맥은 10~19쌍이다. 잎자루는 길이 3~6cm이고 붉은빛이 돈다.

꽃 암수딴그루이며, 꽃은 5~6월에 잎겨드랑이에서 나온 길이 4~12cm의 총상꽃차례에 모여 달린다. 수꽃은 꽃잎과 꽃받침이 없고 수술은 8~12개다. 수술대의 밑부분은 합착되어 있으며 꽃밥은 자갈색이다. 암꽃의 기부에는 퇴화된 적색의 작은 꽃받침이 생기기도 한다. 자방은 길이 1~2mm의 난형이며, 암술머리는 적색이고 2~4갈래로 갈라져 뒤로 휘어진다.

열매 열매(核果)는 지름 8~10mm의 난상 타원형이며 11~12월에 남흑색으로 익는다. 표면에는 백색의 분이 생긴다. 핵은 길이 8~9mm이며 암갈색이다.

● **참고**
'봄철 새잎이 나온 직후 오래된 잎이 떨어져 자리를 양보하는 나무'라는 뜻으로 교양목(交讓木)이라 부르기도 한다.

2003. 2. 24. 전남 완도군

❶❷암꽃차례. 적색의 암술머리가 눈에 띈다. 자방의 기부에 작은 꽃받침이 생기기도 한다(❷). ❸수꽃차례. 꽃밥이 터진 직후의 모습. 수꽃에는 꽃받침이 없다. ❹열매 ❺잎 뒷면. 보통 분백색이 돌며 그물맥이 그다지 뚜렷하지 않다. ❻수피 ❼핵
✱식별 포인트 잎/열매/꽃

구분	암꽃	수꽃	잎 뒷면	열매	핵 표면 돌기
굴거리나무	암술머리는 적색	꽃받침 없다	분백색. 그물맥 뚜렷하지 않다.	아래로 늘어진다	미약하다
좀굴거리	암술머리는 미백색	꽃받침 있다	녹색. 그물맥 뚜렷하다.	위로 선다	뚜렷하다

2002. 7. 10. 전남 신안군 홍도

좀굴거리

Daphniphyllum teijsmannii
Kurz ex Teijsm. & Binn.

굴거리나무과
DAPHNIPHYLLACEAE Müll. Arg.

● **분포**
일본(혼슈 남부), 타이완, 한국

❖ **국내분포/자생지** 전남(도서), 제주의 산지에 드물게 자람

● **형태**
수형 상록 교목이며 높이 10m, 지름 30㎝까지 자라지만 흔히 소교목상이다.
수피 회갈색이고 매끈하며 피목이 드물게 있다.
잎 가지 끝에 모여서 어긋나게 달리며, 길이 7~11㎝의 좁은 장타원형이다. 표면은 진한 녹색이고 뒷면은 밝은 녹색이다. 측맥은 8~10쌍이다.
꽃 암수딴그루이며, 꽃은 5~6월에 2년지 잎겨드랑이에서 나온 길이 1.5~6㎝의 총상꽃차례에 모여 달린다. 꽃잎은 없다. 수꽃의 기부에는 크기가 다른 꽃받침열편이 3~6개 있다. 수술은 7~9개이고 수술대 밑부분은 합착되어 있으며, 꽃밥은 자갈색이다. 암꽃의 기부에도 퇴화된 작은 꽃받침열편이 3~6개 있다. 자방은 지름 1~1.5㎜의 타원형이며, 녹색을 띠고 털이 없다. 암술머리는 끝이 2~3갈래로 갈라지며 뒤로 휘어진다.
열매 열매(核果)는 지름 8~9㎜의 타원형이고, 12월~이듬해 1월에 남흑색으로 익는다. 표면에는 백색의 분이 생긴다. 핵은 길이 6~7㎜의 타원형이며 표면이 울퉁불퉁하다.

● **참고**
굴거리나무에 비해 잎이 작고 엽맥이 조밀하며 잎 뒷면의 그물맥이 융기하는 점과 수꽃에 꽃받침이 있는 점이 다르다.

❶❷암꽃차례. 암꽃의 암술머리는 미백색이며 뒤로 젖혀진다. ❸수꽃차례 ❹수꽃. 수술의 기부에 작은 꽃받침열편이 있는 점이 굴거리나무와 다르다. ❺미성숙한 열매. 열매가 아래로 처지지 않는 점도 굴거리나무와 다르다. ❻잎 뒷면은 밝은 녹색. 그물맥이 뚜렷하다. ❼수피 ❽수형 ❾핵은 굴거리나무보다 약간 작고 표면의 돌기가 더 발달해 있다.
✻식별 포인트 잎/열매/꽃

두충
Eucommia ulmoides Oliv.

두충과 EUCOMMIACEAE Mirb.

● **분포**
중국(중남부) 원산
❖ **국내분포/자생지** 전국적으로 재배
● **형태**
수형 낙엽 교목이며 높이 20m, 지름 50cm까지 자란다.
수피/겨울눈 수피는 회갈색이며 오래되면 조각으로 떨어진다. 겨울눈은 광택이 나는 적갈색이다.
잎 어긋나며 길이 5~15cm의 난형-장타원형이다. 끝은 뾰족하며 가장자리에 날카로운 톱니가 있다. 처음에는 표면에 갈색 털이 있으나 차츰 없어져 맥 위에만 남는다. 측맥은 6~9쌍이다.
꽃 암수딴그루이며, 꽃은 4월에 잎과 함께 나온다. 꽃잎과 꽃받침은 없다. 수꽃의 수술은 4~10개이고 길이 1cm 정도이며, 수술대는 길이 1mm 정도로 매우 짧다. 암꽃은 새가지 밑부분에 달리는데, 자방은 길이 1cm 정도이고 털이 없다.
열매/종자 열매(翅果)는 길이 3~4cm (날개 포함)의 납작한 장타원형이며 길이 2~6mm의 자루가 있다. 종자는 길이 1.5cm 정도이며, 열매 중앙에 1개씩 들어 있다.
● **참고**
국명은 '두중'(杜仲)이라는 중국 사람이 두충나무의 껍질을 달여 먹고 득도했다는 일화에서 유래한 것으로 추정한다. 중국에서도 흔히 식재하고 있지만, 야생에 자생하는 개체는 매우 드문 희귀수종이다. 두충의 잎과 열매를 가로로 당겨 찢으면 속의 끈끈한 진액이 실처럼 보이는데, 이 특징을 동정(同定)에 활용할 수 있다.

❶암꽃. 녹색의 자방 끝이 오목하게 들어간 곳에 2갈래의 암술머리가 생긴다. ❷수꽃차례. 수꽃은 암꽃과 마찬가지로 꽃잎이 없고 다수의 수술이 있다. ❸열매 ❹잎. 짙고 어두운 녹색을 띠며 광택이 난다. ❺겨울눈 ❻수피는 세로로 갈라진다. ❼수형 ❽❾열매나 잎을 양쪽으로 잡아당기면, 속의 끈끈한 진액이 실처럼 늘어난다.
✽식별 포인트 잎/열매

2010. 7. 30. 충북 제천시

2016. 5. 5. 강원 평창군

비술나무
Ulmus pumila L.

느릅나무과 ULMACEAE Mirb.

●**분포**
중국(동북부), 러시아(아무르, 우수리), 몽골, 한국

❖**국내분포/자생지** 지리산 이북(주로 경북 영양군 이북)의 하천가 및 평지

●**형태**
수형 낙엽 교목이며 높이 20m, 지름 1m까지 자란다.

수피 회흑색이며 세로로 불규칙하게 홈이 진다.

잎 어긋나며 길이 2~5cm의 피침형-타원상 난형이다. 끝은 다소 둔하고 밑부분은 둥글다. 어릴 때에는 표면에 털이 있으나 차츰 떨어져 없어지며 뒷면에는 털이 없다.

꽃 3~4월 잎이 나기 전에 2년지에서 나온 취산꽃차례에 양성화가 모여난다. 화피편은 4개로 갈라지며 가장자리에 털이 있다. 수술은 4~5개이며, 암술대는 2갈래로 갈라지고 백색 털이 밀생한다.

열매/종자 열매(翅果)는 길이 1~2cm의 도란형-원형이고 가장자리에 날개가 발달한다. 종자는 날개 중앙부에 있으며 5~6월에 성숙한다.

●**참고**
주로 강원 이북의 평지 및 하천 주변에 분포하지만, 남부지방(지리산, 백양산)에도 드물게 자라며 서울의 일부 사적지에서도 관찰할 수 있다. 국내 자생하는 느릅나무속 식물들 중에서 잎이 가장 작은 편에 속하며(폭 3.5cm 이하), 잎 뒷면에 털이 없는 것이 특징이다.

❶꽃차례 ❷❸잎. 느릅나무에 비해 뒷면에 털이 없고 잎의 폭이 더 좁다. 가장자리에는 겹톱니가 발달한다. ❹겨울눈. 위쪽의 2개는 잎눈, 아래쪽은 꽃눈. 가지는 밝은 회갈색이다. ❺수피. 나무의 생채기에서 스며 나온 수액이 말라서 하얗게 분이 오른 것처럼 보인다. ❻비술나무(좌)와 느릅나무(우)의 열매 비교. 비술나무 쪽이 날개의 폭이 더 넓고 둥글다. ❼수형. 작은가지가 가늘고 길게 갈라져 대단히 섬세한 실루엣을 연출한다. 수형만으로도 나무의 식별이 가능할 정도다.
✿식별 포인트 새가지(색깔)/잎/열매

느릅나무

Ulmus davidiana Planch. *var.*
japonica (Rehder) Nakai

느릅나무과 ULMACEAE Mirb.

2018. 5. 9. 강원 인제군

● **분포**
중국(중북부), 일본, 러시아(아무르, 우
수리), 몽골, 한국
❖ **국내분포/자생지** 전국의 산지에 비
교적 흔하게 자람
● **형태**
수형 낙엽 교목이며 높이 15m, 지름
70cm까지 자란다.
수피/가지/겨울눈 수피는 회갈색이며
오래되면 비늘 모양으로 불규칙하게
벗겨진다. 가지에 불규칙하게 코르크
층이 발달하기도 한다. 겨울눈은 난형
이며 인편에 털이 약간 있다.
잎 어긋나며 길이 4~12cm의 도란형-
도란상 타원형이다. 끝은 갑자기 뾰족
해지며, 가장자리에는 겹톱니가 있다.
잎자루는 길이 4~12mm이며 털이 있다.
꽃 4월 잎이 나기 전에 2년지에서 나
온 취산꽃차례에 양성화가 모여난다.
화피편은 4개로 얕게 갈라지며 털이
없다. 수술은 4~5개이며, 암술대는 2
갈래로 갈라지고 백색 털이 밀생한다.
열매/종자 열매(翅果)는 길이 1~2cm
의 넓은 도란상 타원형이고 털이 없으
며 5~6월에 익는다. 종자는 날개의
중앙 또는 약간 윗부분에 위치한다.
● **참고**
열매 표면에 털이 없는 특징으로 느릅
나무를 기본종인 당느릅나무(var.
davidiana)와 따로 구분하기도 하지
만, 이들 두 변종에 대한 분류학적 재
검토가 필요할 것으로 본다. 느릅나무
는 토양에 수분이 많은 계곡 주변에 자
라며 산지에서도 흔히 볼 수 있다.

❶꽃차례 ❷열매 ❸잎은 비술나무보다 폭이
넓고 뒷면 맥 위에 털이 있다. 잎 밑부분은
좌우비대칭이다. ❹겨울눈. 위쪽은 잎눈, 아
래쪽은 꽃눈. 가지는 갈색이다. ❺수피. 세로
로 거칠게 갈라진다. ❻수형
✿식별 포인트 잎/수피/열매

2011. 5. 2. 서울시 올림픽공원

미국느릅나무
Ulmus americana L.

느릅나무과 ULMACEAE Mirb.

● **분포**
북아메리카(동부)

❖ **국내분포/자생지** 공원의 조경수로 식재

● **형태**
수형 낙엽 교목이며 높이 30m, 지름 1.2m까지 자란다.

수피/겨울눈 수피는 흑갈색이며, 오래되면 비늘 모양으로 불규칙하게 벗겨진다. 겨울눈은 긴 난형이고 끝이 밝은 갈색이다. 부분적으로 겹쳐진 인편은 가장자리가 갈라지기도 하며 끝부분이 짙은 흑갈색이다.

잎 어긋나며 길이 7~20cm의 도란형-도란상 타원형이다. 끝이 갑자기 뾰족해지며, 가장자리에는 겹톱니가 있다.

꽃 3월 하순 잎이 나기 전 2년지에서 나온 취산꽃차례에 양성화가 모여 달린다. 꽃자루는 길이 1~3cm로 자생 느릅나무류보다 길다. 꽃의 수술과 암술은 순차적으로 성숙한다. 개화 초기의 수술은 붉은색을 띠다가 꽃가루를 산포한 후에는 보라색으로 변한다. 암술대는 2갈래로 갈라지고 백색 털이 밀생한다.

열매/종자 열매(翅果)는 길이 1~2cm의 넓은 도란상 타원형이고, 가장자리에 백색 털이 밀생한다. 종자는 5월경에 잎이 나면서 동시에 성숙한다.

● **참고**
수형이 아름답고 빨리 자라는 나무라서 가로수나 풍치수로 인기가 있었지만, 자생지인 북아메리카에서는 1930년대 이후 유럽에서 유래한 느릅나무 입고병(Dutch elm disease)으로 인하여 심각한 피해를 입는 바람에 큰 나무를 보기 어렵게 되었다.

❶개화기의 모습 ❷꽃은 긴 꽃자루 끝에 달린다. ❸열매 ❹잎 ❺겨울눈 ❻수피
✻식별 포인트 열매(자루)

141

왕느릅나무
Ulmus macrocarpa Hance

느릅나무과 ULMACEAE Mirb.

● **분포**
중국(중북부), 러시아, 몽골, 한국

❖ **국내분포/자생지** 충북(단양군) 이북
에 분포하며 석회암지대에 흔히 자람

● **형태**
수형 낙엽 교목이며 높이 30m, 지름
80㎝까지 자랄 수도 있지만, 보통은
소교목상으로 자란다.
수피/어린가지 수피는 회흑색이다. 어
린가지는 털이 많으며 코르크가 발달
하기도 한다.
잎 어긋나며 길이 5~11㎝의 넓은 도
란형-도란상 장타원형이다. 끝은 갑자
기 뾰족해지고 밑부분은 좌우비대칭
으로 일그러져 있으며, 가장자리에는
겹톱니가 있다. 양면에는 촉감이 까칠
까칠한 억센 털이 있다. 잎자루는 길이
5~6㎜이고 털이 있다.
꽃 4~5월 잎이 나기 전에 2년지 또는
새가지 밑부분에서 나온 취산꽃차례
에 양성화가 모여난다. 화피편은 4~5
개로 갈라지며 가장자리에 털이 있다.
수술은 7개이며, 암술대는 2갈래로 깊
게 갈라진다.
열매/종자 열매(翅果)는 길이 2.5~
3.5㎝의 광타원형-아원형이며, 전체
에 단모와 더불어 샘털이 있고 5월에
익는다. 종자는 날개의 중앙 또는 약간
아래쪽에 위치한다.

● **참고**
느릅나무에 비해 잎이 대형이며, 열매
가 크고(길이 2.5㎝ 이상) 수술이 7개
(느릅나무의 수술은 4~5개)인 점이 다
르다.

❶꽃. 화피편에는 갈색의 털이 밀생한다. ❷
열매. 표면 전체에 샘털이 있어 만지면 끈적
거린다. 국내 자생하는 느릅나무류(*Ulmus*)
중에서 가장 대형이다. ❸수형 ❹겨울눈. 흑
갈색 인편 가장자리에는 백색 털이 생기기도
한다. ❺수피에는 코르크가 발달하기도 한
다. ❻종자의 비교(왼쪽부터): 왕느릅나무/난
티나무/비술나무/느릅나무/참느릅나무
❊식별 포인트 잎(형태와 질감)/열매/수피

2008. 5. 18. 강원 정선군

❶ ❷ ❸ ❹ ❺

❻

2003. 4. 26. 경북 울릉도

난티나무
Ulmus laciniata (Trautv.) Mayr

느릅나무과 ULMACEAE Mirb.

● **분포**

중국(동북부), 일본, 러시아(아무르, 우수리), 한국

❖**국내분포/자생지** 울릉도 및 지리산 이북의 높은 산지, 제주

● **형태**

수형 낙엽 교목이며 높이 25m, 지름 1m까지 자란다.

수피/겨울눈 수피는 회색-회갈색이며 세로로 갈라져 오래되면 비늘 모양으로 떨어진다. 겨울눈은 길이 5~8mm의 난형-타원형이며 짙은 갈색이다.

잎 어긋나며 길이 7~20cm의 장타원상 도란형이다. 끝은 보통 3갈래로 갈라지며 꼬리처럼 뾰족해진다. 양면에는 까칠까칠한 짧은 털이 있다. 잎자루는 길이 3~4(~10)mm다.

꽃 4~5월 잎이 나기 전에 2년지에서 나온 취산꽃차례에 양성화가 모여난다. 화피편은 길이 5mm 정도이며 5~6개로 갈라진다. 수술은 5~6개이며, 암술대는 2갈래로 깊게 갈라진다.

열매/종자 열매(翅果)는 길이 1.5~2cm의 타원형-아원형이며, 5~6월에 익는다. 종자는 길이 5mm 정도의 타원형으로 날개의 중앙부 또는 약간 아래에 위치한다.

● **참고**

잎끝이 결각상이 아닌 나무를 둥근난티나무(f. *holophylla* Nakai)로 구분하기도 하지만, 잎 형태의 개체변이로 보는 편이 타당할 것이다. 잎이 둥근 난티나무를 왕느릅나무와 혼동할 수도 있으나 잎자루가 짧으며(길이 3~4mm) 열매의 크기가 작은 점(길이 2cm 이하)이 다르다. 잎의 촉감도 난티나무가 더 부드럽다.

❶꽃(암술기) ❷꽃(수술기) ❸열매 ❹잎. 보통 3개의 결각이 생기며 밑부분은 비대칭이다. ❺겨울눈. 잎눈(상)과 꽃눈(하). 느릅나무에 비해 좀 더 통통하고 인편에 연한 갈색 털이 많은 점이 다르다. ❻❼수피의 변화. 난티나무는 수령에 따라 수피의 변화가 심하다. ❽수형

✽식별 포인트 잎/열매

참느릅나무
Ulmus parvifolia Jacq.

느릅나무과 ULMACEAE Mirb.

● **분포**
중국(산둥반도 이남), 일본(혼슈 중부 이남), 타이완, 베트남, 한국
❖ **국내분포/자생지** 경기 이남의 숲 가장자리, 하천변 및 암석지대

● **형태**
수형 낙엽 교목이며 높이 15m, 지름 80cm까지 자란다.

수피/겨울눈 수피는 회녹색~회갈색이며 갈색의 작은 피목이 발달하고, 오래되면 불규칙하게 작은 조각으로 떨어진다. 겨울눈은 길이 2~3mm의 난상이며 인편은 적갈색이고 털이 없다.

잎 어긋나며 길이 2.5~5cm의 타원형이다. 끝은 둔하고 밑부분은 좌우가 비대칭이며, 가장자리에 둔한 톱니가 있다. 엽질은 가죽질이며 표면에 광택이 나고 뒷면 맥겨드랑이에는 연한 갈색 털이 밀생한다. 잎자루는 길이 3~6mm이고 짧은 털이 있다.

꽃 9~10월 새가지의 잎겨드랑이에 양성화가 3~6개씩 모여 달린다. 화피편은 깔때기 모양이며 기부 가까운 곳에서 4갈래로 갈라진다. 수술은 4개다. 암술대는 2갈래로 깊게 갈라지며 백색 털이 밀생한다.

열매/종자 열매(翅果)는 길이 1~1.3cm의 광타원상이며 양면에 털이 없다. 종자는 5mm 정도의 광타원상이며, 날개의 중앙부에 위치하고 10~11월에 성숙한다.

● **참고**
가을에 새가지에서 꽃이 피며 열매에 뚜렷한 자루가 있어 국내 자생하는 다른 느릅나무속(*Ulmus*)의 식물들과 쉽게 구별된다.

❶ 꽃차례. 국내 자생하는 느릅나무류 중 개화기가 가장 늦다. ❷ 꽃. 암술을 둘러싼 수술의 꽃밥은 붉은빛을 띤다. ❸ 열매와 잎 ❹ 겨울눈 ❺ 오래된 수피에는 황갈색의 얼룩무늬가 생긴다. ❻ 수형 ❼ 종자는 날개 중앙부에 위치한다. 날개에는 그물맥이 뚜렷하다.
❖ 식별 포인트 수피/잎/열매

2014. 9. 18. 전남 광주시

2007. 5. 5. 강원 영월군

시무나무
Hemiptelea davidii (Hance) Planch.

느릅나무과 ULMACEAE Mirb.

● **분포**
중국(중남부 이북), 일본, 몽골, 한국
❖ **국내분포/자생지** 전국의 숲 가장자리 및 하천 가장자리에 주로 분포

● **형태**
수형 낙엽 교목이며 높이 15m, 지름 20cm까지 자란다.
수피/어린가지/겨울눈 수피는 짙은 회색-회갈색이며 불규칙하게 세로로 갈라진다. 어린가지에는 2~10cm의 길고 억센 가시가 발달한다. 겨울눈은 원형 또는 타원형이며, 보통 3개씩 모여 달린다.
잎 어긋나며 길이 4~7cm의 타원형-도란상 타원형이다. 밑부분은 심장형-원형이며 가장자리에 둔한 톱니가 있다.
꽃 수꽃양성화한그루(웅성양성동주)이며 꽃은 4~5월에 핀다. 수꽃은 가지의 아랫부분에 달리며, 양성화는 가지 윗부분의 잎겨드랑이에 달린다. 화피편은 길이 1~2mm이며 4개로 갈라진다. 꽃자루는 길이 1~1.5mm이며 털이 없다. 수술은 4개다. 암술대는 2갈래로 갈라지며 자방은 1개다.
열매/종자 열매(翅果)는 길이 5~7mm의 난형이며 털이 없고, 자루가 아주 짧다. 열매 한쪽에만 빈약한 날개가 있다. 종자는 가늘고 길며 약간 굽어 있다. 길이는 2~4mm다.

● **참고**
다른 느릅나무속의 식물들에 비해 열매가 비대칭이고 종자의 날개가 한쪽에만 달리며, 수피 및 가지에 긴 가시가 있는 것이 특징이다.

❶양성화. 잎겨드랑이 밑쪽에 달린다. ❷열매. 종자가 한쪽으로 심하게 쏠려 마치 날개가 한쪽에만 있는 것처럼 보인다. 속명 *Hemiptelea*도 이러한 특징에서 유래했다. ❸잎. 간혹 참느릅나무와 혼동하기도 하나 참느릅나무는 잎의 밑부분이 비대칭이다. ❹겨울눈 ❺수피 ❻어린가지는 거의 수평으로 곧게 뻗고 길고 억센 가시가 발달한다. ❼수형
✽식별 포인트 열매/가시

느티나무
Zelkova serrata (Thunb.)
Makino

느릅나무과 ULMACEAE Mirb.

2007. 4. 26. 경기 광주시

● **분포**

중국(중남부 이북), 일본, 타이완, 러시아, 한국

❖**국내분포/자생지** 전국에 분포하며 주로 산지 계곡부에 자람

● **형태**

수형 낙엽 교목이며 높이 35m, 지름 3m까지도 자란다.

수피/어린가지/겨울눈 수피는 생육지에 따라 다소 차이가 있으나, 흔히 회백색-회갈색이며 오래되면 비늘처럼 떨어진다. 겨울눈은 원추형 또는 난형이며 털이 없고 갈색이다.

잎 어긋나며 길이 2~9cm의 장타원형 또는 난상 피침형이다. 측맥은 9~15쌍이며 가장자리에는 규칙적인 톱니가 있다. 표면과 뒷면의 엽맥에는 뻣뻣한 털이 약간 있다. 잎자루는 길이 2~6mm이며 털이 있다.

꽃 암수한그루이며, 4~5월에 잎이 나면서 꽃이 함께 핀다. 수꽃은 지름 3mm 정도이며 짧은 자루가 있다. 수술은 4~6개이며, 화피편은 5~7(~8)개로 갈라진다. 암꽃은 지름 1.5mm 정도이고 자루가 없으며, 화피편은 4~5개로 갈라진다. 암술대는 2갈래로 깊게 갈라지며 자방에 털이 있다.

열매/종자 열매(堅果)는 지름 2.5~3.5mm의 일그러진 편구형이다. 표면에 털이 없으며 자루가 매우 짧다.

● **참고**

예로부터 마을 정자나무나 당산목으로 국내에서 가장 흔히 이용하는 나무이며 괴목(槐木)이라고 부르기도 한다. 국명은 '누른 홰나무'를 뜻하며, '눌(黃)홰(槐)나무→누튀나모→느틔나모→느티나무'로 변했다고 한다.

❶꽃차례. 가지 아래쪽에 수꽃, 끝쪽에 암꽃(화살표)이 핀다. ❷열매는 다소 납작하고 각진다. 끝에는 암술대의 흔적이 남는다. ❸잎 ❹겨울눈 ❺❻수피의 변화. 어린나무의 수피는 회백색이고 매끈하며 피목이 있으나(❺) 자라면서 세로로 거칠게 껍질이 벗겨진다(❻). ❼수형

✽식별 포인트 수피/잎

2011. 6. 10. 경남 남해시

● **분포**

중국(산둥반도 이남), 일본(혼슈 이남), 타이완, 베트남, 라오스, 한국 등

❖ **국내분포/자생지** 전국적으로 분포하지만 주로 바닷가 및 남부지방에서 자람

● **형태**

수형 낙엽 교목이며 높이 20m, 지름 2m까지도 자란다.

겨울눈 길이 2~3mm의 넓은 난상이며 암갈색이다.

잎 어긋나며 길이 4~11cm의 찌그러진 난형 또는 광타원형이다. 잎자루는 길이 2~12mm이며 털이 있다.

꽃 수꽃양성화한그루(웅성양성동주)이며, 4~5월에 잎이 나면서 동시에 꽃이 핀다. 수꽃은 가지의 아래쪽에 달리며, 양성화는 가지 위쪽의 잎겨드랑이에 달린다. 수꽃의 수술은 4~5개이며, 화피편은 4개이고 가장자리에 백색 털이 있다. 암꽃은 암술대가 2갈래로 갈라지며 암술머리에 백색 털이 밀생한다. 자방은 둥글고 연한 녹색이다.

열매 열매(核果)는 지름 5~8mm의 구형이고 길이 6~15mm의 자루가 있다. 9~10월에 황적색으로 익는다. 핵은 둥글고 표면에 그물 모양의 맥이 돌출해 있다.

● **참고**

폭나무와 비교해 자방에 털이 없으며 잎의 측맥이 3~4쌍인 점이 다르다. 또한 폭나무는 화피편의 윗부분, 잎의 주맥과 가장자리에 털이 있으나 팽나무는 화피편의 가장자리에만 털이 있다.

❶ 꽃차례. 가지의 아래쪽에 수꽃, 위쪽에 양성화가 핀다. ❷ 열매. 황적색으로 익는다. ❸ 잎은 보통 상반부에만 톱니가 있고 측맥이 3~4쌍이다. 잎 형태의 변화가 심한 편이다. ❹ 겨울눈. 잎자루가 떨어진 흔적은 돌출한 삼각형 모양이다. ❺ 수피. 회색이며 표면이 매끄럽다. 피목과 더불어 몇 개의 가로줄무늬가 생긴다. ❻ 수형 ❼ 핵. 표면에 그물맥이 돌출해 있다.

✿ 식별 포인트 잎/열매/수형

폭나무
(좀왕팽나무)

Celtis biondii Pamp.
[*Celtis biondii* Pamp. var.
heterophylla (H. Lév.) C. K.
Schneid.]

팽나무과 **CELTIDACEAE** Link

● **분포**

중국(중남부), 일본(혼슈 이남), 타이완, 한국

✤ **국내분포/자생지** 간혹 중부지방에도 분포하지만 주로 남부지방에 자람

● **형태**

수형 낙엽 교목이며 높이 15m 정도로 자란다.

수피/어린가지/겨울눈 수피는 회색 또는 회흑색이다. 새가지는 황갈색-회갈색이며 황갈색의 잔털이 밀생한다. 겨울눈은 길이 3~5mm의 장타원형이며 흑갈색이다.

잎 어긋나며 길이 3~7cm의 난형-광난형이다. 톱니는 상반부에만 있고 밑부분은 둥글며 좌우비대칭이다. 측맥은 2쌍(간혹 3쌍)이며, 양면 맥 위에 털이 있다. 잎자루는 길이 3~6mm이고 털이 있다.

꽃 수꽃양성화한그루(웅성양성동주)이며, 4~5월에 잎이 나면서 동시에 꽃이 핀다. 화피편은 4개이며 윗부분에 백색 털이 있다. 수술은 4~5개다. 암술대는 2갈래로 갈라지며 자방에 백색 털이 밀생한다.

열매 열매(核果)는 지름 6mm의 구형이며, 9~10월에 황적색 또는 적갈색으로 익는다. 자루의 길이는 8~15mm다. 핵은 지름 4mm 정도의 구형이고 표면에 섬세한 그물맥이 돌출해 있다.

● **참고**

팽나무와 유사하지만 잎끝이 꼬리처럼 길어지고 측맥이 2~3쌍이며, 자방에 털이 밀생하는 특징으로 구별할 수 있다. 중국과 일본에서는 석회암지대에 주로 자란다.

❶❷꽃차례. 가지 아래쪽에 수꽃, 위쪽에 양성화가 핀다. 팽나무와 달리 자방에 백색 털이 밀생한다(❷). ❸열매 ❹잎의 측맥은 보통 2쌍. 잎끝이 꼬리처럼 길어지는 것도 팽나무와 다른 점이다. ❺겨울눈의 인편은 백색 털에 싸여 있다. ❻핵 표면에 돌출한 그물맥은 팽나무보다 더 섬세하다. ❼수형
✿식별 포인트 잎/꽃(자방)/핵

2011. 6. 10. 경남 남해시

양성화

♂

2010. 7. 25. 강원 삼척시 덕항산

왕팽나무
(산팽나무)

Celtis koraiensis Nakai
(*Celtis aurantiaca* Nakai)

팽나무과 CELTIDACEAE Link

● **분포**
중국(중북부), 한국

❖ **국내분포/자생지** 경북(달성군, 대구시) 이북의 산지

● **형태**
수형 낙엽 교목이며 높이 15m까지 자란다.

수피/겨울눈은 수피는 회색 또는 짙은 회색이다. 겨울눈은 길이 3~4mm이며 갈색이다.

잎 어긋나며 길이 5~12cm의 타원형 또는 난상 타원형이다. 끝은 흔히 평평한 결각상이고 끝부분이 꼬리처럼 길며, 밑부분은 둥글고 좌우비대칭이다. 기부를 제외한 가장자리 대부분에 예리한 톱니가 있고 측맥은 3~4쌍이다. 잎자루는 길이 7~15mm이며 표면에 홈이 있다.

꽃 수꽃양성화한그루(웅성양성동주)이며, 4월에 잎이 나면서 동시에 꽃이 핀다. 수꽃은 가지의 아래쪽에 달리며, 양성화는 가지 위쪽의 잎겨드랑이에 달린다. 수술은 4~5개이며, 암술대는 2갈래로 갈라진다.

열매 열매(核果)는 지름 1~1.3cm의 광타원형 또는 구형이며 10월에 황적색으로 익는다. 자루는 길이 1.5~2.5cm다. 핵은 지름 7~8mm의 난상 타원형이며 흑갈색이고, 표면에 그물맥이 돌출해 있다.

● **참고**
검팽나무에 비해 열매가 황색으로 익고 잎끝이 불규칙한 결각상인 것이 특징이다. 핵의 색깔도 검팽나무와는 분명한 차이가 있다. 주로 경북, 충북 및 강원에 분포하는 것으로 알려져 있다.

❶양성화는 팽나무에 비해 꽃자루가 훨씬 길다. ❷수꽃차례 ❸열매 ❹겨울눈. 인편에는 갈색 털이 있다. ❺핵. 크기와 색상에 있어서 풍게나무나 검팽나무의 핵과 뚜렷이 구분된다. ❻수피 ❼보기 드문 왕팽나무 당산목(강원 삼척시 도계) ✻식별 포인트 잎(잎끝, 톱니)/열매(색, 크기)/핵

149

검팽나무

Celtis choseniana Nakai

팽나무과 CELTIDACEAE Link

● **분포**

한국(한반도 고유종)

❖ **국내분포/자생지** 황해도 이남의 숲 가장자리, 전석지에 주로 자람

● **형태**

수형 낙엽 교목이며 높이 10~12m까지 자란다.

잎 어긋나며 길이 5~12㎝의 난형 또는 난상 장타원형이다. 끝은 꼬리처럼 길게 뾰족하고 밑부분은 둥글거나 평평하며 좌우비대칭이다. 가장자리에는 기부를 제외하고 전체에 뾰족한 톱니가 있다. 잎은 다소 두툼하고 양면에 털이 없으며 측맥은 3쌍이다. 잎자루는 길이 7~23mm다.

꽃 수꽃양성화한그루(웅성양성동주)이며, 3~4월에 잎이 나면서 동시에 꽃이 핀다. 수꽃은 가지의 아래쪽에 달리며, 양성화는 가지 위쪽의 잎겨드랑이에 달린다. 화피편은 4~5개로 깊게 갈라지며, 열편 중륵(中肋)에는 백색 털이 밀생한다. 수술은 4~5개이며, 암술대는 2갈래로 갈라진다. 자방은 연한 녹색이고 털이 없다.

열매 열매(核果)는 지름 1~1.2㎝의 구형 또는 구형에 가까우며 9~10월에 흑색으로 익는다. 열매의 자루는 2~2.5㎝이고 털이 없다. 핵은 지름 6~7mm의 다소 납작한 구형이며, 표면에 그물맥이 뚜렷하게 돌출해 있다.

● **참고**

왕팽나무에 비해 잎이 보다 길고 끝이 꼬리처럼 길게 뾰족하며, 열매와 핵이 약간 더 작고 색깔도 다르다.

❶개화기의 꽃차례 ❷양성화 ❸열매. 팽나무나 풍게나무에 비해 열매자루가 다소 길다. ❹잎 뒷면. 잎은 양면에 털이 거의 없는 혁질이다. ❺겨울눈. 갈색의 인편으로 싸여 있으며 잎자루의 흔적은 돌출한다. ❻수피 ❼수형 ❽핵. 표면의 그물맥은 풍게나무보다 더 심하게 돌출한다.

❖식별 포인트 잎(잎끝, 톱니)/열매(색, 크기)/핵

2010. 6. 26. 경기 연천군

2010. 9. 18. 경북 울릉도

풍게나무
Celtis jessoensis Koidz.

팽나무과 CELTIDACEAE Link

● **분포**
중국(만주), 일본, 한국
❖**국내분포/자생지** 전국적으로 비교
적 드물게 분포(울릉도에는 비교적
흔함)

● **형태**
수형 낙엽 교목이며 높이 20~30m,
지름 60㎝ 정도로 자란다.

수피/겨울눈 수피는 회색-회갈색이고
매끈하며 작은 피목이 많다. 겨울눈은
길이 3~7㎜의 납작한 장타원상이며
적갈색이다.

잎 어긋나며 길이 4~10㎝의 타원형
또는 장타원형이다. 끝은 뾰족하거나
꼬리처럼 길게 되고, 밑부분은 둥글고
좌우비대칭이다. 측맥은 3~4쌍이며
뒷면 맥 위에 털이 있다. 잎자루는 길
이 5~12㎜이며 윗부분에 홈이 있다.

꽃 수꽃양성화한그루(웅성양성동주)
이며, 4월에 잎이 나면서 동시에 꽃이
핀다. 수꽃은 가지의 아래쪽에 달리며,
양성화는 가지 위쪽의 잎겨드랑이에
달린다. 화피편은 적자색이고 4개이
며, 수술도 4~5개다. 암술대는 2갈래
로 갈라진다.

열매 열매(核果)는 지름 7~8㎜의 구
형이며 10월에 흑색으로 익는다. 핵은
지름 5㎜ 전후의 구형(난형)이고, 표면
에 그물맥이 돌출해 있다.

● **참고**
열매가 흑색으로 익고 잎 가장자리 전
체에 뾰족한 톱니가 있는 점이 팽나무
와 다르다. 엽질도 좀 더 얇다. 또한 측
맥이 3~4쌍이며 자방에 털이 없어 폭
나무와도 쉽게 구별할 수 있다.

❶꽃차례. 양성화는 가지 끝에 달린다. ❷미
성숙한 열매. 성숙하면 흑색이 된다. ❸잎은
좌우비대칭이며 기부를 제외한 가장자리 전
체에 톱니가 있다. ❹수피 ❺적갈색의 겨울
눈은 다소 납작하며 인편에는 털이 없다. ❻
수형 ❼핵은 구형 또는 난형이다. ❽핵의 비
교(왼쪽부터): 푸조나무/왕팽나무/검팽나무/
풍게나무/팽나무/폭나무
❖식별 포인트 잎/열매/겨울눈

푸조나무

Aphananthe aspera (Thunb.)
Planch.

팽나무과 CELTIDACEAE Link

●분포
중국(중남부), 일본, 타이완, 한국
❖국내분포/자생지 경북(울릉도), 경
남, 전남, 서남해 도서, 제주
●형태
수형 낙엽 교목이며 높이 25m, 지름
1.5m까지 자란다.
수피 회갈색이고 갈색의 작은 피목이
있으며 오래되면 세로로 거칠게 갈라
진다.
잎 어긋나며 길이 5~10㎝의 장타원
형-난형이다. 끝은 뾰족하고 밑부분은
둥글거나 평평하며, 가장자리에는 예
리한 톱니가 있다. 표면은 매우 거칠며
뒷면에는 누운털이 있다. 측맥은 7~
12쌍이고 가장자리 톱니 끝까지 이어
져 있다. 잎자루는 길이 5~15㎜이며
털이 있다.
꽃 암수한그루이며, 4~5월에 잎이 나
면서 동시에 꽃이 핀다. 수꽃은 새가지
아래쪽에 모여 달리며, 화피편은 길이
1.5㎜ 정도의 도란상 원형이고 수술은
4~5개다. 암꽃은 새가지 위쪽의 잎겨
드랑이에 1개씩 달리며, 화피편은 길
이 2㎜ 정도의 선형-피침형이다. 자방
에는 백색 털이 밀생한다.
열매 열매(核果)는 지름 8~13㎜의 난
상 구형-구형이며, 9~10월에 흑색으
로 익는다. 열매자루는 자생하는 다른
팽나무속의 식물보다 짧은 편이다.
●참고
잎이 장타원상이고 측맥이 많으며 열
매가 커서, 자생하는 여타 팽나무속의
식물과는 쉽게 구분된다.

2010. 7. 7. 제주 서귀포시

❶꽃차례. 암꽃은 새가지 위쪽에 하나씩 달리
고 수꽃은 가지 아래쪽에 모여난다. ❷암꽃의
자방은 백색 털로 덮여 있다. ❸열매. 검게 잘
익은 열매의 과육은 단맛이 있다. ❹잎 ❺겨
울눈. 눌린 듯 납작하며 어린가지처럼 인편은
누운털로 덮여 있다. ❻수형(전남 장흥군, 천
연기념물 제268호) ❼수피 ❽핵. 구형에 가
깝고 세로로 가로지르는 돌기가 있다.
✽식별 포인트 잎/열매/핵

2003. 8. 3. 제주

꾸지뽕나무

Maclura tricuspidata Carrière
[*Cudrania tricuspidata* (Carrière) Bureau ex Lavallée]

뽕나무과 MORACEAE Gaudich

●**분포**

중국(산동반도 이남), 한국

❖**국내분포/자생지** 황해도 이남. 주로 남부지방의 햇볕이 잘 드는 풀밭이나 숲 가장자리에 자람

●**형태**

수형 낙엽 관목 또는 소교목이며 높이 2~8m 정도로 자란다.

수피 회갈색이며 길이 5~20㎝의 줄기가 변한 가시가 있다.

잎 어긋나며 길이 5~14㎝의 난형-타원형-도란형이고 3갈래로 갈라지기도 한다. 끝은 뾰족하고 밑부분이 둥글며, 가장자리는 밋밋하다. 표면은 짙은 녹색이고 털이 없으며, 뒷면은 흰빛이 돌고 약간의 털이 있다. 잎자루는 길이 1.5~2.5㎝이며 털이 있다.

꽃 암수딴그루이며, 6월에 잎겨드랑이에서 1~2개씩 두상꽃차례가 달린다. 수꽃차례는 지름 (0.5~)1~1.5㎝ 정도의 두상이며, 자루는 1.5~2.5㎝다. 암꽃차례는 지름 1(~1.5)㎝이고 짧은 자루가 있다. 수꽃의 꽃받침열편은 다육질이며 가장자리가 뒤로 젖혀진다. 암꽃 역시 꽃받침열편이 뒤로 젖혀지고, 자방은 꽃받침 아래쪽 깊이 묻혀 있다. 열매 열매(桑果)는 지름 2.5㎝ 정도의 구형이며 9~10월에 적색으로 익는다.

●**참고**

일본에는 자생하지 않지만 오래전부터 재배해왔다(주로 수그루). 수피는 종이를 만드는 데 사용했고, 잎은 누에의 먹이로 이용했다.

❶암꽃차례. 꽃받침 바깥쪽으로 구부러진 암술머리가 돌출한다. ❷수꽃차례. 수꽃의 수술은 4개의 꽃받침열편에 싸여 있다. ❸성숙한 열매는 식용 가능하다. ❹잎. 불규칙적으로 결각이 지기도 한다. ❺겨울눈. 납작한 원형으로 인편의 가장자리에는 백색 털이 있다. ❻수피에는 줄기가 변해서 생긴 날카롭고 억센 가시가 있다. ❼단단한 종피로 싸인 수과(우)

❉식별 포인트 가시/잎/꽃

돌뽕나무

Morus cathayana Hemsl.
(***Morus tiliaefolia*** Makino)

뽕나무과 MORACEAE Gaudich

● **분포**
중국(중남부), 일본(혼슈 이남), 한국
❖ **국내분포/자생지** 전남, 경기, 경남
및 강원 이북에 드물게 분포

● **형태**
수형 낙엽 소교목 또는 교목이며 높이
4~15m 정도로 자란다.

수피/어린가지 수피는 회백색 또는 회
갈색이며 세로로 얇게 갈라진다. 어린
가지는 털이 있으나 차츰 없어지며, 적
갈색을 띠고 피목이 발달한다.

잎 길이 6~18cm의 광난형-타원형이
며 간혹 결각이 생기기도 하고, 가장자
리에는 불규칙한 잔톱니가 있다. 뒷면
에는 회백색 털이 밀생하고 표면에도
짧은 털이 있어 촉감이 거칠다. 잎자루
는 길이 2~4cm이고 털이 있다.

꽃 암수딴그루이며, 꽃은 5월에 핀다.
수꽃차례는 길이 3~5cm이고 아래로
드리운다. 수꽃의 꽃받침열편은 황록
색의 좁은 난상이며 뒷면에 털이 있다.
수꽃의 수술은 4개이며 암술대는 퇴화
되어 있다. 암꽃차례는 길이 1~3cm이
고 잎겨드랑이에서 나며 전체에 굽은
털이 있다. 암꽃의 꽃받침열편은 도란
상이고 끝에 털이 있다. 암술대는 짧으
며 암술머리는 2갈래로 갈라지고 유두
상 돌기가 없다.

열매 열매(桑果)는 길이 2~3cm의 원통
형이며, 6~7월에 흑자색으로 익는다.

● **참고**
뽕나무나 산뽕나무에 비해 잎의 광택
이 적고 잎 전체에 털이 많으며 톱니가
둔한 점이 다르다. 열매도 더 대형이다.

2009. 5. 22. 강원 강릉시 옥계면

❶암꽃차례. 자방에는 털이 밀생한다. ❷수
꽃차례. 꽃자루와 축에 털이 밀생한다. ❸열
매는 뽕나무에 비해 다소 길다. 열매에는 암
술머리의 흔적이 약간 남아 있다. ❹잎. 간혹
결각이 지기도 하며 뽕나무나 산뽕나무보다
대형이다. 표면에 털이 많아 멀리서 볼 때 광
택이 없다. ❺겨울눈 ❻수형 ❼수과. 뽕나무
나 산뽕나무에 비해 적갈색이 돈다.
✻식별 포인트 잎/열매

2012. 6. 8. 강원 영월군

몽고뽕나무
Morus mongolica (Bureau)
C.K.Schneid.

뽕나무과 MORACEAE Gaudich

●**분포**
중국(북부 및 중부), 한국
❖**국내분포/자생지** 강원(영월군, 삼척시, 정선군 등), 충북(단양군, 제천시), 국내에서는 주로 석회암지대에 자람
●**형태**
수형 낙엽 관목 또는 소교목이며 높이 7.5m까지 자라지만 국내에서는 보통 관목상이다.

수피/가지/겨울눈 수피는 어두운 회갈색이며 표면이 거칠다. 오래된 가지는 흑갈색이며, 어린가지는 갈색이다. 어린가지의 표면에는 타원형의 피목이 발달한다. 겨울눈은 갈색의 난상이며 인편의 가장자리는 흑갈색이다.

잎 어긋나며 길이 5~15㎝의 난형 또는 광난형이고 털이 없다. 간혹 깊은 결각이 생기기도 한다. 잎끝은 꼬리처럼 뾰족하고 잎의 밑부분은 평평하거나 심장형이다. 가장자리에는 아주 예리한 톱니가 있는데, 톱니의 끝은 침처럼 뾰족해진다. 잎의 양면에 광택이 난다.

꽃 암수딴그루이며, 꽃은 5월 상순에 핀다. 수꽃차례는 길이 3㎝ 정도의 긴 원통형이고 아래로 드리우며, 꽃받침의 가장자리에는 털이 많다. 암꽃차례는 길이 1~1.5㎝의 짧은 원통형이고 백색 털이 밀생한다. 암술대는 길고 2갈래로 갈라지며 암술머리에는 유두상의 돌기가 빽빽하다.

열매 열매(桑果)는 길이 1.5~2㎝의 타원상이며, 6월 상순부터 적색으로 익는다.

●**참고**
암술대가 뽕나무보다 길고 열매가 익을 때까지 계속 남는 점은 산뽕나무와 닮았지만, 잎 가장자리의 톱니가 산뽕나무보다 훨씬 더 예리하다. 잎에 결각이 깊이 지는 현상도 드물지 않게 나타난다.

❶암꽃차례 ❷수꽃차례 ❸열매는 익어도 뽕나무만큼 검게 변하지 않는다. ❹겨울눈 ❺수피 ❻잎 ❼잎 가장자리 ❽수과
✽식별 포인트 잎/수피

구분	암술대	잎	성숙한 열매
뽕나무	아주 짧다	끝이 꼬리처럼 길지 않다. 광택이 있다.	타원형. 암술대의 흔적이 미미하다.
산뽕나무	매우 길다	끝이 꼬리처럼 길다. 광택이 없다.	짧은 타원형. 암술대의 흔적이 남는다.
몽고뽕나무	길다	끝이 꼬리처럼 길다. 톱니가 예리하다.	타원형. 암술대의 흔적이 남는다.
돌뽕나무	짧다	끝이 꼬리처럼 길지 않다. 광택이 없다.	장타원형. 암술대의 흔적이 미미하다.

산뽕나무
Morus australis Poir.
(***Morus bombycis*** Koidz.)

뽕나무과 MORACEAE Gaudich

2003. 6. 26. 강원 강릉시 옥계면

● **분포**

중국, 일본, 러시아(사할린), 타이완, 네팔, 부탄, 한국

❖ **국내분포/자생지** 전국의 산지

● **형태**

수형 낙엽 관목 또는 소교목이며 높이 6~15m 정도로 자란다.

잎 어긋나며 길이 5~15cm의 난형 또는 광난형이고, 3~5개의 결각이 생기기도 한다. 끝은 꼬리처럼 뾰족하고 밑부분은 평평하거나 심장형이며, 가장자리에는 예리한 톱니가 있다. 표면은 광택이 나며 뒷면은 맥 위에 털이 있다. 잎자루는 길이 5~20mm다.

꽃 암수딴그루(간혹 암수한그루)이며, 꽃은 4~5월에 핀다. 수꽃차례는 길이 1~1.5cm이고 아래로 드리우며, 암꽃차례는 길이 4~7mm의 구형-원통형이고 백색 털이 밀생한다. 수꽃의 꽃받침열편은 난형이고 꽃밥은 황색이다. 암꽃의 꽃받침열편은 장타원형이고 암술대는 길이 2~2.5mm이며, 암술머리는 2갈래로 갈라진다.

열매 열매(桑果)는 길이 1~1.5cm의 타원형이며 6월에 적색→흑자색으로 익는다.

● **참고**

암술대가 뽕나무에 비해 길고 열매가 익을 때까지 떨어지지 않고 남아 있는 것이 특징이다. 잎이 깊게 결각 지는 나무를 가새잎뽕나무로 구분하는 의견도 있지만, 잎에 결각이 생기는 현상은 뽕나무과에 속한 대부분 종의 일반적 특징이므로 이를 품종이나 변종으로 처리하는 것은 타당하지 않다고 본다.

❶암꽃차례. 암꽃은 암술대가 매우 길며 끝에 2갈래로 갈라진 암술머리가 있다. ❷수꽃차례. 수꽃의 수술은 4개다. ❸❹산뽕나무는 흔히 잎끝이 꼬리처럼 길어지는 점이 뽕나무와 다르다. 잎은 심하게 결각이 생기기도 한다(❹). ❺열매. 결실기에도 길쭉한 암술대의 흔적이 남는다. ❻겨울눈 ❼수피. 수피의 모습은 다양하다. ❽수과만으로는 뽕나무와 구별이 어렵다.

✱ **식별 포인트** 잎/열매(암술대 흔적 유무)

2004. 6. 30. 강원 평창군

뽕나무
Morus alba L.

뽕나무과 MORACEAE Gaudich

● **분포**

중국(중북부 원산), 북반구 온대 지역에 널리 식재

❖ **국내분포/자생지** 전국의 민가 주변에 야생화되어 퍼져 있음

● **형태**

수형 낙엽 관목 또는 소교목이며 높이 12m까지 자라지만 흔히 소교목상이다. 수피/겨울눈 수피는 회백색 또는 회갈색이며 세로로 갈라진다. 겨울눈은 광난형이며 잔털이 드물게 있다.

잎 어긋나며 길이 6~20cm의 난형 또는 광난형이다. 끝은 뾰족하고 밑부분은 심장형이며, 가장자리에는 둔한 톱니가 있다. 표면은 광택이 나며 뒷면 맥 위에 잔털이 있다. 잎자루는 길이 2~2.5cm이며 잔털이 있다.

꽃 암수딴그루(간혹 암수한그루)이며 꽃은 5월에 핀다. 수꽃차례는 길이 3~5cm의 원통형이며 새가지 밑부분 또는 잎겨드랑이에서 나와 밑으로 드리운다. 암꽃차례는 길이 1~1.5cm이고 새가지 밑부분에서 난다. 수꽃의 꽃받침열편은 광타원형이며, 수술대는 아래로 다소 굽는다. 암꽃은 자루가 없으며 꽃받침열편은 난상이고 가장자리에 털이 있다. 암술대는 거의 없으며 자방은 난형이고, 암술머리는 2갈래로 갈라진다.

열매 열매(桑果)는 길이 1~2.5cm의 구형 또는 타원형이며 6~7월에 흑자색으로 익는다.

● **참고**

산뽕나무와 달리 잎끝이 꼬리처럼 길어지지 않는 점과, 암술대가 보다 짧고 열매가 익기 전에 암술대가 떨어지는 특징으로 쉽게 구분할 수 있다.

❶암꽃차례 ❷암수한그루의 꽃차례. 수꽃차례는 산뽕나무보다 길이가 길다. ❸결실기의 열매. 암술대의 흔적이 미미하다. ❹잎 ❺겨울눈 ❻수피. 뽕나무나 산뽕나무의 수피는 생육환경에 따라 변화가 심하다. ❼수과 ❽수형

✱식별 포인트 잎/열매(암술대 흔적 유무)

꾸지나무

Broussonetia papyrifera (L.)
L'Hér. ex Vent.

뽕나무과 MORACEAE Gaudich

● **분포**
중국(중부 이남), 일본(재배), 말레이시아, 타이완, 타이, 한국
❖ **국내분포/자생지** 전국의 민가 근처 숲 가장자리에 야생 상태로 자람

● **형태**
수형 낙엽 교목이며 높이 12m까지 자라지만 국내에서는 흔히 소교목상이다.
수피/겨울눈 수피는 회색 또는 암회갈색이며, 황갈색의 작은 피목이 발달한다. 겨울눈은 삼각상이며 인편에 갈색 털이 있다.
잎 어긋나며 길이 7~20cm의 광난형-좁은 타원상 난형이다. 끝은 꼬리처럼 길며 어린나무(가지)에서는 흔히 3~5갈래로 결각이 진다. 밑부분은 심장형이고 가장자리에는 예리한 톱니가 있다. 잎자루는 길이 5~8cm이고 털이 있다.
꽃 암수딴그루이며, 꽃은 5~6월에 새가지의 잎겨드랑이에서 핀다. 수꽃차례는 길이 3~8cm의 원통형이고 아래로 드리우며, 암꽃차례는 지름 1~1.2cm의 구형이다. 수꽃의 꽃받침은 4개로 갈라지며 꽃받침열편은 삼각상 난형이다. 암꽃의 꽃받침열편은 파이프 같고 끝이 암술대에 연결되어 있다. 암술대는 1개이며 길이 7~8mm의 선형이다.
열매 열매(桑果)는 지름 2~3cm의 구형이며, 8~9월에 밝은 적색으로 익는다.

● **참고**
닥나무(*B.* × *kazinoki* Siebold ex Sieb. et Zucc.)는 꾸지나무와 애기닥나무의 교잡종으로, 두 종의 중간 형태를 보인다. 구형의 암꽃차례는 지름 4~8mm(암술대 제외)이고, 애기닥나무보다 암술대가 조금 더 짙은 적자색을 띤다.

❶암꽃차례. 생김새가 닥나무와 흡사하지만 크기가 더 크다. ❷수꽃차례 ❸열매는 먹을 수 있다. ❹잎은 양면에 모두 부드러운 털이 밀생하며 결각 변화가 매우 심하다. ❺겨울눈 ❻❼수피의 변화. 어린나무(❻)와 성목(❼). ❽수과. 표면에 미세한 돌기가 있다.
✿식별 포인트 꽃차례/잎(질감)/겨울눈

2010. 6. 11. 충북 옥천군

애기닥나무
(닥나무)

Broussonetia monoica
Hance

뽕나무과 MORACEAE Gaudich

2018. 5. 12. 전남 보성군

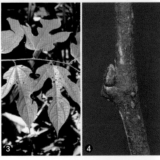

●**분포**
중국(남부), 일본, 타이완, 한국
❖**국내분포/자생지** 전국의 민가, 밭둑
및 숲 가장자리에 자람
●**형태**
수형 낙엽 관목 또는 소교목이며 높이
2~6m 정도로 자란다.
수피 갈색이며 좁은 타원형의 피목이
발달한다.
잎 어긋나며 길이 4~10cm의 난형-장
난형이다. 끝이 뾰족하고 밑부분은 둥
글거나 심장형이며, 가장자리에는 삼
각상의 뾰족한 톱니가 있다. 표면은 짧
은 털이 밀생해 거칠며 뒷면에는 부드
러운 털이 있다. 잎자루는 길이 5~15
mm이며 꼬부라진 털이 있으나 차츰 없
어진다.
꽃 암수한그루이며, 꽃은 4~5월에 새
가지의 잎겨드랑이에서 핀다. 수꽃차
례는 지름 1cm 정도의 구형이고, 길이
1cm 정도의 자루가 있다. 암꽃차례는
지름 5~6mm의 구형이고 자루가 짧다.
수꽃의 꽃받침은 3~4개로 갈라지며,
꽃받침열편은 삼각상이고 뒷면에 털
이 있다. 암꽃의 꽃받침은 파이프 모양
이고 끝이 치아상으로 되어 있다. 암술
대는 1개이며 적자색이다.
열매 열매(桑果)는 지름 1~1.5cm의 구형
이며, 6~7월에 밝은 적색으로 익는다.
●**참고**
닥나무(꾸지닥나무)는 애기닥나무와
비교해 잎이 좀 더 크다. 잎 뒷면의 맥
도 닥나무가 좀 더 뚜렷하고 약간 더 짙
은 녹색을 띤다. 닥나무의 겨울눈은 애
기닥나무와 달리 가지에 밀착하지 않
는다.

❶꽃차례. 새가지의 위쪽에 암꽃(화살표). 아
래쪽에 수꽃이 핀다. ❷열매. 먹을 수는 있으
나 뒷맛이 그다지 좋지 않다. ❸잎. 불규칙적
으로 결각이 진다. 꾸지나무보다 크기도 작고
부드러운 느낌도 덜하다. ❹겨울눈. 가지에
밀착해 붙는 것이 특징이다. ❺수피 ❻수과.
표면에는 뚜렷한 돌기가 있다. ❼수형. 사진
속의 개체만큼 키가 큰 나무는 흔치 않다.
✿식별 포인트 꽃차례/잎/겨울눈

천선과나무
Ficus erecta Thunb.

뽕나무과 MORACEAE Gaudich

● **분포**
중국(남부), 일본(혼슈 이남), 타이완, 베트남, 한국

❖ **국내분포/자생지** 전남, 경남, 남해 도서 및 제주의 바닷가 산지

● **형태**
수형 낙엽 관목 또는 소교목이며 높이 2~5m 정도로 자란다.

잎 어긋나며 길이 8~20cm의 도란형 또는 장타원형이다. 밑부분은 원형이거나 심장형이며, 가장자리가 밋밋하고 양면 모두 털이 없다.

꽃 암수딴그루이며(엄밀히는 암꽃양성화딴그루), 잎겨드랑이에 1개씩 달리는 화낭(꽃주머니) 속의 꽃들은 주로 7~8월에 성숙한다. 화낭은 길이 1~2cm의 구형이며 속에 다수의 꽃이 밀집해 있다. 수화낭 속에는 수꽃과 충영꽃(벌레 먹은 꽃)이 섞여 있는데, 개화기의 1년 차 수화낭 속에서는 충영꽃만 성숙한다. 충영꽃은 암술대가 짤막하고 주두는 접시 모양이다. 수꽃의 수술은 2~3개인데, 이듬해 좀벌의 부화시기에 맞추어 성숙한다. 월동한 2년 차 수화낭은 지름 2cm 이상으로 커진다. 암화낭 속에는 암꽃만 밀집해 있다. 암꽃의 암술대는 매우 길고 낭창낭창하다.

열매 암화낭이 성숙하여 열매(果囊, fig)가 되는데, 주로 9~10월에 흑자색으로 익는다. 식용할 수 있다.

❶화낭의 암수 비교. 수화낭(좌)은 기부가 약간 길쭉하고 크기도 암화낭보다 약간 더 크다. ❷월동한 2년 차 수화낭의 횡단면. 자루가 길어진 충영꽃 주위를 2~3개의 수술이 둘러싸고 있다. ❸잎눈. 하단의 둥근 것(화살표)은 꽃눈이다. ❹수피 ❺좁은잎천선과나무[f. *sieboldii* (Miq.) King]. 종내 엽형변이로 보인다. 구태여 품종으로 구분할 의미가 없다. ❻천선과좀벌. 2년 차 수화낭 속에서 우화한 천선과좀벌 암컷(흑색)과 수컷(갈색). ❼수화낭을 생활사의 터전으로 이용하는 금좀벌과(Pteromalidae)의 기생벌[*Sycoscapter inubiae*(Ishii, 1934)]. 길이는 산란관까지 포함해서 5mm 전후다.
✿식별 포인트 잎/화낭/겨울눈

2010. 8. 20. 전남 거문도

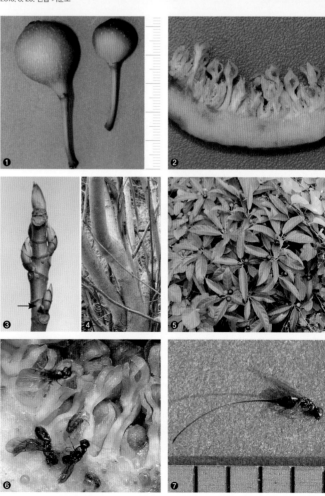

천선과나무와 천선과좀벌의 공생관계

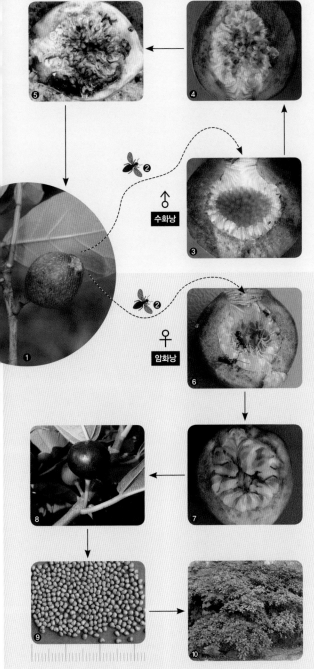

①→②→③→④→⑤→①
수화낭의 생활환

① 월동한 2년 차 수화낭은 안에 있는 좀벌의 부화 시기에 맞추어 상부의 구멍이 커진다. 이 시기(7~8월)에 맞추어 수화낭 내부의 수꽃들이 성숙하므로 수화낭 밖으로 나가는 암벌들은 꽃가루를 뒤집어쓰게 된다. 암벌들이 나가고 난 다음 2년 차 수화낭은 썩어서 가지에서 떨어진다.

② 수화낭 속에서 임신한 암벌들이 천선과나무의 꽃가루를 묻힌 채 바깥세상에 나온다.

③ 암벌들이 그해 새로 성숙한 1년 차 수화낭 속으로 들어간 뒤, 호리병처럼 생긴 충영꽃에 산란관을 삽입하여 산란을 한다. 산란을 마친 암벌들은 그 속에서 짧은 생을 마감한다. 수화낭은 가지에 달린 채로 월동한다.

④ 겨울이 지나고 이듬해 여름(7~8월)이 다시 돌아오면 이제는 2년 차가 된 수화낭 내부의 충영꽃 속에서 다음 세대의 좀벌들이 부화한다(수컷들이 먼저 부화하고 연이어 암컷들이 부화).

⑤ 짝짓기를 마친 수컷들은 수화낭 속에서 생을 마감하고, 임신한 암벌들은 새로운 산란터를 찾아 바깥세상으로 나갈 준비를 한다.

①→②→⑥→⑦→⑧→⑨→⑩
암화낭의 생활환

①-② 2년 차 수화낭 속에서 천선과나무의 꽃가루를 뒤집어쓴 채 임신한 암벌들이 나온다.

⑥ 2년 차 수화낭 속에서 나온 암벌들이 그해 새로이 성숙한 암화낭 속으로 들어간다. 암벌은 암꽃의 주두에 산란관을 집어넣으려고 애를 쓰지만, 암화낭 속의 암꽃은 주두가 길고 낭창낭창하여 좀벌이 산란관을 넣을 수 없는 구조이다. 결국 암벌은 산란에 실패한 채 암화낭 속에서 생을 마감하게 되지만, 이 과정에서 암벌이 태어난 천선과나무의 수화낭에서 자기 몸에 묻혀 온 꽃가루가 암술의 주두에 옮겨 붙음으로써 마침내 천선과나무의 수분이 성사된다(주로 7~8월).

⑦ 수정이 된 암꽃들은 점차 열매로 성숙해간다.

⑧ 과낭(열매주머니, fig)은 성숙하면 흑자색을 띠는데, 익으면 과낭 벽이 얇아져서 말랑말랑해진다. 과낭 속에는 종자처럼 생긴 수과가 가득 차 있다. 성숙한 과낭은 곧 나무에서 떨어진다. 잘 익은 과낭은 단맛이 나며 식용 가능하다(결실기는 주로 9~10월).

⑨ 땅에 떨어지거나 동물이 먹고 옮긴 과낭 속의 수과는 환경이 적합하면 발아한다.

⑩ 발아한 수과는 새로운 세대의 천선과나무(암그루 또는 수그루)로 자라난다.

＊천선과좀벌(*Blastophaga nipponica* Grandi, 1921): 분류학적으로는 무화과좀벌과(AGAONIDAE)로 분류된다. 날개가 달린 성체는 암컷인데, 길이 2㎜ 전후이고 날개와 다리에 털이 많다. 수컷은 연한 갈색을 띠며, 날개가 없어 마치 애벌레처럼 보인다.

＊천선과좀벌 암컷은 천선과나무의 암화낭과 수화낭을 구별하지 못한다. 만일 구별이 가능하다면 모든 좀벌 암컷이 암화낭을 외면한 채 오로지 충영꽃(산란터)이 있는 수화낭만 골라서 들어갈 것이다. 그렇게 되면 아예 수분 기회가 사라진 천선과나무 암그루는 결실하지 못해 결국 천선과나무라는 종 자체가 중대한 생존의 기로에 서게 될 것이다. 그로 인해 천선과나무가 멸종한다면, 산란터가 사라진 천선과좀벌 역시 덩달아 멸종할 수도 있다. 요컨대, 천선과좀벌이 천선과나무의 암화낭과 수화낭을 구별할 수 없다는 사실은 천선과나무와 천선과좀벌 두 종 모두의 생존을 위해서 필수 불가결한 전제조건이 되는 것이다.

모람

Ficus oxyphylla Miq.
[*Ficus nipponica* Franch. & Sav.;
F. sarmentosa var. *nipponica*
(Franch. & Sav.) Corner]

뽕나무과 MORACEAE Gaudich

●**분포**
중국(남부), 일본(혼슈 이남), 타이완,
한국
❖**국내분포/자생지** 전남(서남해 도서
포함), 경남(거제도) 및 제주의 바닷가
산지, 돌담에 주로 자람
●**형태**
수형 상록 덩굴성 목본이며 돌담이나
바위, 또는 수목을 감고 자란다.
수피/어린가지 수피는 회갈색이며, 어
린가지는 갈색이고 누운털이 밀생한
다. 가지나 잎을 자르면 백색 유액이
나온다.
잎 어긋나며 길이 6~13cm의 장타원상
피침형이다. 엽질은 두꺼운 가죽질이
며 양면에 털이 없다. 끝은 꼬리처럼
길어지고 밑부분은 원형이며, 가장자
리가 밋밋하다. 측맥은 4~10쌍이다.
뒷면의 엽맥은 현저히 도드라져 있다.
잎자루는 길이 1~2.5cm이며 짧은 털
이 밀생한다.
꽃 암수딴그루이며(수화낭 속의 충영
꽃은 원래 암꽃이 변한 기관이므로 수
나무의 화낭 속에 암꽃과 수꽃이 함께
생긴다고 볼 수도 있다). 잎겨드랑이나
엽흔의 윗부분에서 1~2개씩 화낭이
생겨서 5~6(~7)월에 꽃이 성숙한다.
화낭(꽃주머니)은 길이 5~7mm의 장난
형이며, 표면에 회백색의 털이 밀생하
고 윗부분에는 좀벌이 드나들 배꼽 모
양의 작은 구멍이 생긴다. 암화낭과 수
화낭의 형태는 동일하며, 화낭 속에 많
은 꽃들이 들어 있다. 수화낭의 내부는
구멍 입구 가까이에 수꽃이 모여 있고,
더 안쪽에 충영꽃(벌레 먹은 꽃)이 모
여 있다. 수꽃의 꽃받침열편은 3~4개
이고 도피침형이며, 수술은 2개다. 충
영꽃은 꽃받침열편이 4개이고 도란
상-주걱형이며, 암술대가 짧고 암술머
리는 좁은 깔때기 모양이다. 암화낭 내
부의 암꽃은 꽃받침열편이 주걱 모양
이며, 자방은 도란형이다. 암술대는 가
늘고 길다.

2009. 6. 27. 전남 여수시 금오도

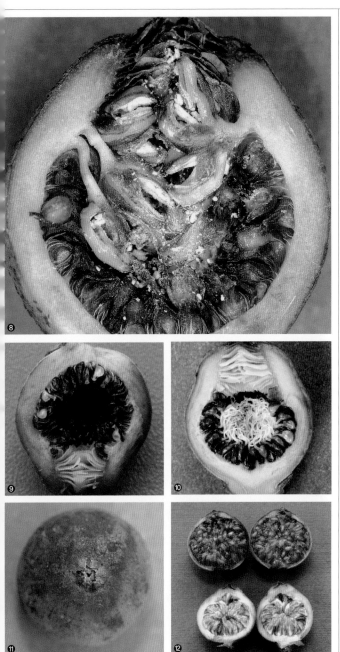

열매/종자 암화낭이 성숙하여 열매(果囊)가 된다. 과낭은 지름 1㎝ 정도의 구형이고 9~11월에 흑자색으로 익는다. 성숙한 과낭 속에는 다수의 수과가 들어 있다.

●참고
잎이 길고 끝이 꼬리처럼 뾰족하며 털이 없는 점과, 과낭의 길이가 1㎝ 정도인 점이 왕모람과 다르다. 좀벌과의 공생관계는 천선과나무나 왕모람과 기본구조가 동일하다.

❶수화낭(5월). 크기가 작은 것은 1년 차 수화낭이고, 아래쪽의 크기가 좀 더 큰 화낭(화살표)은 지난해에 생성되어 월동한 2년 차 수화낭이다. 내부의 충영꽃에서 모람좀벌이 부화되어 나온다. ❷암화낭. 외양만으로는 수화낭과 구별이 어렵다. ❸결실기의 과낭 ❹잎. 두꺼운 가죽질이며 잎끝이 꼬리처럼 길어진다. ❺잎 뒷면에는 털이 없다. ❻수피 ❼모람의 수과는 갈색이 약간 더 짙을 뿐, 왕모람의 수과와 구별하기 쉽지 않다. ❽월동한 2년 차 수화낭의 종단면. 좀벌의 부화시기에 맞추어 출구 바로 안쪽에 위치한 수꽃들의 꽃밥이 터진다. 좀벌 임깃은 꽃밥이 디진 수꽃 사이를 통과하면서 모람의 꽃가루(사진 속 하얀 가루)를 뒤집어쓰고 바깥세상에 나오게 된다. ❾새로 성숙한 1년 차 수화낭의 종단면(6월 초). 투명한 주머니처럼 생긴 것이 좀벌이 산란할 충영꽃이고, 입구 쪽의 적색 돌기는 미성숙한 수꽃(이듬해 봄, 좀벌의 부화시기에 맞추어 성숙함)이다. ❿암화낭의 종단면. 암꽃의 암술대는 길고 낭창낭창해 좀벌 암컷이 산란관을 집어넣을 수 없는 구조다. 따라서 산란이 실패하고 좀벌 암컷은 그냥 죽게 되지만, 암컷이 산란을 시도하는 과정에서 자신이 태어난 수화낭으로부터 몸에 묻혀온 모람 수꽃의 꽃가루가 암꽃의 암술머리에 전달됨으로써 드디어 모람 암꽃의 수분이 성사된다. ⓫월동한 수화낭의 정상부에 모람좀벌 암컷이 나올 구멍이 보인다. ⓬성숙한 과낭(상)과 미성숙한 과낭(하). 열매가 익어가면서 과낭의 껍질이 점차 얇아지고 백색 유액도 더는 분비되지 않는다. 성숙한 과낭은 식용 가능하다. ⓭연한 갈색을 띠는 모람좀벌 수컷은 날개도 없어 마치 애벌레처럼 보인다. ⓮모람좀벌(*Blastophaga callida*; *Wiebesia callida*) 암컷. 흑색을 띠며 몸길이는 1.5㎜ 내외다. ⓯암컷의 날개(100배 현미경 사진). 모람좀벌 암컷의 날개와 다리 등에는 잔털이 밀생해 모람 수꽃의 꽃가루가 잘 붙도록 되어 있다.

★식별 포인트 잎/수형/화낭

왕모람(애기모람)

Ficus thunbergii Maxim.
[*Ficus sarmentosa* var. *thunbergii* (Maxim.) Corner]

뽕나무과 MORACEAE Gaudich

●**분포**
중국(저장성), 일본(혼슈 이남), 한국
❖**국내분포/자생지** 전남의 일부 도서
지역, 제주의 바닷가 및 산지 숲속에
자람
●**형태**
수형 상록 덩굴성 목본으로 돌담, 바위
또는 수목을 감고 자란다.
수피/어린가지 수피는 암갈색이며, 어
린가지는 갈색이고 부드러운 털과 옆
으로 뻗은 털이 밀생한다. 가지나 잎을
자르면 백색 유액이 나온다.
잎 어긋나며 길이 1~6cm의 난형 또는
난상 타원형이고 다소 두툼하다. 끝은
다소 뾰족하고 밑부분은 원형이며, 가
장자리는 밋밋하다. 표면에는 털이 있
다가 차츰 없어지며, 뒷면에 털이 밀생
한다. 뒷면의 엽맥은 현저히 도드라져
있다. 측맥은 4~6쌍이고 주맥에서 50
~60°의 각도로 나온다. 잎자루는 길
이 3~10mm이며, 어릴 때는 갈색의 털
이 밀생하지만 차츰 떨어져 없어진다.
꽃 암수딴그루이며(수화낭 속의 충영
꽃은 원래 암꽃이 변한 기관이므로 수
나무의 화낭 속에 암꽃과 수꽃이 함께
생긴다고 볼 수도 있다), 잎겨드랑이에
1개씩 달리는 화낭 속의 꽃들은 주로 7
~8월에 성숙하지만, 개체에 따라 개
화기의 변동 폭이 크다. 개화기가 연중
2회 이상일 가능성도 있다. 화낭은 지
름 1.5~2cm 정도의 구형이며 표면에
백색의 털이 밀생하고, 윗부분에는 좀
벌이 드나드는 배꼽 모양의 작은 구멍이
생긴다. 암화낭과 수화낭의 형태는 비
슷하다.
열매/종자 암화낭이 성숙하여 열매(果
囊)가 되고, 과낭은 지름 2~2.5cm 전
후의 구형이며 10월~이듬해 1월에 흑
자색으로 익는다. 성숙한 과낭 속에는
다수의 수과가 들어 있다.

2018. 5. 18. 제주

164

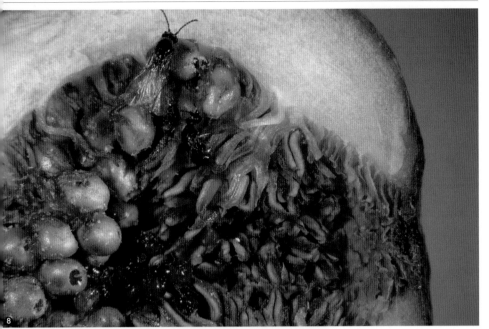

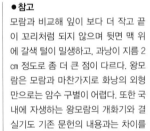

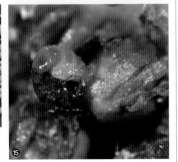

●참고

모람과 비교해 잎이 보다 더 작고 끝이 꼬리처럼 되지 않으며 뒷면 맥 위에 갈색 털이 밀생하고, 과낭이 지름 2 ㎝ 정도로 좀 더 큰 점이 다르다. 왕모람은 모람과 마찬가지로 화낭의 외형만으로는 암수 구별이 어렵다. 또한 국내에 자생하는 왕모람의 개화기와 결실기도 기존 문헌의 내용과는 차이를 보인다.

❶❷월동한 2년 차 수화낭과 그 종단면. 좀벌들이 한창 부화하고 있다. 좀벌의 부화기에 맞추어 입구 쪽의 수꽃도 꽃밥이 성숙해서 터진다. ❸❹개화기의 1년 차 수화낭과 그 종단면. 입구 주위에 미성숙한 수꽃(분홍색 돌기)이 위치하고 안쪽에는 좀벌이 산란하는 장소인 항아리 모양의 충영꽃들이 밀생한다. ❺개화기 암화낭의 종단면. 암꽃은 암술이 낭창낭창하고 길어서 좀벌이 산란관을 집어넣을 수 없도록 되어 있다. 암꽃은 왕모람좀벌이 옮겨온 꽃가루로 수분이 되어 점차 열매로 성숙한다. 왕모람은 모람과 마찬가지로 화낭의 외양만으로는 암수를 구별하기 어렵다. ❻성숙한 과낭 ❼성숙한 과낭의 단면. 익으면 식용할 수 있다. ❽왕모람좀벌의 부화. 아래쪽의 갈색을 띤 것이 수컷이다.(ⓒ현익화) ❾❿잎. 왕모람은 모람과는 달리 잎끝이 꼬리처럼 길어지지 않는다. 잎 뒷면의 맥 위에는 거센 털이 있다. ⓫어린 개체의 잎. 크기가 작고 보통 2~3개의 톱니가 있다. ⓬겨울눈 ⓭수피 ⓮수과. 모람의 수과보다 약간 더 밝은 갈색을 띤다. ⓯왕모람좀벌의 교미. 먼저 부화한 수컷이 아직 충영꽃 속에 있는 암컷과 짝짓기를 하고 있다.(ⓒ현익화)

✽식별 포인트 잎(잎끝과 뒷면의 털)/화낭

무화과나무
Ficus carica L.

뽕나무과 MORACEAE Gaudich

● **분포**
서아시아–지중해 연안 원산

❖ **국내분포/자생지** 남부지방에서 재배

● **형태**
수형 낙엽 관목이며 높이 2~7m 정도로 자란다.

수피/어린가지 수피는 회백색–회갈색이며 원형의 작은 피목이 있다. 어린가지는 굵고 갈색 또는 녹갈색을 띤다.

잎 어긋나며 길이 10~20cm의 광난형이며 손 모양으로 깊게 갈라진다. 열편은 끝이 둔하며 물결 모양의 톱니가 있다. 표면은 거칠며 뒷면에는 잔털이 있다. 잎자루는 길이 2~5cm다.

꽃 암수딴그루이며(원래 충영꽃은 암꽃에서 진화한 기관이므로 엄밀하게 말하자면 수그루라는 표현이 아주 정확하다고는 할 수 없음), 개화 기간은 봄–여름으로 길다. 화낭은 잎겨드랑이에 하나씩 달리고, 그 속에 다수의 작은 꽃들이 밀집해 있다.

열매/종자 암화낭이 자라 열매(果囊)가 된다. 과낭은 길이 5~8cm의 도란형이고, 8~10월에 흑자색 또는 황록색으로 성숙한다.

● **참고**
잎이 장상으로 갈라지며, 꽃이 암수딴그루로 피는 것이 특징이다. 국명은 '꽃이 없는 과일나무'(無花果)라는 뜻의 중국명에서 유래했다. 국내에서 과실용으로 재배하는 나무는 암그루로, 화낭 속에는 사진에서 보듯 암술대가 긴 암꽃만 생긴다. 원래 이 종은 야생에서는 암그루만으로는 수정이 되지 않는데, 현재 과실수로 재배하는 나무들은 단성생식을 통해 과낭이 저절로 성숙하는 품종일 것으로 본다.

2013. 8. 11. 이탈리아 베네치아

❶❷개화기의 암화낭(겉모습과 종단면) ❸❹꽃가루에 의한 수분 과정 없이 저절로 익어가는 과낭의 종단면 ❺잎 ❻수형
✽식별 포인트 잎/열매

2003. 12. 18. 제주

펠리온나무
(페리온나무)
Pellionia scabra Benth.

쐐기풀과 URTICACEAE Juss.

● **분포**

중국(남부), 일본, 타이완, 베트남, 한국
❖**국내분포/자생지** 제주의 계곡 가장자리 음습지

● **형태**

수형 상록 소관목이며 높이 20~40cm로 비스듬히 자란다. 전체가 짙은 청록색이며 줄기에 누운털이 있고, 밑부분이 목질화된다.

잎 윗부분에서는 어긋나며, 한쪽으로 일그러진 길이 4~9cm의 도피침형 또는 장타원형이다. 양 끝이 뾰족하고 상반부에 몇 개의 톱니가 있다. 표면은 녹색이고 까칠하며, 뒷면은 연한 녹색이고 맥 위에 잔털이 있다. 잎자루는 길이 0.5~2mm다.

꽃 암수한그루(어린 개체는 암꽃만 피기도 함)이며, 2~4월에 황록색의 꽃이 핀다. 수꽃차례는 길이 8~15mm이고 줄기 윗부분에 성기게 달리며, 자루는 길이 5~35mm다. 화피편은 5개이고 타원상이며, 수술은 5개다. 암꽃차례는 길이 2~8mm이며, 길이 1~4mm의 짧은 자루가 있다. 암꽃은 화피편이 4~5개다.

열매 열매(瘦果)는 타원형이고 작은 돌기가 있으며, 5~7월에 밝은 갈색으로 익는다. 수과는 튀어 나가서 주변으로 산포된다.

● **참고**

국명은 학명의 속명 *Pellionia*를 그대로 차용한 것이다. 뿌리줄기가 지하로 길게 벋으며 새로운 줄기를 내기 때문에 큰 개체군을 형성하기도 한다. 불완전한 암수한그루로서 어린 개체는 거의 대부분이 암꽃만 피우며, 수꽃은 드물게 보인다.

❶열매. 갈색 열매는 익으면 밖으로 튀어 나간다. 사진 속에 꽃잎의 흔적이 남아 있다. ❷암꽃차례 ❸잎은 좌우비대칭이다. ❹수피 ❺수과. 표면에는 돌기가 발달한다.
✳식별 포인트 잎/수형/꽃차례

좀깨잎나무

Boehmeria spicata (Thunb.)
Thunb.

쐐기풀과 URTICACEAE Juss.

2018. 5. 12. 경기 남양주시

● **분포**

중국, 일본(혼슈 이남), 한국

❖ **국내분포/자생지** 전국의 하천 가장
자리, 숲 가장자리 및 숲속

● **형태**

수형 낙엽 반관목이며 높이 0.5~2m
정도로 자라고, 밑부분에서 가지가 많
이 갈라진다.

수피/어린가지 수피는 회갈색이며 오
래되면 세로로 길게 종잇장처럼 벗겨
진다. 어린가지는 붉은빛이 돌며 털이
약간 있다가 차츰 없어진다.

잎 마주나며 길이 3~8cm의 마름모형
또는 난상 마름모형이다. 끝은 꼬리처
럼 길어지며 밑부분은 넓은 쐐기형이
다. 가장자리에는 3~9개의 톱니가 있
고, 앞으로 갈수록 톱니가 커진다. 양
면 맥 위에 털이 약간 있거나 없다.

꽃 암수한그루이며, 6~8월에 연한 황
록색의 꽃이 핀다. 꽃차례는 잎겨드랑
이에서 나오며, 줄기의 아랫부분에는
수꽃차례가 달리고 위쪽에는 암꽃차
례가 달린다. 암꽃은 여러 개가 한곳에
모여서 난다. 수꽃은 자루가 없으며,
화피편 조각은 길이 1.2mm 정도의 타원
형이고 약간의 털이 있다.

열매 열매(瘦果)는 길이 1.3mm가량의
도란상이며 11~12월에 익는다. 전체
에 짧은 털이 밀생한다.

● **참고**

풀거북꼬리(*B. gracilis* C. H. Wright)
에 비해 줄기 밑부분이 목질화되면서
가지가 많이 갈라지며, 잎이 보다 작은
것이 특징이다. 국명은 '잎이 작은 깻
잎(들깨)과 닮은 나무'라는 의미에서
유래했다.

❶수꽃. 가지 아래쪽에 달리며 수술과 화피
편은 각 4개씩이다. ❷암꽃차례. 가지의 윗
부분에 밀집해서 달린다. ❸열매이삭. 작은
수과들이 모여 달린다. ❹잎. 끝이 꼬리처럼
길게 자라며 표면에는 광택이 있다. ❺겨울
눈. 장난형이며 기부에 작은 덧눈(副芽)이 있
다. ❻모양이 가오리를 연상시키는 수과. 표
면에는 백색 털이 있다.

❋식별 포인트 잎/수형

2009. 5. 9. 제주 제주시 한림읍 비양도

비양나무
(바위모시)

Oreocnide frutescens
(Thunb.) Miq.
[*Villebrunea frutescens* (Thunb.) Blume]

쐐기풀과 URTICACEAE Juss.

●**분포**

중국(남부), 일본(시코쿠, 규슈), 타이, 미얀마, 라오스, 캄보디아, 인도(북부), 부탄, 한국

❖**국내분포/자생지** 제주(비양도)의 분화구

●**형태**

수형 낙엽 관목이며 높이 1~2m 정도로 자라고 가지가 많이 갈라져 덤불을 이룬다.

수피/겨울눈 수피는 적갈색이며 피목이 뚜렷하다. 겨울눈은 다갈색이며, 잎눈이 꽃눈보다 크고 함께 모여난다.

잎 어긋나며 길이 3~15cm의 장타원상 또는 넓은 난상이다. 끝은 꼬리처럼 길며 밑부분은 둥글거나 넓은 쐐기 모양이다. 가장자리에는 뾰족한 톱니가 있고 간혹 결각상 톱니가 되기도 한다. 표면은 광택이 나며, 뒷면은 회백색 털이 밀생해 녹백색이다. 잎자루는 길이 8~70mm이며 털이 있다.

꽃 암수딴그루이며, 4~5월에 잎이 나기 전에 피거나 잎과 함께 나온다. 꽃은 2년지의 잎이 떨어진 흔적 위에 모여 달리며, 꽃자루가 거의 없다. 수꽃의 화피편은 3(~4)개로 갈라지고 길이 1.2mm 정도의 난상이며 수술은 3개다. 암꽃의 암술머리는 원반형이고 가장자리가 가늘게 갈라진다.

열매 열매(瘦果)는 길이 1.2~1.5mm의 난형이며, 7~8월에 흑록색으로 익는다. 수과는 육질화된 백색의 화피 속에 파묻혀 있다.

●**참고**

국내에서는 유일하게 제주 인근의 비양도에만 분포하며, 정상부의 분화구 안에 소수 집단이 생육하고 있다.

❶암꽃. 지름 1mm 정도이며 주두의 가장자리가 가는 털처럼 갈라진다. ❷수꽃 ❸잎. 기부에 뚜렷한 3주맥이 있으며 측맥은 2~3쌍이다. 뒷면에는 주로 맥을 따라 털이 있다. ❹수형. 아래에서 가지가 갈라져 덤불처럼 자란다. ❺수피 ❻겨울눈. 장난형의 잎눈 주위를 작은 꽃눈들이 둘러싸고 있다.
★식별 포인트 잎(뒷면)/수형

가래나무

Juglans mandshurica Maxim.
[*Juglans cathayensis* Dode; *J. mandshurica* Maxim. var. *sieboldiana* (Maxim.) Kitam.]

가래나무과
JUGLANDACEAE DC. ex Perleb

2009. 6. 28. 강원 인제군 설악산

●**분포**
중국, 일본, 타이완, 한국
❖**국내분포/자생지** 주로 지리산 이북
의 산지 및 계곡가

●**형태**
수형 낙엽 교목이며 높이 15m까지 자
란다.

수피/겨울눈 수피는 회색 또는 짙은
회색이며 세로로 갈라진다. 겨울눈은
인편이 없이 나출되어 있으며, 끝눈은
길이 1~1.6cm의 원추형이다.

잎 길이 40~90cm이며, 7~17개의 작
은잎으로 이루어진 기수우상복엽이다.
작은잎은 길이 6~17cm의 장타원형이
며, 끝은 뾰족하고 밑부분은 일그러진
아심장형이다. 잎 가장자리에는 잔톱
니가 있으며, 뒷면에 털이 밀생한다.

꽃 암수한그루이며, 꽃은 5월에 핀다.
수꽃차례는 길이 9~22cm의 긴 원통
형이며 2년지의 잎겨드랑이에서 나와
아래로 처져 달린다. 암꽃차례는 길이
5~12cm이고 새가지 끝에서 위로 직립
해 달린다. 자방에는 샘털이 밀생하며,
암술대는 2갈래로 갈라지고 암술머리
는 짙은 적색을 띤다.

열매 열매(堅果)는 육질의 껍질에 싸
여 있는 핵과상이며 9~10월에 익는
다. 길이 3~4cm의 난형 또는 타원형
이고 겉에 갈색의 샘털이 밀생한다. 견
과는 길이 2.5~3.5cm의 난상이며, 끝
이 돌기 모양으로 뾰족하다.

●**참고**
호도나무에 비해 작은잎이 더 많고(7개
이상) 잎 가장자리에 톱니가 있으며, 열
매도 난상으로 조금 더 좁고 길쭉하다.

❶수꽃차례. 꽃은 봄에 잎이 전개되는 시기에
동시에 개화한다. ❷암꽃차례 ❸열매. 호도나
무와는 달리 난상이다. ❹잎 ❺겨울눈. 대형
이며 갈색 털로 덮여 있다. 둥근 것은 수꽃눈
이다. ❻견과는 껍데기가 매우 단단하다. 속
에 지방질이 풍부한 종자가 들어 있다. ❼수
형. 주로 하천변에서 흔히 볼 수 있다.
✱식별 포인트 잎/열매

2008. 6. 17. 강원 인제군

호도나무
(호두나무)
Juglans regia L.

가래나무과
JUGLANDACEAE DC. ex Perleb

● **분포**

중국 및 서남아시아 원산으로 북반구에서 널리 재배

❖ **국내분포/자생지** 전국적으로 재배

● **형태**

수형 낙엽 교목이고 높이 10~20m까지 자라며 수관은 둥글게 퍼진다.

수피/겨울눈 수피는 회백색 또는 짙은 회색이며 점차 깊게 갈라진다. 겨울눈은 원추형이고 잔털이 있으며, 2~3개의 인편에 싸여 있다.

잎 길이는 25~30cm이며, (5~)7(~9)개의 작은잎으로 이루어진 기수우상복엽이다. 작은잎은 길이 7~15cm의 타원형이며 가장자리가 밋밋하고, 털이 거의 없다. 잎자루는 길이 5~7cm이며 털이 없다.

꽃 암수한그루이며, 꽃은 4~5월에 잎이 나면서 동시에 핀다. 수꽃차례는 길이 5~10(~15)cm이고 6~30개의 수꽃이 달리며, 암꽃차례에는 보통 1~3개의 암꽃이 달린다. 자방에는 백색 샘털이 밀생하며, 암술대는 2갈래로 갈라진다. 암술머리는 황색이며 작은 돌기가 많다.

열매/종자 열매(堅果)는 육질의 껍질에 싸여 있는 핵과상이며, 9~10월에 익는다. 열매는 길이 4~5cm의 구형이고 표면에는 털이 없다. 견과는 길이 3.5~4.5cm다. 종자는 연한 갈색의 막질 껍데기(종자피)로 싸여 있으며 다량의 지방이 함유되어 있다.

● **참고**

가래나무에 비해 작은잎이 보통 7개 이하로 적고 잎 가장자리에 톱니가 없으며, 열매가 둥글고 적게 달린다. 겨울눈이 인편에 싸여 있는 점도 다르다.

❶암꽃. 봄에 잎이 나면서 동시에 개화한다. ❷수꽃차례. 묵은 가지에 꽃차례가 바짝 붙어 아래로 드리운다. ❸잎은 보통 작은잎 7개 내외의 복엽이며 정소엽(頂小葉)이 가장 크다. ❹겨울눈. 가래나무와 달리 인편에 싸여 있다. ❺❻호도나무(❺)와 가래나무(❻)의 수피 비교 ❼수형 ❽견과

❖ **식별 포인트** 잎/열매

굴피나무
Platycarya strobilacea Siebold
& Zucc.

가래나무과
JUGLANDACEAE DC. ex Perleb

● **분포**
중국(산둥반도 이남), 일본(혼슈 이남),
타이완, 베트남, 한국
❖**국내분포/자생지** 중부 이남에 분포
하는데, 도서 및 남부지방으로 갈수록
더 흔하게 자람
● **형태**
수형 낙엽 교목이며 높이 5~12m, 지
름 60cm까지 자란다.
잎 길이 8~30cm의 우상복엽이며, 작
은잎은 길이 3~10cm의 난상 피침형
또는 장타원상 피침형이다. 끝은 길게
뾰족하고 가장자리에는 깊은 톱니가
있다. 뒷면 맥 위와 맥겨드랑이에는 백
색 털이 있다.
꽃 암수한그루이며, 6월에 새가지의
끝에서 황색-황록색의 꽃차례가 총상
으로 모여 달린다. 수꽃차례는 길이 2
~15cm이며 직립하거나 옆으로 퍼진
다. 양성(암수)꽃차례는 길이 2~10cm
이며, 기부에서 2~3cm까지 암꽃이 달
리고 그 위로는 수꽃이 달린다. 암꽃의
포는 길이 2~3mm의 난형이고 끝이 뾰
족하다. 암술대는 짧고 암술머리는 2
갈래로 갈라진다. 수꽃의 포는 길이
2.5mm 정도의 난상 피침형이며, 윗부
분에 8~10개의 수술이 있다.
열매 과수(果穗)는 길이 2.5~5cm의
난상 타원형이다. 열매(小堅果)는 길
이 3~6mm의 납작하고 넓은 도란형이
며 가장자리에 날개가 있다.
● **참고**
일부 문헌에 충매화로 잘못 기록되어
있으나, 꽃의 형태와 구조를 보면 풍매
화로 보아야 한다.

❶꽃차례. 중앙부의 양성꽃차례(간혹 암꽃차
례) 주위를 다수의 수꽃차례가 에워싸고 있
다. ❷과수 ❸잎. 작은잎 7~15개로 이루어진
우상복엽이다. ❹겨울눈. 삼각상 난형이며
인편에는 부드러운 털이 있다. ❺수피. 회색
이며 세로로 갈라진다. ❻수형 ❼과수(좌)와
소견과(우)
✻식별 포인트 잎/겨울눈/열매

2002. 6. 14. 경기 수원시 광교산

2010. 6. 29. 서울시 관악산

중국굴피나무
Pterocarya stenoptera C. DC.

가래나무과
JUGLANDACEAE DC. ex Perleb

● **분포**

중국

❖ **국내분포/자생지** 공원수 및 정원수
로 전국에 식재

● **형태**

수형 낙엽 교목이며 높이 20~30m,
지름 1m까지 자란다.

수피/겨울눈 수피는 처음에 적갈색이
지만, 오래되면 짙은 회색이 되고 세로
로 갈라진다. 겨울눈은 인편이 없이 드
러나 있으며 갈색 털로 덮여 있다.

잎 어긋나며 9~21개의 작은잎으로 이
루어진 우상복엽이다. 길이는 8~16cm
이며 엽축에 잎 모양의 날개가 발달한
다. 작은잎은 길이 2~3cm의 장타원형
이며, 가장자리에 잔톱니가 있다. 뒷면
에는 약간의 털이 있다. 잎자루는 길이
2~6.5cm다.

꽃 암수한그루이며, 꽃은 4월에 핀다.
수꽃차례는 황록색이고 길이 5~7cm
이며, 묵은 가지의 잎겨드랑이에서 나
와 아래로 드리운다. 암꽃차례는 길이
5~8cm다. 수꽃의 포는 피침형이며,
포의 아래쪽에 6~18개의 수술이 달린
다. 암꽃의 암술대는 2갈래로 갈라지
며, 암술머리는 연한 적색을 띠고 윗면
에 작은 돌기가 많다.

열매 과수(果穗)는 길이 20cm가량이고
아래로 드리우며, 9~10월에 갈색으로
익는다. 열매(小堅果)는 길이 6~7mm
의 장타원형이고, 포가 변한 2개의 날
개가 양쪽에 있다.

● **참고**

굴피나무와 비교해 엽축에 날개가 발
달하며, 열매(小堅果) 양쪽으로 날개
가 발달하는 점이 특징이다.

❶암·수꽃차례. 잎이 전개됨과 동시에 개화
한다. 왼쪽이 암꽃차례, 오른쪽이 수꽃차례
다. ❷암꽃차례 ❸잎. 우상복엽이며 엽축에
날개가 발달하는 것이 특징이다. ❹과수 ❺
겨울눈 ❻수피 ❼수형 ❽소견과. 포가 변한
2개의 날개가 있다.
✽식별 포인트 잎(엽축의 날개)/열매/겨울눈

소귀나무

Myrica rubra (Lour.) Siebold & Zucc.

소귀나무과
MYRICACEAE Rich. ex Kunth

2009. 3. 20. 제주 서귀포시

● **분포**
중국(남부), 일본(혼슈 이남), 필리핀, 한국
❖**국내분포/자생지** 제주(서귀포 일대)의 하천 부근에 드물게 자람
● **형태**
수형 상록 교목이며 높이 5~10(~25)m, 지름 60cm까지 자란다.
수피/어린가지 수피는 회백색-적갈색이고 오래되면 세로로 얇게 갈라진다. 새가지는 붉은빛을 띠고 선점이 있으며, 오래된 가지는 타원형의 피목이 발달한다.
잎 어긋나며 길이 6~12cm의 장타원상 도피침형이다. 가장자리는 밋밋하거나 상반부에만 톱니가 있다. 잎은 가죽질이며 표면은 녹색이고 뒷면은 연한 녹색이다. 잎자루는 길이 2~10mm이며 털이 없다.
꽃 암수딴그루이며, 3~4월에 잎겨드랑이에서 꽃차례가 나온다. 수꽃차례는 길이 1~3cm의 원통형이며, 암꽃차례는 길이 5~15mm의 난상 타원형이다. 수꽃의 포는 2~4개로 난형이며, 수술은 4~6개다. 암꽃은 4개의 포가 있으며, 자방에 털이 밀생한다. 암술대는 2갈래로 갈라지고 밝은 적색이다.
열매 열매(核果)는 지름 1.5~2cm의 구형이며, 6~7월에 짙은 적색으로 익는다. 표면에 즙이 많은 입상 돌기가 있다.
● **참고**
국내에서는 제주 서귀포시 일부 지역에서만 자라는 희귀수목이다. 열매는 식용이 가능한데, 새콤달콤한 맛과 함께 소나무의 송진 같은 특이한 향이 강하게 난다.

❶암꽃차례. 2갈래로 갈라진 적색의 암술머리가 눈에 띈다. ❷수꽃차례. 꽃밥이 터지지 않은 상태. ❸적색으로 성숙한 열매 ❹겨울눈. 털이 없다. ❺수피 ❻수형 ❼핵. 연한 갈색의 털로 덮여 있으며, 털을 제거하면 표면의 돌기를 볼 수 있다(화살표).
✽식별 포인트 잎/겨울눈/열매

2010. 9. 19. 경북 울릉도

너도밤나무

Fagus engleriana Seemen
[*Fagus japonica* Maxim. var.
multinervis (Nakai) Y. Y. Lee ex
Govaerts & Frodin]

참나무과 FAGACEAE Dumort.

●분포
중국(중남부), 한국
❖국내분포/자생지 울릉도 산지
●형태
수형 낙엽 교목이며 높이 25m까지 자란다.
수피/겨울눈 수피는 매끈하며 회색이다. 겨울눈은 장타원상이고 끝이 뾰족하며 적갈색이다.
잎 길이 5~9(~11)㎝의 난형-타원상 난형이다. 밑부분은 둥글거나 평평하며, 가장자리는 톱니가 없고 물결 모양으로 약간 구불거린다. 측맥은 9~14쌍이다. 잎자루는 길이 5~15㎜이며 털이 없다.
꽃 암수한그루이며, 4~5월에 잎이 나면서 동시에 꽃이 핀다. 수꽃차례는 새가지 아래쪽 잎겨드랑이에서 나오며, 수꽃은 꽃자루 끝에 빽빽하게 모여 달린다. 꽃자루에는 백색 털이 밀생한다. 암꽃차례는 새가지 윗부분의 잎겨드랑이에서 나온다. 암꽃은 보통 2개씩 달리며, 암술대는 2~3갈래이고 뒤로 젖혀진다.
열매 각두에 싸인 열매는 길이 1.5~2㎝의 삼릉형이며, 안에 2개의 견과(堅果)가 들어 있다. 익으면 각두가 4갈래로 갈라지며 뒤로 젖혀진다.
●참고
최근의 연구에서 중국에 분포하는 *F. engleriana*와 동일한 종임이 밝혀졌다. 주 분포지인 중국 중남부에서 수천 킬로미터나 떨어진 울릉도에 분포한다는 사실은 식물지리학적으로 대단히 흥미로운 점이다.

❶꽃차례. 암꽃차례(화살표)는 위를 향하고, 수꽃차례는 아래로 드리운다. ❷열매가 익으면 각두가 4갈래로 뒤를 향해 젖혀지면서 2개의 견과가 드러난다.(ⓒ성기수) ❸❹잎 앞면과 뒷면. 어린잎은 양면 모두 부드러운 털로 덮여 있으나 차츰 떨어져 뒷면 맥에만 털이 남는다. ❺겨울눈 속에는 꽃과 잎이 함께 들어 있다. ❻수피. 회색이며 다수의 피목이 있다. ❼울릉도의 너도밤나무숲(4월) ❽견과. 삼각상 난형이며 앞쪽 끝부분에 좁은 날개가 있다.
✽식별 포인트 잎/수피/열매

밤나무
Castanea crenata Siebold & Zucc.

참나무과 FAGACEAE Dumort.

●**분포**
일본, 한국

❖**국내분포/자생지** 주로 중부 이남에서 식재

●**형태**

수형 낙엽 교목이며 높이 15m까지 자란다.

겨울눈 난형이며 인편은 2~3개다.

잎 어긋나며 길이 10~20cm의 타원형 또는 장타원상 피침형이다. 끝은 점차 뾰족해지고 밑부분은 둥글며, 가장자리에는 가시 같은 톱니가 있다. 표면은 짙은 녹색이고 광택이 있으며, 뒷면에는 별 모양의 털이 있어 회백색을 띤다. 측맥은 17~25쌍이다. 잎자루는 길이 1~2.5cm다.

꽃 암수한그루이며, 꽃은 5~6월에 핀다. 수꽃차례는 길이 7~20cm의 선형이다. 수꽃의 수술은 10개 정도이고 화피 밖으로 길게 나온다. 암꽃은 녹색의 총포에 싸여 있으며, 보통 3개씩 모여 난다. 암술대는 길이 3mm 정도의 바늘 모양이며 총포 밖으로 길게 나온다.

열매 지름 5~6cm이며, 길이 1~1.5cm의 가시가 빽빽한 각두에 완전히 싸여 있다. 각두 속에는 1~3개의 견과(堅果)가 들어 있다. 견과는 갈색 또는 암갈색의 넓은 난상이며, 끝에 암술대 흔적이 남는다.

●**참고**

약밤나무(*C. mollissima* Blume)에 비해 열매 밑부분이 넓고 내피가 잘 벗겨지지 않는 것이 특징이다.

❶꽃차례. 꽃차례의 아래쪽에는 암꽃(화살표). 위쪽에는 수꽃이 달린다. ❷암술대는 바늘 모양이다. ❸열매. 익으면 각두가 4갈래로 갈라진다. ❹❺잎. 상수리나무와 흡사하나. 밤나무는 잎 가장자리 톱니의 끝까지 엽록소가 형성되어 있어 톱니도 녹색을 띠는 점이 다르다. ❻❼수피의 변화. 어린나무의 수피는 적갈색이 돌고 매끄러운 표면에 마름모형의 피목이 발달하지만, 성장하면서 짙은 회색이 되며 세로로 깊게 갈라진다. ❽겨울눈 ❾견과

❋식별 포인트 잎/수피/열매

2018. 8. 15. 경기 남양주시

2007. 5. 13. 제주

❶❷❸❹❺❻❼❽

구실잣밤나무

Castanopsis sieboldii
(Makino) Hatus.

참나무과 FAGACEAE Dumort.

●**분포**
일본, 한국

❖**국내분포/자생지** 서남해 도서 및 제주의 산지

●**형태**
수형 상록 교목이며 높이 15m, 지름 1m 정도로 자란다.

잎 어긋나며 길이 5~15㎝의 도피침형 또는 장타원형이다. 끝은 뾰족하고 상반부에 물결 모양의 톱니가 있다. 잎자루는 길이 1㎝ 정도다.

꽃 암수한그루이며, 꽃은 5~6월에 핀다. 수꽃차례는 길이 8~12㎝이며, 새가지 밑부분의 잎겨드랑이에서 위를 향해 달린다. 암꽃차례는 길이 6~10㎜의 구형이며, 새가지 윗부분의 잎겨드랑이에 달린다. 수꽃은 황색이며 5~6개로 갈라진 녹황색 화피가 있다. 수술은 12~15개이며 화피편보다 길다. 암꽃은 5~10개의 황갈색 화피에 싸여 있다. 암술대는 3갈래로 갈라지며, 자방은 광난형이고 털이 있다.

열매 길이 1~2㎝의 난상 장타원형이며 이듬해 가을에 익는다. 익으면 각두가 3갈래로 갈라져서 속에서 식용 가능한 견과(堅果)가 나온다.

●**참고**
구실잣밤나무에 비해 열매가 작고 난상 원형인 나무를 모밀잣밤나무[*C. cuspidata* (Thunb.) Schottky]로 분류하지만 열매가 없을 때는 두 종을 구분하기 어렵다. 국명은 열매가 구슬(구실)처럼 작고 둥글다는 뜻에서 유래했다.

❶암·수꽃차례. 수꽃차례는 상단부가 아래쪽으로 처진다. 꽃에는 밤꽃과 유사한 강한 향기가 있다. 암꽃차례(화살표)는 새가지의 위쪽에 생긴다. ❷암꽃차례 ❸열매. 생장 초기에는 둥근꼴이지만 자라면서 차츰 길어진다. 생장 초기의 열매를 보고 모밀잣밤나무로 오동정(誤同定)하는 경우도 있다. ❹판근(butress)이 발달한 노목(일본 쓰시마섬) ❺❻수피의 변화. 어린나무는 피목이 있지만 크면서 차츰 피목이 없어지고 세로로 골이 생긴다. ❼수형 ❽견과
✽식별 포인트 잎/열매

굴참나무
Quercus variabilis Blume

참나무과 FAGACEAE Dumort.

● 분포

중국(랴오닝성 이남), 일본(혼슈 이남),
타이완, 한국

❖국내분포/자생지 함북을 제외한 전
국에 분포. 주로 해발고도가 낮은 산지

● 형태

수형 낙엽 교목이며 높이 25~30m,
지름 1m까지 자란다.

수피/겨울눈 수피는 회백색이며 코르
크가 두껍게 발달하고 세로로 깊게 갈
라진다. 겨울눈은 길이 4~8mm의 장난
형이고 끝이 다소 뾰족하며, 인편은
20~30개다.

잎 어긋나며 길이 8~15cm의 난상 타
원형 또는 장타원형이다. 끝은 점차 뾰
족해지고 밑부분은 둥글며, 가장자리
에 바늘 모양의 예리한 톱니가 있다.
뒷면에는 별 모양의 회백색 털이 밀생
한다. 측맥은 11~17쌍이다. 잎자루는
길이 1~3cm이며 털이 없다.

꽃 암수한그루이며, 꽃은 4~5월에 핀
다. 수꽃차례는 아래로 드리우며, 암꽃
차례는 새가지 끝부분의 잎겨드랑이
에 달린다.

열매 각두를 포함한 열매는 길이 1.5
cm, 지름 2.5~4cm다. 각두는 반구형이
며 가시 모양의 총포편(總苞片)이 나
선상으로 밀생한다. 견과(堅果)는 길
이 1.5cm가량의 광난형 또는 둥근꼴이
며 이듬해 10월경에 익는다.

● 참고

상수리나무와 유사하지만 잎 뒷면이
회백색이며, 수피에 코르크가 발달하
는 것이 특징이다. 국명은 '수피에 깊
은 골(굴)이 지는 참나무'라는 뜻이다.

2009. 7. 22. 전북 무주군 덕유산

❶꽃차례. 가지의 위쪽에 암꽃(화살표). 아래
쪽에 수꽃차례가 생긴다. ❷암꽃에는 꽃자
루가 있다. ❸열매 ❹잎 뒷면에는 회백색 털
이 밀생해 멀리서 보면 흰빛을 띤다. ❺잎 가
장자리의 톱니는 엽록소가 없어 갈색을 띤
다. ❻겨울눈의 인편은 백색 털로 덮여 있다.
❼수피에는 두툼한 코르크층이 발달한다.
❽굴참나무 거목(전남 담양군 면앙정)
✽식별 포인트 수피/잎(뒷면)/열매

2009. 7. 16. 서울시 올림픽공원

상수리나무
Quercus acutissima Carruth.

참나무과 FAGACEAE Dumort.

● 분포
중국(랴오닝성 이남), 일본, 부탄, 캄보디아, 인도(동북부), 미얀마, 네팔, 베트남, 한국

❖국내분포/자생지 함남을 제외한 전국에 분포. 주로 해발고도가 낮은 산지

● 형태
수형 낙엽 교목이며 높이 20~25m, 지름 1m까지 자란다.

수피/겨울눈 수피는 회갈색이며 불규칙하게 세로로 깊게 갈라진다. 겨울눈은 길이 4~8mm의 장난형이며, 인편은 20~30개다.

잎 어긋나며 길이 10~20cm의 장타원상 피침형이다. 끝은 길게 뾰족하고 밑부분은 둥글며, 가장자리에는 예리한 톱니가 있다. 표면은 녹색이고 광택이 나며, 뒷면은 연한 녹색이다. 측맥은 12~16쌍이다. 잎자루는 길이 1~3cm다.

꽃 암수한그루이며, 꽃은 4~5월에 핀다. 수꽃차례는 길이 10cm 정도이고 새가지 밑부분에서 아래로 드리우며, 수술은 3~6개다. 암꽃차례는 새가지 끝의 잎겨드랑이에 달린다.

열매 2년지에 1~2개씩 달리며, 각두를 포함해 지름 1.5~4.2cm다. 견과(堅果)는 길이 1.5~2cm의 난형 또는 타원상이며 이듬해 10월경에 익는다.

● 참고
굴참나무와 유사하지만 잎 뒷면이 광택이 있는 연한 녹색이며, 수피에 코르크가 발달하지 않는 점이 다르다. 국명은 도토리나무를 뜻하는 '상실(橡實)나무'에서 유래한 것으로 추정된다.

❶개화기의 모습 ❷암꽃 ❸열매 ❹잎 뒷면은 연한 녹색이고 광택이 난다. ❺밤나무와 달리 잎 가장자리의 톱니는 엽록소가 없어 갈색을 띤다. ❻겨울눈. 인편 가장자리는 회색 털이 밀생한다. ❼수피. 회갈색이며 세로로 깊이 갈라진다. ❽수형
✽식별 포인트 잎(뒷면)/수피/열매

179

갈참나무
Quercus aliena Blume

참나무과 FAGACEAE Dumort.

● **분포**
중국(랴오닝성 이남), 일본(혼슈 이남),
한국
❖ **국내분포/자생지** 함남을 제외한 전
국에 분포. 주로 해발고도가 낮은 산지.

● **형태**
수형 낙엽 교목이며 높이 25m, 지름
1m까지 자란다.

수피/어린가지/겨울눈 수피는 회색
또는 흑갈색이며, 얇고 불규칙하게 그
물처럼 갈라진다. 어린가지는 연한 녹
색이지만 차츰 회갈색으로 바뀌며, 피
목이 산재되어 있다. 겨울눈은 장타원
형이고 끝이 다소 둥글다.

잎 어긋나며 길이 5~30cm의 도란형
또는 도란상 장타원형이다. 양 끝이 뾰
족하며 가장자리에 치아상 톱니가 있
다. 뒷면은 회백색이며 별 모양의 털이
밀생한다. 잎자루는 길이 1~36mm이고
털이 없다.

꽃 암수한그루이며, 꽃은 4~5월에 잎
이 나면서 동시에 핀다. 수꽃차례는 길
이 5~7cm이고 새가지 밑부분에서 아
래로 드리우며, 수술은 6~9개다. 암
꽃차례는 새가지 끝의 잎겨드랑이에
달린다. 암꽃은 1개 또는 여러 개가 모
여 달린다.

열매 각두를 포함해 길이 2cm 정도다.
각두의 인편은 삼각상 피침형이며 비
늘처럼 붙어 있다. 견과(堅果)는 길이
1.5~2cm의 난형 또는 타원형이며 9~
10월에 익는다.

● **참고**
떡갈나무나 신갈나무에 비해 잎자루
가 길며, 졸참나무에 비해서는 잎이 크
고 가장자리에 물결 모양 톱니가 있어
구별된다.

❶개화기의 꽃차례. 화살표는 암꽃이 달리는
위치 ❷암꽃 ❸잎에는 잎자루가 뚜렷하게 보
인다. ❹열매 ❺겨울눈. 끝눈(頂芽)을 둘러싸
는 수 개의 곁눈(頂生側芽)이 생긴다. ❻수피
❼수형. 오래된 사찰 주변이나 고궁에서 큰
나무들을 볼 수 있다(전남 장성군 백양사).
❖식별 포인트 잎(톱니와 잎자루)/열매

2007. 8. 17. 전남 장성군 백양산

2007. 9. 9. 전남 완도군

졸참나무
Quercus serrata Murray

참나무과 FAGACEAE Dumort.

● **분포**
중국(랴오닝성 이남), 일본(홋카이도 남쪽 이남), 타이완, 한국
❖ **국내분포/자생지** 전국에 분포. 주로 중부 이남의 해발고도가 낮은 산지
● **형태**
수형 낙엽 교목이며 높이 25m, 지름 1m까지 자란다.
수피/겨울눈 수피는 회색-회백색이며 세로로 길고 불규칙하게 갈라진다. 겨울눈은 길이 3~6mm의 난형이며, 가지 끝에 끝눈과 곁눈이 모여 있다.
잎 어긋나며 길이 2~19cm의 타원상 난형 또는 난상 피침형이다. 끝은 뾰족하며 가장자리의 톱니는 안쪽으로 다소 굽는다. 잎자루는 길이 1~3cm이며 털이 없다.
꽃 암수한그루이며, 꽃은 4~5월에 잎이 나면서 동시에 핀다. 수꽃차례는 길이 2~6cm이고 새가지 밑부분에서 아래로 드리우며, 수술은 4~6개다. 암꽃차례는 길이 1.5~3cm이며 새가지 끝의 잎겨드랑이에 달린다. 암꽃은 1개 또는 여러 개씩 모여 달리며 털이 밀생한다.
열매 각두를 포함해 열매(堅果)는 길이 1.5~2cm의 장타원형이며 9~10월에 익는다. 각두의 인편은 삼각상 피침형이며 비늘처럼 붙어 있다. 각두와 각두의 인편 길이는 국내 자생하는 낙엽성 참나무류 중에서 가장 짧다.
● **참고**
갈참나무에 비해 잎이 작고 뒷면이 희지 않으며, 안쪽으로 굽은 예리한 톱니가 있는 것이 특징이다. 국명은 '잎이나 열매가 작은(졸) 참나무'라는 뜻에서 유래했다.

❶개화기의 꽃차례 ❷암꽃 ❸열매. 국내 자생하는 낙엽성 참나무류 중에서 크기가 가장 작다. ❹잎. 톱니가 날카롭고 잎자루가 길다. 신엽(新葉)일 때에는 광택이 나는 털로 덮여 있어 황갈색으로 광채가 난다. ❺겨울눈. 인편은 20~25개. ❻수피 ❼수형. 국명의 의미와는 달리 졸참나무는 아름드리 교목으로 자라는 나무다.
✽식별 포인트 잎/열매

대왕참나무
(핀참나무)
Quercus palustris Münchh.

참나무과 FAGACEAE Dumort.

● **분포**

북아메리카(동부)

❖**국내분포/자생지** 전국 각지에 가로수, 풍치수로 식재

● **형태**

수형 낙엽 교목이며 높이 25m까지 자란다.

수피/겨울눈 수피는 회갈색이며 표면이 얇고 불규칙하게 갈라진다. 겨울눈은 난상이고, 털이 없거나 말단에 약간의 가는 털이 있다.

잎 어긋나며 길이 5~16㎝의 타원형 또는 장타원형이다. 잎의 밑부분은 쐐기형이거나 칼로 자른 것처럼 중축과 직각을 이룬다(절저). 잎의 가장자리에는 5~7개의 결각이 지며, 제일 하단의 결각은 다소 아래로 젖혀지기도 한다. 엽맥은 잎 뒷면에서만 돌출한다. 잎자루는 길이 2~6㎝이며 털이 없다.

꽃 암수한그루이며, 꽃은 4~5월에 잎이 나면서 동시에 핀다. 수꽃차례는 황록색을 띠며 새가지 밑부분에서 아래로 드리운다. 암꽃차례는 새가지 끝의 잎겨드랑이에 달리지만 눈에 잘 띄지 않는다.

열매 각두를 포함해 길이 1~1.6㎝ 정도다. 견과(堅果)는 아구형-구형 또는 난형이고 흔히 표면에 홈이 있으며 1/4 정도가 쟁반 모양의 각두에 싸여 있다. 이듬해 9~10월에 익는다.

● **참고**

자생지에서는 배수가 잘되지 않는 고지대에 자란다. 말라 죽은 어린가지가 떨어지지 않고 그대로 남아 있는 모양(핀참나무라는 이름의 유래)이나 하단의 가지는 아래로 처지고 중단의 가지들은 수평, 상단의 가지는 위로 뻗는 형태의 수형이 특징적이다. 일부 아메리카 원주민은 대왕참나무의 껍질을 복통 치료제로 사용하기도 했다.

❶꽃차례 ❷암꽃 ❸열매 ❹❺잎 앞면과 뒷면 ❻겨울눈 ❼수피 ❽루브라참나무(*Q. rubra*)는 대왕참나무에 비해 잎의 결각이 얕다.

✽식별 포인트 잎(결각)/열매/수형

2016. 9. 18. 서울시

2009. 7. 31. 경기 남양주시 천마산

신갈나무

Quercus mongolica Fisch. ex Ledeb.

참나무과 FAGACEAE Dumort.

● **분포**

중국(중남부 이북), 러시아, 한국

❖ **국내분포/자생지** 전국에 분포하며 해발고도가 높은 산지에서는 순림을 형성하기도 함

● **형태**

수형 낙엽 교목이며 높이 30m, 지름 1.5m까지 자란다.

수피/겨울눈 수피는 회색 또는 회갈색이며 세로로 불규칙하게 갈라진다. 겨울눈은 길이 5~10㎜의 장타원상 난형이다.

잎 어긋나지만 가지 끝에서는 모여나는 것처럼 보인다. 도란형 또는 장타원형이며 길이는 7~20㎝다. 끝은 둔하고 밑부분은 귀 모양이며, 가장자리에는 물결 모양의 둔한 톱니가 있다. 잎자루는 길이 2~8㎜이며 털이 없다.

꽃 암수한그루이며, 꽃은 4~5월에 잎이 나면서 동시에 핀다. 수꽃차례는 길이 6.5~8㎝이고 새가지 밑부분에서 아래로 드리우며, 수술은 5~8개다. 암꽃차례는 길이 5~20㎜이며 새가지 끝의 잎겨드랑이에 달린다.

열매 길이 2~3㎝의 장타원형이며 9~10월에 익는다. 각두의 인편은 삼각상 피침형이며 비늘처럼 붙어 있다. 견과(堅果)는 길이 2~2.4㎝의 좁은 난형 또는 난상 타원형이며 털이 없다.

● **참고**

학자에 따라 일본에 분포하는 *Q. crispula* Blume와 동일종으로 보기도 한다. 졸참나무 또는 갈참나무에 비해 잎자루가 매우 짧고 잎 기부가 귀 모양이 되는 특징이 있다. 국내 자생하는 참나무류 중 해발고도가 가장 높은 곳에서 자란다.

❶꽃차례 ❷암꽃 ❸열매 ❹잎 ❺겨울눈. 인편은 25~35개다. ❻수피 ❼수형 ❽참나무류 견과의 비교(위 왼쪽부터: 졸참나무/굴참나무/상수리나무, 가운데 왼쪽부터: 신갈나무/갈참나무/떡갈나무, 아래 왼쪽부터: 종가시나무/붉가시나무/참가시나무/가시나무) ❖식별 포인트 잎(기부와 톱니)/열매

떡갈나무

Quercus dentata Thunb.

참나무과 FAGACEAE Dumort.

● **분포**

중국, 일본, 타이완, 한국

❖ **국내분포/자생지** 전국에 분포하며
주로 해발고도가 낮은 산지

● **형태**

수형 낙엽 교목이며 높이 20m, 지름
70cm까지 자란다.

수피/겨울눈 수피는 회색 또는 회갈색
이며 불규칙하게 갈라진다. 겨울눈은
길이 4~10mm의 난상 장타원형이다.

잎 어긋나지만 가지 끝에서는 모여나
며, 길이 12~30cm의 도란상 장타원형
이다. 끝은 둔하고 밑부분은 귀 모양이
며, 가장자리에는 물결 모양의 둥근 톱
니가 있다. 뒷면에는 회갈색의 짧은 털
또는 별 모양의 털이 밀생한다. 잎자루
는 길이 2~5mm로 매우 짧으며 갈색
털이 밀생한다.

꽃 암수한그루이며, 꽃은 4~5월에 잎
이 나면서 동시에 핀다. 수꽃차례는 길
이 10~15cm이며 새가지 밑부분에서
아래로 드리운다. 암꽃차례는 새가지
끝의 잎겨드랑이에서 5~6개씩 모여
달린다.

열매 길이 2~2.5cm의 난상 구형이다.
견과(堅果)는 길이 2cm 정도의 난형 또
는 광난형이며 9~10월에 익는다.

● **참고**

신갈나무에 비해 잎이 크고 뒷면에 회
갈색의 털이 밀생하는 점과, 열매의 각
두 인편이 선형이고 뒤로 젖혀지는 점
이 다르다. 국명은 '떡을 찔 때 밑에 까
는(갈) 참나무'라는 뜻에서 유래했다는
설과 '떡을 찔 때 덮개(덥갈)로 이용하
는 나무'에서 유래했다는 설 두 가지가
있다.

❶꽃차례 ❷암꽃 ❸열매. 각두의 인편은 적
갈색이며 곧추서거나 뒤로 젖혀진다. 다른
자생 참나무류보다 각두의 인편이 더 길다.
❹맹아지의 잎은 길이 30cm 이상으로 성인
의 얼굴을 가릴 만큼 크게 자라기도 한다. ❺
겨울눈. 인편은 20~25개이며 백색 털로 덮
여있다. ❻수피 ❼수형
✳식별 포인트 잎(기부, 톱니)/열매/겨울눈

2013. 9. 11. 강원 삼척시

2008. 5. 11. 전남 완도군

붉가시나무
(북가시나무)

Quercus acuta Thunb.
[*Cyclobalanopsis acuta* (Thunb.) Oerst.]

참나무과 FAGACEAE Dumort.

● **분포**
일본(혼슈 이남), 한국
❖ **국내분포/자생지** 서남해 도서 및 울릉도, 제주의 해발고도가 낮은 산지
● **형태**
수형 상록 교목이며 높이 20m, 지름 1m까지 자란다.
수피 회갈색 또는 회흑색이며 피목이 발달한다. 오래되면 불규칙한 인편상으로 떨어진다.
잎 길이 7~15(~20)cm의 장타원형-장난형이다. 끝은 점차 뾰족해지고 밑부분은 넓은 쐐기형이다. 가장자리는 밋밋하지만 간혹 윗부분에 물결 모양의 둔한 톱니가 생기는 경우도 있다. 표면은 광택이 나는 짙은 녹색이며, 뒷면은 황록색이다. 어릴 때는 갈색 솜털로 덮여 있으나 곧 없어진다. 측맥은 9~13쌍이다. 잎자루는 길이 1~4cm이고 털이 없다.
꽃 암수한그루이며, 꽃은 5월에 핀다. 수꽃차례는 길이 6~12cm이고 새가지 밑부분에서 아래로 드리우며, 축과 포에 백색의 긴 털이 밀생한다. 수술은 5~9개다. 암꽃차례는 새가지 끝의 잎겨드랑이에서 5~6개씩 모여 달리며, 꽃차례 전체에 갈색 털이 밀생한다.
열매 열매(堅果)는 길이 2cm 정도의 난상 구형이며, 이듬해 9~10월에 익는다.
● **참고**
자생하는 상록성 참나무류(가시나무류) 중 잎이 가장 큰 편이며, 가장자리에 톱니가 거의 없는 점이 특징이다. 각두의 인편이 고리 모양으로 환형인 상록성 참나무류를 따로 *Cyclobalanopsis*속으로 처리하기도 한다.

❶꽃차례 ❷암꽃. 전체에 갈색 털이 많다. ❸ 수정 직후 1년 차의 열매 ❹2년 차의 열매. 상록성 참나무류의 각두는 인편이 합착해 동심원 모양을 띤다. ❺잎. 크고 대개 가장자리에 톱니가 없는 것이 특징이다. ❻겨울눈. 털이 약간 있고 각진다. ❼❽수피의 변화 ❾12월의 붉가시나무 숲(전남 해남군)
✽식별 포인트 잎/수피/겨울눈

개가시나무
(돌가시나무)

Quercus gilva Blume
[*Cyclobalanopsis gilva* (Blume) Oerst.]

참나무과 FAGACEAE Dumort.

●**분포**
중국(남부), 일본(혼슈 이남), 타이완, 동남아시아 일대, 한국

✤**국내분포/자생지** 제주의 낮은 지대 상록수림(주로 제주의 서부 지역)에 드물게 분포

●**형태**
수형 상록 교목이며 높이 30m, 지름 1.5m까지 자란다.

수피 흑갈색 또는 회흑색이며 오래되면 불규칙한 조각으로 벗겨진다.

잎 어긋나며 가죽질이고 길이 5~12cm의 도피침상이다. 끝은 뾰족하고 밑부분은 둔하며, 가장자리 상반부에 예리한 톱니가 있다. 표면은 광택이 나며 뒷면은 황갈색의 별 모양 털이 밀생한다. 잎자루는 길이 1~1.5cm이고 털이 있다.

꽃 암수한그루로 꽃은 4~5월에 핀다. 수꽃차례는 길이 5~16cm이고 새가지 밑부분에서 아래로 드리우며, 축에는 황갈색 털이 밀생한다. 수술은 7~10개다. 암꽃차례는 길이 1cm 정도이고 새가지 끝부분의 잎겨드랑이에 달린다. 꽃차례 전체에 황갈색 털이 밀생한다.

열매 열매(堅果)는 길이 1.5~2cm의 타원상 난형이며 9~10월에 익는다. 각두의 인편은 합착된 동심원상의 띠 모양이고 6~7개의 층으로 되어 있다.

●**참고**
국내 자생하는 다른 상록성 참나무류에 비해 어린가지, 잎자루 및 잎 뒷면에 황갈색 털이 밀생하는 것이 특징이다. 환경부 지정 멸종위기야생동식물 2급으로 지정되어 법적 보호를 받고 있다(2018년 기준).

❶꽃차례(화살표는 암꽃의 위치) ❷암꽃차례. ❸잎. 폭이 좁고 뒷면에 황갈색 털이 밀생하는 점이 특징이다. ❹겨울눈. 장타원형이며 황갈색 털이 있다. ❺❻수피의 변화. 어린나무(❺)와 성목(❻). ❼견과. 상단부에 갈색 털이 끝까지 남는 것이 특징이다. ❽수형
✽식별 포인트 잎/겨울눈/열매

2009. 10. 9. 제주

2009. 10. 10. 제주

종가시나무
Quercus glauca Thunb.
[*Cyclobalanopsis glauca* (Thunb.) Oerst.]

참나무과 FAGACEAE Dumort.

● **분포**
중국(남부), 일본(혼슈 이남), 부탄, 인도(북부), 네팔, 베트남, 한국
❖ **국내분포/자생지** 서남해안(전남, 전북, 충남) 및 제주의 해발고도가 낮은 산지

● **형태**
수형 상록 교목이며 높이 20m, 지름 60cm까지 자란다.

수피 수피는 짙은 회색이고 작은 피목이 산재하며 세로로 얇게 갈라진다.

잎 어긋나며 가죽질이고 길이 6~12cm의 도란상 장타원형 또는 장타원형이다. 끝은 점차 뾰족해지며, 가장자리의 중간 이상 상단부에 안으로 꼬부라진 톱니가 있다. 표면은 광택이 나며, 뒷면에는 회색 또는 황회색의 누운털이 있으나 차츰 없어진다. 잎자루는 길이 1~2.5cm이며 털이 없다.

꽃 암수한그루이며, 꽃은 4~5월에 핀다. 수꽃차례는 길이 5~10cm이고 새가지 밑부분에서 아래로 드리우며, 축에는 연한 갈색 털이 밀생한다. 수꽃은 포 아래에 2~3개씩 모여 피고 수술은 4~6개다. 암꽃차례는 길이 1.5~3cm이고 새가지 끝의 잎겨드랑이에 달린다. 암꽃은 3~5개씩 모여 달린다.

열매 열매(堅果)는 길이 1~1.8cm의 난형-난상 타원형이며 9~10월에 익는다. 각두의 인편은 합착된 동심원상의 띠 모양이고, 6~7개의 층으로 되어 있다.

● **참고**
톱니가 주로 잎의 중간 이상 상단부에 있고 뒷면에 회색 털이 있는 것이 특징이다. 잎 모양의 변화가 심하다.

❶수꽃차례 ❷암꽃차례 ❸열매. 같은 해 가을에 익는다. ❹잎. 크기와 형태는 변화가 심하지만 주로 중간 이상 상단부에만 가장자리에 톱니가 있다. ❺겨울눈. 통통한 난형이며 인편은 광택이 난다. ❻견과. 국내 자생하는 다른 가시나무류에 비해 통통하고 둥글다. ❼수형
✤식별 포인트 겨울눈/잎/열매

가시나무

Quercus myrsinifolia Blume
[*Cyclobalanopsis myrsinifolia*
(Blume) Oerst.]

참나무과 FAGACEAE Dumort.

2007. 5. 13. 전남 진도군

● **분포**
중국(중남부), 일본(혼슈 이남), 라오스, 타이(북부), 베트남, 한국
❖ **국내분포/자생지** 전남 진도군 및 서남해 일부 도서
● **형태**
수형 상록 교목이며 높이 20m, 지름 1m까지 자란다.
수피 회흑색이며 작은 피목이 세로로 배열한다.
잎 어긋나며 가죽질이고 길이 6~12cm의 장타원형이다. 끝은 점차 뾰족해지고 밑부분은 쐐기형이며, 가장자리의 상단부 ⅔ 이상에 얕고 다소 둔한 톱니가 있다. 표면은 털이 없고 광택이 나며, 뒷면은 회녹색이다. 잎자루는 길이 1~2cm이며 털이 없다.
꽃 암수한그루이며, 꽃은 4~5월에 핀다. 수꽃차례는 길이 5~12cm이고 새가지 밑부분에서 아래로 드리우며, 축에는 부드러운 털이 밀생한다. 수꽃은 포 아래에 1~3개씩 달리며, 수술은 3~6개다. 암꽃차례는 길이 1.5~3cm이고 새가지 끝의 잎겨드랑이에 달린다. 암꽃은 3~4개씩 모여 달린다.
열매 열매(堅果)는 길이 1.5~1.8cm의 난형이며 9~10월에 익는다. 각두의 인편은 합착된 동심원상의 띠 모양이며, 6~8개의 층으로 되어 있다.
● **참고**
가시나무는 국내에서는 알려진 자생지가 극히 드물어, 자생지를 찾기 힘든 대단히 희귀한 수목이다.

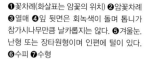

❶꽃차례(화살표는 암꽃의 위치) ❷암꽃차례 ❸열매 ❹잎 뒷면은 회녹색이 돌며 톱니가 참가시나무만큼 날카롭지는 않다. ❺겨울눈. 난형 또는 장타원형이며 인편에 털이 있다. ❻수피 ❼수형
✱식별 포인트 잎(뒷면 색과 톱니)/겨울눈/결실기

구분	결실기	잎 뒷면	잎 가장자리
가시나무	같은 해 가을에 결실한다	회녹색	둔한 톱니
참가시나무	이듬해 가을에 결실한다	분백색	예리한 톱니

참가시나무

Quercus salicina Blume
[*Cyclobalanopsis salicina*
(Blume) Oerst.]

참나무과 FAGACEAE Dumort.

2008. 7. 28. 전남 진도군

●**분포**
일본, 한국
❖**국내분포/자생지** 전남, 경북(울릉도), 제주의 해발고도가 낮은 산지
●**형태**
수형 상록 교목이며 높이 20m, 지름 80cm까지 자란다.
수피/겨울눈 수피는 회흑색이며 원형의 백색 피목이 산재한다. 겨울눈은 장타원형이고 인편에 백색 털이 밀생한다.
잎 어긋나며 가죽질이고 길이 9~14cm의 장타원형-장타원상 피침형이다. 끝은 점차 뾰족해지고 밑부분은 넓은 쐐기형이며, 가장자리의 상단부 ⅔ 이상에 날카로운 톱니가 있다. 표면은 광택이 나고 털이 없으며, 뒷면은 분백색이 돈다. 잎자루는 길이 1~2cm이며 털이 없다.
꽃 암수한그루이며, 꽃은 4~5월에 핀다. 수꽃차례는 길이 5~7cm이고 새가지 밑부분에서 아래로 드리우며, 축에는 갈색의 부드러운 털이 밀생한다. 수꽃은 포 아래에 1~3개씩 달리며, 수술은 3~6개다. 암꽃차례는 새가지 끝의 잎겨드랑이에서 나오며, 암꽃은 3~4개 정도씩 모여 달린다.
열매 열매(堅果)는 길이 1~2cm의 광난형이며 이듬해 9~10월에 익는다. 각두의 인편은 합착된 동심원상의 띠 모양이며, 6~7개의 층으로 되어 있다.
●**참고**
잎 가장자리의 톱니가 뾰족하며, 뒷면이 분백색이고 털이 없는 것이 특징이다. 열매가 2년 만에 익으므로 이듬해 가을까지 달려 있는 미성숙한 열매를 관찰할 수 있다.

❶꽃차례(화살표는 암꽃의 위치) ❷암꽃 ❸1년 차 열매 ❹2년 차 열매 ❺잎 뒷면은 분백색이 돈다. ❻겨울눈. 아래쪽에 지난해에 수정된 열매가 자라고 있다(2월 촬영). ❼수피 ❽수형
✽식별 포인트 잎(뒷면과 톱니)/겨울눈/1년 차 열매

189

졸가시나무
Quercus phylliraeoides A. Gray

참나무과 FAGACEAE Dumort.

● **분포**
일본(혼슈 이남), 중국(남부), 타이완
❖ **국내분포/자생지** 조경수 및 공원수
로 전북, 경북 이남에 드물게 식재

● **형태**
수형 상록 관목 또는 소교목이며 높이
3~5(~10)m로 자란다. 아래쪽에서 가
지가 많이 갈라진다.

수피/어린가지/겨울눈 수피는 회흑색
이며 오래되면 세로로 얕게 갈라진다.
새가지는 자갈색이고 회갈색의 털이
밀생하지만 차츰 떨어진다. 2년지는
회갈색이고 피목이 뚜렷하다. 겨울눈
은 길이 6~7mm의 장난형이다.

잎 어긋나며 길이 3~6cm의 타원형이
고 다소 두꺼운 가죽질이다. 양 끝은
둥글고 가장자리의 상반부에는 날카
로운 톱니가 있다. 표면은 광택이 나
며, 뒷면은 연한 녹색이다. 양면의 맥
위를 따라 짧은 털이 있다. 잎자루는
길이 5mm 정도다.

꽃 암수한그루이며, 꽃은 4~5월에 잎
이 나면서 동시에 핀다. 수꽃차례는 길
이 2~2.5cm이고 새가지 밑부분에서
아래로 드리우며, 축에 털이 밀생한다.
수술은 4~5개다. 암꽃은 새가지 끝의
잎겨드랑이에 1~2개씩 달리며, 암술
대는 3갈래다.

열매 열매(堅果)는 길이 2cm 정도의 타
원상이며, 이듬해 가을에 성숙한다.

● **참고**
잎이 작고(길이 3~7cm) 잎의 상반부
에만 톱니가 있으며, 뒷면이 연한 녹
색이고 맥을 제외하고는 털이 없는 것
이 특징이다. 국명은 '열매가 졸참나
무와 유사한 가시나무'라는 뜻에서 유
래했다.

2001. 4. 26. 대구시 경북대학교

❶열매. 2년 만에 익는다. 각두의 인편은 비늘
처럼 붙어 있다. ❷겨울눈 ❸잎 뒷면. 연한 녹
색이며 맥 위에 짧은 털이 있다. ❹국내 자생
가시나무류 잎의 뒷면 비교(왼쪽부터): 가시
나무/참가시나무/종가시나무/붉가시나무/개
가시나무
✽식별 포인트 잎

190

2010. 7. 24. 서울시

오리나무
Alnus japonica (Thunb.) Steud.

자작나무과 BETULACEAE Gray

● **분포**

중국(중부-동북부), 일본, 러시아(동부), 타이완, 한국

❖ **국내분포/자생지** 제주를 제외한 전국 산야의 습한 곳

● **형태**

수형 낙엽 교목이며 높이 10~20m, 지름 60cm까지 자란다.

수피/겨울눈 수피는 회갈색이며 매끈하지만, 오래되면 불규칙하게 얇은 조각으로 떨어진다. 겨울눈은 길이 3~8mm의 장타원형이며, 길이 4~6mm의 굵은 자루가 있다.

잎 길이 4~14cm의 난상 장타원형 또는 도란상 피침형이다. 끝은 뾰족하고 밑부분은 넓은 쐐기형이며, 가장자리에는 불규칙한 잔톱니가 있다. 표면에는 털이 없으며, 뒷면 아래쪽 맥 위에 적갈색 털이 있다. 잎자루는 길이 1.5~4cm다.

꽃 암수한그루이며, 꽃은 2~3월에 잎이 나기 전에 핀다. 수꽃차례는 길이 4~7cm이며 가지 끝에서 아래로 드리운다. 암꽃차례는 길이 1~1.5cm이며, 수꽃차례 아래쪽에서 위를 향해 곧추 달린다.

열매 과수(果穗)는 길이 1.5~2cm의 난상 타원형이며 9~10월에 익는다. 소견과(小堅果)는 길이 3~4mm의 도란상이고 종이질의 미약한 날개가 있다.

● **참고**

국명은 길가에 이정표로 삼고자 '5리마다 한 그루씩 심는 나무'라는 뜻의 오리목(五里木)에서 유래했다. 사방오리나무와 달리 잎의 측맥이 7~11쌍이며 겨울눈에 자루가 있다.

❶ 개화기의 모습. 잎이 나기 전 풍성하게 꽃을 피운다. ❷ 암꽃차례(화살표)와 수꽃차례 ❸ 잎. 측맥은 7~11쌍이다. 잎 뒷면의 맥겨드랑이에 적갈색 털이 있다. ❹ 겨울눈은 끝이 뭉툭하고 자루가 있다. ❺ 수피. 세로로 거칠게 갈라진다. ❻ 과수(좌)와 소견과(우). 소견과에는 날개가 거의 발달하지 않는다. ❼ 수형 ✽식별 포인트 잎/열매/수피

사방오리
Alnus firma Siebold & Zucc.

자작나무과 BETULACEAE Gray

● **분포**

일본(혼슈 이남) 원산

❖ **국내분포/자생지** 주로 경북, 전북 이남의 산지에 사방용(沙防用)으로 식재

● **형태**

수형 낙엽 교목이며 높이 8~15m, 지름 30cm까지 자란다.

수피/겨울눈 수피는 회갈색이며, 어린 나무의 수피는 매끈하지만 오래되면 두꺼운 조각으로 갈라져 불규칙하게 떨어진다. 겨울눈은 길이 1~1.5cm의 피침형이며, 3~4개의 광택이 나는 인편으로 덮여 있다.

잎 어긋나며 길이 4~10cm의 좁은 난형이다. 끝은 뾰족하고 가장자리에 날카로운 겹톱니가 있다. 뒷면의 맥 위에는 누운털이 있다. 잎자루는 길이 7~12mm다.

꽃 암수한그루이며, 꽃은 3~4월에 잎이 나기 전에 핀다. 수꽃차례는 길이 4~6cm이고 가지 끝에서 2~3개씩 아래로 드리운다. 암꽃차례는 짧은 자루가 있으며, 수꽃차례 아래쪽에서 1~2개가 위를 향해 달린다.

열매 과수(果穗)는 길이 1.5~2cm의 넓은 타원상이며 10~11월에 익는다. 소견과는 길이 3.5~4mm의 장타원상이며, 윗부분에는 암술대의 흔적이 남고 가장자리에는 막질의 날개가 있다.

● **참고**

오리나무와 비교해 겨울눈에 자루가 없으며 잎의 측맥 수가 많다. 오리나무속의 식물은 척박한 곳에서도 잘 자란다. 뿌리에서 질소고정균과 공생하여 대기 중의 질소를 토양에 고정시킬 수 있기 때문이다. 오리나무류의 단풍이 늦게 드는 것도 이와 연관이 있다.

2009. 7. 26. 경기 광주시

❶수꽃차례 ❷암꽃차례 ❸미성숙한 과수 ❹잎. 측맥은 13~17쌍이다. ❺겨울눈. 뾰족한 것은 잎눈(또는 암꽃눈)이며, 뭉뚝한 것은 수꽃눈이다. ❻수피 ❼과수(좌)와 소견과(우)
✱식별 포인트 잎/열매

192

2009. 4. 26. 전남 광주시

좀사방오리
Alnus pendula Matsum.

자작나무과 BETULACEAE Gray

● 분포
일본(시코쿠 이북) 원산

❖ 국내분포/자생지 남부지방에 간혹 식재(조림)

● 형태

수형 낙엽 소교목이며 높이 2~7m까지 자란다.

수피/어린가지/겨울눈 수피는 흑갈색이며 옆으로 긴 피목이 발달한다. 어린 가지는 짙은 회녹색-적갈색이고 세로로 길게 작은 피목이 있다. 겨울눈은 길이 6~12mm의 좁은 난형이며, 3~4개의 광택이 나는 적갈색 인편으로 덮여 있다.

잎 어긋나며 길이 6~10cm의 좁은 난상 피침형이다. 끝은 뾰족하고 가장자리에는 날카로운 겹톱니가 있다. 표면에는 털이 없으며, 뒷면의 맥 위에 누운털이 있다. 측맥은 20~26쌍이다. 잎자루는 길이 7~10mm다.

꽃 암수한그루이며, 꽃은 3~4월에 잎이 나면서 동시에 핀다. 수꽃차례는 길이 4~6cm이며, 가지 끝에서 1~3개씩 아래로 드리운다. 암꽃차례는 짧은 자루가 있고 수꽃차례 아래쪽에서 3~6개가 옆이나 아래로 처져서 달린다.

열매 과수(果穗)는 길이 1.5~2cm의 타원상이며 10~11월에 익는다. 소견과는 길이 2~3mm의 장타원상이며, 윗부분에는 암술대의 흔적이 남고 가장자리에는 막질의 날개가 있다.

● 참고

사방오리에 비해 잎의 측맥 수가 많고 꽃이 피는 시기에 잎이 함께 나며, 암꽃과 열매가 아래로 처져서 달리는 차이점이 있다. 좀사방오리는 사방오리와 마찬가지로 일본 고유종이다.

❶

❷

❸

❹

❺

❻

❶암꽃차례. 아래로 처진다. 암술머리는 백색을 띤다. ❷과수 ❸잎. 측맥 수가 사방오리보다 많다. ❹수피 ❺겨울눈 ❻과수와 소견과의 크기 비교: 사방오리(좌)와 좀사방오리(우) ✽식별 포인트 잎

물오리나무
(물갬나무, 산오리나무)

Alnus hirsuta Turcz. ex Rupr.
[*Alnus hirsuta* Turcz. ex Rupr.
var. *sibirica* (Fisch. ex Turcz.) C.
K. Schneid.]

자작나무과 BETULACEAE Gray

● **분포**
중국(동북부), 일본, 러시아(시베리아),
한국
❖ **국내분포/자생지** 전국의 산지에 흔
히 자람

● **형태**
수형 낙엽 교목이며 높이 20m, 지름
60cm까지 자란다.
수피/어린가지/겨울눈 수피는 회흑색
또는 회갈색이며 매끈하다. 어린가지
는 짙은 회색이며 부드러운 털이 밀생
하지만 차츰 떨어진다. 겨울눈은 굵은
자루가 있으며 털이 있다.
잎 길이 7~12cm의 광난형 또는 아원
형이다. 끝은 뾰족하며 가장자리에는
겹톱니가 있고 얕게 갈라진다. 표면은
짙은 녹색이며, 뒷면은 회백색이고 갈
색 털이 있다. 측맥은 6~8쌍이다. 잎
자루는 길이 2~5.5cm다.
꽃 암수한그루이며, 꽃은 3~4월에 잎
이 나기 전에 핀다. 수꽃차례는 길이 4
~7cm이며, 가지 끝에서 2~4개씩 아
래로 드리운다. 암꽃차례는 길이 1~2
cm의 장타원상이고 수꽃차례 위쪽에
달린다.
열매 과수(果穗)는 길이 1.5~2.5cm의
난상 구형이며 9~10월에 익는다. 소
견과는 길이 3mm 정도의 도란상이며,
가장자리에 막질의 좁은 날개가 있다.

● **참고**
주로 계곡부처럼 습한 곳에서 자라지
만 능선 및 사면의 건조한 곳에서도 드
물지 않게 볼 수 있다. 좀잎산오리나무
에 비해 잎이 크고 둥글며 가장자리의
결각도 뭉뚝한 편이다. 열매는 길이
1.5~2.5cm로 좀 더 크다.

2009. 7. 16. 경기 광주시

❶암·수꽃차례(화살표는 암꽃차례) ❷과수
❸잎. 둥글며 가장자리에는 결각이 진다. ❹
겨울눈에는 굵은 자루가 있다. ❺수피. 가로
로 긴 피목이 발달한다. ❻수형 ❼소견과의
가장자리에는 미약하게 날개가 발달한다.
✻식별 포인트 잎/겨울눈/열매

2007. 7. 22. 강원 태백시

좀잎산오리나무
(작은잎산오리나무)

Alnus inokumae Murai &
Kusaka
[*Alnus hirsuta* (Spach) Rupr. f.
inokumae (Murai & Kusaka)
H.Ohba]

자작나무과 BETULACEAE Gray

●**분포**
일본(혼슈 이북) 원산
❖**국내분포/자생지** 내륙에 드물게 식
재(조림)
●**형태**
수형 낙엽 교목이며 높이 10m까지 자
란다.
수피/겨울눈 수피는 회흑색이며 매끈
하고 피목이 뚜렷하게 발달한다. 겨울
눈은 장난형이며 자루를 포함해 길이
1.3cm 정도다.
잎 길이 4~7cm의 삼각상 난형이다.
끝은 뾰족하며 가장자리가 얕게 갈라
지고 겹톱니가 있다. 표면은 짙은 녹색
이며, 뒷면은 백색 털이 있어 회백색을
띤다. 측맥은 6~8쌍이다. 잎자루는
길이 2~5.5cm다.
꽃 암수한그루이며, 꽃은 3~4월에 잎
이 나기 전에 핀다. 수꽃차례는 길이 3
~6cm이며, 가지 끝에서 2~3개씩 아
래로 드리운다. 암꽃차례는 길이 1~
1.3cm의 장타원상이고 수꽃차례 아래
쪽에 달린다.
열매 과수(果穗)는 길이 1cm 정도의 장
타원형이며 9~10월에 익는다. 소견과
는 길이 3.5mm 정도의 타원상이며 가장
자리에 막질의 날개가 있다.
●**참고**
물오리나무에 비해 잎이 작고 잎끝과
결각이 뾰족한 점이 다르다. 꽃차례와
열매는 모두 물오리나무보다 소형이
다. 강원의 산지에는 마치 자생하는 것
처럼 보이는 개체들이 산재하고 있으
나, 국내에 사방조림용으로 도입한 기
록이 있어 자생종으로 보기는 어렵다.

❶개화 직전의 꽃차례 ❷겨울눈은 장난형이
다. ❸미성숙 과수. 물오리나무에 비해 소형
이다. ❹잎은 끝이 뾰족하고 다소 삼각형에
가깝다. ❺수피 ❻소견과. 가장자리에 미약
한 날개가 있다. ❼과수의 비교(왼쪽 위부터
시계 방향): 물오리나무/좀잎산오리나무/덤
불오리나무/오리나무
❋식별 포인트 잎/겨울눈/열매

덤불오리나무

Alnus alnobetula (Ehrh.) K. Koch
subsp. *mandschurica* (Callier ex
C. K. Schneid.) Chery
(*Alnus fruticosa* Rupr. var.
mandshurica Callier; *A.*
mandshurica (Callier) Hand.-
Mazz.)

자작나무과 BETULACEAE Gray

● **분포**
중국(동북부), 러시아, 한국
❖ **국내분포/자생지** 강원(설악산) 이북
의 산지
● **형태**
수형 낙엽 소교목 또는 교목이며 높이
4~10m, 지름 30cm까지 자란다.
수피/겨울눈 수피는 짙은 회색 또는
암갈색이며 매끈하다. 겨울눈은 길이
1~1.5cm의 장난형이며 끝이 뾰족하다.
인편은 2개이며 점성이 있다.
잎 길이 5~10cm의 광난형 또는 난상
원형이다. 끝은 점차 뾰족해지고 밑부
분은 둥글거나 심장형이며, 가장자리
에는 불규칙하고 예리한 겹톱니가 있
다. 측맥은 8~12쌍이다. 잎자루는 길
이 2~3.5cm다.
꽃 암수한그루이며, 꽃은 4~5월에 잎
이 나면서 동시에 핀다. 수꽃차례는 길
이 4~5cm이며, 가지 끝에서 2~3개씩
아래로 드리운다. 암꽃차례는 짧은 자
루가 있고 수꽃차례 아래쪽에서 2개
이상이 달린다.
열매 과수(果穗)는 길이 1~1.5cm의 광
타원형이며 10~11월에 익는다. 소견
과는 길이 3mm 정도의 장타원상이고,
윗부분에 암술대의 흔적이 남고 가장
자리에는 막질의 날개가 있다.
● **참고**
울릉도에 분포하는 두메오리나무[*A.*
alnobetula subsp. *maximowiczii*
(Callier ex C. K. Schneid.) Chery]는 덤
불오리나무에 비해 잎이 장타원상 난형
이며 끝이 더욱 길고 뾰족하며 밑부분
이 뾰족하거나 넓은 쐐기형인 것이 특
징이다. 국외로는 일본(혼슈 이북)과 러
시아(사할린, 쿠릴열도)에 분포한다.

2002. 6. 15. 강원 양양군 설악산

❶암·수꽃차례 ❷과수 ❸잎 뒷면. 점성이
있어 끈적거리며 맥겨드랑이에는 털이 밀생
한다. ❹겨울눈. 정상부는 수꽃눈, 아래쪽은
암꽃눈 또는 잎눈이다. ❺수피 ❻과포(좌)와
소견과(우) ❼❽두메오리나무(경북 울릉도)
✷식별 포인트 잎/겨울눈

196

자작나무
(만주자작나무)

Betula pendula Roth
[*Betula japonica* Thunb.; *B. platy-phylla* Sukaczev; *B. platyphylla* Sukaczev var. *japonica* (Miq.) H. Hara; *B. platyphylla* Sukaczev var. *mandshurica* (Regel) H. Hara]

자작나무과 BETULACEAE Gray

● **분포**
중국(서남부-동북부), 일본(혼슈 이북), 러시아, 몽골, 유럽, 한국
❖ **국내분포/자생지** 함남, 함북의 높은 지대

● **형태**
수형 낙엽 교목이며 높이 10~25m, 지름 20~40cm까지 자란다.
겨울눈 길이 5~10mm의 장타원형이다.
잎 긴가지에서는 어긋나며 짧은가지에서는 2개씩 모여 달린다. 길이 4~8cm의 삼각상의 광난형이며, 끝은 뾰족하고 밑부분은 넓은 쐐기형이거나 평평하다. 잎자루는 길이 1.5~3.5cm다.
꽃 암수한그루이며, 꽃은 4~5월에 잎이 나면서 동시에 핀다. 수꽃차례는 길이 3~8cm다. 수꽃은 포의 가장자리에 3개씩 나며, 화피편은 도란형이고 1개다. 암꽃차례는 길이 1~3cm의 장타원형이고, 짧은가지의 앞쪽에서 위를 향해 달린다.
열매 과수(果穗)는 길이 3~4.5cm의 원통형이다. 과포(果苞)는 길이 4~5mm이며, 윗부분이 3갈래로 갈라진다. 소견과는 길이 2~3mm의 납작한 도란상 타원형이다.

● **참고**
자작나무에 비해 가지가 처지지 않으며, 소견과의 날개가 좁은 특징을 가진 나무를 만주자작나무(*B. platyphylla* Sukaczev)로 구분하기도 하지만, 이 책에서는 위에서 언급한 형질이 자작나무라는 종 안에서 나타나는 연속적인 변이라는 견해(Skvortsov, 1999)를 채택했다. 독립된 종일 가능성도 고려해야 한다.

2008. 11. 8. 강원 태백시(ⓒ김상희)

❶수꽃차례는 아래로 늘어진다. ❷암꽃차례 ❸잎. 가장자리에는 겹톱니가 있고 측맥은 6~8쌍이다. 뒷면은 연한 녹색이다. ❹성숙한 과수 ❺겨울눈. 인편은 4~6개다. ❻수피. 광택이 나는 백색이며 얇게 벗겨진다. ❼과포(좌)와 소견과(우). 소견과에는 소견과의 1.5~2배가 되는 반투명한 넓은 날개가 있다.
✱식별 포인트 수피/잎/열매/과포

물박달나무
Betula davurica Pall.

자작나무과 BETULACEAE Gray

①

②

●**분포**
중국(동북부), 일본(혼슈 중부 이북),
러시아, 한국
❖**국내분포/자생지** 남부지방 일부를
제외한 전국의 산지

●**형태**
수형 낙엽 교목이며 높이 15m, 지름
40cm까지 자란다.
수피/겨울눈 수피는 회백색~회색이고
얇고 불규칙하게 벗겨진다. 겨울눈은
길이 3~6mm의 난형이다.
잎 길이 4~8cm의 난형 또는 마름모상
난형이다. 긴가지에서는 어긋나며 짧
은가지에서는 2개씩 달린다. 끝은 뾰
족하고 밑부분은 둥글거나 쐐기형이
다. 잎자루는 길이 3~10mm이며 긴 털
이 있다.
꽃 암수한그루이며, 꽃은 4~5월에 잎
이 나면서 동시에 핀다. 수꽃차례는 긴
가지의 끝에 2~3개씩 아래를 향해
드리우며, 수술은 2개이고 수술대가
짧다. 암꽃차례는 짧은가지의 끝에
위를 향해 달린다.
열매 과수(果穗)는 길이 1.5~2.5cm의
장타원형이다. 과포는 길이 6~7mm이
고 윗부분이 3갈래로 갈라지며, 중앙
의 열편은 장타원상 피침형이고 측면
의 열편과 길이가 비슷하다. 소견과는
길이 3mm 정도의 납작한 도란형이며
끝에 암술대 흔적이 남는다.

●**참고**
수피가 회백색이고 작은 조각으로 벗
겨지며, 잎의 측맥이 6~8쌍이다. 잎
앞뒷면의 맥 위와 잎자루에 긴 털이 있
는 점과, 잎자루가 짧은 점이 특징이다.

2001. 9. 20. 경북 봉화군 석포면

③

④

③

❶암·수꽃차례 ❷암꽃차례 ❸잎. 맥 위에 긴
털이 있고, 가장자리에는 뾰족한 톱니가 불
규칙하게 발달한다. ❹과수 ❺겨울눈. 인편
은 3~4개다. ❻수피는 마치 모자이크 조각
처럼 얇게 벗겨진다. ❼과포(화살표)와 소견
과. 소견과에는 얇은 막질의 날개가 있다.
✿식별 포인트 수피/잎/열매

❼

198

2018. 5. 30. 강원 양양군 설악산

개박달나무
Betula chinensis Maxim.

자작나무과 BETULACEAE Gray

● **분포**

중국(중북부 이북), 한국

❖ **국내분포/자생지** 지리산 이북의 산지 능선이나 바위지대

● **형태**

수형 낙엽 관목 또는 소교목이며 높이 3~10m, 지름 30cm까지 자란다.

잎 길이 1.5~6cm의 난형 또는 난상 타원형이다. 밑부분은 둥글거나 넓은 쐐기형이며, 가장자리에는 날카로운 겹톱니가 불규칙하게 나 있다. 측맥은 8~9쌍이다. 잎자루는 길이 2~20mm이며 백색 털이 있다.

꽃 암수한그루이며, 꽃은 4~5월에 잎이 나면서 동시에 핀다. 수꽃차례는 긴 가지의 끝에서 2~3개씩 아래로 드리우며, 암꽃차례는 짧은가지의 끝에서 위를 향해 달린다.

열매 과수(果穗)는 길이 1.5~2cm의 장타원형 또는 구형이며 길이 1~2mm 정도의 짧은 지루기 있다. 괴포는 길이 5~9mm이고 털이 있으며, 윗부분이 3갈래로 갈라진다. 중앙의 열편은 피침형이고 측면의 열편보다 대개 2~3배 정도 길다. 소견과는 난형 또는 도란형이며 양 측면에 매우 좁은 날개가 있다. 열매는 8~9월에 익는다.

● **참고**

주로 산지의 능선 및 정상부 바위지대에 관목상으로 자라지만, 강원 석회암 산지에서는 높이 10m 정도까지 자라 박달나무와 혼동을 유발하는 경우도 있다. 개박달나무는 박달나무에 비해 열매가 구형이고 길이가 1.5~2cm로 짧으며, 잎 뒷면에 선점이 없다. 또한 겨울눈 인편의 개수도 더 많다.

❶암·수꽃차례 ❷잎 뒷면. 특히 잎자루와 뒷면에 긴 털이 난다. ❸성숙한 과수 ❹겨울눈 ❺수피. 가로 방향의 선상 피목이 있고, 오래되면 조각처럼 벗겨진다. ❻과포(좌)와 소견과(우). 소견과에는 날개가 거의 없고 상부에 털이 밀생한다.

✽식별 포인트 수피/잎/열매/과포

부전자작나무
Betula ovalifolia Rupr.

자작나무과 BETULACEAE Gray

● **분포**
중국(네이멍구, 동북부), 일본(홋카이도), 러시아, 한국

❖ **국내분포/자생지** 양강도(백두산) 일대의 하천가 또는 습원

● **형태**
수형 낙엽 관목이며 높이 2m까지 자란다.

수피 회갈색-회백색이며 오래되면 종잇장처럼 벗겨진다.

잎 긴가지에서는 어긋나며 짧은가지에서는 2개씩 달린다. 길이 3~3.5cm의 광타원형-도란형이며, 처음에는 양면에 털이 있다가 차츰 떨어져 맥 위에만 남는다. 끝은 둔하고 밑부분은 넓은 쐐기 모양이거나 둥글며, 가장자리에는 잔톱니가 있다. 잎자루는 길이 3~7mm다.

꽃 암수한그루이며, 꽃은 5~6월에 잎이 나면서 동시에 핀다. 수꽃차례는 긴가지의 끝에서 1개 이상 아래로 드리우며, 암꽃차례는 짧은가지의 끝에서 위를 향해 달린다.

열매 과수(果穗)는 길이 1.5~3cm의 장타원형(간혹 구형)이다. 과포는 길이 5~6mm이고 윗부분이 3갈래로 갈라지며, 중앙의 열편은 장타원형이고 측면의 열편보다 약간 길다. 소견과는 길이 3mm 정도의 타원상이며 가장자리에 너비의 ½ 정도의 막질 날개가 있다.

● **참고**
좀자작나무(*B. fruticosa* Pall.)에 비해 어린가지에 부드러운 털이 밀생하며, 잎은 난상 타원형 또는 광타원형이고 어릴 때 양면에 털이 밀생하는 것이 특징이다. 부전자작나무를 좀자작나무의 생태적인 변이로 보는 견해도 있다.

❶개화기의 모습 ❷암꽃차례 ❸수피 ❹과수. 7~9월에 익는다. ❺잎 뒷면. 잎은 양면에 털이 있고 측맥이 5~7쌍이다. ❻과포(화살표)와 소견과. 소견과의 가장자리에는 폭이 소견과의 ½ 정도인 막질 날개가 있다. ❼좀자작나무(2018. 7. 6. 몽골)
✽식별 포인트 잎/열매(과포)

2007. 6. 24. 중국 두만강 접경지대

2006. 6. 9. 경기 가평군 화악산

사스래나무
Betula ermanii Cham.

자작나무과 BETULACEAE Gray

●**분포**
중국(동북부), 일본(시코쿠 이북), 러시아(캄차카), 한국

❖**국내분포/자생지** 제주(한라산), 지리산 이북 높은 산지의 정상 및 능선부

●**형태**
수형 낙엽 교목이며 높이 10~20m, 지름 70cm까지 자란다.

잎 길이 5~10cm의 삼각상 난형이며, 끝이 뾰족하고 밑부분은 둥글거나 얕은 심장 모양이다. 가장자리에는 뾰족한 겹톱니가 불규칙하게 있다. 잎자루는 길이 1~3.5cm다.

꽃 암수한그루이며, 꽃은 5~6월에 잎이 나면서 동시에 핀다. 수꽃차례는 1개 이상 아래로 드리우고 길이는 5~7cm다. 수꽃은 포의 가장자리에 3개씩 달리며 화피편과 수술은 3개씩이다. 암꽃차례는 길이 1.5~2.7cm의 장타원형이며, 짧은가지의 끝에서 위를 향해 달린다.

열매 과수(果穗)는 길이 2~4cm의 장타원형이다. 과포는 길이 6~8mm이고 윗부분이 3갈래로 갈라지며, 중앙의 열편은 삼각상 난형이고 대개 측면의 열편보다 2배 정도 길다. 소견과는 길이 2~3mm의 납작한 넓은 도란상이며 9~10월에 익는다.

●**참고**
거제수나무와 비교해 수피가 회백색이며 잎이 넓고, 측맥 수가 8~12쌍으로 좀 더 적다. 겨울눈의 인편이 백색 털로 덮여 있는 점도 다르다.

❶암·수꽃차례 ❷암꽃차례 ❸잎. 측맥은 8~12쌍이다. 표면은 광택이 나며 뒷면은 연한 녹색으로 털이 거의 없다. ❹겨울눈. 장타원형이고 인편이 4개이며, 백색 털로 덮여 있다. ❺오래된 수피는 광택이 나는 밝은 회백색을 띠며 거칠게 벗겨진다. ❻수형. 독립수로 성장한 나무의 수형은 원추형이며, 악천후가 많은 고산지대에 자라는 개체들은 관목 또는 소교목상으로 자란다. ❼과포(좌)와 소견과(우). 포는 윗부분이 3갈래로 갈라지며 중앙의 열편이 측면의 열편보다 2배 정도 길다. 소견과 가장자리에는 막질의 날개가 있다.
❖식별 포인트 잎/수피/겨울눈/열매(과포)

거제수나무
Betula costata Trautv.

자작나무과 BETULACEAE Gray

● **분포**
중국(동북부), 러시아, 한국
❖ **국내분포/자생지** 지리산 이북의 높
은 산지 능선 및 사면
● **형태**
수형 낙엽 교목이며 높이 30m, 지름
1m까지 자란다.
겨울눈 길이 6~10mm의 장타원형이며
털이 없다.
잎 긴가지에서는 어긋나며 짧은가지
에서는 2개씩 달린다. 길이 3.5~7cm
의 난상 타원형이며, 끝이 점차 좁아져
길게 뾰족하고 밑부분은 둥글거나 얕
은 심장 모양이다. 가장자리에는 뾰족
한 겹톱니가 불규칙하게 있다. 잎자루
는 길이 8~20mm다.
꽃 암수한그루이며, 꽃은 5~6월에 잎
이 나면서 동시에 핀다. 수꽃차례는 긴
가지의 끝에서 1개 이상 아래로 드리
운다. 암꽃차례는 길이 1.5~2.5cm의
장타원형이며, 짧은가지의 끝에서 위
를 향해 달린다.
열매 과수(果穗)는 길이 2~4cm이고
짧은 자루가 있으며 9~10월에 익는
다. 과포는 길이 5~8mm이며 윗부분이
3갈래로 갈라진다. 중앙의 열편은 장
타원상 피침형이고, 대개 측면 열편의
3배 정도로 길다. 소견과는 길이 2.5mm
정도의 도란상이고 양쪽에 막질의 날
개가 있다.
● **참고**
사스래나무와 비교해 수피에 붉은빛
이 돌며, 잎의 폭이 좁고 측맥 수가 더
많다. 흔히 사스래나무보다 낮은 해발
고도(800~1,200m)에서 자란다.

2016. 6. 7. 경기 가평군 화악산

❶암·수꽃차례 ❷미성숙한 과수 ❸❹잎 앞
면과 뒷면. 측맥 수가 9~16쌍이다. 뒷면 맥
겨드랑이와 맥을 따라 털이 많다. ❺수형 ❻
❼수피의 변화. 노목의 수피는 붉은빛이 흐
려져서 사스래나무로 오동정하기 쉽다. ❽겨
울눈. 사스래나무와는 달리 인편에 백색 털
이 있다. ❾과포(좌)와 소견과(우).
✽식별 포인트 잎/수피/겨울눈/열매(과포)

2018. 5. 30. 강원 양양군 설악산

박달나무
Betula schmidtii Regel

자작나무과 BETULACEAE Gray

● **분포**
중국(동북부), 일본(혼슈 중부 이북), 한국, 러시아

❖ **국내분포/자생지** 전국의 산지에 자라며 주로 해발고도 1,000m 이하에 분포

● **형태**
수형 낙엽 교목이며 높이 30m, 지름 1m까지 자란다.

수피 흑갈색-회갈색이며 오래된 나무의 수피는 두꺼운 조각으로 불규칙하게 벗겨진다.

잎 길이 4~9cm의 장난형-타원형이며, 끝이 뾰족하고 밑부분은 둥글거나 넓은 쐐기형이다. 뒷면은 연한 녹색이고 선점이 산재하며, 맥 위에는 백색의 긴 털이 밀생한다. 잎자루는 길이 5~10mm이며 털이 약간 있다.

꽃 암수한그루이며, 꽃은 4~5월에 핀다. 수꽃차례는 가지의 끝에서 1개 이상 아래로 드리우며, 길이 4~6cm다. 암꽃차례는 길이 2cm가량의 장타원형이며 붉은빛을 띠고, 짧은가지의 끝에서 위를 향해 달린다.

열매 과수(果穗)는 길이 2~4cm이고 짧은 자루가 있으며 9~10월에 익는다. 과포는 길이 4~5mm이고 윗부분이 3갈래로 갈라지며, 중앙의 열편은 피침형이고 대개 측면 열편의 2배 정도로 길다. 소견과는 길이 2mm 정도의 난형이고 양쪽에 미약한 날개가 있다.

● **참고**
거제수나무와 달리 수피가 종잇장처럼 벗겨지지 않으며 과수가 보다 가늘고, 소견과의 날개가 뚜렷하지 않은 것이 특징이다.

❶암·수꽃차례. 봄에 잎이 나면서 동시에 꽃이 핀다. ❷과수 ❸잎. 가장자리에 불규칙한 가는 톱니가 있고 측맥은 8~12쌍이다. ❹겨울눈. 3~4개의 적갈색 인편에 싸여 있으며 부드러운 백색 털이 있다. ❺❻수피의 변화. 어린나무(좌)와 노목(우) ❼수형 ❽과포(좌)와 소견과(우). 소견과에는 날개가 거의 없다.
❖식별 포인트 수피/잎/열매

개암나무
(난티잎개암나무)

Corylus heterophylla Fisch.
ex Trautv.
[*Corylus heterophylla* Fisch. ex
Trautv. var. *thunbergii* Blume.]

자작나무과 BETULACEAE Gray

● **분포**
중국(중북부), 일본(규슈 이북), 러시
아, 한국

❖ **국내분포/자생지** 전북, 경북 이북
산지의 숲 가장자리, 전석지 등 햇볕이
잘 드는 곳

● **형태**
수형 낙엽 관목이며 높이 2~3m까지
자란다.
어린가지 샘털(선모)이 있고 백색의
피목이 뚜렷하다.
잎 어긋나며 길이 6~12cm의 넓은 도
란형-아원형이다. 가장자리에는 불규
칙한 치아상의 겹톱니가 있다. 어린잎
의 중앙에는 적색의 얼룩무늬가 있다
가 차츰 없어진다. 잎자루는 길이 6~
20mm이며 털이 있다.
꽃 암수한그루이며, 꽃은 3~4월에 잎
이 나기 전에 핀다. 수꽃차례는 길이 3
~7cm이고 2년지 끝에서 아래로 드리
운다. 수꽃은 포의 안쪽에 1개씩 달리
고 수술은 8개다. 암꽃은 2~6개가 모
여 달리며, 적색의 암술대가 겨울눈의
인편 밖으로 나온다.
열매 길이 2.5~3.5cm이고 종 모양의
포가 감싸고 있으며 8~9월에 익는다.
견과(堅果)는 지름 1~1.5cm의 난형 또
는 구형이고, 상단에 털이 밀생한다.

● **참고**
참개암나무와는 달리 열매의 포가 종
형이며, 종자 전체를 감싸지 않는 것이
특징이다. 개암나무속 식물의 열매를
헤이즐넛(hazelnut)이라고 하며 터키
를 비롯한 유럽, 미국 등지에서 대량
생산하고 있다(C. avellana L.).

❶개화기의 꽃차례. 끝에 붉은색을 띠는 부
분이 암꽃차례이다. ❷열매. 포에는 적색의
샘털이 있다. ❸잎. 잎끝이 급히 평평해지거
나 뾰족해져서 짧은 꼬리처럼 된다. 뒷면에
는 짧은 털이 있다. ❹눈(또는 암꽃눈). 참
개암나무에 비해 더 둥글고 인편의 수도 더
많다. ❺수꽃눈. 참개암나무에 비해 자루가
길게 나오면서 여러 개의 꽃눈이 달린다. 이
상태로 월동한다. ❻수피 ❼견과
❉식별 포인트 잎(뒷면)/겨울눈/열매(포)

2003. 7. 17. 충북 제천시

참개암나무
(병개암나무)

***Corylus sieboldiana* Blume**
var. *sieboldiana*
(*Corylus hallaisanensis* Nakai)

자작나무과 BETULACEAE Gray

● **분포**
일본, 한국

❖ **국내분포/자생지** 강원 이남(주로 경남, 전북 이남) 산지의 햇볕이 잘 드는 곳

● **형태**
수형 낙엽 관목이며 높이 2~3m까지 자란다.

수피/겨울눈 수피는 회색-회갈색이며 피목이 산재되어 있다. 겨울눈은 길이 4~8mm의 난상이며 끝이 둔하다.

잎 어긋나며 길이 5~11cm의 넓은 도란형이다. 끝은 급히 뾰족해지고 밑부분은 둥글며, 가장자리에는 불규칙한 겹톱니가 있다. 뒷면 맥 위와 맥겨드랑이에는 긴 털이 있다. 잎자루는 길이 6~20mm이며 털이 있다.

꽃 암수한그루이며, 꽃은 3~4월에 잎이 나기 전에 핀다. 수꽃차례는 길이 3~13cm이고 2년지 끝에서 아래로 드리운다. 수꽃은 포의 안쪽에 1개씩 달리고 수술은 8개다. 암꽃은 여러 개가 모여 달리며, 적색의 암술대가 겨울눈의 인편 밖으로 나온다.

열매 길이 3~7cm의 관 모양의 포가 전체를 감싸고 있으며, 바깥 표면에 딱딱한 가시 같은 가는 털이 밀생한다. 견과(堅果)는 지름 1~1.5cm의 원추형이며 9~10월에 익는다.

● **참고**
물개암나무에 비해 흔히 잎이 좁고 작으며 뒷면에 광택이 있으나 이 점 역시 일관적이지 않다. 또한 열매 총포의 결각이 얕게 갈라지면서 끝으로 갈수록 좁아지는 것이 특징이지만 좁아지는 폭의 변이도 심하다.

❶암·수꽃차례 ❷일반적으로, 열매를 싸고 있는 포가 끝으로 갈수록 가늘어진다고 하지만 형태 변화가 심하다. ❸수꽃눈. 개암나무에 비해 꽃자루가 매우 짧고, 보통 1~2개씩 달린다. 드러난 상태로 월동한다. ❹잎눈(또는 암꽃눈). 개암나무보다 인편의 수가 적다. ❺수피 ❻참개암나무(좌)와 개암나무(우)의 잎 비교. 참개암나무는 잎 뒷면에 광택이 있고 잎자루에 억센 털이 없다. ❼견과
✽식별 포인트 열매(포)/잎/겨울눈

2016. 6. 15. 경기 가평군

물개암나무

Corylus sieboldiana Blume
var. *mandshurica* (Maxim.) C. K. Schneid.
(*Corylus mandshurica* Maxim.)

자작나무과 BETULACEAE Gray

● **분포**
중국(동북부), 일본, 한국
❖**국내분포/자생지** 제주를 제외한 전국 높은 산지의 햇볕이 잘 드는 곳

● **형태**
수형 낙엽 관목이며 높이 2~5m까지 자란다.

어린가지/겨울눈 어린가지는 샘털이 있고 백색의 피목이 뚜렷하다. 겨울눈은 길이 4~7mm의 난상이다. 수꽃차례의 겨울눈은 길이 1.5~3cm이며 드러난 상태로 겨울을 난다.

잎 어긋나며 길이 6~12cm의 넓은 도란형-아원형이다. 끝은 급히 뾰족해지며 밑부분은 넓은 쐐기형 또는 심장형이다. 표면과 뒷면에는 맥 위에 긴 털이 있다. 잎자루는 길이 1~3cm이며 털이 있다.

꽃 암수한그루이며, 꽃은 3~4월에 잎이 나기 전에 핀다. 수꽃차례는 길이 4~12cm이고 2년지 끝에서 2~4개가 아래로 드리우며, 수꽃은 포의 안쪽에서 1개씩 달리고 수술은 8개다. 암꽃은 겨울눈 속에 여러 개가 모여 달리고, 적색의 암술대가 겨울눈의 인편 밖으로 나온다.

열매 길이 3~6cm의 관 모양의 포가 견과(堅果)를 감싸고 있으며, 전체에 딱딱한 가시 같은 털이 밀생한다. 견과는 지름 1.5cm 정도의 난형-구형이고 백색 털이 있으며 8~10월에 익는다.

● **참고**
참개암나무와 동일종으로 보기도 한다. 강원 및 경기 일대에서는 두 변종이 한곳에서 집단을 이루며 연속적인 변이를 보이므로, 종의 실체에 관해서는 재검토할 필요가 있다.

❶개화 초기의 꽃차례. 3~4월에 잎이 나기 전에 핀다. ❷열매. 포는 끝이 급하게 좁아지지 않고 완만하게 폭이 줄어든다. ❸잎. 참개암나무에 비해 잎이 보다 둥글며 가장자리에 결각이 뚜렷하다. 뒷면에 광택이 없고 엽질도 좀 더 두툼한 경향이 있다. ❹겨울눈. 난상이며 끝이 둔하다. ❺수형 ❻견과
✽식별 포인트 열매(포)/잎

2001. 8. 8. 경북 칠곡군 팔공산

206

2007. 9. 1. 경남 거제시 거제도

까치박달
Carpinus cordata Blume

자작나무과 BETULACEAE Gray

●**분포**

중국(중북부), 일본, 러시아, 한국

❖**국내분포/자생지** 전국의 산지

●**형태**

수형 낙엽 교목이며 높이 18m, 지름 60㎝까지 자란다.

수피/겨울눈 수피는 회색이고 마름모꼴의 피목이 발달하며, 오래되면 비늘 모양으로 벗겨진다. 겨울눈은 길이 7 ~12㎜의 피침형이다.

잎 어긋나며 길이 6~15㎝의 광난형이다. 끝은 급히 뾰족해지고 밑부분은 비대칭 심장형이며, 가장자리에는 작고 뾰족한 겹톱니가 촘촘히 나 있다. 뒷면 맥 위에는 긴 누운털이 있다. 잎자루는 길이 1.5~2cm다.

꽃 암수한그루이며, 4~5월에 잎이 나면서 동시에 꽃이 핀다. 수꽃차례는 녹황색이고 길이 5㎝가량이며 2년지에서 아래로 드리운다. 수꽃은 포의 아래쪽에 1개씩 달리며 수술은 4~8개다. 포는 난상 타원형이며 가장자리에 긴 털이 있다. 암꽃차례는 새가지의 끝에서 아래를 향해 달리며, 암꽃은 포의 안쪽에 2개씩 달린다.

열매 과수(果穗)는 길이 4~15㎝의 원통형이며 잎 모양의 과포가 빽빽이 싸고 있다. 과포는 길이 1.8~2.5㎝이고 좌우대칭형이며, 소견과를 완전히 감싼다. 소견과는 과포의 기부에 달리며 길이 4~6㎜의 장타원형이다. 표면에는 얕은 골이 있다.

●**참고**

잎이 크고 측맥이 많으며, 열매가 원통형이고 과포가 겹쳐져서 소견과를 빽빽이 싸고 있는 점이 특징이다.

❶수꽃차례(화살표는 암꽃차례의 위치) ❷암꽃차례 ❸과수는 원통형이다. ❹잎. 측맥은 15~23쌍이며 밑부분이 비대칭의 심장저인 것이 특징이다. ❺겨울눈. 피침형이며 인편은 20~26개다. ❻❼어린나무(❻)와 오래된 나무(❼)의 수피. 다이아몬드 꼴의 피목이 있다. ❽소견과의 표면에는 얕은 골이 있다.

✿**식별 포인트** 잎(잎 기부)/열매/수피

서어나무(서나무)

Carpinus laxiflora (Siebold & Zucc.) Blume

자작나무과 BETULACEAE Gray

● 분포

일본, 한국

❖ 국내분포/자생지 황해도, 강원 이남의 산지

● 형태

수형 낙엽 교목이며 높이 15m, 지름 1m까지 자란다.

잎 어긋나며 길이 3~7cm의 난형 또는 난상 타원형이다. 끝은 꼬리처럼 길고 밑부분은 둥글며, 가장자리에는 작고 뾰족한 겹톱니가 불규칙하게 나 있다. 뒷면 맥 위에는 털이 있다. 잎자루는 길이 3~14mm다.

꽃 암수한그루이며, 꽃은 4~5월에 잎이 나면서 동시에 핀다. 수꽃차례는 황적색이고 길이 5cm 정도이며, 2년지에서 아래로 드리운다. 수꽃은 포의 아래쪽에 1개씩 달리며 수술은 8개다. 포는 광난형이고 붉은색을 띠며 가장자리에 긴 털이 있다. 암꽃차례는 새가지에서 아래를 향해 달리며, 암꽃은 포의 안쪽에 2개씩 달린다.

열매 과수(果穗)는 길이 4~10cm의 긴 원통형이다. 과포는 길이 1~1.8cm이며 가장자리에 불규칙한 톱니가 있다. 소견과는 과포의 기부에 1개씩 달리며 길이 3.5mm 정도의 광난형이다. 표면에는 희미한 능각이 있다.

● 참고

개서어나무에 비해 흔히 잎끝이 꼬리처럼 길게 뾰족해지며, 과포가 좀 더 작고 안쪽 가장자리까지 톱니가 있는 것이 특징이다. 한반도의 중부지방 산림지대에서 신갈나무와 함께 극상림을 이루는 수종이다.

❶암꽃차례(좌)와 수꽃차례(우). 수꽃차례는 포의 끝이 붉은빛을 띤다. ❷잎 ❸겨울눈. 큰 것은 수꽃눈. 작은 것은 잎눈(암꽃이 함께 들어 있기도 함). ❹회색의 수피는 표면이 매끈하여 근육질의 느낌을 준다. ❺서어나무에 생기는 충영 ❻서어나무(좌)와 개서어나무(우)의 과수 비교 ❼수형 ❽과포(좌)와 소견과(우)

✽식별 포인트 열매/수피/잎

2005. 10. 23. 경남 합천군 가야산

2011. 6. 15. 전남 완도군

소사나무
(산서어나무)

Carpinus turczaninovii Hance

자작나무과 BETULACEAE Gray

●**분포**
중국(동북부), 일본(혼슈 이남), 한국
❖**국내분포/자생지** 주로 서남해 바닷
가에 접한 산지의 능선 및 바위지대,
강원 일부 내륙 지역
●**형태**
수형 낙엽 관목 또는 소교목이며 높이
3~10m, 지름 30cm까지 자란다.
수피 짙은 회색이며 세로로 불규칙하
게 갈라진다.
잎 어긋나며 길이 2.5~6cm의 광난형
또는 난상 타원형이다. 끝은 뾰족하고
밑부분은 쐐기형이거나 둥글며, 가장
자리에는 작고 뾰족한 겹톱니가 있다.
잎자루는 길이 4~10mm이며 초기에는
털이 밀생한다.
꽃 암수한그루이며, 꽃은 4월에 잎이
나기 직전에 핀다. 수꽃차례는 길이 3
~5cm이며 2년지에서 아래로 드리운
다. 수꽃의 포는 적색을 띤다. 암꽃차
례는 새가지의 잎 사이에서 나오며, 암
술대는 적색이다.
열매 과수(果穗)는 길이 3~6cm로 짧
으며 8~9월에 익는다. 과포는 길이 1
~1.8cm의 난형이며 보통 4~8개가 있
고, 가장자리에는 뾰족한 톱니가 불규
칙하게 나 있다. 소견과는 길이 3~4
mm의 난형이며 과포의 기부에 달린다.
표면에는 뚜렷한 능각이 있다.
●**참고**
잎이 작고 끝이 꼬리처럼 뾰족하지 않
으며, 과수의 길이가 짧고 과포의 수가
적은 것이 특징이다. 강원 일대의 석회
암 산지에도 불연속적으로 분포하며,
일부 산지에서는 큰 군락을 이루기도
한다.

❶암·수꽃차례(화살표는 암꽃차례의 위치)
❷잎. 측맥은 9~13쌍이며 뒷면 맥겨드랑이
와 맥 위에 털이 있다. ❸겨울눈. 적갈색의
장난형이고 인편의 가장자리에는 백색 털이
있다. ❹소사나무에 생기는 충영 ❺수피. 서
어나무보다 수피 표면이 거칠다. ❻수형 ❼
과포(좌)와 소견과(우)
❊식별 포인트 잎/열매/겨울눈

209

개서어나무
(개서나무)
Carpinus tschonoskii Maxim.

자작나무과 BETULACEAE Gray

● **분포**

중국(중남부), 일본(혼슈 이남), 한국

❖**국내분포/자생지** 경남, 전북, 전남 및 제주의 산지

● **형태**

수형 낙엽교목이며 높이 15m, 지름 70cm까지 자란다.

수피/겨울눈 수피는 회색이며 근육 모양으로 울퉁불퉁하고, 표면이 잘 갈라진다. 겨울눈은 길이 4~8mm의 난형이며 인편은 12~14개다.

잎 어긋나며 길이 5~12cm의 난형 또는 난상 타원형이다. 끝은 뾰족하고 밑부분은 넓은 쐐기형이거나 둥글며, 가장자리에는 작고 뾰족한 겹톱니가 나 있다. 표면 맥 사이, 그리고 뒷면의 맥 위와 맥겨드랑이에 털이 밀생한다. 잎자루에도 털이 밀생한다.

꽃 암수한그루이며, 꽃은 4월에 잎이 나면서 동시에 핀다. 수꽃차례는 황갈색이고 길이 5~8cm이며, 2년지에서 아래로 드리운다. 수꽃은 포의 아래쪽에 1개씩 달린다. 포는 난상 원형이고 가장자리에 긴 털이 많다. 암꽃차례는 새가지에서 아래를 향해 달리며, 암꽃은 포의 안쪽에 2개씩 달린다.

열매 과수(果穗)는 길이 4~12cm이며 과포는 길이 1.5~3cm로 좌우비대칭이다. 소견과는 과포의 기부에 달리며, 길이 4~5mm의 난형 또는 광난형이고 표면에 능각이 있다.

● **참고**

서어나무와 비교해 잎 표면의 맥 사이에 털이 밀생하며 과포가 좀 더 크고 과포의 바깥 가장자리에만 톱니가 있는 것이 특징이다.

❶수꽃차례(좌)와 암꽃차례(화살표). 수꽃차례의 포는 서어나무만큼 붉지 않으며 털이 더 많다. ❷과수 ❸잎. 측맥은 12~15쌍이며 맥 사이에 털이 밀생하다가 차츰 없어진다. ❹겨울눈. 서어나무와 흡사하다. ❺수피. 서어나무와 비슷하지만, 수피의 표면이 더 거칠다. ❻과포(좌)와 소견과(우). 과포의 바깥쪽 가장자리에만 톱니가 있다. ❼수형
✿식별 포인트 수피/잎/열매

2010. 7. 23. 전남 해남군 두륜산

새우나무
Ostrya japonica Sarg.

자작나무과 BETULACEAE Gray

● 분포
중국(중남부), 일본(홋카이도 중부 이남에 드물게 분포), 한국
❖국내분포/자생지 전남, 제주(한라산)의 산지에 드물게 자람

● 형태
수형 낙엽 교목이며 높이 25m, 지름 30㎝ 정도로 자란다.
겨울눈 길이 2~5mm의 난형이며 인편은 6~10개다.
잎 어긋나며 길이 6~12㎝의 난형-난상 타원형이다. 끝은 뾰족하고 밑부분은 넓은 쐐기형이거나 둥글며, 가장자리에는 불규칙한 겹톱니가 나 있다.
꽃 암수한그루이며, 꽃은 4~5월에 잎이 나면서 동시에 핀다. 수꽃차례는 황록색이고 길이 5~6㎝이며, 2년지의 끝에서 아래로 드리운다. 수꽃은 포의 아래쪽에 1개씩 달리며 수술은 8개다. 암꽃차례는 새가지 끝부분에서 아래를 향해 달리며, 길이 1.5~2.5㎝이고 녹색을 띤다. 암꽃은 광난형의 포 안쪽에 2개씩 달린다.
열매 과수(果穗)는 길이 5~6㎝이며 과포는 장타원형의 주머니 모양이고 은백색에서 갈색으로 변한다. 소견과는 과포 속에 1개씩 달리며, 길이 5~6mm의 삼각상 난형 또는 장타원형이고 광택이 있다.

● 참고
주머니 모양의 과포가 소견과를 완전히 감싸며, 수꽃차례가 겉으로 드러나서 월동하는 점이 서어나무속(*Carpinus*)의 여타 종들과 다르다.

2007. 8. 15. 전남 해남군

❶수꽃차례(좌)와 암꽃차례(화살표). 수술에는 긴 털이 밀생한다. ❷암꽃차례 ❸과수. 과포 속에는 소견과가 1개씩 들어 있다. ❹어린 가지와 엽축에는 샘털(선모)과 더불어 긴 털이 많다. ❺겨울눈 ❻수피. 적갈색이며, 오래되면 긴 조각이 세로로 벗겨진다. ❼소견과(좌)와 과포(우). 소견과는 표면에 뚜렷한 능각이 있다.
✿식별 포인트 수피/열매/어린가지/엽축

피자
식물문

MAGNOLIOPHYTA

목련강
MAGNOLIOPSIDA

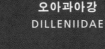

오아과아강
DILLENIIDAE

차나무과 THEACEAE
작약과 PAEONIACEAE
다래나무과 ACTINIDIACEAE
담팔수과 ELAEOCARPACEAE
피나무과 TILIACEAE
벽오동과 STERCULIACEAE
아욱과 MALVACEAE
산유자나무과 FLACOURTIACEAE
위성류과 TAMARICACEAE
버드나무과 SALICACEAE
매화오리과 CLETHRACEAE
시로미과 EMPETRACEAE
진달래과 ERICACEAE
암매과 DIAPENSIACEAE
감나무과 EBENACEAE
때죽나무과 STYRACACEAE
노린재나무과 SYMPLOCACEAE
자금우과 MYRSINACEAE

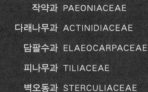

사스레피나무
Eurya japonica Thunb.

차나무과 THEACEAE Mirb.

●**분포**
중국(남부), 일본(혼슈 이남), 한국

❖**국내분포/자생지** 경남, 전남, 전북, 남해 도서 및 제주의 해안가와 산지

●**형태**
수형 상록 관목 또는 소교목이며 높이 2~4(~10)m까지 자란다.

겨울눈 잎눈은 좁은 피침형이고 가지 끝에 달리며, 꽃눈은 둥글고 잎겨드랑이에 여러 개씩 모여난다.

잎 어긋나며 길이 3~7cm의 타원형-도 피침형이다. 끝은 뾰족하며 밑부분은 차츰 좁아진다. 잎자루는 길이 2~4mm다.

꽃 암수딴그루(간혹 암수한그루, subdioecious)이며, 2~4월에 잎겨드랑이에서 황백색의 꽃이 1~3개씩 모여난다. 꽃은 지름 2.5~5mm의 종형이며 아래를 향해 달린다. 수꽃의 꽃받침은 길이 2mm 정도의 난형-아원형이며, 꽃잎은 5개이고 길이 4mm 정도의 장타원형-도란형이다. 수술은 12~15개이고 암술대는 퇴화되어 있다. 암꽃의 꽃받침은 길이 1.5mm 정도의 난형이며, 꽃잎은 길이 2.5~3mm의 장타원형이다. 자방은 구형이고 털이 없으며, 암술대는 길이 1.5mm이고 끝이 3갈래로 깊게 갈라진다.

열매/종자 열매(漿果)는 지름 5mm 정도의 구형이며 10~11월에 흑자색으로 익는다. 종자는 길이 2mm 정도이고 적갈색이며 불규칙하게 각진다.

●**참고**
꽃에서 특유의 자극적이고 강한 냄새가 나는데, 이로 인해 국내의 어느 유명 관광지에서 화장실 냄새가 난다는 민원이 발생한 일도 있다.

2001. 10. 25. 제주

❶암꽃. 수꽃보다 성기게 핀다. ❷수꽃 ❸열매 ❹잎. 두꺼운 가죽질이며 끝이 뾰족하고 가장자리에는 얕고 둔한 톱니가 있다. ❺잎눈. 겨울눈은 겉으로 드러나 있다. ❻종자. 표면에는 그물 모양의 돌기가 있다. ❼수형
✽식별 포인트 열매/잎/개화기

2001. 10. 26. 제주

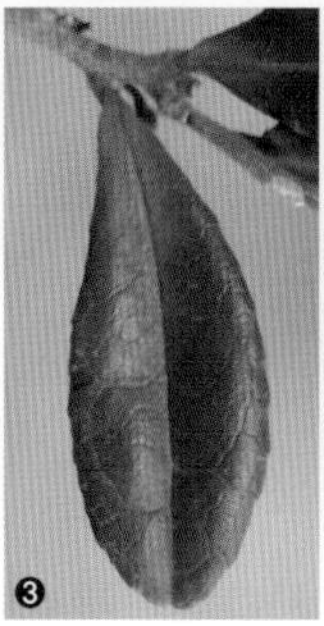

우묵사스레피나무

Eurya emarginata (Thunb.) Makino

차나무과 THEACEAE Mirb.

●분포

중국(남부), 일본(혼슈 이남), 타이완, 한국

❖국내분포/자생지 남부지방, 남해 도서 및 제주의 바닷가

●형태

수형 상록 관목 또는 소교목이며 높이 2~6m로 자란다. 바닷가의 바람이 많은 곳에서는 바닥에 눕거나 비스듬히 기울어져 자란다.

잎 어긋나며 길이 2~4㎝의 도란형이다. 끝은 둥글거나 오목하며, 밑부분은 좁아져서 쐐기형이 된다. 잎자루는 길이 2~3㎜다.

꽃 암수딴그루이며, 꽃은 10~12월에 잎겨드랑이에서 황백색의 꽃이 1~4개씩 모여난다. 꽃은 지름 2~6㎜의 종형이고 아래를 향해 달리며 강한 냄새가 난다. 수꽃의 꽃받침은 길이 1~1.5㎜의 아원형이며, 꽃잎은 5개이고 길이 3.5㎜ 정도의 장타원형-도란형이다. 암꽃의 꽃잎은 길이 2.5~3㎜의 장타원형이다. 자방은 구형이고 털이 없으며, 암술대는 길이 1㎜ 정도이고 끝이 3갈래로 깊게 갈라진다.

열매 열매(漿果)는 지름 3~4㎜의 구형이며 이듬해 10~11월에 흑자색으로 익는다.

●참고

사스레피나무에 비해 잎끝이 둥글거나 오목하며 잎 가장자리가 뒤로 약간 말린다. 또한 꽃도 사스레피나무(2~4월)와 달리 보통 10~12월에 피며, 주로 갯바위, 바닷가의 풀밭 및 산지 등 바다와 인접해서 분포한다.

❶암꽃. 수꽃에 비해 다소 소형이다. ❷수꽃. 수술은 10~15개이며 암술대는 퇴화해 있다. ❸잎. 두꺼운 가죽질이며 끝이 둥글고 가장자리는 뒤쪽으로 살짝 말린다. ❹잎눈 ❺수피. 연한 회갈색이며 세로로 얕게 갈라진다. ❻종자. 표면은 짙은 적갈색이며 그물 모양의 돌기가 있다. ❼수형. 바닷가의 나무는 환경의 영향으로 수관이 납작하다.

✲식별 포인트 잎/개화기(10~12월)/자생지(주로 해안가)

후피향나무
Ternstroemia gymnanthera
(Wight & Arn.) Bedd.

차나무과 THEACEAE Mirb.

● **분포**

중국(중남부), 일본(홋카이도 중부 이남), 인도, 부탄, 라오스, 미얀마, 캄보디아, 타이, 베트남, 한국

❖ **국내분포/자생지** 제주의 바닷가 및 산지 숲속

● **형태**

수형 상록 교목이며 높이 10~15m까지 자란다.

겨울눈 짙은 적색의 반구형이며 인편은 7~9개이고 털이 없다.

잎 어긋나지만 가지 끝에서는 모여 달리며, 길이 4~6cm의 타원상 난형 또는 좁은 도란형이다. 끝은 둔하거나 둥글며 밑부분은 점차 좁아지는 쐐기형이다. 표면은 광택이 나고 뒷면은 연한 녹색이며, 측맥은 불분명하다. 잎자루는 길이 4~6mm이며 붉은빛이 돈다.

꽃 수꽃양성화딴그루(웅성양성이주)다. 6~7월에 지름 1.5cm가량의 황백색 꽃이 잎겨드랑이에서 아래를 향해 달린다. 꽃잎은 5개이고 길이 8~10mm의 좁은 장타원형이며 수술은 여러 개다. 양성화의 자방은 난상 구형이며, 암술대가 짧고 암술머리는 2갈래로 갈라진다. 꽃받침열편은 5개이며, 꽃자루는 길이 1~2cm이고 아래로 굽는다.

열매/종자 열매(蒴果)는 지름 1~1.5cm의 구형이며 10~11월에 적색으로 익는다. 종자는 길이 7mm 정도의 도란형이며 주황색을 띤다.

● **참고**

양성화와 수꽃이 딴그루로 피는 것이 특징이며, 양성화는 자방 상위이고 수꽃은 암술이 퇴화해 있다.

❶양성화. 중앙에 난상 구형의 자방이 있다. ❷수꽃 ❸열매. 껍질은 다육질이고 익으면 불규칙하게 갈라진다. ❹잎. 두꺼운 가죽질이며 가장자리가 밋밋하다. ❺겨울눈은 반구형이다. ❻수형. 가지가 많이 나와 타원형의 수형을 이룬다. ❼종자. 표피의 주황색은 쉽게 벗겨진다.
✽식별 포인트 잎/열매/겨울눈

2007. 7. 26. 제주

2008. 10. 20. 제주 서귀포시

비쭈기나무
(빗죽이나무)
Cleyera japonica Thunb.

차나무과 THEACEAE Mirb.

●**분포**

중국(남부), 일본(홋카이도 이남), 타이완, 네팔, 미얀마, 한국

❖**국내분포/자생지** 남해 도서 및 제주의 산지

●**형태**

수형 상록 교목이며 높이 10m까지 자라지만 보통 소교목상으로 자란다.

수피/겨울눈 수피는 짙은 적갈색이고 매끈하며 작은 피목이 발달한다. 겨울눈은 인편이 없이 드러나 있으며, 길이 1.3cm 정도의 좁은 피침형이고 활 또는 낫 모양으로 굽어 있다.

잎 어긋나며 길이 7~10cm의 타원형 또는 넓은 피침형이다. 끝은 뾰족하거나 둥글고 밑부분은 쐐기형이며, 가장자리가 밋밋하다. 표면은 짙은 녹색이고 광택이 나며 뒷면은 밝은 녹색이다. 측맥은 그다지 뚜렷하지 않다.

꽃 6~7월에 연한 황백색의 양성화가 잎겨드랑이에 1~3개씩 모여 달린다. 꽃잎은 길이 8mm 정도의 장타원형이고, 수술은 25~30개이며 암술은 1개다. 자방은 구형이고 털이 없으며, 암술대는 길이 6mm 정도이고 끝이 2갈래로 갈라진다.

열매/종자 열매(漿果)는 지름 7~9mm의 구형이며 11~12월에 흑자색으로 익는다. 종자는 지름 2mm 정도의 편구형이며 짙은 갈색-흑갈색이다.

●**참고**

후피향나무에 비해 꽃이 작으며, 열매가 흑자색이고 익어도 갈라지지 않는다. 국명은 겨울눈이 뾰족(삐죽)하게 생긴 특징에서 유래했다. 비쭈기나무의 가지와 목재는 일본 고유 종교인 신토(神道)의 제례에서 사용되므로, 신성한 나무로 여겨 신사 경내에 많이 심는다.

❶❷꽃. 처음에는 백색이다가 차츰 황백색으로 변한다. ❸열매. 흑자색으로 익는다. ❹잎. 가죽질이며 가장자리가 밋밋하다. ❺겨울눈. 활처럼 굽은 형태가 독특하다. ❻수피. 적갈색이 돌며 피목이 있다. ❼종자는 광택이 나는 흑갈색이다.

❖**식별 포인트** 겨울눈/열매

노각나무

Stewartia pseudocamellia
Maxim.
(*Stewartia koreana* Nakai ex
Rehder)

차나무과 THEACEAE Mirb.

● **분포**
일본(혼슈 이남), 한국
❖ **국내분포/자생지** 전북(덕유산), 충
북(민주지산, 속리산)

● **형태**
수형 낙엽 교목이며 높이 7~15m까지
자란다.

수피/겨울눈 수피는 회갈색이며, 오래
되면 얇고 큰 조각으로 떨어져 황갈
색-적갈색의 얼룩이 생긴다. 겨울눈
은 길이 9~13mm의 다소 납작한 방추
형이다.

잎 어긋나며 길이 4~10cm의 타원형
또는 장타원형이다. 끝은 둥글거나 뾰
족하고 밑부분은 쐐기형 또는 넓은 쐐
기형이며, 가장자리에는 물결 모양의
톱니가 있다. 표면은 맥이 들어가 주름
져 보이며 뒷면에는 누운털이 있고, 맥
겨드랑이에 털이 밀생한다. 잎자루는
길이 3~10mm다.

꽃 6~8월에 지름 5~6cm인 백색의
양성화가 핀다. 꽃받침은 끝이 둥글고
털이 있다. 꽃잎은 5~6개이고 도란형
이며, 가장자리에 미세한 톱니가 있고
겉에는 털이 밀생한다. 수술은 다수이
며 암술대에도 털이 밀생한다.

열매/종자 열매(蒴果)는 지름 1.5cm 정
도의 5각상 난형이며 끝이 까락처럼
길다. 9~10월에 익으며 5갈래로 벌어
져 종자가 떨어진다. 종자는 길이 6mm
정도의 타원형이다.

● **참고**
일본에 분포하는 개체와 비교해 잎이
대형이고 꽃자루가 긴(길이 2.5cm 이
상) 특징으로 한반도 고유종으로 보는
견해도 있다. 국명은 수피가 노루의 뿔
과 닮은 나무라는 뜻에서 유래했다고
하나 출처가 불분명하다.

❶꽃 ❷열매는 5각상 난형이다. ❸잎. 표면
은 맥이 들어가 주름져 보인다. ❹겨울눈.(ⓒ
현익화) 인편은 2~5개이며 가장자리가 백
색 털로 덮여 있다. ❺수피. 얼룩무늬가 특징
적이다. ❻종자. 가장자리에 미약한 날개가
있다.
✽식별 포인트 수피/꽃

2010. 7. 27. 경남 합천군 가야산

2010. 11. 6. 경남 하동군

차나무
Camellia sinensis (L.) Kuntze
(*Thea sinensis* L.)

차나무과 THEACEAE Mirb.

● **분포**
중국(서남부) 원산

❖ **국내분포/자생지** 경남, 전북 이남에 서 재배

● **형태**
수형 상록 관목이며 높이 1~5m까지 자란다. 중국 원난성의 자생지에서는 높이 9m까지 자라기도 한다.

수피/겨울눈 수피는 회백색이며 매끈 하다. 겨울눈은 은회색이고, 광택이 난다.

잎 어긋나며 길이 5~12cm의 타원형이 다. 끝은 둔하고 밑부분은 쐐기형이며, 가장자리에는 물결 모양의 잔톱니가 있다. 엽질은 가죽질이며 측맥은 7~9 쌍이다. 표면은 광택이 나며 뒷면에는 긴 누운털이 있으나 차츰 없어진다. 잎 자루는 길이 3~7mm다.

꽃 꽃은 10~11월에 백색의 양성화가 가지의 잎겨드랑이에서 1~3개씩 밑 을 향해 달린다. 꽃잎은 5~7개이며 원형이고 끝이 둥글다. 수술은 다수이 며, 암술대는 1개이고 윗부분에서 3갈 래로 갈라진다. 자방은 구형이고 기부 에 털이 있다. 꽃자루는 길이 1.2~1.4 cm이고 아래로 굽는다.

열매/종자 열매(蒴果)는 지름 1.5~2 cm의 편구형이며 이듬해 8~10월에 익 는다. 익으면 3갈래로 갈라진다. 종자 는 길이 1cm 전후의 구형이며 갈색-적 갈색을 띤다.

● **참고**
꽃이 백색이고 줄기 아래쪽에서 피며, 꽃받침이 열매가 익을 때까지 남아 있 는 것이 특징이다. 차나무의 새순과 겨 울눈을 재료로 차(tea)를 만든다. 국명 은 중국명(茶)에서 유래했다.

❶꽃. 지름 2~3cm이며 아래를 향해 핀다. ❷ 열매. 구형 또는 편구형이며 3갈래의 골이 진 다. ❸잎. 그물 모양의 맥이 뚜렷하다. ❹수피 ❺수형. 국내에서 가장 오래된 차나무(경남 하 동군). ❻종자 ❼차밭(전남 보성군) ✴식별 포인트 잎/꽃/열매

동백나무
Camellia japonica L.

차나무과 THEACEAE Mirb.

2002. 4. 6. 경북 울릉도

●**분포**
중국(산동반도, 저장성), 일본(중부 이남), 타이완, 한국
❖**국내분포/자생지** 경기(백령도), 충남, 경남, 경북(울릉도), 전남, 전북 및 제주의 바다 가까운 산지에 주로 분포
●**형태**
수형 상록 소교목 또는 교목이며, 보통 높이 2~6m 정도로 자라지만 간혹 높이 10m까지 자라기도 한다.
수피 황갈색-회갈색이며 매끈하다.
잎 어긋나며 길이 5~10cm의 장타원형 또는 난상 타원형이다. 끝은 뾰족하고 밑부분은 둥글거나 쐐기형이며, 가장자리에는 잔톱니가 촘촘히 나 있다. 표면은 녹색이고 광택이 나며 측맥은 6~9쌍이다. 잎자루는 길이 1~1.5cm다.
꽃 지름 5~7cm의 적색 양성화가 11~12월에 피기 시작해 이듬해 4~5월까지 계속 개화한다. 꽃잎은 5~7개이며 길이 3~5cm로 다소 두툼하다. 꽃받침 열편은 흑갈색이며 바깥면에 털이 밀생한다. 수술은 다수다. 자방에는 털이 없으며, 암술대의 끝은 3갈래로 갈라진다.
열매/종자 열매(蒴果)는 지름 2.5~3.5cm의 구형이며 9~10월에 익는다. 종자는 길이 1~2cm의 각진 구형이며 갈색이다.
●**참고**
국명은 '겨울(冬)에도 푸르른 나무(栢)'라는 뜻에서 유래했다. 내륙에서는 특히 전북 고창의 선운사 동백나무 숲(천연기념물 제184호)과 전남 강진의 백련사 동백나무 숲(천연기념물 제151호)이 유명하다. 이름이 비슷한 애기동백(*C. sasanqua* Thunb.)은 동백나무에 비해 잎이 다소 작고 초겨울(11~12월)에 꽃이 피며 꽃잎이 더 벌어지는 나무로서 일본 고유종이다.

❶꽃은 가지의 끝에 핀다. ❷동백꽃의 자방에는 털이 없다. ❸열매. 익으면 3갈래로 벌어진다. ❹❺잎은 가죽질이며 양면에 털이 없다. ❻잎눈 ❼꽃눈 ❽종자

❾자생지의 풍경 ❿분홍동백 ⓫흰동백 ⓬수피 ⓭-⓱애기동백 ⓭애기동백. 산다화(山茶花)라고도 한다. ⓮동백나무와 달리 애기동백은 꽃의 자방에 털이 밀생한다. ⓯애기동백의 겨울눈 ⓰애기동백의 미성숙한 열매 ⓱애기동백 원예품종의 일종. 남부지방과 제주에서 조경용으로 흔히 심는다.
✱식별 포인트 잎/꽃/열매

모란(목단)
Paeonia suffruticosa Andrews

작약과
PAEONIACEAE Raf.

● **분포**
중국(안후이성, 허난성 서쪽) 원산이며
절벽지에 자생
❖ **국내분포/자생지** 전국적으로 식재

● **형태**
수형 낙엽 관목이며 높이 1~1.5m 정
도로 자란다.
줄기 회갈색이며 가지가 굵다.
잎 3출엽 또는 2회 3출엽이다. 작은잎
은 장난형 또는 난형이고 2~5갈래로
갈라지며, 뒷면은 흔히 흰빛이 돈다.
꽃 4~5월에 양성화가 가지 끝에 1개
씩 피며 지름 10~17㎝다. 꽃받침열편
은 5개로 광난형인데, 크기가 서로 다
르며 가장자리에는 불규칙한 결각이
있다. 꽃잎은 5~11개로 도란형이며
백색, 분홍색, 적색, 적자색 등 색깔이
다양하다. 끝은 불규칙하게 안으로 굽
는다. 수술은 다수이고 길이는 1.3㎝
정도다. 암술은 2~6개이고 황갈색 털
이 밀생하며 암술머리는 적색이다.
열매/종자 열매(蓇葖果)는 장타원형
이며 황갈색 털이 밀생한다. 종자는 둥
글며 흑색이다.

● **참고**
작약이 초본인 데 비해 모란은 목본성
이고 화탁(꽃턱)이 주머니처럼 되어
자방을 감싸는 것이 특징이다. 1994년
중국의 전국국화선정위원회에서 모란
을 국화로 결정했으나 1995년 농업부
에서 결론을 유보했고, 이후 2018년
현재까지 공식적으로 지정된 중국의
국화는 없다. 모란은 매화와 더불어 중
국인이 가장 애호하는 꽃이다. 원산지
인 중국을 비롯하여 세계 각지에서 다
양한 재배종들을 식재하고 있다(대표
사진도 재배종).

❶꽃의 종단면. 화탁이 자방을 감싸고 있다.
❷다양한 품종의 꽃. 모란은 2,000년 전부터
재배해왔으며 수백 종류의 재배품종이 있다.
❸열매. 장타원형이며 황갈색 털이 밀생한
다. ❹잎 ❺겨울눈 ❻종자
❋식별 포인트 꽃/잎

2009. 4. 30. 서울시 덕수궁

2008. 6. 16. 강원 정선군 가리왕산

다래

Actinidia arguta (Siebold & Zucc.) Planch. ex Miq.

다래나무과
ACTINIDIACEAE Gilg & Werderm.

● **분포**

중국, 일본, 타이완, 한국

❖ **국내분포/자생지** 전국의 산지에 흔히 자람

● **형태**

수형 낙엽 덩굴성 목본이며 길이 10m 이상 자람.

수피 회갈색이며 불규칙하게 종잇장처럼 벗겨진다.

잎 어긋나며 길이 6~12cm의 타원형-광난형이고, 가장자리에는 작은 가시 같은 톱니가 촘촘히 나 있다. 끝은 좁아져서 뾰족하게 되며 밑부분은 둥글거나 심장형이다.

꽃 수꽃양성화딴그루(웅성양성이주)다. 꽃은 지름 1.2~2cm이고, 5~6월에 줄기 윗부분의 잎겨드랑이에 백색의 꽃이 1~7개씩 모여 달린다. 꽃잎은 4~6개이며 길이 7~9mm의 원형 또는 도란형이다. 자방은 길이 6~7mm의 호리병 모양이고 털이 없으며, 암술대는 선형이다. 수술은 다수이며 꽃밥은 흑색 또는 암자색이다. 수꽃은 암술이 퇴화되어 있고, 양성화의 수술보다 수술 길이가 더 길다.

열매 열매(漿果)는 길이 2~2.5cm의 광타원형이며 9~10월에 녹황색으로 익는다.

● **참고**

줄기의 종단면이 갈색 계단상이며 수술의 꽃밥이 검은색인 점이 특징이다. 국명은 '열매가 달다(달애→다래)'라는 뜻에서 유래한 것으로 추정된다.

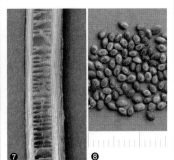

❶양성화. 자방에는 털이 없다. ❷수꽃. 수꽃에도 암술대의 흔적이 남아 있다. 자방에는 털이 없다. ❸열매. 녹황색으로 익는다. ❹잎. 잎자루는 붉은빛을 띠며 억센 털과 부드러운 털이 함께 나 있다. ❺겨울눈은 엽흔 속에 숨어 있다. ❻수피는 껍질이 일어나 얇게 벗겨진다. ❼줄기의 종단면 ❽종자. 길이 2mm 정도의 타원형이다.

✱식별 포인트 잎/꽃(꽃밥, 자방)/열매/줄기(종단면)/수피

223

섬다래

Actinidia rufa (Siebold & Zucc.)
Planch. ex Miq.

다래나무과
ACTINIDIACEAE Gilg & Werderm.

2007. 10. 11. 전남 여수시 거문도

● **분포**

일본, 타이완, 한국

❖**국내분포/자생지** 남해 도서(거문도,
손죽도, 흑산도, 가거도, 통영 등) 및
제주에 드물게 자람

● **형태**

수형 낙엽 덩굴성 목본이며 길이 10m
이상 자란다.

잎 어긋나며 길이 6~13cm의 타원형
또는 광난형이다. 가장자리에 작은 가
시 같은 톱니가 촘촘히 나 있다.

꽃 수꽃양성화딴그루(웅성양성이주)
다. 꽃은 지름 1.2~1.8cm이고 6월에 백
색으로 핀다. 꽃잎은 도란형이며, 꽃자
루와 꽃받침에 갈색의 부드러운 털이
밀생한다. 수술은 다수이며 꽃밥은 황
색이다. 자방은 지름 6~7mm의 구형이
고 갈색의 잔털이 밀생한다.

열매 열매(漿果)는 길이 3~4cm의 광
타원형이고 표면에 희미한 피목이 있
으며, 11~12월에 짙은 녹갈색으로 익
는다.

● **참고**

섬다래는 다래와 잎이 유사해 혼동하
기 쉬우나, 잎 뒷면 맥겨드랑이에만
털이 나 있고 새순이 나올 때 붉은빛
을 띠며, 꽃자루와 꽃받침, 자방에 갈
색의 부드러운 털이 밀생하는 점이 다
르다. 일본과 중국의 문헌에는 섬다래
의 꽃(특히 수꽃)에 관해 정확하게 기
술되어 있지 않거나 암수한그루로 잘
못 알려져왔다.

❶양성화. 자방은 갈색 털로 덮여 있다. ❷수
꽃. 수꽃에도 갈색 털로 덮인 암술의 흔적이
남아 있다. ❸잎 ❹잎 뒷면. 뒷면 맥겨드랑이
에만 갈색 털이 있다. ❺수피. 오래되면 거북
의 등처럼 불규칙하게 갈라진다. ❻줄기의
종단면은 갈색의 계단상이다. ❼겨울눈. 엽
흔 속에 숨어 있던 은아(隱芽)가 터져 나오는
모습. ❽종자
✽식별 포인트 꽃(꽃자루, 꽃받침, 자방의
털)/잎(뒷면)/줄기(종단면)

2006. 6. 28. 전남 해남군

❶

❷

❸

❹

❺

❻

양다래(키위프룻)

Actinidia deliciosa (A. Chev.) C. F. Liang & A. R. Ferguson
[*Actinidia chinensis* var. *deliciosa* (A. chev.) A. chev.]

다래나무과
ACTINIDIACEAE Gilg & Werderm.

● **분포**
중국(중남부) 원산
✤ **국내분포/자생지** 남부지방에서 재배하며 종종 산지에 야생화되기도 함
● **형태**
수형 낙엽 덩굴성 목본이며 길이 10m 이상 자란다.
어린가지 붉은빛이 돌며 적갈색의 길고 억센 털이 밀생한다.
잎 어긋나며 길이 6~17cm의 도란형-아원형이며 뒷면에 백색 또는 갈색의 성상모가 밀생한다. 끝은 평평하거나 약간 뾰족하며 밑부분은 둥글거나 심장형이다. 측맥은 5~8쌍이다. 잎자루는 적갈색의 긴 털이 밀생한다.
꽃 수꽃양성화딴그루(웅성양성이주)다. 꽃은 5~6월에 줄기 윗부분의 잎겨드랑이에서 나온 꽃차례에 여러 개가 모여 핀다. 꽃은 지름 3~4cm이고 백색이며 향기가 있다. 꽃잎은 5개이고 장타원상 난형 또는 광난형이다. 꽃밥은 황색이며, 꽃받침과 자방에는 연한 황색의 잔털이 밀생한다.
열매 열매(漿果)는 광타원형이고 길이 3~5cm이지만, 개량품종들은 이보다 훨씬 더 크다(길이 8cm 정도). 표면에는 갈색 털이 밀생하고 꽃받침 흔적이 남는다.
● **참고**
중국에서 도입하여 뉴질랜드에서 개량한 과실수 품종을 전 세계적으로 널리 식재하고 있다. 키위프룻이라는 이름은 뉴질랜드에 서식하는 날지 못하는 새 '키위'(kiwi)에서 유래한다. 중국다래(A. chinensis Planch, 골드키위)는 열매의 표면에 털이 없고 끝이 좀 더 뾰족하다.

❶양성화(개화 말기에는 꽃잎이 황갈색으로 변함). 자방에는 털이 밀생한다. ❷수꽃 ❸열매. 표면에는 갈색 털이 밀생한다. ❹잎 ❺줄기의 종단면은 갈색의 계단상이다. ❻종자
✿식별 포인트 열매/줄기

개다래

Actinidia polygama (Siebold & Zucc.) Planch. ex Maxim.

다래나무과
ACTINIDIACEAE Gilg & Werderm.

2004. 10. 11. 강원 태백시 태백산

● **분포**

중국, 일본, 러시아, 한국

❖ **국내분포/자생지** 전국(주로 지리산 이북)의 계곡 및 하천가 사면

● **형태**

수형 낙엽 덩굴성 목본이며 길이 10m 정도로 자란다.

겨울눈 줄기 속에 숨어 있으나 일부는 드러나 있다(半隱芽).

잎 어긋나며 길이 6~14cm의 광난형이다. 끝은 뾰족하고 밑부분은 둥글거나 평평하며, 가장자리에는 잔톱니가 촘촘히 나 있다. 꽃이 달리는 가지 윗부분의 잎은 개화기에 표면이 백색이거나 백색의 무늬가 생긴다.

꽃 모호한 암수딴그루(cryptic dioecy)다. 6~7월에 새가지 중간 부근의 잎겨드랑이에서 백색의 꽃이 아래를 향해 달린다. 꽃은 지름 2~2.5cm이고 향기가 있다. 꽃잎은 길이 1~1.2cm의 광타원형이다. 수술은 다수이며 꽃밥은 황색이다. 암꽃의 자방은 장타원형이고 털이 없으며, 암술대는 선형이고 여러 개가 방사상으로 퍼져서 달린다.

열매 열매(漿果)는 길이 2.5~3cm의 장타원형이며 끝이 뾰족하고, 10월에 밝은 황색(오렌지색)으로 익으며 맵고 단맛이 난다.

● **참고**

줄기 단면의 수(髓)가 백색이며 계단상이 아닌 것이 쥐다래와의 차이점이다. 외관상 양성화로 보이는 개다래의 꽃은 수술이 불임인 것으로 밝혀졌으므로 암꽃으로 볼 수도 있다. *Actinidia* 속의 다른 식물도 양성화 수술의 임성 여부를 재확인해볼 필요가 있다.

❶양성화 또는 암꽃(수술은 불임) ❷불임성 수술이 없는 암꽃. 간혹 암그루에 섞여 핀다. ❸수꽃 ❹잎 양면의 맥 위에는 억센 털이 흩어져 난다. ❺겨울눈 ❻수형 ❼줄기의 종단면. 골 속은 백색의 수(髓)로 꽉 차 있다. ❽종자

✱식별 포인트 개화기의 잎/줄기(종단면)/열매

2008. 6. 22. 경기 가평군 화악산

쥐다래

Actinidia kolomikta (Maxim. & Rupr.) Maxim.

다래나무과
ACTINIDIACEAE Gilg & Werderm.

●**분포**
중국, 일본, 러시아, 한국
❖**국내분포/자생지** 전국(주로 지리산 이북)의 계곡 및 하천가 사면
●**형태**
수형 낙엽 덩굴성 목본이다.
겨울눈 줄기 속에 숨어 있고(隱芽), 겨울눈이 있는 부위는 돌출해 있다.
잎 어긋나며 길이 7~12cm의 광난형 또는 도란형이다. 끝은 뾰족하고 밑부분은 심장형(간혹 둥글거나 평평함)이며, 가장자리에는 잔톱니가 촘촘히 나 있다. 꽃이 달리는 가지 윗부분의 잎은 개화 초기에는 백색이거나 백색 무늬가 생기는데, 개화기가 진행되면서 적색으로 변해간다. 잎자루는 길이 2.5 ~5cm다.
꽃 수꽃양성화딴그루(웅성양성이주) 다. 6~7월에 새가지 아래 부근의 잎겨드랑이에서 백색 또는 분홍색의 꽃이 아래를 향해 달린다. 꽃은 지름 1.2~2 cm이고 향기가 있으며, 꽃잎은 길이 6 ~10mm의 장타원형 또는 난형이다. 수술은 다수이며 꽃밥은 황색이다. 양성화의 자방은 장타원형이고 털이 없으며, 암술대는 선형이고 여러 개가 방사상으로 퍼져서 달린다.
열매 열매(漿果)는 길이 2~2.5cm의 광타원형이며, 9월에 녹황색으로 익는다.
●**참고**
줄기 종단면의 수(髓)가 갈색의 계단상이고 열매 모양이 광타원형이며 끝이 뾰족해지지 않는 것이 개다래와의 차이점이다. 꽃이 달리는 가지 윗부분의 잎에 붉은빛이 돌고 수술의 꽃밥이 황색인 점이 다래와 다르다.

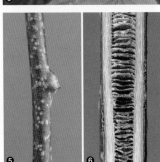

❶양성화 ❷수꽃 ❸열매. 다래와 흡사하며 식용 가능하다. ❹위쪽 가지의 잎은 개화가 진행되면서 잎 전체나 일부분이 백색→적색으로 되었다가 개화기가 지나면 녹백색으로 변한다. ❺겨울눈은 줄기 속에 숨어 있다. ❻줄기의 종단면은 갈색의 계단상이다. ❼종자 ✱식별 포인트 개화기의 잎/열매/줄기의 종단면

담팔수

Elaeocarpus sylvestris (Lour.)
Poir. **var. ellipticus** (Thunb.) H.
Hara

담팔수과
ELAEOCARPACEAE Juss.

●**분포**
중국(남부), 일본(중부 이남), 타이완,
베트남, 한국
❖**국내분포/자생지** 제주(서귀포시) 지
역에 매우 드물게 자생
●**형태**
수형 상록 교목이며 높이 15m, 지름
40~50cm까지 자란다.

수피/겨울눈 수피는 회갈색이며 작은
피목들이 흩어져 있다. 겨울눈은 인편
으로 싸이지 않고 드러나 있으며 백색
털이 나 있다.

잎 어긋나며 길이 5~12cm의 도피침형
또는 장타원상 피침형이다. 가장자리
에 둔한 톱니가 성글게 나 있다. 양면
에 털이 없고 뒷면의 맥겨드랑이에는
막질의 부속체가 있다. 잎자루는 길이
5~15mm다.

꽃 7~8월에 새가지 밑부분의 잎겨드
랑이에서 나온 4~7cm의 꽃차례에 15
~20개 정도의 백색 양성화가 총상으
로 달린다. 꽃받침열편과 꽃잎은 각각
5개씩이며, 꽃잎의 끝이 실처럼 가늘
게 갈라진다. 수술은 15개가량이고 암
술은 1개다.

열매 열매(核果)는 길이 1.5~2cm의 타
원형이며, 11월~이듬해 2월에 흑자색
으로 익는다. 핵은 길이 1.5cm 정도이
고 표면에 그물 모양의 무늬가 있다.

●**참고**
제주에서도 천지연, 천제연 등 서귀포
일대의 몇 곳에서만 소수 개체가 자생
하는 희귀수종이다. 이 중 천지연 자생
지는 천연기념물 제163호로 지정되어
보호를 받고 있다. 담팔수는 연중으로
적색의 잎을 일부 달고 있는 특징 때문
에 멀리서도 쉽게 식별할 수 있다.

❶꽃. 꽃잎은 끝이 실처럼 가늘게 갈라진다.
수술은 회흑색이고 화반은 주황색이다. ❷열
매. 흑자색으로 익는다. ❸잎은 부드러운 가
죽질이고 가장자리에 둔한 톱니가 있다. ❹잎
뒷면의 맥겨드랑이에는 막질의 부속체가 여
러 개 있다. ❺겨울눈 ❻핵 ❼수형
✽식별 포인트 잎(뒷면의 부속체)/열매

2007. 7. 24. 제주 서귀포시

2016. 6. 21. 제주 제주시

보리자나무
Tilia miqueliana Maxim.

피나무과 TILIACEAE Juss.

●**분포**
중국(남부) 원산
❖**국내분포/자생지** 전국의 사찰 일대에 널리 식재

●**형태**
수형 낙엽 교목이며 높이 10m까지 자란다.

잎 어긋나며 길이 (5~)9~12㎝의 난상 원형이다. 끝은 뾰족하고 밑부분은 심하게 비대칭한 심장형이며, 가장자리에는 치아상의 뾰족한 톱니가 있다.

꽃 6월에 잎겨드랑이에서 나온 길이 6~10㎝의 취산꽃차례에 연한 황백색의 양성화가 3~12개 정도 모여 달린다. 포는 길이 8~12㎝의 좁은 도피침형이며 양면에 성상모가 밀생한다. 꽃받침열편은 길이 5~6㎜이며 회색 털이 있다. 꽃잎은 꽃받침열편보다 약간 더 길다. 수술은 꽃받침열편보다 약간 짧고 주걱처럼 생긴 5개의 헛수술이 있다. 자방에는 털이 있으며 암술대는 꽃잎보다 길다.

열매 열매(堅果)는 구형이며 표면에 별 모양의 털이 밀생한다. 종자를 싸고 있는 과피는 목질화되어 단단하다.

●**참고**
불교에서 숭상하는 보리수(菩提樹)는 원래 중국 남부 및 동남아시아 열대 지역에 분포하는 무화과나무류인 *Ficus religiosa*(Sacred Fig, Bodh-Tree)를 일컫는데, 이 나무는 국내에서는 생육이 안 되므로 국내의 사찰 등지에서는 그 대용품으로서 중국 원산의 피나무류인 보리자나무를 식재하고 이를 흔히 보리수로 부르고 있다.

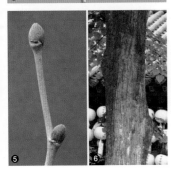

❶꽃차례. 자방의 털은 처음에는 백색이다가 차츰 갈색으로 변한다. ❷열매는 흔히 위아래가 살짝 눌린 듯한 구형이다. 열매로 염주를 만들기도 한다. ❸잎. 광택이 있는 짙은 녹색이며 보통 좌우비대칭이다. 찰피나무에 비해서 폭이 약간 좁고 두껍다. ❹수형 ❺겨울눈. 인편과 어린가지 전체가 갈색 털로 덮여 있다. ❻수피. 회백색이며 오래되면 세로로 불규칙하게 갈라진다. ❼종자
✽식별 포인트 겨울눈/잎/수피/열매

찰피나무

Tilia mandshurica Rupr. & Maxim.
(*Tilia pekingensis* Rupr. ex Maxim.)

피나무과 TILIACEAE Juss.

● **분포**
중국(산동반도 이북), 러시아(동부), 한국

❖ **국내분포/자생지** 제주를 제외한 전국에 분포

● **형태**
수형 낙엽 교목이며 높이 20m, 지름 70cm까지 자란다.

수피/겨울눈 수피는 짙은 회색이고 오래되면 세로로 길게 갈라진다. 겨울눈은 길이 5~8mm의 난형 또는 광난형이며, 황갈색의 짧은 털과 성상모가 밀생한다.

잎 어긋나며 길이 8~13cm의 난상 원형이다. 끝은 짧게 꼬리처럼 뾰족하고 밑부분은 심장형이며, 가장자리는 치아상의 뾰족한 톱니가 있다. 잎자루는 길이 2~5cm이며 털이 밀생한다.

꽃 6~7월에 잎겨드랑이에서 나온 길이 6~9cm의 취산꽃차례에 연한 황백색의 양성화가 6~12(~20)개 정도 모여 달린다. 포는 길이 3~9cm의 좁은 장타원형 또는 좁은 도피침형이며 양면에 성상모가 밀생한다. 꽃받침열편은 길이 5mm 정도이고 뒷면에 털이 있다. 꽃잎은 길이 7~8mm이며, 수술은 꽃받침열편과 길이가 비슷하고 주걱처럼 생긴 5개의 헛수술이 있다. 자방에는 성상모가 밀생하며, 암술대는 길이 4~5mm이고 털이 없다.

열매 열매(堅果)는 길이 7~9mm의 난형 또는 구형이며 5줄의 희미한 능각이 있다. 종자를 싸고 있는 과피는 목질화되어 매우 단단하며 익어도 벌어지지 않는다.

2010. 6. 20. 경기 연천군 고대산

❶❷꽃의 정면과 측면. 개화기에는 향기로운 꽃을 탐스럽게 피운다. ❸열매. 표면에는 성상모가 밀생한다. ❹열매가 난형인 타입 ❺잎 앞면 ❻잎 뒷면. 주로 회백색의 털로 덮여 있어 멀리서 보면 밝은 광택이 난다.

●참고

보리자나무와 비교해 잎 가장자리의 톱니 끝이 까락 모양으로 길고 예리하며, 잎의 폭이 넓은 편이다. 엽질도 더 얇다. 꽃차례의 포(苞)도 더 작지만, 보리자나무와 명확히 구별하기가 쉽지 않다.

❼개화기의 모습. 나무를 뒤덮듯이 풍성하게 꽃을 피운다. ❽겨울눈 ❾수피 ❿종자 ⓫⓬ 수형 ⓭꽃의 비교: 피나무(좌)와 찰피나무(우)
✽식별 포인트 겨울눈/잎/수피/열매

피나무
Tilia amurensis Rupr.

피나무과 TILIACEAE Juss.

● **분포**

중국(동북부), 러시아, 한국

❖ **국내분포/자생지** 전국의 산지

● **형태**

수형 낙엽 교목이며 높이 25m, 지름 1m 이상으로도 자란다.

겨울눈 7~9mm의 광난형이며 털이 없다.

잎 어긋나며 길이 5~12cm의 광난형이 다. 끝은 뾰족하고 밑부분은 심장형이 며, 가장자리에는 치아상 톱니가 있 다. 잎자루는 길이 2~3.5cm이며 털이 없다.

꽃 6~7월에 잎겨드랑이에서 나온 꽃 차례에 백색 양성화가 3~20개 정도 달린다. 포는 길이 3~7cm의 좁은 장타 원상이며 털이 없다. 꽃받침열편은 길 이 5~6mm의 넓은 피침형이며 뒷면에 털이 있다. 꽃잎은 길이 6~7mm이고 수 술은 20개 정도다. 자방에는 털이 밀 생하며, 암술대는 길이 5mm 정도다.

열매 지름 5~8mm의 난형 또는 구형이 며 불명확하게 각이 진다.

● **참고**

피나무에 비해 잎 뒷면 맥겨드랑이에 백색 털이 밀생하는 나무를 섬피나무 (*T. insularis*), 꽃이 피는 줄기의 잎이 3cm 이하로 작은 나무를 뽕잎피나무 (*T. taquetii*), 양면 전체에 흰색 긴 털 이 있는 나무를 털피나무(*T. rufa*)로 구 분하는 의견도 있으나, 피나무는 잎의 크기, 털의 유무 및 종류, 열매의 모양 에서 큰 폭의 변이를 보이고 있어 섬피 나무, 뽕잎피나무 및 털피나무에 대해 서는 분류학적 재검토가 필요하다.

2007. 7. 8. 강원 평창군 계방산

❶꽃. 진하고 달콤한 향기가 난다. ❷❸열매. 난형 또는 구형이고 표면에 성상모가 밀생하 며 익어도 벌어지지 않는다. ❹전형적인 피 나무의 잎은 뒷면 맥겨드랑이에만 갈색 털이 모여난다. ❺겨울눈 ❻❼어린나무(❻)와 성 목(❼)의 수피 변화. 크게 자라면 세로로 얇 게 갈라진다. ❽수형 ❾종자

✱식별 포인트 잎/수피/겨울눈

2010. 7. 16. 전남 완도군

장구밥나무
(장구밤나무)

Grewia biloba G. Don
(*Grewia parviflora* Bunge)

피나무과 TILIACEAE Juss.

● **분포**
중국(산둥반도 이남), 타이완, 한국
❖**국내분포/자생지** 서남해 바닷가 및 도서 지역 산지에 비교적 흔하게 자람. 남부지방에는 내륙 산지에도 분포

● **형태**
수형 낙엽 관목이며 높이 0.5~2m로 자라고 가지가 많이 갈라진다.
잎 어긋나며 길이 4~10cm의 난상 타원형-도란상 타원형이다. 끝은 뾰족하고 밑부분은 둥글거나 쐐기형이며, 가장자리에 불규칙한 톱니가 있다. 양면에 성상모가 있어 촉감이 거칠다. 측맥은 3~5쌍이다. 잎자루는 길이 4~8mm로 짧고 털이 밀생한다.
꽃 암꽃, 수꽃, 양성화가 각각 딴그루에 달린다(잡성이주, trioecious). 6~7월에 잎겨드랑이에서 나온 꽃차례에 백색의 꽃이 모여 달린다. 꽃은 지름 1.2~1.5cm(수꽃은 지름 1.4~1.7cm)다. 꽃받침은 길이 4~7mm의 좁은 장타원형이며, 뒷면에 털이 밀생한다. 양성화는 길이 0.5mm 정도의 자루(androgynophore)에 수술과 암술이 함께 달린다. 수술은 길이 2mm 정도이며, 암술대는 꽃받침과 길이가 비슷하고 자방에는 털이 밀생한다.
열매 열매(核果)는 2~4개의 작은 열매가 모여서 장구 모양으로 보인다. 9~10월에 적색으로 익는다.

● **참고**
여러 국내 문헌에 장구밥나무를 양성화로 기재하고 있으나, 장구밥나무는 주로 암꽃과 수꽃이 다른 그루에 핀다. 간혹 양성화만 피는 나무도 있으며 같은 나무에 양성화와 수꽃이 혼생하기도 한다.

❶양성화 ❷암꽃 ❸수꽃. 암꽃에 비해 약간 크고 암술은 퇴화되어 있다. ❹열매. 장구 모양이다. ❺겨울눈. 탁엽이 계속 남아 있다. ❻수피 ❼핵
❖**식별 포인트** 열매/잎/겨울눈

＊androgynophore: 일부 식물(예를 들어, 시계꽃)에 나타나는 기관으로서 화피 위쪽에 돌출한, 암술과 수술이 함께 달린 자루.

벽오동
Firmiana simplex (L.) W. Wight

벽오동과 STERCULIACEAE Vent.

● **분포**
중국, 타이완, 일본(오키나와)

❖ **국내분포/자생지** 전국의 공원 및 정원에 식재

● **형태**
수형 낙엽 교목이며 높이 15m까지 자란다.

잎 어긋나며 길이 15~30cm이고 3~5갈래로 갈라진 손 모양(장상)이다. 끝은 뾰족하고 밑부분은 심장형이며, 가장자리가 밋밋하다. 양면에 털이 없다.

꽃 암수한그루이며, 꽃은 6~7월에 가지 끝에 달린 대형(길이 20~50cm) 원추꽃차례에 모여 핀다. 황록색 꽃받침은 길이 7~9mm이며 기부에서 갈라진다. 꽃받침열편은 선형이고 뒤로 젖혀져서 나사처럼 바깥쪽으로 꼬인다. 수꽃은 꽃받침과 길이가 비슷한 자루(androgynophore) 끝에 달리며, 꽃밥은 15개 정도이고 암술은 퇴화해 있다. 암꽃은 길이 3mm 정도의 자루 끝에 달리며 자방이 둥글고 털이 밀생한다.

열매/종자 열매(蓇葖果)는 종자가 익기 전에 벌어진다. 종자는 지름 5~7mm의 구형이며 표면에 주름이 진다.

● **참고**
'줄기가 푸른 오동나무'라는 의미에서 이름이 유래했지만 현삼과의 오동나무와는 계통이 다른 나무다. 옛 문헌 속에 나오는 '동'(桐)은 오동나무가 아닌 벽오동을 지칭하는 경우가 보통이다. 봉황은 벽오동에 깃들여 살며 대나무 열매를 먹고 산다는 전설이 있어, "벽오동(碧梧桐) 심은 뜻은 봉황(鳳凰)을 보려터니, 내 심은 타신디 기다려도 아니오고, 무심(無心)한 일편명월(一片明月)이 뷘 가지에 걸녀셰라"라는 옛 시가 전한다.

❶암꽃(좌)과 수꽃(우) ❷❸열매. 골돌과의 안쪽에 여러 개씩 종자가 달린다. ❹잎자루만도 30cm에 달하는 대형의 잎 ❺겨울눈은 구형이며 적갈색의 털이 밀생한다. ❻수피 ❼종자는 식용 가능하다.
❖식별 포인트 수피/잎/열매

2009. 7. 7. 서울시

2010. 8. 11. 제주 제주시

❸

❼

황근

Hibiscus hamabo Siebold & Zucc.

아욱과 MALVACEAE Juss.

● 분포

중국(저장성), 일본(혼슈 이남), 한국

❖ 국내분포/자생지 제주, 전남(소안도, 청산도, 고흥)

● 형태

수형 낙엽 관목이며 높이 1~3m로 자란다.

잎 어긋나며 길이 3~6cm의 원형 또는 넓은 도란형이다. 끝은 짧게 뾰족해지고 밑부분은 둥글거나 심장형이다. 표면에는 털이 드문드문 있으며, 뒷면은 전체에 털이 밀생한다. 잎자루는 길이 1~3cm이며 탁엽은 길이 1cm 정도이고 금방 떨어진다.

꽃 지름 5~10cm이며 7~8월에 가지 끝부분의 잎겨드랑이에서 밝은 황색의 꽃이 핀다. 꽃받침은 길이 1.8~2.1cm의 종형이며 5갈래로 깊게 갈라진다. 수술통(staminal column)은 길이 1.5~2cm로 꽃잎의 ½ 정도 길이이며 위쪽 ⅔ 부분에 수술이 달린다. 암술대는 수술통을 뚫고 나온다. 암술머리는 머리 모양(두상)이며 끝이 5갈래로 얕게 갈라지고 털이 밀생한다.

열매/종자 열매(蒴果)는 길이 3~3.5cm의 난형이며 10~11월에 익는다. 종자는 길이 4~5mm의 신장형(콩팥 모양)이다.

● 참고

무궁화속(*Hibiscus*) 식물은 열대 및 아열대 지역에 200여 종이 분포하는데, 국내에서는 유일하게 황근 1종만이 자생한다. 꽃은 아침에 피어 저녁이 되면 곧 땅에 떨어지며, 꽃이 필 때는 밝은 황색이지만 질 때는 붉은빛이 도는 오렌지색으로 변한다.

❶꽃. 황색이며 꽃잎은 5개다. ❷열매 표면에는 갈색 털이 밀생한다. ❸잎. 원형 또는 도란형이며 가장자리는 물결 모양의 얕은 톱니가 있거나 거의 밋밋하다. ❹겨울눈 ❺수피 ❻수형. 가지가 많이 갈라져서 수형이 둥근꼴을 이룬다. ❼종자의 표면에는 유두상의 작은 돌기가 빽빽이 나 있다.

✿ 식별 포인트 꽃/잎/열매

무궁화
Hibiscus syriacus L.

아욱과 MALVACEAE Juss.

2008. 7. 22. 강원 삼척시 미로면(재배종)

● **분포**
중국 남부 원산(아열대 및 열대 지역에 다양한 재배종을 널리 식재)

❖ **국내분포/자생지** 전국적으로 널리 식재(재배종)

● **형태**
수형 낙엽 관목이며 높이 1.5~4m로 자란다.

잎 어긋나며 길이 4~10cm의 난형 또는 마름모꼴 난형이고, 보통 얕게 3갈래로 갈라진다. 끝은 뾰족하고 밑부분은 쐐기형이며, 가장자리에는 거친 톱니가 있다. 잎자루는 길이 7~20mm이고 뒷면에 털이 밀생한다.

꽃 7~9월에 새가지의 잎겨드랑이에서 1개씩 핀다. 꽃은 지름 5~10cm의 넓은 종형이며 꽃잎은 5개다. 꽃받침은 길이 1.4~2cm의 종형이며, 5갈래로 깊게 갈라지고 털이 밀생한다. 수술통은 길이 3cm이며 다수의 수술이 붙어 있다. 암술대는 수술통을 뚫고 나온다. 암술머리는 머리 모양(두상)이고 끝이 5갈래로 얕게 갈라진다.

열매/종자 열매(蒴果)는 길이 3cm 정도의 장타원형 또는 난형이며 10~11월에 익는다. 종자는 길이 4~5mm의 신장형이다.

● **참고**
무궁화의 종소명 *syriacus*가 중앙아시아의 시리아를 뜻하긴 하지만, 시리아 지역의 무궁화도 오래전에 중국에서 건너간 것으로 추정하고 있다. 중국 원산의 부용(*H. mutabilis* L.)은 무궁화에 비해 잎이 오각형 또는 광난형이고 잎의 상단이 3~7갈래로 갈라지며, 기부의 맥이 7~11개인 것이 특징이다.

❶ 꽃. 꽃색은 품종에 따라 적자색, 분홍색, 백색 등 다양하다. ❷ 열매. 표면에 황색 털이 밀생한다. ❸ 잎의 기부에는 3출맥이 뚜렷하게 발달한다. ❹ 겨울눈. 인편이 없으며 표면에 성상모가 밀생한다. ❺ 수피. 회백색이다. ❻ 종자에는 황백색의 긴 털이 밀생한다. ❼ 부용
✻식별 포인트 꽃

2015. 11. 24. 제주 서귀포시

산유자나무
Xylosma congesta (Lour.) Merr.

산유자나무과
FLACOURTIACEAE Mirb. ex DC.

●분포
중국(남부), 일본(혼슈 이남), 타이완, 인도, 한국

❖**국내분포/자생지** 제주 및 전남의 바다 가까운 산지

●형태
수형 상록 관목 또는 소교목이며 높이 3~10m로 자란다.

수피 수피는 회갈색이며 오래되면 세로로 얇게 갈라져 불규칙한 조각으로 떨어진다. 날카로운 가시가 발달한다.

잎 어긋나며 길이 3~8cm의 장타원상 난형 또는 광난형이다. 끝은 뾰족하며 밑부분은 넓은 쐐기형이다. 양면에 털이 없고 뒷면은 연한 녹색이다. 잎자루는 길이 2~5mm이며, 어린나무는 잎자루 기부에 길이 2~3cm의 긴 가시가 있다.

꽃 암수딴그루이며, 8~9월에 꽃잎이 없는 황백색의 꽃이 핀다. 꽃받침열편은 4~6개이고, 끝이 둥근 광난형이며 뒷면에 털이 있다. 수꽃의 수술은 길이 3mm 정도이고 여러 개가 모여난다. 암꽃의 자방은 구형이며 암술대가 짧고 암술머리는 2~3갈래로 갈라진다. 암꽃차례는 수꽃차례보다 짧다.

열매/종자 열매(漿果)는 길이 4~5mm의 구형이며 10~11월에 흑색으로 익는다. 종자는 열매에 2~3개씩 들어 있으며, 길이 4mm 정도의 약간 납작한 난형이다.

●참고
줄기와 수피에 줄기가 변한 크고 날카로운 가시가 발달하는 특징이 있다. 잎만 언뜻 보면 사스레피나무와 비슷하지만, 잎이 더 뾰족하며 측맥이 4~5쌍으로 적고 선명해서 잎만으로도 구별할 수 있다.

❶암꽃. 자방은 녹색이 돌고 짧은 꽃자루가 있다. ❷수꽃 ❸잎. 광택이 있는 가죽질이며 가장자리에는 둔한 톱니가 있다. ❹꽃눈 ❺수피와 가지에는 날카로운 가시가 있다. ❻수형 ❼종자. 표면에 흑색의 줄무늬가 있다.
❖**식별 포인트** 잎/가시

이나무(의나무)
Idesia polycarpa Maxim.

산유자나무과
FLACOURTIACEAE Mirb. ex DC.

● **분포**
중국(중남부), 일본(혼슈 이남), 타이완, 한국

❖ **국내분포/자생지** 전라 및 제주의 산지

● **형태**
수형 낙엽 교목이며 높이 10~20m로 자란다.

잎 어긋나며 길이 10~20cm의 광난형-심장형이다. 끝은 뾰족하고 밑부분은 얕은 심장형이며, 가장자리에 둔한 톱니가 있다. 뒷면은 분백색이며 맥겨드랑이에는 백색 털이 있다. 잎자루는 길이 5~15cm이고 털이 없으며 선단에 보통 2개의 선점이 있다. 어린나무의 잎자루에는 중앙부 아래쪽에도 1~3개의 선점이 불규칙하게 나기도 한다.

꽃 암수딴그루이며, 4~5월에 꽃잎이 없는 황록색의 꽃이 새가지에서 나온 길이 20~30cm의 원추꽃차례에 모여 달린다. 수꽃은 지름 1.2~1.6cm이며 꽃받침열편은 길이 5~6mm의 난형-타원형이고 양면에 털이 밀생한다. 수술은 길이 5~6mm이고 다수가 모여난다. 암꽃은 지름 8~9mm이며, 꽃받침열편은 길이 4~5mm다. 자방은 구형이고 털이 없으며 암술대는 5~6개다.

열매/종자 열매(漿果)는 지름 8~10mm의 구형이며 10~11월에 적색으로 익는데, 이듬해 개화기까지 남아 있는 경우가 많다. 종자는 길이 2~3mm의 난상 타원형이다.

● **참고**
암그루는 겨울철에도 가지마다 적색의 열매를 주렁주렁 달고 있어 멀리서도 쉽게 알아볼 수 있다. 잎은 마르면서 검게 변한다.

❶❷암꽃차례. 암꽃에도 퇴화된 수술의 흔적이 있다. ❸❹수꽃차례. 수꽃이 암꽃보다 조금 더 크다. ❺잎은 잎자루만 15cm에 이를 정도로 길며, 잎자루와 연결되는 기부에는 선점이 있다. ❻잎자루의 선점. 잎자루 중간에도 여러 개의 큼직한 선점이 생기기도 한다.

2008. 10. 31. 제주

❼개화기의 수그루 ❽수형(제주도). 층층나무처럼 가지가 여러 개의 층을 이룬다. ❾밑동의 가지는 층층나무처럼 한곳에서 돌려나기를 한다. ❿겨울눈. 반구형이고 인편은 7~10개다. 표면은 수지로 덮여 있어 끈적거린다. ⓫수피. 회백색이며 갈색의 피목이 많다. ⓬종자. 자갈색이고 광택이 있다. 1개의 열매 속에 다수의 종자가 들어 있다.

✽식별 포인트 수피/잎/열매/겨울눈

위성류

Tamarix chinensis Lour.
(*Tamarix juniperina* Bunge)

위성류과 TAMARICACEAE Link

● **분포**
중국 원산(랴오닝성 이남의 강가 및 바닷가)
❖ **국내분포** 전국의 공원 및 정원에 식재, 서해안 매립지에 야생
● **형태**
수형 낙엽 관목 또는 소교목이며 높이 3~6(~8)m로 자란다.
잎 어긋나며 길이 1.5~3mm의 침형이고, 인편 또는 기와처럼 가지 전체를 덮는다.
꽃 1년에 2회 양성화가 핀다(5월과 7월). 봄에 피는 꽃이 보다 크지만 결실하지 않는 경우가 대부분이다. 봄철에 피는 꽃은 2년지에서 나온 길이 3~6cm의 꽃차례에 달린다. 꽃받침은 길이 0.8~1.3mm의 좁은 난형으로 꽃잎보다 조금 짧으며 5개가 있다. 꽃잎은 5개이고 분홍색이며, 보통 길이 2mm 정도의 난상 타원형 또는 타원상 도란형이다. 수술도 5개인데 꽃잎보다 길다. 자방은 원추형이며, 암술대는 3개이고 길이는 자방의 ½ 정도다. 가을에 피는 꽃은 새가지 끝에서 나온 꽃차례에 피며 봄철에 피는 꽃보다 크기가 작다.
열매/종자 열매(蒴果)는 길이 3mm 정도이며 익으면 3갈래로 갈라진다. 종자에는 털(관모)이 나 있어 바람을 타고 이동한다.
● **참고**
겉씨식물인 향나무와 비슷한 인편상 잎을 가지며, 가지가 흔히 아래로 처지는 것과 연 2회 분홍색의 작은 꽃이 꽃차례에 빽빽이 달려 피는 것이 특징이다. 국내에서는 중국 자생지와 환경이 유사한 서해안 습지에 야생화되어 집단을 이루며 자라기도 한다.

2001. 5. 2. 대구시 경북대학교

❶꽃차례. 꽃은 분홍색이며, 1년에 2회 개화한다. ❷가까이에서 본 꽃의 모습 ❸❹수피의 변화. 어린나무(❸)와 성목(❹). ❺잎. 회녹색이며 아주 가늘게 갈라진다.
✿식별 포인트 잎/수형

2007. 6. 27. 백두산

진퍼리버들
Salix myrtilloides L.

버드나무과 SALICACEAE Mirb.

●분포
중국(북부-동북부), 유럽, 몽골, 러시아, 한국
❖국내분포/자생지 함남, 함북(백두산 일대)의 산지 습지

●형태
수형 낙엽 관목이다. 높이 1m 정도로 자라며 가지가 많이 갈라져 덤불을 이룬다.

수피 회갈색이며 오래되면 종잇장처럼 벗겨지기도 한다.

잎 길이 1~4cm의 타원형 또는 장타원형이며 뒷면은 백색이고 양면 모두 털이 없다. 끝은 둥글거나 둔하고 기부는 넓은 쐐기형 또는 원형이며, 가장자리에는 톱니가 없으나 드물게 둔한 톱니가 생기기도 한다.

꽃 암수딴그루이며 꽃은 5~6월에 핀다. 수꽃차례는 가는 원통형이며 포가 타원형이고 털이 약간 있다. 수술은 보통 2개이고 털이 없으며 선체는 1개다. 암꽃차례는 난형이며 수꽃처럼 포가 타원형이다. 자방은 원통형이고 털이 없으며, 자방 길이의 ⅓ 정도 되는 자루가 있다. 짧은 암술대는 2갈래로 갈라지고, 암술머리도 각각 2갈래로 다시 갈라진다.

열매 열매(蒴果)는 7월에 익으며, 길이 3~7mm의 피침상 원추형이고 털이 없다.

●참고
국명은 '땅이 질퍽한 벌(습지)에 나는 버드나무'라는 의미다.

❶암꽃차례. 꽃은 잎이 전개되면서 동시에 핀다. 새잎은 꽃차례를 감싸듯이 달린다. ❷암꽃차례 횡단면. 암꽃은 긴 자루가 있으며 자루 기부에 1개의 선체가 있다. 자방에는 털이 없다. ❸수꽃차례 ❹수꽃차례 횡단면. 수술은 2개이며 기부에 1개의 선체가 있다. ❺과수. 표면에 털이 없다. ❻잎 앞면. 표면은 녹색이거나 붉은빛이 약간 돈다. ❼잎 뒷면. 백색이며 잎 가장자리가 거의 밋밋하다. ❽겨울눈. 표면에 털이 없고 끝이 뾰족하다. ❾수피
✽식별 포인트 겨울눈/잎(뒷면)/어린가지(털이 없음)/자방(털이 없음)

선버들

Salix triandra L. **subsp. nipponica** (Franch. & Sav.) A. K. Skvortsov
(*Salix nipponica* Franch. & Sav.; *S. subfragilis* Andersson)

버드나무과 SALICACEAE Mirb.

● **분포**

중국(북부-동북부), 일본, 러시아, 한국

✤ **국내분포/자생지** 제주를 제외한 전국의 하천가나 저수지 등 습지

● **형태**

수형 낙엽 관목 또는 교목이며 높이 3~10m로 자란다.

잎 어긋나며 길이 6~12cm의 장타원형-좁은 피침형이다. 끝은 갑자기 좁아지고 가장자리에 뾰족한 잔톱니가 있다. 잎자루는 길이 5~6mm이며, 흔히 끝에 선점이 있다.

꽃 암수딴그루이며, 3~4월에 잎과 동시에 꽃이 나온다. 꽃차례는 길이 3~6cm의 긴 원추형이다. 수꽃은 황색이며 포는 길이 1.5~3mm의 장타원형 또는 도란형이며 표면에 긴 털이 있다. 수술은 3개이고 기부에 털이 있으며 수술 기부 앞뒤로 모양이 서로 다른 황록색의 선체가 1개씩 있다. 암꽃은 황록색이며 포는 가장자리에 털이 있고, 기부에는 황색의 선체가 1개 있다. 자방은 길이 4~5mm의 난상 원추형이고 표면에 털이 없다. 암술대는 짧고 암술머리는 2갈래로 갈라진다.

열매 열매(蒴果)는 광타원형이며 5월에 성숙한다.

2009. 3. 22. 경남 창녕군 우포

❶암꽃차례 ❷암꽃차례의 횡단면. 암꽃의 자방은 자루가 있고 기부에 황색 선체가 1개씩 붙어 있다. ❸수꽃차례의 횡단면. 수꽃은 수술이 3개이고, 수술 기부 앞뒤로 1개씩 2개의 선체가 있다. ❹수꽃차례 ❺수술을 싸고 있는 선체는 안쪽은 장난형, 바깥쪽은 선형으로 모양이 서로 다르다.

●참고

수술이 3개씩 달리는 것과 탁엽 표면에 사마귀 같은 돌기가 밀생하는 특징으로 다른 버드나무류와 구분된다. 섬진강, 낙동강, 한강 등 하천 가장자리에 큰 집단을 이루고 있으며 주남저수지, 우포늪에 자생하는 버드나무류 중 ⅓가량이 선버들이다.

❻수그루(좌)와 암그루(우). 선버들은 흔히 물에서 매우 가까운 곳에서 자라며, 줄기 아래부터 가지가 많이 갈라진다. 간혹 독립수가 큰 교목으로 자라기도 한다. ❼과수(果穗) ❽잎 앞면 ❾잎 뒷면. 흰빛이 돈다. ❿탁엽. 사마귀 같은 돌기가 빽빽하다. ⓫겨울눈. 좁은 난형이며 흔히 인편 표면에 찌그러진 홈이 있다. 가지에 닿는 면에는 갈색 털이 밀생하기도 한다. ⓬새가지는 초기에는 백색의 분이 돌다가 차츰 없어진다. ⓭수피. 오래되면 불규칙적으로 갈라진다. ⓮선버들에 생기는 충영 ⓯종자. 길이 1mm 미만이며 짙은 녹색을 띤다.

✱식별 포인트 꽃(개화기)/수피/탁엽/충영

버드나무

Salix pierotii Miq.
(*Salix koreensis* Andersson)

버드나무과 SALICACEAE Mirb.

●**분포**
중국(동북부), 일본, 러시아, 한국
❖**국내분포/자생지** 제주를 제외한 전
국의 계곡, 하천가 및 저수지 등 습한
곳에 흔히 자람
●**형태**
수형 낙엽 교목이며 높이 10~20m, 지
름 80cm까지 자란다.
잎 어긋나며 길이 6~12cm의 피침형
또는 난상 피침형이다. 표면은 녹색이
고 맥을 따라 털이 있으며 뒷면은 분백
색을 띠고 털이 약간 있다. 끝은 뾰족
하고 가장자리에는 잔톱니가 빽빽이
있다. 잎자루는 길이 6~13mm이며 털
이 거의 없다.
꽃 암수딴그루이며, 4월에 잎이 나면
서 동시에 꽃이 핀다. 수꽃차례는 길이
1~2.5cm의 장타원형이며, 포는 장타
원형 또는 난형이고 표면에 털이 있다.
수술은 2개이고 기부에 주황색의 선체
가 2개 있으며 꽃밥은 적색이다. 암꽃
차례는 길이 1~2cm의 타원형-짧은 원
추형이며 황록색이다. 포는 장타원형
또는 난형으로 양면에 털이 있으며 기
부에 1~2개의 선체가 있다. 자방은 난
상이고 긴 털이 밀생하며, 암술대는 다
소 길고 암술머리는 2(~4)갈래로 갈
라진다.
열매 열매(蒴果)는 난형이며 5월에 성
숙한다.

2007. 5. 11. 강원 정선군

❶암꽃차례 ❷암꽃차례의 횡단면. 암꽃은
자방에 긴 털이 밀생하며 선체는 1~2개다.
❸수꽃차례. 수꽃은 꽃가루가 터지기 전에는
꽃밥이 적색이다. ❹수꽃차례의 횡단면. 2개
의 수술은 기부가 합착되어 있으며 수술의
앞뒤에 하나씩 2개의 선체가 있다. ❺❻잎
앞면과 뒷면 ❼탁엽. 난상 피침형이며 가장
자리에 날카로운 톱니가 있고 끝은 꼬리처럼
길다.

● 참고

가지가 아래로 드리우지 않으며 잎이 짧으면서 넓고, 자방에 털이 밀생하며 터지기 전 수술의 꽃밥이 적색인 것이 특징이다.

❽버드나무 군락(3월 말, 경기 하남시) ❾겨울눈. 장난형-난형이며 적색 또는 황록색이 돌고 털이 있다. ❿⓫수피의 변화. 회갈색이고 불규칙하게 갈라져 터진다. 노목의 수피는 흰빛이 돈다. ⓬종자 ⓭⓮버들혹파리류(Dasineura)에 의해 만들어진 충영(⓮는 종단면)
✽식별 포인트 충영/잎/꽃(개화기)

능수버들

Salix pseudolasiogyne H. Lév.

버드나무과 SALICACEAE Mirb.

● **분포**
중국(랴오닝성), 한국

❖ **국내분포/자생지** 제주를 제외한 전국의 평지나 강가에 드물게 자생

● **형태**
수형 낙엽 교목이며 높이 20m, 지름 80cm까지 자란다.

어린가지 어린가지는 아래로 길게 처지며 황록색 또는 회녹색이다.

잎 어긋나며 길이 8~16cm의 피침형 또는 선상 피침형이다. 끝은 길게 뾰족하고 가장자리에는 잔톱니가 빽빽이 있다. 잎자루는 길이 1~4mm다.

꽃 암수딴그루이며, 꽃은 3~4월에 잎과 동시에 나온다. 수꽃차례는 길이 1~2cm의 원통형이며 포는 길이 1.5mm 정도의 타원형이고 뒷면에 털이 밀생한다. 수술은 2개이고 기부에 털이 밀생한다. 기부의 황색 선체 2개 중 앞쪽의 선체가 뒤쪽의 것보다 폭이 넓다. 암꽃차례는 길이 1~2cm의 원통형이며 황록색이다. 포는 난형이고 뒷면에 털이 밀생하며, 기부에 1개의 선체가 있다. 자방은 장난형이고 털이 밀생한다. 암술대는 짧고 암술머리는 2~4갈래로 갈라진다.

열매 열매(蒴果)는 길이 3~4mm이고 털이 밀생하며 5월에 성숙한다.

● **참고**
수양버들의 개체변이로 보는 견해도 있다. 수양버들에 비해 암꽃과 수꽃에 털이 밀생하는 특징 외에 두 종을 구분할 수 있는 뚜렷한 형질이 없는 점과 능수버들의 분포에 관한 정확한 정보가 없는 것으로 보아 수양버들의 개체변이일 가능성이 높아 보인다.

❶암꽃차례 ❷암꽃차례의 횡단면. 자방에 털이 밀생한다. ❸수꽃 확대 모습. 암꽃과 마찬가지로 털이 밀생한다. ❹잎. 뒷면은 흰빛이 돌며 양면 주맥 위에 털이 약간 있다. ❺수피 ❻어린가지의 비교: 능수버들(좌)과 수양버들(우). 능수버들의 가지는 녹색이 좀 더 돌지만 수양버들과 구별하기 쉽지 않다.
❀식별 포인트 꽃차례(털)/어린가지

2001. 4. 1. 대구시 금호강

2008. 4. 5. 서울시 올림픽공원

용버들(운용버들)
Salix babylonica L. 'Tortuosa'

버드나무과 SALICACEAE Mirb.

●**분포**
중국(북부) 원산
❖**국내분포/자생지** 전국적으로 정원
수 및 가로수로 널리 식재
●**형태**
수형 낙엽 교목이며 높이 20m, 지름
80cm까지 자란다.

수피/어린가지/겨울눈 수피는 회갈색
이고 불규칙하게 갈라진다. 어린가지
는 황색 또는 녹갈색이며, 처음에는 털
이 있다가 차츰 없어진다. 가지는 밑으
로 처지며 심하게 뒤틀리면서 자란다.
겨울눈은 털이 약간 있다.

잎 어긋나며 길이 5~10cm의 피침형이
다. 표면은 약간 광택이 있는 녹색이며
뒷면은 흰빛이 돈다. 끝은 뾰족하고 밑
부분은 둥글거나 쐐기형이며 가장자
리에는 잔톱니가 빽빽이 있다. 잎자루
는 길이 5~8mm로 털이 있다.

꽃 암수딴그루이며, 꽃은 4월에 잎과
동시에 나온다. 수꽃차례는 길이 1.5~
2.5cm의 원통형이며 포가 난형이고 끝
이 둥글다. 수술은 2개이고, 기부에 황
색의 선체가 2개 있으며 꽃밥은 황색
이다. 암꽃차례는 길이 2cm 정도의 원
통형이며 황록색이다. 암꽃은 포의 기
부에 1~2개의 선체가 있다. 자방은 장
난형상으로 암술대가 아주 짧고 암술
머리는 2(~4)갈래로 갈라진다.

열매 열매(蒴果)는 난형이며 5월에 성
숙한다.

●**참고**
가지가 구불거리는 특징 외에 다른 형
질들은 수양버들과 동일한 것으로 보
이므로, 최근에는 수양버들의 원예품
종으로 처리하는 추세다.

❶암꽃차례 ❷수꽃차례 ❸암꽃차례의 횡단
면. 암꽃은 자방에 골이 지고 선체는 1~2개
다. ❹수꽃차례의 횡단면. 수술과 선체는 2
개씩이고 꽃밥은 황색이다. ❺겨울눈 ❻종자
❼수형
✿식별 포인트 가지/잎

수양버들
Salix babylonica L.

버드나무과 SALICEAE Mirb.

● **분포**

중국 원산

❖ **국내분포/자생지** 전국적으로 공원
수 및 풍치수로 널리 식재

● **형태**

수형 낙엽 교목이며 높이 18m, 지름
80cm까지 자란다.

어린가지 아래로 길게 처지며 황갈색
또는 녹갈색이 돌고 털이 없다.

잎 어긋나며 길이 8~13cm의 좁은 피
침형 또는 선상 피침형이다. 끝은 길게
뾰족하고 밑부분은 쐐기형이며, 가장
자리에는 잔톱니가 빽빽이 있다. 잎자
루는 길이 5~10mm이고 털이 있다. 탁
엽은 피침형 또는 난상 타원형이다.

꽃 암수딴그루이며, 꽃은 3~4월에 잎
과 동시에 나온다. 수꽃차례는 길이
1.5~3cm의 원통형이며 포는 피침형이
고 뒷면에 털이 있다. 수술은 2개이고,
기부에 황색의 선체가 2개 있으며 꽃
밥은 황적색-적색이다. 암꽃차례는 길
이 2~3cm의 원통형이고 황록색을 띤
다. 포는 난상 타원형이고 뒷면 밑부분
에 털이 있으며, 기부에 1개의 선체가
있다. 자방은 타원형이고 털이 없거나
기부에 약간 있다. 암술대는 짧고 암술
머리는 2~4갈래로 갈라진다.

열매 열매(蒴果)는 길이 3~4mm이며 5
월에 녹갈색으로 성숙한다.

2007. 5. 2. 서울시 창경궁

❶암꽃차례. 수꽃차례보다 다소 짧은 편이
다. ❷암꽃차례의 횡단면. 암꽃은 자방에 털
이 거의 없고 얕은 골이 생긴다. 선체는 1개
다. ❸수꽃차례 ❹수꽃차례의 횡단면. 수꽃
은 수술과 선체가 2개씩 있다.

●**참고**

가로수 및 정원수로 오래전부터 식재
해왔으며 전국적으로 야생화되어 자
라고 있다. 능수버들과 구별하기가 쉽
지 않지만, 능수버들에 비해 수꽃과 암
꽃(특히 자방)에 털이 적은 것이 가장
큰 특징이다.

❺개화기의 수그루 ❻❼잎 앞면과 뒷면. 양
면에 털이 거의 없고 뒷면은 흰빛이 돈다.
❽탁엽. 가장자리에 톱니처럼 보이는 선점
이 있다. ❾과수(果穗) ❿겨울눈. 장난형-난
형이며 끝이 뾰족하다. ⓫수피. 불규칙하게
갈라진다. ⓬종자
✿식별 포인트 수형/어린가지

왕버들
Salix chaenomeloides Kimura

버드나무과 SALICACEAE Mirb.

●**분포**
중국(서남부-중북부), 일본(혼슈 중부
이남), 한국
❖**국내분포/자생지** 강원 이남의 낮은
지대 습지 및 하천가

●**형태**
수형 낙엽 교목이며 높이 20m, 지름
1.5m까지 크게 자란다.
잎 어긋나며 길이 4~8cm의 타원형-
난형이다. 가장자리에는 안으로 굽은
톱니 또는 선점 형태의 톱니가 있다.
잎자루는 길이 5~12mm이며, 처음엔
털이 있다가 차츰 없어지고 끝부분에
선점이 있다.
꽃 암수딴그루이며, 꽃은 4월에 잎과
동시에 나온다. 수꽃차례는 길이 4~5
cm의 좁은 원통형이며 포는 길이 1mm
정도의 난형이고 양면에 털이 없다. 수
술은 (3~)5(~7)개이고 꽃밥은 황색이
며 기부에는 털이 밀생한다. 2개의 황
색 선체는 서로 합착되어 있다. 암꽃차
례는 길이 4~5.5cm의 좁은 원통형이
며 꽃차례의 축에는 털이 밀생한다. 포
는 타원상 도란형이고 뒷면에 털이 밀
생한다. 기부에는 2개의 선체가 합착
되어 있으며, 앞쪽의 선체가 좀 더 크
다. 자방은 좁은 난형이고 털이 없으
며, 암술머리는 두상이거나 끝이 약간
오목하다.
열매 열매(蒴果)는 길이 3~7mm의 난
형 또는 장난형이고 털이 없으며, 5~
6월에 성숙한다.

2007. 5. 12. 전북 군산시

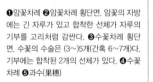

❶암꽃차례 ❷암꽃차례 횡단면. 암꽃의 자방
에는 긴 자루가 있고 합착한 선체가 자루의
기부를 고리처럼 감싼다. ❸수꽃차례 횡단
면. 수꽃의 수술은 (3~)5개(간혹 6~7개)다.
기부에는 합착된 2개의 선체가 있다. ❹수꽃
차례 ❺과수(果穗)

●참고
새순(개화 이후)이 적색을 띠어 쉽게 구별되며 꽃차례가 직립하고 수술이 보통 5개인 것이 특징이다. 쪽버들을 제외한 여타 국내 자생 버드나무류보다 개화기가 다소 늦은 편이다.

❻왕버들 노목 ❼❽잎 앞면과 뒷면. 양면에 털이 없고 뒷면은 흰빛이 돈다. ❾탁엽. 톱니가 날카로운 귀 모양이며 빨리 떨어진다. 가장자리에는 선점 형태의 톱니가 있다. ❿새잎이 나면서 적색을 띠는 것도 왕버들의 특징이다(7월). ⓫⓬어린나무(⓫)와 노목(⓬)의 수피 ⓭겨울눈. 삼각상으로 끝이 뾰족하며, 인편은 털이 없고 서로 포개지지 않는다. ⓮종자. 다른 자생 버드나무류에 비해서 회백색이 돈다.
✽식별 포인트 꽃(암꽃의 선체, 수술 개수)/잎/탁엽/수형/적색의 새순

쪽버들

Salix cardiophylla Trautv. & C.A.Mey.

버드나무과 SALICACEAE Mirb.

● **분포**
중국(동북부), 러시아, 한국
❖ **국내분포/자생지** 강원(정선군 고한
읍) 이북의 산지 계곡부 및 사면
● **형태**
수형 낙엽 교목이며 높이 20m, 지름
1m까지 크게 자란다.
잎 어긋나며 길이 10~15㎝의 난상 장
타원형 또는 난상 피침형이다. 표면은
짙은 녹색이고 뒷면은 흰빛이 돌며 주
맥에 털이 있다. 끝은 꼬리처럼 뾰족하
고 밑부분은 둔하거나 심장형이며, 가
장자리에는 뾰족한 톱니가 있다. 잎자
루는 길이 5~18㎜이며 털이 없다. 탁
엽은 난형-원형이며, 가장자리에 치아
상 톱니가 있고 일찍 떨어진다.
꽃 암수딴그루이며, 꽃은 5월에 잎이
전개된 다음에 핀다. 수꽃차례는 길이
2.5~4.5㎝이며 아래를 향해 달린다.
포는 길이 2~5㎜의 도란형이고 3~5
맥이 있다. 수술은 보통 5개이고, 기부
에 털이 있으며 녹황색의 선체가 2개
있다. 암꽃차례는 길이 4~6㎝이며 암
꽃이 다소 성글게 달린다. 포는 장타원
형이고 뒷면에 털이 밀생하며 선체는
2개다. 자방은 난상 피침형 또는 장난
형이며 털이 없다. 암술머리는 2갈래
로 갈라진 다음 또다시 2갈래로 갈라
진다.
열매 열매(蒴果)는 길이 3~7㎜의 난
형 또는 장난형이고 털이 없으며, 5~
6월에 성숙한다.

2008. 5. 20. 강원 양양군 구룡령

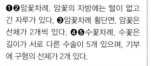

❶❷암꽃차례. 암꽃의 자방에는 털이 없고
긴 자루가 있다. ❸암꽃차례 횡단면. 암꽃은
선체가 2개씩 있다. ❹❺수꽃차례. 수꽃은
길이가 서로 다른 수술이 5개이며, 기부
에 구형의 선체가 2개 있다.

● 참고

꽃이 필 때 꽃차례가 아래로 늘어지며 흔히 잎의 밑부분이 심장형인 것이 특징이다. 꽃이 아래를 향해 늘어지는 특징 때문에 *Toisusu*속으로 분류하는 견해도 있다.

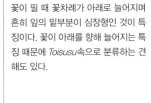

❻개화기의 수그루. 수꽃차례는 아래를 향해 달린다. ❼과수(果穗) ❽❾잎 앞면과 뒷면. 잎의 밑부분은 보통 심장형이며, 잎자루 앞면에 붉은빛이 도는 것이 특징이다. ❿겨울눈. 난상 장타원형이며 인편은 1개이고 광택이 난다. ⓫수피. 세로로 불규칙하게 갈라진다. ⓬종자 ⓭수형. 아름드리 거목으로 자란다(두만강 유역).

✲식별 포인트 잎/꽃(개화기)/겨울눈

제주산버들
Salix blinii H. Lév.

버드나무과 SALICACEAE Mirb.

2010. 5. 10. 제주 한라수목원

● **분포**

한국(제주 고유종)

❖ **국내분포/자생지** 제주(한라산)의 높은 지대 및 계곡 상류에 드물게 자람

● **형태**

수형 낙엽 소관목이며 높이 50cm 정도로 자란다. 원줄기에서 가지를 많이 치고 가지에서 뿌리를 내린다.

수피/어린가지/겨울눈 수피는 회녹색이며 매끈하다. 어린가지는 갈색 또는 적갈색이며, 처음에는 누운털이 밀생하다가 점차 없어진다. 겨울눈은 적색 또는 황갈색의 좁은 난형이고 털이 있으나 차츰 떨어진다.

잎 어긋나며 길이 2~5cm의 도피침형 또는 장타원형이고 가장자리에는 잔톱니가 있다. 표면은 녹색으로 광택이 나며, 뒷면은 회녹색이고 털이 있다. 잎자루는 길이 3~7mm이며 털이 있다.

꽃 암수딴그루이며, 꽃은 3~4월에 잎이 나기 전에 핀다. 수꽃차례는 길이 1.5~2.5cm의 원통형이며, 포는 길이 1.5~2mm의 피침형이고 긴 털이 있다. 수술은 2개이지만 합착해서 1개처럼 보인다. 꽃밥이 적색이고 선체가 1개 있다. 암꽃차례는 길이 1.5~2cm의 원통형이며, 자방은 장타원형이고 털이 밀생하며 1개의 선체가 있다. 암술대는 길며 암술머리는 4갈래로 갈라진다.

열매 열매(蒴果)는 길이 3mm 정도의 장난형이고 털이 밀생하며 6월에 익는다.

● **참고**

콩버들에 비해 잎 가장자리에 잔톱니가 있는 점이 다르다.

❶암꽃차례 ❷암꽃차례의 횡단면 ❸수꽃차례 ❹수꽃차례의 횡단면. 수꽃은 2개의 수술이 합착해 1개로 보인다. ❺잎 가장자리에는 잔톱니가 있다. ❻겨울눈. 소지와 인편에 백색 털이 있다. ❼수피

＊식별 포인트 꽃(개화기)/자생지/수형/잎

2007. 6. 27. 백두산

닥장버들

Salix rosmarinifolia L.
[*Salix sibirica* Pall.]

버드나무과 SALICACEAE Mirb.

●**분포**

중국(동북부), 몽골, 러시아, 중앙아시아, 유럽, 한국

❖**국내분포/자생지** 함북, 함남의 산지 습지

●**형태**

수형 낙엽 관목이며 높이 1m 정도로 자란다.

어린가지/겨울눈 어린가지는 갈색 또는 황갈색이며 처음에는 융모가 밀생하지만 차츰 없어진다. 겨울눈은 난형이고 황적색을 띠며, 처음에는 털이 밀생하다가 차츰 떨어져 없어진다.

잎 마주나지만 새가지 윗부분에서는 약간 어긋나서 달리며 길이 2~6cm의 선상 피침형 또는 피침형이다. 양 끝은 뾰족하거나 둥글며 가장자리가 밋밋하다. 뒷면은 백색 털이 밀생해 분녹색으로 보인다. 잎자루는 길이 1~4mm이며 털이 없다.

꽃 암수딴그루이며, 꽃은 5~6월에 잎이 나기 직전에 핀다. 수꽃차례는 길이 1.5~2cm이며 도란형의 포에는 긴 털이 밀생한다. 수술은 2개로 털이 없고 꽃밥은 황색이며 선체는 1개다. 암꽃차례는 길이 1.5~2cm의 둥근 원통형이다. 자방은 난상 원추형이고 털이 밀생하며 선체는 1개다. 짧은 암술대는 2갈래로 갈라지며, 암술머리도 각각 2갈래로 다시 갈라진다.

열매 열매(蒴果)는 난형이고 털이 있으며 7월에 성숙한다.

●**참고**

진퍼리버들과 수형은 유사하지만 어린가지, 자방, 열매 등 식물체 전체에 털이 밀생해 쉽게 구별할 수 있다.

❶수꽃차례 ❷수꽃차례의 횡단면. 수술은 2개이며 기부에 1개의 선체가 있다. ❸암꽃차례 ❹암꽃차례의 횡단면. 자방에는 털이 밀생한다. ❺과수. 열매 표면에 털이 많다. ❻잎 앞면. 잔털이 약간 있다. ❼잎 뒷면. 백색 털이 밀생한다. ❽겨울눈. 끝이 둥글다. ❾수피 ❖식별 포인트 겨울눈/잎 뒷면/자방(털이 밀생함)

255

여우버들

Salix bebbiana Sarg.
(*Salix floderusii* Nakai; *S. xerophila* Flod.*)*

버드나무과 SALICACEAE Mirb.

● **분포**
중국(동북부), 러시아, 유럽, 북아메리카, 한국 등 북반구 온대-한대에 널리 분포
❖ **국내분포/자생지** 경북(가야산), 경기, 강원 이북 산지 능선 및 정상부
● **형태**
수형 낙엽 관목 또는 소교목이며 높이 1~6m로 자란다.
잎 어긋나며 길이 4~7㎝의 타원형 또는 장타원형(간혹 피침형)이다. 끝은 뾰족하며 가장자리에는 물결 모양의 얕은 톱니가 있거나 밋밋하다. 잎자루는 길이 4~10mm다.
꽃 암수딴그루이며, 4~5월에 잎이 나기 전에 꽃이 나온다. 수꽃차례는 길이 2.5~3㎝의 타원형이며 포는 난상 타원형이고 털이 있다. 수술은 2개이고 털이 없으며 선체는 1개다. 암꽃차례는 길이 2.5~3.5㎝의 타원형이며, 포는 장타원형이고 드물게 털이 있다. 자방은 좁은 난형이고 부드러운 털이 있으며 선체는 1개다. 호랑버들에 비해 암술대가 뚜렷하고 암술머리가 2갈래로 갈라진다.
열매 열매(蒴果)는 길이 6~8mm의 난상 원추형이고 부드러운 털이 있으며 6월에 익는다.

2007. 6. 22. 경기 가평군 화악산

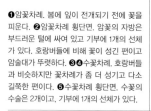

❶암꽃차례. 봄에 잎이 전개되기 전에 꽃을 피운다. ❷암꽃차례 횡단면. 암꽃의 자방은 부드러운 털에 싸여 있고 기부에 1개의 선체가 있다. 호랑버들에 비해 꽃이 성긴 편이고 암술대가 뚜렷하다. ❸❹수꽃차례. 호랑버들과 비슷하지만 꽃차례가 좀 더 성기고 다소 길쭉한 편이다. ❺수꽃차례 횡단면. 수꽃의 수술은 2개이고, 기부에 1개의 선체가 있다.

●참고

잎이 둥글고 가장자리에 톱니가 거의 없으며 표면에 주름이 없는 것이 호랑버들과의 차이점이다. 또한 같은 지역의 호랑버들보다 꽃이 2주 정도 늦게 피고, 호랑버들에 비해 꽃차례가 다소 성기게 달리며 열매도 엉성하다. 호랑버들과 함께 자생하는 강원 및 경기의 높은 산지 능선에서는 호랑버들과 닮은 형태를 가지는 개체들이 보이기도 한다.

❻개화기의 암그루. 멀리서 보면 연녹색을 띤다. ❼과수(果穗). 호랑버들에 비해서 훨씬 엉성하다. ❽❾잎 앞면과 뒷면. 호랑버들보다 잎이 작고 표면에 주름이 없다. 뒷면은 흰빛이 돈다. ❿탁엽 ⓫수피. 매끈하지만 오래되면 세로로 불규칙하게 깊게 갈라진다. ⓬종자 ⓭겨울눈은 갈색-적자색을 띤다.
✲식별 포인트 잎/꽃/과수

호랑버들
(섬버들, 떡버들)

Salix caprea L.
(*Salix hallaisanensis* H. Lév.; *S. hulteni* Floderus; *S. ishidoyana* Nakai)

버드나무과 SALICACEAE Mirb.

● **분포**
중국, 일본, 러시아, 한국 등 북반구에 널리 분포.

❖ **국내분포/자생지** 전국의 산지

● **형태**
수형 낙엽 소교목이며 높이 10m, 지름 60cm까지 자란다.

잎 어긋나며 길이 8~15cm의 타원형 또는 장타원형이다. 끝은 뾰족하고 밑부분은 둥글며, 가장자리에는 불규칙한 물결 모양의 얕은 톱니가 있다. 표면은 주름지고 털이 없으며 뒷면에는 백색 털이 밀생한다. 잎자루는 길이 4~10mm다.

꽃 암수딴그루이며, 4~5월에 잎이 나기 전에 꽃이 나온다. 수꽃차례는 길이 1.5~2.5cm의 타원형 또는 광타원형이며, 포는 길이 2mm 정도의 피침형이고 긴 털이 있다. 수술은 2개이며 선체는 1개다. 암꽃차례는 길이 2cm 정도의 타원형이다. 자방은 좁은 원추형이고 부드러운 털이 있으며 선체는 1개다. 암술대는 매우 짧고 암술머리는 2~4갈래로 갈라진다.

열매 열매(蒴果)는 길이 8~10mm의 장난형이고 털이 있으며 6월에 익는다.

● **참고**
울릉도에 분포하며 호랑버들과 떡버들의 중간 형태이고 높이 1m 정도로 자라는 나무를 섬버들(*S. ishidoyana* Nakai), 높은 산지에 자라며 호랑버들에 비해 잎이 둥글고 뒷면에 털이 없는 나무를 떡버들(*S. hallaisanensis* H. Lév.)로 구분하기도 한다. 이 책에서는 섬버들과 떡버들을 호랑버들과 동일종으로 보는 견해를 따라 정리했다.

❶암꽃차례 ❷암꽃차례 횡단면. 암꽃의 자방은 백색 털로 덮여 있고 긴 자루가 있다. 선체는 1개다. ❸수꽃차례 ❹수꽃차례 횡단면. 수꽃의 수술은 2개이고 선체는 1개다. ❺과수(果穗). 위를 향해 선다. ❻❼잎 앞면과 뒷면 비교. 호랑버들(좌)은 여우버들(우)에 비해 표면에 주름이 뚜렷하고 뒷면의 측맥이 뚜렷하게 돌출한다.

2006. 5. 18. 강원 양양군 설악산

❽결실기의 암그루 ❾수형 ❿겨울눈. 적갈색이며 길이 7~10㎜의 난형이다. ⓫수피. 오래되면 불규칙하게 깊게 갈라진다. ⓬탁엽 ⓭종자 ⓮섬버들(울릉도 나리분지). 호랑버들의 잎과 별다른 차이가 없다. ⓯섬버들의 과수
✽식별 포인트 잎/꽃(자방의 자루가 길다)/수피

키버들

Salix koriyanagi Kimura ex
Görz
[*Salix purpurea* L. var. *japonica*
Nakai]

버드나무과 SALICACEAE Mirb.

●**분포**
한국(한반도 고유종)
❖**국내분포/자생지** 제주를 제외한 거
의 모든 전국의 하천, 계곡가 및 낮은
지대 습지

●**형태**
수형 낙엽 관목이며 높이 2~3m로
자란다.
줄기/겨울눈 가지가 길게 벋으며 황갈
색 또는 갈색을 띤다. 겨울눈은 장타원
형이고 흔히 마주나며 황갈색 또는 적
갈색을 띠고 털이 없다.
잎 길이 6~8cm의 선상 피침형이며,
흔히 마주나지만 가지 아래쪽에서는
어긋난다. 끝은 뾰족하고 밑부분은 둥
글며, 가장자리는 아래쪽을 제외하고
는 미약한 잔톱니가 있다. 잎자루는 길
이 2~5mm이며 털이 없다.
꽃 암수딴그루이며, 3~4월에 잎보다
꽃이 먼저 핀다. 수꽃차례는 길이 2~
3cm의 좁은 원통형이며, 포는 길이 1.5
mm 정도의 도란형이고 털이 있다. 수술
은 2개이지만 합착해서 1개처럼 보인
다. 꽃밥은 적자색이며 선체는 1개다.
암꽃차례는 길이 2~4cm의 좁은 원통
형이다. 자방은 난형이고 회갈색 털이
밀생하며 선체는 1개다. 암술대는 짧
고 암술머리는 2~4갈래로 갈라진다.
열매 열매(蒴果)는 길이 3~4mm의 장
난형이고 털이 있으며 6월에 성숙한다.

2011. 5. 10. 강원 영월군

❶개화기의 암그루 ❷개화기의 수그루 ❸암
꽃차례. 적자색의 포 때문에 색이 어둡게 보
인다. ❹암꽃차례의 횡단면. 암꽃의 자방은
난형이고 털이 밀생한다. 항아리 모양의 선
체는 적색을 띤다. ❺수꽃차례. 개화 전 꽃차
례의 색이 어둡게 보이는 것은 적자색의 포
때문이다. ❻수꽃차례의 횡단면. 수술의 기
부에는 적색의 선체가 1개 있다.

●참고
잎과 꽃차례가 흔히 마주나며 잎의 표면에 털이 없고 가장자리 톱니가 미약한 것이 특징이다. 잎의 형태(길이, 폭)는 변이가 심하다. 키버들에 비해 잎의 폭이 넓고 잎의 기부가 줄기를 다소 감싸는 나무를 개키버들(S. integra Thunb.)이라고 하며, 중국(만주), 러시아(아무르, 우수리), 몽골, 일본, 한국(함남, 함북)에 분포한다.

❼수형 ❽과수(果穗) ❾❿잎 앞면과 뒷면. 뒷면은 분백색을 띤다. ⓫겨울눈. 작은가지에는 털이 전혀 없다. ⓬수피 ⓭⓮충영 ⓯종자 ⓰개키버들(두만강 유역)
✿식별 포인트 어린가지/겨울눈/꽃(개화기)/충영

갯버들

Salix gracilistyla Miq.

버드나무과 SALICACEAE Mirb.

2009. 7. 26. 경기 광주시 경안천

● **분포**

중국(헤이룽장성), 일본, 한국

❖**국내분포/자생지** 제주를 제외한 전국의 하천 및 습지, 숲 가장자리에 흔하게 자람

● **형태**

수형 낙엽 관목이며 높이 1~3m로 자란다.

잎 어긋나며 길이 5~12cm의 장타원상이다. 끝은 뾰족하고 밑부분은 쐐기형이며, 가장자리에는 잔톱니가 있다. 잎자루는 길이 7~12mm이며 털이 밀생한다. 탁엽은 큼직한 난형이며 가장자리에 톱니가 있다.

꽃 암수딴그루이며, 3~4월에 잎보다 꽃이 먼저 핀다. 수꽃차례는 길이 2.5~3.5cm다. 포는 타원상 피침형이고 끝이 흑색이며 전체에 긴 털이 밀생한다. 수술은 2개이지만 합착하여 1개처럼 보이며 털이 없다. 꽃밥은 붉은빛이 돌며 선체는 1개다. 암꽃차례는 길이 2.5~4cm이며, 자방은 타원형이고 털이 밀생한다. 암술대는 가늘고 길며 암술머리는 2갈래로 갈라진다. 선체는 1개이며 가늘고 길다.

열매 열매(蒴果)는 난형이고 털이 있으며 7월에 성숙한다.

● **참고**

어린가지와 겨울눈, 잎 뒷면에 회백색 털이 밀생해 다른 종과 쉽게 구별된다. 갯버들에 비해 흔히 줄기가 땅을 기면서 자라고 잎이 작으며 겨울눈, 어린가지, 잎에 털이 적거나 없는 나무를 눈갯버들(*S. graciliglans* Nakai)로 구분하기도 하지만, 종의 실체에 대해 분류학적인 재검토가 필요할 것으로 본다.

❶암꽃차례 ❷암꽃차례의 횡단면. 암꽃은 긴 암술대가 독특하다. 선체의 모양도 길쭉하다. ❸수꽃차례 ❹수꽃차례의 횡단면 ❺암꽃차례와 수꽃차례, 또는 양성꽃차례가 섞여 피는 개체도 간혹 보인다. 이는 다른 버드나무류에도 나타나는 현상이다.

❻갯버들의 수형. 줄기 아래쪽에서 가지가 많이 갈라진다. ❼과수 ❽❾잎 앞면과 뒷면. 잎 표면의 측맥이 선명하다. 뒷면에는 회백색 털이 밀생한다. ❿충영 ⓫탁엽은 난형이며 잎자루의 밑부분은 겨울눈을 감싸고 있다. ⓬겨울눈. 겨울눈과 어린가지 전체에 털이 밀생한다. ⓭수피. 회녹색이고 매끈하지만 오래되면 세로로 불규칙하게 갈라진다. ⓮종자

✽식별 포인트 어린가지의 털/겨울눈/잎(엽맥)/암꽃(암술대, 선체)

분버들
Salix rorida Lacksch.

버드나무과 SALICACEAE Mirb.

● **분포**
중국(동북부), 일본(혼슈 이북), 러시아, 한국

❖ **국내분포/자생지** 경북(소백산) 이북의 산지 계곡 및 사면

● **형태**
수형 낙엽 교목이며 높이 15m까지 자란다.

어린가지 적갈색이고 털이 없으며, 2년지는 봄이 되면 분이 생겨 분백색을 띤다.

잎 어긋나며 길이 8~12cm의 넓은 피침형 또는 도피침형이다. 끝은 뾰족하고 밑부분은 쐐기형이며, 가장자리에는 잔톱니가 있다. 탁엽은 길이 4~8mm의 난형이며 가장자리에 큰 톱니가 있다.

꽃 암수딴그루이며, 4월에 잎보다 꽃이 먼저 핀다. 수꽃차례는 길이 3~4cm의 원통형이다. 포는 도란형 또는 장타원형이며 끝이 흑색이고 긴 털이 밀생한다. 수술은 2개이고 털이 없으며, 꽃밥은 붉은빛이 도는 노란색이고 선체는 1개다. 암꽃차례는 길이 2.5~4cm다. 자방은 난상 원추형이고 털이 없으며 선체는 1개다. 암술대는 가늘고 길며 암술머리는 2갈래로 갈라진다.

열매 열매(蒴果)는 난상 타원형이고 털이 없으며 5~6월에 성숙한다.

2009. 9. 6. 경기 가평군 화악산

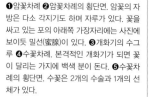

❶암꽃차례 ❷암꽃차례의 횡단면. 암꽃의 자방은 다소 각지기도 하며 자루가 있다. 꽃을 싸고 있는 포의 아래쪽 가장자리에는 사진에 보이듯 밀선(蜜腺)이 있다. ❸개화기의 수그루 ❹수꽃차례. 본격적인 개화기가 되면 꽃이 달리는 가지에 백색 분이 돈다. ❺수꽃차례의 횡단면. 수꽃은 2개의 수술과 1개의 선체가 있다.

● 참고
개화 초기에는 2년지가 분백색을 띠지
않아 호랑버들과 혼동할 수도 있으나,
꽃차례에 자루가 거의 없고 터지기 전
의 꽃밥이 붉은 색조를 띠며 수술 기부
및 자방에 털이 없는 특징으로 쉽게 구
별할 수 있다. 강원 및 경기의 깊은 산
지에 자라며 계곡뿐만 아니라 능선 및
사면부에서도 흔히 나타난다.

❻결실기의 암그루 ❼❽잎 앞면과 뒷면. 표
면은 광택이 나며 뒷면은 분백색이다. ❾탁
엽 ❿⓫암꽃눈(❿)과 수꽃눈(⓫). 인편도 하
얗게 분이 오른다. 수꽃눈이 암꽃눈보다 다
소 크다. ⓬수형 ⓭잎눈. 갈색-적갈색이고
털이 없다. 인편에 홈이 파인 것처럼 보인다.
⓮수피. 회녹색 또는 회갈색이며 오래되면
세로로 깊게 갈라진다. ⓯종자
✽식별 포인트 분이 오른 2년지/탁엽/잎/암
꽃(포의 밀선)

육지꽃버들

Salix schwerinii E. L. Wolf
(*Salix gmelinii* Pall.; *S. viminalis*
L. var. *gmelinii* Turcz.)

버드나무과 SALICACEAE Mirb.

●**분포**
중국(동북부), 몽골, 러시아, 한국
❖**국내분포/자생지** 평북-함북 이북의
낮은 지대

●**형태**
수형 낙엽 관목 또는 소교목이며 높이
10m까지 자란다.
수피/겨울눈 수피는 회녹색이며 매끈
하지만 오래되면 세로로 길게 갈라진
다. 겨울눈은 황색 또는 적갈색의 난
형-장타원형이며 털이 있다.
잎 어긋나며 길이 10~15cm의 선상 피
침형이다. 끝은 뾰족하고 밑부분은 좁
은 쐐기형이며, 가장자리가 밋밋하다.
잎자루는 길이 5~12mm이며 부드러운
털이 밀생한다. 탁엽은 좁은 피침형이
고 가장자리에 잔톱니가 있다.
꽃 암수딴그루이며, 4월에 잎이 나기
전 꽃이 먼저 핀다. 수꽃차례는 길이 2
~3cm의 장타원상 난형이다. 포는 갈
색의 도란형 또는 장타원형이며 긴 털
이 밀생한다. 수술은 2개이고 털이 없
으며, 꽃밥은 황색이고 선체는 1개다.
암꽃차례는 길이 3~4cm다. 자방은 난
형 또는 난상 원추형이며 부드러운 털
이 밀생한다. 암술대는 가늘고 길며 암
술머리는 2갈래로 갈라진다.
열매 열매(蒴果)는 난형이고 털이 있
으며 5~6월에 성숙한다.

●**참고**
잎은 좁은 피침형 또는 선상 피침형이
며, 뒷면이 광택 나는 은백색을 띠고
털이 있는 것이 특징이다. 육지꽃버들
에 비해 잎의 폭이 1cm 이상이고 탁엽
이 피침형이며, 가지가 굵고 털이 많은
나무를 꽃버들(*S. stipularis* Sm.)이라
고 한다.

❶결실기의 모습. 열매 표면에는 털이 있다.
❷잎이 전개된 모습 ❸잎 뒷면. 은백색이며
털이 밀생한다. 잎은 처음 나올 때 뒤로 말려
서 나오며, 전개된 후에도 가장자리는 약간
뒤로 말려 있다. ❹수피. 회녹색이며 세로로
길게 갈라진다.
✱식별 포인트 잎

2007. 6. 27. 백두산

2007. 6. 28. 백두산

눈산버들
(난장이버들)

Salix divaricata Pall. **var.**
metaformosa [Nakai] Kitag.
[*Salix divaricata* Pall. var.
orthostemma [Nakai] Kitag.;
S. metaformosa Nakai;
S. orthostemma Nakai]

버드나무과 SALICACEAE Mirb.

● **분포**
중국(동북부), 한국
❖ **국내분포/자생지** 강원(북부), 함북
(백두산)의 고산지대의 풀밭, 길가 및
습지
● **형태**
수형 낙엽 소관목이며 높이 80cm 정도
로 자라고 땅을 기거나 약간 비스듬히
선다.
잎 어긋나며 길이 2~5cm의 도란형 또
는 타원형이다. 끝은 둥글거나 뾰족하
고 밑부분은 쐐기형이며, 가장자리에
는 적색의 얕은 톱니가 있다. 양면에
모두 털이 없으며, 표면은 녹색이고 뒷
면은 밝은 회녹색이다. 잎자루는 길이
2~5mm다. 탁엽은 작은 피침형이며 곧
떨어진다.
꽃 암수딴그루이며, 5~6월에 잎이 나
기 전 꽃이 먼저 핀다. 수꽃차례는 길
이 2~2.5cm의 원통형이다. 포는 장타
원상이고 흑자색을 띠며 털이 밀생한
다. 수술은 2개이고 털이 없으며, 선체
는 1개이고 꽃밥은 황적색이다. 암꽃
차례는 길이 2cm 정도다. 자방은 붉은
빛을 띠는 난상 원추형이고 털이 밀생
한다. 암술대가 뚜렷하게 구별되며 암
술머리는 적색이고 2갈래로 갈라진다.
열매 열매(蒴果)는 위로 굽은 원추형이
고 적자색을 띤다. 표면에는 털이 있
고 6~7월에 성숙한다.
● **참고**
콩버들보다 잎이 크며 가장자리에 적
색의 얕은 톱니가 있고 잎 전체에 털이
없는 것이 차이점이다. 백두산(장백산)
의 초원지대 및 길가에 비교적 흔하게
자란다.

❶암꽃차례. 암술대는 적색을 띤다. ❷암꽃
차례의 횡단면. 선체는 상단부가 오목하다.
❸수꽃차례. 꽃밥이 터지기 전에는 황적색을
띤다. ❹수꽃차례의 횡단면 ❺과수(果穗). 적
자색을 띠며 표면에 털이 약간 있다. ❻겨울
눈. 어린가지는 황록색이며 겨울눈은 가지에
납작하게 붙는다. ❼잎은 털이 없으며 가장
자리에 적색의 얕은 톱니가 있다.
✻식별 포인트 잎/수형

참오글잎버들
(참오굴잎버들)
Salix siuzevii Seemen

버드나무과 SALICACEAE Mirb.

● **분포**
중국(동북부), 러시아, 한국

❖ **국내분포/자생지** 경남(우포늪), 경북(낙동강, 울릉도 나리분지), 경기 및 강원 이북의 산지 및 습지에 드물게 분포함

● **형태**
수형 낙엽 관목 또는 소교목이며 높이 3~4(~6)m까지 자란다.

수피/어린가지/겨울눈 수피는 회녹색이고 매끈하며 마름모형 피목이 발달한다. 어린가지는 가늘고 황록색 또는 붉은색이다. 겨울눈은 장타원형이고 처음에는 털이 있다가 차츰 없어진다.

잎 어긋나며 길이 7~12cm의 넓은 피침형이다. 끝은 길게 뾰족하고 밑부분은 넓은 쐐기형이며, 가장자리는 밋밋하거나 물결 모양의 톱니가 있다. 표면은 광택이 나는 녹색이며, 뒷면은 밝은 회녹색이다. 잎자루는 길이 2~10mm이며 소형의 탁엽은 피침형이다.

꽃 암수딴그루이며, 3~4월에 잎이 나기 전 꽃이 먼저 핀다. 수꽃차례는 길이 2~3cm의 원통형이다. 포는 피침형이고 긴 털이 밀생하며 끝부분은 흑색이다. 수술은 2개이고 털이 없으며 꽃밥은 황적색이고 선체는 1개다. 암꽃차례는 길이 2cm 정도이며, 자방은 난상 원추형이고 선체는 1개다. 암술대는 황색이며, 암술머리는 2갈래로 갈라진 다음 또다시 각각 2갈래로 갈라진다.

열매 열매(蒴果)는 난형으로 털이 있고 5~6월에 성숙한다.

2008. 6. 18. 경남 창녕군 우포늪

❶❷암꽃차례와 그 횡단면. 암꽃의 자방에는 짧은 자루가 있고 털이 밀생한다. 선체는 1개다. ❸❹수꽃차례와 그 횡단면. 수꽃의 수술은 2개이고 선체는 1개다. ❺과수(果穗)는 꼿꼿이 위로 선다.

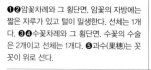

●참고

잎의 폭이 1cm 이상이고 새잎이 전개
될 때는 뒤로 심하게 말려서 나오며,
잎이 모두 전개된 뒤에도 잎 가장자리
가 약간 뒤로 말리는 것이 특징이다.
참오글잎버들을 일본, 중국 및 러시아
에 분포하는 *S. sachalinensis* F.
Schmidt와 동일종으로 보는 견해도
있다.

❻수형(경북 울릉도) ❼개화기의 암그루 ❽
참오글잎버들은 새순이 뒤로 말려 나오는 특
징이 있다. ❾❿잎의 앞면과 뒷면. 잎은 가장
자리가 살짝 뒤로 말리며 가장자리에는 물결
모양의 톱니가 있다. ⓫겨울눈은 장타원형으
로 국내 자생하는 다른 버드나무류와 구별이
용이하다. ⓬수피에는 마름모꼴 피목이 발달
한다. ⓭종자
✿식별 포인트 잎/겨울눈/과수/수피

반짝버들

Salix pentandra L.
[*Salix pentandra* L. var. *intermedia* Nakai; S. *pseudopentandra* [Flod.] Flod.]

버드나무과 SALICACEAE Mirb.

2013. 9. 24. 중국 지린성 두만강 유역

●**분포**

중국(동북부), 몽골, 한국

❖**국내분포/자생지** 함북(백두산, 포태산, 설령)

●**형태**

수형 낙엽 관목이며 높이 2~3m로 자란다.

잎 어긋나며 길이 2~13cm의 피침상 장타원형, 장타원형, 난상 장타원형이고 양면에 모두 털이 없다. 끝은 길게 뾰족하고 가장자리에는 잔톱니가 촘촘히 있다.

꽃 암수딴그루이며, 6월에 새가지 끝에서 꽃차례가 비스듬히 위를 향해 달린다. 수꽃차례는 길이 2~4(~7)cm이며 포의 뒷면과 가장자리에는 긴 털이 있다. 수술은 (5~)6~9(~12)개이고 길이가 제각각이며, 수술대 기부에 털이 있다. 선체는 수술 앞뒤로 각각 1개씩 있는데, 앞쪽의 선체는 끝이 2~3갈래로 갈라진다. 암꽃차례는 길이 2~6cm다. 자방은 난상 원추형이고 털이 없으며, 암술대와 암술머리는 뚜렷하게 2갈래로 갈라진다. 선체는 (1~)2개이며, 앞쪽의 선체는 끝이 1~2갈래로 갈라지고 뒤쪽에는 선체가 없는 경우가 많다.

열매 열매(蒴果)는 8~9월에 익는다. 길이는 7~9mm이고 짧은 자루가 있다.

●**참고**

다른 버드나무류가 결실할 무렵에야 개화를 시작하여 여름철에 결실하는 것이 특징적이다.

❶수꽃차례. 잎이 나온 직후 새가지에 꽃차례가 생긴다. ❷수꽃차례의 횡단면. 수술은 흔히 6~9개이며 선체의 끝이 갈라지는 것이 특이하다. ❸열매. 털이 없고 광택이 나며 8~9월에 익는다. ❹잎. 표면에 광택이 있다. ❺겨울눈 ❻수형. 가지가 많이 갈라진다. ❼콩버들(*Salix nummularia* Andersson). 백두산 정상 부근의 풀밭에 자라는 낙엽 관목이다. 줄기가 지면으로 벋으면서 자라며, 잎이 둥글고 가장자리에 톱니가 없는 것이 특징이다.(ⓒ김경용)

❀식별 포인트 수꽃(수술, 선체)/잎(뒷면)/개화기/결실기

2012. 5. 20. 중국 지린성 두만강 유역

채양버들
(새양버들)

Salix arbutifolia Pall.
[*Chosenia arbutifolia* (Pall.)
A. K. Skvortsov; *C. bracteosa*
(Turcz. ex Trautv.) Nakai]

버드나무과 SALICACEAE Mirb.

●분포
중국(동북부), 일본(혼슈, 홋카이도),
러시아(동부), 한국
❖국내분포/자생지 강원(금강산) 이북
의 하천가
●형태
수형 낙엽 교목이며 높이 20~30m,
지금 1.5m까지 자란다.
잎 어긋나며 길이 5~8cm의 도란상 피
침형, 피침형 또는 장타원형이고 양면
에 털이 없다. 끝은 뾰족하고 밑부분은
쐐기형이며, 가장자리는 매끈하거나
잔톱니가 생기기도 한다.
꽃 암수딴그루이며, 5월에 잎의 전개
와 동시에 아래를 향해 꽃차례가 달린
다. 수꽃차례는 길이 2~5cm이며 포는
광난형이고 가장자리에 긴 털이 있다.
수술은 5개이고 털이 없으며, 꽃밥은
황색이고 선체가 없다. 암꽃차례는 길
이 2~4cm이며 포는 광타원형이고 끝
이 뾰족하다. 장난형상 원통형의 자방
은 짧은 자루가 있고 털이 없으며 선체
가 없다(간혹 생기기도 함). 짧은 암술
대는 2갈래로 갈라지며, 암술머리도
각각 2갈래로 다시 갈라진다.
열매/종자 열매(蒴果)는 6월에 성숙하
며, 길이 5mm 정도이고 익으면 2갈래
로 갈라진다. 종자는 길이 1.2mm 정도
의 장타원형이다.
●참고
수꽃차례가 아래로 처지며, 수꽃에 선체
가 없고 수술대가 포에 붙어 나는 특징
때문에 예전에는 별도의 속(*Chosenia*)
으로 구분했다.

❶수꽃차례 ❷과수. 6월에 익으며 과수는 비
스듬히 위 또는 옆으로 향한다. 열매의 표면
에는 털이 없고 암술대는 수분 직후에 떨어
진다. ❸잎 앞면 ❹잎 뒷면. 흰빛이 돈다. ❺
겨울눈. 장타원형이며 털이 없고 광택이 난
다. ❻수피. 음나무 노목처럼 세로로 깊게 갈
라진다. ❼수형. 한반도에 자생하는 버드나
무류(*Salix*) 중에서 가장 크게 자란다.(두만
강 접경지)
✿식별 포인트 수형/수피/암꽃차례/수꽃차
례/수꽃(수술 붙는 위치, 밀선 없음)/열매

271

사시나무
Populus davidiana Dode

버드나무과 SALICACEAE Mirb.

● **분포**
중국, 러시아(동부), 몽골, 한국
❖ **국내분포/자생지** 경남, 전남 이북의
산지 계곡부 및 사면

● **형태**
수형 낙엽 교목이며 높이 25m, 지름
60cm까지 곧게 자란다.
수피/겨울눈 수피는 회녹색 또는 회백
색이고 매끈하지만 오래되면 거칠어
진다. 겨울눈은 난형 또는 난상 구형이
며 털이 없고 다소 끈적거린다.
잎 어긋나며 길이 2~6cm의 삼각상 난
형 또는 아원형이다. 끝은 짧게 뾰족하
며 밑부분은 둥글고, 가장자리에는 물
결 모양의 얕은 톱니가 있다. 잎자루는
길이 1~5cm이며 앞면이 납작하다.
꽃 암수딴그루이며, 4~5월에 잎이 나
기 전에 꽃이 핀다. 수꽃차례는 길이 5
~9cm이며 수술은 5~12개다. 암꽃차
례는 길이 4~7cm이고, 자방은 원추형
이며 암술머리는 붉은빛을 띤다. 흑갈
색의 포는 둥글고 깊은 톱니가 있으며
개화 직후 곧 떨어진다.
열매 열매(蒴果)는 길이 5mm 정도의
피침상 장타원형 또는 난상 원추형이
며 짧은 자루가 있다. 표면에 털이 없
고 광택이 나며 익으면 2갈래로 갈라
지면서 속에서 종자가 나온다.

● **참고**
잎 뒷면이 녹색이며 잎 기부에 선체(腺
體)가 없는 것이 특징이다. 잎자루가
길고 앞면이 납작해서 약한 바람에도
잘 흔들린다. "사시나무 떨 듯하다"라
는 표현도 여기에서 유래한다.

2008. 5. 20. 강원 인제군 설악산

❶❷암꽃차례. 흑갈색의 포는 곧 떨어진다.
암·수꽃 모두 은사시나무에 비해 포의 색깔
이 어둡다. ❸수꽃차례. 황철나무와는 꽃밥
색이 다르다. ❹수꽃 접사 ❺초봄에 잎이 날
때는 멀리서 보면 밝은 황갈색을 띤다. ❻❼
잎. 자루가 길다. 기부에 선점이 없는 점이 일
본사시나무(*P. sieboldii*)와 다르다.

272

❽개화기의 암그루. 나무를 뒤덮듯이 풍성하게 꽃을 피운다. ❾겨울눈. 여러 장의 인편으로 싸여 있고, 인편 표면은 개화기로 접어들면서 약간 끈끈해진다. ❿수피. 마름모꼴 피목이 생기며, 오래되면 불규칙하게 갈라진다. ⓫개화기의 수그루 ⓬수형 ⓭⓮종자(⓭현미경 사진) ⓯열매는 익으면 2갈래로 갈라진다.

✽식별 포인트 잎/수피

은사시나무
(은수원사시나무, 현사시나무)

Populus x *tomentiglandulosa* T. B. Lee

버드나무과 SALICACEAE Mirb.

● **분포**
한국(한반도 고유종, 교잡종)

❖ **국내분포/자생지** 전국적으로 널리 식재

● **형태**
수형 낙엽 교목이며 높이 20m, 지름 50cm까지 자란다.

수피 회백색이고 매끈하며 마름모꼴의 큰 피목이 발달한다. 오래된 수피는 짙은 회색이며 거칠고 얕게 갈라진다.

잎 어긋나며 길이 3~8cm의 난상 타원형 또는 원형이다. 밑부분은 둥글거나 평평하며 가장자리에 불규칙한 치아상 톱니가 성글게 있다. 표면은 짙은 녹색이고 털이 없으며, 뒷면은 백색 털이 밀생하다가 차츰 떨어진다. 잎자루는 길이 1~5cm이며 백색 털이 밀생한다.

꽃 암수딴그루이며, 4월에 잎이 나기 전에 꽃이 핀다. 수꽃차례는 길이 7cm 정도이며, 포는 밝은 갈색이고 포 가장자리에 긴 털이 밀생한다. 암꽃차례는 길이 5cm 정도이며, 포는 둥글고 가장자리에 긴 털이 있다. 암술머리는 적색이다.

열매 열매(蒴果)는 난형 또는 도란형이고 표면에 털이 없으며 5월에 성숙한다.

2011. 6. 11. 경기 파주시

❶❷수꽃차례. 사시나무와 구조가 유사하나 포의 색깔이 다소 더 밝은 갈색이다. ❸암꽃차례 ❹과수(果穗) ❺잎 앞면 ❻잎 앞면의 기부에는 선체가 있다.

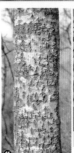

●참고

은백양(*Populus alba* L.)과 사시나무의 교잡종으로서 전국의 산지에 넓게 조림되어 있다. 조림에 이용된 은사시나무는 인공적으로 육종된 것으로, 은수원사시나무 또는 현사시나무라고 부르기도 한다. 잎은 사시나무와 비슷하지만, 잎 뒷면이 처음에는 은백양처럼 백색 털이 밀생하다가 차츰 떨어지는 특징이 있고 기부에 선체가 있는 점이 다르다.

❼개화기의 암그루 ❽수형 ❾잎 뒷면은 백색 털로 덮여 있어 은색을 띤다. ❿겨울눈은 털로 싸여 있다. ⓫수피 ⓬종자 ⓭은사시나무 조림지. 전국적으로 널리 식재되어 있다. ⓮⓯은백양. 은백양은 잎이 3~5갈래로 얕게 갈라진다. ⓮잎 앞면. 짙은 녹색이며 광택이 난다. ⓯잎 뒷면에는 부드러운 백색 털이 밀생한다.

✽식별 포인트 잎(기부의 선체)/수피

황철나무

Populus maximowiczii
A. Henry

버드나무과 SALICACEAE Mirb.

● 분포
중국(동북부), 일본(혼슈 이북), 러시아, 한국

❖ 국내분포/자생지 강원의 심산 하천 및 계곡부

● 형태
수형 낙엽 교목이며 높이 30m, 지름 1.5m까지 곧게 자란다.

수피 회백색 또는 황회색을 띠고 매끈하며, 어릴 때는 마름모꼴의 큰 피목이 발달한다.

잎 어긋나며 길이 6~12㎝의 타원형 또는 광타원형이다. 끝은 뾰족하고 밑부분은 둥글거나 약간 심장형이며, 가장자리에는 둔한 톱니가 촘촘히 있다. 양면에 털이 없다. 표면은 짙은 녹색이고 주름지며, 뒷면은 연한 녹색이다. 잎자루는 길이 1~5㎝다.

꽃 암수딴그루이며, 4~5월에 잎이 완전히 펼쳐지기 전에 꽃이 핀다. 수꽃차례는 길이 5~8㎝이며 털이 없고 포 가장자리가 가늘게 갈라진다. 수술은 30~40개이며 꽃밥은 자주색이다. 암꽃차례는 길이 10~15㎝이며, 자방은 광난형이고 털이 없다. 암술머리는 3갈래로 갈라지고 황색이다.

열매/종자 열매(蒴果)는 길이 5㎜ 정도의 난상 구형이고 자루가 없으며, 6~7월에 성숙한다.

2008. 5. 24. 강원 양양군 구룡령

❶❷암꽃차례. 암술머리는 황색이며 갈색의 포는 곧 탈락한다. ❸수꽃차례. 잎이 전개되는 초기에 개화한다. ❹❺과수(果穗). 열매는 봉선을 따라 3~4갈래로 갈라진다.

●참고

황철나무에 비해 맹아에 능각이 없고 어린가지에 샘털이 있는 나무를 물황철(*P. koreana* Rehder)이라고 부르지만, 실제로 두 종을 구별하기가 어렵다. 물황철과 황철나무를 모두 중국에 분포하는 *P. suaveolens* Fisch.에 포함시키는 견해도 있다.

❻개화기의 수그루 ❼❽잎 앞면과 뒷면. 분비샘이 있어 끈적거린다. ❾겨울눈도 수지에 싸여 끈적거린다. 사시나무에 비해 인편의 수가 더 적다. ❿충영 ⓫⓬어린나무(⓫)와 노목(⓬)의 수피 ⓭수형 ⓮⓯종자(⓮현미경 사진). 표면 전체에 굽은 털이 퍼져 있다.
✽식별 포인트 잎

277

양버들
Populus nigra L. 'Italica'

버드나무과 SALICACEAE Mirb.

●**분포**
중국(서부), 중앙아시아, 유럽
❖**국내분포/자생지** 전국의 하천 및 마을 주변에 식재
●**형태**
수형 낙엽 교목이며 높이 30m, 지름 1m까지 곧게 자란다.
수피 짙은 회색이며 오래되면 깊게 갈라진다.
잎 어긋나며 길이 5~10㎝의 마름모형 또는 난상 삼각형이다. 끝은 길게 뾰족하고 밑부분은 넓은 쐐기형이며, 가장자리에 불규칙하고 둔한 톱니가 있다. 잎자루는 잎과 길이가 비슷하며 윗부분의 좌우가 납작하고 털이 없다.
꽃 암수딴그루이며, 4월에 잎이 나기 전에 상층부의 가지에서 꽃이 핀다. 수꽃차례는 길이 5~6㎝이고 털이 없다. 포는 길이 3~4㎜이고 가장자리가 가늘게 갈라진다. 수술은 15~30개이며 꽃밥은 적색이다. 암꽃차례는 길이 5~10㎝다. 자방은 난형이고 털이 없다.
열매/종자 열매(蒴果)는 길이 5~7㎜의 난형이고 털이 없으며 5월에 성숙한다. 열매는 2열로 갈라진다.
●**참고**
뿌리 및 줄기에서 수간과 수직으로 평행하는 가는 줄기가 많이 나와서 빗자루 모양의 수형이 되는 것이 특징이다. 흔히 유럽에서 '포플러'라고 부르는 나무이며, 이태리포푸라에 비해 잎이 작고 밑이 넓은 쐐기형인 점이 다르다. 꽃은 나무의 최상부에만 달려 관찰하기가 쉽지 않다.

2001. 5. 3. 대구시 동화천

❶❷암꽃차례 ❸수꽃차례 ❹과수(果穗)

❺개화기의 수그루 ❻결실기의 암그루 ❼잎
❽❾잎 앞면과 뒷면. 잎은 길이보다 폭이 넓
은 삼각상이 흔하다. ❿겨울눈. 적갈색을 띠
고 좁은 난형이며 끈적거린다. ⓫수피 ⓬종자
＊식별 포인트 수형/잎

이태리포푸라
(이태리포플라)

Populus × canadensis Moench
[*Populus euramericana* Guinier]

버드나무과 SALICACEAE Mirb.

● **분포**

유럽

❖ **국내분포/자생지** 전국의 하천 및 민가 주위에 식재

● **형태**

수형 낙엽 교목이며 높이 30m, 지름 1m까지 크게 자란다.

수피/겨울눈 수피는 짙은 회색이며 처음에는 매끈하지만 오래되면 깊게 갈라진다. 겨울눈은 대형이며, 처음에는 녹색이나 차츰 녹갈색으로 바뀌고 매우 끈적거린다.

잎 어긋나며 길이 7~10(~20)cm의 삼각상 난형이고 대개 폭보다 길이가 길다. 끝은 길게 뾰족하고 밑부분은 평평하거나 넓은 쐐기형이며, 가장자리에는 불규칙한 둔한 톱니가 있다. 긴 잎자루는 윗부분의 좌우가 납작하고 털이 없다.

꽃 암수딴그루이며, 4월에 잎이 나기 전에 꽃이 핀다. 수꽃차례는 길이 7~15cm이고 털이 없으며, 포의 가장자리는 가늘게 갈라져 있다. 수술은 15~25(~40)개다. 암꽃차례는 10~27cm이고 자방은 난형으로 털이 없다.

열매 열매(蒴果)는 길이 8mm 정도의 난형이고 털이 없으며 5~6월에 성숙한다.

● **참고**

미루나무(*P. deltoides* Marsh)와 양버들의 잡종으로서 생장이 매우 빨라서 가로수나 각 지역 산록에 풍치수로 심고 있으며, 국내 도로변에 식재한 포플러류(*Populus*)의 대부분을 차지한다. 이탈리아에서 처음 들여왔기 때문에 이태리포푸라라고 부른다.

2001. 10. 7. 경남 창녕군 우포늪

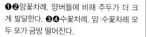

❶❷암꽃차례. 양버들에 비해 주두가 더 크게 발달한다. ❸❹수꽃차례. 암·수꽃차례 모두 포가 금방 떨어진다.

❺결실기 직후의 암그루 ❻결실 초기의 암그루 ❼결실 초기의 과수(果穗) ❽결실 말기의 과수. 열매는 2∼3갈래로 갈라진다. ❾❿잎. 폭보다 길이가 길고 새순은 붉은빛이 돈다. ⓫겨울눈 ⓬수피 ⓭종자
✻식별 포인트 잎/수형

매화오리

Clethra barbinervis Siebold & Zucc.

매화오리과
CLETHRACEAE Klotzsch

● **분포**
중국(중남부), 일본(훗카이도 중부 이남), 한국(불명확)
❖ **국내분포/자생지** 제주 한라산(불명확)

● **형태**
수형 낙엽 소교목이며 높이 8~10m까지 자란다.

수피 다갈색이고 오래되면 불규칙한 큰 조각으로 벗겨진다.

잎 어긋나지만 가지 끝에서는 모여난다. 길이 6~15cm의 난형 또는 도란상 장타원형이다. 끝은 뾰족하고 밑부분은 쐐기형이며, 가장자리에는 뾰족한 잔톱니가 있다. 톱니는 잎의 기부 ¼지점 이상부터 촘촘히 난다. 잎자루는 길이 1~4cm이며 부드러운 털이 밀생한다.

꽃 7~8월에 가지 끝에서 나온 총상꽃차례에 백색의 양성화가 모여 달린다. 꽃차례는 길이 10~20cm이며 축을 따라 백색 털이 밀생한다. 꽃받침열편은 길이 2mm 정도이고 5개이며 바깥쪽에 부드러운 털이 밀생한다. 꽃잎은 5개이며, 길이 6~7mm의 장타원형이다. 수술은 10개이며 길이가 꽃잎보다 길다. 자방에는 털이 밀생하며, 암술머리는 3갈래로 갈라진다.

열매 열매(蒴果)는 지름 3~4mm의 납작한 구형이며 털이 밀생한다.

● **참고**
제주에 분포한다는 기록은 많으나 실제로 제주에서 표본을 채집하거나 실체를 확인했다는 자료는 찾아볼 수 없다. 이 책에서는 국내 자생 가능성을 염두에 두고 참고종으로 수록한다.

❶꽃차례 ❷열매차례. 자루는 끝이 굽으며 익으면 아래로 드리운다. ❸잎 뒷면. 연한 녹색이며 맥 위와 맥겨드랑이에 털이 나 있다. ❹겨울눈 ❺❻수피의 변화. 껍질이 떨어지면 노각나무처럼 얼룩무늬가 생기기도 한다. ❼수형 ❽종자. 길이 1mm 정도의 타원형이다. 표면 전체에 그물 모양의 돌기가 있다.
❋식별 포인트 수피/열매

2008. 7. 29. 일본 쓰시마섬

2001. 10. 26. 제주 한라산

시로미

Empetrum nigrum subsp. asiaticum (Nakai) Kuvaev
(*Empetrum nigrum* var. *japonicum* Siebold & Zucc. ex K. Koch)

시로미과
EMPETRACEAE Hook. & Lindl.

● **분포**

중국(북부), 일본, 러시아(동부), 몽골, 한국

❖ **국내분포/자생지** 한라산 해발고도 1,300m 이상의 바위지대 및 풀밭

● **형태**

수형 상록 소관목이며 높이 10~25cm, 길이 1m 정도로 자란다. 땅으로 기면서 가지를 많이 내어 큰 포기를 이룬다.

어린가지/겨울눈 어린가지는 적갈색이며 백색의 잔털이 있으나 차츰 떨어진다. 겨울눈은 둥글며, 가지 끝에 달린다.

잎 모여나며 길이 5~6mm의 넓은 선형이다. 두껍고 광택이 있으며 끝이 둔하거나 둥글다. 가장자리는 밋밋하며 처음에는 펼쳐지다가 차츰 뒤로 말린다. 잎자루는 거의 없다.

꽃 암수딴그루이며, 5~6월에 줄기 윗부분의 잎겨드랑이에 자주색 꽃이 달린다. 수꽃은 자루가 없으며 꽃받침열편은 6개다. 수술은 3개이며 수술대는 길이 4~6mm이고 꽃밥은 적색이다. 암술의 자방은 길이 0.6mm 정도의 구형이고 털이 없다. 암술대는 매우 짧고 암술머리는 6~8갈래로 갈라진다.

열매 열매(核果)는 지름 5~6mm의 구형이며 8~9월에 흑자색으로 익는다.

● **참고**

꽃이 필 무렵 암그루와 수그루는 잎 색에서도 차이가 나는데, 암그루는 붉은색, 수그루는 녹색이 많이 돌아 쉽게 구별할 수 있다. 국명은 '열매가 시다'라는 뜻을 가진 제주 방언에서 유래한 것으로 추정된다. 예전에는 열매를 이용해 술을 담그기도 했다.

❶암꽃. 암술머리는 흑자색을 띤다. ❷수꽃 ❸열매. 흑자색으로 익는다. ❹잎 ❺겨울눈 (꽃눈) ❻수형. 땅을 기며 자란다. ❼핵
❇식별 포인트 수형/잎/열매

백산차
(좁은잎백산차)

Ledum palustre L.
(*Rhododendron tomentosum* Harmaja)

진달래과 ERICACEAE Juss.

2007. 6. 24. 백두산

●**분포**
중국, 일본, 러시아(동부), 북아메리카, 유럽(중북부), 한국
❖**국내분포/자생지** 양강도, 함남, 함북
●**형태**
수형 상록 관목이며 높이 50~70cm.
잎 어긋나며 길이 2~8cm의 선상 피침형 또는 좁은 장타원형이다.
꽃 6~7월에 2년지 끝에서 나온 꽃차례에 백색의 양성화가 모여 달린다.
열매 열매(蒴果)는 길이 3.5~4mm의 난형이다.
●**참고**
개체에 따라 잎 크기 및 폭의 변화가 심하다. 예전에는 잎의 모양에 따라 좁은잎백산차, 왕백산차 등으로 구분하기도 했으나 최근에는 종내변이로 보고 따로 구분하지 않는다.

❶잎 뒷면에는 적갈색 털이 밀생한다. ❷겨울눈의 인편에도 적갈색 털이 밀생한다.

노랑만병초

Rhododendron aureum Georgi

진달래과 ERICACEAE Juss.

2007. 6. 27. 백두산

●**분포**
중국(동북부), 일본, 러시아(동부), 몽골, 한국
❖**국내분포/자생지** 강원(설악산) 이북
●**형태**
수형 상록 관목이며 높이 0.3~1m.
잎 어긋나며 길이 3~8cm의 도란상 장타원형이다. 가장자리가 밋밋하고 뒤로 약간 말린다.
꽃 5~6월에 가지 끝에서 나온 꽃차례에 연한 황색의 양성화가 2~10개씩 달린다.
열매 열매(蒴果)는 길이 1~1.5cm의 장타원상 원통형이다.

❶꽃과 잎. 꽃은 백색 또는 연한 황색이다. 잎 뒷면은 연녹색이다. ❷미성숙한 열매 ❸노랑만병초의 대군락/백두산
✽식별 포인트 꽃/잎(뒷면)

2003. 6. 6. 강원 인제군 설악산

만병초
Rhododendron brachycarpum
D. Don ex G. Don

진달래과 ERICACEAE Juss.

●분포
일본, 한국
❖국내분포/자생지 지리산 이북의 높은 산지 능선 및 정상부, 울릉도
●형태
수형 상록 관목이며 높이 1~4m로 자란다.
잎 어긋나며 보통 가지 끝에서 5~8개씩 모여 달린다. 형태는 길이 6~18cm의 타원상 피침형 또는 장타원형이며 가죽질이다. 끝은 둔하고 밑부분은 둥글며, 가장자리는 밋밋하지만 뒤로 약간 말린다. 뒷면은 회갈색 또는 연한 갈색 털이 밀생한다. 잎자루는 길이 1~3cm이며 회색 털이 밀생하지만 곧 떨어진다.
꽃 6~7월에 가지 끝에서 나온 꽃차례에 백색 또는 연한 홍색의 양성화가 5~15(~20)개씩 달린다. 꽃은 지름 3~4(~6)cm의 깔때기 모양이며, 꽃잎은 5갈래로 갈라진다. 꽃받침도 5갈래로 갈라지며 양면에 털이 있다. 수술은 10개인데 길이가 서로 다르고 기부에 털이 밀생한다. 암술대는 길이 1~1.5cm이며 열매가 익을 때까지 남는다. 자방은 길이 5mm 정도이고, 백색 또는 갈색 털이 있다.
열매 열매(蒴果)는 길이 2~3cm의 장타원상 원통형이며 8~9월에 익는다.
●참고
노랑만병초에 비해 키가 크며 잎 뒷면에 갈색 털이 밀생하는 것이 특징이다. 국명은 '모든 병에 효력이 있어 만병통치약으로 사용되는 풀'이라는 뜻에서 유래했다. 과학적인 근거는 불분명하다.

❶꽃은 백색 또는 연한 홍색이다. ❷잎. 가장자리가 살짝 뒤로 말리며 뒷면에 갈색 털이 밀생한다. ❸노랑만병초의 잎 뒷면. 연녹색을 띤다. ❹열매 ❺겨울눈은 많은 인편으로 싸여 있다. 엽흔은 심장형이다. ❻수피는 적갈색이다. ❼종자
✿식별 포인트 잎(뒷면)

황산차
Rhododendron lapponicum
(L.) Wahlenb.

진달래과 ERICACEAE Juss.

● **분포**
중국(동북부), 일본(북부), 러시아(동부), 몽골, 북아메리카, 유럽 북부, 한국
❖ **국내분포/자생지** 양강도, 함남, 함북의 고산지대 습원 및 풀밭

● **형태**
수형 상록 관목이며 높이 1m까지 자라기도 하지만 바람이 많은 곳에서는 땅에 누워 자란다.
어린가지 적갈색이며 인모(비늘털)가 밀생한다.
잎 어긋나며 길이 5~20mm의 난상 타원형 또는 장타원상 도란형이다. 끝은 둥글고 밑부분은 넓은 쐐기형이며, 가장자리가 밋밋하다. 뒷면은 갈색 인모로 덮여 있다. 잎자루는 길이 1.5~4mm이며 인모가 밀생한다.
꽃 5~6월에 가지 끝에서 나온 꽃차례에 홍자색의 양성화가 2~5개씩 달린다. 꽃은 지름 1.2~2cm의 넓은 깔때기 모양이며, 꽃잎은 5갈래로 갈라진다. 꽃받침열편은 5개이고 붉은색을 띠며 끝이 둔하다. 수술은 10개이며 꽃잎보다 짧고 기부에는 털이 있다. 자방은 길이 1.2mm 정도이고 인모가 밀생한다. 암술대는 길이 1.1~1.5cm로 수술보다 길고 털이 없다.
열매 열매(蒴果)는 길이 3~6mm의 원통상 난형이고 표면에는 인모가 밀생하며 9~10월에 익는다.

● **참고**
전체에 비늘 모양의 인모가 나며, 특히 잎 뒷면에 갈색 인모가 밀생하는 것과 홍자색 꽃이 산형으로 달리는 것이 특징이다.

2011. 6. 2. 백두산

❶꽃. 바람이 강한 곳에서는 지면에 눕듯이 자란다. ❷결실기의 모습 ❸열매 ❹개화 직전의 꽃눈 ❺❻잎 앞면과 뒷면. 전체가 인모로 덮여 있다.
✽식별 포인트 꽃/잎

2003. 7. 15. 충북 단양군 금수산

꼬리진달래
(참꽃나무겨우살이)

Rhododendron micranthum
Turcz.

진달래과 ERICACEAE Juss.

● **분포**

중국(중북부), 한국

❖ **국내분포/자생지** 강원(정선군, 영월군), 경북(봉화군, 청송군, 울진군, 문경시), 충북(단양군, 제천시, 충주시)의 바위지대 및 건조한 사면

● **형태**

수형 상록 관목이며 높이 1~2m로 자란다.

수피/어린가지 수피는 짙은 회색이고 매끈하다. 어린가지는 가늘며 인모와 잔털이 밀생한다.

잎 어긋나지만 가지 끝에서는 3~4개씩 모여나며, 길이 2~4cm의 타원형 또는 도피침형이다. 끝은 뾰족하거나 둥글고 밑부분은 좁은 쐐기형이며, 가장자리가 밋밋하다. 잎자루는 길이 3~8mm이며 잔털과 인모가 있다.

꽃 6~7월에 가지 끝에서 나온 꽃차례에 백색의 양성화가 10~20개씩 달린다. 꽃은 지름 6~8mm의 넓은 깔때기 모양이며 꽃잎은 5갈래로 갈라진다. 꽃받침열편은 길이 1~3mm이고 표면에 선점이 있다. 수술은 10개이며 길이가 꽃잎과 비슷하고 털이 없다. 자방은 인모로 덮여 있으며, 암술머리는 수술과 길이가 비슷하고 털이 없다.

열매 열매(蒴果)는 길이 5~6(~8)mm의 원통형이고 표면에 인모가 밀생하며 9~11월에 익는다.

● **참고**

백색 꽃이 줄기 끝에서 여러 송이가 꼬리 모양으로 모여 달리며, 잎 뒷면에 갈색 인모가 밀생하는 것이 특징이다. 흔히 석회암지대에 생육하지만, 화강암 바위지대에서 큰 집단을 형성하기도 한다.

❶열매 ❷잎 앞면. 짙은 녹색이고 표면에 인모가 퍼져 있다. ❸잎 뒷면. 갈색 인모로 덮여 있다. ❹수형 ❺잎눈 ❻꽃눈 ❼수피 ❽종자
✽식별 포인트 꽃/잎/수형

진달래

Rhododendron mucronulatum
Turcz.

진달래과 ERICACEAE Juss.

● **분포**

중국(동북부), 일본(쓰시마섬), 러시아, 몽골, 한국

❖ **국내분포/자생지** 전국의 산지

● **형태**

수형 낙엽 관목이며 높이 2~3m로 자란다.

수피/어린가지 수피는 회색이며 매끈하다. 어린가지는 연한 갈색이고 인모가 드물게 있다.

잎 어긋나며 길이 4~7cm의 장타원상 피침형-도피침형이다. 끝은 뾰족하고 밑부분은 쐐기형이며, 가장자리가 밋밋하다. 뒷면에는 백색, 갈색 인모가 혼생한다. 잎자루는 길이 5~10mm이며 인모가 약간 있다.

꽃 3~4월에 잎이 나기 전에 가지 끝에서 1개 또는 2~5개씩 홍자색의 양성화가 모여 달린다. 꽃은 지름 3~4.5cm의 넓은 깔때기 모양이다. 수술은 10개이며 길이가 꽃잎과 비슷하고 기부에 털이 있다. 자방에는 인모가 밀생하며, 암술대는 수술이나 꽃잎보다 길고 털이 없다.

열매 열매(蒴果)는 길이 10~15mm의 원통형이고 표면에 인모가 있으며 9~10월에 익는다.

● **참고**

철쭉에 비해 꽃이 잎이 나기 전 3~4월에 피며 꽃색이 홍자색인 것이 특징이다. 가지도 철쭉보다 가늘고 잎도 작다. 흰꽃이 피는 나무를 흰진달래[f. *albiflorum* (Nakai) Okuyama], 잎 앞뒷면에 백색 털이 있는 나무를 털진달래(var. *ciliatum* Nakai)라고 세분하기도 한다.

2004. 4. 4. 강원 태백시

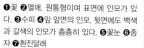

❶꽃 ❷열매. 원통형이며 표면에 인모가 있다. ❸수피 ❹잎 앞면의 인모. 뒷면에도 백색과 갈색의 인모가 촘촘히 있다. ❺꽃눈 ❻종자 ❼흰진달래
✱식별 포인트 꽃(개화기)/잎/겨울눈

2012. 5. 20. 중국 지린성 두만강 유역

산진달래
Rhododendron dauricum L.

진달래과 ERICACEAE Juss.

● **분포**
중국(동북부), 일본, 몽골, 러시아, 한국
❖**국내분포/자생지** 북부지방의 산지
바위지대 또는 숲 가장자리

● **형태**
수형 반상록성 관목이며 높이 0.5~2m
로 자란다.

수피/어린가지/겨울눈 수피는 회색-
짙은 회색이며 매끈하다. 어린가지는
황갈색-연한 적갈색이고 인모가 있다.
겨울눈(꽃눈)은 길이 1㎝ 정도의 장난
형이다.

잎 어긋나며 길이 1~5㎝의 장타원형-
타원형-난상 장타원형이고 가죽질이
다. 끝은 둔하거나 얕게 오목하고 밑부
분은 둔하거나 둥글며, 가장자리는 밋
밋하다. 잎 양면에 백색의 인모가 밀생
한다. 잎자루는 길이 2~6㎜이다.

꽃 4~5월 가지의 끝에 1(~3)개씩 홍
자색의 양성화가 달린다. 꽃은 지름
2.5~3.5㎝의 넓은 깔때기 모양이다.
수술은 10개이며 꽃잎과 길이가 비슷
하고, 수술대의 기부에 털이 있다. 자
방에는 인모가 밀생하며 암술대는 수
술대나 꽃잎보다 길고 털이 없다.

열매 열매(蒴果)는 길이 1~2㎝의 장
타원상 원통형이고 표면에 인모가 있
으며 9~10월에 익는다.

● **참고**
진달래에 비해 잎이 반상록성이며 잎
끝이 둥글고 약간 오목하게 파이는 경
우가 흔하다. 남한에는 분포하지 않는
것으로 판단된다.

❶꽃. 수술은 10개이고 길이가 균일하지 않
다. 화관의 위쪽 중앙-아랫부분에는 짙은 적
자색의 반점이 있다. ❷열매. 장타원상 원통
형이며, 표면에 인모가 밀생한다. ❸잎 앞면.
광택이 나며 잎끝은 둔하거나 약간 오목하
다. ❹잎 뒷면. 양면에 백색의 인모가 밀생한
다. ❺겨울눈. 장난형이며, 인편의 가장자리
에 짧은 털이 있다. ❻수피. 회색-짙은 회색
이다. ❼종자 ❽수형(두만강 유역). 진달래와
유사하지만 반상록성인 점이 특징이다.
✿식별 포인트 잎

흰참꽃

Rhododendron tschonoskii
Maxim.

진달래과 ERICACEAE Juss.

2001. 7. 13. 전남 구례군 지리산

● **분포**

일본, 한국

❖ **국내분포/자생지** 전북(덕유산), 전
남(지리산), 경남(가야산)의 능선 및 정
상부 바위지대

● **형태**

수형 낙엽 또는 반상록 관목이며 높이
0.3∼1m로 자란다. 가지가 많이 갈라
진다.

수피/어린가지/겨울눈 수피는 짙은
회색이며 매끈하다. 어린가지에는 갈
색의 긴 털이 밀생한다. 겨울눈은 장
난형 또는 난형이고 겉에 갈색의 긴
털이 밀생하며, 월동하는 잎에 둘러싸
여 있다.

잎 어긋나지만 가지 끝에는 모여 달리
며 길이 5∼30mm의 도란상 타원형 또
는 난상 피침형이다. 끝은 뾰족하거나
둔하고 밑부분은 쐐기형이며, 가장자
리가 밋밋하다. 표면에는 누운털이 밀
생하며, 뒷면에는 누운털과 부드러운
털이 함께 밀생한다. 잎자루는 길이 1
∼2mm다.

꽃 6∼7월에 가지 끝에 백색의 양성화
가 2∼5개씩 모여 달린다. 꽃은 지름 1
cm 내외의 넓은 깔때기 모양이며 꽃잎
은 4∼5갈래로 갈라진다. 수술은 5개
이며 꽃잎보다 길고 중간 이하에 털이
밀생한다. 자방은 난형이고 갈색 털이
밀생하며, 암술대는 수술과 길이가 비
슷하다.

열매 열매(蒴果)는 길이 8∼10mm의 난
형이고 표면에 갈색의 긴 털이 밀생하
며 9∼10월에 익는다.

● **참고**

잎이 작고 전체에 갈색의 긴 털이 밀생
하며, 꽃이 백색이고 꽃잎보다 긴 수술
이 5개 있는 것이 특징이다.

❶꽃 ❷열매와 잎. 잎 표면에는 누운털이 있
다. ❸꽃눈. 연한 갈색 털에 싸여 있다. ❹수
피 ❺수형. 높이가 1m에 못 미치는 것이 보
통이다. ❻종자

✽식별 포인트 꽃(개화기)/열매/잎/수형

2005. 6. 6. 제주 한라산

산철쭉
Rhododendron yedoense
Maxim. ex Regel **f. *poukhanense***
(H. Lév.) M. Sugim. ex T. Yamaz.

진달래과 ERICACEAE Juss.

● **분포**
한국(한반도 고유종)
❖ **국내분포/자생지** 황해도 및 평북 이남의 산지 능선 및 하천 가장자리
● **형태**
수형 낙엽 또는 반상록 관목이며 높이 1~2m로 자란다.

겨울눈 길이 1cm 정도의 난형이다. 황갈색의 누운털이 있고 선점이 있어 끈적거린다.

잎 어긋나지만 가지 끝에서는 모여 달리며, 길이 3~8cm의 장타원형 또는 넓은 도피침형이다. 잎자루는 길이 1~5mm이고 갈색 털이 밀생한다.

꽃 4~5월에 가지 끝에 홍자색의 양성화가 2~3개씩 모여 달린다. 꽃은 지름 5~6cm의 넓은 깔때기 모양이며 꽃잎은 5갈래로 갈라진다. 위쪽 열편에는 짙은 홍색의 반점이 있다. 수술은 10개이며 중간 이하에 백색 털이 있다. 자방은 난형이고 긴 털이 밀생하며, 암술대는 수술보다 길고 털이 없다.

열매 열매(蒴果)는 길이 5mm 전후의 난형이며 9~10월에 익는다.
● **참고**
반상록성 관목이며 잎과 줄기 등에 갈색의 긴 털이 밀생하는 것이 특징이다. 산철쭉은 러시아 식물학자 카를 막시모비치(Carl Maximowicz)가 최초로 기재·발표했는데, 당시 일본의 에도지방(도쿄)에서 재배하던 겹산철쭉을 기준으로 했다. 따라서 재배품종인 겹산철쭉(*R. yedoense* f. *yedoense*)이 기본종이 되고 야생종인 산철쭉은 품종(f. *poukhanense*)으로 처리되었다.

❶꽃 ❷열매. 표면에 갈색의 긴 털이 밀생한다. 암술대의 흔적이 남는다. ❸❹잎. 양면에 갈색 털이 많다. 여름에 난 잎은 월동한다. ❺겨울눈. 황갈색 털로 싸여 있다. ❻수피 ❼종자
❖**식별 포인트** 꽃(개화기)/잎/겨울눈

참꽃나무

Rhododendron weyrichii
Maxim.

진달래과 ERICACEAE Juss.

● **분포**
일본(혼슈 이남), 한국

❖ **국내분포/자생지** 제주의 숲 가장자리 및 산지 사면 바위지대

● **형태**
수형 낙엽 관목 또는 소교목이며 높이 2~8m로 자란다.

수피/겨울눈 수피는 연한 갈색 또는 적갈색이며, 처음에는 매끈하지만 오래되면 세로로 얇게 갈라져 작은 조각으로 떨어진다. 겨울눈은 길이 1.5~1.7cm의 타원형이며 인편 가장자리에 부드러운 털이 밀생한다.

잎 가지 끝에서 3개씩 돌려나며 길이 3.5~8cm의 마름모꼴 원형 또는 난상 원형이다. 끝은 뾰족하고 밑부분은 넓은 쐐기형 또는 원형이며, 가장자리가 밋밋하다. 표면은 광택이 나고 주맥을 따라 털이 있으며, 뒷면은 맥 위에 연한 갈색 털이 나 있다. 잎자루는 길이 5~10mm이며 누운털이 있다.

꽃 4~5월 잎이 전개되는 시기에 짙은 홍자색의 양성화가 핀다. 꽃은 새가지 끝에 1~3개씩 모여 달리며 지름 4.5~6cm의 넓은 깔때기 모양이고, 꽃잎은 5갈래로 갈라진다. 위쪽 열편에는 연한 홍색의 반점이 있다. 수술은 10개이며 털이 없다. 자방은 난형이고 백색의 긴 털이 밀생하며 암술대는 수술보다 길고 털이 없다.

열매 열매(蒴果)는 1~2cm의 원통형이며 9~10월에 익는다.

● **참고**
난상 원형의 큰 잎이 가지 끝에서 3개씩 모여 달리는 것과 암술대에 털이나 돌기가 없는 것이 특징이다.

2002. 5. 17. 제주 한라산

❶열매. 표면에 갈색의 누운털이 있다. ❷잎은 3장씩 모여난다. 중앙부 이하가 폭이 가장 넓다. ❸겨울눈. 인편은 갈색 털로 덮여 있다. ❹수피 ❺수형 ❻종자
❖식별 포인트 꽃(개화기)/잎/겨울눈

철쭉
(철쭉꽃, 철쭉나무)
Rhododendron schlippenbachii
Maxim.

진달래과 ERICACEAE Juss.

●**분포**
중국(동북부), 한국

❖**국내분포/자생지** 전국의 산지

●**형태**
수형 낙엽 관목이며 높이 2~5m로 자란다.

수피 회색이고 매끈하지만 오래되면 작은 조각으로 떨어진다.

잎 어긋나지만 보통 가지 끝에서 5장씩 모여나며, 길이 5~8cm의 도란형 또는 넓은 도란형이다. 끝은 둥글고 밑부분은 쐐기형이며, 가장자리가 밋밋하다. 표면은 녹색이고 간혹 샘털(腺毛)이 있으며, 뒷면은 연한 녹색으로 맥 위에 털이 나 있다. 잎자루는 길이 2~4mm이며 샘털과 함께 잔털이 있다.

꽃 4~6월 잎이 전개되는 시기에 연한 홍색의 양성화가 핀다. 꽃은 새가지 끝에 3~7개씩 모여 달리며, 지름 5~7cm의 넓은 깔때기 모양이다. 꽃잎은 5갈래로 갈라지며 윗부분 열편에 적갈색의 반점이 있다. 꽃받침열편은 길이 1.5~7mm의 난형 또는 타원형이며 가장자리와 바깥면에 샘털이 있다. 수술은 10개이고 중간 이하에 털 같은 돌기가 있다. 자방은 난형이고 샘털이 밀생하며, 암술대는 수술보다 길고 아래쪽에 짧은 샘털이 있다.

열매 열매(蒴果)는 길이 1.5~2cm의 장난형이며 9~10월에 익는다.

●**참고**
진달래에 비해 가지가 굵으며, 잎이 더 크고 가지 끝에 모여 달리는 점이 다르다. 꽃이 잎과 함께 나오며 꽃색이 분홍색이고 크기가 더 큰 것도 차이점이다.

2006. 6. 6. 강원 태백시 함백산

❶꽃 ❷열매. 표면에는 샘털이 밀생한다. ❸잎. 가지 끝에서 5장씩 모여난다. 크기가 서로 다르다. ❹겨울눈 ❺수피 ❻종자 ❼흰철쭉(f. *albiflorum* Y. N. Lee)
✱식별 포인트 꽃(개화기)/잎

좀참꽃

Rhododendron redowskianum
Maxim.
[*Therorhodion redowskianum*
[Maxim.] Hutch.]

진달래과 ERICACEAE Juss.

●분포
중국(동북부), 한국
❖국내분포/자생지 함북의 높은 지대
●형태
수형 상록 또는 반상록 소관목이며 높
이 10~20cm로 자란다.
잎 길이 5~15mm의 주걱형 또는 도피
침형이며 끝이 둥글다.
꽃 6~7월에 넓은 깔때기 모양의 홍자
색 양성화가 피며, 꽃잎은 5갈래로 갈
라진다.
열매 열매(蒴果)는 길이 6mm 정도의
장난형이며 9~10월에 익는다.
●참고
일본(북부) 및 러시아(캄차카)에 분포
하는 R. camtschaticum Pall.과 유사
하지만, 잎이 주걱형이고 상록성이며
꽃이 2cm 이하로 작고 잎과 꽃받침 등
에 샘털이 있는 것이 특징이다.

2007. 6. 25. 백두산

❶꽃. 꽃받침의 가장자리와 바깥면에 샘털이
있다. ❷열매. 윗부분에서 5갈래로 갈라진다.
❸잎 가장자리에는 톱니 같은 샘털이 있다.
✽식별 포인트 꽃/잎

가솔송

Phyllodoce caerulea (L.) Bab.

진달래과 ERICACEAE Juss.

●분포
북반구의 극지방 또는 고산지대
❖국내분포/자생지 함남, 함북
●형태
수형 상록 소관목이며 높이 10~30cm
로 자란다.
잎 어긋나며 길이 6~10mm의 선형이
다. 가장자리에는 미세한 톱니가 있다.
꽃 7~8월에 길이 7~8mm의 항아리 모
양의 꽃이 핀다.
열매 열매(蒴果)는 지름 3~4mm의 구
형이며 9~10월에 익는다.

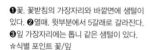

❶수형 ❷꽃 ❸잎
✽식별 포인트 꽃/잎

2009. 4. 30. 경기 포천시 평강식물원(©이강협)

❶열매 ❷수형(©이강협)
✽식별 포인트 꽃(꽃차례)

진퍼리꽃나무
Chamaedaphne calyculata (L.) Moench

진달래과 ERICACEAE Juss.

● **분포**
북반구 북부 지역의 습지 및 초지
❖ **국내분포/자생지** 함남의 산지 습지
● **형태**
수형 상록 관목이며 높이 0.3~1m로 자란다.
잎 길이 3~4㎝의 장타원형이고 가죽질이다. 뒷면은 회백색이고 선점이 밀생한다.
꽃 4~6월에 항아리 모양의 백색 양성화가 피며, 길이 4~12㎝의 꽃차례에 아래를 향해 모여 달린다. 수술은 10개이며 짧아서 화관 밖으로 나오지 않는다.
열매 열매(蒴果)는 길이 3~4㎜의 구형이며 8~9월에 익는다.
● **참고**
잎과 어린가지에 황갈색의 인편상 선점이 있고, 꽃차례에 잎 모양의 포가 있는 것이 특징이다.

2009. 5. 2. 경기 포천시 평강식물원(©이강협)

❶꽃 ❷열매(©이강협)
✽식별 포인트 잎/꽃

장지석남
(각시석남, 애기석남)
Andromeda polifolia L.

진달래과 ERICACEAE Juss.

● **분포**
북반구 한대 지역에 넓게 분포
❖ **국내분포/자생지** 함남의 산지 습지
● **형태**
수형 상록 소관목이며 높이 10~30㎝.
잎 길이 1.5~4㎝의 선상 피침형이며 가장자리가 밋밋하고 뒤로 말린다. 표면은 광택이 나며 뒷면은 회백색이다.
꽃 5~6월에 가지 끝에서 항아리 모양의 연한 홍색 양성화가 2~6개씩 산형으로 달린다.
열매 열매(蒴果)는 길이 3~4㎜의 난상 구형이며 8~9월에 익는다.

홍월귤

Arctous rubra (Rehder & E. H.
Wilson) Nakai
[*Arctous alpina* (L.) Nied. var.
rubra Rehder & E. H. Wilson]

진달래과 ERICACEAE Juss.

● **분포**
중국(북부), 일본, 몽골, 러시아, 북아
메리카, 한국
❖ **국내분포/자생지** 강원(설악산), 양
강도, 함북, 함남, 자강도의 고산지대
암석지 및 초원

● **형태**
수형 낙엽 소관목이며 높이 5~20cm
다. 땅속줄기가 바위틈이나 이끼, 지의
류 밑으로 벋으며 자란다.
가지 단면이 둥글고 털이 없다.
잎 어긋나거나 가지 끝에서 모여나며
잎자루를 포함해 길이 2~5cm의 도란
형 또는 주걱상 도란형이다. 끝은 둥글
거나 뾰족하며 밑부분은 쐐기형이고
점차 좁아져 잎자루에 날개처럼 연결
된다. 가장자리에는 잔톱니가 있다. 엽
질은 두꺼운 종이질이며 양면에 털이
없다. 표면에는 그물 모양의 맥이 뚜렷
해 주름이 진 것처럼 보인다. 잎자루는
짧으며 잔털이 있다.
꽃 5~6월에 길이 4~6mm의 항아리 모
양을 한 밝은 황백색의 양성화가 가지
끝에 3~7개씩 모여 달린다. 꽃자루는
길이 5mm 정도이며 털이 없다. 꽃받침
은 4~5갈래로 갈라지는데, 열편은 광
난형이고 끝이 뾰족하다. 수술은 10개
이며 길이 1~2mm이고 털이 있다.
열매 열매(核果)는 지름 6~9mm의 구
형이며, 8월에 적색 또는 암자색으로
익는다. 열매는 식용 가능하며 신맛이
난다.

● **참고**
월귤에 비해 낙엽성이며 잎이 보다 크
고 엽맥이 뚜렷한 것이 특징이다. 잎은
열매가 익을 즈음에 붉은색으로 단풍
이 든다.

2007. 6. 3. 강원 양양군 설악산

❶꽃 ❷잎. 그물 모양의 맥이 뚜렷하며 가을
에 붉게 단풍이 든다. ❸열매 ❹겨울눈 ❺핵
❻수형
✿식별 포인트 잎

산매자나무
Vaccinium japonicum Miq.

진달래과 ERICACEAE Juss.

● **분포**
일본, 한국

❖ **국내분포/자생지** 제주(한라산)의 풀밭, 숲 가장자리

● **형태**

수형 낙엽 관목이며 높이 0.3~1m로 자라고 가지가 많이 갈라진다.

수피/어린가지/겨울눈 수피는 짙은 회갈색이며 매끈하다. 어린가지는 녹색이며 능선이 있고 약간 납작하다. 겨울눈은 길이 3~4mm의 좁은 타원형이며 2개의 인편이 있고 털이 없다.

잎 어긋나며 길이 2~6cm의 넓은 피침형, 타원형 또는 난형이고 2열로 배열된다. 끝은 뾰족하고 밑부분은 둥글며, 가장자리에는 잔톱니가 있다. 측맥은 2~4쌍이며, 뒷면은 회녹색이고 주맥이 위로 도드라진다. 잎자루는 길이 1~2mm로 매우 짧다.

꽃 6~7월에 새가지의 잎겨드랑이에 길이 1cm 정도인 연한 홍색 또는 백색 양성화가 1개씩 아래를 향해 달린다. 화관은 4갈래로 깊게 갈라지고 열편이 뒤로 말린다. 꽃받침통도 4갈래로 갈라지며, 열편은 길이 1~1.8mm의 삼각상이다. 꽃에는 8개의 짧은 수술이 있다. 꽃밥은 긴 선형으로 아래쪽은 적갈색이고 상반부는 황색이다. 암술대는 꽃밥 사이에서 나오는데, 수술보다 약간 더 길다.

열매 열매(漿果)는 지름 6~8mm의 구형이며 9~10월에 적색으로 익는다.

● **참고**

어린줄기가 녹색이고 약간 납작하며, 화관(花)이 4갈래로 깊게 갈라져 열편이 뒤로 완전히 말리는 것이 특징이다.

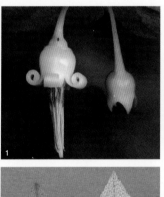

2004. 7. 16. 제주(©고근연)

❶꽃. 화관열편이 뒤로 말린다. ❷열매. 붉게 익으며 식용할 수 있다. ❸잎은 약간 두꺼우며 털이 없다. ❹겨울눈. 인편은 2개다. ❺수피 ❻수형. 가지가 많이 갈라져 위쪽이 납작한 수관을 이룬다. ❼종자. 길이 1.5mm 정도이며, 표면에 그물맥의 돌기가 있다.

✽식별 포인트 꽃(개화기)/수피/잎/겨울눈

모새나무

Vaccinium bracteatum Thunb.

진달래과 ERICACEAE Juss.

2008. 7. 6. 전남 진도군

● **분포**

중국(중남부), 일본, 말레이시아, 인도차이나, 타이완, 한국

❖ **국내분포/자생지** 서남해 도서, 제주의 숲속 및 풀밭

● **형태**

수형 상록 관목 또는 소교목이며 높이 2~6(~9)m까지 자란다.

수피 회갈색 또는 회백색이고 매끈하지만 오래되면 적자색을 띤다.

잎 어긋나며 길이 4~9㎝의 타원형 또는 난상 타원형이다. 끝은 뾰족하고 밑부분은 쐐기형이며, 가장자리에는 얕은 톱니가 있다. 엽질은 두꺼운 가죽질이며 양면에 털이 없고, 측맥은 5~7쌍이다.

꽃 6~7월에 2년지의 잎겨드랑이에서 나온 꽃차례에 백색의 양성화가 모여 달린다. 화관은 길이 5~7㎜의 항아리 모양이고 겉에 털이 밀생하며 끝이 5갈래로 갈라져 뒤로 젖혀진다. 꽃받침도 끝이 5갈래로 갈라지며, 열편은 삼각형이고 끝이 뾰족하다. 수술은 10개이고 털이 있으며 암술대는 화관 밖으로 살짝 나온다.

열매 열매(漿果)는 지름 6~7㎜의 구형이며 10~11월에 흑자색으로 익는다.

● **참고**

잎이 두껍고 털이 없으며 가장자리에 톱니가 있는 점과 꽃이 백색이며 꽃자루에 포가 오랫동안 남는 것이 특징이다. 서남해 도서에서는 대부분 관목상으로 자라지만 제주에서는 지름 10㎝이상, 높이 6~7m의 소교목상으로 자라는 개체들을 간혹 볼 수 있다.

❶꽃. 꽃자루의 기부에 잎 모양의 포가 있는 것이 특징이다. ❷열매. 익으면 새콤달콤한 맛이 난다. ❸잎. 가죽질이고 털이 없다. ❹어린잎은 붉은색이 돈다. ❺겨울눈 ❻오래된 나무의 수피는 적자색이다. 이보다 더 오래되면 껍질이 세로로 갈라져 벗겨진다. ❼종자. 크기와 모양이 제각각이며, 표면에는 그물 모양의 돌기가 있다.

✽식별 포인트 꽃(포)/열매/잎

넌출월귤
(애기월귤)

Vaccinium oxycoccos L.
[*Vaccinium microcarpum* (Turcz. ex Rupr.) Schmalh.]

진달래과 ERICACEAE Juss.

●**분포**
일본, 러시아(동부), 한국
❖**국내분포/자생지** 양강도, 함남의 습지
●**형태**
수형 상록 소관목이며 땅 위나 이끼 틈으로 기면서 자란다.
잎 어긋나며 길이 3~6mm의 장타원상 난형이다. 끝은 뾰족하고 가장자리는 뒤로 말리고 물결 모양의 잔톱니가 있다. 뒷면은 분백색이다.
꽃 6~7월 가지 끝에 연한 홍색의 양성화가 1~2개씩 아래를 향해 달린다. 화관은 4갈래로 깊이 갈라져 뒤로 젖혀진다. 꽃자루는 길이 1.5~2.5cm이고 털이 없으며, 중앙부에 2개의 포가 있다. 수술은 8개이고 털이 없으며 꽃밥은 길이 2mm 정도다.
열매 열매(漿果)는 지름 6mm 정도의 구형이며 8~9월에 붉게 익는다.

❶꽃 ❷열매(ⓒ이강협)
✳식별 포인트 꽃/수형

2009. 6. 23. 경기 포천시 평강식물원(ⓒ이강협)

월귤

Vaccinium vitis-idaea L.

진달래과 ERICACEAE Juss.

●**분포**
북반구 한대 지역에 넓게 분포
❖**국내분포/자생지** 강원(홍천, 설악산) 이북 높은 산지의 바위지대
●**형태**
수형 상록 소교목이며 높이 5~20cm.
잎 어긋나며 길이 1~2cm의 타원형-도란형이다. 끝은 둥글고 가장자리에 물결 모양의 둔한 톱니가 있고 뒤로 약간 젖혀진다.
꽃 5~7월 2년지 끝에 백색의 양성화가 2~8개씩 모여 달린다. 화관은 종형으로 길이 5mm 정도다.
열매 열매(漿果)는 지름 5~8mm의 구형이며 8~9월에 붉게 익는다.

❶꽃 ❷열매 ❸수형
✳식별 포인트 꽃(개화기)/잎

2005. 6. 22. 강원 홍천군

정금나무
Vaccinium oldhamii Miq.

진달래과 ERICACEAE Juss.

● **분포**
중국(동부), 일본, 한국
❖ **국내분포/자생지** 경북, 충북 이남,
서해안(충남, 황해도)의 산지
● **형태**
수형 낙엽 관목이며 높이 1~3m로 자
란다.
수피/겨울눈 수피는 회갈색-적갈색이
고 세로로 얇게 갈라져서 긴 조각으로
벗겨져 떨어진다. 겨울눈은 길이 2mm
전후의 난형이고 갈색이며, 인편은 6
~8개다.
잎 어긋나며 길이 3~8cm의 장타원형
또는 광난형이다. 끝은 뾰족하고 밑부
분은 쐐기형이거나 둥글며, 가장자리
는 밋밋하다. 표면과 뒷면 맥 위 및 가
장자리에 억센 털이 나 있으며, 뒷면은
연한 녹색이다. 잎자루는 길이 1~3mm
이며 샘털과 잔털이 있다.
꽃 5~6월 연한 홍색을 띤 황록색 또는
적갈색의 양성화가 새가지 끝에 5~15
개씩 총상으로 모여 달린다. 꽃받침은
끝이 4~5갈래로 갈라지며 열편은 길
이 1.5mm 정도의 삼각형이다. 화관은
길이 4~5mm의 넓은 종형이며, 끝은 5
갈래로 얕게 갈라져서 뒤로 젖혀진다.
수술은 10개이며 화관보다 짧다.
열매/종자 열매(漿果)는 지름 4~6mm
의 구형이며 9~10월에 흑자색으로 익
는다. 식용 가능하다. 종자는 적갈색이
며 길이 1.5~2mm다.
● **참고**
낙엽성이며 잎 가장자리가 밋밋하고
잎 표면에 억센 털이 밀생하는 점과 꽃
이 새가지 끝에 여러 개가 총상으로 달
리는 점이 특징이다.

❶꽃. 아래를 향해 피고 꽃자루에는 털이 밀
생한다. ❷꽃 내부 ❸미성숙한 열매. 성숙하
면 흑자색으로 변한다. ❹잎. 억센 털이 있으
며 측맥은 7~8쌍이다. ❺겨울눈 ❻수피. 세
로로 벗겨진다. ❼수형 ❽종자. 표면에는 그
물 모양의 돌기가 있다.
✱식별 포인트 꽃(개화기)/잎/열매/수피

2013. 9. 9. 제주 한라산

산앵도나무

Vaccinium hirtum Thunb. **var.**
koreanum (Nakai) Kitam.

진달래과 ERICACEAE Juss.

● **분포**
한국(한반도 고유종)

❖ **국내분포/자생지** 제주를 제외한 전
국의 산지(주로 해발고도 1,000m 이
상) 능선 및 숲 가장자리

● **형태**

수형 낙엽 관목이며 높이 0.5~1.5m
정도로 자란다.

수피/어린가지/겨울눈 수피는 갈색이
다. 어린가지는 녹색에서 갈색으로 변
하고 털이 있으나 차츰 떨어진다. 겨울
눈은 길이 3~4mm의 장난형이고 끝이
뾰족하다. 인편은 2개이고 털이 없다.

잎 어긋나며 길이 2~5cm의 넓은 피침
형 또는 난형이다. 끝은 뾰족하고 밑부
분은 둥글거나 쐐기형이며, 가장자리
에는 날카로운 잔톱니가 촘촘히 나 있
다. 뒷면에는 짧은 털이 있으며 맥 위
에 백색 털이 밀생한다. 잎자루는 매우
짧다.

꽃 5~6월에 2년지의 끝에서 나온 꽃
차례에 연한 홍색을 띠는 황록색 또는
황백색의 양성화가 2~3개씩 모여 달
린다. 화관은 길이 6~7mm의 종형이며
끝은 5갈래로 얕게 갈라져서 뒤로 젖
혀진다. 꽃받침통은 넓은 종형이고 5
개의 능선이 있으며 끝이 5갈래로 얕
게 갈라진다. 수술은 5개이며 수술대
에는 털이 있다.

열매/종자 열매(漿果)는 지름 7~8mm
의 난상 구형이고 5개의 능선이 있으
며 8~9월에 적색으로 익는다. 종자는
황갈색이며 길이 1mm 정도다.

● **참고**
정금나무에 비해 잎 가장자리에 날카
로운 잔톱니가 있으며, 꽃이 2년지에
피고 열매가 적색으로 익는 것이 다른
점이다.

2018. 9. 8. 강원 태백시 태백산

❶꽃. 간혹 백색 꽃이 피는 백화현상(albinism)
을 보이기도 한다. ❷꽃 종단면 ❸열매는 붉
게 익으며 식용할 수 있다. ❹잎 ❺겨울눈. 어
린가지의 홈을 따라 털이 나 있다. ❻수피 ❼
종자 표면에는 섬세한 그물맥의 돌기가 있다.
✻식별 포인트 꽃(개화기)/열매/잎/겨울눈

들쭉나무
Vaccinium uliginosum L.

진달래과 ERICACEAE Juss.

2006. 6. 9. 강원 양양군 설악산

● **분포**
중국(동북부), 일본(혼슈 이북), 몽골, 러시아, 유럽, 북아메리카, 한국
❖**국내분포/자생지** 제주(한라산) 및 강원(설악산) 이북의 높은 산지 바위지대
● **형태**
수형 낙엽 관목이며 높이 0.5~1m로 자라지만, 고산지대에서는 높이 10~15cm 정도로 키가 작다.
수피 흑갈색이다.
잎 어긋나며 길이 1~3cm의 넓은 도란형 또는 장타원형이다. 양면에 털이 거의 없고 뒷면은 흰빛이 돌며 측맥은 3~5쌍이다. 잎자루는 길이 2mm 정도이며 털이 있다.
꽃 6~7월 새가지 또는 2년지 잎겨드랑이에 연한 홍색의 양성화가 1~3개씩 모여 달린다. 화관은 길이 5mm 정도의 넓은 종형이며, 끝이 5갈래로 얕게 갈라져서 뒤로 젖혀진다. 꽃자루는 길이 5mm 정도이고 털이 없으며, 길이 2mm 정도의 포가 있다. 꽃받침은 끝이 4~5갈래로 갈라지고 열편은 길이 1mm 정도의 삼각형이다. 수술은 10개이며 수술대는 1mm로 짧고 꽃밥은 길이 1.5mm 정도다.
열매 열매(漿果)는 지름 1~1.5cm의 구형이며 8~9월에 흑자색으로 익는다.
● **참고**
홍월귤이나 월귤과는 달리 꽃이 연한 홍색으로 피며 열매가 흑자색으로 익는 것이 특징이다. 월귤에 비해 잎이 더 크고 가장자리가 뒤로 말리지 않으며, 홍월귤에 비해서는 잎이 작고 가장자리에 톱니가 없는 점이 다르다.

❶❷잎. 둥글고 가장자리가 밋밋하다. ❸열매. 흑자색으로 익으며 표면에 백색의 분이 생긴다. ❹겨울눈. 길이 2~2.5mm의 난형이며 털이 없다. ❺수형. 가을에는 붉게 단풍이 든다. ❻종자. 길이 1~1.5mm의 장난형-난형이며 표면에 고르지 않은 주름이 생긴다.
✽식별 포인트 꽃(개화기)/잎/겨울눈

2007. 6. 6. 제주(ⓒ이중효)

암매(돌매화나무)
Diapensia lapponica L. var.
obovata F. Schmidt

암매과 DIAPENSIACEAE Lind.

●**분포**
일본(홋카이도), 러시아(사할린, 캄차카), 북아메리카(알래스카), 한국
❖**국내분포/자생지** 제주 한라산의 정상부 바위지대
●**형태**
수형 상록 소관목이며 높이 3~5cm로 자란다. 바위지대에 누워 낮게 기면서 자라며 가지가 많이 갈라진다.
잎 모여나며 길이 7~15mm의 도란형 또는 주걱형이다. 끝은 둥글거나 오목하고 밑부분은 잎자루처럼 되어 줄기를 약간 감싼다. 가장자리는 밋밋하고 뒤로 약간 말린다. 양면에 털이 없으며, 표면의 주맥이 옴폭 들어가고 뒷면은 황록색이다.
꽃 6월에 새가지 끝부분에서 나온 길이 1~2cm의 꽃자루 끝에 백색 또는 황백색의 양성화가 달린다. 꽃은 지름 1.5cm 정도이며, 화관은 끝이 5갈래로 갈라진다. 꽃잎의 가장자리에는 미세한 톱니가 있다. 수술은 5개이며 화통 상단에 달린다. 자방은 도란형이고 암술대는 길이 5~6mm이며 암술머리는 3갈래다.
열매 열매(蒴果)는 지름 1.5~3mm의 구형이고 3갈래로 갈라지며 8~9월에 흑갈색으로 익는다.
●**참고**
꽃을 제외하면 키가 3~5cm밖에 되지 않는 아주 작은 목본류다. 한라산은 암매의 분포역에서 최남단에 해당하며 국내에서는 유일한 자생지다. 백록담 일대의 암벽에 극소수의 개체가 자라고 있다. 잎이 좁은 주걱형인 기본종 (var. *lapponica* L.)은 북아메리카(동부), 그린란드, 아이슬란드 및 유럽(서부)의 극지방에 분포한다.

❶열매. 결실기에도 꽃받침이 그대로 남는다. ❷잎은 서로 겹쳐서 푹신한 쿠션처럼 된다. ❸겨울에는 잎이 붉은색으로 변한다. ❹종자는 길이 0.5mm 정도이고, 표면에 미세한 그물맥이 있다.
✽**식별 포인트 잎/꽃**

303

고욤나무

Diospyros lotus L.

감나무과 EBENACEAE Gürke

● **분포**

중국, 서남아시아, 유럽 남부

❖**국내분포/자생지** 전국의 민가 부근에 야생화되어 퍼짐

● **형태**

수형 낙엽 교목이며 높이 10~15m까지 자란다.

수피/어린가지 수피는 짙은 회색 또는 회갈색이며 얕고 불규칙하게 갈라진다. 어린가지는 녹갈색을 띠고 굵으며 처음에는 회색 털이 있다가 차츰 없어진다.

잎 어긋나며 길이 6~12cm의 타원형 또는 장타원형이다. 끝은 짧게 뾰족하고 밑부분은 넓은 쐐기형이며, 가장자리가 밋밋하다. 표면은 짙은 녹색이며, 회백색의 뒷면은 부드러운 털이 밀생하지만 털은 차츰 떨어져 엽맥에만 남는다. 측맥은 7~10쌍이며 도드라져 있다. 잎자루는 길이 7~15mm다.

꽃 암수딴그루이며, 6월에 연한 황백색 또는 황적색의 꽃이 핀다. 수꽃은 1~3개씩 모여 달리며 꽃받침이 4갈래로 갈라진다. 화통은 지름 4mm 정도의 항아리 모양이며, 끝은 4갈래로 얕게 갈라져서 뒤로 젖혀진다. 수술은 16개 정도다. 암꽃은 1개씩 달리며 지름 6~7mm의 항아리 모양이다. 퇴화된 수술(헛수술)이 8개 있으며, 자방 끝부분에 털이 있고 암술대는 4갈래다.

열매 열매(漿果)는 지름 1~2cm의 타원형 또는 구형이고 황색으로 익지만 서리를 맞으면 흑자색으로 변한다.

● **참고**

감나무에 비해 상대적으로 꽃과 열매의 크기가 작다.

2005. 10. 3. 강원 삼척시 덕항산

❶암꽃. 수꽃보다 약간 더 크고 꽃받침도 더 크다. 1개씩 달린다. ❷수꽃. 1~3개씩 모여 달린다. ❸잎. 엽맥 위에는 부드러운 털이 있다. ❹겨울눈 ❺어린나무의 수피 ❻종자 ❼수형

✿식별 포인트 열매/잎

304

감나무
Diospyros kaki Thunb.

감나무과 EBENACEAE Gürke

● **분포**

중국(양쯔강 지역의 계곡) 원산

❖ **국내분포/자생지** 오래전부터 전국 적으로 재배

● **형태**

수형 낙엽 소교목 또는 교목이며 높이 10~15(~25)m로 자란다.

수피 회갈색이며 얇고 불규칙하게 갈라진다.

잎 어긋나며 길이 6~12cm의 타원형 또는 장타원형이다. 끝은 짧게 뾰족하고 밑부분은 둥글거나 쐐기형이며, 가장자리가 밋밋하다. 표면은 짙은 녹색이며, 회백색의 뒷면은 부드러운 털이 밀생한다. 측맥은 5~7쌍이며 도드라져 있다. 잎자루는 길이 8~20mm다.

꽃 암수한그루(간혹 암수딴그루)이며, 5~6월에 새가지 끝에 연한 황백색 또는 황적색의 꽃이 핀다. 수꽃은 암꽃보다 작고 3~5개씩 모여 달리며 꽃받침은 4갈래로 갈라진다. 화통은 지름 6~10mm의 종 모양이며, 끝이 4갈래로 얕게 갈라져서 뒤로 젖혀진다. 수술은 16~24개다. 암꽃은 1개씩 달리며 지름 1.2~1.6cm의 넓은 종형이다. 꽃받침은 4갈래로 갈라지며 지름 3cm 이상이다. 퇴화된 수술은 8(~15)개이며 자방에는 털이 거의 없다.

열매/종자 열매(漿果)는 지름 3~8.5cm의 난상 구형 또는 구형이며 황적색으로 익는다. 종자는 짙은 갈색이며 길이 1.3~1.4cm의 납작한 장타원상 난형이다.

● **참고**

고욤나무에 비해 어린가지에 갈색 털이 밀생하며 열매가 훨씬 크다.

❶암꽃. 수꽃보다 꽃과 꽃받침이 더 크다. ❷❸수꽃. 3~5개씩 모여 달린다. ❹잎 ❺겨울눈. 삼각상이며 인편은 2~3개다. ❻수피. 오래되면 거북이 등처럼 갈라진다. ❼종자(화살표는 고욤나무 종자) ❽수형

✱**식별 포인트** 열매/수형/수피/잎

2007. 11. 16. 강원 삼척시 미로면

때죽나무

Styrax japonicus Siebold & Zucc.

때죽나무과
STYRACACEAE DC. & Spreng

● **분포**
중국(산둥반도 이남), 일본, 한국
❖ **국내분포/자생지** 황해도-강원 이남
의 산지

● **형태**
수형 낙엽 소교목이며 높이 4~8(~
10)m로 자란다.
겨울눈 길이 1~3㎜의 장타원형이고
갈색 성상모가 밀생하며 인편이 없이
드러나 있다.
잎 어긋나며 길이 4~10㎝의 타원형 또
는 난상 타원형이다. 끝은 뾰족하고 밑
부분은 쐐기형이며, 가장자리는 밋밋
하거나 물결 모양의 얕은 톱니가 있다.
꽃 5~6월에 새가지 끝에서 백색의 양
성화가 1~6개씩 모여 아래를 향해 드
리운다. 화관은 지름 2.5㎝ 정도이고 5
갈래로 깊게 갈라진다. 수술은 10개이
고 화관보다 짧으며, 암술은 수술보다
길다.
열매/종자 열매(蒴果)는 지름 8~14㎜
의 난상 구형이고 회백색을 띠며 표면
에 회색의 성상모가 밀생한다. 종자는
1(~2)개씩 들어 있으며, 길이 1㎝ 정도
의 장타원형이고 갈색이다.

● **참고**
쪽동백나무에 비해 잎이 훨씬 작고 꽃
차례가 짧으며 소수의 꽃이 달린다.
쪽동백나무와 분포역은 비슷하지만
흔히 남쪽 지역에 자라며, 수직적 분
포 면에서도 해발고도가 더 낮은 곳에
자란다.

❶열매 ❷잎. 잎자루와 맥 위에는 별 모양의
털이 있다. 잎은 크기와 형태가 제각각이
다. ❸겨울눈. 곁눈의 기부에 덧눈(副芽)이 보인
다. ❹수피 ❺수형 ❻종자. 표면의 홈집은 소
바구미(*Exechesops leucopis*)가 산란한 흔적.
❼때죽납작진딧물(*Ceratovacuna nekoashi*)
의 유충이 만든 충영. 때죽납작진딧물은 때죽
나무에서 벼과의 나도바랭이새(*Microstegium
vimineum*)로 옮겨가서 세대교번을 하다가 가
을에 때죽나무로 되돌아와 알을 낳는 생활환
을 가진 것으로 알려져 있다.
❄식별 포인트 꽃(개화기)/열매/충영

2015. 5. 22. 경기 김포시

2009. 5. 23. 충북 제천시 월악산

쪽동백나무
Styrax obassia Siebold & Zucc.

때죽나무과
STYRACACEAE DC. & Spreng

● **분포**
중국(동부), 일본, 한국

❖ **국내분포/자생지** 전국의 산지

● **형태**
수형 낙엽 소교목 또는 교목이며 높이 10~15m, 지름 20㎝로 자란다.

수피/겨울눈 수피는 짙은 회색으로 매끈하지만 오래되면 가늘게 갈라진다. 겨울눈은 길이 5~8mm의 장난형이며 겉에 황갈색의 털이 밀생한다.

잎 어긋나며 길이 5~20㎝의 도란형 또는 광난형이다. 끝은 짧게 뾰족하고 밑부분은 둥글거나 넓은 쐐기형이며, 가장자리의 상반부에 불규칙한 물결 모양의 톱니가 있다. 뒷면은 회색의 성상모가 있어 흰빛이 돈다.

꽃 5~6월 새가지 끝에서 나온 길이 6~15㎝의 긴 꽃차례에 백색의 양성화들이 아래를 향해 핀다. 화관은 길이 1.7~2㎝이고 5갈래로 깊게 갈라진다. 꽃받침은 길이 4~5mm이고 잔털이 밀생한다. 수술은 10개이고 화관보다 짧으며, 암술은 수술보다 길다.

열매/종자 열매(蒴果)는 지름 1~1.5㎝의 난형 또는 난상 구형이며 9~10월에 익는다. 종자는 1(~2)개씩 들어 있으며 길이 1㎝ 정도의 장타원형으로 갈색이다.

● **참고**
2년지의 적갈색 껍질이 종잇장처럼 얇게 벗겨지는 특징이 있으며, 때죽나무에 비해 잎이 크고 꽃차례가 길며 꽃이 많이 달린다. 주로 때죽나무보다 토양이 비옥하고 습한 곳에 자란다.

❶꽃차례. 꽃의 형태는 때죽나무와 흡사하지만, 긴 꽃차례로 피는 점이 다르다. ❷열매. 회백색이며 표면에 성상모가 밀생한다. ❸광난형의 잎이 흔하다. 상반부에는 불규칙한 톱니가 생기기도 한다. ❹겨울눈. 초봄에는 2년지의 붉은 껍질이 얇게 벗겨지는 모습을 흔히 볼 수 있다. ❺수피. 짙은 회색이며 표면이 매끈하다. ❻수형 ❼종자
❖식별 포인트 꽃(개화기)/열매/잎/2년지

검노린재
Symplocos tanakana Nakai

노린재나무과
SYMPLOCACEAE Desf.

● **분포**
중국, 일본, 한국

❖ **국내분포/자생지** 경남, 전남, 제주
의 산지

● **형태**
수형 낙엽 관목 또는 소교목이며 높이
1.5~8m, 지름 10cm까지 자란다.

수피/어린가지/겨울눈 수피는 갈색-
회갈색이고 세로로 불규칙하게 갈라
진다. 어린가지는 회갈색으로 처음에
는 털이 있다가 차츰 떨어져 없어진다.
겨울눈은 길이 2~4mm의 난형이며 인
편은 6~7개다.

잎 어긋나며 길이 4~8cm의 장타원형
이다. 양 끝이 뾰족하며 가장자리에는
작고 날카로운 톱니가 촘촘히 있다. 표
면 맥 위에는 털이 있으며, 뒷면에도
부드러운 털이 있고 흰빛이 돈다. 잎자
루는 길이 5~10mm다.

꽃 5~6월 새가지 끝에서 나온 원추꽃
차례에 백색의 양성화가 모여 달린다.
꽃은 지름 8mm 정도이며 화관은 5갈래
로 깊게 갈라진다. 수술은 다수이며,
꽃받침은 아주 작고 뒷면에 부드러운
털이 있다.

열매 열매(核果)는 지름 6~7mm의 난
형이며 9~10월에 흑색으로 익는다.

● **참고**
노린재나무에 비해 잎이 장타원형이
고 열매가 흑색으로 익는 점이 다르다.
일본과 중국에 분포하는 *S. paniculata*
(Thunb.) Miq.와 분류학적 비교·검토
가 필요하다.

2007. 5. 13. 전남 진도군

❶ 꽃차례. 오른쪽 아래는 뒤흰띠알락나방
(*Neochalcosia remota*)의 애벌레. 노린재
나무류가 먹이식물이다. ❷ 열매는 흑색으로
익는다. ❸ 잎 뒷면 전체에 부드러운 털이 있
는 것도 노린재나무와의 차이점이다. ❹ 겨
울눈. 끝이 뾰족하지 않은 것도 동정 포인트
다. ❺❻ 수피의 변화. 어린나무(❺)와 성목
(❻). ❼ 수형. 사진처럼 큰 나무는 드물다.
❽ 핵
✿ **식별 포인트** 잎(뒷면)/열매/겨울눈/수피

2004. 6. 6. 경기 철원군

노린재나무

Symplocos sawafutagi
Nagamasu

노린재나무과
SYMPLOCACEAE Desf.

● **분포**
중국(동북부), 일본, 한국
❖ **국내분포/자생지** 전국의 산지에 비교적 흔하게 자람

● **형태**
수형 낙엽 관목 또는 소교목이며 높이 2~5m로 자란다. 상단부의 가지가 옆으로 퍼져 위가 납작한 수관을 이룬다.
수피/겨울눈 수피는 회백색 또는 회갈색을 띠고 세로로 갈라지며 오래되면 얇은 조각으로 떨어진다. 겨울눈은 길이 2mm 정도의 원추형이고 회갈색이다. **잎** 어긋나며 길이 4~8cm의 도란형 또는 타원형이다. 끝은 짧게 뾰족하고 밑부분은 쐐기형이며, 가장자리에는 뾰족한 톱니가 있다.
꽃 5월에 새가지 끝에서 나온 원추꽃차례에 백색의 양성화가 모여 달린다. 꽃차례에는 털이 있으며 막질의 포는 금방 떨어진다. 꽃은 지름 7~8mm이며 화관은 5갈래로 깊게 갈라진다. 꽃받침도 5갈래로 갈라지며 열편은 얕은 톱니 모양이다. 수술은 다수이고 길이가 화관보다 길다.
열매 열매(核果)는 지름 6~7mm의 타원형이며 9~10월에 남색으로 익는다.

● **참고**
검노린재에 비해 잎이 도란상이고 끝이 급히 뾰족해지며 열매가 남색으로 익는 점이 다르다. 국명은 '나무를 태운 재가 노란색을 띠는 나무'라는 의미로 잘못 알려져 있지만, 실제로는 천연염색 공예에서 노란색으로 염색하는 데 노린재나무의 재를 매염제로 사용할 뿐이다.

❶꽃 ❷열매. 남색으로 익는다. ❸잎 뒷면은 맥 위에만 털이 있다. ❹겨울눈 ❺수피 ❻수형. 수관의 상단부가 납작한 모습을 흔히 볼 수 있다. ❼핵은 검노린재에 비해 상단부가 다소 살록하다.
✽식별 포인트 열매/잎/수피/수형

섬노린재
Symplocos coreana (H. Lév.) Ohwi

노린재나무과
SYMPLOCACEAE Desf.

2007. 5. 25. 제주 한라산

●**분포**
일본, 한국

❖**국내분포/자생지** 제주(한라산)의 계곡 및 숲 가장자리

●**형태**
수형 낙엽 관목 또는 소교목이며 높이 2~5m로 자란다. 가지는 위에서 옆으로 퍼진다.

수피/어린가지/겨울눈 수피는 회백색이며 세로로 갈라지고 오래되면 얇게 벗겨진다. 새가지에는 털이 있으나 차츰 없어진다. 겨울눈은 길이 2mm 정도의 난형이며 털이 없다.

잎 어긋나며 길이 4~9cm의 도란형 또는 타원상 난형이다. 끝은 급하게 꼬리처럼 뾰족해지고 밑부분은 넓은 쐐기형이며, 가장자리에는 길고 날카로운 톱니가 있다. 뒷면은 연한 녹색이고 주로 맥 위에 백색 털이 있다. 잎자루는 길이 3~7mm이고 털이 있다.

꽃 5~6월에 새가지 끝에서 나온 원추꽃차례에 백색의 양성화가 모여 달린다. 꽃은 지름 6~7mm이며 화관은 5갈래로 깊게 갈라진다. 꽃받침은 5갈래로 갈라지며 열편은 얕은 톱니 모양이다. 수술은 다수이고 화관보다 길며, 꽃밥은 황색이다.

열매 열매(核果)는 지름 6~7mm의 난형이며 9~10월에 벽흑색으로 익는다.

●**참고**
노린재나무에 비해 잎끝이 길게 뾰족해지고 가장자리에 길고 날카로운 톱니가 있으며, 열매가 벽흑색으로 익는 것이 다른 점이다. 제주에서 처음 발견되었으며 일본명 탄나사와후타기(タンナサワフタギ)도 제주를 뜻하는 '탐라(耽羅)노린재'라는 의미다.

❶꽃차례 ❷열매 ❸❹잎 앞면과 뒷면. 잎끝이 꼬리처럼 길게 나오는 것이 특징이며, 가장자리의 톱니도 노린재나무보다 더 날카롭다. 잎 뒷면은 맥을 따라 백색 털이 밀생한다. ❺겨울눈 ❻수피 ❼수형 ❽핵. 약간 일그러진 난상 구형 또는 구형이다.
✿**식별 포인트** 잎/열매

310

2009. 11. 7. 일본 쓰시마섬

검은재나무
Symplocos prunifolia Siebold & Zucc.

노린재나무과
SYMPLOCACEAE Desf.

●**분포**
중국(남부), 일본(혼슈 이남), 인도, 네팔, 말레이시아, 베트남, 타이, 타이완, 한국
❖**국내분포/자생지** 제주(서귀포시)의 계곡부에 매우 드물게 자람
●**형태**
수형 상록 교목이며 높이 10m, 지름 30cm까지 자란다.
수피/겨울눈 수피는 회색 또는 흑갈색이며 피목이 발달한다. 겨울눈(잎눈)은 길이 5mm 정도의 좁은 난형이며 끝이 뾰족하고 털이 없다.
잎 어긋나며 길이 2~10cm의 타원형-난형이다. 끝은 뾰족해지고 밑부분은 둥글거나 쐐기형이며, 가장자리에 얕은 톱니가 있다. 엽질은 가죽질이고 양면에 털이 없으며, 뒷면은 연한 녹색이고 측맥이 4~8쌍이다. 잎자루는 길이 5~10mm이고 붉은색을 띤다.
꽃 5월에 2년지의 잎겨드랑이에서 나온 원추꽃차례에 백색의 양성화가 모여 달린다. 꽃차례는 길이 4~7cm이고 털이 있으며 포는 금방 떨어진다. 꽃은 지름 8mm 정도이며 화관은 5갈래로 깊게 갈라진다. 수술은 다수이며 화관보다 길다. 암술은 1개이며 수술보다 짧고, 암술머리는 두상이다.
열매 열매(核果)는 지름 6~10mm의 난상 장타원형이며 11~12월에 흑자색으로 익는다. 열매의 끝에는 꽃받침열편의 흔적이 남는다.
●**참고**
국내 자생 노린재나무속 식물 중에서 유일하게 상록성 교목이다. 꽃은 2년지에 피며 개화기에는 나무 전체를 뒤덮을 정도로 풍성하게 꽃을 피운다.

❶개화기의 모습 ❷꽃 ❸열매. 늦가을에 흑자색으로 익는다. ❹잎 뒷면. 잎은 양면 모두 털이 없다. ❺꽃눈(잎겨드랑이)과 잎눈(정상부) ❻어린가지에는 마름모꼴의 피목이 발달한다. ❼핵
✽식별 포인트 잎/어린가지/열매/수형

백량금
Ardisia crenata Sims

자금우과 MYRSINACEAE R. Br.

● **분포**

중국(남부), 인도(서남부), 일본, 말레이시아, 필리핀, 베트남, 한국

❖ **국내분포/자생지** 제주, 남해 도서 (거문도, 가거도, 흑산도, 홍도)의 숲속

● **형태**

수형 상록 관목이며 높이 0.3~1m 정도로 자란다.

수피/어린가지 수피는 회갈색이며 어린가지는 둥글고 녹색이다.

잎 어긋나며 길이 4~13㎝의 장타원형이다. 양 끝이 뾰족하며 가장자리에는 물결 모양의 톱니가 있다. 엽질은 두꺼운 가죽질이고 양면에 털이 없으며, 뒷면은 연한 녹색이다. 측맥은 12~18쌍이고 희미하다. 잎자루는 길이 6~10㎜이고 털이 없다.

꽃 7~8월 가지 끝에 나온 산형상꽃차례에 백색의 양성화가 모여 달린다. 꽃은 지름 6~8㎜이며 꽃잎은 5갈래이고 뒤로 젖혀져 말린다. 수술은 5개로 꽃잎보다 짧으며 수술대는 거의 없고 꽃밥은 삼각상 난형이다. 암술은 1개이며 자방은 난형이고 털이 없다.

열매 열매(核果)는 지름 6~8㎜의 구형이고 10~12월에 적색으로 익으며 이듬해 봄까지 떨어지지 않는다. 핵은 지름 5~6㎜의 구형 또는 편구형이다.

● **참고**

자금우에 비해 줄기가 곧추서고 잎에 물결 모양의 톱니가 있는 것이 다른 점이다. 상록활엽수림의 어두운 숲속에서도 잘 자랄 정도로 내음성이 강하며 붉은 열매가 아름다워서 실내 조경용으로 인기가 있다.

2003. 12. 19. 제주

❶꽃. 꽃잎이 뒤로 말린다. ❷잎은 가죽질이며 가장자리에 물결 모양의 톱니가 있다. ❸수피에는 잎이 떨어진 잎자루의 흔적이 보인다. ❹ 열매와 핵의 표면에는 희미한 능선이 있다. 오른쪽은 자금우의 열매와 핵. ❺수형
✻식별 포인트 잎/열매

2007. 12. 9. 제주

자금우
Ardisia japonica (Thunb.)
Blume

자금우과 MYRSINACEAE R. Br.

● **분포**
중국(남부), 일본, 타이완, 한국
❖ **국내분포/자생지** 경북(울릉도), 제
주 및 서남해 도서(전남, 경남)의 건조
한 숲속
● **형태**
수형 상록 소관목이며 높이 10~30cm
로 자라고, 땅속줄기가 땅으로 길게 뻗
는다.
줄기 어린줄기에 약간의 털이 있으나
차츰 떨어져 없어진다.
잎 마주나거나 돌려나며, 길이 4~9cm
정도의 피침상 타원형, 타원형 또는 타
원상 도란형이다. 끝은 뾰족하고 기부
는 쐐기형이며, 가장자리에는 뾰족한
잔톱니가 있다. 엽질은 종이질이거나
어느 정도 가죽질이며 양면에 털이 없
다. 측맥은 5~8쌍이며 엽병은 6~10
mm 정도이고 털이 없다.
꽃 7~8월에 줄기 끝의 잎겨드랑이 또
는 줄기에서 나온 산형꽃차례에 3~5
개씩 백색 또는 연분홍색의 꽃이 모여
달린다. 꽃의 지름은 6~8mm 정도이
며 꽃잎은 5개다. 꽃받침열편은 길이
1.5mm 정도의 난형이며 털이 없다. 수
술은 꽃잎보다 짧으며, 자방에 털이
없다.
열매 열매(核果)는 지름 5~6mm 정도
의 구형이며 10~12월에 붉게 익는다.
● **참고**
산호수에 비해 땅으로 벋는 줄기에 잎
이 달리지 않으며 잎이 타원형상이고
가장자리에 잔톱니가 많은 것이 다른
점이다.

❶꽃. 꽃잎 표면에 암자색 반점이 많다. ❷잎
앞면 ❸줄기에는 털이 거의 없다. ❹핵 ❺자
생지의 군락
✻식별 포인트 수형

313

산호수
Ardisia pusilla A. DC.

자금우과 MYRSINACEAE R. Br.

● **분포**
중국(남부), 일본, 필리핀, 말레이시아, 대만, 한국
❖ **국내분포/자생지** 제주의 계곡 가장자리 및 숲속의 습한 곳
● **형태**
수형 상록 소관목이며 높이 15~20cm이고 땅으로 기며 자란다.
줄기 줄기는 지름 1.5~2(~3)mm이고 긴 털이 밀생한다.
잎 마주나거나 3~5개씩 모여 달리며, 길이 2~6cm 정도의 타원형 또는 도란형이다. 끝은 뾰족하거나 둔하고 기부는 쐐기형이거나 둥글며, 가장자리에는 큰 톱니가 드문드문 있다. 표면은 짙은 녹색이고 다소 거친 털이 있으며 뒷면은 부드러운 털이 있다. 측맥은 5~9쌍이고 뚜렷하다. 잎자루는 길이 3~8mm이고 털이 있다.
꽃 7~8월 줄기 또는 잎겨드랑이에서 나온 산형꽃차례에 백색의 양성화가 몇 개씩 모여 달린다. 꽃차례의 자루에는 성긴 털이 있지만 작은꽃자루에는 대개 털이 없다. 꽃의 지름은 4~6mm 정도이며, 꽃잎은 5개이고 뒤로 살짝 젖혀진다. 꽃받침열편은 선형 또는 피침형이며 자색 반점과 함께 갈색 털이 있다. 수술은 꽃잎과 길이가 비슷하며, 자방에는 털이 없다.
열매 열매(核果)는 지름 5~6mm 정도의 구형이며 10~12월에 붉게 익는다.
● **참고**
자금우에 비해 식물체 전체에 털이 밀생하며 잎 가장자리에 10개 내외의 톱니가 드문드문 있는 것이 다르다. 자금우는 비교적 건조한 숲속에서도 자라지만 산호수는 주로 계곡 가장자리의 습한 곳에 자란다.

❶꽃. 자금우보다 꽃잎이 둥글며 어린 느낌이 난다. ❷❸잎. 잎의 양면과 잎자루에는 부드러운 털이 있다. 잎은 돌려난 것처럼 보인다. ❹줄기에도 긴 털이 밀생한다. ❺핵(오른쪽 위는 자금우의 핵)
❖식별 포인트 잎/수형/열매

2003. 12. 19. 제주

2009. 4. 12. 제주

빌레나무(천량금)
Maesa japonica (Thunb.)
Moritzi & Zoll.

자금우과 MYRSINACEAE R. Br.

● **분포**
중국(남부), 일본(혼슈 남부 이남), 베트남, 라오스, 미얀마, 뉴기니, 타이완, 한국
❖ **국내분포/자생지** 제주 서부 지역의 곶자왈 지대

● **형태**
수형 상록 관목이며 높이 0.5~1.5m로 자란다. 줄기가 많이 갈라지며 지면에 닿는 부분에서 다시 뿌리가 난다.
잎 길이 5~16cm의 타원형-장타원형이다. 가죽질이며, 표면은 짙은 녹색이고 광택이 난다. 측맥은 5~8쌍이며, 잎자루는 길이 5~13mm다.
꽃 4~5월에 잎겨드랑이에서 나온 총상 또는 원추상꽃차례에 백색 또는 연한 황색의 양성화가 모여 핀다. 암술대가 긴 장주화와 암술대가 짧은 단주화가 각각 다른 나무에 달린다. 꽃은 길이 5mm 정도의 항아리 모양이며, 화관의 윗부분은 얕게 5갈래로 갈라진다. 꽃받침열편은 길이 2mm 정도의 둔한 삼각형이며 털이 없다. 수술은 5개이고 화관 내부에 붙어 있으며, 자방은 둥글고 암술대는 길이 2~3mm다.
열매 열매(漿果)는 지름 4~6mm의 난형 또는 구형이며, 11월~이듬해 3월에 걸쳐 백색 또는 황백색으로 익는다.

● **참고**
국내에서는 2003년에 제주의 곶자왈 지대에서 처음 발견되었다. 습도가 일정하게 유지되고 부엽층 형성이 양호한 곶자왈 내 함몰된 지형에서 무리 지어 자란다.

❶장주화 꽃차례. ❷단주화 꽃차례. 장주화 꽃차례보다 더 풍성하다. ❸장주화(좌)와 단주화(우)의 비교 ❹열매는 백색으로 익는다. 이듬해 꽃을 피울 꽃눈도 함께 달려 있다. 주로 장주화가 열매로 결실하지만 간혹 단주화 그루에서도 열매가 결실하는 것으로 보인다. ❺잎. 가장자리에 몇 개의 물결 모양 톱니가 있고 뒷면에는 아주 작은 선점들이 퍼져 있다. ❻겨울눈: 잎눈(좌)과 꽃눈(우). 잎눈은 짙은 갈색 털로 싸여 있다. 꽃눈은 꽃봉오리 형태로 월동한다. ❼종자. 검은빛이 돌고 불규칙하게 각진다.
❖식별 포인트 잎/수형/열매/꽃(개화기)

피자
식물문

MAGNOLIOPHYTA

목련강
MAGNOLIOPSIDA

장미아강
ROSIDAE

돈나무과 PITTOSPORACEAE
수국과 HYDRANGEACEAE
까치밥나무과 GROSSULARIACEAE
장미과 ROSACEAE
콩과 FABACEAE
보리수나무과 ELAEAGNACEAE
부처꽃과 LYTHRACEAE
팥꽃나무과 THYMELAEACEAE
석류나무과 PUNICACEAE
박쥐나무과 ALANGIACEAE
층층나무과 CORNACEAE
식나무과 AUCUBACEAE
단향과 SANTALACEAE
꼬리겨우살이과 LORANTHACEAE
노박덩굴과 CELASTRACEAE
감탕나무과 AQUIFOLIACEAE
회양목과 BUXACEAE
대극과 EUPHORBIACEAE
갈매나무과 RHAMNACEAE
포도과 VITACEAE
고추나무과 STAPHYLEACEAE
무환자나무과 SAPINDACEAE
칠엽수과 HIPPOCASTANACEAE
단풍나무과 ACERACEAE
옻나무과 ANACARDIACEAE
소태나무과 SIMAROUBACEAE
멀구슬나무과 MELIACEAE
운향과 RUTACEAE
두릅나무과 ARALIACEAE

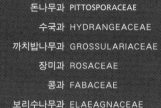

돈나무

Pittosporum tobira (Thunb.)
W. T. Aiton

돈나무과 PITTOSPORACEAE R. Br

● 분포
일본(혼슈 이남), 타이완, 한국

❖ 국내분포/자생지 경남, 전남, 전북
및 제주의 바닷가 산지(절벽, 바위지
대)

● 형태
수형 상록 관목 또는 소교목이며 높이 2
~3(~8)m이고, 줄기가 많이 갈라진다.
잎 가지 끝에 모여 달리며 길이 4~9
cm의 도란상 피침형이다. 끝은 둥글고
밑부분은 쐐기형이며, 가장자리가 밋
밋하고 뒤로 약간 말린다. 엽질은 가죽
질이며, 표면은 광택이 나고 뒷면은 연
한 녹색이다. 측맥은 6~8쌍이 희미하
게 있고 측맥 사이의 그물맥이 뚜렷하
다. 잎자루는 길이 5~8mm이다.
꽃 암수딴그루이며, 4~5월 새가지 끝
에 백색의 꽃이 모여 달린다. 꽃은 지
름 2cm 정도이며 향기가 있다. 꽃받침
열편은 길이 3~4mm의 피침형이다. 꽃
잎은 길이 1~1.2cm의 피침형이며 백색
에서 황색으로 변한다. 수꽃은 수술대
길이가 5~6mm이며 자방은 장난형이
고 암술이 수술보다 짧다. 암꽃은 수술
대 길이가 2~3mm이며 자방은 도란형
이고 암술은 수술과 비슷하거나 약간
길다. 자방에는 털이 밀생한다.
열매 열매(蒴果)는 지름 1.2cm 정도의
구형이며, 9~11월에 황갈색으로 익는
다.

● 참고
국명은 식물체 전체(특히 뿌리)에서
고약한 냄새가 나며 열매에 끈적끈적
한 물질이 있어 똥처럼 파리가 꼬인다
하여 생긴 제주 방언 '똥낭'에서 유래
했다는 설이 있다.

❶암꽃. 수술의 꽃밥은 불임이다. ❷수꽃. 수
꽃은 암술이 수술보다 짧다. 암술은 불임이
다. ❸❹암꽃(❸)과 수꽃(❹)의 종단면 비교
❺열매. 익으면 봉선이 3갈래로 갈라진다.
❻꽃눈 ❼종자. 실리콘처럼 끈끈한 점액질에
싸여 있다.
❖식별 포인트 잎/열매

2010. 5. 9. 제주 한림읍 비양도

318

2016. 4. 29. 경기 연천군

바위말발도리

Deutzia grandiflora Bunge
(*Deutzia baroniana* Diels; *D. hamata* Koehne ex Gilg & Loes.; *D. prunifolia* Rehder)

수국과 HYDRANGEACEAE Dumort.

● **분포**

중국(중부 이북), 한국

❖ **국내분포/자생지** 경기(연천군, 포천시), 인천(대청도), 강원(철원군) 이북의 산지 능선 및 바위지대

● **형태**

수형 낙엽 관목이며 높이 0.5~1(~2)m로 자라고, 뿌리에서 줄기를 많이 낸다.

어린가지/수피 어린가지는 황갈색이고 처음에는 털이 있다가 차츰 없어지며, 수피는 오래되면 회갈색-적갈색으로 변한다.

잎 마주나며 길이 2~7cm의 난형 또는 타원형이다. 끝은 뾰족하고 밑부분은 쐐기형 또는 넓은 쐐기형이며, 가장자리에는 불규칙한 잔톱니가 있다. 양면에 성상모가 있어 촉감이 거칠며, 측맥은 5~6쌍이다. 잎자루는 길이 1~4mm다.

꽃 4~5월 새가지 끝에 백색의 양성화가 1~3개씩 모여 달린다. 꽃은 지름 2~3cm이며 꽃잎은 타원형 또는 난형이고 바깥면에 털이 있다. 꽃받침통은 길이 2.5~4mm이고 황회색 성상모가 밀생하며 열편은 선상 피침형이고 통부보다 길다. 수술은 2가지 형태를 보이는데, 바깥쪽의 수술은 길이 6~7mm이고 안쪽의 수술은 이보다 길다. 암술대는 3갈래로 깊게 갈라지며 수술과 길이가 비슷하다.

열매 열매(蒴果)는 지름 4~5mm의 반구형이며 9~10월에 익는다. 표면에 성상모가 있으며 열매보다 긴 꽃받침열편이 굽은 상태로 남는다.

● **참고**

매화말발도리와 유사하지만 꽃이 새가지 끝에 피며 꽃받침열편의 길이가 열매와 비슷하거나 긴 것이 특징이다.

❶꽃 ❷열매. 표면이 성상모로 덮여 있다. 암술대의 흔적도 그대로 남는다. ❸❹잎. 성상모가 밀생한다. 매화말발도리와 비교해서 아랫부분의 폭이 넓은 편이다. ❺겨울눈. 인편 표면에도 성상모가 있다. ❻수피. 큰 나무는 대개 적갈색이 돈다. ❼종자의 지름은 1mm 전후로 매우 작다.

✽식별 포인트 꽃의 위치(새가지)/잎/수피

매화말발도리

Deutzia uniflora Shirai
(*Deutzia coreana* H. Lév.; *D. tozawae* Nakai; *D. triradiata* Nakai)

수국과 HYDRANGEACEAE Dumort.

● **분포**
일본(혼슈 남부), 한국

❖**국내분포/자생지** 함남, 황해도 이남의 산지 바위지대에 흔히 자람

● **형태**
수형 낙엽 관목이며 높이 0.5~1(~2) m 정도로 자란다.

수피/어린가지 수피는 회색 또는 회갈색이며 오래되면 세로로 길게 종잇장처럼 벗겨진다. 2년지는 적갈색이며 성상모가 밀생한다.

잎 마주나며 길이 4~6cm의 피침형 또는 타원형이다. 양 끝은 뾰족하고 가장자리에는 불규칙한 잔톱니가 있다. 양면에 모두 성상모가 있고 측맥은 4~5쌍이다. 잎자루는 길이 2~5mm이며 털이 있다.

꽃 4~5월 2년지의 잎겨드랑이에 1개 또는 소수의 백색 양성화가 단정(單頂)꽃차례(간혹 총상꽃차례)에 모여 핀다. 꽃은 지름 2~3cm이며, 꽃잎은 길이 1.5~2cm의 장타원형이고 바깥면에 털이 있다. 꽃받침통에는 성상모가 밀생하며 꽃받침열편은 좁은 삼각형인데 통부보다 짧다. 수술은 10개이며 수술대 양쪽에는 날개가 있다. 암술대는 3갈래로 깊게 갈라진다.

열매 열매(蒴果)는 지름 4~6mm의 종형이며 9~10월에 익는다.

● **참고**
바위말발도리와 유사하지만, 꽃이 2년지 잎겨드랑이에서 피며 꽃받침열편이 통부보다 짧아서 쉽게 구별할 수 있다. 국명은 '꽃이 매화를 닮은 말발도리나무'라는 뜻이다. 일본에서는 혼슈 남부의 석회암지대에 자생한다.

❶꽃. 2년지에서 피지만, 드물게 1년지에 꽃이 달리는 경우도 있다. ❷열매의 비교: 매화말발도리(좌)와 바위말발도리(우) ❸잎 ❹겨울눈. 어린가지는 억센 털로 덮여 있다. ❺오래된 수피는 종잇장처럼 벗겨진다. ❻수형 ❼종자는 표면에 골이 있다.
❖식별 포인트 꽃(꽃잎, 꽃받침열편)과 꽃의 위치(2년지)/어린가지의 털

2018. 5. 9. 강원 인제군 방태산

2006. 5. 16. 경남 양산시 천성산

꼬리말발도리
Deutzia paniculata Nakai

수국과 HYDRANGEACEAE Dumort.

● 분포

한국(한반도 고유종)

❖국내분포/자생지 경북(단석산, 팔공산, 청도 남산), 경남(가지산, 금정산, 달음산, 재약산, 정족산, 천성산, 천황산)의 숲속에 드물게 자람

● 형태

수형 낙엽 관목이며 높이 1~2m로 자란다.

수피/어린가지/겨울눈 수피는 회갈색이고 매끈하며 세로로 얕게 갈라진다. 어린가지는 광택이 있는 적갈색이다. 겨울눈은 황갈색 또는 적갈색의 장난형이며 인편에 성상모가 밀생한다.

잎 마주나며 길이 7~10cm의 타원상난형 또는 난형이다. 양 끝은 뾰족하고 가장자리에는 잔톱니가 촘촘히 있다. 표면에는 성상모가 있어 거칠며 뒷면에는 털이 없다. 잎자루는 길이 2~6mm다.

꽃 5~6월에 새가지 끝에서 나온 원추꽃차례에 백색의 양성화가 모여 달린다. 꽃은 지름 8~10mm이며, 꽃잎은 4~5개이고 길이 4~5mm의 장타원형이다. 꽃받침열편 역시 5갈래이고 길이 0.8mm 정도의 삼각형이다. 수술은 10개이며, 암술대는 3갈래로 깊게 갈라진다.

열매 열매(蒴果)는 지름 6~7mm의 반구형이며 9~10월에 익는다. 암술대가 목질화되어 끝까지 남는다.

● 참고

꽃이 새가지 끝에서 나온 원추꽃차례에 모여 피며, 꽃잎이 장타원형이고 서로 겹치지 않는 것이 물참대나 말발도리와 다른 점이다.

❶길게 뻗은 원추꽃차례. 길이 10cm 이상이다. ❷열매. 이듬해 새순이 날 시기에도 그대로 남는다. ❸잎. 표면에만 성상모가 있다. ❹겨울눈. 겨울눈의 아린 표면에는 성상모가 있다. ❺수피 ❻수형

❋식별 포인트 꽃차례/열매

물참대
Deutzia glabrata Kom.

수국과 HYDRANGEACEAE Dumort.

●**분포**
중국(양쯔강 이북), 러시아(동부), 한국
❖**국내분포/자생지** 제주를 제외한 전
국 산지의 습기 많은 계곡부 및 사면
●**형태**
수형 낙엽 관목이며 높이 1~3m로 자
란다.
수피/어린가지 수피는 회색 또는 흑회
색이며 불규칙하게 벗겨진다. 어린가지
는 적갈색이고 광택이 나며 털이 없다.
잎 마주나며 길이 5~10cm의 난형 또
는 난상 피침형이다. 끝은 길게 뾰족하
며 밑부분은 둥글거나 넓은 쐐기형이
며, 가장자리에 잔톱니가 있다. 표면에
성상모가 약간 있으며 뒷면에는 털이
없다. 잎자루는 길이 1~4mm다.
꽃 5~6월에 가지 끝에 백색의 양성화
가 산방꽃차례로 모여 핀다. 꽃은 지
름 8~12mm다. 꽃잎은 5개이며 길이 6
mm 정도의 아원형 또는 광타원형이고
양면에 털이 있다. 꽃받침통은 컵 모
양이고 털이 없으며, 열편은 5갈래로
난상 삼각형이다. 수술은 10개이며 수
술대는 길이 4~5mm이고 꽃밥 쪽으로
갈수록 가늘어진다. 암술대는 3갈래
(간혹 4갈래)로 끝까지 갈라지며 수술
보다 약간 짧다.
열매 열매(蒴果)는 지름 5~6mm의 구
형이고 성상모는 없으며 9~10월에 익
는다.
●**참고**
말발도리와 유사하지만 잎에 털이 거
의 없고 수술대가 점차 가늘어지며, 열
매가 5~6mm로 크고 털이 없는 특징으
로 쉽게 구별할 수 있다.

2005. 5. 29. 강원 태백시 태백산

❶꽃. 수술대는 끝으로 갈수록 차츰 가늘어진
다. ❷열매 ❸겨울눈. 어린가지는 붉은색이고
종잇장처럼 얇게 벗겨진다. ❹수피 ❺❻잎 앞
면과 뒷면. 털이 거의 없어 손으로 비비면 매
끈한 촉감이다. ❼수형 ❽종자. 길이는 1mm 내
외이며 표면에 골이 진다.
✿**식별 포인트** 꽃/어린가지/잎의 질감

2002. 5. 8. 대구시 용제봉

말발도리
Deutzia parviflora Bunge

수국과 HYDRANGEACEAE Dumort.

● **분포**

중국(양쯔강 이북), 몽골, 러시아(동부), 한국

❖ **국내분포/자생지** 제주를 제외한 전국의 해발고도가 낮은 산지

● **형태**

수형 낙엽 관목이며 높이 1~2m로 자란다.

수피 회갈색 또는 회백색이고 세로로 얇게 갈라지며, 오래되면 불규칙하게 벗겨진다.

잎 마주나며 길이 3~6cm의 타원상 난형이다. 끝은 뾰족하거나 길게 뾰족하고 밑부분은 넓은 쐐기형이며, 가장자리에는 잔톱니가 있다. 표면에는 성상모가 있어 까칠하며, 잎자루는 길이 3~12mm다.

꽃 5~6월에 가지 끝에 백색의 양성화가 산방꽃차례에 모여 달린다. 꽃은 지름 7~12mm이며, 꽃잎은 5개이고 길이 3~6mm의 아원형 또는 광난형이다. 꽃받침통은 컵 모양이고 성상모가 밀생하며, 열편은 5개이고 삼각형이다. 수술은 10개이며 수술대는 길이 3~4mm이다. 암술대는 3갈래로 깊게 갈라지며 길이는 수술과 비슷하다.

열매 열매(蒴果)는 지름 2~3mm의 반구형이고 성상모로 덮여 있으며 9~10월에 익는다.

● **참고**

흔히 물참대보다 건조한 낮은 산지 및 숲 가장자리, 바위지대에서 자라며, 잎 표면, 꽃받침통 및 열매에 성상모가 있고 열매의 크기도 좀 더 작은 것이 특징이다. 국명은 열매의 모양이 말굽과 닮은 특징에서 유래된 것으로 추정된다.

❶꽃. 수술대에 날개가 있는 경우가 많고 화반은 보통 등황색을 띤다. ❷열매 표면에는 성상모가 있다. ❸❹잎 앞면과 뒷면. 양면에 털이 있어 손으로 비비면 까칠한 촉감이다. ❺겨울눈. 물참대와는 달리 어린가지의 껍질은 벗겨지지 않는다. ❻수피 ❼수형 ❽종자. 길이 1mm 내외이며 표면은 골이 진다.
❋식별 포인트 꽃(화반의 색깔, 수술대)/잎의 질감/어린가지

빈도리
(일본말발도리)

Deutzia crenata Siebold &
Zucc. **f. *crenata***

수국과 HYDRANGEACEAE Dumort.

● **분포**
일본 원산
❖ **국내분포/자생지** 관상용으로 간혹
식재
● **형태**
수형 낙엽 관목이며 높이 1~3m로 자
란다.
수피/어린가지/겨울눈 수피는 회갈색
이고 세로로 얕게 갈라지며 오래되면
불규칙하게 벗겨진다. 어린가지는 적
갈색이며 성상모가 밀생한다. 겨울눈
은 길이 3~6mm의 장난형 또는 난형이
며 털이 있다.
잎 마주나며 길이 5~8cm의 난형 또는
난상 피침형이다. 끝은 꼬리처럼 뾰족
하며 밑부분은 둥글거나 넓은 쐐기형
이며, 가장자리에 잔톱니가 있다. 표
면에는 4~6갈래로 갈라지는 성상모
가 있으며, 뒷면에는 10~13갈래로 갈
라지는 성상모가 있다. 잎자루는 길이
3~8mm다.
꽃 5~7월 가지 끝에 백색의 양성화가
길이 5~10cm의 원추꽃차례에 모여
달린다. 꽃은 지름 1.2~1.5cm이며, 꽃
잎은 길이 1~1.2cm의 장타원형이고 5
개가 있다. 꽃받침통은 컵 모양이고 성
상모가 밀생하며 삼각형의 열편이 5
개 있다. 수술은 10개이며 수술대 양
쪽 측면에 날개가 발달하고, 날개 끝부
분은 돌기 모양으로 뾰족하다. 암술대
는 3갈래로 깊게 갈라지고 수술보다
길다.
열매 열매(蒴果)는 지름 4mm 정도의
구형이고 성상모로 덮여 있으며 9~10
월에 익는다.
● **참고**
겹꽃이 피는 품종을 만첩빈도리(f.
plena C. K. Schneid.)라고 하며 빈도
리보다 더 흔하게 식재하고 있다.

❶❷잎 앞면과 뒷면 ❸열매. 끝부분에 암술
대가 남아 있으며, 익으면 3~4갈래로 갈라
진다. ❹수피 ❺만첩빈도리(2004. 6. 10. 국
립수목원)

2004. 6. 10. 경기 포천시 국립수목원

2001. 7. 13. 전남 구례군 지리산

산수국

Hydrangea macrophylla
(Thunb.) Ser. **subsp. *serrata***
(Thunb.) Makino
[*Hydrangea serrata* Ser. f.
acuminata (Siebold & Zucc.) E.
H. Wilson]

수국과 HYDRANGEACEAE Dumort.

●**분포**
일본(혼슈 이남), 한국
❖**국내분포/자생지** 강원-경기 이남
산지의 계곡부 및 습한 사면
●**형태**
수형 낙엽 관목이며 높이 0.5~2m 정
도로 자란다.
수피 회갈색이며 얇게 갈라지고 오래
되면 조각으로 떨어진다.
잎 마주나며 길이 5~10cm의 장타원형
또는 난상 타원형이다. 끝은 꼬리처럼
길게 뾰족하고 밑부분은 둥글거나 쐐
기형이며, 가장자리에는 삼각상의 뾰
족한 톱니가 있다. 표면은 광택이 있고
털이 없으며, 뒷면은 맥 위와 맥겨드랑
이에 털이 밀생한다. 잎자루는 길이 1
~3cm다.
꽃 6~7월에 가지 끝에서 나온 지름 5
~10cm의 산방꽃차례에 장식화와 양성
화가 모여 핀다. 가장자리의 큰 꽃은
장식화(흔히 무성화)이며 장식화의 꽃
받침열편은 3~4개이고 백색-자주색-
연한 청색 등으로 색이 다양하다. 양성
화의 화통은 길이 0.5cm로 소형이며,
꽃잎은 5개이고 수술은 10개다.
열매/종자 열매(蒴果)는 길이 3~4mm
의 난형 또는 타원형이며 10~11월에
익는다. 종자는 타원형이며 양 끝에 돌
기 모양의 날개가 있다.
●**참고**
꽃이나 잎의 형태 차이로 탐라산수국,
떡잎산수국, 꽃산수국으로 구분하기
도 하지만, 이들 모두를 산수국의 종내
변이로 보는 편이 타당하다고 본다. 수
국(subsp. *macrophylla*)은 꽃 전체가
장식화인 것이 특징이며 다양한 재배
종이 개발되어 널리 식재하고 있다
(326쪽 나무수국 참조).

❶장식화가 유성화인 탐라산수국 타입(제주
한라산) ❷열매. 다수의 종자가 들어 있다.
❸잎 ❹수형 ❺겨울눈. 황갈색이며 인편은 2
개다. ❻종자. 길이 1mm 정도이며 표면에 미
세하게 골이 진다.
✽식별 포인트 꽃/열매

나무수국
Hydrangea paniculata Siebold

수국과 HYDRANGEACEAE Dumort.

●**분포**
중국(중남부), 일본, 타이완, 러시아(사할린)

❖**국내분포/자생지** 전국에 널리 공원수 및 정원수로 식재

●**형태**
수형 낙엽 관목이며 높이 2~4m로 자란다.

수피/겨울눈 수피는 회갈색이고 세로로 길게 갈라지며, 오래되면 얇은 조각으로 떨어진다. 겨울눈은 길이 3~4mm의 원추형 또는 구형이며 털이 없다. 잎 마주나거나 3장씩 돌려나며, 길이 5~15cm의 타원형 또는 난상 타원형이다. 끝은 길게 뾰족하고 밑부분은 둥글거나 쐐기형이며, 가장자리에는 잔톱니가 있다.

꽃 7~8월에 가지 끝에서 나온 길이 8~30cm의 원추꽃차례에 백색의 장식화와 양성화가 모여 달린다. 장식화의 꽃받침열편은 길이 1~2mm의 원형 또는 타원형이며 3~5개가 있다. 양성화의 꽃잎은 길이 2.5mm 정도의 난상 타원형으로 4~5개가 있으며, 수술은 10개이고 암술대는 3개다.

열매/종자 열매(蒴果)는 길이 4~5mm의 타원형이며 9~11월에 익는다. 열매의 끝에는 암술대가 떨어지지 않고 남는다. 종자는 적갈색을 띠며 길이 3~4mm의 선형이고, 돌기 모양의 날개가 있다.

●**참고**
산수국과 달리 흔히 잎이 3장씩 돌려나며, 꽃이 원추꽃차례에 달리는 것이 특징이다. 꽃차례에 장식화만 피우는 나무를 큰나무수국(f. *grandiflora*)이라고 하며, 조경용으로 간혹 식재한다.

2008. 8. 9. 인천시 국립생물자원관

❶꽃. 원추꽃차례에 달리며 장식화 사이에 유성화가 숨어 있다. 잎은 3장씩 돌려난다.
❷열매 ❸큰나무수국 수형(ⓒ최동기) ❹❺
수국(*H. macrophylla* subsp. *macrophylla*)
❻수국의 겨울눈
✽식별 포인트 꽃/수형

성널수국
Hydrangea luteovenosa Koidz.

수국과 HYDRANGEACEAE Dumort.

●**분포**
일본, 한국

❖**국내분포/자생지** 제주 한라산(해발
고도 610m)의 계곡 가장자리

●**형태**
수형 낙엽 관목이며 높이 0.5~1.5m로
자란다.

수피 회갈색 또는 황갈색이고 매끈하다.
잎 마주나며 길이 3~5cm의 장타원형
또는 도피침형이다. 끝은 길게 뾰족하
고 밑부분은 쐐기형이며, 가장자리는
밋밋하거나 상반부 윗부분에 성긴 톱
니가 있다. 잎자루는 길이 2~5mm이며
백색의 굽은 털이 있다.

꽃 5~6월에 가지 끝에서 나온 지름 2
~7cm의 산방꽃차례에 백색의 꽃이 모
여 달린다. 장식화는 지름 1.5~2.5cm
이고 백색 또는 연한 황색이며, 꽃차례
에 0~3개까지 달린다. 꽃잎 모양의
꽃받침열편은 3~4개이며 난형 또는
원형이고 크기와 모양이 제각각이다.
양성화는 연한 황록색-황백색이고 지
름은 8mm 정도이며, 꽃잎은 길이 3mm
정도이고 끝이 뾰족하다. 수술은 10개,
암술대는 3개다.

열매 열매(蒴果)는 길이 4~5mm의 난
형-타원형이며 9~10월에 익는다. 열
매의 끝에는 암술대가 떨어지지 않고
남는다.

●**참고**
제주 성널오름(城板岳) 인근의 계곡
가장자리에 소수의 개체들이 자란다.
산수국에 비해 잎이 보다 작고 측맥 수
가 적으며 뒷면 맥겨드랑이에 털이 밀
생하는 것과, 장식화가 적게 달리고 꽃
차례자루가 불분명한 것이 특징이다.

2009. 6. 15. 제주 한라산

❶양성화. 꽃차례에 장식화가 달리지 않는
경우도 있다. ❷열매. 결실기에도 꽃받침이
그대로 붙어 있다. ❸잎 앞면. 측맥은 3~5쌍
이며 맥 위에 털이 있다. ❹잎 뒷면. 연한 녹
색이며 맥 위와 맥겨드랑이에 털이 밀생한
다. ❺어린가지는 붉은색을 띤다. ❻수피
✽식별 포인트 꽃/잎

등수국(넌출수국)

Hydrangea petiolaris Siebold & Zucc.
[*Hydrangea anomala* D. Don subsp. *petiolaris* (Seibold & Zucc.) E. M. McClint.]

수국과 HYDRANGEACEAE Dumort.

● **분포**
일본, 러시아(사할린), 한국
❖ **국내분포/자생지** 경북(울릉도) 및 제주의 숲속

● **형태**
수형 낙엽 덩굴성 목본이며 높이 10~20m로 자란다. 줄기에서 기근을 내어 나무나 바위를 감고 자란다.

잎 마주나며 길이 5~12cm의 광난형이다. 끝은 뾰족하고 밑부분은 넓은 쐐기형-얕은 심장형이며, 가장자리에 뾰족한 톱니가 촘촘히 있다. 표면은 맥 위에 털이 있으며, 뒷면은 맥 가장자리와 맥겨드랑이에 긴 털이 밀생한다. 잎자루는 길이 3~9cm이고 털이 약간 있다.

꽃 5~6월에 가지 끝에서 나온 지름 10~18cm의 산방꽃차례에 백색 꽃이 모여 달린다. 장식화(무성화)의 꽃받침 열편은 3~4개이며 길이 1.5~3cm의 도란상 원형 또는 광난형이다. 양성화의 꽃잎은 5개이고 황백색을 띠며, 꽃이 질 시기에는 모자처럼 벗겨져 떨어진다. 수술은 15~20개로 국내에 자생하는 다른 수국속의 식물들보다 많으며, 암술대는 2개다.

열매 열매(蒴果)는 지름 3.5mm 정도의 구형으로 9~10월에 익는다. 익어도 끝부분에 암술대 흔적이 남는다. 종자는 길이 1.5mm 정도의 납작한 난형이며, 양 끝에 돌기 같은 날개가 있다.

● **참고**
바위수국과 비교해 장식화의 꽃받침 열편이 3~4개이고 양성화의 암술대가 2개이며 잎 가장자리의 톱니가 작고 고른 특징으로 쉽게 구별이 된다.

❶꽃. 장식화의 꽃받침열편은 3~4개다. 장식화에도 간혹 꽃술이 발달한다. ❷열매. 암술대의 흔적이 남는다. ❸잎. 바위수국에 비해 가장자리의 톱니가 작고 고르다. ❹❺수피는 오래되면 종잇장처럼 길게 찢어진다. ❻겨울눈. 인편이 2개이고 털이 없다. ❼종자. 바위수국과 형태가 유사하다. 끝에 돌기 같은 날개가 있다(❽현미경 사진).
✿식별 포인트 장식화/열매(암술대의 개수)/잎/겨울눈

2001. 6. 23. 경북 울릉도

2001. 6. 23. 경북 울릉도

바위수국
Schizophragma hydrangeoides
Siebold & Zucc.

수국과 HYDRANGEACEAE Dumort.

● **분포**
일본, 한국
❖ **국내분포/자생지** 울릉도 및 제주의 산지

● **형태**
수형 낙엽 덩굴성 목본이며 줄기에서 기근을 내어 나무나 바위를 감고 자란다.

잎 마주나며 길이 5~15cm의 광난형이다. 끝은 뾰족하고 밑부분은 둥글거나 얕은 심장형이다. 가장자리에는 뾰족한 톱니가 있으며 밑부분에서 끝으로 갈수록 커진다. 표면은 맥 위에 털이 있으며, 뒷면은 백색을 띠고 맥 위에 긴 털이 밀생한다.

꽃 5~6월에 가지 끝에서 나온 지름 10~20cm의 산방꽃차례에 백색의 꽃이 모여 달린다. 장식화(무성화)의 꽃받침열편은 1개이고 백색이며 길이 1.5~3.5cm다. 양성화의 꽃잎은 5개이고 백색이며, 수술은 10개이고 암술대는 1개다.

열매 열매(蒴果)는 지름 5~7mm의 도원추형이며 10개의 능선이 있고, 끝부분에 암술대 흔적이 남는다. 9~10월에 익으며 능선 사이가 터져서 종자가 빠져나온다.

● **참고**
등수국과 수형이 비슷해 혼동할 수 있으나, 장식화의 꽃받침열편이 1개이고 양성화의 암술대가 1개인 특징으로 쉽게 구별된다. 꽃이나 열매가 없을 경우에도 바위수국의 잎은 가장자리의 톱니 크기가 균일하지 않으며, 겨울눈이 난형이고 인편 수도 더 많으면서 털이 밀생하는 특징으로 등수국과 쉽게 구별할 수 있다.

❶꽃. 장식화는 잎 모양의 백색 꽃받침열편이 1개 있다. ❷열매. 표면에 능선이 있다. 암술대의 흔적은 1개다. ❸어린잎 ❹잎. 가장자리의 톱니가 크고 불규칙적이다. ❺겨울눈. 인편이 다수이고 털이 있다. ❻수피 ❼종자. 비대칭으로 한쪽으로 쏠린 날개가 있다.

✱식별 포인트 장식화/열매(암술대의 개수)/겨울눈/잎

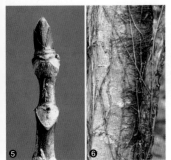

얇은잎고광나무

Philadelphus tenuifolius
Rupr. ex Maxim.

수국과 HYDRANGEACEAE Dumort.

● **분포**
중국(동북부), 러시아(동부), 한국

❖ **국내분포/자생지** 전국적으로 분포
하며 주로 숲 가장자리에 자람

● **형태**
수형 낙엽 관목이며 높이 2~3m로 자
란다.

잎 마주나며 길이 3~11cm의 난상 타
원형 또는 난형이다. 끝은 길게 뾰족하
며 밑부분은 둥글거나 넓은 쐐기형이
며, 가장자리에는 뚜렷하지 않은 톱니
가 있다. 표면에 털이 있고 뒷면 맥 위
에도 털이 밀생한다. 잎자루는 길이 3
~10mm이며 역시 털이 있다.

꽃 5~6월에 가지 끝에서 나온 총상꽃
차례에 3~7(~9)개씩 백색 양성화가
모여 핀다. 꽃차례와 꽃차례자루에는
잔털이 밀생한다. 꽃잎은 4개이고 길
이 1~1.2cm의 장난형-아원형이며 털
이 없다. 꽃받침통은 폭 3.5~4.5mm의
컵 모양이고 털이 약간 있다. 꽃받침열
편은 4개로 길이 5mm 정도의 삼각상
난형 또는 난형이다. 수술은 20~30
개이며, 길이가 1cm 이하이지만 암술
보다는 길다. 암술대는 상단부 ⅓ 지점
정도까지 갈라지고 화반과 마찬가지
로 털이 없다.

열매 열매(蒴果)는 지름 8~10mm의 타
원형-구형이며 9~10월에 익는다.

2003. 5. 17. 충북 단양군 매포읍

❶❷꽃 ❸암술대에는 털이 없다. ❹고광나
무의 암술대. 화반과 더불어 암술대 기부에
털이 밀생한다. ❺성숙한 열매

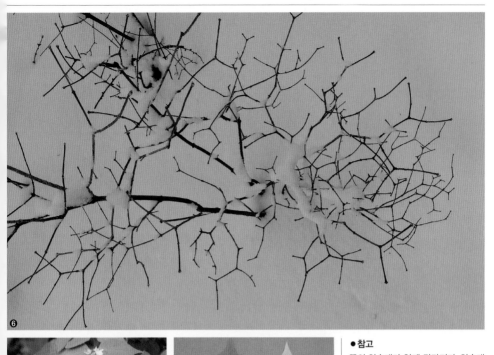

●참고

꽃의 암술대가 얕게 갈라지며, 암술대 및 화반에 털이 없고 작은꽃자루와 꽃받침통 기부에 털이 적은 특징으로 고광나무(*P. schrenkii* Rupr.)와 구분하지만, 실제로는 두 종이 명확히 구분되지 않는다.

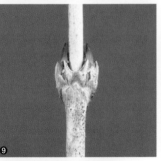

❻가지의 전개. 어린가지가 90° 가까이 벌어지며 전개되는 형태는 댕강나무류(*Abelia*)와 흡사하다. ❼❽잎. 가장자리에는 뚜렷하지 않은 톱니가 몇 개 있다. ❾겨울눈은 엽흔 속에 숨어 있다가 봄이 완연해져서야 모습을 드러낸다. ❿수피 ⓫수형 ⓬종자. 한쪽 끝에는 막질의 갈라진 날개가 있다.

✱식별 포인트 꽃(개화기)/잎/어린가지/열매

바늘까치밥나무

Ribes burejense F. Schmidt

까치밥나무과
GROSSULARIACEAE DC.

●분포
중국(동북부), 일본, 몽골, 러시아, 한국
✤국내분포/자생지 강원(평창군) 이북
의 숲속 또는 숲 가장자리
●형태
수형 낙엽 관목이며 높이 1~2m로 자
란다.
수피/겨울눈 수피는 황갈색-연한 갈
색이고 전체에 침상의 딱딱한 가시가
밀생한다. 겨울눈은 장난형이고 끝이
뾰족하다.
잎 어긋나며 길이 1.5~4cm의 광난형-
오각상 아원형이고 3~5(~7)갈래로
깊게 갈라진다. 잎끝은 둔하거나 뾰족
하고 밑부분은 흔히 심장형이다. 잎자
루는 길이 1.5~3cm다.
꽃 4~5월 잎겨드랑이에 1개씩 또는
2~3개씩 모여 달린다. 꽃자루는 길이
3~6cm(작은꽃자루는 길이 5~10mm)
이고 털이 거의 없거나 샘털이 있다.
포는 길이 3~4mm의 광난형이고 가장
자리에 샘털이 있다. 꽃받침은 털이 없
으며, 열편은 길이 6~7mm의 장타원형
이고 뒤로 완전히 젖혀진다. 꽃잎은 길
이 4~5mm의 장타원형-주걱형이며 백
색이다. 수술은 꽃잎과 길이가 비슷하
거나 약간 더 길다. 암술대는 수술과
길이가 비슷하다.
열매 열매(漿果)는 지름 1cm 정도의 구형
이고 표면에 가시 같은 샘털이 남는다.
9~10월에 흑자색-흑색으로 익는다.
●참고
까막바늘까치밥나무에 비해 꽃이 1~
3개가 짧은 총상꽃차례에 모여 달리며
꽃받침열편이 장타원형이고 붉은빛이
도는 것이 특징이다.

❶❷꽃. 자방에 끝부분이 적갈색을 띠는 샘
털이 밀생한다. 꽃받침열편은 붉은빛이 돌고
흔히 뒤로 완전히 젖혀졌다가 다시 오므라든
다. ❸열매. 표면에 샘털이 변한 가시가 많
다. ❹잎 앞면. 잎은 오각상이며, 가장자리에
털이 많은 편이다. ❺잎 뒷면. 맥 위와 잎자
루에 짧은 털과 샘털이 혼생한다. ❻줄기. 침
상의 긴 가시가 밀생한다. ❼겨울눈 ❽수형
✱식별 포인트 식물체의 가시/꽃/열매

2016. 5. 5. 강원 평창군

2002. 4. 2. 대구시 경북대학교

까마귀밥나무
(까마귀밥여름나무)

Ribes fasciculatum Siebold &
Zucc.
[***Ribes fasciculatum*** Siebold &
Zucc. var. *chinense* Maxim.]

까치밥나무과
GROSSULARIACEAE DC.

● **분포**
중국(동남부), 일본(혼슈 이남), 한국
❖ **국내분포/자생지** 주로 중부 이남의
해발고도가 낮은 산지에 비교적 드물
게 자람

● **형태**
수형 낙엽 관목이며 높이 1~1.5m로
자란다.
수피 자갈색이고 세로로 갈라지며 오
래되면 조각으로 떨어진다.
잎 어긋나며 길이 3~5cm의 광난형 또
는 아원형이고 얕게 3~5갈래로 갈라
진다. 끝은 둥글고 밑부분은 평평하거
나 심장형이다. 양면 맥 위에는 부드러
운 털이 있다. 잎자루는 길이 1~3cm이
며 부드러운 털이 있다.
꽃 암수딴그루(간혹 암수한그루)이며,
4~5월에 2년지 잎겨드랑이에서 황색
또는 황백색의 꽃이 핀다. 수꽃은 2~
9개씩, 암꽃은 1~4개씩 모여 핀다. 꽃
잎은 길이 1.5~2mm이며 도란형 또는
도삼각형이다. 꽃받침열편은 길이 2~
3mm이고 꽃이 필 때 뒤로 젖혀진다. 수
꽃의 수술은 5개이고 꽃잎보다 길며,
암꽃의 수술은 퇴화했다. 수꽃은 꽃자
루의 아래쪽에 관절이 있는 반면, 암꽃
은 꽃자루의 중앙부에 관절이 있다.
열매/종자 열매(漿果)는 지름 7~8mm
의 구형이며 10~11월에 적색으로 익
는다. 종자는 길이 3.5mm 정도의 타원
형이며 황갈색을 띤다.
● **참고**
가지에 가시가 없으며 꽃이 2년지 잎
겨드랑이에 밀집해서 모여 달리는 것
이 특징이다.

❶수꽃. 수꽃에도 퇴화된 암술이 있다. ❷암
꽃. 수꽃보다 꽃자루가 짧고 자방이 부풀어
있다. ❸수꽃(상)과 암꽃(하)의 비교(암수한그
루인 개체). 꽃자루 관절의 위치와 자방의 형
태에 차이가 있다. ❹성숙한 열매 ❺잎 ❻겨
울눈. 1cm 정도의 피침형이며 털이 없다. ❼종
자 표면에 미세한 돌기가 있다. ❽수형
✱식별 포인트 잎/열매/꽃(개화기)

까막바늘까치밥나무

Ribes horridum Rupr. ex
Maxim.

까치밥나무과
GROSSULARIACEAE DC.

2007. 6. 26. 백두산

● **분포**
중국(백두산), 일본, 러시아(동부), 한국
❖ **국내분포/자생지** 함북의 높은 산
숲속

● **형태**
수형 낙엽 관목이며 높이 0.4~1m로
자란다.

수피/겨울눈 줄기는 황갈색이며 전체
에 침상의 딱딱한 가시가 밀생한다. 겨
울눈은 난형이며 끝이 둔하다.

잎 어긋나며 길이 2~4cm의 광난형 또
는 아원형이고 (3~)5~7갈래로 깊게
갈라진다. 끝은 뾰족하거나 둥글고 밑
부분은 심장형이며, 가장자리에는 결
각상의 톱니 또는 겹톱니가 있다. 표면
의 맥 위를 따라 가시 같은 털이 있다.
잎자루는 길이 3~6cm이며 딱딱한 침
상의 가시가 있다.

꽃 6~7월에 잎겨드랑이에서 나온 긴
총상꽃차례에 4~20개의 녹백색 양성
화가 모여 달린다. 포는 길이 2~3mm
의 피침형이며 꽃이 진 후에도 남는
다. 꽃받침에는 털이 없으며, 꽃받침
열편은 부채꼴 또는 아원형이고 옆으
로 퍼진다. 꽃잎은 녹백색 또는 녹황
색이며 길이 2mm 정도의 부채꼴 모양
이다. 자방은 둥글고 샘털이 밀생하
며, 암술대는 수술과 길이가 비슷하고
털이 없다.

열매 열매(漿果)는 지름 8~12mm의 구
형이고 표면에 샘털이 밀생한다. 8~9
월에 흑색으로 익는다.

● **참고**
줄기 전체에 긴 가시가 밀생하고 꽃이
양성이며 열매 표면에 샘털이 밀생하
고 흑색으로 익는 것이 특징이다. 백두
산 일대 숲속에 비교적 흔하게 자란다.

❶꽃. 꽃차례의 축과 꽃자루에 긴 샘털이 밀
생한다. ❷❸잎 앞면과 뒷면. 잎 양면과 잎자
루에 가시 같은 털이 많다. ❹미성숙한 열매.
표면에 샘털이 밀생한다. ❺수피. 침상의 딱
딱한 가시가 밀생한다.

넓은잎까치밥나무
Ribes latifolium Jancz.

까치밥나무과
GROSSULARIACEAE DC.

●**분포**

중국(지린성), 일본, 러시아, 한국

❖**국내분포/자생지** 함북(백두산)의
숲속

●**형태**

수형 낙엽 관목이며 높이 2~3m로 자
란다.

수피/겨울눈 수피는 회갈색-연한 갈
색이고 피목이 흩어져 있다. 겨울눈은
길이 5~6mm의 장난형이고 끝이 뾰족
하며, 인편은 4~5열로 배열하고 누운
털이 밀생한다.

잎 어긋나며 길이 7~12cm의 난상 삼
각형-오각상 원형이며 3~5갈래로 갈
라진다. 끝은 뾰족하고 밑부분은 심장
형이다. 잎자루는 길이 5~8cm이고 윗
부분에 털과 샘털이 있다.

꽃 5~6월에 황록색-적자색으로 피
며, 길이 3~6cm의 총상꽃차례에 양성
화가 6~20개씩 모여 달린다. 꽃차례
의 축과 꽃자루에는 털과 자루가 있는
샘털이 있다. 꽃은 지름 5~7mm의 종
형이다. 꽃받침열편은 길이 2~3mm의
주걱형-도란상 타원형이고 곧추서거
나 옆으로 퍼지며 짧은 털이 많은 편이
다. 꽃잎은 적자색이며 길이 1.5~2mm
의 주걱형-부채꼴 모양이고 꽃받침통
부보다 약간 더 길다.

열매 열매(漿果)는 지름 7~10mm의 구
형이고 표면에 털이 없다. 8~9월에
적색으로 익는다.

●**참고**

꽃받침열편의 끝이 둥글고 가장자리
와 뒷면에 털이 있으며 잎이 큰 편이고
잎자루가 긴 것이 특징이다.

2018. 6. 15. 중국 지린성

❶꽃차례. 양성화가 총상으로 달린다. ❷열
매. 붉게 익는다. ❸잎 앞면. 가장자리에 짧은
털이 많다. ❹잎 뒷면. 맥 위에 털이 많다. ❺
겨울눈 ❻수피. 오래된 수피는 종잇장처럼
불규칙하게 벗겨진다. ❼수형 ❽종자. 길이
2~3mm의 타원형-난형이며 약간 각지거나
평평하다.
✿식별 포인트 꽃/잎

335

둥근잎눈까치밥나무
(국명 신칭)
Ribes procumbens Pall.

까치밥나무과
GROSSULARIACEAE DC.

2011. 6. 3. 백두산

●**분포**
중국(동북부), 러시아, 몽골, 한국

❖**국내분포/자생지** 함북(백두산)의 침엽수림 또는 혼효림 숲속

●**형태**
수형 낙엽 관목이며 높이 20~50cm로 자란다.

어린가지 가시가 없으며, 처음에는 황갈색 또는 갈색이다가 차츰 회갈색으로 변한다.

잎 어긋나며 길이 2.5~6cm의 신장형상 원형 또는 아원형이고 3(~5)갈래로 얕게 갈라진다. 끝은 둔하고 밑부분은 밋밋하거나 얕은 심장형이며, 가장자리에 둔한 톱니가 있다. 잎자루는 길이 2~5cm이며 샘털이 약간 있다.

꽃 5~6월에 길이 2~5cm의 곧추서는 총상꽃차례에 황록색 또는 황적색의 양성화가 5~12개씩 모여 달린다. 꽃차례의 축과 작은꽃자루에는 샘털이 약간 있다. 꽃의 지름은 7~8.5mm다. 꽃받침은 털이 없거나 약간의 샘털이 있으며, 꽃받침열편은 길이 2~3.5mm의 난형 또는 난형상 타원형이고 끝이 뒤로 젖혀진다. 꽃잎은 길이 1~1.5mm의 도란형상 주걱형이다. 수술은 꽃잎과 길이가 거의 같다. 자방에는 털이 없거나 샘털이 약간 있다. 암술대는 수술과 길이가 비슷하다.

열매 열매(漿果)는 지름 1~1.3cm의 구형이며 7~8월에 적갈색으로 익는다.

●**참고**
눈까치밥나무(*R. triste* Pall.)와 비슷하지만, 잎이 보다 둥글고 꽃차례가 곧추서며 꽃받침열편의 끝이 뒤로 젖혀지는 특징으로 구별할 수 있다.

❶꽃차례. 늘어지지 않고 곧추선다. ❷꽃받침열편은 3맥이 있으며 끝이 뒤로 젖혀진다. ❸❹잎 앞면과 뒷면. 표면에는 처음에는 털이 있으나 차츰 없어지며 가장자리에는 털이 약간 있다. ❺미성숙한 열매. 흔히 털이 없으나 약간의 샘털이 있기도 한다. ❻수피. 갈색이며 세로로 찢어져 종이처럼 길게 벗겨진다.
✻식별 포인트 잎/수형/꽃(차례)

2004. 4. 26. 강원 평창군 오대산

까치밥나무
Ribes mandshuricum (Maxim.) Kom.

까치밥나무과
GROSSULARIACEAE DC.

● **분포**
중국(동북부), 러시아(동부), 한국
❖ **국내분포/자생지** 지리산 이북의 깊은 산지에 비교적 드물게 자람
● **형태**
수형 낙엽 관목이며 높이 1~2m로 자란다.
겨울눈 길이 4~7mm의 장타원상 난형이며 털이 있다.
잎 어긋나며 길이 5~10cm의 광난형 또는 아원형이고 3(~5)갈래로 갈라진다. 끝은 뾰족하고 밑부분은 심장형이며 가장자리에는 불규칙하게 잔톱니가 있다. 잎 표면에는 잔털이 드물게 나며, 뒷면 전체에 털이 있다. 잎자루는 길이 4~7cm이며 긴 털이 약간 있다.
꽃 4~5월에 황록색의 양성화가 아래로 드리우는 총상꽃차례에 모여 달린다. 꽃차례는 길이 6~16(~20)cm이며 40~50개의 꽃이 달린다. 꽃은 지름 3~5mm이고 꽃자루는 길이 1~3mm다. 꽃받침은 녹황색이며 열편은 길이 2~3mm의 도란형 또는 장난형이고 뒤로 젖혀진다. 꽃잎은 길이 1~1.5mm로 매우 작으며 주걱형이다. 수술은 꽃잎보다 길어 화관 바깥으로 길게 나온다. 암술대는 수술과 길이가 같거나 약간 짧으며 2갈래로 깊게 갈라진다.
열매 열매(漿果)는 지름 7~9mm의 구형이며 9~10월에 적색으로 익는다.
● **참고**
명자순이나 꼬리까치밥나무에 비해 꽃이 양성이며 꽃차례가 아래로 드리우면서 피고 수술이 화관 밖으로 길게 나오는 것이 특징이다.

❶꽃차례. 꽃은 양성화다. ❷잎. 결각의 끝이 뾰족하다. ❸열매. 처음에는 풍성하게 달리지만 쉽게 떨어져서 결실기에는 소수만 남는다. ❹겨울눈은 장타원상 난형이며 털이 있다. ❺수피. 회색 또는 회갈색이며 작은 피목이 발달한다. ❻수형 ❼종자
✽식별 포인트 잎/열매/꽃

337

꼬리까치밥나무

Ribes komarovii Pojark.

까치밥나무과
GROSSULARIACEAE DC.

2005. 9. 24. 강원 홍천군

●**분포**
중국(동북부), 러시아(동부), 한국
❖**국내분포/자생지** 지리산 이북의 아고산지대(능선, 숲 가장자리) 및 석회암지대에 드물게 자람

●**형태**
수형 낙엽 관목이며 높이 1~3m로 자란다.
잎 어긋나며 길이 2~6cm의 광난형 또는 아원형이고 3(~5)갈래로 얕게 갈라진다. 끝은 뾰족하고 밑부분은 쐐기형-심장형이며, 가장자리에는 불규칙하게 둔한 톱니가 있다. 잎자루는 길이 6~17mm다.
꽃 암수딴그루이며, 4~5월 잎이 나는 시기에 곧추서는 총상꽃차례에 황록색의 꽃이 모여 달린다. 수꽃차례는 길이 2~5cm이고 10개 이상의 꽃이 달리며, 암꽃차례는 길이 1.5~2.5cm이고 5~10개의 꽃이 달린다. 꽃차례의 축과 줄기에는 짧은 샘털이 있으며 포는 갈색이고 길이 4~6mm의 타원형이다. 꽃받침은 털이 없으며 꽃받침열편은 난형 또는 좁은 난형이고 곧추선다. 꽃잎은 도란형 또는 아원형이고 매우 작다. 수술은 꽃잎보다 약간 길며 자방은 털이 없고 암술대는 2갈래로 갈라진다.
열매 열매(漿果)는 지름 7~8mm의 구형이며 9~10월에 적색으로 익는다.

●**참고**
명자순과 닮았으나 잎의 털이 적고(뒷면 맥 위에 약간 있음) 톱니가 둔하며, 열매가 5~10개로 주렁주렁 달리는 특징으로 구별할 수 있다.

❶암꽃차례. 암꽃은 수꽃보다 성기게 피며 크기도 약간 작다. 암꽃에도 수술의 흔적이 있어 마치 양성화처럼 보인다. ❷수꽃차례. 암꽃보다 풍성하게 달린다. 수꽃에도 암술의 흔적이 있으나 자방이 부풀지 않는다. ❸잎. 표면에 털이 거의 없고 뒷면은 광택이 난다. ❹겨울눈 ❺수피 ❻수형 ❼종자
✱식별 포인트 잎/열매

명자순
Ribes maximowiczianum Kom.

까치밥나무과
GROSSULARIACEAE DC.

●분포
중국(동북부), 일본(혼슈, 시코쿠), 러시아, 한국
❖국내분포/자생지 전국의 심산 지역 및 아고산대 산지의 능선부나 계곡부에 드물게 자람

●형태
수형 낙엽 관목이며 높이 0.5~1m로 자란다.
겨울눈 길이 4~6mm의 피침형이고 짧은 자루가 있다.
잎 어긋나며 길이 2~5cm의 광난형 또는 아원형이고 3(~5)갈래로 얕게 갈라진다. 끝은 길게 뾰족하고 밑부분은 아심장형이거나 밋밋하며, 가장자리에는 결각상의 뾰족한 톱니가 불규칙하게 있다. 잎자루는 길이 5~10mm다.
꽃 암수딴그루이며, 5~6월에 곧추서는 총상꽃차례에 황록색의 꽃이 모여 달린다. 수꽃차례는 길이 2~4cm이고 7개 이상의 꽃이 달리며, 암꽃차례는 길이 1.5~2.5cm이고 2~6개의 꽃이 달린다. 꽃받침열편은 길이 1.5~2.5mm의 좁은 난형이고 곧추선다. 꽃잎은 도란형이고 아주 작다. 수술은 5개이며 꽃잎과 길이가 같거나 조금 더 길다. 암꽃의 수술은 퇴화되어 소형이며 불임성이다. 자방에는 털이 없고 암술대는 2갈래로 갈라진다.
열매 열매(漿果)는 지름 7mm 전후의 도란상 구형이며 9~10월에 적색으로 익는다.

●참고
꼬리까치밥나무에 비해 잎 가장자리의 열편 및 톱니가 날카롭고 잎 전체에 털이 많으며, 꽃차례가 보다 짧고 꽃과 열매가 빈약하게 달리는 것이 특징이다.

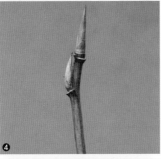

2010. 8. 28. 강원 태백시 태백산

❶암꽃차례. 수꽃차례보다 적은 수의 꽃이 달리며 암꽃은 자방이 부풀어 오른다. ❷수꽃차례 ❸잎은 끝이 뾰족하고 양면에 털이 많다. ❹겨울눈 ❺수피. 세로로 찢어져 종잇장처럼 길게 벗겨진다. ❻종자
✽식별 포인트 잎/열매/수형

꼬리조팝나무
Spiraea salicifolia L.

장미과 ROSACEAE Juss.

● **분포**

북반구의 온대 및 한대 지역에 널리
분포

❖ **국내분포/자생지** 지리산 이북의 강
가, 습지 및 산지의 습한 풀밭

● **형태**

수형 낙엽 관목이며 높이 2m까지 자
라고 흔히 줄기가 모여난다.

어린가지/겨울눈 줄기에는 능각이 있
으며 어린가지는 적갈색이고 부드러
운 털이 있다. 겨울눈은 길이 3~5mm
의 난형 또는 장타원상 난형이며 갈색
이다.

잎 어긋나며 길이 4~8cm의 피침형 또
는 장타원상 피침형이다. 끝은 뾰족하
고 밑부분은 쐐기형이며, 가장자리에
는 뾰족한 잔톱니가 있다. 양면에 털이
없으며 간혹 가장자리에 잔털이 있다.
잎자루는 길이 1~4mm이며 털이 없다.

꽃 7~8월에 새가지 끝의 원추꽃차례
에 연한 홍색의 양성화가 빽빽이 모여
달린다. 꽃은 지름 5~7mm이며, 꽃잎
은 길이 2~3.5mm의 원형-난형이고
끝이 둔하다. 꽃받침열편은 길이 1~
1.5mm의 삼각형이며 열매가 익으면서
위로 곧추선다. 수술은 30~50개이며
꽃잎보다 2배 정도 길다. 암술은 4~7
개이며 암술대는 수술대보다 짧다.

열매/종자 열매(蓇葖果)는 배봉선(열
매가 익었을 때 터지는 선)을 따라 털
이 있고 종자는 선형이다.

● **참고**

전국에 분포하지만 북부지방(경기 및
강원)으로 갈수록 더 흔하게 자란다.
일본조팝나무와 잎과 꽃색이 유사하
지만 꽃이 원추꽃차례에 달리는 것이
차이점이다.

2005. 7. 17. 강원 평창군

❶꽃차례. 연한 홍색의 꽃이 원추꽃차례에
달린다. ❷열매는 배봉선을 따라 털이 밀생
한다. ❸❹잎 앞면과 뒷면. 잎의 형태는 다소
변화가 있다. ❺겨울눈 ❻자생지의 군락
❋식별 포인트 꽃/수형

2004. 7. 8. 강원 양양군 설악산

참조팝나무
(둥근잎조팝나무)
Spiraea fritschiana C. K. Schneid.
[*Spiraea betulifolia* Pall.]

장미과 ROSACEAE Juss.

● **분포**
중국, 일본, 러시아(동부), 한국
❖**국내분포/자생지** 중부지방 이북 심산 지역의 능선, 숲 가장자리 및 계곡

● **형태**
수형 낙엽 관목이며 높이 1~2m로 자라고 뿌리에서 가지를 많이 낸다.
겨울눈 길이 5~6mm의 난형이며 갈색이다.
잎 어긋나며 길이 4~8cm의 타원형 또는 타원상 난형이다. 끝은 뾰족하고 밑부분은 넓은 쐐기형이며, 가장자리에는 불규칙하게 잔톱니와 겹톱니가 섞여 있다. 표면은 진한 녹색이며, 뒷면은 연한 녹색이고 잔털이 드물게 있다. 잎자루는 길이 2~5mm다.
꽃 5~8월 새가지 끝에 나온 지름 5~8cm의 복산방꽃차례에 백색 또는 연한 적색의 양성화가 모여 달린다. 꽃은 지름 5~6mm이며 꽃잎은 길이 2~4mm의 난형이고 끝이 둔하다. 꽃받침열편은 길이 1.5~2mm의 삼각형이고 열매가 익으면서 뒤로 젖혀진다. 수술은 25~30개이며 꽃잎보다 길다. 암술은 4~5개이며 암술대는 수술대보다 짧다.
열매 열매(蓇葖果)는 4~5개이고 털이 거의 없으며 9~10월에 익는다.

● **참고**
꽃이 복산방꽃차례에 달리며 잎과 열매에 털이 거의 없는 것이 특징이다. 참조팝나무에 비해 잎이 난상 타원형 또는 피침형이고 가장자리에 겹톱니가 있으며 적자색의 꽃이 산방꽃차례에 달리는 나무를 일본조팝나무(*S. japonica* L. f.)라고 하며, 조경수로 간혹 식재하고 있다.

❶❷꽃은 연한 적색 또는 백색이다. 해발고도가 높은 곳에서는 연한 적색으로 피는 개체가 많다. ❸열매에는 털이 거의 없다. ❹잎. 털이 거의 없다. ❺겨울눈. 어린가지는 능각이 뚜렷하다. ❻수피에는 피목이 생긴다. ❼종자(현미경 사진). 길이는 1.5mm 내외. ❽일본조팝나무
✽식별 포인트 꽃/수형

341

인가목조팝나무

Spiraea chamaedryfolia L.
[*Physocarpus insularis* (Nakai)
Nakai; *Spiraea ussuriensis*
Pojark.; *S. chamaedryfolia* L. var.
pilosa (Nakai) H. Hara]

장미과 ROSACEAE Juss.

● 분포
중국(동북부), 일본, 몽골, 러시아(서부), 한국
❖ 국내분포/자생지 경남 및 전북 이북의 심산 지역 숲속

● 형태
수형 낙엽 관목이며 높이 1~1.5m로 자란다.
겨울눈 길이 3~4mm의 장난형이며 적자색이다.
잎 어긋나며 길이 2~4.5cm의 장난형 또는 광난형이다. 끝은 뾰족하고 밑부분은 둥글다. 표면에는 털이 없으며, 뒷면은 회녹색을 띠고 맥 위와 맥겨드랑이에 긴 털이 있다.
꽃 5~6월에 새가지 끝에서 나온 지름 2.5~3.5cm의 산방상 또는 산형꽃차례에 백색의 양성화가 모여 달린다. 꽃은 지름 8~10mm이며, 꽃잎은 길이 2.5~4mm의 광난형 또는 아원형이다. 꽃받침열편은 길이 1.5~2mm의 삼각상 난형이고 가장자리에 털이 있으며 열매가 익으면서 뒤로 젖혀진다. 수술은 35~50개이며 꽃잎보다 길다. 암술은 4~5개이며 암술대는 수술대보다 짧다.
열매 열매(蓇葖果)는 길이 3mm 정도이고 4~5개씩 모여 달리며 9~10월에 익는다. 배봉선을 따라 털이 밀생한다.

● 참고
울릉도에 있다는 섬국수나무[*Physo-carpus insularis* (Nakai) Nakai]는 인가목조팝나무와 동일종으로 보는 견해를 따랐다. 애초에 산국수나무속 (*Physocarpus*)으로 분류한 것이 오류인 듯하다.

❶꽃차례. 수술대는 꽃잎보다 훨씬 길다. ❷열매. 꽃받침열편과 암술대가 붙어 있다. ❸잎 ❹겨울눈. 인편은 붉은색을 띠며 가장자리에 털이 있다. ❺수피 ❻종자. 길이 1.5mm 내외다. ❼울릉도의 인가목조팝나무. 내륙형에 비해 잎이 넓으며 꽃의 수가 좀 더 많다.
✱식별 포인트 잎/꽃차례

2009. 5. 29. 경기 가평군 화악산

산조팝나무

Spiraea blumei G. Don

장미과 ROSACEAE Juss.

2002. 4. 19. 강원 삼척시 근덕면

●**분포**
중국, 일본, 한국
❖**국내분포/자생지** 경북 및 전북 이북
산지의 바위지대 및 건조한 사면
●**형태**
수형 낙엽 관목이며 높이 1~2m로 자
란다.
겨울눈 길이 2~3mm의 장난형이며 인
편 가장자리에 약간의 털이 있다.
잎 어긋나며 길이 3~4cm의 광난형-
원형이고 윗부분에서 얕게 결각상으
로 갈라진다. 끝은 둥글고 밑부분은 넓
은 쐐기형 또는 심장형이며, 가장자리
에 둥근 톱니가 있다. 양면에 털이 없
으며, 뒷면은 회녹색이다. 잎자루는 길
이 2~3mm이며 털이 없다.
꽃 4~5월에 새가지 끝에서 나온 지름
3~4cm의 산형꽃차례에 백색의 양성
화가 모여 달린다. 꽃차례에는 10~25
개의 꽃이 달리며 전체에 털이 없다.
꽃은 지름 6~8mm이며, 꽃잎은 길이 2
~4mm의 넓은 도란형이고 끝이 둥글거
나 오목하다. 꽃받침열편은 길이 1.5~
2.5mm의 삼각형이며 열매가 성숙할 무
렵에는 비스듬히 선다. 수술은 18~20
개이며 꽃잎보다 짧다.
열매 열매(蓇葖果)는 4~6개씩 모여
달리며 길이 3~4mm이며 9~10월에
익는다. 표면에 누운털이 약간 있고 끝
에는 암술대가 남아 있다.
●**참고**
전체에 털이 거의 없고 잎이 둥글며 가
장자리에 둔한 톱니가 드물게 있는 점
이 특징이다. 메마른 산지나 바위지대
에 간혹 나타나지만 석회암지대에는
비교적 흔하게 자란다. 엽형이 다양하
게 나타난다.

❶꽃. 수술대가 꽃잎보다 짧다. ❷열매. 표면
에 누운털이 있으며 배봉선을 따라 털이 밀
생한다. ❸겨울눈. 장난형이며 끝이 뾰족하
다. ❹수피 ❺수형 ❻종자
❋식별 포인트 잎/꽃

긴잎조팝나무
Spiraea media Schmidt

장미과 ROSACEAE Juss.

● **분포**

중국(동북부), 일본, 몽골, 러시아, 한국

❖ **국내분포/자생지** 북부지방 산지의 바위지대 또는 숲 가장자리

● **형태**

수형 낙엽 관목이며 높이 1~2m로 자란다.

어린가지/겨울눈 어린가지는 적갈색에서 회갈색-흑갈색으로 변한다. 겨울눈은 길이 1~3mm의 좁은 난형이고 끝이 뾰족하며 갈색이다.

잎 어긋나며 길이 1~2.5cm의 피침형-타원형이다. 끝은 뾰족하거나 둔하고 가장자리는 밋밋하거나 상반부에 2~5개의 큰 톱니가 있다. 어릴 때는 가장자리와 뒷면에 털이 밀생한다.

꽃 5~6월에 새가지의 끝에서 나온 지름 2~4cm의 산형상 총상꽃차례에 백색의 양성화가 모여 달린다. 꽃차례에는 10~30개의 꽃이 모여 달리며 꽃자루에는 털이 없다. 꽃은 지름 7~10mm이며, 꽃잎은 길이 3~4.5mm의 아원형이고 끝이 둔하거나 약간 오목하다. 꽃받침열편은 길이 1.5~2.5mm의 난상 삼각형이고 뒤로 젖혀진다. 수술은 40~50개 정도이며 꽃잎보다 길이가 길다.

열매 열매(蓇葖果)는 길이 3mm정도이고 5개씩 모여 달리며 8~9월에 익는다. 전체에 털이 약간 있으며 끝에 곧추선 암술대가 남아 있다.

● **참고**

잎이 흔히 타원상이고 끝부분에 소수의 큰 톱니가 있는 점과 수술이 꽃잎보다 길고 열매의 끝부분에 긴 암술대가 남아 있는 것이 특징이다.

❶꽃차례 ❷꽃자루. 털이 거의 없다. 꽃받침열편은 뒤로 젖혀진다. ❸열매. 골돌의 끝부분에 암술대의 흔적이 남는다. ❹잎 앞면. 잎의 가장자리는 밋밋하거나 끝부분에 톱니가 약간 생긴다. ❺잎 뒷면. 처음에는 백색의 긴 털로 덮여 있다. ❻겨울눈. 끝이 뾰족한 장난형이며 인편에 털이 있다. ❼수피 ❽수형
✽식별 포인트 잎/꽃

2012. 5. 20. 중국 지린성 두만강 유역

아구장나무

Spiraea pubescens Turcz.

장미과 ROSACEAE Juss.

2018. 5. 12. 경기 연천군

● **분포**

중국(양쯔강 이북), 몽골, 러시아, 한국

❖**국내분포/자생지** 제주를 제외한 전국 산지의 바위지대 및 건조한 사면

● **형태**

수형 낙엽 관목이며 높이 1~2m로 자란다.

잎 어긋나며 길이 2~4.5cm의 마름모꼴 난형-타원형이다. 끝은 뾰족하고 밑부분은 둥글거나 쐐기형이며, 가장자리의 ⅓~½ 이상 상단부에 결각상의 뾰족한 톱니가 있다. 표면에는 털이 약간 있고 엽맥에 뚜렷하게 골이 지며, 뒷면은 회백색이고 털이 있다. 잎자루는 길이 2~4mm이며 털이 밀생한다.

꽃 4~6월에 새가지 끝에서 나온 지름 3~4cm의 산형꽃차례에 백색의 양성화가 모여 달린다. 꽃차례에는 10~20개의 꽃이 달리며 꽃자루에 대개 털이 없다. 꽃은 지름 5~7mm이며 꽃잎은 넓은 도란형 또는 아원형이고 끝이 둥글거나 오목하다. 꽃받침열편은 길이 1.5~2mm의 삼각형이며 열매가 익을 무렵에는 비스듬히 선다. 수술은 25~30개이며 꽃잎과 길이가 비슷하다.

열매 열매(蓇葖果)는 4~6개씩 모여 있고 길이 3~4mm이며 9~10월에 익는다. 전체에 털이 없거나 배봉선에 약간의 누운털이 있으며 끝에 암술대의 흔적이 남는다. 종자는 산조팝나무의 종자와 닮았다.

● **참고**

당조팝나무와 혼동하는 경우가 많은데, 아구장나무는 잎의 폭이 보다 좁고 털이 적으며 열매 표면과 꽃자루에 털이 거의 없는 것이 차이점이다. 해안 인근 산지에 자생하는 나무는 잎과 꽃자루에 털이 나기도 한다.

❶꽃차례 ❷꽃자루에는 대개 털이 없다. ❸❹열매. 배봉선을 따라 약간의 털이 있다. ❺잎은 형태 변화가 심하다. ❻겨울눈. 난형이며 털이 약간 있다. ❼수피. 회색이며 피목이 있다.

✽식별 포인트 꽃자루(털이 없음)/잎/열매(털)

345

당조팝나무

Spiraea chinensis Maxim.
(*Spiraea nervosa* Franch. & Sav.)

장미과 ROSACEAE Juss.

●**분포**
중국(거의 전역), 일본(혼슈 이남), 러시아, 한국
❖**국내분포/자생지** 전국의 바위지대, 건조한 산지 능선, 사면(특히 석회암지대)

●**형태**
수형 낙엽 관목이며 높이 1~2m로 자란다.
잎 어긋나며 길이 2~4.5cm의 마름모꼴 난형 또는 광난형이다. 끝은 둔하고 밑부분은 둥글거나 넓은 쐐기형이며, 가장자리에는 결각상의 뾰족한 톱니가 있다. 표면에는 짧은 털이 밀생하고 엽맥에 뚜렷하게 골이 지며 뒷면은 회녹색이고 털이 밀생한다. 잎자루는 길이 4~10mm이며 털이 밀생한다.
꽃 4~5월에 새가지 끝에서 나온 산형 꽃차례에 백색의 양성화가 모여 달린다. 꽃차례에는 16~25개의 꽃이 달리며 꽃자루에는 털이 밀생한다. 꽃은 지름 4~9mm이며, 꽃잎은 아원형이고 끝이 둥글거나 오목하다. 꽃받침열편은 길이 2~3mm의 난상 삼각형이다. 수술은 22~25개이며 꽃잎과 길이가 비슷하다. 암술대는 수술보다 짧다.
열매 열매(蓇葖果)는 4~6개씩 모여 있고 길이 3~4mm이며 9~10월에 익는다. 표면에 긴 털이 밀생하며 끝에는 암술대의 흔적이 남는다.

●**참고**
아구장나무에 비해 전체에 털이 많으며, 특히 꽃자루와 열매 표면에 긴 털이 밀생하는 특징으로 쉽게 구별할 수 있다. 홍도 및 흑산도에 분포하는 떡조팝나무(*S. chartacea* Nakai)와 비교·검토할 필요가 있다.

❶꽃차례. 꽃자루에는 털이 많다. ❷❸열매의 표면에도 털이 많다. ❹잎. 앞면과 뒷면에 털이 많고 엽맥이 뚜렷하게 함몰되어 주름처럼 보인다. ❺겨울눈. 길이 2~5mm의 장난형이며 털이 많다. ❻수피. ❼수형. 줄기는 활처럼 비스듬하게 휘어진다.
✽식별 포인트 잎/꽃자루(털)/열매(털)

2006. 5. 13. 강원 영월군

2007. 6. 7. 강원 정선군 고양산

갈기조팝나무
Spiraea trichocarpa Nakai

장미과 ROSACEAE Juss.

●**분포**
중국(동국부), 한국

❖**국내분포/자생지** 충북(단양군, 제천시) 이북의 숲 가장자리(특히 석회암 지대에 흔히 자람)

●**형태**
수형 낙엽 관목이며 높이 1~2m로 자란다.

잎 어긋나며 길이 2~4cm의 넓은 장타원형 또는 도란상 장타원형이다. 끝은 둥글며 밑부분은 둥글거나 쐐기형이며, 가장자리 상반부에 약간의 둔한 톱니가 있다. 양면에 모두 털이 없으며 뒷면은 흰빛이 돈다. 잎자루는 길이 2~6mm다.

꽃 5~6월에 새가지 끝에서 나온 지름 4~6cm의 복산방꽃차례에 백색의 양성화가 모여 달린다. 꽃차례에는 꽃이 풍성하게 달리며 꽃자루에 털이 있다. 꽃은 지름 6~8mm이며, 꽃잎은 아원형이고 끝이 둥글거나 오목하다. 꽃받침열편은 길이 1.5~2mm의 삼각형이며 열매가 익을 무렵에는 곧추선다. 수술은 18~20개이며 꽃잎과 길이가 비슷하다. 암술대는 수술보다 짧다.

열매 열매(蓇葖果)는 4~6개씩 모여 있고 길이 2~3mm이며 9~10월에 익는다. 배봉선을 따라 갈색 털이 밀생하며 끝에 암술대의 흔적이 남는다.

●**참고**
국명은 활처럼 휘어진 줄기에서 꽃이 줄지어 핀 모습이 마치 '말의 갈기를 닮았다'라는 뜻에서 유래했다. 꽃이 산형꽃차례가 아닌 복산방꽃차례에 달리며, 잎에 털이 없고 윗부분에만 몇 개의 톱니가 있는 점이 특징이다.

❶꽃차례. 꽃이 매우 풍성하게 핀다. ❷열매 ❸잎. 윗부분에만 톱니가 있다. ❹겨울눈. 장난형이고, 끝이 뾰족하며 안쪽으로 굽는다. ❺종자 ❻수형. 줄기는 활처럼 심하게 휘어진다. ❼공조팝나무(*S. cantoniensis*). 중국 원산이며 전국의 공원 및 고속도로변에 관상용으로 식재하고 있다.
✽식별 포인트 꽃차례/잎/겨울눈

조팝나무

Spiraea prunifolia Siebold & Zucc. **var.** *simpliciflora* (Nakai) Nakai

장미과 ROSACEAE Juss.

2004. 4. 18. 경기 포천시 한탄강

● **분포**

중국(중남부), 한국

❖ **국내분포/자생지** 제주를 제외한 전국의 풀밭, 강가, 밭둑 및 산지 길가

● **형태**

수형 낙엽 관목이며 높이 1~2m로 자란다. 줄기는 뿌리에서 많이 모여나와 덤불을 이룬다.

겨울눈 길이 1~2mm 정도의 구형이며 적갈색이고 털이 없다.

잎 어긋나며 길이 2~3cm의 장타원상 피침형 또는 도란형이다. 끝은 뾰족하고 밑부분은 쐐기형이며, 가장자리에 잔톱니가 있다. 뒷면은 처음엔 털이 있다가 차츰 없어지고 회녹색이 돈다. 잎자루는 길이 2~3mm이며 털이 있다.

꽃 4~5월에 2년지에서 나온 지름 2~3cm의 산형꽃차례에 백색의 양성화가 3~6개씩 모여 달린다. 작은꽃자루는 길이 1~2.4cm이며 털이 있다. 꽃잎은 길이 3~4mm의 도란형이며 끝이 둥글다. 꽃받침열편은 길이 1.5~2mm의 삼각형이며 끝이 뾰족하다. 수술은 20개 정도이며 꽃잎보다 길이가 짧다.

열매 열매(蓇葖果)는 (4~)5개씩 모여 나고 길이 2.5~3.5mm이며 9~10월에 익는다.

● **참고**

조팝나무의 기본종으로 겹꽃이 피는 원예종을 만첩조팝나무(var. *prunifolia*)라고 한다. 조팝나무에 비해 잎이 선상 피침형이고 전체에 털이 없으며 꽃자루가 길이 6~10mm로 짧은 나무를 가는잎조팝나무(*S. thunbergii* Siebold ex Blume)라고 한다.

❶꽃. 3~6개씩 산형꽃차례에 달린다. ❷열매의 표면에는 털이 없으며 끝에 암술대 흔적이 남는다. ❸❹잎. 표면에 털이 없으며 가장자리에 잔톱니가 촘촘히 나 있다. ❺겨울눈 ❻종자 ❼만첩조팝나무 ❽가는잎조팝나무. 중국, 일본 원산이며 전국의 공원 및 정원에 관상용으로 식재되고 있다.

✽식별 포인트 잎/꽃/열매

348

산국수나무

Physocarpus amurensis
(Maxim.) Maxim.
(*Spiraea amurensis* Maxim.)

장미과 ROSACEAE Juss.

● **분포**
중국 동북부(허베이성, 헤이룽장성),
러시아(동부), 한국
❖ **국내분포/자생지** 강원 및 북부지방
(양강도, 함북)의 높은 지대

● **형태**
수형 낙엽 관목이며 높이 2~3m로 자
란다.
어린가지/겨울눈 어린가지는 둥글며,
털이 없거나 잔털이 약간 있다. 겨울
눈은 난형이고 표면이 백색 털로 덮여
있다.
잎 어긋나며 길이 3.5~6cm의 삼각상
난형이고 3~5갈래로 얕게 갈라진다.
표면에는 털이 없으며 뒷면 맥 위에 털
이 있다. 탁엽은 길이 6~7mm의 선상
피침형이고 가장자리에 톱니가 있다.
꽃 6월에 새가지 끝에서 나온 지름
3~4cm의 산방꽃차례에 백색의 꽃이
모여 달린다. 꽃차례 전체에 잔털이 있
으며 포는 피침형이고 끝부분에 톱니
가 있다. 꽃은 지름 8~13mm이며 꽃잎
은 길이 4mm 정도의 도란형이고 끝이
둥글다. 꽃받침열편은 길이 3~4mm의
삼각형이며 끝이 뾰족하다. 수술은
20~30개이고 꽃밥주머니는 자주색이
다. 자방은 길이 4~6mm이고 털이 있다.
열매 열매(蓇葖果)는 길이 9~10mm의
난형이고 표면에 성상모가 있으며
8~9월에 익는다.
● **참고** 산국수나무속(*Physocarpus*)
은 조팝나무속(*Spiraea*)에 비해 탁엽
이 있으며 열매 형태가 납작하고, 열매
가 익으면 양쪽 봉합선을 따라 벌어지
는 것이 다른 점이다. 중국에서도 동북
부의 두 곳에서만 분포가 확인된 희귀
수목으로 알려져 있다.

❶꽃의 종단면. 자방에 흰털이 밀생한다. ❷열
매. 심피는 2~4개(보통 2개)이며 표면에 성상
모가 있다. 참고로 조팝나무속(*Spiraea*)의 심
피는 보통 5개이고, 열매가 익으면 봉합선의
한쪽(뒤쪽)만 벌어진다. ❸잎 뒷면. 흰빛이 돌
고 맥 위에는 털이 약간 있다. ❹수피 ❺겨울
눈 ❻수형 ❼종자

2012. 6. 10. 강원 강릉시

나도국수나무

Neillia uekii Nakai

장미과 ROSACEAE Juss.

2009. 5. 23. 충북 괴산군

● **분포**
중국 랴오닝성 동남부, 한국

❖ **국내분포/자생지** 충북(단양군) 이북의 숲 가장자리(특히 하천가)에 자람

● **형태**
수형 낙엽 관목이며 높이 1~2m로 자란다.

겨울눈 난형이며 인편은 3~4개이고 가장자리에 털이 있다.

잎 어긋나며 길이 3~6㎝의 삼각상 난형이다. 끝은 꼬리처럼 길게 뾰족하고 밑부분은 원형 또는 쐐기형이며, 가장자리에 얕은 결각이 지고 겹톱니가 있다. 표면은 짙은 녹색이고 털이 없으며, 뒷면은 연한 녹색이고 맥 위에 털이 있다. 잎자루는 길이 5~10㎜이며 털이 밀생한다. 탁엽은 삼각상 피침형이며 가장자리에 톱니가 있다.

꽃 5~6월에 가지 끝의 총상꽃차례에 백색의 양성화가 모여 달린다. 꽃차례는 길이 4~9㎝이며 잔털과 샘털이 밀생한다. 작은꽃자루는 길이 3~4㎜이며 털이 밀생한다. 꽃잎은 길이 4㎜ 정도의 주걱형이며, 꽃받침열편은 삼각형이고 표면에 샘털이 있다. 수술은 10개 정도이며 자방은 난형이고 털이 밀생한다.

열매 열매(蓇葖果)는 난형이며 겉에 긴 샘털이 밀생한다.

● **참고**
국수나무와 유사하지만 잎이 보다 크고 끝이 꼬리처럼 길며, 꽃자루, 꽃받침, 열매에 긴 샘털이 밀생하는 것이 특징이다. 국외에는 중국의 랴오닝성 일부 지역에만 분포할 뿐, 주 분포지가 한반도인 수종이다.

❶꽃차례. 꽃은 10~25개 정도 달린다. ❷열매. 표면에는 가시 같은 샘털이 밀생해 끈적거린다. ❸잎끝은 꼬리처럼 길어진다. ❹겨울눈. 붉은빛이 돌며 인편 가장자리에 털이 있다. ❺수피. 어린가지는 붉은색을 띠며 갈색의 성상모로 덮여 있다. ❻종자. 국수나무와 비슷하게 보이나 표면이 좀 더 매끈하고 광택이 있다.

❖식별 포인트 꽃/열매/잎/어린가지

국수나무
Stephanandra incisa (Thunb.) Zabel

장미과 ROSACEAE Juss.

● **분포**

중국(동북부), 일본, 타이완, 한국

❖**국내분포/자생지** 전국의 산지에 흔하게 자람

● **형태**

수형 낙엽 관목이며 높이 1~2m로 자란다.

겨울눈 길이 2~3mm의 장난형이며 적갈색이고 털이 없다.

잎 어긋나며 길이 2~4cm의 난형 또는 삼각상 난형이다. 끝은 길게 뾰족하고 밑부분은 쐐기형 또는 심장형이며, 가장자리에는 결각상 겹톱니가 있다. 표면 맥 위에 털이 약간 있으며, 뒷면은 연한 녹색이고 털이 있다. 잎자루는 길이 2~5mm이며 털이 있다. 탁엽은 길이 5mm 정도의 난상 피침형 또는 장타원형이며 가장자리에 톱니가 약간 있다.

꽃 5~6월에 가지 끝의 원추꽃차례에 백색의 양성화가 모여 달린다. 꽃차례는 길이 2~6cm이고 포는 피침형이며, 꽃차례의 축과 꽃자루에 잔털이 있다. 꽃은 지름 4~5mm이며, 꽃잎의 끝이 뭉뚝하다. 꽃받침열편은 길이 2mm 정도의 삼각형이다. 수술은 10개 정도이며 꽃잎보다 짧다.

열매 열매(蓇葖果)는 길이 2~3mm의 구형 또는 도란형이고 겉에 잔털이 있으며 9~10월에 익는다.

● **참고**

나도국수나무와 비교해 잎이 좀 더 작고 꽃이 원추꽃차례에 달리는 점과 꽃차례, 열매에 긴 샘털이 없는 점이 특징이다. 국명은 줄기 속의 백색 수(髓)가 '국수와 비슷한 나무'라는 뜻에서 유래했다.

❶꽃차례는 원추상이다. ❷열매. 겉에 잔털이 있다. ❸잎. 나는 위치에 따라 결각이 지는 정도의 변화가 심하다. 어린가지는 지그재그로 뻗는다. ❹겨울눈. 기부에 덧눈(副芽)이 있다. ❺수피 ❻수형 ❼종자. 지름 1.5mm 정도이며 표면에는 미세한 돌기가 있다.
✽식별 포인트 꽃/잎/어린가지

2018. 5. 26. 강원 인제군

쉬땅나무
(개쉬땅나무)

Sorbaria sorbifolia (L.) A. Braun

장미과 ROSACEAE Juss.

2007. 7. 8. 강원 인제군

● **분포**

중국(동북부), 일본, 몽골, 러시아(동부), 한국

❖ **국내분포/자생지** 경북(청송군) 이북의 숲 가장자리 및 계곡가(주로 강원의 산지)

● **형태**

수형 낙엽 관목이며 높이 2m로 자란다. 많은 줄기가 뿌리에서 모여난다.

잎 어긋나며 작은잎 7~11쌍으로 이루어진 우상복엽이고 길이는 15~30cm다. 작은잎은 길이 4~10cm의 피침형 또는 난상 피침형이며, 표면에는 털이 없고 뒷면에 부드러운 털과 성상모가 밀생한다. 끝은 꼬리처럼 뾰족하고 밑부분은 원형 또는 넓은 쐐기형이며, 가장자리에는 뾰족한 겹톱니가 있다.

꽃 7~8월에 가지 끝의 원추꽃차례에 백색의 양성화가 모여 달린다. 꽃차례는 길이 10~12cm이며 포는 길이 5~10mm의 난형 또는 선상 피침형이고 양면에 약간의 털이 있다. 꽃은 지름 6~8mm이며, 꽃잎은 도란형이다. 꽃받침 열편은 삼각형이고 끝이 뾰족하며, 뒷면에 털이 있다. 수술은 40~50개이며 길이는 꽃잎의 1.5~2배 정도다.

열매 열매(蓇葖果)는 길이 4~6mm의 원통형이고 표면에 털이 밀생하며, 9~10월에 익는다.

● **참고**

쉬땅나무속 식물은 전 세계에 약 8~9종이 있는데, 주로 아시아 온대 지역에 분포한다. 유럽 및 북아메리카에도 도입되어 조경수로 이용되고 있다. 쉬땅나무의 잎은 언뜻 보면 고사리류 또는 마가목의 잎과 닮아 혼동하는 경우도 있다.

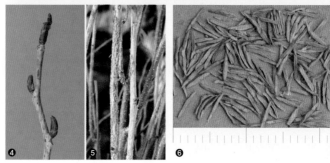

❶꽃차례. 수술이 꽃잎보다 훨씬 길다. 꽃에서는 썩 좋다고 할 수 없는 향기가 난다. ❷잎 가장자리에는 뾰족한 겹톱니가 있고 뒷면에는 털이 많다. ❸열매. 끝에 암술대가 남는다. ❹겨울눈은 적갈색의 난형이다. ❺수피 ❻종자

✱식별 포인트 잎 뒷면/꽃(수술, 꽃받침열편)/열매/겨울눈

2003. 6. 22. 전북 무주군 덕유산

좀쉬땅나무

Sorbaria kirilowii (Regal & Tiling) Maxim.

장미과 ROSACEAE Juss.

● **분포**

중국(중북부) 원산

❖ **국내분포/자생지** 전국 민가 및 도로 주변에 간혹 식재

● **형태**

수형 낙엽 관목이며 높이 2~3m로 자란다.

잎 어긋나며 작은잎 6~10쌍으로 이루어진 우상복엽이다. 작은잎은 길이 4~7cm의 피침형 또는 장타원상 피침형이며, 양면에 털이 없거나 뒷면 맥겨드랑이에 백색 털이 있다. 끝은 뾰족하거나 꼬리처럼 뾰족하고 가장자리에는 뾰족한 톱니 또는 겹톱니가 있다.

꽃 6~7월에 가지 끝의 원추꽃차례에 백색의 양성화가 모여 달린다. 꽃차례는 길이 7~30cm이며, 꽃자루와 작은 꽃자루에 털이 없다. 포는 길이 2~5mm의 피침형이고 털이 거의 없다. 꽃은 지름 6~8mm이며, 꽃잎은 도란형 또는 광난형이고 5개가 있다. 꽃받침열편은 난형 또는 반원형이고 끝이 둥글다. 뒷면에 털이 없으며 개화기에는 뒤로 젖혀져서 결실기까지 남는다.

열매 열매(蓇葖果)는 길이 3mm 정도의 원통형이고 표면에 털이 없으며, 9~10월에 익는다.

● **참고**

쉬땅나무에 비해 잎 뒷면에 털이 없거나 맥겨드랑이에만 털이 약간 있으며, 수술의 개수(20개 정도)가 적고 수술 길이가 꽃잎과 비슷하거나 약간 짧은 것이 특징이다. 또한 열매가 3mm 정도로 작고(쉬땅나무는 4~6mm) 표면에 털이 없어 구분된다.

❶꽃차례. 꽃은 6~7월에 쉬땅나무보다 조금 더 일찍 핀다. 수술이 20개 정도이고 길이도 짧아서, 쉬땅나무에 비해 꽃의 실루엣이 뚜렷하다. ❷열매 ❸잎 뒷면. 잎 전체에 털이 없거나 뒷면 맥겨드랑이에만 백색 털이 있다.❹겨울눈 ❺수피에는 돌기 같은 피목이 생긴다. ❻종자 ✽식별 포인트 잎 뒷면(털이 없음)/꽃(수술 길이, 꽃받침열편 형태)/열매/겨울눈

가침박달
Exochorda serratifolia
S. Moore

장미과 ROSACEAE Juss.

●**분포**
중국(베이징, 랴오닝성 일대), 한국
❖**국내분포/자생지** 중부지방(전북, 경북, 충북, 경기, 강원, 황해도) 이북의 바위지대 및 건조한 산지

●**형태**
수형 낙엽 관목이며 높이 1~5m로 자란다.
겨울눈 난형이며 인편은 적자색이고 가장자리에 백색 털이 있다.
잎 어긋나며 길이 5~9cm의 타원형 또는 장타원상 난형이다. 끝은 뾰족하고 밑부분은 쐐기형 또는 넓은 쐐기형이며, 가장자리의 상반부에 뾰족한 톱니가 있다. 양면에 털이 없으며 뒷면은 분백색이다. 잎자루는 길이 1~2cm이며 털이 없다.
꽃 수꽃양성화한그루(웅성양성동주). 4~5월에 새가지 끝의 총상꽃차례에 백색의 양성화와 수꽃이 섞여서 달린다. 꽃차례는 길이 10cm가량 3~10개 정도의 꽃이 달린다. 꽃은 지름 3~4cm이며, 꽃잎은 5개이고 길이 1.5~2cm의 도란형이다. 꽃받침열편은 길이 2mm 정도의 삼각형이며 털이 없다. 수술은 15~25개이며 암술대와 자방은 각각 5개씩이다.
열매/종자 열매(蒴果)는 길이 1~1.2cm의 도란형이며 5~6개로 돌출된 능각이 있고 표면에 털이 없다. 종자는 길이 1cm가량이고 납작하며 날개가 있다.

●**참고**
주 분포역이 한반도인 식물이며 건조한 석회암 및 퇴적암 지역의 풀밭, 화강암 지역의 바위지대에 드물게 자란다. 별 모양의 열매와 막질의 날개가 달린 납작한 종자가 특징이다.

2001. 4. 24. 경북 의성군 단촌면

❶꽃 ❷미성숙한 열매. 익으면 갈색으로 변한다. ❸잎 ❹겨울눈 ❺수피는 회색이며 세로로 얕게 갈라진다. ❻종자. 가장자리에 막질의 날개가 있다. ❼자생지의 풍경(충북 제천시)
✽식별 포인트 꽃/열매/잎/겨울눈

2009. 5. 6. 인천시 국립생물자원관

병아리꽃나무

Rhodotypos scandens (Thunb.) Makino

장미과 ROSACEAE Juss.

● **분포**

중국(동부-중북부), 일본(혼슈 일부 지역에 드물게 분포), 한국

✤ **국내분포/자생지** 중부지방(경기, 황해도, 강원, 경북) 이남의 낮은 산지에 드물게 자람

● **형태**

수형 낙엽 관목이며 높이 1~2m로 자란다.

겨울눈 장타원형-난형이며 인편은 황갈색이고 가장자리에 백색 털이 있다.

잎 마주나며 길이 4~11cm의 장난형 또는 난형이다. 끝은 꼬리처럼 길게 뾰족하고 밑부분은 둥글거나 얕은 심장형이며, 가장자리에는 뾰족한 겹톱니가 촘촘히 있다. 표면은 주름이 진 것처럼 엽맥이 움푹 들어가 있으며 처음에는 털이 있다가 차츰 없어진다. 뒷면에는 긴 털이 있다. 잎자루는 길이 2~5mm이며 털이 있다.

꽃 4~5월 새가지 끝에 백색의 양성화가 1개씩 달린다. 꽃은 지름 3~5cm이며, 꽃잎은 4개이고 길이 1.5~2.5cm의 광난형-편원형이다. 꽃받침열편은 난상 타원형이며 털이 약간 있다. 수술은 다수이고 암술대는 4개다.

열매 열매(瘦果)는 길이 7~8mm의 타원형이며 9~10월에 흑색으로 익는다.

● **참고**

꽃은 새가지 끝에 1개씩 달리고 흑색의 수과는 보통 4개씩 모여 달린다. 흔히 공원이나 정원에 관상용으로 식재되어 있어 어렵지 않게 볼 수 있으나 자생지는 비교적 드문 편이다.

❶꽃. 장미과 식물로서는 특이하게 4수성(四數性)이다. ❷성숙한 열매 ❸잎. 표면이 마치 주름진 것처럼 보인다. ❹수피. 적갈색이며 둥근 피목이 있다. ❺겨울눈 ❻수형. 뿌리에서 줄기가 모여나서 무성한 덤불을 이룬다. ❼수과. 흑색이고 광택이 있다.

✽식별 포인트 꽃/열매/잎

355

황매화
Kerria japonica (L.) DC.
f. *japonica*
(*Rubus japonicus* L.)

장미과 ROSACEAE Juss.

2009. 4. 30. 서울시 덕수궁

● **분포**
중국(산동반도 이남), 일본(홋카이도 남부 이남)

❖ **국내분포/자생지** 중부 이남의 정원 및 공원에 간혹 식재

● **형태**
수형 낙엽 관목이며 높이 1~2m로 자라고 줄기가 많이 모여난다.
잎 어긋나며 길이 4~10cm의 피침형 또는 장난형이다. 끝은 꼬리처럼 길게 뾰족하고 밑부분은 둥글거나 얕은 심장형이며, 가장자리에는 뾰족한 겹톱니가 촘촘히 있다. 표면은 짙은 녹색이고 털이 있으며, 뒷면은 회녹색이며 털이 밀생한다. 잎자루는 길이 5~15mm다.
꽃 4~5월 가지 끝에 황색 양성화가 1개씩 달린다. 꽃은 지름 3~5cm이며, 꽃잎은 5장이고 도란형 또는 광타원형이다. 꽃받침열편은 길이 4mm 정도의 타원형이며 열매가 익을 때까지 남아 있다. 수술은 다수이며, 암술대는 5~8개다.
열매/종자 열매(瘦果)는 길이 4mm 정도의 광타원형이고 1~5개가 숙존(宿存)하는 꽃받침 안에 모여 달리며 9~10월에 갈색으로 익는다. 수과는 길이 2.5~3mm의 아원형이고 연한 갈색을 띤다.

● **참고**
중부 이남에 자생한다는 기록은 있으나 남한에는 자생하지 않는 것으로 보인다. 일본의 경우 산지 계곡 가장자리의 습한 곳에 자생한다. 황매화에 비해 꽃이 겹꽃인 품종을 죽단화(f. *plena* C. K. Schneid.)라고 부르는데, 꽃이 탐스러워 황매화보다 흔하게 식재하고 있다.

❶꽃. 꽃잎은 5개이며 황색이다. ❷열매. 결실기에도 꽃받침이 그대로 남는다. ❸잎. 뒷면에 털이 밀생한다. ❹겨울눈. 어린가지는 녹색이고 능선이 있으며 겨울눈은 장난형이다. ❺수과와 ❻죽단화. 겹꽃이 피며 조경수로 널리 식재하고 있다. 열매는 맺지 않는다.
❊식별 포인트 꽃/잎

2007. 6. 27. 백두산

물싸리
Potentilla fruticosa L.

장미과 ROSACEAE Juss.

● **분포**
중국(서남부-동북부), 일본(혼슈 중부
이북), 러시아(동부), 히말라야, 몽골,
한국
❖**국내분포/자생지** 함북, 함남의 고산
● **형태**
수형 낙엽 관목이며 높이 0.3~1.5m.
잎 어긋나며 3~7개의 작은잎으로 이
루어진 우상복엽이다.
꽃 6~8월 새가지 끝 또는 잎겨드랑이
에 황색 양성화가 1~3개씩 모여 달린
다.
열매 열매(瘦果)는 길이 1.5mm 정도의
난형이고 긴 털이 밀생한다.

❶꽃. 꽃잎은 5장이다. ❷자생지의 군락(몽
골) ❸열매 ❹수피. 적갈색이며 종잇장처럼
얇게 벗겨진다. ❺수과
✽식별 포인트 꽃/잎/수형

❶

❷

❸

❹

❺

담자리꽃나무
Dryas octopetala L.

장미과 ROSACEAE Juss.

● **분포**
중국(지린성 동북부, 신장성 서남부),
일본(혼슈 중부 이북), 러시아, 한국
❖**국내분포/자생지** 양강도, 함북, 함
남의 고산지대 풀밭
● **형태**
수형 상록 소관목이며 높이 3~6cm로
땅 위를 기면서 자란다.
잎 난형 또는 난상 타원형이며 가장자
리에 둔한 톱니가 있고 살짝 뒤로 말린
다. 표면은 맥이 깊게 들어가서 주름져
보인다.
꽃 6~7월 가지 끝에 백색의 양성화가
1개씩 달린다. 꽃은 지름 1.5~2.5cm이
며 꽃잎은 8~9개이고 도란형이다.
열매 열매(瘦果) 끝에 깃털 모양의 암
술대가 남는다.

❶꽃 ❷열매
✽식별 포인트 꽃/수형

❶

❷

섬딸기
(맥도딸기, 거제딸기)

Rubus ribisoideus Matsum.
(*Rubus longisepalus* P. J. Müll.)

장미과 ROSACEAE Juss.

● 분포
일본(혼슈 이남), 한국

❖ 국내분포/자생지 경남(거제도, 통영) 및 전남(거문도, 금오도)의 바다 가까운 숲 가장자리

● 형태
수형 낙엽 관목이며 높이 1~2m로 자란다.

줄기 보통 가시가 없으나 간혹 줄기 아랫부분에 생기기도 한다.

잎 어긋나며 길이 5~7cm의 난형 또는 광난형이고 3(~5)갈래로 얕게 갈라진다. 끝은 뾰족하고 밑부분은 심장형이며, 가장자리에는 뾰족한 톱니가 불규칙하게 있다. 양면 또는 맥 위에 짧은 털이 밀생한다. 잎자루는 길이 2~5cm이고 짧은 털이 밀생하며, 탁엽은 길이 4mm 정도의 선형이다.

꽃 3~4월 새가지 또는 2년지의 잎겨드랑이에 백색의 양성화가 1~3개씩 아래를 향해 달린다. 꽃은 지름 3~4cm이며 꽃잎은 5개이고 난상 원형 또는 난형이다. 꽃받침열편은 난상 장타원형이고 꽃자루와 함께 부드러운 털이 밀생한다.

열매 열매(聚果)는 구형이고 6월에 등황색으로 익는다.

● 참고
맥도딸기(*R. tozawai* var. *longisepalus*), 거제딸기(*R. tozawai* var. *tozawai*)로 구분하기도 하지만 맥도딸기(거제도, 통영시, 거문도)와 거제딸기(거제도, 거문도)의 분포가 섬딸기(거문도, 통영시)와 같으며, 꽃·잎·줄기의 분류 형질에서도 연속적인 변이를 보이므로 두 변종을 섬딸기와 동일종으로 보는 견해를 따랐다.

❶❷꽃(❷종단면). 아래를 향해 달린다. 꽃자루와 꽃받침에는 부드러운 털이 있다. ❸성숙한 열매(핵과가 모인 취과). 등황색으로 익는다. ❹잎 뒷면 맥 위에는 부드러운 털이 밀생한다. ❺겨울눈 ❻수피. 대개는 가시가 없다. ❼핵

✷식별 포인트 꽃/잎/열매/수피

2009. 6. 6. 경남 거제도

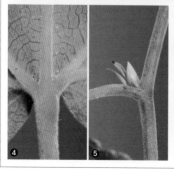

2009. 4. 11. 제주

거문딸기
(꾸지딸기)
Rubus trifidus Thunb.

장미과 ROSACEAE Juss.

● **분포**
일본(혼슈 남부 이남), 한국

❖ **국내분포/자생지** 제주와 전남(거문도)의 바다 가까운 숲 가장자리 및 길가

● **형태**

수형 낙엽 관목이며 높이 1~3m로 자란다.

줄기/어린가지/겨울눈 줄기는 굵고 가시가 없다. 어린가지는 녹색이며 처음에는 부드러운 털과 샘털이 있지만 차츰 떨어져 없어진다. 겨울눈은 장난형이고 광택이 나며 가장자리에 잔털이 약간 있다.

잎 어긋나며 길이 6~12cm의 광난형이며 3~7갈래로 갈라진다. 끝은 뾰족하고 밑부분은 심장형이며, 가장자리에는 뾰족한 겹톱니가 있다. 표면은 광택이 나고 털이 없으며, 뒷면은 맥 위에 털이 있다. 잎자루는 길이 3~8cm이며 털이 없고, 탁엽은 길이 1.5mm 정도의 좁은 피침형이다.

꽃 3~5월 새가지 끝에 백색의 양성화가 3~5개씩 위를 향해 달린다. 꽃은 지름 3~4cm이며, 꽃잎은 넓은 도란형이고 가장자리는 물결 모양이다. 꽃받침열편은 5개이고 피침형이며 안쪽 면에 백색 털이 밀생한다.

열매 열매(聚果)는 지름 1~1.5cm의 구형이며 5~6월에 등황색으로 익는다.

● **참고**
섬딸기와 유사하지만 어린가지의 잎자루와 꽃자루에 샘털이 있으며 꽃이 위를 향해 달리는 점이 다르다. 거문딸기는 섬나무딸기(*R. takesimensis* Nakai)에 비해 잎이 장상으로 좀 더 깊게 갈라져서 쉽게 구별할 수 있다.

❶꽃의 종단면. 꽃은 위를 향해 달리며 꽃자루에는 샘털이 있다. ❷성숙한 열매는 등황색이며 지름 2cm 이상으로 커지기도 한다. ❸❹잎 앞면과 뒷면. 표면은 광택이 나며 뒷면은 맥 위를 따라 부드러운 털이 있다. ❺수피에는 가시가 없다. ❻핵 ❼수형
✽식별 포인트 잎/수피/꽃자루

산딸기
Rubus crataegifolius Bunge

장미과 ROSACEAE Juss.

● **분포**
중국(동북부-북부), 일본, 러시아, 한국
❖ **국내분포/자생지** 전국의 산야에 흔하게 자람

● **형태**
수형 낙엽 관목이며 높이 1~2m 정도로 자란다. 뿌리가 길게 벋으며 사방으로 줄기를 내어 무성한 집단을 이룬다.
줄기/겨울눈 줄기는 적갈색이고 털이 없으며 크고 평평한 가시가 많이 나 있다. 겨울눈은 길이 3~6mm의 난형이며 붉은색을 띠고 털이 없다.
잎 어긋나며 길이 5~11cm의 광난형이고 장상이며 3~5갈래로 갈라진다. 끝은 뾰족하고 밑부분은 심장형이며, 가장자리에는 뾰족한 겹톱니가 불규칙하게 나 있다. 뒷면 맥 위에 가는 털과 작은 가시가 있다. 잎자루는 길이 3~8cm이며 가시와 털이 있다.
꽃 5월 새가지 끝에 백색의 양성화가 2~6개씩 옆을 향해 달린다. 꽃은 지름 1.5~1.8cm이며, 꽃잎은 길이 7~9mm의 도란상 장타원형이고 뒤로 젖혀진다. 꽃받침열편은 5개로 좁은 난형이며 안쪽 면에 백색 털이 밀생한다. 수술은 꽃잎보다 짧고 곧추서며, 암술은 다수이고 수술보다 약간 짧다. 자방과 암술대에는 털이 없다.
열매 열매(聚果)는 지름 1~1.5cm의 구형이며 5~6월에 적색으로 익는다.

● **참고**
섬나무딸기와 유사하지만 줄기, 잎자루, 잎 뒷면에 가시가 많은 점이 다르다.

2005. 7. 2. 강원 평창군

❶꽃. 2~6개씩 모여 달린다. ❷열매. 늦봄에 붉게 익는 열매는 식용 가능하다. ❸잎. 1년지와 2년지에 나는 잎은 형태에 차이가 있다. ❹겨울눈. 붉은색을 띠며 좌우에 덧눈(副芽)이 있다. ❺가시가 많은 수피 ❻핵
✽식별 포인트 잎(가시)/열매

2017. 6. 13. 전남 고흥군

단풍잎복분자
(국명 신칭)
Rubus chingii H. H. Hu.

장미과 ROSACEAE Juss.

● **분포**

중국(동남부), 일본(혼슈, 시코쿠, 큐슈), 한국

❖ **국내분포/자생지** 전남(고흥군) 산지

● **형태**

수형 낙엽 관목이며 높이 1.5~2m로 자란다.

줄기 줄기는 보통 붉은색을 띠고 갈고리 같은 가시가 듬성듬성 있다. 어린 나무의 줄기는 분녹색이다.

잎 어긋나며 길이 5~10㎝의 난형이고 5(~7)갈래로 깊게 갈라진다. 끝은 뾰족하고 밑부분은 심장형이며, 가장자리에는 겹톱니가 있다. 잎의 표면에는 털이 없고 주로 뒷면의 잎맥을 따라 밝은 은색의 털이 있다. 잎자루는 길이 2~6㎝로 길고 털이 없다.

꽃 4월에 백색의 꽃이 1개씩 아래를 향해 달린다. 꽃은 지름 3~4㎝이며 꽃잎은 5개이고 난상 원형 또는 난형이다. 꽃받침조각은 난상 장타원형이고 끝이 뾰족해진다.

열매 열매(緊果)는 구형이고 6월에 등적색으로 익는다. 자루가 길이 2~4㎝ 정도로 길다. 익으면 꽃받침 바로 아래쪽의 관절이 분리되어 쉽게 땅에 떨어진다.

● **참고**

원래 중국에서는 단풍잎복분자의 미성숙한 열매를 쪄서 말린 것을 한약재명으로 복분자(覆盆子)라고 칭한다. 식물명으로 쓸 때에는 멍덕딸기(*R. idaeus*)의 중국명이 복분자(覆盆子)다. 국내에서는 복분자딸기(*R. coreanus*)의 완숙한 열매를 복분자라고 불러 왔으나, 근래에 시중에서 복분자라는 이름으로 유통되는 과일이나 가공농산물은 거의 서양산딸기(*R. fruticosus*) 재배종의 열매다.

❶꽃 ❷꽃의 종단면 ❸잎 뒷면 ❹새로 나는 잎은 열편이 가늘고 깊게 갈라진다. ❺❻흰색 분에 덮인 수피 ❼열매 ❽핵
❋식별 포인트 잎/열매

섬나무딸기
(섬산딸기)
Rubus takesimensis Nakai

장미과 ROSACEAE Juss.

●**분포**
한국(울릉도 고유종)
❖**국내분포/자생지** 울릉도의 산야에
흔하게 자람(강릉시 인근 해안가에도
퍼져 있음)

●**형태**
수형 낙엽 관목이며 높이 1~4m로 자
란다. 뿌리가 길게 벋으며 사방으로 줄
기를 내어 무성한 덤불을 이룬다.
줄기 굵고 붉은색을 띠며 가시나 털이
없다.
잎 어긋나며 길이 5~15cm의 광난형이
다. 장상이고 3~7갈래로 갈라진다.
끝은 뾰족하고 밑부분은 심장형이며,
가장자리에는 뾰족한 겹톱니가 불규
칙하게 나 있다. 양면 맥 위에 미세한
털이 있으며 드물게 잎자루와 줄기에
가시가 나기도 한다. 잎자루는 길이 10
cm 정도이며 털이 없다.
꽃 5~6월에 산방꽃차례에 백색의 양
성화가 2~8개 모여 핀다. 꽃잎은 길
이 8~11mm의 도란형이고 옆으로 퍼지
거나 뒤로 약간 젖혀지며, 가장자리는
물결 모양으로 주름져 있다. 꽃받침열
편은 5개이고 좁은 난형이며, 바깥면
에 미세한 털이 있고 안쪽 면에 굽은
털이 밀생한다. 수술은 곧추서고 꽃잎
보다 짧으며, 암술은 다수이고 수술보
다 약간 짧다. 자방과 암술대에는 털이
없다.
열매 열매(聚果)는 지름 1~1.5cm의 구
형이며 6~7월에 적색으로 익는다.

●**참고**
산딸기와 가장 유사하며 줄기와 가지,
잎에 털과 가시가 없는 점이 다르다(드
물게 가시가 있기도 함). 꽃과 잎이 산딸
기보다 대형이다.

❶❷꽃(❷종단면). 산딸기보다 다소 크며 꽃
자루에는 짧은 털이 밀생한다. ❸열매 ❹잎.
결각이 깊게 갈라지며 간혹 가시가 있다. ❺가
시가 없는 수피 ❻핵
❋식별 포인트 꽃/잎/수피

2007. 5. 7. 경북 울릉도

2001. 7. 21. 대구시 용제봉

서양산딸기
(서양오엽딸기,
블랙베리)
Rubus fruticosus L.

장미과 ROSACEAE Juss.

●**분포**

유럽 원산

❖**국내분포/자생지** 전국의 낮은 산지 및 저수지, 하천 주변에 야생화함

●**형태**

수형 낙엽 관목이며 높이 1~2m이고 곧추서거나 옆으로 퍼지며 자란다.

줄기 적갈색이고 굵으며 전체에 억센 가시가 많이 나 있다.

잎 어긋나며 3~5갈래의 작은잎으로 이루어진 장상복엽이다. 작은잎은 길이 3~8cm의 장타원상 도란형 또는 난상 장타원형이다. 끝은 길게 뾰족하고 밑부분은 둔하거나 쐐기형이며, 가장자리에 뾰족한 겹톱니가 촘촘히 있다. 표면은 털이 없고 광택이 나며 뒷면에는 백색 털이 밀생한다.

꽃 5~6월에 가지 끝의 산방꽃차례에 백색 또는 연한 홍색의 양성화가 모여 달린다. 꽃잎은 길이 7~9mm의 도란상 원형이며 가장자리는 물결 모양으로 주름이 약간 있다. 꽃받침열편은 5개이고 좁은 삼각형이며 바깥면에는 부드러운 털이 밀생한다. 수술은 곧추서고 꽃잎보다 짧으며, 암술은 다수이고 수술보다 약간 짧다.

열매 열매(聚果)는 길이 1.5~2cm의 장타원형이며 익으면 적색→흑색이 된다.

●**참고**

과실수로 널리 재배되며 많은 재배품종이 있다. 식용으로 재배하던 것이 새와 같은 동물에 의해 전국적으로 퍼져나갔다. 가시가 매우 억센 까닭에 서양에서는 양이나 사슴이 덤불에 걸리면 빠져나가지 못해 죽는 경우도 있다고 한다. 열매는 국내에서 복분자라는 이름으로 유통된다.

❶꽃. 백색 또는 연한 홍색이다. ❷열매. 적색→흑색으로 익는다. ❸❹잎. 작은잎은 3~5장이다. ❺겨울눈 ❻수피. 가시와 더불어 샘털이 있다. ❼핵. 국내 자생 산딸기류(*Rubus*)보다 납작하고 둥근 편이라 쉽게 구별할 수 있다.

❉**식별 포인트** 잎/열매

수리딸기
Rubus corchorifolius L. f.

장미과 ROSACEAE Juss.

2017. 6. 1. 전남 보성군

● **분포**
중국, 일본(혼슈 남부 이남), 미얀마, 베트남, 한국

❖ **국내분포/자생지** 전라, 경상, 충남 (안면도) 이남의 산지

● **형태**
수형 낙엽 관목이며 높이 1~3m로 자란다.

잎 어긋나며 길이 5~12cm의 난상 피침형-광난형이다. 끝은 길게 뾰족하고 밑부분은 심장형(간혹 둥긂)이며, 가장자리에는 둔한 톱니가 촘촘히 있다. 양면 맥 위에 부드러운 털이 밀생하며 가시가 드문드문 있다. 잎자루는 길이 1~2cm이며 갈고리 모양의 작은 가시와 함께 미세한 털이 있다.

꽃 4~5월 2년지 끝에 백색의 양성화가 1(~3)개씩 아래를 향해 달린다. 꽃은 지름 1.5~2cm이며, 꽃잎은 장타원형 또는 타원형이고 꽃받침열편보다 조금 더 길다. 꽃받침열편은 길이 5~8mm의 삼각상 난형이며 끝이 뾰족하다. 수술은 꽃잎보다 짧으며 수술대는 짧고 납작하다. 암술은 수술보다 약간 짧으며 자방에 털이 있다.

열매 열매(聚果)는 지름 1~1.5cm의 구형 또는 난상 구형이고 겉에 미세한 털이 있으며 5~6월에 적색으로 익는다.

● **참고**
잎이 좁으며 꽃이 아래를 향해 피고 꽃받침과 꽃자루에 미세한 털이 밀생하는 점이 특징이다. 잎 모양은 변이가 심해 피침형, 장타원형, 광난형 등 다양하며, 특히 뿌리에서 나온 새가지의 잎은 깊게 갈라지기도 한다.

❶❷꽃(❷종단면). 아래를 향해 핀다. 수술이 중앙부 쪽으로 기울어 있어 전체가 뾰족한 느낌을 준다. 자방과 꽃자루에는 부드러운 털이 나 있다. ❸열매는 보통 난상 구형으로 다소 길쭉하다. ❹잎. 변화가 심하다. 간혹 기부에 귀 모양의 결각이 생기기도 한다. ❺ 겨울눈과 수피. 수피는 적갈색이며 가시가 있다. ❻수형. 뿌리에서 줄기가 모여난다.
✽식별 포인트 꽃/열매/잎

2007. 6. 10. 강원 태백시 태백산

멍덕딸기

Rubus idaeus L.
[*Rubus idaeus* L. var. *microphyllus* Turcz.; *R. matsumuranus* H. Lév. & Vaniot]

장미과 ROSACEAE Juss.

● **분포**
중국(북부-동북부), 일본(혼슈 중부 이북), 몽골, 러시아, 유럽, 한국
❖ **국내분포/자생지** 강원(태백산, 함백산, 설악산 등) 이북의 높은 산지 능선 및 바위지대

● **형태**
수형 낙엽 관목이며 높이 0.5~2m로 자란다.
잎 어긋나며 3(~5)개의 작은잎으로 이루어진 복엽이다. 중축과 작은잎자루에 부드러운 털과 바늘 같은 가시가 있다. 작은잎의 끝은 길게 뾰족하고 밑부분은 둥글거나 얕은 심장형이며, 가장자리에는 뾰족한 톱니가 촘촘히 있다.
꽃 6~7월에 새가지 끝 또는 2년지 잎 겨드랑이의 산방꽃차례에 백색의 양성화가 모여 달린다. 꽃은 지름 1cm 정도이며, 꽃잎은 주걱형이고 꽃받침열편과 길이가 비슷하다. 꽃받침열편은 길이가 7~10mm의 삼각상 피침형이며 적색의 가시와 샘털이 밀생한다. 수술은 꽃잎보다 약간 짧으며, 암술은 다수이고 수술과 길이가 비슷하다. 자방과 암술대 기부에 잔털이 있다.
열매 열매(聚果)는 지름 1cm 정도의 난상 구형이고 겉에 미세한 털이 있으며 7~8월에 적색으로 익는다.

● **참고**
붉은가시딸기와 잎과 줄기가 유사하지만, 꽃과 열매의 형태가 다르다. 멍덕딸기는 꽃받침에 날카로운 가시가 있다. 중국에서는 식물명으로 복분자(覆盆子)라고 하면, 멍덕딸기를 일컫는다.

❶꽃. 꽃받침에 가시와 샘털이 밀생한다. ❷열매 ❸잎. 표면의 엽맥이 오목해 잎의 주름이 두드러져 보인다. 잎 뒷면은 백색 털이 밀생해 희게 보인다. ❹어린가지. 날카로운 가시와 함께 샘털이 있다. ❺수피와 겨울눈. 가시와 샘털이 있다. ❻수형. 주로 햇볕이 잘 드는 높은 산지의 너덜지대에 자란다. ❼핵
✽식별 포인트 잎(앞면과 뒷면)/꽃(꽃받침의 가시와 샘털)

복분자딸기
Rubus coreanus Miq.

장미과 ROSACEAE Juss.

● **분포**
중국(중북부 이남), 한국
❖**국내분포/자생지** 전국의 산야에 분포하지만 남부지방에 더 흔하게 자람
● **형태**
수형 낙엽 관목이며 높이 1~3m이고 흔히 덤불을 이루고 자란다.
잎 어긋나며 5~7개의 작은잎으로 이루어진 복엽이며, 중축과 작은잎자루에 부드러운 털과 굽은 가시가 있다. 작은잎은 길이 3~8cm의 난형 또는 광난형이며 뒷면 맥 위에만 짧은 털이 남는다. 끝은 뾰족하고 밑부분은 둥글거나 넓은 쐐기형이며, 가장자리에는 뾰족한 톱니가 불규칙하게 있다. 잎자루는 길이 2~5cm이며 탁엽은 길이 4~7mm의 선상 피침형이고 부드러운 털이 있다.
꽃 5~6월에 가지 끝에서 나온 지름 2.5~5cm의 산방꽃차례에 연한 홍자색의 양성화가 모여난다. 꽃자루에는 굽은 가시와 회색 잔털이 있다. 꽃은 지름 7~10mm이며, 꽃잎은 도란형이고 꽃받침열편보다 약간 짧다. 꽃받침열편은 길이 4~7mm의 장난형이고 끝이 꼬리처럼 길게 뾰족하며 가장자리와 뒷면에는 털이 밀생한다. 수술은 분홍색이며 암술은 수술보다 약간 짧다. 자방에는 털이 약간 있지만 암술대에는 털이 없다.
열매 열매(聚果)는 지름 6~8mm의 난상 구형이며 7~8월에 흑색으로 익는다.
● **참고**
줄기 끝이 휘어져 땅에 닿으면 뿌리를 내려 새로운 개체를 만드는 특징 때문에 흔히 덤불을 이루며 자란다. 중국명은 복분자가 아니라 삽전포(揷田泡)다.

2001. 6. 17. 충북 영동군 민주지산

❶꽃. 연한 홍자색을 띤다. ❷적색→흑색으로 익는 열매 ❸잎. 5~7개의 작은잎으로 된 복엽이다. ❹핵 ❺겨울눈 ❻수피. 백색 분으로 덮여 있으며 굽은 가시가 있다. ❼수형
❀식별 포인트 수피/잎

가시복분자딸기
Rubus schizostylus H. Lév.

장미과 ROSACEAE Juss.

● **분포**
한국(한반도 고유종)
❖**국내분포/자생지** 제주 및 경남(남해도), 전남(도서 지역)의 길가 또는 풀밭

● **형태**
수형 낙엽 관목이며 줄기가 땅을 기면서 자란다.
잎 어긋나며 3~5개의 작은잎으로 이루어진 복엽이다. 중축과 잎자루에는 잔털이 밀생하며 굽은 가시가 있다. 작은잎은 길이 1~3cm의 광난형 또는 원형이며 가장자리에는 뾰족한 톱니가 불규칙하게 있다.
꽃 5~6월에 가지 끝에서 나온 산방꽃차례에 연한 홍자색의 양성화가 모여 달린다. 꽃은 지름 7~12mm이며, 꽃잎은 도란형이고 꽃받침열편보다 짧다. 꽃받침열편은 길이 4~6mm의 장난형이고 끝이 길게 뾰족하며 안쪽에는 백색 털이 밀생하고 뒷면에는 털과 함께 가시가 있다. 암술은 수술보다 약간 짧으며 자방에 약간의 털이 있다.
열매 열매(聚果)는 구형이지만 결실 상태가 빈약하다. 7~8월에 적색으로 익는다.

● **참고**
복분자딸기와 유사하지만, 땅으로 기면서 자라며 주로 3출엽이고 작은잎이 소형인 것이 다르다. 그러나 가시복분자딸기는 대부분 복분자딸기와 함께 자라고 있고 외부 형태도 연속적인 변이를 보이고 있어 두 종을 명확하게 구분하기가 쉽지 않다. 결실률이 매우 낮은 특징을 감안하면 교잡에 의해 생성된 종일 가능성도 있으므로, 복분자딸기와의 관계에 대해 보다 면밀한 연구가 필요하다.

❶꽃. 복분자딸기와 유사하지만 꽃잎이 직립한다. ❷열매. 대개 결실이 부실한 편이다. ❸❹잎 앞면과 뒷면. 흔히 3출엽이고 뒷면에는 백색 털이 밀생한다. ❺수피. 자주색이고 가시가 많다. ❻핵. 크기와 형태에서 멍석딸기와 흡사하다.
✱식별 포인트 잎/열매

2008. 6. 6. 전남 신안군 가거도

멍석딸기
Rubus parvifolius L.

장미과 ROSACEAE Juss.

● **분포**
중국, 일본, 베트남, 타이완, 한국
❖**국내분포/자생지** 전국의 산야
● **형태**
수형 낙엽 관목이며 높이 1~2m로 자란다.
잎 어긋나며 3(~5)개의 작은잎으로 이루어진 복엽이다. 중축과 잎자루에는 부드러운 털과 작은 가시가 있다. 작은잎은 길이 2.5~6cm의 마름모꼴 원형 또는 도란형이다. 뒷면은 백색 털이 밀생하며 맥 위에도 털과 가시가 있다.
꽃 5~6월에 가지 끝 또는 잎겨드랑이에서 홍자색의 양성화가 몇 개씩 모여 달린다. 꽃차례의 축, 꽃자루 및 꽃받침열편의 뒷면에는 부드러운 털이 밀생하고 작은 가시가 드물게 있다. 꽃은 지름 1cm 정도이며, 꽃잎은 난형 또는 아원형이다. 꽃받침열편은 길이 7~8mm의 난상 피침형이고 끝이 길게 뾰족하다. 수술은 꽃잎과 길이가 비슷하며, 암술은 수술보다 약간 길고 자방에 털이 약간 있다.
열매 열매(聚果)는 지름 1~1.5cm의 난형 또는 구형이며 6~8월에 적색으로 익는다.
● **참고**
멍덕딸기에 비해 줄기가 포복성이고 가시가 밀생하지 않으며 작은잎이 도란상으로 끝이 둥글다. 제주에 자생하고 작은잎이 1cm 이하로 소형인 것을 따로 사슴딸기[var. *taquetii* (H. Lév.) Nakai]라고 구분하자는 의견도 있다. 국명은 줄기가 땅을 기어서 '마치 멍석을 깔아놓은 듯 자란다'라는 의미에서 유래했다.

❶꽃. 꽃잎은 꽃받침열편보다 짧고 곧추서서 옆으로 퍼지지 않는다. ❷열매 ❸❹잎 앞면과 뒷면. 정소엽(頂小葉)이 가장 크며 뒷면은 흰빛이 돈다. ❺수피 ❻핵. 국내 자생하는 산딸기류 중에서는 가장 큰 편에 속한다.
❖식별 포인트 잎/꽃/열매

2005. 6. 25. 제주

2005. 6. 20. 강원 인제군

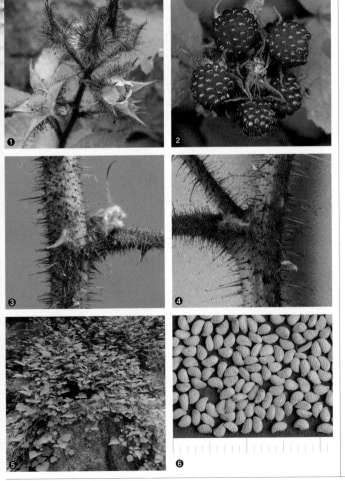

❶ ❷ ❸ ❹ ❺ ❻

붉은가시딸기
(곰딸기)
Rubus phoenicolasius Maxim.

장미과 ROSACEAE Juss.

●**분포**

중국(중북부 이남), 일본, 한국

❖**국내분포/자생지** 전국의 산야

●**형태**

수형 낙엽 관목이며 높이 1~3m로 자란다.

잎 어긋나며 3(~5)개의 작은잎으로 이루어진 복엽이다. 중축과 잎자루에는 긴 샘털과 뻣뻣한 털이 밀생하며 굽은 가시가 있다. 작은잎은 길이 4~8cm의 난형 또는 광난형이다. 뒷면에는 백색 털이 밀생하며 맥 위에 가시와 샘털이 있다. 끝은 길게 뾰족하고 밑부분은 원형-얕은 심장형이며, 가장자리에는 결각상 톱니와 뾰족한 겹톱니가 불규칙하게 있다. 정소엽(頂小葉)이 두드러지게 크다.

꽃 5~6월에 가지 끝에서 나온 길이 6~10cm의 꽃차례에 백색 또는 연한 홍자색의 양성화가 모여난다. 꽃차례의 축, 꽃자루, 꽃받침열편의 뒷면에는 뻣뻣한 털과 샘털이 밀생한다. 꽃은 지름 6~10mm이며, 꽃잎은 도란상 주걱형 또는 아원형이며 꽃받침열편보다 짧다. 꽃받침열편은 길이 1~1.5cm의 피침형이고 끝이 길게 뾰족하다. 수술은 꽃잎과 길이가 비슷하며, 암술은 수술보다 약간 길고 자방에 털이 드물게 있다.

열매 열매(聚果)는 지름 1cm 정도의 구형이며 7~8월에 적색으로 익는다.

●**참고**

줄기, 잎, 꽃차례 및 꽃받침열편 바깥면 등 전체에 붉은색의 긴 샘털이 밀생하는 것이 특징이다. 유럽과 북아메리카에서는 동북아시아에서 유입된 귀화식물로 기록되어 있다.

❶꽃. 꽃받침에는 샘털이 밀생한다. 꽃잎은 곧추선다. ❷열매 ❸겨울눈은 장난형이며 백색의 긴 털이 밀생한다. ❹수피. 가시와 함께 붉은색의 샘털이 밀생한다. ❺수형 ❻핵
❋식별 포인트 꽃/잎/수피

줄딸기
(덩굴딸기)
Rubus pungens Cambess.

장미과 ROSACEAE Juss.

2008. 4. 26. 강원 영월군

● **분포**

중국, 일본(혼슈 이남), 타이완, 한국

❖ **국내분포/자생지** 전국의 산야

● **형태**

수형 낙엽 관목이며 높이 1~3m로 자라고 줄기는 옆으로 비스듬히 벋는다. 잎 어긋나며 (3~)5~7개의 작은잎으로 이루어진 복엽이다. 중축과 잎자루에는 부드러운 털과 샘털 및 작은 가시가 있다. 작은잎은 길이 2~5cm의 난상 피침형 또는 난형이다. 뒷면 맥 위에는 잔털이 밀생하며 작은 가시가 드물게 있다. 끝은 길게 뾰족하고 밑부분은 원형-얕은 심장형이며, 가장자리에는 결각상의 겹톱니가 불규칙하게 있다.

꽃 4~5월 짧은가지 끝에 연한 홍색의 양성화가 1(~3)개씩 달린다. 꽃은 지름 1.5~2.5cm이며, 꽃잎은 장타원상 도란형 또는 도란형이고 옆으로 퍼지거나 뒤로 약간 젖혀진다. 꽃차례의 축과 꽃자루에는 부드러운 털과 샘털 및 작은 가시가 있다. 꽃받침열편은 길이 8~12mm의 피침형 또는 좁은 삼각형이며 끝이 길게 뾰족하고 뒷면에는 잔털과 함께 침상 가시와 샘털이 밀생한다. 수술은 꽃잎보다 약간 짧으며, 암술은 수술보다 길다.

열매 열매(聚果)는 지름 1~1.5cm의 구형이며 6~8월에 적색으로 익는다.

● **참고**

줄기가 옆으로 벋는 것이 특징이다. 국명도 이런 특징에서 유래한다.

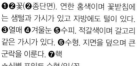

❶❷꽃(❷종단면). 연한 홍색이며 꽃받침에는 샘털과 가시가 있고 자방에도 털이 있다. ❸열매 ❹겨울눈 ❺수피. 적갈색이며 갈고리 같은 가시가 있다. ❻수형. 지면을 덮으며 큰 군락을 이룬다. ❼핵

✿**식별 포인트** 수형/잎/꽃

2002. 5. 17. 제주

거지딸기
Rubus sumatranus Miq.
(*Rubus sorbifolius* Maxim)

장미과 ROSACEAE Juss.

● **분포**

중국(중남부), 일본(혼슈 이남), 동남아시아, 네팔, 부탄, 타이완, 한국

❖ **국내분포/자생지** 제주의 숲 가장자리나 계곡가에 드물게 자람. 전남 완도군에 자생할 가능성도 있음.

● **형태**

수형 낙엽 관목이며 높이 2~3m로 자란다.

잎 어긋나며 (3~)5~7(~9)개의 작은 잎으로 이루어진 복엽이다. 중축, 잎자루 및 잎 뒷면 맥 위에 샘털이 밀생하며 갈고리처럼 굽은 가시가 있다. 작은 잎은 길이 4~8cm의 피침형-좁은 난형이다. 끝은 길게 뾰족하고 밑부분은 둥글며, 가장자리에는 겹톱니가 촘촘히 있다.

꽃 4~5월 가지 끝에 백색의 양성화가 원추상꽃차례에 모여 달린다. 꽃은 지름 1.5~2cm이며, 꽃잎은 주걱형이고 꽃받침열편보다 약간 짧다. 꽃차례의 축과 꽃자루에는 샘털이 밀생하며 작은 가시가 있다. 꽃받침열편은 길이 7~12mm의 좁은 삼각형이고 끝이 길게 뾰족하며 뒷면에는 샘털이 밀생한다. 수술은 꽃잎이나 암술보다 약간 짧다. 자방과 암술대에는 털이 없다.

열매 열매(聚果)는 길이 1.2~1.8cm의 장타원형이며 5~6월에 황적색으로 익는다.

● **참고**

동북-동남아시아에 광범위하게 분포하지만 국내에서는 드물게 분포한다. 검은딸기(*R. croceacanthus* H. Lév.)에 비해 줄기의 샘털이 3~5mm로 길고 꽃이 훨씬 작으며 꽃잎도 주걱형이고 소형이다.

❶❷꽃. 암술대가 수술보다 위로 나오며 화탁의 모양이 다소 길쭉하다. ❸열매. 결실기에는 꽃받침열편이 뒤로 젖혀진다. ❹❺잎. 앞면만 보면 장딸기와도 닮았지만 뒷면의 엽축과 맥을 따라 샘털과 부드러운 털이 섞여 밀생하는 점이 다르다. ❻수피. 붉은색 샘털과 갈고리처럼 굽은 가시가 밀생한다. ❼핵

✽식별 포인트 꽃/열매/잎

검은딸기

Rubus croceacanthus H. Lév.

장미과 ROSACEAE Juss.

2009. 5. 12. 제주 제주시

● **분포**

일본, 타이완, 타이, 미얀마, 인도차이나, 한국

❖ **국내분포/자생지** 제주의 풀밭이나 숲 가장자리, 길가에 매우 드물게 자람

● **형태**

수형 낙엽 관목이며 높이 1m 정도이고 줄기는 뿌리에서 모여난다.

잎 어긋나며 5~9개의 작은잎으로 이루어진 복엽이다. 중축, 잎자루 및 잎 뒷면 맥 위에 잔털과 샘털이 밀생하며 갈고리처럼 굽은 작은 가시가 드문드문 있다. 작은잎은 길이 4~7cm의 피침형 또는 난상 타원형이다. 끝은 길게 뾰족하고 밑부분은 둥글거나 쐐기형이며, 가장자리에는 겹톱니가 촘촘히 있다.

꽃 5~6월 가지 끝에 1~3개씩 백색의 양성화가 달린다. 꽃은 지름 3~4cm이며, 꽃잎은 아원형이며 꽃받침열편보다 길다. 꽃차례의 축과 꽃자루에는 잔털과 샘털이 밀생하며 작은 가시가 드문드문 있다. 꽃받침열편은 길이 7~15mm의 좁은 삼각형이며 끝이 길게 뾰족하고 뒷면에는 짧은 털이 밀생한다. 수술은 꽃잎보다 짧으며 암술보다는 약간 길다. 자방의 끝부분에는 털이 약간 있다.

열매 열매(聚果)는 지름 1~1.5cm의 난형 또는 구형이며 6~7월에 적색으로 익는다.

● **참고**

국명으로 인해 열매가 검게 익는 것으로 오해할 수 있으나 이름과 달리 적색으로 익는다. 농익으면 검붉게 되는데, 이는 다른 산딸기류에서도 나타나는 일반적인 현상이다.

❶❷꽃은 장딸기만큼이나 크고 탐스럽다. 꽃받침과 꽃자루에 적색의 샘털이 있다. ❸열매. 적색으로 익는다. ❹❺잎. 장딸기나 거지딸기보다 톱니가 더 크고 엽질이 다소 뻣뻣하다. 중축에 굽은 가시와 샘털이 보인다. ❻수피. 샘털, 잔털과 가시가 혼생한다. ❼핵. 국내에 자생하는 산딸기류 중에서는 거지딸기와 더불어 핵 크기가 매우 작은 편이다.

✱식별 포인트 잎/열매/꽃

장딸기
Rubus hirsutus Thunb.

장미과 ROSACEAE Juss.

● **분포**
중국(중남부), 일본(혼슈 이남), 타이완, 한국

❖ **국내분포/자생지** 경남, 전남, 제주의 풀밭 및 숲 가장자리

● **형태**
수형 낙엽 소관목이며 높이 20~60cm로 자란다. 뿌리가 옆으로 길게 벋으면서 줄기를 내어 군집을 형성한다.

잎 어긋나며 3~5개의 작은잎으로 이루어진 복엽이다. 중축과 잎자루에 약간의 짧은 털과 샘털이 있으며 작은 가시가 드문드문 있다. 작은잎은 길이 3~7cm의 난상 장타원형 또는 난형이다. 끝은 뾰족하고 밑부분은 둥글거나 넓은 쐐기형이며, 가장자리에는 겹톱니가 촘촘히 있다.

꽃 4~5월 짧은가지 끝에 백색의 양성화가 1개씩 달린다. 꽃은 지름 3~4cm이며, 꽃잎은 도란형 또는 아원형이고 꽃받침열편보다 약간 길다. 꽃자루에는 짧은 털과 샘털이 밀생하며 작은 가시가 드물게 있다. 꽃받침열편은 길이 1~1.5cm의 좁은 삼각형이고 끝이 길게 뾰족하며 뒷면에는 짧은 털과 샘털이 밀생한다. 꽃받침열편은 결실기에는 뒤로 젖혀진다. 수술은 꽃잎보다 짧으며 암술보다는 약간 길다. 자방과 암술대에는 털이 없다.

열매 열매(聚果)는 지름 1~2cm의 난형 또는 구형이며 5~6월에 적색으로 익는다.

● **참고**
키(수형)는 작지만 꽃과 열매는 국내 자생 산딸기류 중 큰 편에 속한다. 꽃이 가지에서 1개씩 달리며, 줄기가 가늘고 샘털, 잔털과 굽은 가시가 혼생하는 것이 특징이다.

2002. 4. 27. 전남 신안군 홍도

❶꽃 ❷열매 ❸잎 뒷면. 잎은 초질(草質)이며 뒷면 맥 위에 잔가시가 있다. ❹겨울눈 ❺줄기. 짧은 털과 샘털이 밀생하며 굽은 가시가 드문드문 있다. ❻수형 ❼핵
✱식별 포인트 잎/꽃/줄기

가시딸기
Rubus hongnoensis Nakai

장미과 ROSACEAE Juss.

● **분포**

한국(제주 고유종)

❖ **국내분포/자생지** 제주의 하천 가장자리, 산지 숲속, 풀밭에 드물게 자람

● **형태**

수형 낙엽 소관목이며 높이 50~100 ㎝로 자란다.

줄기 보통은 털과 가시가 없으나 어린 가지에는 간혹 잎과 줄기에 가시가 생기기도 한다.

잎 어긋나며 5~9(~11)개의 작은잎으로 이루어진 복엽이다. 작은잎은 길이 4~7㎝의 피침형 또는 난상 피침형이다. 끝은 길게 뾰족하고 밑부분은 둥글거나 쐐기형이며, 가장자리에는 겹톱니가 촘촘이 있다. 양면에 털이 없고 선점이 있다.

꽃 3~4월 가지 끝에 백색의 양성화가 1개씩 달린다. 꽃은 지름 3~4㎝이며, 꽃잎은 도란형 또는 아원형으로 꽃받침열편보다 길다. 꽃받침열편은 길이 1~1.5㎝의 좁은 삼각형이고 끝이 길게 뾰족하며, 뒷면에는 누운털이 있고 앞면에는 잔털이 밀생한다. 꽃받침열편은 열매가 될 때 뒤로 젖혀진다. 수술은 꽃잎보다 짧으며 암술보다는 약간 길다.

열매/종자 열매(聚果)는 지름 1~2㎝의 난형-구형이며 5~6월에 적색으로 익는다.

● **참고**

학명의 종소명 *hongnoensis*는 서귀포시의 홍노리(현재 동홍동, 서홍동)에서 처음 발견되었음을 뜻한다. 줄기와 엽축에 가시가 있는 산딸기나무라는 국명의 뜻과는 달리 실제로는 줄기와 엽축에 가시와 털이 거의 없는 것이 특징이다.

❶꽃 ❷열매. 꽃받침은 뒤로 젖혀진다. ❸❹잎 앞면과 뒷면. 엽축에는 작은 가시가 생기기도 한다. ❺수피. 가시와 털이 없다. ❻수형. 땅속 줄기(根莖)가 옆으로 벋으며 줄기를 내어 흔히 집단을 형성한다. ❼핵

✽식별 포인트 잎/수형/꽃

2009. 3. 26. 제주

2005. 8. 8. 제주

겨울딸기
Rubus buergeri Miq.

장미과 ROSACEAE Juss.

●분포
중국(중남부), 일본(혼슈 남부 이남), 타이완, 한국

❖국내분포/자생지 제주, 전남(흑산도, 가거도)의 숲 주변, 길가

●형태
수형 상록 소관목이며 줄기는 땅을 기면서 자라고 마디에서 뿌리를 내린다. 잎 어긋나며 길이 5~10cm의 난형 또는 아원형이고 얕게 3~5갈래로 갈라진다. 끝은 둥글고 밑부분은 심장형이며, 가장자리에는 치아상의 잔톱니가 촘촘히 있다. 잎자루는 길이 4~9cm이고 짧은 털이 밀생하며 작은 가시가 드물게 있다.

꽃 7~8월 가지 끝 또는 잎겨드랑이에서 나온 꽃차례에 백색의 양성화가 4~10개씩 모여 달린다. 꽃차례의 축과 꽃자루에는 갈색 털이 밀생한다. 꽃은 지름 6~10mm이며, 꽃잎은 길이 7~8mm의 도란형이고 꽃받침열편과 길이가 거의 같다. 꽃받침열편은 길이 5~9mm의 좁은 삼각형이고 끝이 뾰족하며 뒷면에는 황색 털이 밀생한다. 수술은 꽃잎과 길이가 비슷하며 암술은 꽃잎이나 수술보다 길다.

열매/종자 열매(聚果)는 지름 7~10mm의 구형이며 10~12월에 적색으로 익는다.

●참고
상록성으로서 줄기가 땅을 기며, 잎이 단엽이고 뒷면에 갈색 털이 밀생하는 것이 특징이다. 아열대 지역(중국 남부, 타이완)에서는 봄에 꽃이 피고 가을에 열매가 익지만, 우리나라에서는 여름에 꽃이 피고 겨울에 열매가 익기 때문에 '겨울딸기'라고 한다.

❶꽃 ❷열매 ❸잎. 모양이 둥글고 앞면은 광택이 난다. 뒷면 전체에는 부드러운 털이 있다. ❹겨울눈 ❺수피 ❻핵. 표면의 돌기가 매우 발달해 있다. ❼줄기는 땅을 긴다. 줄기에도 갈색 털이 밀생하며 작은 가시가 드물게 있다.
✿식별 포인트 잎/꽃/개화·결실기

제주찔레
(돌가시나무)

Rosa lucieae Franch. & Rochebr. ex Crép.

장미과 ROSACEAE Juss.

● **분포**
중국(동북부), 일본(혼슈 이남), 타이완, 한국

❖ **국내분포/자생지** 중부 이남의 바닷가 또는 산지의 풀밭

● **형태**
수형 반상록성 소관목이다.

잎 어긋나며 (5~)7~9개의 작은잎으로 이루어진 복엽이다. 작은잎은 길이 1.5~3cm의 넓은 도란형 또는 장타원형이다. 가장자리에는 뾰족한 톱니가 있으며 뒷면은 연한 녹색이다. 탁엽은 잎자루에 합착되어 있으며 가장자리에 불규칙한 톱니와 샘털이 있다.

꽃 5~6월에 가지 끝에서 백색의 양성화가 1~5개씩 모여 달린다. 꽃자루는 길이 1~2.5cm이며 샘털이 있다. 꽃은 지름 3~3.5cm이며, 꽃잎은 도란형이고 꽃받침열편보다 길다. 꽃받침열편은 삼각상 난형이고 양면에 잔털이 있으며 뒷면에는 샘털이 있다. 꽃받침열편은 끝이 길게 뾰족하고, 열매가 익으면서 떨어진다. 수술은 다수이고 꽃잎보다 짧으며, 암술은 수술과 길이가 비슷하다.

열매 열매(薔薇果)는 지름 7~9mm의 난형이며 10~11월에 적색으로 익는다.

● **참고**
줄기가 땅 위에 뻗어 자라며 잎이 작고 다소 두꺼운 식물을 돌가시나무(R. wichuraiana)로 따로 구분하기도 하지만 최근에는 제주찔레와 동일종으로 처리하는 추세다.

2004. 6. 24. 전남 완도군

❶꽃 ❷열매 ❸잎. 두꺼운 가죽질이며 표면은 광택이 난다. ❹줄기는 녹색이고 털이 없으며 갈고리처럼 굽은 납작한 가시가 있다. ❺화탁통(hypanthium)이 변한 가과(假果) 안에는 자방이 성숙한 다수의 수과가 들어 있다. ❻수형. 가지를 많이 치며 땅 위에 길게 뻗으며 자란다.

✱식별 포인트 수형/잎/열매

용가시나무
Rosa maximowicziana Regel

장미과 ROSACEAE Juss.

● **분포**

중국(동북부), 러시아, 한국

❖ **국내분포/자생지** 강원, 경기 이북의 하천가, 해안가, 습지 또는 숲 가장자리

● **형태**

수형 낙엽 관목이며 높이 1~2m로 자란다.

수피 회갈색이며 오래되면 불규칙하게 갈라져 조각으로 떨어진다.

잎 어긋나며 (5~)7~9개의 작은잎으로 이루어진 복엽이다. 작은잎은 길이 1.5~3(~6)cm의 장타원형-타원형 또는 난형이다. 뒷면의 맥 위에 털 또는 짧은 가시가 약간 나기도 한다. 탁엽은 대부분이 잎자루에 합착되어 있으며, 가장자리에 불규칙한 톱니와 샘털이 있다.

꽃 6~7월 가지의 끝과 잎겨드랑이에서 나온 취산꽃차례에 백색의 양성화가 2~3(~5)개씩 모여 달린다. 꽃자루는 길이 1~2.5cm이고 샘털이 흩어져 있다. 꽃은 지름 3~3.5cm이며, 꽃잎은 도란형이고 끝부분은 둥글거나 얕게 오목하다. 꽃받침열편은 좁은 삼각상 난형이고 끝은 길게 뾰족하며 꽃이 필 때는 뒤로 젖혀진다.

열매 열매(薔薇果)는 지름 8~12mm의 거의 원형이며 (적색→)흑갈색으로 익는다. 열매자루와 더불어 열매 표면에 샘털이 변한 가시가 흩어져 있다.

● **참고**

찔레나무에 비해 꽃이나 열매가 큰 편이고 꽃이 더 적게 달리며, 탁엽의 가장자리가 빗살 모양이 아니라는 점이 다르다.

❶꽃. 꽃자루와 꽃받침열편에 샘털이 흩어져 있다. ❷열매. 찔레나무보다 약간 더 큰 편이며, 표면과 자루에 샘털이 변한 가시가 있다. ❸잎. 작은잎의 가장자리에 뾰족한 톱니가 있다. ❹탁엽. 가장자리의 톱니는 빗살 모양으로 갈라지지 않는다. ❺어린가지. 굽은 가시가 많다. ❻수피. 오래되면 불규칙하게 갈라진다. ❼수형. 줄기는 덤불을 이루거나 땅 위에서 길게 뻗는다.

✳식별 포인트 꽃/탁엽

2013. 6. 15. 경기 안산시 칠보산

찔레나무
(찔레꽃)
Rosa multiflora Thunb.

장미과 ROSACEAE Juss.

● **분포**

중국(산둥반도 이남), 일본, 타이완, 한국

❖ **국내분포/자생지** 전국의 산야

● **형태**

수형 낙엽 관목이며 높이 2~4m로 자란다.

수피 회갈색이며 오래되면 불규칙하게 갈라져 조각으로 떨어진다.

잎 어긋나며 5~9개의 작은잎으로 이루어진 복엽이다. 작은잎은 길이 1~5cm의 도란상 또는 장타원형이다. 끝은 뾰족하고 밑부분은 둥글거나 쐐기형이며, 가장자리에는 뾰족한 톱니가 있다. 잎 뒷면과 엽축에는 부드러운 털이 있다. 탁엽은 빗살 모양이고 잎자루에 합착되어 있으며, 가장자리에 샘털이 있다.

꽃 5~6월 가지 끝의 원추꽃차례에 백색 또는 연한 분홍색의 양성화가 모여 달린다. 꽃자루는 길이 1.5~2.5cm이며 꽃차례의 축과 더불어 잔털과 샘털이 있다. 꽃은 지름 2~3.5cm이며, 꽃잎은 도란형이고 끝이 오목하다. 꽃받침열편은 좁은 삼각형이고 끝이 길게 뾰족하며, 꽃이 필 때는 뒤로 젖혀지다가 열매가 익으면서 떨어진다. 수술은 다수이고 꽃잎보다 짧지만 암술보다는 길다.

열매 열매(薔薇果)는 지름 6~8mm의 난상 원형이며 9~10월에 적색으로 익는다.

● **참고**

원예 품종인 장미류의 대목(臺木)으로 이용하며, 꽃은 향수 원료로 사용한다.

2005. 6. 18. 강원 양양군 점봉산

❶꽃. 원추꽃차례에 다수의 꽃이 모여 핀다. ❷열매 ❸잎 ❹탁엽. 가장자리의 톱니는 빗살 모양으로 갈라진다. ❺❻수피의 변화. 오래되면 불규칙하게 갈라져 조각으로 떨어진다. ❼수형. 비스듬히 서거나 다른 나무를 타고 오른다. ❽수과. 기부 및 측면 능선에 긴 털이 밀생한다.

❋식별 포인트 잎/수형/꽃차례/열매

2003. 6. 16. 강원 양양군 설악산

흰인가목
***Rosa koreana* Kom.**

장미과 ROSACEAE Juss.

● **분포**

중국(동북부), 러시아(동부), 한국

❖ **국내분포/자생지** 강원(발왕산, 설악산. 박지산), 경기(연천군) 이북의 산지 능선 및 너덜지대

● **형태**

수형 낙엽 관목이며 높이 1~1.5m로 자란다.

잎 어긋나며 7~11(~15)개의 작은잎으로 이루어진 복엽이다. 작은잎은 길이 1~3cm의 도란상 타원형 또는 장타원형이다. 끝은 둥글고 밑부분은 넓은 쐐기형이며, 가장자리에는 뾰족한 톱니가 있다. 탁엽은 넓은 피침형이고 가장자리에 샘털이 있다.

꽃 5~6월 가지 끝에 백색 또는 연한 분홍색의 양성화가 1개씩 달린다. 꽃자루에는 잔털과 샘털이 있다. 꽃은 지름 2.5~3.5cm이며, 꽃잎은 도란형이고 끝이 오목하다. 꽃받침열편은 피침형이고 끝이 꼬리처럼 길게 뾰족하며, 뒷면에는 털이 없고 앞면에 잔털이 약간 있다. 수술은 다수이고 꽃잎보다 짧지만 암술대보다는 길다.

열매 열매(薔薇果)는 지름 1.5~2cm의 좁은 장타원형이며 8~9월에 적색으로 익는다.

● **참고**

작은잎이 난상이고 꽃자루에 샘털이 없으며, 열매가 둥글고 짙은 갈색으로 익는 나무를 둥근인가목(*R. spinosissima* L.)이라고 한다. 설악산 이북에 자생한다는 주장도 있지만, 둥근인가목은 중국(산시성), 러시아(시베리아), 유럽에 분포하고 국내에는 자생하지 않는다는 견해도 있다.

❶꽃 ❷열매는 붉게 익고 다소 길쭉하다. ❸ 잎. 양면에 털이 거의 없으며 엽축과 더불어 간혹 샘털이 있다. ❹겨울눈 ❺어린 수피는 적갈색이지만 오래되면 회색으로 변하며 6mm 정도의 침상 가시가 밀생한다. ❻수형. 가지가 많이 갈라져 무성한 덤불을 이룬다. ❼수과. 끝부분과 측면 능선에 긴 털이 밀생한다. ❖식별 포인트 복엽(잎끝)/열매/꽃(색)

생열귀나무
(붉은인가목)

Rosa davurica Pall.
[*Rosa marretii* H. Lév.]

장미과 ROSACEAE Juss.

2002. 6. 17. 강원 홍천군 계방산

●**분포**
중국(동부-동북부), 일본(혼슈 이북),
몽골(남부), 러시아(동부), 한국
❖**국내분포/자생지** 한라산과 강원(정
선군, 홍천군, 영월군 등) 이북의 산야
및 계곡가

●**형태**
수형 낙엽 관목이며 높이 1.5~2m로
자란다.
잎 어긋나며 7~9개의 작은잎으로 이
루어진 복엽이다. 작은잎은 길이 3~4
cm의 장타원형이다. 끝은 뾰족하고 밑
부분은 둥글거나 쐐기형이며, 가장자
리에는 뾰족한 톱니가 있다. 뒷면은 회
녹색이고 선점이 많으며 엽축과 마찬
가지로 부드러운 털이 밀생하고 작은
가시가 드물게 있다. 탁엽은 난형이고
잎자루에 합착되어 있으며 가장자리
에 샘털이 있다.
꽃 6~7월 가지 끝에 연한 홍색의 양
성화가 1(~3)개씩 달린다. 꽃자루는
길이 5~15mm이며 꽃차례의 축과 더불
어 샘털이 드물게 있다. 꽃은 지름 3~
4cm이며 꽃잎은 도란형 또는 아원형이
고 끝이 오목하다. 화탁통(꽃받기통,
hypanthium)은 대개 둥글며 털이 없
다. 꽃받침열편은 피침형인데 끝이 길
게 뾰족하며, 결실기까지 남아 있다.
수술은 다수이고 꽃잎보다 짧지만 암
술보다는 길다. 암술대에는 털이 있다.
열매 열매(薔薇果)는 지름 1~1.5cm의
구형이며 9~10월에 적색으로 익는다.
●**참고**
인가목과 닮았지만, 잎 뒷면에 선점이
있고 가시가 작고 가늘며 열매가 둥근
것이 다르다.

❶꽃 ❷열매. 대개 모양이 둥글고 붉게 익으
며 끝부분에 꽃받침열편이 남아 있다. ❸잎.
인가목에 비해 잎의 폭이 좁고 톱니가 작으
며 뒷면에 선점이 분포해 끈적거린다. 가시
도 작고 가늘다. ❹겨울눈 ❺수피. 회갈색이
며 가시가 많다(왼쪽은 어린 개체). ❻수과.
끝부분과 측면 능선에 긴 털이 밀생한다. ❼
생열귀나무(좌)와 인가목(우)의 잎 비교
✽식별 포인트 잎(뒷면의 선점)/열매

2001. 6. 2. 경북 울진군 왕피천

해당화
Rosa rugosa Thunb. **f. *rugosa***
(*Rosa ferox* Lawrence)

장미과 ROSACEAE Juss.

● 분포
중국(동북부 연안), 일본(홋카이도, 혼슈 일부), 러시아(동부), 북아메리카, 한국
❖ 국내분포/자생지 전국(주로 서해와 동해)의 바닷가

● 형태
수형 낙엽 관목이며 높이 1.5~2m로 자란다. 땅속줄기가 길게 뻗으며 사방으로 줄기를 내어 큰 개체군을 형성한다.
잎 어긋나며 5~7(~9)개의 작은잎으로 이루어진 복엽이다. 작은잎은 길이 2~4cm의 타원형 또는 타원상 도란형이다. 끝은 둥글거나 뾰족하고 밑부분은 넓은 쐐기형이며, 가장자리에는 톱니가 있다. 뒷면은 엽축과 마찬가지로 짧고 부드러운 털이 밀생하며 작은 가시가 드문드문 있다.
꽃 5~7월에 가지 끝에 홍자색의 양성화가 1(~3)개씩 달린다. 꽃자루는 길이가 1~3cm이며 잔털과 샘털이 밀생한다. 꽃은 지름 5~8cm이며, 꽃잎은 도란형 또는 아원형이고, 끝이 둥글거나 오목하다. 꽃받침열편은 피침형이고 끝이 꼬리처럼 길게 뾰족해진다. 수술은 다수이고 꽃잎보다 짧지만 암술보다는 훨씬 길다.
열매 열매(薔薇果)는 지름 2~2.5cm의 편구형이며 8~9월에 적색으로 익는다.

● 참고
중국에서는 야생의 해당화가 해안 개발과 도채로 멸종위기에 처해 있다고 하며, 국내에서도 비슷한 요인으로 개체수가 감소하고 있다. 백색 꽃이 피는 품종을 흰해당화(f. *albiflora*)라고 하며 관상용으로 드물게 식재하고 있다.

❶꽃 ❷열매. 붉게 익으며, 끝부분에 꽃받침열편이 남아 있다. ❸잎. 표면은 털이 없고 광택이 난다. ❹겨울눈 ❺수피. 크고 납작한 가시와 침상의 가시가 섞여 난다. ❻수과. 끝부분에 긴 털이 있으며 광택이 난다. ❼흰해당화
✽식별 포인트 열매/잎/자생지

381

인가목
(민둥인가목)

Rosa acicularis Lindl.
(*Rosa suavis* Willd.)

장미과 ROSACEAE Juss.

● **분포**
북반구 한대 및 온대 지역(높은 산지)
에 널리 분포

❖ **국내분포/자생지** 지리산 이북의 높
은 산지 사면 및 능선부

● **형태**
수형 낙엽 관목이며 높이 1~3m로 자
란다.
잎 어긋나며 3~7개의 작은잎으로 이
루어진 복엽이다. 작은잎은 길이 3~5
㎝의 장타원형 또는 광타원형이다. 끝
은 둥글거나 뾰족하고 밑부분은 넓은
쐐기형이며, 가장자리에는 뾰족한 톱
니가 있다. 뒷면은 맥 위와 엽축에 잔
털과 샘털이 밀생하고 비교적 큰 가시
가 드문드문 있다. 탁엽은 광난형이고
잎자루에 합착되어 있으며 가장자리
에는 샘털이 있다.
꽃 5~6월 가지 끝에 연한 홍색의 양
성화가 1(~3)개씩 달린다. 꽃자루는
길이 2~3.5㎝이며, 꽃차례의 축과 마
찬가지로 잔털과 샘털이 밀생한다. 꽃
은 지름 3.5~5㎝이며, 꽃잎은 도란형
또는 아원형이고 끝이 둥글거나 오목
하다. 꽃받침열편은 피침형이고 끝이
꼬리처럼 길게 뾰족하며 열매가 익을
때까지 남아 있다. 수술은 다수이고 꽃
잎보다 짧지만 암술보다는 길다.
열매 열매(薔薇果)는 길이 1~2㎝의 장
타원형(간혹 도란형)이며 8~9월에 적
색으로 익는다.

● **참고**
형태적인 변이의 폭이 넓은 종이다. 열
매의 모양은 다양하지만 장타원형이
가장 흔하며, 대개 꽃자루에 샘털이 밀
생하지만 간혹 없는 개체도 있다.

2006. 6. 6. 강원 태백시(ⓒ고근연)

❶꽃 ❷❸열매 ❹잎. 생열귀나무보다 잎의
폭이 넓고 톱니가 크다. ❺겨울눈 ❻수피에는
길이 4mm 정도의 침상 가시가 밀생한다. ❼수
과. 양 끝과 측면 능각에 긴 털이 밀생한다.
✻식별 포인트 잎(뒷면)/열매/꽃자루

2007. 5. 20. 강원 평창군 박지산

개벚지나무

Prunus maackii Rupr.
[*Padus maackii* (Rupr.) Kom.]

장미과 ROSACEAE Juss.

●**분포**

중국(동북부), 러시아(동부), 한국

❖**국내분포/자생지** 전남(지리산), 강원(태백산, 오대산, 계방산 등) 이북의 산지

●**형태**

수형 낙엽 교목이며 높이 10m까지 자란다.

수피 황갈색으로 광택이 나며 가로로 긴 피목이 발달한다.

잎 어긋나며 길이 4~8cm의 타원형 또는 마름모꼴 난형이다. 끝은 길게 뾰족하고 밑부분은 둥글거나 넓은 쐐기형이며, 가장자리에는 뾰족한 톱니가 촘촘히 있다. 뒷면은 회녹색이고 선점이 밀생하며 측맥은 10~13쌍이다. 탁엽은 선형이며 가장자리에 샘털이 있다.

꽃 5~6월 새가지 끝에 나온 총상꽃차례에 백색의 양성화가 모여 달린다. 꽃은 지름 8~10mm이며, 꽃잎은 장타원형 또는 도란형이다. 꽃받침열편은 난상 피침형 또는 삼각형이고 겉에 잔털과 샘털이 있으나 곧 떨어진다. 수술은 25~30개이며 꽃잎보다 약간 더 길다. 자방은 털이 없으며 암술대는 수술보다 약간 짧다.

열매 열매(核果)는 지름 5~7mm의 구형이며 7~8월에 흑색으로 익는다.

●**참고**

귀룽나무와 비슷한 점도 있지만 꽃차례 하부에 잎이 없고, 꽃의 수술이 꽃잎보다 길며 잎 뒷면에 선점이 밀생하는 점이 다르다.

❶꽃차례. 개화 초기에는 둥근꼴이었다가 차츰 길어진다. ❷꽃 측면 ❸꽃 종단면 ❹열매. 귀룽나무와 유사하지만 크기가 좀 더 작고 꽃차례 하부에 잎이 달리지 않는 점이 다르다. 꽃받침이 남지 않는 점은 동일하다. ❺잎 앞면 ❻잎 뒷면. 뒷면 전체에 선점이 밀생한다. 가을에는 갈색으로 변한다. ❼겨울눈. 장난형이며 인편 가장자리에 털이 있다. ❽수피. 오래된 나무는 껍질이 종잇장처럼 얇게 벗겨진다. ❾핵의 표면에는 희미한 골이 있다.

❖**식별 포인트** 잎(뒷면의 선점)/수피/꽃차례(꽃차례 잎의 유무)

383

귀룽나무

Prunus padus L.
(*Padus avium* Miller)

장미과 ROSACEAE Juss.

● **분포**
중국(중부-동북부), 일본(훗카이도), 몽골, 러시아(동부), 한국
✿**국내분포/자생지** 지리산 이북의 산지 계곡가에 비교적 흔하게 자람

● **형태**
수형 낙엽 교목이며 높이 15m로 자란다.
수피/겨울눈 수피는 회갈색이며 피목이 발달하고 오래되면 불규칙하게 갈라진다. 겨울눈은 장난형-난형이며 털이 없거나 인편 가장자리에 약간 있다. 잎 어긋나며 길이 4~10㎝의 타원형 또는 장타원상 도란형이다. 끝은 길게 뾰족하고 밑부분은 둥글거나 넓은 쐐기형이며, 가장자리에는 뾰족한 톱니가 촘촘히 있다. 뒷면은 회녹색이고 맥겨드랑이에 잔털이 약간 있다. 측맥은 8~14쌍이다. 잎자루는 길이 1~1.5㎝이며 끝부분에 2개의 밀선이 있다.
꽃 4~6월 새가지 끝에 나온 총상꽃차례에 백색의 양성화가 모여 달린다. 꽃은 지름 1~1.6㎝이며, 꽃잎은 장타원형 또는 도란형이다. 꽃받침열편은 삼각상 난형으로 겉에 털이 없으며 빨리 떨어진다. 자방에는 털이 없고 암술대의 길이는 수술의 ½ 정도다.
열매 열매(核果)는 지름 8~10㎜의 구형이며 7~9월에 흑색으로 익는다.

● **참고**
개벚지나무와 비슷한 점이 있지만 꽃차례 하부에 잎이 달리고 꽃이 좀 더 크며, 수술이 꽃잎보다 짧고 잎 뒷면에 선점이 없는 것이 다르다. 한반도 중부지방에 자생하는 낙엽 활엽수 중에서 까마귀밥나무와 더불어 잎이 가장 일찍 전개된다.

2018. 4. 19. 경기 가평군

❶꽃. 수술이 꽃잎보다 짧다. ❷꽃 종단면 ❸열매. 꽃차례 하부에 잎이 달리는 점이 개벚지나무와 다르다. 결실기에는 꽃받침열편이 떨어진다. ❹❺잎. 뒷면에 선점이 없다. 잎자루는 붉은색을 띤다. ❻겨울눈 ❼수피 ❽수형 ❾핵 표면에 윤곽이 뚜렷한 돌기가 있다.
✲식별 포인트 수형/열매/잎/꽃

산개벚지나무

Prunus maximowiczii Rupr.
[*Cerasus maximowiczii* (Rupr.) Kom.]

장미과 ROSACEAE Juss.

● **분포**

중국(동북부), 일본, 러시아(동부), 한국

❖**국내분포/자생지** 제주(한라산), 전남(지리산) 이북의 높은 산

● **형태**

수형 낙엽 교목이며 높이 5~15m, 지름 60cm까지 자란다.

잎 어긋나며 길이 3~9cm의 타원상 도란형 또는 도란형이다. 끝은 뾰족하고 밑부분은 둥글거나 쐐기형이며, 가장자리에 뾰족한 겹톱니가 촘촘히 있다. 뒷면은 회녹색이고 맥 위에는 누운털이 밀생한다. 측맥은 6~9쌍이며, 잎자루는 5~15mm이고 털이 밀생한다.

꽃 5~6월 잎이 완전히 전개된 후에 백색의 양성화가 핀다. 꽃은 지름 1.5cm 정도이며 가지 끝에서 나온 총상꽃차례에 4~10개씩 달린다. 꽃자루에는 누운털이 밀생하며, 작은꽃자루 밑에 잎 모양의 포가 1개씩 있다. 포는 길이 5~7mm의 난형이고 가장자리에 뾰족한 톱니가 있으며, 열매가 익을 때까지 달려 있다. 꽃잎은 길이 6~8mm의 광타원형이며 끝이 둥글거나 오목하다. 꽃받침열편은 삼각형이고 가장자리에 미세한 톱니가 있으며 끝부분에는 샘털이 있다. 수술은 34~38개이며 암술대와 길이가 비슷하다.

열매 열매(核果)는 지름 7~8mm의 난형이며 7~8월에 흑색으로 익는다.

● **참고**

꽃이 총상꽃차례에 피고 꽃자루에 누운털이 밀생하며 잎 모양의 포가 있는 것이 특징이다.

2017. 6. 22. 제주 한라산

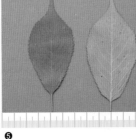

❶개화기의 모습. 잎이 난 다음 꽃이 핀다. ❷꽃 측면. 각각의 작은꽃자루 아래에 잎 모양의 포가 생기는 것이 특징이다(화살표). ❸꽃 종단면 ❹미성숙한 열매 ❺잎끝은 꼬리처럼 뾰족해진다. ❻겨울눈은 짙은 갈색의 난형이다. ❼수피. 짙은 회색이고 가로로 길고 큰 피목이 발달하며 오래되면 종잇장처럼 얇게 벗겨진다. ❽핵. 귀룽나무와 닮았지만 크기가 다소 작고 돌기도 더 미약하다.

✿식별 포인트 꽃자루의 포/열매

섬개벚나무

Prunus buergeriana Miq.
[*Padus buergeriana* (Miquel)
T. T. Yü & T. C. Ku]

장미과 ROSACEAE Juss.

● **분포**
중국(중남부), 일본, 러시아(동부), 타이완, 부탄, 한국
❖ **국내분포/자생지** 제주(한라산) 해발고도 500~1,200m의 숲속

● **형태**
수형 낙엽 교목이며 높이 10~15m, 지름 30cm로 자란다.
수피 짙은 회색이고 광택이 나며, 오래되면 불규칙하게 갈라져 작은 조각으로 떨어진다.
잎 어긋나며 길이 4~11cm의 장타원형이다. 끝은 꼬리처럼 길게 뾰족하고 밑부분은 둥글거나 넓은 쐐기형이며, 가장자리에 얕은 톱니가 있다. 양면에 털이 없으며 뒷면은 회녹색이 돈다. 잎자루는 길이 1~1.5cm이고 털이 없으며 붉은색을 띤다.
꽃 4~5월에 잎이 완전히 전개된 후 2년지에서 나온 총상꽃차례에 백색의 양성화가 20~30개씩 모여 핀다. 꽃차례 기부에는 잎이 없다. 꽃은 지름 5~7mm이며, 꽃잎은 넓은 도란형이고 끝이 둥글다. 꽃받침열편은 광난형이고 털이 없으며 가장자리에 미세한 톱니가 있다. 수술은 10~20개이며 꽃잎보다 길다. 자방에 털이 없으며, 암술대의 길이는 수술의 ½ 정도.
열매 열매(核果)는 지름 7~8mm의 도란형이며 9월에 주황색-흑자색으로 익는다.

● **참고**
개벚지나무와 닮았지만, 잎 양면에 털이 없고 가장자리의 톱니가 뾰족하지 않으며 결실기까지 꽃받침이 계속 남아 있는 점이 다르다.

❶꽃은 2년지에서 나온 총상꽃차례에 모여 달린다. 꽃차례 기부에는 잎이 없다. ❷꽃의 화반 ❸꽃 측면 ❹열매. 더 익으면 흑자색으로 변한다. 결실기에도 꽃받침이 그대로 남는다. ❺핵 ❻❼잎끝은 꼬리처럼 길게 뾰족하고 기부에는 돌기 같은 밀선이 있다(화살표). ❽겨울눈. 적갈색의 난형이며 털이 없고 광택이 난다. ❾수피. 가로로 긴 피목이 발달한다. ❿수형
✽식별 포인트 잎(엽형)/꽃/열매(꽃받침)

2018. 5. 17. 제주 한라산

2010. 4. 10. 서울시

앵도나무

Prunus tomentosa Thunb.
[*Cerasus tomentosa* (Thunb.) Wall.]

장미과 ROSACEAE Juss.

● **분포**

중국 원산

❖ **국내분포/자생지** 전국에 널리 재배

● **형태**

수형 낙엽 관목이며 높이 2~3m로 자란다.

수피/어린가지/겨울눈 수피는 흑갈색이며 불규칙하게 갈라진다. 어린가지는 회갈색 또는 적갈색이며 처음에는 털이 밀생하지만 차츰 떨어진다. 겨울눈은 난형이며 끝이 뾰족하고 백색 털이 있다.

잎 어긋나며 길이 3~7cm의 난상 타원형-도란상 타원형이다. 끝은 뾰족하고 밑부분은 쐐기형이며, 가장자리에는 얕은 톱니가 있다. 양면에 털이 있으며, 특히 뒷면에 회색 털이 밀생한다. 잎자루는 길이 2~4mm이며 짧은 털이 있다.

꽃 3~4월 잎이 나기 전에 지름 1.5~2cm의 백색 또는 연한 홍색의 양성화가 줄기에 1~2개씩 달린다. 꽃자루는 길이 2mm로 짧으며 잔털이 밀생한다. 꽃잎은 넓은 도란형이며 끝이 둥글다. 꽃받침열편은 길이 2~3mm의 삼각상 난형이며 양면에 털이 밀생한다. 수술은 20~25개이고 꽃잎보다 짧다. 암술대는 수술보다 약간 길고 긴 털이 밀생한다.

열매 열매(核果)는 지름 1~1.2cm의 구형이며 5~6월에 적색으로 익는다.

● **참고**

꽃이 2cm 이하로 작고 꽃자루가 아주 짧으며, 줄기에 1~2개씩 달리고 전체에 털이 많은 것이 특징이다. 중국에서도 오래전부터 널리 재배하고 있으나 자생지가 명확하지 않다고 한다.

❶❷꽃. 자방의 윗부분과 암술대에는 털이 밀생한다. ❸열매. 붉게 익으며 식용 가능하다. ❹잎 뒷면. 잎은 양면에 모두 털이 있다. ❺겨울눈. 초기에는 어린가지에 털이 밀생한다. ❻수피 ❼핵
✱식별 포인트 열매/수형/수피

복사앵도
Prunus choreiana Nakai ex H. T. Im

장미과 ROSACEAE Juss.

2016. 4. 16. 강원 평창군

● **분포**
한국(한반도 고유종)

❖ **국내분포/자생지** 평남(맹산군), 함남, 강원(삼척시, 정선군, 태백시, 평창군), 경북(봉화군) 등지의 석회암지대

● **형태**
수형 낙엽 관목이며 높이 2~4m로 자란다.

잎 어긋나며 길이 3~7cm의 난상 타원형 또는 도란상 타원형이다. 끝은 뾰족하고 밑부분은 쐐기형이며, 가장자리에는 얕은 톱니가 있다. 잎자루는 길이 2~4mm이며 짧은 털이 약간 있다.

꽃 3~4월 잎이 나기 전 지름 1.5~2cm인 연한 홍색의 양성화가 줄기에 1~2개씩 달린다. 꽃자루는 길이 2~3mm로 짧으며 잔털이 밀생한다. 꽃잎은 타원상 도란형이며 끝이 둥글다. 꽃받침열편은 길이 2~3mm의 삼각상 난형으로 양면에 털이 밀생한다. 수술은 20~25개이며 꽃잎보다 약간 짧다. 암술대는 수술보다 짧고 중간 이하 하단부에 털이 밀생한다. 자방에는 털이 거의 없다.

열매 열매(核果)는 지름 1.5~2cm의 광타원형-구형이며 5~6월에 적색으로 익는다.

● **참고**
학자에 따라 복사나무와 벚나무의 교잡종 또는 복사나무와 앵도나무의 교잡종으로 추정하기도 한다. 그러나 복사나무나 벚나무보다 빠른 개화기, 꽃잎·암술대(털)·열매 등의 뚜렷한 형태적 특징, 분포(석회암지대) 특성을 감안할 때 별개의 독립된 종으로 보는 편이 타당하다고 본다.

❶❷꽃. 암술대에는 긴 털이 밀생하지만 자방에는 털이 없다. ❸열매는 앵도나무보다 더 크지만 광택이 적다. ❹잎. 뒷면 맥을 따라 긴 털이 있다. ❺겨울눈. 난형이며 인편 가장자리에 털이 있다. ❻❼수피의 변화. 적갈색이며 오래되면 얇게 벗겨진다. ❽핵

❉식별 포인트 꽃(개화기)/열매/어린가지/수피

2008. 8. 21. 강원 영월군

복사나무
(복숭아나무)
Prunus persica (L.) Stokes
[*Amygdalus persica* L.]

장미과 ROSACEAE Juss.

● **분포**
중국 원산(자생지 불명확)
❖ **국내분포/자생지** 전국에 널리 재배.
민가 근처 산지에 야생화되어 자람
● **형태**
수형 낙엽 관목이며 높이 3~8m로 자란다.
잎 어긋나며 길이 7~15㎝의 장타원상 피침형 또는 도란상 피침형이다. 끝은 길게 뾰족하고 밑부분은 넓은 쐐기형이며, 가장자리에는 얕은 톱니가 촘촘히 있다. 뒷면 맥 위에는 털이 있다.
꽃 4~5월 잎이 나기 전 지름 2~3.5 ㎝인 연한 홍색의 양성화가 줄기에 1~2개씩 달린다. 꽃자루는 매우 짧으며 잔털이 밀생한다. 꽃잎은 장타원상 타원형-넓은 도란형이다. 꽃받침열편은 길이 3~4㎜의 삼각상 난형이며 바깥면에 털이 있다. 수술은 20~30개이며, 자방에 털이 밀생하고 암술대는 수술보다 약간 길다.
열매 열매(核果)는 지름 3~7㎝의 구형이며 8~9월에 황록색으로 익는다.
● **참고**
잎이 난상 피침형이고 뒷면에 털이 없으며 열매가 길이 3㎝ 정도로 작고 중과피(과육)가 아주 얇은 나무를 산복사[*P. davidiana* (Carrière) Franch.]라고 하지만 국내 자생 여부는 불명확하다. 복사나무와 비교해 잎끝이 셋 또는 결각상으로 갈라지는 나무를 풀또기(*P. triloba* Lindl.)라고 하며 풀또기의 겹꽃 품종[f. *multiplex* (Bunge) Rehder]을 전국의 공원 및 정원에 간혹 식재하고 있다.

❶❷꽃. 자방과 암술대 아랫부분에 털이 밀생한다. ❸열매 ❹잎 ❺겨울눈. 백색의 털로 덮여 있다. ❻어린나무의 수피. 회갈색이고 광택이 나며 피목이 발달한다. 오래되면 거칠게 갈라진다. ❼핵(왼쪽은 재배품종, 오른쪽은 야생화된 나무의 핵) ❽풀또기(겹꽃품종)
✽식별 포인트 꽃(개화기)/열매/겨울눈

매실나무

Prunus mume (Siebold)
Siebold & Zucc.
(*Armeniaca mume* Siebold)

장미과 ROSACEAE Juss.

2001. 3. 21. 전남 광양시

● **분포**

중국(서남부) 원산

❖ **국내분포/자생지** 전국에 널리 재배

● **형태**

수형 낙엽 소교목이며 높이 4~10m로
자란다.

수피/어린가지/겨울눈 수피는 암회색
이며 불규칙하게 갈라진다. 어린가지
는 녹색이며 털이 거의 없다. 겨울눈은
길이 3~6mm의 난형이며 자갈색이고
털이 없다.

잎 어긋나며 길이 4~8cm의 도란상 타
원형 또는 난형이다. 끝은 급하게 뾰족
해져 꼬리처럼 되고 밑부분은 둥글거
나 넓은 쐐기형이며, 가장자리에는 얇
고 뾰족한 톱니가 촘촘히 있다. 처음에
는 양면에 미세한 털이 있다가 점차 없
어지며 기부에는 밀선이 있다. 잎자루
는 길이 1~2cm다.

꽃 2~4월 잎이 나기 전 지름 2~2.5
cm인 백색의 양성화가 줄기에 1~3개
씩 달린다. 꽃자루는 길이가 1~5mm로
짧다. 꽃잎은 5개이고 도란형이다. 꽃
받침열편은 길이 3~5mm의 난형 또는
아원형이다. 수술은 꽃잎과 길이가 비
슷하며, 자방에는 털이 밀생하고 암술
은 수술보다 약간 짧다.

열매 열매(核果)는 지름 2~3cm의 구
형이며 표면에 짧고 가는 털이 밀생한
다. 6월에 황색으로 익는다.

● **참고**

살구나무와 닮았지만, 2년지가 녹색이
며 종자가 과육과 잘 분리되지 않는 것
이 특징이다. 매실나무의 꽃(매화)은
모란과 함께 중국 사람들이 가장 좋아
하는 꽃이다. 전통적으로 중국을 대표
하는 꽃으로 사랑을 받고 있다.

❶꽃의 종단면. 자방과 암술대 중간 이하에
털이 있다. ❷열매의 표면에는 잔털이 밀생
한다. ❸잎. 끝이 꼬리처럼 길게 뾰족하다.
❹겨울눈. 난상이며 끝이 뾰족하다. 작은가
지는 녹색이다. ❺수피 ❻수형(순천시 선암
사, 천연기념물 제488호, ⓒ권경인) ❼핵
❖식별 포인트 꽃(개화기)/어린가지의 색깔
(녹색)

2011. 4. 19. 경기 남양주시

개살구나무
Prunus mandshurica [Maxim.] Koehne
[*Armeniaca mandshurica* [Maxim.] Skvortzov]

장미과 ROSACEAE Juss.

●**분포**
중국(동북부), 러시아(동부), 한국
❖**국내분포/자생지** 제주를 제외한 전국의 산지에 비교적 드물게 자람

●**형태**
수형 낙엽 소교목 또는 교목이며 높이 5～15m로 자란다.
잎 어긋나며 길이 5～12cm의 광타원형-광난형이다. 끝은 급하게 뾰족해져서 꼬리처럼 되고 밑부분은 넓은 쐐기형이거나 둥글며, 가장자리에는 뾰족한 겹톱니가 촘촘히 있다. 처음에는 잎 양면에 털이 있으나 차츰 없어져서 뒷면 맥 위와 맥겨드랑이에만 남는다. 기부에는 밀선이 있다.
꽃 4월 잎이 나기 전 지름 2～3cm의 연한 홍색 양성화가 줄기에 1～2개씩 모여 달린다. 꽃자루는 길이 7～10mm로 짧다. 꽃잎은 5개이며 넓은 도란형 또는 아원형이다. 꽃받침열편은 길이 3～4mm의 난상 타원형 또는 장타원형이며 꽃이 필 때 뒤로 젖혀진다. 수술은 꽃잎과 길이가 비슷하다. 자방과 암술대 중간 이하 하단부에는 털이 밀생한다. 암술은 수술보다 약간 더 길다.
열매 열매(核果)는 지름 2～3cm의 약간 납작한 구형이며 표면에 털이 밀생한다. 6～7월에 황색으로 익는다.

●**참고**
살구나무와 유사하지만 수피에 코르크가 발달하며, 꽃과 열매의 자루가 살구나무보다 긴 특징으로 쉽게 구별할 수 있다. 같은 지역의 벚나무류보다 1～2주 개화가 빠르다.

❶-❸꽃. 살구나무와 비슷하지만, 꽃자루의 길이가 좀 더 길고 꽃받침열편의 색깔이 다소 탁한 붉은색이다. ❹열매 ❺❻잎. 잎자루와 뒷면 엽맥을 따라 백색 털이 밀생한다. ❼겨울눈. 적갈색의 난형이며 광택이 난다. ❽수피. 짙은 회색이며 코르크층이 발달한다. ❾핵의 비교(왼쪽부터): 시베리아살구나무/살구나무/개살구나무. 개살구나무는 날개가 거의 발달하지 않고 끝이 뭉뚝하다. 일부 문헌의 내용과는 달리 살구나무의 핵도 날개가 약간 발달한다.
✽식별 포인트 수피(코르크)/잎(털)/핵

시베리아살구나무

Prunus sibirica L.
[*Armeniaca sibirica* (L.) Lam.]

장미과 ROSACEAE Juss.

2006. 4. 14. 강원 영월군

● **분포**
중국(북부-동북부), 몽골, 러시아(동부), 한국
❖ **국내분포/자생지** 충북 이북의 석회암지대에 주로 자람

● **형태**
수형 낙엽 소교목 또는 관목이며 높이 2~5m로 자란다.

잎 어긋나며 길이 5~10cm의 광타원형-아원형이다. 끝은 급하게 뾰족해져 꼬리처럼 되고 밑부분은 둥글거나 얕은 심장형이며, 가장자리에는 뾰족한 톱니가 촘촘히 있다. 뒷면 맥 위에는 털이 밀생한다. 잎자루는 길이 2~3.5cm이며 털이 있다.

꽃 4~5월 잎이 나기 전 지름 1.5~3.5cm인 연한 홍색의 양성화가 줄기에 1~2개씩 달린다. 꽃자루는 길이 1~2mm로 짧다. 꽃잎은 5개이며 도란형-아원형이다. 꽃받침열편은 길이 3~4mm의 장타원상 난형이며 꽃이 필 때 뒤로 젖혀진다. 수술은 꽃잎과 길이가 비슷하며, 자방에는 털이 밀생하고 암술은 수술보다 약간 짧다.

열매 열매(核果)는 지름 2~3cm의 납작한 구형이며 6~7월에 황색 또는 황적색으로 익는다. 핵은 길이 1.5~2.5cm이며 가장자리에 뚜렷한 날개가 있다(391쪽 개살구나무 항목 참조).

● **참고**
개살구나무에 비해 잎 가장자리가 겹톱니가 아니며, 열매가 다소 납작한 구형이고 핵의 한쪽 가장자리에 날개가 두드러지게 발달하는 것이 다르다. 또한 꽃과 열매의 자루가 짧다.

❶꽃의 종단면. 자방과 암술대 중간 이하 하단부에 털이 밀생한다. 살구나무보다 꽃 크기가 약간 작은 편이다. ❷열매. 편구형이며 익으면 골을 따라 갈라지면서 금세 나무에서 떨어진다. ❸❹잎. 잎자루와 뒷면 맥을 따라 부드러운 털이 밀생한다. 개살구보다 잎이 좀 더 둥근 편이다. ❺겨울눈. 개살구에 비해 뾰족하고 인편의 색깔이 더 어둡다. ❻수피. 회색이며 불규칙하게 갈라진다. ❼수형
✻식별 포인트 잎/겨울눈/열매/핵

2000. 6. 30. 서울시

살구나무

Prunus armeniaca L. var.
ansu Maxim.
[*Armeniaca vulgaris* Lam. var.
ansu (Maxim.) T. T. Yü & L. T. Lu]

장미과 ROSACEAE Juss.

● **분포**

중국 원산

❖**국내분포/자생지** 전국에 널리 재배

● **형태**

수형 낙엽 소교목 또는 교목이며 높이
5~12m로 자란다.

겨울눈 길이 2~5mm 정도의 난형이며,
인편은 적갈색이고 털이 없거나 가장
자리에만 나 있다.

잎 어긋나며 길이 5~9cm의 난형 또는
난상 원형이다. 끝은 길게 뾰족하고 밑
부분은 넓은 쐐기형이며, 가장자리에
는 둔한 톱니가 불규칙하게 있다. 잎은
양면 모두 털이 없으며 기부에는 밀선
이 있다. 잎자루는 길이 2~3.5cm이고
털이 거의 없다.

꽃 3~4월 잎이 나기 전 지름 2~4cm
인 연한 홍색의 양성화가 줄기에 1~2
개씩 달린다. 꽃자루는 길이 1~7mm로
짧다. 꽃잎은 5개이며 넓은 도란형-원
형이다. 꽃받침열편은 길이 3~5mm의
난상 타원형 또는 난형이며 꽃이 필 때
뒤로 젖혀진다. 수술은 꽃잎보다 약간
짧다. 자방과 암술대 기부에는 털이 밀
생하며, 암술은 수술보다 약간 길다.

열매 열매(核果)는 지름 1.5~3cm의 난
형 또는 구형이며 표면에 털이 밀생한
다. 6~7월에 황색으로 익는다. 핵은
약간 납작한 구형이며, 한쪽 가장자리
에 좁은 날개가 있다.

● **참고**

개살구나무와 비슷하지만, 수피에 코
르크가 발달하지 않으며 잎 양면에 털
이 없고 가장자리에 둔한 톱니가 있는
점이 다르다.

❶꽃 측면. 꽃받침은 선명한 붉은색을 띤다.
❷꽃의 종단면. 자방과 암술대 중간 이하에
털이 있다. ❸❹잎. 양면에 털이 거의 없으며
뒷면 맥겨드랑이에만 털이 약간 모여난다.
❺겨울눈. 개살구보다 더 통통하다. ❻수피.
회갈색이며 오래되면 세로로 불규칙하게 갈
라진다. ❼수형
✷식별 포인트 수피/잎/열매/겨울눈

자도나무
Prunus salicina Lindl.

장미과 ROSACEAE Juss.

● **분포**

중국 원산

❖ **국내분포/자생지** 강원, 경북(불명확)

● **형태**

수형 낙엽 소교목 또는 교목이며 높이 7~9(~12)m까지 자란다.

수피/겨울눈 수피는 자갈색이며 가로로 긴 피목이 발달한다. 오래되면 불규칙하게 세로로 갈라진다. 겨울눈은 길이 2~3mm의 삼각상 난형이며, 인편은 자갈색이다.

잎 어긋나며 길이 5~12cm의 좁은 타원형-장타원상 난형이다. 끝은 갑자기 좁아져 뾰족해지고 밑부분은 쐐기형이며, 가장자리에는 잔톱니가 촘촘히 있다. 양면에 모두 털이 없으며 기부에는 밀선이 있다.

꽃 4월에 잎이 전개되기 전 지름 1.5~2.2cm인 백색의 양성화가 흔히 3개씩 모여 달린다. 꽃자루는 길이 1~1.5cm다. 꽃잎은 5개이며 장타원형 또는 도란형이다. 꽃받침열편은 길이 5mm 정도의 장타원상 난형이며 가장자리에 톱니가 약간 있다. 수술은 꽃잎과 길이가 비슷하거나 약간 짧다. 암술은 수술보다 약간 길며, 자방에 털이 없고 암술머리는 원반형이다.

열매 열매(核果)는 지름 2cm가량의 광난형 또는 구형이며 6~7월에 적색 또는 황색으로 익는다. 표면에 백색의 분이 약간 생긴다.

● **참고**

2017년 강원 양구군 일대에서 자생지가 공식 확인되었다. '괴타리'라는 향명을 쓴다고 하지만, '고야'라는 향명도 흔히 쓴다. 고야는 '오얏'에서 유래한 이름일 듯하다.

2011. 5. 3. 강원 평창군

❶꽃. 재배품종에 비해서 꽃자루가 짧고 굵다. ❷꽃의 종단면. 자방과 암술대에 털이 없다. ❸겨울눈 ❹미성숙한 열매(ⓒ지용주) ❺잎 ❻핵 ❼재배품종의 핵 ❽수피
✿식별 포인트 꽃/열매/겨울눈(3개)

2008. 5. 23. 서울시

왕벚나무

Prunus x ***yedoense*** Matsum.
[*Cerasus yedoensis* (Matsum.)
A. N. Vassiljeva]

장미과 ROSACEAE Juss.

● **분포**

일본 원산

❖ **국내분포/자생지** 전국적으로 가로
수 또는 풍치수로 식재

● **형태**

수형 낙엽 교목이며 높이 5~15m로
자란다.

수피/겨울눈 수피는 회색 또는 암회색
이고 피목이 가로로 배열되며, 차츰 불
규칙하게 갈라진다. 겨울눈은 길이
5~8㎜의 삼각상 난형이며 인편에 부
드러운 털이 많다.

잎 어긋나며 길이 5~12㎝의 광타원형
또는 도란형이다. 끝은 갑자기 좁아져
꼬리처럼 길어지고 밑부분은 둥글거
나 넓은 쐐기형이며, 가장자리에는 주
로 날카로운 겹톱니가 촘촘히 있다.

꽃 3~4월 잎이 나기 전에 2년지 잎겨
드랑이에서 연한 홍색 또는 백색의 꽃
이 3~5개씩 산형상으로 달린다. 작은
꽃자루는 길이 6~30㎜이고 털이 밀
생하며 꽃자루는 매우 짧다. 꽃받침통
은 겉에 털이 밀생하며 다소 통통하지
만, 올벚나무와는 달리 둥글게 부풀지
는 않는다. 암술대는 중간 이하 하단부
에 털이 성기게 난다.

열매 열매(核果)는 지름 7~10㎜의 구
형이며 5~6월에 흑자색으로 익는다.

● **참고**

일본에서는 왕벚나무(染井吉野)를 올
벚나무와 오오시마자쿠라(大島桜, *P.
lannesiana* var. *speciosa* Makino)의
교잡종으로 본다. 제주 한라산과 해남
대둔산에 자라는 자연교잡종을 왕벚
나무 야생종(*P. yedoense* Matsum.)
으로 보는 견해가 있지만, 현재로서는
국내에 자생하는 유사한 벚나무류를
일본 재배종 왕벚나무(染井吉野)의 야
생종으로 판단할 타당한 과학적 근거
가 없다.

❶꽃 ❷꽃의 종단면. 꽃자루와 암술대 밑부
분에 털이 있다. ❸꽃받침통 ❹열매 ❺잎 ❻
겨울눈에는 털이 있다. ❼수형 ❽수피 ❾핵
✽식별 포인트 겨울눈/꽃받침통

395

올벚나무
Prunus spachiana (Lavallée ex
H. Otto) Kitam. **f. *ascendens***
(Makino) Kitam.
[*Prunus pendula* Maxim. f.
ascendens (Makino) Ohwi]

장미과 ROSACEAE Juss.

● **분포**
일본(혼슈 이남), 타이완, 한국

❖ **국내분포/자생지** 경남(거제도), 전
남(무등산, 두륜산), 제주의 산지

● **형태**
수형 낙엽 교목이며 높이 15~20m로
자란다.

잎 어긋나며 길이 6~12cm의 좁은 타
원형~좁은 도란형이다. 끝은 뾰족하고
밑부분은 넓은 쐐기형이며, 가장자리
에는 뾰족한 톱니가 촘촘히 있다. 선점
은 주로 잎의 기부에 생기며, 잎자루에
는 털이 밀생한다.

꽃 3~4월 잎이 나면서 동시에 연한
홍색 또는 백색의 양성화가 산형꽃차
례에 2~5개씩 달린다. 작은꽃자루는
길이 1~2cm로 짧으며 털이 밀생한다.
꽃은 지름 2.5cm가량이며, 꽃잎은 타
원형 또는 도란형이고 끝이 둥글거나
오목하다. 꽃받침통은 붉은빛이 돌고
아랫부분이 항아리처럼 부푼다. 수술
은 꽃잎보다 짧으며, 암술대는 자방의
윗부분과 암술대 중간 이하에 긴 털이
밀생한다.

열매 열매(核果)는 지름 1cm 정도의 광
타원형 또는 구형이며 5~6월에 흑자
색으로 익는다. 핵은 길이 5~6mm의
광타원형이며 표면이 매끈하다.

2008. 4. 13. 경남 거제도

❶꽃의 종단면. 자방의 윗부분과 암술대, 꽃
자루에 털이 있다. ❷꽃받침통은 붉은색을 띠
며 마치 항아리처럼 부푼 모양이다. ❸겨울
눈. 길이 4~5mm의 삼각상 난형이다.(ⓒ현익
화) ❹❺잎. 흔히 좁은 타원형이며 뒷면 맥을
따라 뻣뻣한 갈색 털이 있다.

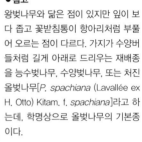

● 참고

왕벚나무와 닮은 점이 있지만 잎이 보다 좁고 꽃받침통이 항아리처럼 부풀어 오르는 점이 다르다. 가지가 수양버들처럼 길게 아래로 드리우는 재배종을 능수벚나무, 수양벚나무, 또는 처진올벚나무[*P. spachiana* (Lavallée ex H. Otto) Kitam. f. *spachiana*]라고 하는데, 학명상으로 올벚나무의 기본종이다.

❻수형 ❼❽열매 ❾수피. 암회색이고 광택이 있으며 세로로 갈라진다. ❿핵 ⓫⓬처진올벚나무. 종종 공원수나 가로수로 식재하고 있다. 수양벚나무(능수벚나무)라고도 한다.
＊식별 포인트 꽃받침통/잎/수피

벚나무

Prunus serrulata Lindl. **var. serrulata**
[*Cerasus serrulata* (Lindl.) Loudon; *Prunus jamasakura* Siebold ex Koidz.]

장미과 ROSACEAE Juss.

● **분포**
중국(중북부), 일본(혼슈 이남), 한국
❖ **국내분포/자생지** 평북, 함남 이남의 낮은 산지에 흔히 자람

● **형태**
수형 낙엽 교목이며 높이 15~25m로 자란다.

수피/겨울눈 수피는 자갈색 또는 짙은 갈색이고 가로로 긴 피목이 발달하며 오래되면 불규칙하게 갈라진다. 겨울눈은 길이 8~10mm의 장타원상 난형이며 인편은 4~6개이고 광택이 난다.

잎 어긋나며 길이 8~12cm의 장타원형-난형-도란형이다. 끝은 꼬리처럼 길게 뾰족하고 밑부분은 둥글거나 넓은 쐐기형이며, 가장자리에는 뾰족한 톱니가 촘촘히 있다. 선점은 잎의 기부 또는 잎자루 윗부분에 난다. 잎자루는 길이 2~2.5cm이고 털이 없다.

꽃 4~5월 잎이 나면서 동시에 산방상 총상꽃차례(또는 산형꽃차례)에 지름 2.5~3.6cm인 연한 홍색 또는 백색의 양성화가 2~3(~4)개씩 달린다. 꽃차례의 자루는 길이 3~27mm이고 털이 없으며, 작은꽃자루는 길이 1.5~4cm이고 역시 털이 없다. 꽃받침통은 길이 5~6mm의 좁은 종형이며 털이 없다. 꽃잎은 광타원형 또는 도란상 타원형이며 끝이 둥글거나 오목하다. 수술은 35~40개이고 꽃잎보다 짧으며, 암술대에 털이 없다.

열매 열매(核果)는 지름 8~10mm의 난형 또는 구형이며 5~6월에 흑자색으로 익는다. 핵은 길이 5~7mm의 광타원형이다.

2005. 4. 15. 경기 포천시 광릉

❶-❻벚나무 ❶❷꽃. 자방과 암술대, 작은꽃자루에 모두 털이 없으며 꽃받침통도 부풀어 오르지 않는다. ❸열매. 적색→흑자색으로 익는다. ❹❺잎. 잎과 잎자루에는 털이 거의 없다. ❻겨울눈
✱식별 포인트 꽃(꽃받침통, 자방, 암술대의 털 유무)/꽃자루

398

벚나무는 꽃차례(종류, 자루 길이), 꽃(색상), 작은꽃자루(길이, 털의 유무), 잎자루(털의 유무), 잎(털의 유무, 빈도)의 형태에서 큰 폭의 변이를 보이기 때문에 산벚나무와 혼동하는 경우가 빈번하다. 하지만 벚나무는 산벚나무에 비해 주로 낮은 산지에 자라며 꽃차례의 자루와 작은꽃자루가 더 길고 꽃이 주로 산방상 총상꽃차례에 달리는 것이 특징이다. 잎 뒷면, 잎자루, 꽃자루에 털이 많은 나무를 잔털벚나무[var. *pubescens* (Makino) Nakai]로 구분하기도 하는데, 벚나무보다 더 흔하게 볼 수 있다. 낮은 산지에 자라는 벚나무류는 대개 잔털벚나무 또는 벚나무다.

❼-❽잔털벚나무. ❼수형 ❽❾꽃. 암술대와 자방에는 털이 없고 작은꽃자루에만 털이 있다. ❿잎. 잎 뒷면과 잎자루에 털이 있다. ⓫열매 ⓬수피 ⓭핵

✽식별 포인트 꽃자루/잎자루

399

산벚나무
***Prunus sargentii* Rehder var. sargentii**

장미과 ROSACEAE Juss.

● **분포**

일본(혼슈 이북), 러시아(동부), 한국

❖**국내분포/자생지** 전북(덕유산), 전남
(지리산) 이북 등의 백두대간 높은 산지

● **형태**

수형 낙엽 교목이며 높이 20m, 지름
50(~100)cm까지 자란다.

겨울눈 인편은 4~6개이며 털이 없다.

잎 어긋나며 길이 8~15cm의 타원형
또는 도란상 타원형이다. 끝은 꼬리처
럼 길게 뾰족하고 밑부분은 쐐기형 또
는 원형이며, 가장자리에는 뾰족한 톱
니가 촘촘히 있다. 잎자루는 길이 1.5
~3cm이며 털이 없다.

꽃 4~5월 잎이 전개됨과 동시에 연한
홍색 또는 백색의 양성화가 산형꽃차
례에 2~3(~4)개씩 달린다. 꽃은 지름
3~4cm다. 꽃차례는 자루가 없거나 길
이 1~2(~5)mm의 아주 짧은 자루가 있
으며 털이 없다. 작은꽃자루는 길이 2
~4cm이며 털이 없다. 꽃받침통은 길
이 5~7mm이고 역시 털이 없다. 꽃잎
은 넓은 도란형이며 끝이 둥글거나 오
목하다. 수술은 35~38개이며 암술대
에도 털이 없다.

열매 열매(核果)는 지름 1cm 정도의 구
형이며 5~6월에 흑자색으로 익는다.
핵은 길이 5~7mm의 다소 납작한 타원
형 또는 광타원형이다.

● **참고**

잎자루, 꽃차례의 자루, 작은꽃자루에
털이 많은 나무를 분홍벚나무[*P.
sargentii* Rehder var. *verecunda*
(Koidz.) C. S. Chang]로 구분하기도
한다.

❶❷꽃. 초기에는 보통 연한 홍색을 띤다. 꽃
차례에는 자루가 거의 없으며, 작은꽃자루,
자방, 암술대에 털이 없고 꽃받침통도 부풀
지 않는다. ❸열매 ❹잎. 가장자리의 톱니는
벚나무보다 다소 크고 억센 경향이 있고 잎
자루에는 선점이 1~2개 있다. ❺겨울눈. 표
면에 끈끈한 점액이 있다. ❻수피. 짙은 회갈
색이고 가로로 긴 피목이 발달하며 오래되면
불규칙하게 갈라진다. ❼수형

✿식별 포인트 꽃(꽃자루의 길이, 자방과 암
술대에 털이 없음)/열매(자루 없음)

2007. 4. 24. 강원 인제군

2014. 4. 17. 경북 울릉도

섬벚나무
Prunus takesimensis Nakai

장미과 ROSACEAE Juss.

●**분포**
한국(울릉도 고유종)
❖**국내분포/자생지** 울릉도의 해안가
및 산지
●**형태**
수형 낙엽 교목이며 높이 8~20m까
지 자란다.
겨울눈 길이 6~8mm의 장타원형이며,
인편은 5~6개이고 표면은 끈끈하다.
잎 어긋나며 길이 8~15cm의 광타원
형-난상 원형이다. 끝은 급히 꼬리처
럼 뾰족해지고 밑부분은 넓은 쐐기형-
원형이며, 가장자리에는 뾰족한 톱니
가 촘촘하게 있다. 잎자루는 길이 2.5
~3cm이며 털이 없다.
꽃 4월 잎이 전개됨과 동시에 지름 2.5
~3.2cm인 연한 홍색 또는 백색의 양
성화가 산형꽃차례에 2~4(~5)개씩
달린다. 꽃잎은 도란상 타원형이고 끝
이 둥글거나 오목하다. 꽃차례의 자루
는 없거나 아주 짧으며 털이 없다. 작
은꽃자루는 길이 1.5~1.8cm이며 털이
없다. 꽃받침통은 길이 5~6mm의 좁은
종형이다. 수술은 30~40개이며 암술
대에 털이 없다.
열매 열매(核果)는 지름 1~1.3cm의 난
상 타원형-구형이며 5~6월에 흑자색
으로 익는다. 핵은 길이 7~11mm의 다
소 납작한 광타원형 또는 구형이다.
●**참고**
산벚나무에 비해 꽃이 약간 작고 많이
달리며 작은꽃자루의 길이도 짧은 것
이 특징이다. 열매는 오히려 산벚나무
보다 큰 편이다.

❶❷꽃은 잎이 전개되는 시기에 같이 핀다.
작은꽃자루, 자방, 암술대에 털이 없다. ❸열
매. 국내 자생하는 벚나무류 중에서 가장 큰
편이다. ❹잎 뒷면 맥겨드랑이에는 막질의 부
속체가 있다. ❺겨울눈 ❻수피. 피목이 발달
하며 오래되면 불규칙하게 갈라진다. ❼핵.
자생하는 여타 벚나무류보다 대형이다.
✱식별 포인트 열매/잎/꽃받침통

이스라지

Prunus japonica Thunb. **var.**
nakaii (H. Lév.) Rehder

장미과 ROSACEAE Juss.

2008. 4. 27. 강원 영월군

● **분포**
중국(동북부), 한국
❖**국내분포/자생지** 전국의 산지 풀밭
및 숲 가장자리

● **형태**
수형 낙엽 관목이며 높이 1~1.5m로
자라고 밑부분에서 가지가 많이 갈라
진다.
잎 어긋나며 길이 3~5cm의 난상 피침
형 또는 난형이다. 끝은 뾰족하거나 꼬
리처럼 길게 뾰족하고 밑부분은 넓은
쐐기형-원형이며, 가장자리에는 뾰족
한 톱니가 촘촘히 있다. 뒷면은 연한
녹색이고 맥 위에 약간의 털이 있다.
잎자루는 길이 3~5mm이며, 탁엽은 길
이 4~6mm의 선형이다.
꽃 4~5월 연한 홍색 또는 백색의 양
성화가 산형꽃차례에 1~4개씩 모여
달린다. 작은꽃자루는 길이 1~2.2cm
이며 털이 없다. 꽃잎은 5개이고 타원
형 또는 도란상 타원형이다. 꽃받침통
은 길이 2.5~3mm의 짧은 종형이며 털
이 없다. 꽃받침열편은 피침형으로 꽃
받침통보다 길며 뒤로 젖혀진다. 수술
은 30~35개이고 꽃잎보다 짧으며, 암
술대에는 흔히 긴 털이 있다.
열매 열매(核果)는 지름 1cm 정도의 편
구형 또는 구형이며 7~8월에 적색으
로 익는다. 핵은 길이 7~8mm의 타원
형이며 양 끝이 뾰족하다.

● **참고**
이스라지에 비해 잎자루가 길이 2~3
mm로 짧고 잎의 가장자리에 겹톱니가
있으며, 작은꽃자루의 길이가 5~10mm
로 짧은 나무를 산이스라지(var.
japonica)라고 한다. 남한 내의 자생
여부는 불분명하다.

❶❷꽃. 작은꽃자루가 매우 길며 암술대에
털이 있으나 간혹 털이 없는 타입도 있다. ❸
잎. 잎끝은 꼬리처럼 길어진다. ❹열매 ❺겨
울눈. 길이 1.5~2.5mm의 난형이며 털이 없
다. ❻수피. 회갈색 또는 짙은 회색이며 얇은
조각으로 약간 벗겨진다. ❼핵. 표면에는 미
세한 돌기가 있다.
❖식별 포인트 꽃/잎/열매

2001. 4. 10. 대구시 경북대학교

산옥매
Prunus glandulosa Thunb. f. ***glandulosa***
[*Cerasus glandulosa* (Thunb.) Loisel.]

장미과 ROSACEAE Juss.

● **분포**
중국(산둥반도 이남), 대만, 일본
❖ **국내분포/자생지** 전남의 일부 섬에 매우 드물게 자람

● **형태**
수형 낙엽 관목이고 높이 (0.2~)0.5~1.5m로 자라며 밑부분에서 가지가 많이 갈라진다.
어린가지 회갈색-갈색이고 표면은 털이 없거나 매우 짧은 털로 싸여 있다.
잎 어긋나며 길이 0.8~5.2㎝의 장타원상 피침형-도피침상 타원형이다. 잎자루는 길이 1.5~3㎜이며, 탁엽은 길이 3~5㎜ 정도의 선형이다.
꽃 4~5월에 잎이 전개되면서 동시에 백색-연분홍색(-분홍색)의 양성화가 1개씩 따로 피거나 또는 2~3개씩 모여 핀다. 작은꽃자루는 길이 6~8㎜이며 털이 거의 없다. 꽃받침열편은 피침형이며 뒤로 젖혀진다. 꽃잎은 도란형이고 길이 1~1.2㎝이다. 수술은 20~30개 정도 있고 암술대는 수술대보다 약간 더 길다. 암술에는 털이 없거나, 자방의 상부부터 암술대의 절반 이하까지 흰 털이 성기게 나기도 한다.
열매 열매(核果)는 지름 1~1.3㎝이고 구형에 가까우며 7~8월에 적색으로 익는다.

● **참고**
산이스라지와 비교해 잎이 더 길고 탁엽이 결실기까지 남는 점이 다르다. 백색의 겹꽃 품종을 옥매(f. *albiplena* Koehne)라고 하며, 관상수로 흔하게 식재한다.

❶열매 ❷❸옥매 ❷꽃. 백색의 겹꽃이 핀다. ❸ 수형 ❹홍가시나무[*Photinia glabra* (Thunb.) Maxim.]. 원산지는 중국(남부), 일본(혼슈 이남), 동남아시아, 타이완이다. 제주 및 남부지방에 울타리, 관상용으로 비교적 흔하게 식재하고 있다. 상록 소교목이며 높이 5~9m 정도로 자란다. 5~6월에 지름 1cm 정도인 백색의 꽃이 복산방꽃차례에 빽빽이 모여 달린다. 열매(梨果)는 지름 5mm 정도의 난형이며 12월에 적색으로 익는다. 붉은빛이 도는 새순이 특징적이다.

윤노리나무

Photinia villosa (Thunb.) DC.

장미과 ROSACEAE Juss.

2018. 6. 7. 제주

● **분포**

중국(산둥반도 이남), 일본, 한국

❖ **국내분포/자생지** 중부 이남에 분포하지만 주로 남부지방의 산지에 자람

● **형태**

수형 낙엽 소교목이며 높이 2~5m로 자란다.

겨울눈 길이 2~4mm의 난형이며 끝이 뾰족하다. 인편은 갈색을 띠고 털이 없다.

잎 어긋나며 길이 3~8cm의 장타원형-도란형이다. 끝은 꼬리처럼 길게 뾰족하고 밑부분은 쐐기형이며, 가장자리에 뾰족한 톱니가 촘촘히 있다. 양면에 털이 있는데, 특히 뒷면 맥 위에 털이 밀생한다. 잎자루는 길이 2~6mm이며 털이 밀생한다.

꽃 4~5월 지름 2~5cm의 산방꽃차례에 백색의 양성화가 모여 달린다. 꽃은 지름 7~12mm이며, 꽃잎은 길이 4~5mm의 아원형이다. 꽃차례 축과 작은꽃자루에 털이 밀생하며 열매가 익을 시기에는 장타원형의 작은 피목이 많이 생긴다. 꽃받침열편은 길이 2~3mm의 삼각상 난형이다. 수술은 20개 정도이며, 암술대는 3개이고 털이 없으나 자방 끝에는 백색 털이 밀생한다.

열매 열매(梨果)는 지름 8~10mm의 타원형-난형이며 9~10월에 적색 또는 황적색으로 익는다. 열매 끝에는 꽃받침의 흔적이 그대로 남는다.

● **참고**

잎이 두껍고 잎자루가 짧으며 꽃차례가 대형인 타입을 떡잎윤노리나무 [var. *brunnea* (H. Lév.) Nakai]로 구분하기도 한다.

❶꽃. 개화기에는 작은꽃자루에 털이 밀생한다. ❷열매. 열매자루의 피목도 중요한 식별 포인트다. ❸잎. 끝이 꼬리처럼 뾰족하며 양면에 털이 있다. ❹겨울눈 ❺수형 ❻종자 ❼떡잎윤노리나무(2002. 4. 27. 홍도) ✱식별 포인트 열매(자루의 피목)/잎

2008. 6. 11. 제주

비파나무

Eriobotrya japonica (Thunb.) Lindl.

장미과 ROSACEAE Juss.

● **분포**

중국 중부(허베이), 남부(충칭) 원산

❖ **국내분포/자생지** 제주 및 남부지방에서 재배

● **형태**

수형 상록 소교목이며 높이 4~8m로 자란다.

수피/어린가지 수피는 회갈색이며 가로로 주름선이 있다. 어린가지는 갈색의 부드러운 털이 밀생한다.

잎 어긋나며 길이 15~20cm의 넓은 도피침형이다. 끝은 뾰족하고 밑부분은 점점 좁아져 잎자루와 연결된다. 가장자리의 아랫부분은 밋밋하며 상반부에만 톱니가 있다. 엽질은 가죽질이다. 표면은 털이 없고 광택이 나며 뒷면에는 갈색 털이 밀생한다. 측맥은 뚜렷하게 골이 져서 마치 주름이 진 것처럼 보인다. 잎자루는 아주 짧다.

꽃 11~1월 길이 10~20cm의 원추꽃차례에 연한 황백색의 양성화가 모여 달린다. 꽃은 지름 1cm 정도다. 꽃잎은 5개이고 넓은 피침형 또는 도란형이다. 꽃받침열편은 길이 2~3mm의 삼각상 난형이며 꽃받침과 꽃차례의 축에는 갈색 털이 밀생한다. 수술은 20개 정도이며, 자방 윗부분에 갈색 털이 밀생한다.

열매/종자 열매(梨果)는 지름 3~4cm의 구형이며 이듬해 7~8월에 황색으로 익는다. 종자는 길이 2~2.5cm의 장타원형-난형이며 갈색이다.

● **참고**

국명은 중국명 비파(枇杷)에서 유래했으며 현악기인 비파(琵琶)와는 무관하다. 열매는 새콤달콤한 맛이 나며 식용 가능하다.

❶꽃차례에는 갈색 털이 밀생한다. 꽃은 향기가 있다. ❷열매. 황색으로 익으면서 표면의 털이 차츰 떨어져 없어진다. ❸잎. 표면은 광택이 나며 뒷면에는 갈색 털이 밀생한다. ❹겨울눈. 갈색 털로 덮여 있다. ❺수피 ❻수형 ❼종자

❖식별 포인트 잎/열매/꽃

다정큼나무

Rhaphiolepis indica (L.) Lindl.
ex Ker **var. umbellata** (Thunb.)
H. Ohashi

장미과 ROSACEAE Juss.

● **분포**

중국(중남부), 일본, 타이완, 라오스,
타이, 캄보디아, 필리핀, 한국

✤ **국내분포/자생지** 경남, 전남, 전북,
제주의 바다 가까운 산지

● **형태**

수형 상록 관목이며 높이 1~4m로 자
란다.

가지/겨울눈 가지는 흔히 돌려나듯이
모여 달린다. 겨울눈은 장난형-난형이
고 적자색이며 털이 없다.

잎 어긋나며 길이 4~8cm의 좁은 타원
형-도란형이다. 끝은 뾰족하거나 둥글
며, 밑부분은 좁아져 잎자루에 붙는다.
가장자리는 밋밋하거나 둔한 톱니가
드문드문 있으며 뒤로 살짝 말린다. 표
면의 주맥은 도드라지며 뒷면은 밝은
녹색이고, 측맥 사이에 그물 모양의 맥
이 뚜렷하다. 잎자루는 길이 3~10mm
이고 털이 약간 있다.

꽃 5~6월 가지 끝의 원추꽃차례에 백
색 또는 연한 분홍색의 양성화가 모여
달린다. 꽃은 지름 1~1.3cm이며, 꽃잎
은 도란형 또는 피침형이고 끝이 둥글
다. 꽃받침열편은 길이 4~5mm의 삼각
상 피침형이며, 꽃받침과 꽃차례 축에
는 갈색 털이 밀생한다. 수술은 15개
정도이며 꽃잎보다 짧다. 자방은 털이
없으며 암술대는 2~3개다.

열매 열매(梨果)는 지름 1cm가량의 구
형이며 10~11월에 흑자색으로 익는
다. 표면에는 백색의 분이 생긴다.

● **참고**

주로 바닷가 절벽이나 바위지대에 자
란다. 잎은 모양과 크기의 변이가 심한
편이다.

2008. 6. 6. 전남 신안군 가거도

❶꽃. 원추꽃차례에 모여 달린다. 수분이 되
면 꽃의 안쪽이 붉게 변한다. ❷열매 ❸잎.
가죽질이고 광택이 있다. ❹겨울눈. 적자색
의 장난형-난형이다. ❺수피 ❻종자. 지름 5
~8mm의 구형 또는 편구형이며 광택이 나는
짙은 갈색이다.
✱식별 포인트 잎/열매/꽃

섬개야광나무
Cotoneaster wilsonii Nakai

장미과 ROSACEAE Juss.

●**분포**
한국(울릉도 고유종)
❖**국내분포/자생지** 울릉도의 바닷가
바위지대
●**형태**
수형 낙엽 관목이며 높이 1~4m로 자
란다.
어린가지 적자색 또는 갈색이고 가늘
며, 처음에는 털이 있으나 곧 떨어진다.
잎 어긋나며 길이 2~4cm의 난형 또는
광난형이다. 끝은 뾰족하거나 둔하고
밑부분은 넓은 쐐기형 또는 원형이며,
가장자리는 밋밋하다. 표면은 털이 없
고 엽맥에 골이 지며 뒷면에는 털이 밀
생한다. 잎자루는 길이 3~8(~10)mm다.
꽃 5~6월 백색 또는 연한 분홍색의
양성화가 산방꽃차례에 5~20개가량
모여 달린다. 꽃은 지름 8~12mm이며,
꽃잎은 아원형이고 절정기에는 옆으
로 벌어진다. 꽃차례의 축과 작은꽃자
루에는 털이 없으며(간혹 약간 생기기
도 함) 작은꽃자루의 길이는 4~6mm
다. 꽃받침통에는 털이 없으며 꽃받침
열편은 길이 1.5~2mm의 삼각형이다.
수술은 20개 정도이며 꽃잎보다 길이
가 약간 짧다.
열매 열매(梨果)는 지름 7~8mm의 타
원형 또는 광타원형이며 9~10월에 진
한 적색으로 익는다.
●**참고**
울릉도의 해안가 절벽 및 바위지대에
자라며 자생지는 3~4곳에 불과하다.
서남아시아, 중국(서남부, 동북부), 러
시아(동부)에 광범위하게 분포하는 *C.
multiflorus* Bunge와 동일종으로 보는
견해도 있다.

❶꽃차례. 여러 개의 꽃이 모여 달리며 꽃잎
은 비스듬하게 펴진다. ❷열매. 익으면 선명
한 적색으로 변한다. ❸❹잎 앞면과 뒷면. 뒷
면에는 백색 털이 밀생한다. ❺겨울눈. 인편
은 끝이 뾰족하다. ❻수피 ❼수형 ❽종자. 타
원형-난형이고 한쪽 면이 납작하며 표면이
울퉁불퉁하다.
❖식별 포인트 수형/꽃/열매

2008. 7. 11. 경북 울릉도

개야광나무
(둥근잎개야광)

Cotoneaster integerrimus
Medik.
(*Cotoneaster vulgaris* Lind.)

장미과 ROSACEAE Juss.

● **분포**
중국(중부-동북부), 한국

❖ **국내분포/자생지** 함북(무산군), 강원(삼척시, 영월군, 정선군)의 산지 바위지대

● **형태**
수형 낙엽 관목이며 높이 1~3m로 자란다.

잎 어긋나며 길이 2~5cm의 광타원형-광난형이다. 끝은 둥글거나 다소 뾰족하고 밑부분은 둥글며, 가장자리가 밋밋하다. 표면에 털이 있고 엽맥은 골이 지며 뒷면에는 회색 털이 밀생한다. 잎자루는 길이 2~5mm이며 털이 밀생한다.

꽃 5~6월 짧은가지 끝에서 나온 산방꽃차례에 백색 또는 연한 분홍색의 양성화가 2~5(~7)개 정도 모여 달린다. 꽃은 지름 7~8mm이며, 꽃잎은 길이 3mm로 거의 원형이며 활짝 벌어지지 않는다. 꽃차례 축과 작은꽃자루(길이 3~6mm)에는 털이 있다. 꽃받침열편은 길이 1.5~2mm의 삼각상 난형이며 꽃받침통과 더불어 털이 있다. 수술은 15~20개이며 꽃잎과 길이가 비슷하다. 자방에도 털이 있으며 암술대는 2개다.

열매 열매(梨果)는 지름 6~8mm의 난형이며 7~8월에 짙은 적색으로 익는다.

● **참고**
섬개야광나무와 비교해 잎에 털이 더 많고 꽃이 적게 달리며, 꽃잎이 옆으로 활짝 벌어지지 않는 점이 다르다. 국내에서는 지금껏 함북 무산군 지역에서만 자생하는 것으로 알려졌으나, 강원의 석회암지대에도 자생하고 있다는 사실을 저자들이 확인했다.

❶개화기에도 꽃잎은 활짝 벌어지지 않는다. ❷열매 ❸잎은 양면(특히 뒷면)에 백색 털이 많다. ❹겨울눈에는 백색 털이 밀생한다. ❺짧은가지. 잎자루의 흔적이 남아 비늘처럼 된다. ❻수피. 회갈색이고 매끈하며 큰 피목이 발달한다. ❼종자
✽식별 포인트 꽃/잎/겨울눈

2009. 5. 24. 강원 삼척시

2011. 6. 2. 중국 지린성 두만강 유역

아광나무
Crataegus maximowiczii
C. K. Schneid.

장미과 ROSACEAE Juss.

●**분포**

중국(동북부), 일본(홋카이도), 몽골, 러시아, 한국

❖**국내분포/자생지** 북부지방의 하천가 또는 숲 가장자리

●**형태**

수형 낙엽 관목 또는 소교목이며 높이 7m까지 자란다.

어린가지/겨울눈 어린가지는 적갈색이며 어릴 때는 털이 있다가 차츰 없어진다. 흔히 길이 1.5~3.5cm의 긴 가시가 있으나 없는 경우도 있다. 겨울눈은 적갈색의 난형이며 털이 없다.

잎 어긋나며 길이 4~6cm의 마름모꼴 난형-광난형이다. 끝은 뾰족하며 가장자리는 흔히 결각상으로 갈라지며 뾰족한 겹톱니가 있다. 표면에는 털이 거의 없지만, 어릴 때는 뒷면에 백색의 털이 밀생한다. 잎자루는 길이 1.5~2.5cm이고 털이 약간 있다.

꽃 5~6월 지름 4~5cm의 산방꽃차례에 백색의 양성화가 밀집하여 모여 달린다. 꽃줄기와 꽃자루에는 백색의 털이 밀생한다. 꽃은 지름 1.2cm가량이며, 꽃잎은 길이 5mm가량의 아원형이다. 꽃받침열편은 길이 3~4mm의 삼각상 피침형-삼각상 난형이며, 바깥면에 털이 있다. 수술은 20개 정도이며, 암술대는 3~5개이고 밑부분에 털이 있다.

열매 열매(梨果)는 지름 8mm가량의 구형이며 적갈색-적색으로 익는다. 꽃받침열편은 결실기에도 계속 남으며 뒤로 젖혀진다.

●**참고**

산사나무에 비해 잎 가장자리의 결각이 얕은 편이며, 잎 뒷면과 꽃차례에 털이 많은 점이 다르다.

❶꽃차례. 꽃자루와 꽃줄기에 털이 많은 편이다. ❷열매. 붉게 익는다. ❸잎 앞면. 가장자리의 결각이 얕다. ❹잎 뒷면. 맥 위에 백색의 털이 밀생한다. ❺수형 ❻❼수피의 변화. 회갈색-갈색이며 피목이 흩어져 있다. ❽종자. 표면이 불규칙하게 주름져서 울퉁불퉁하다.

✱식별 포인트 잎

산사나무
Crataegus pinnatifida Bunge

장미과 ROSACEAE Juss.

● **분포**
중국(중부 이북), 러시아(동부), 한국
❖ **국내분포/자생지** 전국의 산지

● **형태**
수형 낙엽 소교목이며 높이 6m까지 자란다.
줄기 줄기와 가지에 길이 1~2cm 정도의 가시가 있다.
잎 어긋나며 길이 5~10cm의 광난형 또는 삼각상 난형이다. 끝은 뾰족하고 밑부분은 수평에 가깝거나 쐐기형이며, 가장자리에는 3~5쌍의 결각과 불규칙한 겹톱니가 있다. 표면은 광택이 나며 뒷면은 맥 위에 약간의 털이 있다. 잎자루는 길이 2~6cm이며 털이 약간 있다. 탁엽은 길이 8mm 정도이며 가장자리에 뾰족한 톱니가 있다.
꽃 5~6월 지름 4~5cm의 산방꽃차례에 백색의 양성화가 모여 달린다. 꽃은 지름 1.5cm 정도이며, 꽃잎은 길이 7~8mm의 도란형-아원형이다. 꽃받침열편은 길이 4~5mm의 삼각상 난형이며 꽃받침통과 더불어 회색 털이 있다. 수술은 20개 정도이며 암술대는 3~5개이고 밑부분에 털이 있다.
열매 열매(梨果)는 지름 1~2.5cm의 편구형 또는 구형이며 9~10월에 적색으로 익는다.

● **참고**
산사나무에 비해 가시가 없고 잎 뒷면에만 털이 있는 나무를 아광나무(*C. maximowiczii* C. K. Schneid.)라고 하며 북부지방에 자란다. 국명은 중국명(山楂, 山査)에서 유래했는데, 산사나무 및 근연식물의 말린 열매를 산사(山楂)라 하여 한약재로 사용한다.

2016. 5. 9. 경기 양평군

❶꽃 ❷꽃받침통 ❸열매. 상단부에 꽃받침열편이 남아 있다. ❹겨울눈. 적자색이며 털이 없다. ❺수피. 회색이며 불규칙하게 갈라진다. ❻수형 ❼종자
✽식별 포인트 잎/열매/꽃

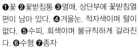

410

2007. 6. 28. 백두산

당마가목
Sorbus pohuashanensis
(Hance) Hedl.
(*Sorbus amurensis* Koehne)

장미과 ROSACEAE Juss.

● **분포**
중국(동북부), 몽골, 러시아, 유럽(남부
제외), 북아메리카(북부), 한국
❖ **국내분포/자생지** 한반도 북부지방
의 높은 산지

● **형태**
수형 낙엽 소교목이며 높이 8m까지
자란다.
잎 어긋난다. 작은잎 9~15개로 이루
어진 우상복엽이며 길이는 10~20cm
다. 작은잎은 길이 3~5cm의 타원상
피침형-난상 피침형이며, 뒷면에는 털
이 밀생하여 흰빛이 돈다. 끝은 뾰족하
고 밑부분은 좌우비대칭의 원형이며,
밑부분을 제외한 가장자리에는 날카
로운 톱니가 촘촘히 있다. 탁엽은 길이
5~10mm의 광난형-아원형이며, 가장
자리에 큰 톱니가 있고 줄기를 완전히
감싼다.
꽃 6~7월에 가지 끝의 복산방꽃차례
에 백색의 양성화가 모여 달린다. 꽃의
지름은 5~8mm이며, 꽃잎은 광난형-
아원형이다. 꽃차례 축과 작은꽃자루
에는 털이 밀생하다가 차츰 없어진다.
수술은 20개 정도이고 꽃잎과 길이가
비슷하다. 암술대는 3~4개이며 수술
보다 짧고 밑부분에는 털이 있다.
열매 열매(梨果)는 지름 6~8mm의 난
상 원형-구형이며 9~10월에 적색 또
는 황적색으로 익는다.

● **참고**
전체(특히 잎 뒷면, 겨울눈)에 백색 털
이 밀생한다. 당마가목과 비교해 높이
1~2m의 관목상으로 자라며 잎이 난
상 피침형이고 잎 뒷면이 녹색인 나무
를 산마가목[*S. sambucifolia* (Cham.
& Schltdl.) Roemer]이라고 하며, 함
북의 높은 산지에 자란다.

❶꽃. 마가목에 비해 꽃받침이 길고 열편 끝
이 둥글며 뒷면에 털이 있다. ❷열매. 적색
또는 황적색으로 익는다. ❸탁엽. 톱니가 크
고 줄기를 완전히 감싼다. ❹잎 뒷면은 흰빛
이 돌며 털이 밀생한다. ❺수피 ❻겨울눈. 표
면에 백색 털이 밀생한다. ❼종자
❖식별 포인트 잎/겨울눈(털)/탁엽

411

마가목

Sorbus commixta Hedl.

장미과 ROSACEAE Juss.

● **분포**

일본, 한국

❖ **국내분포/자생지** 황해도 및 강원 이남의 높은 산지

● **형태**

수형 낙엽 소교목이며 높이 6~12m로 자란다.

수피/겨울눈 수피는 연한 갈색이고 표면에 피목이 발달하며, 오래되면 암회색으로 변하면서 얕게 갈라진다. 겨울눈은 길이 1.2~1.8cm의 장타원형이며 끝이 뾰족하고 점성이 있다.

잎 어긋난다. 작은잎 9~15개로 이루어진 우상복엽이며 길이는 13~20cm다. 작은잎은 길이 3~9cm의 피침형-장타원형이다. 끝은 길게 뾰족하고 밑부분은 둥글며 좌우비대칭이다. 밑부분을 제외한 가장자리에는 날카로운 겹톱니가 촘촘하게 있다.

꽃 5~6월 복산방꽃차례에 백색의 양성화가 모여 달린다. 꽃은 지름 6~10mm이며, 꽃잎은 길이 3~4mm의 아원형이다. 꽃받침열편은 길이 1mm 정도의 삼각형이다. 수술은 20개 정도가 있고 길이는 꽃잎과 비슷하다. 암술대는 3~4개이고 수술보다 짧으며 밑부분에 털이 있다.

열매 열매(梨果)는 지름 6~8mm의 난상 원형 또는 구형이며 9~10월에 적색 또는 황적색으로 익는다. 드물게 열매가 황색으로 익는 개체도 있다.

● **참고**

당마가목에 비해 잎, 꽃차례 축, 겨울눈 등에 털이 적거나 없는 것이 특징이다. 국명은 봄철에 부풀어 있는 겨울눈이 '말의 어금니(馬牙)와 닮은 나무(木)'라는 뜻에서 유래했다.

❶꽃차례. 대형의 꽃차례에 다수의 꽃이 모여 달린다. ❷열매 ❸작은잎. 작은잎의 밑부분은 심하게 비대칭이다. ❹탁엽. 당마가목과 달리 줄기를 감싸지 않는다. ❺수형 ❻❼겨울눈. 털이 있는 겨울눈을 당마가목으로 오인하는 경우도 있다. ❽수피. 어릴 때는 마름모꼴 피목이 나고 광택이 난다. ❾종자
✽식별 포인트 잎/꽃/열매/탁엽/겨울눈

2018. 5. 31. 강원 양양군 설악산

2002. 4. 27. 전남 목포시 유달산

팥배나무

Sorbus alnifolia (Siebold & Zucc.) K. Koch
[*Aria alnifolia* (Siebold & Zucc.) Decne.]

장미과 ROSACEAE Juss.

●**분포**

중국(중북부), 일본, 타이완, 한국

❖**국내분포/자생지** 전국의 산지

●**형태**

수형 낙엽 교목이며 높이 20m까지 자란다.

수피/겨울눈 수피는 회색-흑갈색이고 백색의 피목이 발달하며, 오래되면 세로로 얕게 갈라진다. 겨울눈은 적갈색이며 길이 4~6mm의 장타원상 도란형이다.

잎 어긋나며 길이 5~10cm의 타원상 도란형-도란형이다. 끝은 짧게 뾰족하고 밑부분은 둥글거나 넓은 쐐기형이며, 가장자리에는 불규칙한 얕은 겹톱니가 있고 간혹 결각이 지기도 한다. 양면에는 부드러운 털이 약간 있으나 차츰 떨어져 없어진다. 잎자루는 길이 1.5~3cm이며 적색을 띠고 부드러운 털이 드물게 있다.

꽃 4~6월 복산방꽃차례에 백색의 양성화가 다수 모여 달린다. 꽃은 지름 1~1.5cm이며, 꽃잎은 길이 5~7mm의 도란형-아원형이다. 꽃차례 축과 작은꽃자루에는 털이 약간 있다. 꽃받침열편은 길이 2~3mm의 삼각형이다. 수술은 20개 정도이고 꽃잎보다 약간 짧다. 암술대는 2~3갈래이며 수술보다 짧고 털이 없다.

열매 열매(梨果)는 길이 8~12mm의 타원형-구형이며 9~10월에 적색으로 익는다. 표면에 백색의 피목이 흩어져 있다.

●**참고**

국명은 '열매가 팥알 크기 정도로 작은 배나무'라는 의미이며 남부지방 또는 해발고도가 낮은 산지에서 비교적 흔하게 자란다. 열매는 산새들의 좋은 먹이가 된다.

❶꽃 ❷열매. 표면에는 피목이 생긴다. ❸잎. 가장자리에는 뾰족한 겹톱니가 있다. ❹겨울눈. 어린가지는 광택이 나며 백색의 피목이 있다. ❺수피. 회색-흑갈색이며 피목이 발달한다. ❻수형 ❼종자
❖**식별 포인트** 잎/열매

명자꽃
(산당화)

Chaenomeles speciosa (Sweet) Nakai

장미과 ROSACEAE Juss.

● **분포**
중국, 미얀마 원산

❖ **국내분포/자생지** 관상용으로 전국에 널리 식재

● **형태**
수형 낙엽 관목이며 높이 1~2m로 자란다.

잎 어긋나며 길이 3~9cm의 장타원형-난형이다. 대개 끝이 뾰족하고 밑부분은 쐐기형 또는 넓은 쐐기형이며, 가장자리에 뾰족한 겹톱니가 있다.

꽃 수꽃양성화한그루(웅성양성동주). 4~5월 잎겨드랑이에 주홍색(간혹 백색 또는 분홍색)의 꽃이 3~5개씩 모여 달린다. 꽃은 지름 3~5cm이며, 꽃잎은 난형-아원형이다. 꽃받침열편은 길이 3~4mm의 아원형이며 끝이 둥글다. 수술은 40~50개이며 길이는 꽃잎의 ½ 정도다. 암술대는 5개이며 수술과 길이가 비슷하고 털이 없다.

열매 열매(梨果)는 길이 4~6(~10)cm의 타원형-원형이며 9~10월에 황록색-황황색으로 익는다.

● **참고**
명자꽃에 비해 키가 다소 작고 아래쪽의 줄기가 땅에 누우며, 꽃은 다소 밝은 주황색이며 잎이 대개 도란형-주걱형이고 가장자리에 둔한 톱니가 있는 나무를 풀명자[*C. japonica* (Thunb.) Lindl. ex Spach]라고 하며 흔히 명자꽃과 구분 없이 식재하고 있다. 일부 문헌에 의하면 한반도 중부 이남에 풀명자가 자생한다고 하지만 불확실하다.

❶양성화 ❷수꽃 ❸꽃자루는 5mm 미만으로 매우 짧다. ❹잎. 같은 개체 내에서도 모양이 제각각이지만 끝이 뾰족한 잎이 많다. ❺-❽ 풀명자 ❺흔히 풀명자를 명자꽃과 함께 구별 없이 식재하고 있다. ❻꽃자루는 5mm가량이다(왼쪽은 양성화, 오른쪽은 수꽃). ❼열매. 흔히 타원상이며 황록색-황색으로 익는다. ❽잎. 풀명자는 잎끝이 둥근 형태가 많다.
❋식별 포인트 수형/잎/열매

2007. 4. 6. 서울시 올림픽공원

2007. 10. 23. 서울시 올림픽공원

모과나무
Chaenomeles sinensis
(Thouin) Koehne

장미과 ROSACEAE Juss.

● **분포**
중국(중남부) 원산
❖ **국내분포/자생지** 전국에 널리 식재
● **형태**
수형 낙엽 소교목이며 높이 5~8m까지 자란다.

수피/어린가지/겨울눈 수피는 회녹색 또는 녹갈색이고 조각으로 벗겨져 얼룩덜룩한 무늬가 생긴다. 어린가지는 적자색이며 가시가 없다. 겨울눈은 자갈색이며 길이 2~3mm의 난형이다.

잎 어긋나며 길이 4~8cm의 타원형-타원상 난형이다. 끝은 뾰족하고 밑부분은 둥글거나 넓은 쐐기형이며, 가장자리에 뾰족한 톱니가 있다. 잎자루는 길이 5~10mm이고 털이 없다. 탁엽은 길이 5~12mm의 피침형-난상 장타원형이며 가장자리에 샘털이 있다.

꽃 수꽃양성화한그루(웅성양성동주). 4~5월 짧은가지의 끝에 연한 홍색의 꽃(양성화 또는 수꽃)이 1개씩 달린다. 꽃은 지름 2.5~3cm이며, 꽃잎은 도란형이다. 꽃받침열편은 길이 6~10mm의 삼각상 피침형이며 뒤로 젖혀진다. 수술은 다수이며 길이는 꽃잎의 ½이다. 암술대는 3~5개이며 수술과 길이가 비슷하다.

열매 열매(梨果)는 길이 10~15cm의 타원형이며 9~10월에 진한 황색으로 익는다. 익은 열매는 향기가 매우 좋다.
● **참고**
꽃이 가지 끝에서 1개씩 나며 열매가 길이 10cm 이상의 대형인 점이 특징이다. 국명은 '오이(참외)가 달리는 나무'라는 의미의 중국명 목과(木瓜)에서 유래했다.

❶양성화 ❷수꽃 ❸열매 ❹잎 ❺수피 ❻모과나무 노목(강원 삼척시 안의리) ❼종자
❖식별 포인트 수피/열매

산돌배나무
Pyrus ussuriensis Maxim.

장미과 ROSACEAE Juss.

● **분포**
중국(동북부), 일본, 러시아(동부), 한국

❖ **국내분포/자생지** 전국의 산지

● **형태**
수형 낙엽 교목이며 높이 15m까지 자란다.

수피/어린가지 수피는 회갈색이고 세로로 갈라지며 오래되면 불규칙하게 조각으로 떨어진다. 어린가지는 황회색-적갈색에서 차츰 황갈색으로 변하며 피목이 퍼져 있다.

잎 어긋나며 길이 5~10cm의 난형 또는 광난형이다. 끝은 길게 뾰족하고 밑부분은 둥글거나 얕은 심장형이며, 가장자리에는 침상의 톱니가 있다. 잎자루는 길이 2~5cm다.

꽃 4~5월 산방꽃차례에 백색의 양성화가 5~7개씩 모여 달린다. 꽃은 지름 3~3.5cm이며, 꽃잎은 광타원형 또는 광난형이다. 꽃받침열편은 길이 5~8mm의 삼각상 피침형이며 표면에 털이 밀생한다. 수술은 20개 정도인데 꽃잎보다 길이가 짧다. 암술대는 5개이고 수술보다 약간 길다.

열매 열매(梨果)는 지름 2~6cm의 구형이며 8~10월에 황갈색으로 익는다. 열매가 익을 시기에도 열매 끝에 꽃받침열편의 흔적이 남아 있다.

● **참고**
돌배나무[*P. pyrifolia* (Burm. f.) Nakai]와 유사하지만, 열매가 익을 때까지 꽃받침열편이 떨어지지 않고 남아 있는 것이 다르다. 돌배나무는 원산지가 중국 중남부 및 라오스 지역으로, 국내에는 자생하지 않는다는 견해가 있다.

2008. 6. 28. 경기 연천군 고대산

❶꽃 ❷꽃의 종단면 ❸열매. 끝에 꽃받침열편이 떨어지지 않고 남는다. ❹잎의 가장자리에는 날카로운 톱니가 있다. ❺겨울눈. 어린가지는 황갈색이며 백색 피목이 있다. ❻수피. 거칠게 세로로 갈라진다. ❼수형 ❽종자
❖식별 포인트 열매/잎

416

2008. 9. 19. 전북 군산시 서수면

콩배나무
Pyrus calleryana Decne.
(*Pyrus fauriei* C. K. Schneid.)

장미과 ROSACEAE Juss.

● **분포**

중국(산둥반도 이남), 일본, 타이완, 한국

❖ **국내분포/자생지** 경기 이남(주로 전남, 전북)의 낮은 산지에 드물게 분포

● **형태**

수형 낙엽 소교목이며 높이 5~8m까지 자란다.

수피/어린가지/겨울눈 수피는 진한 회색-흑자색이며 오래되면 그물 모양으로 갈라진다. 어린가지는 처음에는 적갈색이다가 차츰 회갈색으로 변하며 뚜렷한 백색 피목이 있다. 겨울눈은 삼각상 난형이고 끝이 뾰족하며 드물게 털이 있다.

잎 어긋나며 길이 4~8cm의 난형 또는 광난형이다. 끝은 길게 뾰족하고 밑부분은 둥글거나 넓은 쐐기형이며, 가장자리에는 둔한 톱니가 있다. 양면에 모두 털이 없다. 잎자루는 길이 2~4cm이고 털이 없다. 탁엽은 선형이며 금세 떨어진다.

꽃 4~5월 잎이 나면서 동시에 산방꽃차례에 백색의 양성화가 5~12개씩 모여 달린다. 꽃은 지름 2~2.5cm이며, 꽃잎은 도란형이다. 꽃받침열편은 길이 5mm 정도의 피침형이며 표면에 털이 밀생한다. 수술은 20개 정도이고 꽃잎보다 길이가 약간 짧다. 암술대는 2~3개이고 수술과 길이가 비슷하다.

열매 열매(梨果)는 지름 1cm 정도의 구형이며 8~10월에 흑갈색으로 익는다. 표면에 둥근 피목이 많다.

● **참고**

국명은 '콩처럼 작은 열매가 달리는 배나무'라는 뜻이며 중국명(豆梨)도 같은 의미다.

❶❷꽃. 꽃밥은 붉은색이다. ❸열매. 지름 1cm 정도로 산돌배보다 소형이다. ❹잎. 가장자리에 둔한 톱니가 있다. ❺수피. 불규칙한 그물 모양으로 갈라진다. ❻겨울눈 ❼종자 ❖식별 포인트 열매/잎(크기와 가장자리의 톱니 모양)

417

배나무
(일본배)

Pyrus pyrifolia (Burm. f.)
Nakai *var. culta* (Makino) Nakai

장미과 ROSACEAE Juss.

● **분포**

일본 원산

❖ **국내분포/자생지** 전국에 널리 재배

● **형태**

수형 낙엽 소교목 또는 교목이며 높이 7~15m까지 자란다.

수피/어린가지 수피는 진한 회색-흑자색이며 오래되면 불규칙하게 갈라진다. 어린가지는 자갈색-갈색이고 타원형 또는 원형의 피목이 있다.

잎 어긋나며 길이 7~12cm의 난상 타원형-난형이다. 끝은 길게 뾰족하고 밑부분은 넓은 쐐기형-얕은 심장형이며, 가장자리에는 끝이 바늘 모양인 뾰족한 톱니가 있다. 잎자루는 길이 3~4.5cm다.

꽃 4~5월에 잎이 나면서 동시에 짧은 가지 끝에 백색의 양성화가 5~10개씩 모여 달린다. 꽃잎은 길이 8~10mm의 도란형 또는 원형이며, 작은꽃자루는 길이 3~4cm다. 꽃받침열편은 피침형이며 안쪽 면에 백색 털이 밀생한다. 수술은 20개 정도이고 꽃잎보다 짧다. 암술대는 5개이고 수술보다 길다.

열매 열매(梨果)는 지름 4~6cm(개량종은 지름 15cm) 이상의 구형이며, 9~10월에 황갈색으로 익는다. 표면에는 연한 갈색 반점이 흩어져 있다. 꽃받침열편은 일찍 떨어진다.

● **참고**

재배하는 배나무류는 전 세계에 20여 종류가 있으며, 크게 일본배, 중국배, 서양배의 3품종군으로 나눈다. 이 중 일본배는 돌배나무[*P. pyrifolia* (Burm. f.) Nakai]의 재배종으로서 다양한 종류의 품종이 있다.

2009. 4. 23. 강원 인제군

❶❷꽃 ❸열매. 황갈색으로 익으며 표면에는 연한 갈색 반점이 있다. ❹겨울눈. 난형이며 끝이 뾰족하다. ❺수형 ❻돌배나무

418

2015. 4. 30. 경남 함양군 지리산

야광나무
Malus baccata (L.) Borkh.

장미과 ROSACEAE Juss.

● 분포
중국(동북부), 일본, 부탄, 네팔, 몽골, 러시아(동부), 한국
❖ 국내분포/자생지 지리산 이북의 산지 및 계곡 가장자리

● 형태
수형 낙엽 소교목 또는 교목이며 높이 6~10m까지 자란다.

수피/겨울눈 수피는 회갈색이며 오래되면 세로로 갈라져 조각으로 떨어진다. 겨울눈은 난형이며 인편 가장자리에 털이 있다.

잎 어긋나며 길이 3~7.5cm의 좁은 타원형-광타원형이다. 끝은 길게 뾰족하고 밑부분은 둥글거나 쐐기형이며, 가장자리에는 뾰족한 톱니가 있다. 어릴 때는 양면에 털이 있지만 차츰 떨어져 없어진다. 잎자루는 길이 2~5cm이고 털이 약간 있다. 탁엽은 길이 3mm 정도의 피침형인데, 가장자리가 밋밋하거나 샘털이 약간 있다.

꽃 4~6월 짧은가지에 나온 산방꽃차례에 백색의 양성화가 4~6개씩 모여 달린다. 꽃은 지름 3~3.5cm이며, 꽃잎은 도란형이고 끝이 둥글다. 꽃받침열편은 길이 5~7mm의 피침형인데, 주로 안쪽 면에만 털이 있다. 수술은 15~20개 정도로 길이는 꽃잎의 ½ 정도다. 암술대는 4~5개로 수술보다 길고 밑부분에는 털이 밀생한다.

열매 열매(梨果)는 지름 8~10mm의 구형이며 9~10월에 적색으로 익는다.

● 참고
아그배나무에 비해 잎에 결각이 없고 암술대가 4~5개인 점이 다르다.

❶꽃 ❷❸꽃의 종단면 ❸꽃받침통 표면에 털이 밀생하는 타입 ❹열매. 열매는 겨울철에도 떨어지지 않고 계속 가지에 달려 있다. ❺잎. 톱니가 날카롭고, 밑부분이 비대칭이다. ❻겨울눈 ❼수피. 오래되면 조각으로 불규칙하게 갈라진다. ❽수형 ❾종자. 길이 3~5mm이며 내과피에 싸여 있다.
✽식별 포인트 열매/수피/잎

419

아그배나무

Malus sieboldii (Regel)
Rehder

장미과 ROSACEAE Juss.

● **분포**
중국(중남부), 일본, 러시아(동부), 한국
❖**국내분포/자생지** 중부 이남의 산지
(중부지방에서는 덕유산, 설악산, 서해
도서에 드물게 분포하며 제주에는 비
교적 흔함)

● **형태**
수형 낙엽 소교목이며 높이 3~6m까
지 자란다.
수피/짧은가지/겨울눈 수피는 회갈색
이며 오래되면 세로로 갈라져 조각으
로 떨어진다. 짧은가지는 암자색의 가
시 모양이다. 겨울눈은 자갈색의 장난
형이고 끝이 뾰족하다.
잎 어긋나며 길이 3~7.5cm의 좁은 타
원형 또는 타원형이다. 끝이 뾰족하고
밑부분은 둥글거나 넓은 쐐기형이며,
가장자리에는 뾰족한 톱니가 있다. 새
가지의 잎은 흔히 3~5갈래의 결각이
있다. 잎자루는 길이 1~2.5cm로 털이
약간 있다. 탁엽은 길이 4~6mm의 좁
은 피침형이며 가장자리가 밋밋하다.
꽃 4~5월에 짧은가지에서 나온 산방
꽃차례에 백색의 양성화가 4~8개씩
모여 달린다. 꽃은 지름 2~3cm이며
꽃잎은 타원상 도란형이다. 꽃받침열
편은 꽃받침통과 길이가 비슷하며 표
면에 털이 밀생한다. 수술은 20개 정
도로 꽃잎과 길이가 비슷하다. 암술대
는 3~5개로 수술보다 약간 길며 밑부
분에 털이 있다.
열매 열매(梨果)는 지름 6~9mm의 구
형이며 9~10월에 적색 또는 황갈색으
로 익는다.

● **참고**
국명은 '열매의 크기가 작은(아기→아
그) 배나무'라는 의미다.

❶❷꽃. 암술대의 기부에만 털이 있다. ❸열
매는 황색→적색으로 익는다. ❹잎. 형태가
다양하다. 어린가지의 잎은 흔히 3~5갈래의
결각이 있다. ❺겨울눈 ❻수형 ❼수피. 오래
되면 불규칙하게 갈라진다. ❽종자는 길이
2.5~3mm다.
❀식별 포인트 잎/꽃

2012. 5. 20. 제주 한라산

2006. 6. 8. 강원 양양군 설악산

이노리나무
Malus komarovii (Sarg.) Rehder
(Crataegus komarovii Sarg.)

장미과 ROSACEAE Juss.

●**분포**

중국(백두산), 한국

❖**국내분포/자생지** 강원(설악산, 점봉산) 이북의 산지

●**형태**

수형 낙엽 관목 또는 소교목이며 높이 3m까지 자란다.

어린가지/겨울눈 어린가지는 짙은 갈색이며 차츰 적갈색-자갈색으로 변한다. 겨울눈은 짙은 적색의 난형이며 인편의 가장자리에 털이 있다.

잎 어긋나며 길이 4~8cm의 광난형이고 중앙부에서 3갈래로 갈라진다. 끝은 길게 뾰족하고 밑부분은 심장형이며, 가장자리에 겹톱니가 있다. 양면에 털이 있으며, 특히 어린잎의 맥 위에 털이 밀생한다. 잎자루는 길이 1~3cm이고 털이 있다. 탁엽은 길이 4~6mm의 선상 피침형이며 가장자리에 샘털이 있다.

꽃 5~6월에 지름 3~6cm의 산방꽃차례에 백색의 양성화가 모여 달린다. 꽃은 지름 1.5~2cm이며, 꽃잎은 길이 7~8mm의 도란형-아원형이다. 꽃받침 열편은 길이 2~3mm이고 삼각상 피침형이며 안쪽 면에 털이 밀생한다. 수술은 20~30개 정도이며, 암술대는 2~3갈래로 갈라지고 수술보다 약간 길다.

열매 열매(梨果)는 지름 1~1.5cm의 원형-타원형이며 9~10월에 적색으로 익는다. 표면에는 백색 털이 있다가 차츰 없어진다.

●**참고**

국내에서는 설악산 및 점봉산의 능선부에서만 소수 개체가 자라는 희귀수종이며 중국에서도 감소 추세에 있는 것으로 알려져 있다.

❶❷꽃 ❸겨울눈. 인편 가장자리에 백색 털이 있다. ❹열매. 붉게 익는다. 자루에는 털이 있다. ❺잎. 앞면에는 백색 털과 선점이 드문드문 있고 뒷면은 맥을 따라 백색 털이 밀생한다. ❻❼수피의 변화 ❽종자
✽식별 포인트 잎/꽃

서부해당화
Malus halliana Koehne

장미과 ROSACEAE Juss.

● 분포
중국(중남부) 원산
✤ 국내분포/자생지 전국에 널리 식재
● 형태
수형 낙엽 소교목 또는 교목이며 높이
5m까지 자란다.
잎 어긋나며 길이 3~8㎝의 타원형-
난형이다.
꽃 4~5월에 지름 3~3.5㎝인 연한 홍
색의 양성화가 핀다.
열매 열매(梨果)는 지름 6~8㎜의 구
형이며 9~10월에 적자색으로 익는다.

❶ 열매

2001. 4. 13. 대구시 경북대학교

❶

사과나무
Malus pumila Mill.
(*Malus domestica* Borkh.)

장미과 ROSACEAE Juss.

● 분포
서아시아, 유럽 원산
✤ 국내분포/자생지 전국에 널리 재배
● 형태
수형 낙엽 소교목 또는 교목이며 높이
15m까지 자란다.
잎 어긋나며 길이 4.5~10㎝의 타원
형-난형이다.
꽃 4~5월에 지름 3~4㎝인 백색 또는
연한 분홍색 양성화가 핀다. 꽃받침열
편은 길이 6~8㎜의 삼각상 난형으로,
길이가 꽃받침통보다 길고 양면에 털
이 밀생한다.
열매 열매(梨果)는 지름 2㎝ 이상의 편
구형이며 9~10월에 적색으로 익는다.

❶-❺사과나무 ❶열매 ❷꽃 ❸잎 ❹겨울눈
❺수피 ❻피라칸다[*Pyracantha angustifolia*
(Franch.) C. K. Schneid.]. 중국(양쯔강 이
남) 원산의 관목이며 조경용 및 울타리용으로
전국에 식재하고 있다. 근래에 *P. angustifolia*
가 아닌 *Pyracantha*속의 다른 종들도 전국
적으로 식재하고 있으나 국명이 따로 정해지
지 않아 현재로서는 모두 피라칸다로 총칭하
고 있다.

1

2

3

4

5

6

채진목
Amelanchier asiatica (Siebold & Zucc.) Endl. ex Walp.

장미과 ROSACEAE Juss.

2019. 5. 16. 제주 한라산

●**분포**
중국(중남부에 드물게 분포), 일본, 한국
❖**국내분포/자생지** 제주 중산간지대 계곡부에 드물게 자람

●**형태**
수형 낙엽 소교목 또는 교목이며 높이 12m까지 자란다.
잎 어긋나며 길이 4~6cm의 타원형-난형이다. 양면에 털이 있으며 특히 뒷면에 백색 털이 밀생한다.
꽃 4~5월에 지름 3~3.5cm인 백색 양성화가 핀다. 꽃잎은 도란상 피침형-장타원상 피침형이고 끝이 뾰족하다. 꽃받침열편은 길이 8mm 정도의 피침형이며 꽃받침통과 길이가 비슷하다. 수술은 15~20개 정도, 암술대는 5개인데 암술대 밑부분에는 털이 밀생한다.
열매 열매(梨果)는 지름 8~15mm의 편구형-구형이며 8~9월에 흑자색으로 익는다. 열매가 익을 때에도 꽃받침열편이 남아 있다.

●**참고**
국명은 일본명 중 하나인 채진목[采振木: 꽃의 모양이 전장에서 군대를 지휘할 때 사용한 도구인 채배(采配)를 닮은 나무]에서 유래했다. 중국이나 일본에서도 개체수가 많지 않은, 세계적으로 희귀한 수종이다.

❶꽃. 꽃잎은 피침상으로 폭이 아주 좁다. ❷열매. 흑자색으로 익는다. ❸❹잎. 뒷면에는 백색 털이 밀생한다. ❺겨울눈. 인편은 광택이 나며 적색 인편 사이로 선명한 백색 털이 삐져나온 독특한 모습을 보인다. ❻수피 ❼종자. 길이 3~4mm이며 광택이 나는 짙은 갈색을 띤다. ❽캐나다채진목[*A. canadensis* (L.) Medik.]. 북아메리카 원산의 관목으로, 국내의 식물원 등지에 간혹 식재하고 있다.
✽식별 포인트 겨울눈/잎(털)/꽃/열매

자귀나무
Albizia julibrissin Durazz.

콩과 FABACEAE Lindl.

● **분포**
북반구 열대-온대 지역에 광범위하게
분포
❖ **국내분포/자생지** 황해도-강원 이남
하천변 또는 햇볕이 잘 드는 산지
● **형태**
수형 낙엽 소교목 또는 교목이며 높이
4~10m로 자란다.
잎 어긋나며 길이 20~30cm의 2회우
상복엽, 7~12쌍의 작은잎이 마주 달
린다. 작은잎은 1~1.7cm의 낫 모양의
장타원형이며 좌우비대칭이다. 엽축
에는 잔털이 밀생한다. 해가 지면 작은
잎들이 마주 보며 접히는 수면운동을
한다.
꽃 수꽃양성화한그루(웅성양성동주)
이며, 6~7월에 10~20개의 연한 홍색
꽃이 모여 피는 두상꽃차례가 원추상
으로 달린다. 꽃받침통은 길이 3mm 정
도이며 털이 있고 끝이 5갈래로 얕게
갈라진다. 화관은 길이 5~6mm의 종형
이며 5갈래로 갈라진다. 수술은 25개
정도이며 길이는 3~4cm로 꽃잎 밖으
로 길게 나온다.
열매/종자 열매(莢果)는 길이 10~15cm
의 납작한 장타원형이며 9~10월에 갈
색으로 익는다. 종자는 길이 5~9mm의
타원형이다.
● **참고**
해가 지면 잎이 포개져 '합혼목'(合婚
木)이라고도 하며, 잎을 소가 잘 먹는
다고 하여 '소쌀밥나무' 또는 '소쌀나
무'라고 부르기도 한다.

❶꽃차례의 구조. 같은 꽃차례 안에 양성화
와 수꽃이 혼생한다. 꽃차례의 정상부에 위
치한 1~2개의 양성화 주위를 다수의 수꽃
이 둘러싸 꽃차례 전체가 솔 같은 모양을 이
룬다. ❷양성화(좌)와 수꽃(우)의 비교 ❸열
매 ❹겨울눈. 엽흔 속에 숨어 있다가 봄이
완연해야 모습을 보인다. ❺피목이 많은 수
피 ❻잎. 작은잎의 주맥은 한쪽으로 심하게
치우쳐 있다. ❼자귀나무(좌)와 왕자귀나무
(우)의 잎 비교 ❽잎의 수면운동
✤식별 포인트 꽃/잎/수피

2004. 6. 27. 전북 정읍시 고부면

2004. 6. 27. 전남 목포시 유달산

왕자귀나무
Albizia kalkora (Roxb.) Prain

콩과 FABACEAE Lindl.

● **분포**
중국(중남부), 일본, 인도, 미얀마, 베트남, 타이완, 한국

❖ **국내분포/자생지** 전남 목포시, 무안군, 영암시, 해남군, 서해 도서, 여수시 인근 도서

● **형태**
수형 낙엽 소교목이며 높이 3~8m로 자란다.

겨울눈 엽흔 속에 숨어 있다.

잎 어긋나며 길이 20~45cm의 2회우상복엽이고, 7~12쌍의 작은잎이 마주 달린다. 작은잎은 길이 2~4cm의 장타원형이며 좌우비대칭이고 끝이 둥글다. 잎 양면에 짧은 누운털이 있다. 해가 지면 작은잎이 서로 마주 보며 접히는 수면운동을 한다.

꽃 수꽃양성화한그루(웅성양성동주). 6~7월에 백색의 꽃이 모인 두상꽃차례가 원추상으로 달린다. 꽃받침통은 길이 3mm 정도의 난형이고 털이 있으며 끝이 5갈래로 얕게 갈라진다. 화관은 길이 6~8mm의 종형이며 5갈래로 갈라진다. 수술은 30~40개이며 길이는 2.5~3.5cm이고 꽃잎 밖으로 길게 나온다.

열매/종자 열매(莢果)는 길이 8~17cm의 납작한 장타원형이며 10~11월에 갈색으로 익는다. 종자는 길이 7mm 전후의 도란형-아원형이며 협과 속에 4~12개가 들어 있다.

● **참고**
자귀나무에 비해 꽃이 백색이며 잎이 크고 수술의 개수가 많은 것이 차이점이다. 자생지에서는 간혹 자귀나무와의 교잡종으로 추정되는 개체도 발견된다.

❶꽃은 백색(간혹 연한 홍색)이다. ❷꽃차례의 구조는 자귀나무와 동일하다. 양성화(좌)와 수꽃(우). ❸열매(협과) ❹겨울눈은 자귀나무와 마찬가지로 엽흔 속에 숨어 있는 은아(隱芽). ❺열매의 비교: 자귀나무(좌)와 왕자귀나무(우) ❻수피 ❼❽종자의 비교: 자귀나무(❼)와 왕자귀나무(❽)
✽식별 포인트 꽃/잎/열매

박태기나무

Cercis chinensis Bunge

콩과 FABACEAE Lindl.

●**분포**

중국(중남부)의 석회암지대 원산

❖**국내분포/자생지** 조경용으로 전국
에 식재

●**형태**

수형 낙엽 관목이며 높이 2~5m로 자
란다.

수피/어린가지/겨울눈 수피는 회백색
이고 매끈하며 작은 피목이 발달한다.
어린가지는 적갈색-황갈색을 띠고 광
택이 나며, 피목이 발달한다. 잎눈은
난형이고 인편이 2개이며, 꽃눈은 둥
글며 인편이 다수다.

잎 어긋나며 길이 5~10㎝의 광타원
형-원형이다. 끝은 짧게 뾰족하고 밑
부분은 심장형이며, 가장자리는 밋밋
하다. 표면은 광택이 나며, 뒷면은 황
록색이고 엽맥 밑부분에 털이 약간 있
다. 또한 잎의 밑부분에서 5개의 맥이
장상으로 뻗는다. 잎자루는 길이 3cm
가량인데 양 끝이 돌기처럼 부풀고 붉
은색이 돈다.

꽃 4월에 잎이 나기 전 2년지와 오래
된 가지에서 홍자색의 양성화가 7~
10(최대 20~30)개 정도 모여 달린다.
작은꽃자루는 길이 6~15mm다. 꽃은
지름 1~1.3㎝이며, 꽃받침통은 종형이
고 끝이 얕게 5갈래로 갈라진다. 수술
은 10개다.

열매/종자 열매(莢果)는 길이 4~8cm
의 납작한 장타원형이며 9~10월에 갈
색으로 익는다. 종자는 흑갈색이며 길
이 4mm 정도의 타원형이고 협과 속에
5~8개가 들어 있다.

●**참고**

잎이 심장형이고 엽맥은 장상이며 꽃
이 홍자색으로 오래된 가지에 모여 달
리는 것이 특징이다.

❶❷꽃. 개화기의 박태기나무는 줄기를 뒤덮
듯이 꽃이 만개한다. ❸❹열매. 봉선 쪽에 좁
은 날개가 있다. ❺❻잎. 앞면에 광택이 있고
잎과 잎자루가 이어지는 부위는 돌기처럼 부
푼다. ❼잎눈(상)과 꽃눈(하) ❽종자
✽식별 포인트 잎/꽃

2016. 4. 12. 서울시

426

2016. 5. 15. 전남 신안군 가거도

❶

❷

❸

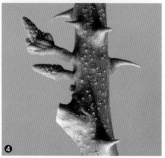
❹

❺

❻

❼

실거리나무

Caesalpinia decapetala (Roth) Alston
[*Caesalpinia decapetala* (Roth) Alston var. *japonica* (Siebold & Zucc.) H. Ohashi]

콩과 FABACEAE Lindl.

● 분포
중국(남부), 일본(혼슈 이남), 인도, 동남아시아, 스리랑카, 타이완, 한국 등
❖국내분포/자생지 서남해 도서(경남, 전남, 전북, 충남) 및 제주의 산야

● 형태
수형 낙엽 덩굴성 목본이며 길이 4~6m로 자라고 줄기와 가지가 길게 뻗는다.
줄기/겨울눈 줄기는 자갈색–짙은 회색이며 예리한 굽은 가시가 많다. 겨울눈은 여러 개가 세로로 나란히 나며 위로 갈수록 커진다.
잎 어긋난다. 2회우상복엽이며 8~12쌍의 작은잎이 마주 달린다. 작은잎은 길이 1~2.5cm의 장타원형이며 끝이 둥글다. 양면에 털이 없으며 뒷면은 흰빛이 돈다. 엽축에는 밑으로 굽은 가시가 있다.
꽃 5~6월 길이 20~30cm의 총상꽃차례에 황색의 양성화가 모여 달린다. 꽃은 지름 2.5~3cm이며, 꽃잎은 도란형–아원형이고 옆으로 벌어진다. 꽃받침열편은 장타원형이며 털이 있다. 수술은 10개이고 꽃잎과 길이가 비슷하며, 자방에는 털이 없다.
열매/종자 열매(英果)는 길이 7~10cm의 장타원형이며 9~10월에 갈색으로 익는다. 종자는 길이 1cm 정도의 타원형이고 흑갈색을 띠며 협과 속에 6~9개가 들어 있다.

● 참고
국명은 줄기와 가지에 퍼져 있는 '예리한 가시에 실이 잘 걸리는 나무'라는 의미다. 중국에서는 운실(云实)이라고 부르며, 국내에서는 민간에서 간혹 약재로 사용하기도 한다.

❶꽃잎은 5개다. 위쪽의 1장(기판)은 크기가 약간 작고 붉은 무늬가 있다. ❷성숙한 열매 ❸잎(우편). 작은잎은 8~12쌍이다. ❹겨울눈. 엽흔 바로 위에 1열로 수 개씩 생긴다. ❺수피 ❻협과 내부의 종자. 열매가 익으면 2갈래로 갈라져 속의 종자가 드러난다. ❼종자
✱식별 포인트 잎/열매/꽃/가시

주엽나무

Gleditsia japonica Miq.

콩과 FABACEAE Lindl.

●**분포**

중국, 일본(혼슈 이남), 한국

❖**국내분포/자생지** 전국의 낮은 지대 계곡 및 하천 가장자리에 드물게 자람

●**형태**

수형 낙엽 교목이며 높이 20m, 지름 1m까지 자란다.

수피/줄기/겨울눈 수피는 흑갈색-회갈색이고 사마귀 모양의 피목이 발달하며 오래되면 세로로 갈라진다. 줄기에는 적갈색의 뾰족한 가시가 발달하는데, 가시는 흔히 가지를 치며 갈라지고 다소 납작하다. 겨울눈은 반구형이고 소형이며 털이 없다.

잎 어긋난다. 보통 작은잎 6~12쌍으로 이루어진 1회우상복엽(긴가지에서는 2회우상복엽)이다. 작은잎은 길이 1.5~2cm의 난상 피침형 또는 난상 장타원형이며, 좌우비대칭이고 가장자리에는 물결 모양의 톱니가 있다. 표면은 다소 광택이 나며 뒷면은 연녹색이고 맥 위에 털이 있다.

꽃 암수한그루(간혹 암수딴그루)이며, 5~6월에 길이 10~15cm의 수상꽃차례에 녹황색의 꽃이 모여 달린다. 수꽃은 지름 5~6mm이며 타원형의 꽃잎이 4개 있다. 수술은 6~13개다. 꽃받침열편은 길이 2mm 정도의 삼각상 피침형이고 양면에 털이 있다. 암꽃은 지름 5~8mm이며 헛수술이 4~8개 있고 자방에 털이 없다. 암술대는 짧막하고 뒤틀린 모양이며 암술머리가 부풀어 있다.

열매/종자 열매(莢果)는 길이 20~30cm이고 심하게 비틀리며 9~10월에 익는다. 종자는 길이 1cm 정도의 광타원형이다.

2018. 5. 18. 제주 한라수목원

❶암꽃. 암술대에는 털이 없다. ❷수꽃. 꽃잎은 타원형이고 털이 있다. ❸겨울눈. 소형의 반구형이며 털이 없다. ❹수피. 피목이 있다.

●참고

조각자나무와 유사하지만, 줄기의 가시가 다소 납작하고 열매가 비틀려 꼬이며 암술대에 털이 없는 점이 다르다. 국내 한방에서는 주엽나무나 조각자나무의 성숙한 열매를 구분 없이 조협(皂莢)으로 지칭한다. 국명은 '조협나무'에서 유래한 것으로 추정한다. 중국에서는 조각자나무를 '조협'(皂莢), 주엽나무를 '산조협'(山皂莢)이라고 칭한다.

❺결실기의 열매 ❻❼잎의 앞면과 뒷면. 중축은 홈이 지고 잔털이 있다. 뒷면은 연한 녹색이고 맥 위에 털이 있다. ❽주엽나무의 가시는 조각자나무와 달리 가시의 횡단면이 다소 납작하다. ❾흑갈색의 종자 ❿수형(제주한라수목원)
✽식별 포인트 가시/열매

조각자나무

Gleditsia sinensis Lam.

콩과 FABACEAE Lindl.

2008. 7. 11. 경북 경주시 안강읍

● **분포**
중국(중남부) 원산

❖**국내분포/자생지** 전국에 드물게 식재

수형 낙엽 교목이며 높이 30m까지 자란다.

수피/줄기 수피는 회갈색이며 작은 피목과 함께 사마귀 모양의 큰 피목이 발달한다. 줄기는 회색-짙은 갈색을 띠고 억센 가시가 발달한다. 가시는 흔히 가지를 치며 갈라지고 횡단면이 둥글다.

잎 어긋나며 작은잎은 3~9쌍으로 이루어진 우상복엽이다. 작은잎은 난상피침형-장타원형이고 좌우비대칭이며 가장자리에는 얕고 뾰족한 톱니가 있다. 작은잎의 뒷면과 엽축, 잎자루에는 굽은 털이 있다.

꽃 암수한그루(간혹 암수딴그루). 5~6월에 길이 5~14cm의 수상꽃차례에 녹황색의 꽃이 모여 달린다. 수꽃은 지름 9~10mm이며, 꽃잎은 장타원형이고 4개다. 꽃받침열편은 길이 3mm의 삼각상 피침형이며 양면에 털이 있다. 수술은 6~8개다. 암꽃은 지름 1~1.2cm이며, 헛수술이 8개이고 자방에 털이 밀생한다.

열매/종자 열매(莢果)는 길이 12~35cm이고 곧거나 살짝 뒤틀리며 9~10월에 익는다. 종자는 길이 1~1.3cm의 장타원형-타원형이다.

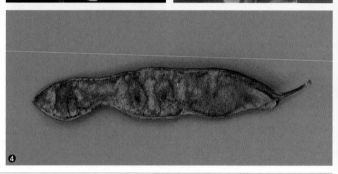

❶❷암꽃. 주엽나무와 달리 자방에 털이 밀생한다. ❸수꽃. 꽃잎은 장타원형이고 털이 있다. ❹열매는 익어도 주엽나무와는 달리 별로 뒤틀리지 않는다.

●참고

주엽나무와 유사하지만, 조각자나무는 줄기의 가시 횡단면이 둥글고 자방 밑부분에 털이 밀생하며 열매가 거의 뒤틀리지 않는 것이 다른 점이다. 중국에서는 '조협'(皁莢) 또는 열매가 멧돼지의 송곳니와 닮았다는 의미의 '저아협'(猪牙莢)이라고 부른다. 조각자나무의 종자와 가시를 조각자[皁角子(종자), 皁角刺(가시)]라고 한다(국내 한방에서는 주엽나무와 구분하지 않음). 국명은 '조각자(皁角子, 皁角刺)가 달리는 나무'라는 의미. 경북 경주시 안강읍 옥산서원에 식재된 조각자나무는 천연기념물 제115호로 지정되어 있다.

❺수피. 가시의 횡단면은 둥근꼴이다. ❻❼ 잎. 주엽나무에 비해서 엽맥이 좀 더 뚜렷한 편이다. ❽겨울눈 ❾수형 ❿광택이 나는 밝은 갈색의 종자

✽식별 포인트 가시/열매

431

다릅나무

***Maackia amurensis* Rupr.**

콩과 FABACEAE Lindl.

●**분포**
중국(산둥반도 이북), 일본(혼슈 이북),
러시아(동부), 한국
❖**국내분포/자생지** 전국의 산지
●**형태**
수형 낙엽 교목이며 높이 7~15m, 지
름 60cm까지 자란다.
수피/어린가지/겨울눈 수피는 녹갈색
이고 광택이 나며, 오래되면 종잇장처
럼 벗겨지고 세로로 둥글게 말린다. 어
린가지는 적갈색이고 피목이 있다. 겨
울눈은 난형이며 인편에 털이 있다.
잎 어긋나며 3~5쌍의 작은잎으로 이
루어진 우상복엽이며, 길이는 16~20
cm다. 작은잎은 길이 3~6cm의 난형-
난상 타원형이며, 끝이 둥글고 밑부분
은 쐐기형이다.
꽃 6~8월에 길이 5~15cm의 총상꽃
차례에 연한 황백색 또는 백색의 양성
화가 모여 달린다. 꽃차례에는 갈색 털
이 밀생한다. 꽃의 길이는 1~1.2cm이
며, 꽃받침은 길이 4~5mm이고 겉에는
황갈색의 부드러운 털이 밀생한다. 자
방은 선형이고 표면에 황갈색 털이 밀
생한다.
열매/종자 열매(荚果)는 길이 3~7cm
의 납작하고 넓은 선형이며 9~10월에
황갈색으로 익는다. 열매 표면에는 털
이 밀생하며 봉선 위에 좁은 날개가 있
다. 종자는 길이 7~8mm의 타원형이다.
●**참고**
솔비나무에 비해 작은잎의 개수가 적
고(7~11개) 열매 봉선 위의 날개가 좁
은 것이 다른 점이다. 전국적으로 널리
분포하지만 한 지역에서 집단을 이루
지는 않는다.

❶꽃차례. 꽃의 기판이 뒤로 젖혀지지만 꽃
받침에 닿지는 않는다. ❷열매. 익어도 갈라
지지 않는다. 봉선 위에는 좁은 날개가 있
다. ❸신엽의 전개 ❹겨울눈 ❺수피. 광택이
나고 종잇장처럼 세로로 말린다. ❻종자 ❼
수형
✿식별 포인트 수피/잎/겨울눈/열매

2003. 7. 24. 강원 인제군 점봉산

2007. 7. 26. 제주 한라산

솔비나무
Maackia floribunda (Miq.)
Takeda
(*Maackia fauriei* (H. Lév.) Takeda)

콩과 FABACEAE Lindl.

●**분포**
일본(혼슈 이남), 한국
❖**국내분포/자생지** 제주의 해발고도
1,200m 이하 산지

●**형태**
수형 낙엽 교목이며 높이 7~10(~15)
m까지 자란다.

수피/어린가지/겨울눈 수피는 녹갈색
이고 둥근 피목이 흩어져 있으며 오래
되면 종잇장처럼 벗겨지고 세로로 둥
글게 말린다. 어린가지는 암자색 또는
회흑색이며 초기에는 회백색 털이 밀
생한다. 겨울눈은 난형 또는 광난형이
며 인편은 2개이고 털이 없다.

잎 어긋나며 (4~)6~8쌍의 작은잎으
로 이루어진 우상복엽이다. 작은잎은
길이 3~6cm의 타원상 난형-장타원
형이며 끝이 둥글고 가장자리가 밋밋
하다.

꽃 7~8월에 총상꽃차례에 연한 황백
색 또는 백색의 양성화가 모여 달린다.
꽃차례에는 갈색 털이 밀생한다. 꽃은
길이 7~11mm이며 가장 윗부분의 꽃잎
(기판)은 뒤로 완전히 젖혀져 꽃받침
에 닿는다. 수술은 보통 10개 정도.

열매/종자 열매(莢果)는 길이 3~6cm
의 넓은 선형 또는 장타원형이며 10~
11월에 황갈색으로 익는다. 봉선 위에
는 다소 넓은 날개가 있다. 종자는 길
이 7~8mm의 장타원형이며 협과 속에
2~4개씩 들어 있다.

●**참고**
다릅나무와 유사하지만, 작은잎의 수
가 많으며 겨울눈에 털이 없고 열매의
봉선에 넓은 날개가 있는 점이 다르다.
솔비나무를 제주 고유종으로 보는 견
해도 있다.

❶꽃차례. 꽃의 기판은 뒤로 활짝 젖혀져 꽃
받침에 닿는다. ❷미성숙한 열매 ❸잎. 다릅
나무보다 작은잎의 수가 많다. ❹겨울눈 ❺열
매(좌)와 종자(우). 열매의 봉선을 따라 다릅
나무보다 다소 더 넓은 날개가 있다. ❻수피
❼수형
✱식별 포인트 잎/겨울눈/열매

회화나무

Sophora japonica L.

콩과 FABACEAE Lindl.

●**분포**
중국 원산(불명확)
❖**국내분포/자생지** 정원수 및 가로수
로 전국에 식재

●**형태**
수형 낙엽 교목이며 높이 25m까지 자
란다.
잎 어긋나며 4~7쌍의 작은잎으로 이
루어진 우상복엽이다. 작은잎은 길이
2.5~6cm의 장타원형 또는 난형이며, 뒷
면은 흰빛이 돌고 짧은 털이 있다.
꽃 7~8월에 길이 30cm 정도의 원추꽃
차례에 황백색의 양성화가 모여 달린
다. 꽃받침은 길이 4mm 정도이며 바깥
면에 털이 있다. 수술은 10개이며 자방
에는 털이 없다.
열매/종자 열매(莢果)는 길이 3~7cm
의 염주상 장타원형이며 10~11월에
익어서 봄철까지 달려 있다. 열매의 껍
질은 육질이며 익어도 벌어지지 않는
다. 종자는 길이 7~9mm의 난형이며
황록색을 띤다.

●**참고**
한국과 일본의 문헌에서는 중국 원산
으로 기록되어 있으나, 중국의 문헌(식
물지)에는 한국과 일본이 원산지라고
되어 있어 자생지에 대한 연구가 필요
한 수종이다. 중국명은 '괴'(槐, huai)이
며, '국괴'(國槐)라는 별칭이 따로 있을
정도로 중국인들은 회화나무를 애호한
다. 국명은 '화이(중국명)나무' 또는 '괴
화(槐花)나무'에서 유래했다고 추정한
다. 회화나무를 마당에 심으면 그 집안
에서 큰 학자나 인물이 난다고 하여 예
전에는 '학자목'이라 부르기도 했다. 우
리나라 궁궐이나 서원에 회화나무 노
거수가 많은 것도 이와 연관이 있거나
모화(慕華)사상에 기인할 것이다. 학명
을 *Styphonolobium japonicum* (L.)
Schott.으로 쓰는 견해도 있다.

❶꽃차례 ❷열매 ❸잎. 작은잎 끝이 다소 뾰
족하다. ❹겨울눈은 엽흔 속에 숨어 있다. 어
린가지는 녹색이다. ❺수피 ❻수형(대구시
도동) ❼종자. 마르면서 흑갈색으로 변한다.
✲**식별 포인트** 열매/잎(잎끝)/어린가지

2009. 8. 3. 서울시 올림픽공원

개느삼

Sophora koreensis Nakai
[*Echinosophora koreensis*
(Nakai) Nakai]

콩과 FABACEAE Lindl.

●분포
한국(한반도 고유종)
❖국내분포/자생지 강원(인제군, 춘천시, 양구군) 이북의 건조한 산지 능선부 및 풀밭

●형태
수형 낙엽 관목이며 높이 0.4~1m로 자란다. 땅속줄기가 길게 뻗는 특징이 있다.
수피/어린가지/겨울눈 수피는 적갈색이며 표면에 피목이 흩어져 있다. 어린가지는 암갈색이고 갈색 털이 밀생한다. 겨울눈은 광난형이고 전해의 잎자루 안에 숨어 있으며(隱芽), 긴 털로 덮여 있다.
잎 어긋나며 6~15쌍의 작은잎으로 이루어진 우상복엽이다. 작은잎은 길이 8~10㎜의 타원형으로서, 양 끝이 둥글고 가장자리가 밋밋하다. 뒷면은 백색 털이 밀생하며 엽축과 잎자루에도 털이 밀생한다.
꽃 4~5월 새가지 끝에 나온 원추꽃차례에 황색의 양성화가 모여 달린다. 꽃은 위쪽의 꽃잎(기판)이 가장 크며 뒤로 완전히 젖혀진다. 수술은 10개다. 꽃받침은 5갈래로 갈라지는데, 뒤쪽의 열편 2개가 약간 짧으며 겉에는 털이 밀생한다.
열매 열매(莢果)는 길이 2~7㎝이고 겉표면에 돌기가 많으며 7~8월에 익는다. 결실률은 매우 저조하다.

●참고
국명은 '느삼(고삼)과 닮았다'라는 뜻이다. 지하줄기가 옆으로 뻗으면서 지상줄기를 냄으로써 큰 개체군을 형성하며 자란다. 최근 연구에서 개느삼 한 개체의 평균 생육 범위는 반경 10~12m 정도인 것으로 밝혀졌다.

❶꽃. 꽃잎의 밑부분이 서로 떨어져 있어 마치 꽃에 구멍이 난 것처럼 보인다(측면). ❷잎 ❸겨울눈은 묵은 잎자루 속에 숨어 있다. 어린가지가 낭창낭창하게 탄력이 있는 것도 특징이다. ❹열매(ⓒ윤연순) ❺수피 ❻종자 ❼개느삼 군락(강원 양구군)
✽식별 포인트 꽃/열매/잎/어린가지

2005. 5. 3. 강원 양구군

만년콩

Euchresta japonica Hook f. ex
Regel

콩과 FABACEAE Lindl.

2008. 7. 29. 일본 쓰시마섬

● **분포**

중국(남부), 일본(혼슈 이남), 한국

❖**국내분포/자생지** 제주(서귀포시)의
상록활엽수림에 아주 드물게 자람

● **형태**

수형 낙엽 소관목이며 높이 30~80cm
로 자란다. 줄기는 밑부분이 비스듬히
눕는다. 뿌리가 다소 굵다.

줄기/겨울눈 줄기는 녹색이며 오래되
면 회갈색으로 변한다. 겨울눈은 소형
이고 표면에 갈색의 털이 밀생한다.

잎 어긋나며 3개의 작은잎으로 이루어
진 3출엽이다. 작은잎은 길이 5~8cm
의 타원형-도란형이며, 양 끝은 둥글
고 가장자리가 밋밋하다. 엽질은 다소
두툼한 가죽질이다. 표면은 광택이 나
는 짙은 녹색이며, 뒷면에는 흰빛이 돌
고 연한 갈색 털이 있다.

꽃 6~7월에 줄기 끝에서 나온 총상꽃
차례에 백색의 양성화가 모여 달린다.
꽃은 길이 1cm 정도다. 꽃받침은 길이
2.5~3mm이며 끝이 5갈래로 얕게 갈라
지고 잔톱니와 더불어 잔털이 있다.

열매 열매(莢果)는 길이 1.5~2cm의 타
원형이며 가을에 흑자색으로 익는다.
열매는 벌어지지 않으며 열매마다 1개
의 종자가 들어 있다.

● **참고**

국명은 '고(故) 김이**만**(국립산림과학원
근무) 씨가 처음 발견한 **연**중 푸른 **콩**과
식물'이라는 뜻이다. 국내에서는 1970
년 제주 돈내코계곡의 상록활엽수림에
서 처음 발견되었으며, 환경부가 멸종
위기야생동물 1급으로 지정(2018년
현재)해 법적 보호를 하고 있다.

❶꽃차례 ❷꽃의 내부구조. 수술은 암술을
완전히 감싼다. ❸열매. 흑색으로 익으며 겨
울까지 달려 있다. ❹잎. 3출엽이며 두툼한
가죽질이다. 표면에 광택이 있다. ❺겨울눈
표면에는 갈색 털이 밀생한다. ❻종자
✱식별 포인트 잎/수형

2016. 5. 5. 강원 영월군

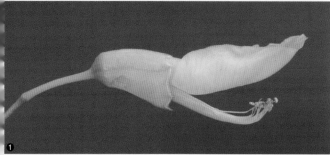

참골담초
(조선골담초)

Caragana fruticosa (Pall.)
Besser
(*Caragana koreana* Nakai)

콩과 FABACEAE Lindl.

●분포

중국(동북부), 러시아(동부), 한국

❖국내분포/자생지 강원(평창군, 정선군, 영월군, 양구군), 황해도, 평남, 함남, 함북의 산지 바위지대 및 건조한 곳

●형태

수형 낙엽 관목이며 높이 2m까지 자란다.

수피/어린줄기 수피는 회갈색-녹갈색이며 광택이 약간 있다. 어린가지는 연한 갈색 또는 녹갈색이며 능선이 발달한다. 묵은 잎자루 밑에는 탁엽이 변한 가시가 2개씩 있다.

잎 어긋나며 8~12개의 작은잎으로 이루어진 우상복엽이다. 작은잎은 길이 1.5~3.5cm의 장타원형-도란상 타원형이며, 끝이 둥글거나 약간 오목하다.

꽃 5~6월 새가지 밑부분의 잎겨드랑이에 황색의 양성화가 1~2개씩 달린다. 꽃은 길이 1.5~2.5cm다. 꽃받침은 길이 6~7mm이고 털이 없으며 끝이 5갈래로 얕게 갈라진다. 꽃자루는 길이 1~3cm로 중앙부(또는 윗부분)에 1개의 관절이 있다.

열매 열매(莢果)는 길이 3~4cm의 원통형이며 8~9월에 익는다.

●참고

남한에서는 석회암지대의 바위지대나 숲 가장자리에 매우 드물게 자란다. 강원 지역에서는 참골담초를 골담초라 부르며 예전부터 약재로 이용했다고 한다. 골담초(*C. sinica*)보다 작은잎의 수가 많으며 꽃자루가 길다. 국명은 '한국(참)에 자라는 골담초'라는 뜻이다(식물명에 붙는 접두사 '참'은 일반적으로 '우리나라에 자람'을 의미할 때가 많음).

❶꽃. 긴 꽃자루 중간에 관절이 있다. 암술대와 수술대는 기부에서 합착한다. 골담초에 비해 꽃의 기판이 완전히 뒤로 젖혀지지 않으며 꽃받침이 얕게 갈라진다. ❷잎. 작은잎 4~6쌍의 복엽이다. ❸열매 ❹겨울눈 ❺잎자루 밑부분에는 탁엽이 변한 가시가 2개 있다. ❻수피 ❼종자
❀식별 포인트 잎/꽃/열매

골담초

Caragana sinica (Buc'hoz)
Rehder
(*Caragana chamlagu* Lam.)

콩과 FABACEAE Lindl.

●**분포**
중국 원산

❖**국내분포/자생지** 약용으로 재배하
거나 관상용으로 정원에 식재

●**형태**
수형 낙엽 관목이며 높이 2m까지 자
란다.

수피/어린가지/겨울눈 수피는 회갈
색-짙은 갈색이며 가로로 긴 피목이
발달한다. 어린가지에는 능선이 발달
하고 털이 없으며, 엽흔 아래에는 2개
의 가시가 있다. 겨울눈은 광난형이고
인편은 6개다.

잎 어긋나며 4개의 작은잎으로 이루어
진 우상복엽이다. 작은잎은 길이 1.5~
3.5cm의 도란형-도란상 장타원형이며,
끝이 둥글거나 약간 오목하게 들어가
며 가장자리가 밋밋하다.

꽃 4~5월 잎겨드랑이에 황색의 양성
화가 1~2개씩 달린다. 꽃은 길이 2.5
~3cm이며 기판이 완전히 젖혀져서 꽃
받침에 닿는다. 꽃받침은 길이 1.2~
1.4cm이고 끝이 5갈래로 갈라지며, 열
편 가장자리에는 털이 있다. 꽃자루는
길이 1cm 정도이며 중앙부에 1개의 관
절이 있다. 수술은 10개이며 기부에서
암술대와 합착되어 있다. 암술대는 1
개이고 수술보다 약간 더 길다.

열매 열매(莢果)는 길이 3~3.5cm의
원통형이며 7~8월에 익는다.

●**참고**
중부 이북에 자라는 자생종으로 보는
의견도 있다. 참골담초에 비해 작은잎
의 수가 적으며 꽃자루가 짧은 것이 다
르다. 국명은 '골담(骨痰, 관절염)에 효
과가 있는 풀(草)'이라는 뜻이다. 국내
에서는 거의 열매가 성숙하지 않는다.

2005. 5. 1. 전남 진도군

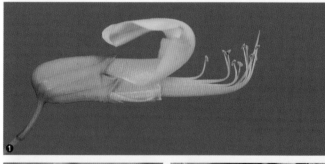

❶❷꽃의 측면과 정면. 참골담초에 비해 꽃
의 기판이 뒤로 완전히 젖혀지며 꽃받침이
좀 더 깊게 갈라진다. ❸잎. 4개의 작은잎으
로 된 복엽. ❹겨울눈 ❺수피
✱식별 포인트 잎/꽃

2007. 6. 9. 강원 영월군

족제비싸리
Amorpha fruticosa L.

콩과 FABACEAE Lindl.

● **분포**
북아메리카 원산
❖ **국내분포/자생지** 전국의 숲 가장자리, 길가 및 하천 주변에 식재

● **형태**
수형 낙엽 관목이며 높이 2~3m까지 자란다.
수피/어린가지/겨울눈 수피는 회갈색-회색이며 매끈하다. 어린가지에는 털이 있다가 차츰 없어진다. 겨울눈은 갈색의 난형이며 털이 없다.
잎 어긋나며 5~10쌍의 작은잎으로 이루어진 우상복엽이다. 작은잎은 길이 1~4cm의 난형-타원형인데, 밑부분이 둥글고 가장자리는 밋밋하다. 뒷면에는 백색 털과 함께 흑색 선점이 있다.
꽃 5~6월에 길이 7~15cm의 수상꽃차례에 짙은 자색의 양성화가 빽빽이 모여 달린다. 꽃의 길이는 8mm 정도이며 꽃받침은 5갈래로 갈라진다. 꽃잎은 익판(翼瓣)과 용골판(龍骨瓣)이 없이 기판(基瓣)만 1개가 있는데, 원통형의 기판은 수술과 암술을 감싸고 있다. 수술은 10개이고 수술대는 자색을 띤다. 암술대는 5mm 정도이고 자색을 띠며 털이 없다.
열매/종자 열매(莢果)는 길이 7~10mm의 약간 굽은 장타원형이며 9~11월에 짙은 갈색으로 익는다. 표면에는 돌기 같은 선점이 있다. 종자는 길이 5mm 정도의 신장형이고 광택이 난다.

● **참고**
꽃이 짙은 자색으로 가지 끝의 수상꽃차례에 피며, 꽃잎이 기판 1개만으로 이루어진 것이 특징이다. 사방용으로 북아메리카에서 도입되었으며, 전국의 산야에 널리 퍼져 자라고 있다.

❶ 꽃차례. 꽃은 꽃잎이 1개이며 나선형으로 돌아가며 개화한다. ❷ 열매 표면에는 돌기 같은 선점이 있다. ❸ 잎 ❹ 겨울눈 ❺ 수피 ❻ 종자의 표면은 끈끈한 유지(油脂) 성분에 싸여 있다. ❼ 수형
❖ 식별 포인트 꽃/열매/수형

칡
Pueraria lobata (Willd.) Ohwi

콩과 FABACEAE Lindl.

● 분포
중국, 일본, 서아시아, 러시아(동부), 한국

❖ 국내분포/자생지 전국의 산야

● 형태
수형 낙엽 덩굴성 목본이며 길이 10m까지 자란다.

수피/어린가지 수피는 갈색 또는 흑갈색이고 피목이 발달하며, 오래되면 세로로 갈라진다. 어린가지에는 황갈색의 긴 털이 밀생한다.

잎 어긋나며 3출엽이다. 작은잎은 길이 10~15cm의 난형-마름모형이다. 끝은 뾰족하고 밑부분은 넓은 쐐기형-얕은 심장형이며, 가장자리는 밋밋하거나 2~3갈래로 얕게 갈라진다.

꽃 7~8월에 잎겨드랑이에서 나온 길이 10~25cm의 수상꽃차례에 홍자색의 양성화가 모여 달린다. 꽃은 길이 1.8~2.5cm이며, 기판 중앙에 황색 무늬가 있고 익판은 적자색을 띤다. 꽃받침의 아래쪽 열편은 통부보다 1.5~2배 정도 길다.

열매 열매(莢果)는 길이 4~9cm의 납작하고 넓은 선형이며 9~10월에 익는다.

● 참고
칡의 영어명(Kudzu)은 1876년에 일본으로부터 미국 남부로 도입하면서 일본명(クズ, Kudzu)을 그대로 사용한 것에서 유래한다. 1953년부터 미국 농무부에서 유해식물로 지정해 관리하고 있으며, 피해액과 제거 비용을 합해서 매년 5억 달러 이상의 엄청난 손실이 발생하고 있다. 미국 남부에서는 칡을 '미국 남부를 삼킨 덩굴' 또는 '1분에 1마일 자라는 덩굴'로 부르기도 한다.

2007. 8. 3. 강원 영월군

❶꽃. 달콤한 향기가 있으며 약차(藥茶)의 재료로 사용한다. ❷열매. 표면에는 억센 황갈색의 털이 있다. ❸잎. 3출엽이며 뒷면은 흰빛을 띤다. ❹수피 ❺종자 ❻수형 ❼흰칡[f. *leucostachya* (Honda) Okuyama]
✷식별 포인트 잎/열매/꽃

2007. 7. 23. 부산시 기장군 기장읍

낭아초
Indigofera pseudotinctoria
Matsum.

콩과 FABACEAE Lindl.

● **분포**
일본, 한국

❖ **국내분포/자생지** 경남, 경북, 전남,
전북, 제주의 바다 가까운 풀밭

● **형태**
수형 낙엽 반관목이며 흔히 바닥을 기
면서 자란다.
어린가지 가는 누운털이 밀생한다.
잎 어긋나며 2~5쌍의 작은잎으로 이
루어진 우상복엽이다. 작은잎은 길이
6~25mm의 장타원형-광타원형-타원
상 도란형인데, 끝에는 바늘 모양의 작
은 돌기가 있고 밑부분이 둥글다. 엽
축, 잎자루, 잎 양면에 누운털이 있다.
꽃 7~8월에 잎겨드랑이에서 나온 길
이 4~6(~10)cm의 수상꽃차례에 홍자
색의 양성화가 모여 달린다. 기판은 길
이 5~6mm의 넓은 도란형이며 바깥면
에는 누운털이 있다. 용골판과 익판은
길이가 비슷하다. 꽃받침은 길이 2~
2.5mm이며 백색의 누운털이 밀생한다.
수술은 길이 4~5mm이며, 자방은 선형
이고 털이 약간 있다.
열매/종자 열매(莢果)는 길이 2~3cm
의 선상 원통형이며 9~10월에 익는
다. 표면에 짧은 누운털이 있다. 종자
는 녹황색이며 협과 속에 5~6개씩 들
어 있다.

● **참고**
잎과 꽃이 낭아초와 유사하지만 식물
체가 곧추서거나 비스듬히 서서 높이
1~2m로 자라고 총상꽃차례가 보다
긴 나무를 큰낭아초(*I. bungeana*
Walp.)라고 한다. 큰낭아초는 중국(중
남부) 원산으로서 근래 절개지 녹화용
으로 도입되어 전국의 도로변과 화단
에 널리 퍼져 있다. 낭아초와 동일종으
로 보는 견해도 있다.

❶꽃 ❷열매는 표면에 털이 있다. ❸잎 표면
에는 누운털이 있다. ❹종자 ❺❻큰낭아초.
높이 1~2m로 크게 자란다.
✽식별 포인트 꽃/수형

땅비싸리

Indigofera kirilowii Maxim.
ex Palib.

콩과 FABACEAE Lindl.

● **분포**
중국(동북부), 일본(쓰시마섬), 한국
❖ **국내분포/자생지** 전남, 전북을 제외한 전국의 산지

● **형태**
수형 낙엽 소관목이며 높이 30~100cm로 자란다. 뿌리에서 많은 줄기가 나와 큰 개체군을 이루기도 한다.

잎 어긋나며 3~6쌍의 작은잎으로 이루어진 우상복엽이다. 작은잎은 길이 1~4cm의 광난형 또는 광타원형이며, 양 끝이 둔하고 가장자리가 밋밋하다. 양면에 누운털이 있다.

꽃 5~6월에 잎겨드랑이에서 나온 길이 5~12cm의 총상꽃차례에 연한 홍색의 양성화가 모여 달린다. 기판은 길이 1.2~1.4cm의 타원형이며, 바깥면에는 털이 없고 아랫부분의 가장자리에만 백색 털이 약간 있다. 꽃받침은 2.5~4mm이고 털이 없으며, 열편은 삼각상이다. 수술은 길이 1.2~1.4cm이며 꽃밥은 광난형이다. 자방에는 털이 없다.

열매/종자 열매(莢果)는 길이 3.5~7cm의 선상 원통형이며 9~10월에 익는다. 종자는 적갈색의 타원형이며 협과 속에 10개 이상 들어 있다.

● **참고**
땅비싸리에 비해 전체가 왜소하며 작은잎의 표면에만 털이 있고 뒷면에는 털이 거의 없으며, 꽃의 길이가 8~12mm로 작은 식물을 좀땅비싸리(*I. koreana* Ohwi)라고 하며, 전남, 전북, 충남의 산지 사면이나 풀밭에 자란다.

2004. 5. 18. 대구시 용제봉

❶꽃은 총상꽃차례에 모여 달린다. ❷열매. 선상 원통형이다. ❸겨울눈 ❹수피 ❺종자 ❻-❽좀땅비싸리 ❻잎. 보통 표면에만 털이 있다. ❼수형 ❽군락
❖식별 포인트 수형/열매

442

2005. 8. 8. 제주

된장풀

Ohwia caudata (Thunb.)
H. Ohashi
[*Desmodium caudatum* (Thunb.)
DC.]

콩과 FABACEAE Lindl.

● 분포

중국(중남부), 일본, 인도, 타이완, 인도네시아, 한국

❖ 국내분포/자생지 제주의 산지 길가 및 숲 가장자리

● 형태

수형 낙엽 소관목 또는 반관목이며 높이 1~2m로 자라고 밑에서 가지가 많이 갈라진다.

잎 어긋나며 3출엽이다. 작은잎은 길이 5~9cm의 피침형 또는 장타원형이며 양 끝이 뾰족하다. 표면은 광택이 있고 털이 없으며, 뒷면은 맥 위에 누운털이 있다. 잎자루는 길이 2~4cm이며 좁은 날개가 있다.

꽃 7~8월에 길이 5~20cm의 총상꽃차례에 연한 녹백색의 양성화가 모여 달린다. 꽃잎은 5개인데 타원형인 위의 꽃잎(기판)이 가장 폭이 넓다. 꽃받침은 길이 3.5~4mm이고 누운털이 밀생하며, 열편이 뾰족하고 길다. 자방은 가장자리에 털이 밀생한다.

열매 열매(莢果)는 길이 5~7cm의 납작한 선상 원통형이며 9~10월에 익는다. 열매에는 4~8개의 쉽게 분리되는 마디가 있으며, 겉에 갈고리 같은 털이 밀생한다.

● 참고

잔디갈고리와 비교해 잎자루에 날개가 있고 꽃이 연한 녹백색이며 협과의 마디 사이가 좁은 장타원형인 점이 다르다. 국명은 일본명인 '미소나오시'(味噌直し)에서 유래한 것으로 추정된다. 된장풀은 잎과 뿌리에 살충제 성분을 함유하고 있어, 일본에서는 전통적으로 일본된장(미소, 味噌)에 된장풀의 잎과 줄기를 넣어 구더기나 곰팡이를 억제하는 데 이용한다고 한다.

❶ 꽃. 연한 황색-녹백색이다. ❷❸ 열매. 열매의 표면에는 갈고리 같은 털이 있어 옷이나 짐승의 털에 잘 들러붙는다. ❹ 잎. 얇은 가죽질이며 표면에 광택이 있다. ❺ 겨울눈 ❻ 수피. 피목이 발달한다. ❼ 종자. 장타원형이며 납작하다.

✽ 식별 포인트 잎/열매

잔디갈고리
Desmodium heterocarpon (L.) DC.

콩과 FABACEAE Lindl.

● 분포
북반구 열대 및 난대 지역에 널리 분포
❖국내분포/자생지 제주의 풀밭에 매우 드물게 자람

● 형태
수형 낙엽 소관목 또는 반관목이며 높이 0.3~1m로 자라지만 흔히 땅을 기면서 비스듬히 자라며 밑에서 가지가 많이 갈라져서 사방으로 퍼진다.
잎 어긋나며 3출엽이다. 작은잎은 길이 2.5~6cm의 타원형-넓은 도란형이며 양 끝이 둥글다. 뒷면에는 백색의 누운털이 있다.
꽃 7~8월에 길이 3~7cm의 총상꽃차례에 연한 홍자색의 양성화가 모여 달린다. 꽃차례의 축과 작은꽃자루에는 긴 샘털이 밀생한다. 꽃잎은 5개이며 윗부분의 꽃잎(기판)은 광난형이고 가장 넓다. 꽃받침은 길이 1.5~2mm이고 긴 털이 밀생하며, 끝이 4갈래로 갈라진다. 탁엽은 피침형이며 끝이 길게 뾰족하다.
열매/종자 열매(莢果)는 길이 1.2~2cm의 좁은 장타원형이며 11월에 익는다. 열매에는 4~7개의 쉽게 분리되는 마디가 있으며 겉에는 갈고리 같은 털이 밀생한다. 마디 사이(절간)는 반원형-사각상이다. 종자는 길이 1.5~2mm의 타원형-광타원형이며 표면에 광택이 있다.

● 참고
된장풀과 비교해 잎자루에 날개가 없고 꽃이 연한 홍자색이며 협과의 마디 사이가 사각상인 점이 다르다. 국명은 '잔디(풀밭)에 자라는 갈고리가 있는 식물'이라는 뜻이다.

2006. 9. 26. 제주 서귀포시

❶꽃의 기판은 광난형이지만 개화 전후로는 안쪽으로 접힌다. ❷열매. 마디 사이는 사각형이며 표면에 갈고리 같은 털이 있어 옷이나 털에 잘 들러붙는다. ❸잎은 3출엽이고 끝이 둥글다. ❹수피. 적색을 띠며 긴 털이 있다. ❺팥 모양의 통통한 종자
✽식별 포인트 꽃/수형/열매

444

2005. 9. 19. 대구시 달성군 비슬산

꽃싸리

Campylotropis macrocarpa
(Bunge) Rehder
(*Lespedeza macrocarpa* Bunge)

콩과 FABACEAE Lindl.

●**분포**
중국(남부-북부), 몽골(남부), 타이완, 한국

❖**국내분포/자생지** 경북(성주군), 경남(창녕군), 대구시(달성군) 지역의 산지 풀밭 및 숲 가장자리

●**형태**
수형 낙엽 관목이며 높이 1~2m로 자란다.

잎 어긋나며 3출엽이다. 작은잎은 길이 1.5~4cm의 장타원형-난형이며, 끝이 둥글거나 오목하게 들어간다. 표면에는 털이 없으며 뒷면에는 짧은 털이 밀생한다.

꽃 8~9월에 길이 3~15cm의 총상꽃차례에 홍자색의 양성화가 모여 달린다. 꽃자루와 작은꽃자루에 샘털과 잔털이 있다. 작은꽃자루는 길이 1~2cm로 길며 양 끝에 관절이 있다. 기판은 길이 1.1~1.2cm의 타원형이며 끝이 둥글다. 익판은 길이 1~1.2cm이고, 용골판은 길이 1.1~1.4cm의 낫 모양이다. 꽃받침통은 길이 1.2~2mm이고 샘털과 잔털이 밀생하며, 꽃받침열편은 4갈래로 갈라지고 통부보다 짧다.

열매/종자 열매(莢果)는 길이 1~1.5cm의 장타원형-도란형이며 9~10월에 익는다. 열매 가장자리에는 백색 털이 밀생하며 종자는 1개씩 들어 있다. 종자는 적갈색이며 길이 2.7~5mm의 신장형이다.

●**참고**
꽃은 포겨드랑이에서 1개씩 피며 포는 일찍 떨어진다. 작은꽃자루가 길고 양 끝에 관절이 있으며, 꽃의 용골판이 낫 모양으로 뾰족한 점이 싸리속의 다른 종들과 다른 점이다.

❶❷꽃. 꽃차례는 자루가 길며, 꽃이 끝에 모여 달려 산형꽃차례처럼 보인다. 작은꽃자루도 매우 길며 샘털이 밀생한다. ❸❹열매. 다른 자생 싸리류(*Lespedeza*)보다 좀 더 크며 가장자리에 백색 털이 밀생한다. ❺잎 뒷면. 흰빛이 돌고 짧은 털이 있다. ❻겨울눈 ❼수피
✱식별 포인트 꽃(용골판)/열매

조록싸리

Lespedeza maximowiczii C. K. Schneid.
(***Lespedeza buergeri*** Miq. var. ***praecox*** Nakai)

콩과 FABACEAE Lindl.

●**분포**
중국(중부 일부), 일본(쓰시마섬), 한국
❖**국내분포/자생지** 전국의 산지

●**형태**
수형 낙엽 관목이며 높이 1~3m로 자란다.
겨울눈 피침형-삼각상 난형이며 인편 가장자리에 털이 있다.
잎 어긋나며 3출엽이다. 작은잎은 길이 2~5cm의 광타원형-난형이며, 끝이 뾰족하고 밑부분은 둥글거나 넓은 쐐기형이다. 뒷면은 연한 녹색이며 짧은 털이 밀생한다. 잎자루는 길이 1~4cm이며 털이 약간 있다.
꽃 6~7월에 길이 2~4(~10)cm의 총상꽃차례에 홍자색의 양성화가 모여 달린다. 기판은 길이 9mm 정도의 넓은 도란형이며 익판은 길이 8.5mm 정도의 장타원형이고, 용골판은 길이 9.5mm 정도의 도란형이다. 꽃받침은 길이 4~5mm이고 4갈래로 깊고 날카롭게 갈라지며 전체에 긴 털이 밀생한다. 꽃받침열편은 측면 열편이 가장 길며 끝이 꼬리처럼 길게 뾰족하다. 수술은 10개다. 자방은 타원형이고 털이 있으며, 암술대는 길이 7mm 정도이고 밑부분에 털이 있다.
열매 열매(莢果)는 길이 1.5cm의 납작한 장타원형이며 9~10월에 익는다. 열매 전체에 털이 밀생하며 종자가 1개씩 들어 있다.

●**참고**
양면에 털이 밀생하는 것을 털조록싸리(var. *tomentella* Nakai)로 구분하기도 하지만, 종내 연속적인 변이로 보는 견해를 따랐다.

❶꽃차례. 꽃은 홍자색이며 꽃차례와 작은꽃자루에 긴 털이 밀생한다. 꽃받침열편은 가늘고 끝이 뾰족하다. ❷열매. 장타원형이다. ❸잎. 잎끝이 뾰족하다. ❹겨울눈. 피침형-삼각상 난형이며 다소 길쭉하다. ❺세로로 갈라지는 수피 ❻종자. 길이 3~4mm의 신장형이다. ❼털조록싸리 타입
✽식별 포인트 꽃받침/꽃/잎

2008. 6. 13. 경남 양산시 정족산

2008. 7. 5. 전남 장흥군 부용산

❶

❷

❸

❹

❺

❻

❼

삼색싸리

Lespedeza buergeri Miq.
(Lespedeza maximowiczii C. K. Schneid. var. tricolor Nakai)

콩과 FABACEAE Lindl.

● 분포
중국(중부), 일본(혼슈 이남), 한국
❖국내분포/자생지 경남, 전남의 산지
● 형태
수형 낙엽 관목이며 높이 1~3m로 자란다.

잎 어긋나며 3출엽이다. 작은잎은 길이 2~5cm의 타원형-난형이며, 끝이 뾰족하고 밑부분은 둥글거나 쐐기형이다. 뒷면은 연한 녹색이고 누운털이 있다. 잎자루는 길이 1~4cm다.

꽃 6~7월에 잎겨드랑이에서 나온 길이 2~4(~7)cm의 총상꽃차례에 모여 달린다. 연한 황백색의 기판은 길이 7~9mm의 넓은 도란형이며 기부 중앙에 자주색 무늬가 있다. 분홍색-짙은 홍자색의 익판은 길이 7~8.5mm의 장타원형이며, 황백색의 용골판은 길이 8~10mm의 도란형이다. 꽃받침은 길이 2~3mm이며 4갈래로 갈라지고 전체에 누운털이 있다. 꽃받침열편은 난형으로 길이가 서로 비슷하고 끝이 둔하거나 약간 뾰족하다. 수술은 10개다. 자방은 좁은 타원형이고 털이 있으며, 암술대는 길이 6~8mm이고 기부에 털이 있다.

열매 열매(莢果)는 길이 1.1~1.5cm의 납작한 장타원형이며 9~10월에 익는다. 열매 전체에 털이 있고 종자가 1개씩 들어 있다.

● 참고
조록싸리와 잎의 생김새가 닮아서 혼동할 수 있지만, 꽃받침열편이 난형이고 끝이 꼬리처럼 길게 뾰족해지지 않으며 꽃의 기판과 용골판이 황백색인 점이 다르다.

❶꽃. 기판의 중심부와 익판은 홍자색을 띤다. ❷꽃받침열편은 조록싸리와 달리 끝이 꼬리처럼 길어지지 않는다. ❸열매 ❹잎. 조록싸리와 닮았다. ❺겨울눈. 조록싸리보다 길이가 짧작고 끝이 둥글다. ❻수피 ❼종자. 길이 3.5~4mm의 신장형이다.
❉식별 포인트 꽃(색, 개화기)/꽃받침열편

447

참싸리
Lespedeza cyrtobotrya Miq.

콩과 FABACEAE Lindl.

● **분포**
중국(중북부), 일본, 러시아(동부), 한국
❖ **국내분포/자생지** 전국의 산야

● **형태**
수형 낙엽 관목이며 높이 1~3m로 자란다.
겨울눈 거의 구형이며 인편 가장자리에 털이 있다.
잎 어긋나며 3출엽이다. 작은잎은 길이 2~4cm의 광타원형-도란형인데, 대개 끝이 움푹 들어가며 밑부분은 둥글거나 쐐기형이다. 뒷면은 연한 녹색이고 누운털이 약간 있다. 잎자루는 길이 1~4cm다.
꽃 7~9월에 잎겨드랑이에서 나온 길이 1~2cm의 총상꽃차례에 홍자색의 양성화가 모여 달린다. 기판은 길이 8~12mm의 도란형이며 익판은 길이 8~11mm의 좁은 도란형, 용골판은 길이 7.5~9.5mm의 도란형이다. 꽃받침은 길이 4.5~6mm이고 4~5갈래로 갈라지며 전체에 털이 밀생한다. 꽃받침열편은 길이 2~3.5mm의 삼각상 피침형이며, 끝이 길게 뾰족하다. 열편 중에서는 아래쪽 열편이 가장 길다. 수술은 10개다. 자방은 타원형이고 털이 있으며, 암술대는 길이 7~8mm이고 밑부분에 털이 있다.
열매 열매(莢果)는 길이 4.5~5.5mm의 납작하고 광타원형-도란형이며 9~10월에 익는다. 열매 전체에 털이 밀생하며 종자는 1개씩 들어 있다.

● **참고**
싸리와 비교해 꽃차례가 잎 길이보다 짧으며 꽃받침열편이 길게 뾰족한 점이 다르다.

❶꽃. 꽃차례가 짧아서 꽃이 잎 사이에 묻힌 것처럼 보인다. ❷열매 ❸잎. 끝이 오목한 형태가 흔하다. ❹겨울눈. 싸리와는 달리 아린이 흰색의 긴 털로 싸여 있다. ❺수피. 회색~흑갈색이며 피목이 발달한다. ❻종자는 길이 3mm 정도의 신장형이다. ❼개화기의 수형
❖식물 포인트 꽃차례/꽃(꽃받침열편)/잎

2008. 8. 7. 경기 가평군

해변싸리
Lespedeza maritima Nakai

콩과 FABACEAE Lindl.

●**분포**
한국(한반도 고유종)

❖**국내분포/자생지** 경남, 경북, 전남의 바닷가 및 하천에 가까운 산지

●**형태**
수형 낙엽 관목이며 높이 1~3m로 자란다. 가지가 많이 갈라지며 보통 가지 위쪽이 아래로 처진다.

잎 어긋나며 3출엽이다. 작은잎은 길이 1.5~3cm의 장타원형-난형이며, 끝이 둔하거나 약간 뾰족하고 밑부분은 둥글거나 쐐기형이다. 표면은 광택이 있는 짙은 녹색이며, 뒷면은 회녹색이고 누운털이 밀생한다. 잎자루는 길이 3~25mm이고 털이 있다.

꽃 7~10월에 잎겨드랑이에서 나온 총상꽃차례에 홍자색의 양성화가 모여 달린다. 꽃차례와 꽃자루에는 긴 털이 밀생한다. 꽃받침은 중앙 이하까지 깊게 4갈래로 갈라지며 전체에 긴 털이 밀생한다. 꽃받침열편은 좁은 삼각형이고 끝이 뾰족하며 적색을 띤다.

열매/종자 열매(莢果)는 길이 7~10mm의 납작한 타원형이며 끝이 길게 뾰족하며 9~10월에 익는다. 열매는 표면 전체에 털이 밀생하고 종자는 1개씩 들어 있다. 종자는 길이 4~5mm의 타원형 또는 신장형이다.

●**참고**
국명은 '해변에 자라는 싸리'라는 뜻이지만 드물게 내륙(경북)에도 분포한다. 전체에 갈색의 긴 털이 밀생하는 것과 잎이 광택이 나는 가죽질이며 꽃받침열편이 뾰족하고 겉에 긴 털이 있는 것이 특징이다. 개화시기도 국내 자생하는 대부분의 싸리류보다 조금 늦다.

❶꽃. 꽃자루와 꽃받침은 모두 갈색 털이 밀생한다.(ⓒ고근연) ❷열매. 싸리나 참싸리보다 길고 뾰족하다. ❸잎. 표면은 짙은 녹색을 띠며 광택이 난다. 표면의 엽맥은 뚜렷이 함몰되어 있다. ❹겨울눈 ❺수피에는 능각과 털이 있다. ❻종자

❖**식별 포인트** 꽃(꽃받침, 꽃자루)/잎/열매

2003. 10. 4. 전남 완도군 보길도

풀싸리
(늦싸리)

Lespedeza thunbergii (DC.)
Nakai **subsp.** *thunbergii*

콩과 FABACEAE Lindl.

● **분포**
중국(산둥반도 이남), 일본, 인도(동
부), 한국
❖ **국내분포/자생지** 전국의 산지 길가
및 숲 가장자리에 비교적 드물게 자람
● **형태**
수형 낙엽 관목이며 높이 1~1.5m로
자란다.
잎 어긋나며 3출복엽이다. 작은잎은
길이 3~6cm의 타원형-장타원상 난형
이며, 끝은 둔하거나 뾰족하고 기부가
둥글다. 뒷면은 연녹색이고 짧은 누운
털이 있다.
꽃 8~10월에 총상꽃차례에 홍자색 꽃
이 모여 달린다. 기판은 광타원형이고
용골판과 길이가 비슷하며, 익판은 이
보다 짧다. 익판과 용골판은 좁은 도란
형이다. 꽃받침은 길이 3.5~6mm이고
중간까지 4갈래로 깊게 갈라지며, 전
체에 누운털이 밀생한다. 열편은 아래
의 것이 가장 길다.
열매 열매(莢果)는 길이 7~12mm이고
납작한 타원형이며 10~11월에 익는다.
● **참고**
국명은 지상부가 겨울에 마치 풀처럼
말라 죽는 싸리라는 뜻이다. 풀싸리에
비해 잎과 꽃이 보다 대형이고(화관이
꽃받침보다 3~4배 깊) 측면의 꽃받침
열편이 꽃받침통부와 길이가 비슷한
나무를 중국풀싸리[subsp. *formosa*
(Vogel) H. Ohashi, ※국명 신칭]라고
하며, 근래에 도로변 절개지 녹화용으
로 중국에서 도입하여 흔히 식재하고
있다.

❶꽃. 측면의 꽃받침열편은 꽃받침통부의
1~1.5배 길이이다. ❷열매. 전체에 털이 밀생
한다. ❸겨울눈 ❹-❻중국풀싸리. 도로변 절
개지에 식재된 싸리류의 대부분이 중국풀싸
리다. ❺꽃 ❻열매 ❼-❾큰잎싸리(*L. davidii*
Franch.). 중국풀싸리와 함께 절개지 녹화용
으로 중국에서 도입하여 식재하고 있지만,
비교적 드물다. 풀싸리에 비해 줄기에 털이
밀생하고 뚜렷하게 사각지며 잎이 두껍고 대
형인 점이 다르다.
❊식별 포인트 꽃(꽃받침)/잎

2011. 9. 23. 전남 나주시

2018. 8. 5. 전남 목포시

싸리
Lespedeza bicolor Turcz.

콩과 FABACEAE Lindl.

●**분포**
중국(중부 이북), 일본, 몽골, 러시아 (동부), 한국
❖**국내분포/자생지** 전국의 산야
●**형태**
수형 낙엽 관목이며 높이 1.5~3m 정도로 자란다.
잎 어긋나며 3출엽이다. 작은잎은 길이 2~6cm의 타원상 난형-도란형이며, 끝이 둥글면서 약간 움푹 들어가기도 하고 밑부분은 둥글거나 쐐기형이다. 뒷면은 연한 녹색이고 누운털이 약간 있다.
꽃 7~8월에 잎겨드랑이에서 나온 길이 2~7(~10)cm의 총상꽃차례에 홍자색의 양성화가 모여 달린다. 기판은 길이 9~12mm의 도란형으로 꽃잎 중 가장 길다. 익판은 길이 7~10mm의 좁은 도란형이며, 용골판은 길이 8.5~10mm의 도란형이다. 꽃받침은 길이 3~4.5mm이고 4갈래로 갈라지며, 전체에 털이 밀생한다. 꽃받침열편은 길이 1.2~2.3mm의 삼각상 피침형이며 끝이 뾰족하지만 꼬리처럼 길어지지는 않는다. 수술은 10개다. 자방은 타원형이고 털이 있으며, 암술대는 길이 7~8mm이고 밑부분에 털이 있다.
열매/종자 열매(莢果)는 길이 5~7mm의 납작한 광타원형-도란형이며 9~10월에 익는다. 전체에 털이 밀생하며 종자는 1개씩 들어 있다. 종자는 길이 3mm 정도의 신장형이며 적갈색을 띤다.
●**참고**
참싸리에 비해 꽃차례가 크고 길며 꽃받침열편이 꼬리처럼 길지 않은 것이 특징이다.

❶꽃. 총상꽃차례에 달린다. 꽃잎은 기판이 제일 길며 용골판이 익판보다 길다. ❷열매 ❸잎 ❹겨울눈. 난형이며 갈색을 띠는 아린의 가장자리를 따라 흰 털이 있다. ❺수피. 회색-적갈색이며 피목이 발달한다. ❻종자 ❖식별 포인트 꽃차례/꽃/열매

검나무싸리
(쇠싸리, 흑싸리)

Lespedeza melanantha Nakai
[*Lespedeza bicolor* Turcz. var.
higoensis (T. Shimizu) Murata]

콩과 FABACEAE Lindl.

● **분포**

일본(쓰시마섬 및 혼슈 일부 지역), 한국

❖ **국내분포/자생지** 경남(천성산, 재약
산), 전남(지리산, 팔영산), 전북(덕유
산), 충남(계룡산), 충북(속리산)의 숲
가장자리나 바위지대에 드물게 자람

● **형태**

수형 낙엽 관목이며 높이 0.5~1.5m로
자란다.

잎 어긋나며 3출엽이다. 작은잎은 길
이 1.5~3cm의 타원형-도란형이며 양
끝이 둥글다. 표면에는 털이 거의 없고
뒷면은 연한 녹색을 띠며 누운털이 약
간 있다.

꽃 6~7월에 총상꽃차례에 홍자색-흑
자색의 양성화가 모여 달린다. 기판은
길이 10mm 정도의 도란형이다. 익판은
길이 9~10mm의 좁은 도란형이며, 용
골판은 길이 8.5~9mm의 도란형이다.
꽃받침은 4갈래로 갈라지며 털이 약간
있다. 꽃받침열편은 끝이 둥글며 각 열
편은 길이가 서로 비슷하다. 자방은 타
원형이며 암술대는 길이 6mm 정도다.

열매 열매(荚果)는 길이 5mm 정도의 납
작하고 광타원형이며 9~10월에 익는
다. 표면에 털이 약간 있으며 종자가 1
개씩 들어 있다.

● **참고**

싸리에 비해 꽃이 더 작고 흑자색을 띠
며 익판이 용골판보다 긴 점, 그리고
꽃받침열편의 끝이 둥글고 열매에 털
이 적은 것이 다르다. 일본의 자생지는
3곳에 불과하며 주 분포지인 한반도에
서도 개체수가 그다지 많지 않은 세계
적인 희귀식물이다.

❶꽃. 길이가 긴 작은꽃자루에 달리며 용골
판보다 긴 익판이 용골판을 감싼다. 기판은
원형에 가깝다. ❷꽃 측면. 꽃받침열편은 끝
이 둥글다. ❸열매. 표면에 그물맥이 뚜렷하
고 털이 약간 있다. ❹잎. 표면의 주맥을 따
라 털이 드물게 있다. ❺겨울눈. 끝이 둥글며
인편 가장자리에 털이 있다. ❻수피 ❼종자
✿식별 포인트 꽃차례/꽃/열매

2006. 6. 3. 경남 양산시

2010. 6. 2. 충북 제천시 박달재

아까시나무
Robinia pseudoacacia L.

콩과 FABACEAE Lindl.

● 분포
북아메리카 원산

❖ 국내분포/자생지 전국의 산야에 식재되어 있으며 자생하는 것처럼 자람

● 형태
수형 낙엽 교목이며 높이 10~25m로 자란다.

어린가지 탁엽이 변한 길이 2cm 이상의 억센 가시가 있다.

잎 어긋나며 4~9쌍의 작은잎으로 이루어진 우상복엽이다. 작은잎은 타원형-난형이며 양 끝이 둥글다. 표면에는 털이 없고 뒷면은 연한 녹색이다.

꽃 5~6월에 새가지의 잎겨드랑이에서 나온 총상꽃차례에 백색의 양성화가 모여 달린다. 꽃받침은 길이 7~9mm이며 5갈래로 얕게 갈라진다. 자방은 선형이고 털이 없으며, 암술대는 길이 8mm 정도이고 끝이 굽는다.

열매 열매(莢果)는 길이 5~12cm의 납작한 선상 장타원형이며 9~10월에 갈색으로 익는다.

● 참고
흔히 '아카시아'로 부르기도 하지만, 원산지가 열대 지역인 진짜 아카시아(*Acacia*)와는 다른 속(*Robinia*) 식물이다. 학명의 종소명 *pseudoacacia*도 아카시아와 닮았다는 뜻이며, 국명은 아카시아와의 혼동을 피하기 위해 아까시나무로 쓴다. 척박한 땅에도 잘 자라는 대표적인 질소고정식물이자 밀원식물로서, 예전에는 황폐했던 산지를 녹화하고자 전국에 식재했다.

❶ 꽃. 아까시나무는 대표적인 밀원식물로서 꽃향기가 아주 좋다. ❷ 결실 중인 열매 ❸ 겨울눈. 엽흔 속에 숨어 있으며 털이 있다. ❹ 수피. 회갈색-황갈색이며 세로로 거칠게 갈라진다. ❺ 종자 ❻ 꽃아까시나무(*R. hispida* L.). 줄기와 꽃자루가 길고, 억센 털이 빽빽하다.(ⓒ윤연순) ❼ 분홍아까시나무(*Robinia* × *margaretta* 'Pink Cascade')
✽ 식별 포인트 잎/가시/수피/꽃

등
(등나무)

Wisteria floribunda (Willd.) DC.

콩과 FABACEAE Lindl.

●**분포**
일본(혼슈 이남), 한국

❖**국내분포/자생지** 경남과 경북의 숲 가장자리 또는 계곡에 야생. 흔히 조경용으로 이용.

●**형태**
수형 낙엽 덩굴성 목본이며 다른 나무를 감고 자란다(왼쪽 감기).

겨울눈 길이 5~8mm의 장난형이며 인편은 2~3개다.

잎 어긋나며 5~9쌍의 작은잎으로 이루어진 우상복엽이다. 작은잎은 장타원형-난상 타원형이다.

꽃 4~5월에 가지 끝에서 나온 20~40(~100)cm의 총상꽃차례에 연한 자주색의 양성화가 모여 달린다. 기판은 넓은 도란형이며 중앙부에 황색의 무늬가 있으며, 밑부분에는 2개의 돌기 같은 경점(callus)이 있다. 꽃받침은 넓은 종형이고 겉에 잔털이 있으며 끝이 5갈래로 갈라진다.

열매/종자 열매(英果)는 길이 10~20cm의 선상 도피침형이며 10~11월에 익는다. 표면에는 비로드(우단) 같은 부드러운 털이 밀생하며 익으면 2갈래로 갈라진다. 종자는 광택이 나는 갈색을 띠고 표면에는 밤색 무늬가 있다.

●**참고**
애기등에 비해 식물체가 대형이고 꽃이 크며, 꽃의 기판 기부에 경점이 있는 것이 다르다. 부산 범어사 주변 계곡에 있는 군락은 천연기념물 제 176호로 지정되어 있다. 덩굴이 오른쪽으로 감기고 등꽃보다 좀 더 큰 자주색 또는 흰색 꽃이 피는 일본 원산의 나무를 산등(山籐, *W. barachybotrys* Siebold & Zucc.)이라고 한다.

2005. 5. 1. 전남 진도군

❶꽃차례. 좋은 향기가 있다. ❷열매 ❸잎 ❹겨울눈. 광택이 있는 자갈색이다. ❺수피. 회갈색이고 표면이 거칠다. ❻종자 ❼산등
✽식별 포인트 꽃/수형/열매

454

2018. 6. 23. 전남 자은도

❶꽃 **❷**열매. 열매의 표면에 털이 없는 것이 등나무와 다르다. **❸**겨울눈과 수피. 인편에는 백색 털이 밀생한다. 줄기는 왼쪽으로 감긴다. **❹**종자 **❺**수형
✽식별 포인트 꽃/열매/잎

애기등

Wisteria japonica Siebold & Zucc.
[*Milletia japonica* (Siebold & Zucc.) A. Gray]

콩과 FABACEAE Lindl.

●**분포**
일본(혼슈 일부), 한국
❖**국내분포/자생지** 경남(거제도), 전라도(주로 서남해 도서)의 풀밭이나 숲 가장자리

●**형태**
수형 낙엽 덩굴성 목본이며 다른 나무를 감고 자란다.

수피/어린가지/겨울눈 수피는 황갈색이며 어린가지는 갈색-적갈색이고 피목이 많다. 겨울눈은 삼각형, 인편은 침형이고 회갈색 털이 밀생한다.

잎 어긋나며 4~8쌍의 작은잎으로 이루어진 우상복엽이다. 작은잎은 길이 2~6㎝의 난형-난상 피침형이며 양면에 털이 없다. 끝은 길게 뾰족하고 밑부분은 둥글거나 넓은 쐐기형이며, 가장자리가 밋밋하다.

꽃 7~8월에 10~20㎝의 총상꽃차례에 연한 녹백색의 양성화가 모여 달린다. 기판과 용골판은 길이 1.2~1.3㎝로 길이가 비슷하며 기판의 중앙부에는 연한 녹색의 무늬가 있다. 꽃받침은 넓은 종형이고 겉에 털이 없으며, 끝이 5갈래로 얕게 갈라진다.

열매/종자 열매(英果)는 길이 10~15㎝의 선상 도피침형이며, 10~11월에 익는다. 열매는 표면에 털이 없고 익으면 2갈래로 갈라진다. 종자는 지름 8mm 정도의 납작한 원형이며 갈색을 띤다.

●**참고**
등나무에 비해 식물체가 소형이고 꽃차례가 새가지의 잎겨드랑이에서 나오며, 꽃이 녹백색이고 기판에 돌기 모양의 경점이 없는 점이 다르다. 꽃을 풍성하게 피우는 데 비해 결실률은 그다지 높지 않다.

보리수나무

Elaeagnus umbellata Thunb.

보리수나무과
ELAEAGNACEAE Juss.

2010. 5. 9. 제주 한림읍 비양도

● **분포**

중국(랴오닝성 이남), 일본(훗카이도 남부 이남), 한국

❖ **국내분포/자생지** 중부 이남의 풀밭, 숲 가장자리 및 계곡 주변

● **형태**

수형 낙엽 관목이며 높이 2~4m로 자란다.

어린가지 은색의 인모가 밀생하며 가지에는 흔히 긴 가시가 발달한다.

잎 어긋나며 길이 4~8cm의 피침형-장타원형이다. 끝은 뾰족하거나 둔하고 밑부분은 쐐기형이며, 가장자리가 밋밋하다.

꽃 4~6월 새가지의 잎겨드랑이에 은백색의 양성화가 1~6개씩 모여 달린다. 꽃받침통은 길이 5~7mm이며, 열편은 4개로 길이 3.5mm 전후의 삼각상 난형이다. 수술은 길이 1mm가량으로 아주 짧고 암술대는 길이 6~7mm다. 꽃자루, 꽃받침, 자방에 모두 은색의 인모가 밀생한다.

열매 열매(瘦果)는 길이 6~8mm로 구형에 가깝고 9~11월에 적색으로 익는다. 열매의 표면에는 갈색 또는 은색의 인모가 퍼져 있다. 수과는 길이 5~6mm의 장타원형이며 8개의 골이 있다.

● **참고**

가을에 꽃이 피는 상록성 나무인 보리밥나무나 보리장나무와는 달리 봄에 개화하고 가을에 결실한다. 참고로 불교에서 말하는 보리수는 원래 중국과 동남아시아 등지에 자생하는 무화과 나무류(*Ficus religiosa*)를 일컫는다 (229쪽 보리자나무 참조).

❶꽃은 깔때기 모양이다. ❷열매는 맛이 달콤새콤하며 식용할 수 있다. ❸잎. 앞면은 은색의 인모, 뒷면은 은색과 갈색의 인모로 덮여 있다. ❹겨울눈. 은색과 갈색의 인모로 덮여 있다. ❺수피는 회색-회흑색이고 오래되면 세로로 길게 갈라진다. ❻수과 ❼수형

✽식별 포인트 잎/열매/꽃/어린가지

2007. 6. 17. 충북 옥천군

뜰보리수나무
Elaeagnus multiflora Thunb.

보리수나무과
ELAEAGNACEAE Juss.

● **분포**
일본(홋카이도 남부, 혼슈) 원산
❖ **국내분포/자생지** 전국의 공원 및 정
원에 식재

● **형태**
수형 낙엽 관목이며 높이 2~4m로 자
란다.

수피/어린가지 수피는 회갈색이며 오
래되면 세로로 갈라져서 불규칙하게
떨어진다. 어린가지는 적갈색의 인모가
밀생하며 가지에 긴 가시가 발달한다.

잎 어긋나며 길이 3~9cm의 광타원형-
광난형이다. 끝은 뾰족하거나 둔하고
밑부분은 쐐기형이며, 가장자리는 밋
밋하다. 표면에는 은색의 인모 또는 성
상모가 있고 뒷면에도 은색과 갈색의
인모가 밀생한다.

꽃 4~5월 새가지 잎겨드랑이에 연한
황색의 양성화가 1~3개씩 모여 달린
다. 꽃자루는 길이 8~12mm다. 꽃받침
통은 길이 8mm 정도이며, 열편은 4개
로 길이 3.5mm 정도의 삼각상 난형이
다. 수술은 매우 짧으며, 암술대에는
털이 없다. 자방에는 은색의 인모가 밀
생한다.

열매 열매(瘦果)는 길이 1.2~1.7cm의
광타원형이며 5~7월에 적색으로 익는
다. 표면에는 연한 갈색의 인모가 털처
럼 퍼져 있다. 수과는 길이 1~1.2cm의
장타원형이며 8개의 깊은 골이 있다.

● **참고**
보리수나무와 유사하지만 어린가지에
적갈색의 인모가 밀생하고 꽃이 연한
황색이며, 열매가 더 크고 보리수나무
보다 빠른 5~7월에 성숙하는 점이 다
르다.

❶꽃. 연한 황색이다. 개화기가 진행할수록
더 짙은 황색이 된다. ❷열매. 보리수나무보
다 더 크고 길다. ❸❹잎 앞면과 뒷면. 잎 표
면에는 성상모 또는 은색 인모가 있으며 잎
뒷면에는 은색과 갈색의 인모가 섞여 있다.
❺겨울눈. 인편이 없이 드러나 있으며 갈색
인모로 싸여 있다. ❻수피 ❼수과
✱식별 포인트 어린가지(인모)/열매/잎

보리장나무

Elaeagnus glabra Thunb.

보리수나무과
ELAEAGNACEAE Juss.

● **분포**

중국(중남부), 일본(혼슈 이남), 타이완, 한국

❖ **국내분포/자생지** 전남(서남해 도서지역), 제주의 산지 사면 또는 숲 가장자리

● **형태**

수형 상록 덩굴성 목본이며 다른 나무에 기대어 올라가며 자란다. 높이는 2~4(~8)m다.

수피/어린가지 수피는 짙은 회색이며 표면에 둥근 피목이 흩어져 있다. 어린가지는 적갈색이며 인모가 밀생한다.

잎 어긋나며 길이 4~8cm의 장타원형-난상 장타원형이다. 표면은 광택이 나고 은색의 인모가 있으나 차츰 떨어지며, 뒷면에는 적갈색의 인모가 밀생한다.

꽃 10~11월 잎겨드랑이에 연한 갈색의 양성화가 2~8개씩 모여 달린다. 꽃자루는 길이 3~7mm다. 꽃받침통은 길이 4~6mm이며 열편은 4개다. 수술은 길이 0.8mm 정도로 매우 짧고, 암술대에는 털이 없다. 꽃자루, 꽃받침, 자방에 모두 적갈색의 인모가 밀생한다.

열매 열매(瘦果)는 길이 1.5~2cm의 장타원형이며 이듬해 4~5월에 적색으로 익는다. 표면에는 연한 갈색의 인모가 퍼져 있다. 수과는 길이 1.5cm가량의 장타원형이다.

● **참고**

보리밥나무에 비해 잎이 좁고(장타원형) 뒷면에 적갈색 인모가 밀생하는 것과, 꽃받침통이 밑으로 갈수록 완만하게 좁아지는 것이 다른 점이다.

❶꽃. 꽃자루, 꽃받침, 자방에 적갈색의 인모가 있다. ❷성숙한 열매. 붉게 익는다. ❸❹잎. 표면에는 광택이 있고 뒷면에는 적갈색의 인모가 밀생한다. ❺겨울눈. 적갈색 인모로 덮여 있다. ❻노목의 수피. 오래되면 세로로 길게 갈라진다. ❼수과
✽식별 포인트 잎/꽃/수형

2007. 10. 11. 전남 신안군 흑산도

2008. 3. 30. 제주

보리밥나무
Elaeagnus macrophylla
Thunb.

보리수나무과
ELAEAGNACEAE Juss.

● **분포**
중국(동부 바닷가), 일본(혼슈 이남), 타이완, 한국
❖ **국내분포/자생지** 경북(울릉도) 및 황해도 이남의 바다 가까운 산지

● **형태**
수형 상록 관목(또는 상록 덩굴성 목본)이며 높이 2~4(~8)m로 자란다.

수피/어린가지 수피는 암회색-회갈색이며 둥근 피목이 흩어져 있고 오래되면 세로로 갈라진다. 어린가지는 다소 굵고 표면에 은색 또는 연한 갈색의 인모가 밀생한다. 가지에는 가시가 없다.

잎 어긋나며 길이 5~8cm의 타원상 난형-광난형이다. 표면에는 은색의 인모가 있으나 차츰 떨어지며 뒷면에는 은백색의 인모가 밀생한다.

꽃 10~11월에 잎겨드랑이에 백색 또는 연한 황백색의 양성화가 1~3개씩 모여 달린다. 꽃자루는 길이 5~10mm다. 꽃받침통은 길이 4~5mm로 밑부분이 갑자기 좁아지며, 열편은 광난형이고 통부보다 약간 짧다. 꽃받침 바깥면과 꽃자루에 은백색의 인모가 밀생한다.

열매 열매(瘦果)는 길이 1.5~2cm의 장타원형이며 이듬해 3~4월에 적색으로 익는다. 표면에는 은백색의 인모가 밀생한다. 수과는 길이 1.5cm가량의 장타원형이며 뚜렷하게 골이 파인다.

● **참고**
보리장나무에 비해 잎이 난상으로 넓고 뒷면에 은백색의 털이 밀생하며, 꽃받침통의 밑부분이 갑자기 좁아지는 점이 다르다.

❶꽃 ❷열매. 표면을 덮은 은색의 인모 때문에 흰빛이 돈다. ❸잎. 뒷면에는 은백색의 인모가 밀생한다. ❹겨울눈. 은색과 연한 갈색의 인모로 싸여 있다. ❺수피 ❻수과 ❼유사 식물들의 잎 비교(왼쪽부터): 보리밥나무/형질이 섞인 타입의 잎(중앙의 2장)/보리장나무
✽식별 포인트 잎(뒷면)/꽃/수형

459

배롱나무

Lagerstroemia indica L.

부처꽃과 LYTHRACEAE J. St.-Hil.

● **분포**

중국(남부) 원산

❖ **국내분포/자생지** 가로수 및 공원수
로 전국에 널리 식재

● **형태**

수형 낙엽 소교목이며 높이 3~5(~7)
m, 지름 30cm까지 자란다.

수피/어린가지/겨울눈 수피는 연한
홍자색이고 얇게 벗겨지며, 오래되면
노각나무처럼 불규칙하게 조각으로
떨어진다. 어린가지는 회갈색이고 털
이 없으며, 네모로 각지고 좁은 날개가
있다. 겨울눈은 길이 2~3mm의 난형으
로 끝이 뾰족하며, 인편은 적갈색이다.
잎 주로 어긋나며 길이 2.5~7cm의 도
란상 장타원형-아원형이다. 끝은 둥글
거나 둔하고 밑부분은 넓은 쐐기형이
며, 가장자리는 밋밋하다. 엽질은 약간
가죽질이며 양면에 털이 없다.
꽃 7~9(~10)월 길이 7~20cm의 원추
꽃차례에 홍색이나 분홍색, 또는 백색
의 양성화가 모여 달린다. 꽃잎은 6개
로 주걱 모양이며, 상부는 아원형으로
주름지고 하부는 가늘고 길다. 수술은
36~42개인데, 유난히 긴 가장자리의
수술 6개는 안쪽으로 굽는다.
열매/종자 열매(蒴果)는 길이 7mm가량
의 구형이고 10~11월에 익으며 6갈래
로 갈라진다. 종자는 길이 4~5mm이고
넓은 날개가 있다.

● **참고**

꽃이 초여름(7월)에 피기 시작해 가을
(9월)까지 약 100일간 꽃이 핀다고 하
여 '백일홍' 혹은 '목백일홍'이라고도
부른다. 배롱나무의 잎은 특이하게 2
장씩 어긋나서 달리기도 한다.

❶❷다양한 색상의 꽃. 꽃잎은 가장자리가
물결 모양이며 밑부분이 급격히 좁아진다.
바깥쪽의 수술은 유독 길이가 길다. ❸열매
❹잎은 마주나거나 2장씩 어긋난다. ❺겨울
눈. 어린가지에는 능각이 있다. ❻수피. 껍질
이 벗겨지면서 매끄러운 느낌을 준다. ❼종자
✻식별 포인트 꽃/수피

2007. 8. 11. 전남 보성군 천봉산

2005. 4. 20. 전남 진도군

팥꽃나무

Daphne genkwa Siebold & Zucc.

팥꽃나무과
THYMELAEACEAE Juss.

● **분포**
중국(산둥반도 이남), 타이완, 한국
❖ **국내분포/자생지** 전남(진도, 청산도, 해남군, 완도 등), 전북의 산지 및 풀밭에 드물게 자람

● **형태**
수형 낙엽 관목이며 높이 0.3~1m로 자라고 가지가 많이 갈라진다.

수피/어린가지 수피는 적갈색-암갈색이며 피목이 흩어져 있다. 어린가지는 암갈색이고 백색의 누운털이 밀생한다.

잎 마주나며 길이 3~4cm의 난상 피침형-타원상 장타원형이다. 끝은 뾰족하고 밑부분은 쐐기형 또는 넓은 쐐기형이며, 가장자리가 밋밋하다. 양면에 잔털이 있으며, 뒷면은 회녹색이고 맥 위와 가장자리에는 부드러운 털이 밀생한다. 잎자루는 길이 4mm 정도다.

꽃 3~4월 잎이 나오기 전에 2년지 끝에 홍자색의 양성화가 3~7개씩 산형으로 모여 달린다. 꽃받침통은 길이 8~11mm의 원통형이며, 겉에 털이 있고 끝이 4갈래로 갈라진다. 수술은 4개씩 상하 2열로 배열(4개는 꽃받침통 중앙에, 다른 4개는 꽃받침통 입구에 달림)된다. 자방은 도란형이고 털이 밀생한다.

열매 열매(核果)는 6~7월에 녹색→백색으로 익는다.

● **참고**
잎은 마주나며, 잎이 나기 전에 홍자색의 꽃이 풍성하게 피는 것이 특징이다. 꽃은 라일락과 형태가 유사하지만 향기가 없고, 꽃이 피는 개수에 비해 결실률이 낮다.

❶꽃의 종단면. 자방에는 털이 있고 수술은 화통의 안쪽에 상하2열로 붙어 있다. ❷미성숙한 열매 ❸잎 앞면과 뒷면에는 부드러운 털이 있다. ❹겨울눈. 백색 털에 싸여 있다. 엽흔은 돌출한다. ❺수피 ❻핵 ❼개화기 후의 모습. 잎만 있는 시기에는 숲속에서 눈에 잘 띄지 않는다.
✤식별 포인트 꽃(개화기)/잎/어린가지

461

백서향나무
Daphne kiusiana Miq.

팥꽃나무과
THYMELAEACEAE Juss.

2016. 3. 29. 제주 서귀포시

● **분포**
중국(중남부), 일본(혼슈 이남), 한국
❖ **국내분포/자생지** 서남해 도서 및 제주의 숲속에 드물게 자람
● **형태**
수형 상록 관목이며 높이 50~150㎝ 정도로 자란다.
어린가지 녹색이며 오래되면 적갈색이 된다.
잎 어긋나며 길이 4~16㎝의 장타원형-도피침형이다. 끝은 길게 뾰족하고 밑부분은 차츰 좁아져 잎자루와 연결되며, 가장자리는 밋밋하다. 표면에는 광택이 있고 양면에 털이 없다.
꽃 암수딴그루로 기재한 문헌이 있지만 확인이 필요하다. 2~4월 가지 끝에 백색의 꽃이 모여 달린다. 꽃자루는 매우 짧고 백색의 짧은 털이 있다. 꽃받침통은 길이 7~10㎜이고 겉에 잔털이 있으며, 끝이 4갈래로 갈라진다. 수술은 4개씩 2열로 배열된다(4개는 꽃받침통 중앙에, 다른 4개는 꽃받침통 입구에 달림). 자방은 장타원형이고 털이 있다.
열매 열매(核果)는 길이 8~9㎜의 광타원형 또는 난상 원형이며 5~7월에 적색으로 익는다. 유독성이다.
● **참고**
국명은 '꽃이 백색이고 상서로운 향기가 나는 나무'라는 의미다. 중국 원산인 서향나무(*D. odora* Thunb., 자생지 불분명)는 백서향나무와 유사하지만 꽃이 연한 홍자색이고 꽃받침통의 겉과 자방에 털이 없으며, 국내에서는 거의 열매를 맺지 않는다. 제주 및 남부지방에 식재하고 있다.

❶꽃차례. 은은한 향기를 풍긴다. ❷열매. 붉게 익는다. ❸잎. 가죽질이며 표면에 광택이 있다. ❹핵. 광택이 나는 흑색이며 내과피에 싸여 있다. ❺❻서향나무 ❺꽃차례. 연한 홍자색이고 향기가 강하다. ❻수형(2004. 3. 14. 전남 해남군 대흥사)
✽식별 포인트 수형/꽃

2005. 8. 24. 강원 태백시

① ② ③ ④ ⑤ ⑥

두메닥나무

Daphne pseudomezereum A.
Gray
[*Daphne kamtschatica* Maxim.;
D. pseudomezereum A. Gray var.
koreana (Nakai) Hamaya]

팥꽃나무과
THYMELAEACEAE Juss.

●분포
중국(동북부), 일본(혼슈 이남), 한국
❖국내분포/자생지 지리산 이북의 높
은 산 능선 및 계곡에 드물게 자람
●형태
수형 낙엽 소관목이며 높이 0.3~1m
정도로 자란다.
수피/어린가지 수피는 황갈색-녹갈색
이며 매끈하고 광택이 난다. 어린가지
는 다소 굵으며 연한 갈색을 띠고 털이
없다.
잎 어긋나며 길이 3~10cm의 피침형-
장타원형이다. 끝은 뾰족하고 밑부분
은 차츰 좁아지며, 가장자리가 밋밋하
다. 양면에 모두 털이 없으며 뒷면은
분백색이 돈다. 잎자루는 길이 3~8mm
이며 역시 털이 없다.
꽃 암수딴그루라고 하지만 확인이 필
요하다. 3~4월 새잎이 나는 시기에
가지 끝에 연한 녹색 또는 백색의 꽃이
2~10개씩 모여 달린다. 꽃받침통은
길이 6~8mm이고 겉에 털이 없으며 끝
이 4갈래로 갈라지고, 열편은 길이 2.5
~5.5mm다. 수술은 8개가 4개씩 2열로
배열된다.
열매 열매(核果)는 길이 5~8mm의 광
타원형-난형이며 7~8월에 적색으로
익는다. 유독성이다.
●참고
아고산대 산지의 능선 및 정상부와, 석
회암지대(경북, 강원)에 드물게 자란
다. 국내에 자생하는 두메닥나무는 일
본의 두메닥나무와는 달리 가을에 낙
엽이 지는 특징이 있어서 이를 근거로
별도의 변종[var. *koreana* (Nakai)
Hamaya]으로 취급하기도 한다. 암수
딴그루라고 하지만 불확실하다.

❶❷꽃. 암수딴그루로 알려져 있으나 성별을
구분하기 어렵다. ❸열매 ❹잎. 양면에 털이
없다. ❺겨울눈과 수피. 줄기와 가지는 탄력
이 있어 낭창낭창하다. ❻핵
❖식별 포인트 수형/잎

산닥나무

Wikstroemia trichotoma
(Thunb.) Makino

팥꽃나무과
THYMELAEACEAE Juss.

● **분포**
중국(중남부), 일본(혼슈 이남), 한국

❖ **국내분포/자생지** 경기(강화도), 경남(진해구, 남해도), 전남(진도, 월출산)의 숲 가장자리 및 바위지대에 드물게 자람

● **형태**
수형 낙엽 관목이며 높이 1~2m로 자라고 가지가 많이 갈라진다.
어린가지 어린가지는 털이 없으며 처음에는 녹색이다가 차츰 자갈색으로 변한다.
잎 마주나며 길이 2~4(~8)cm의 난상 타원형이다. 끝은 뾰족하고 밑부분은 둥글거나 쐐기형이며, 가장자리가 밋밋하다. 양면에 털이 없으며 뒷면은 다소 흰빛이 돈다. 잎자루는 길이 2mm 정도로 짧다.
꽃 7~9월에 가지 끝에 황록색-황백색의 양성화가 총상꽃차례에 모여 달린다. 꽃받침통은 길이 7mm 정도이고 털이 없으며, 끝이 4갈래로 갈라진다. 수술은 4개씩 2열로 배열하며(8개), 자방은 길이 2~3mm의 도란형이며 털이 없다.
열매 열매(核果)는 길이 5mm 정도의 난형이고 표면에 털이 없고 단단하다. 10~11월에 익는다. 꽃받침통은 마른 상태로 열매가 익기 직전까지 남는다. 핵은 길이 3mm 정도의 난형-장난형이며 광택이 나는 흑갈색이다.

● **참고**
거문도닥나무에 비해 잎이 마주나고 꽃이 황록색이며, 꽃받침통, 어린가지, 잎에 모두 털이 없는 점이 다르다. 국명은 '산에 나는 닥나무'라는 의미이며 제지용으로 이용하기도 한다.

❶꽃. 황록색이고 꽃받침통이 길다. ❷결실기의 열매 ❸잎은 양면에 털이 없다. ❹겨울눈 ❺수피. 자갈색이고 광택이 난다. ❻가지는 90° 가까이 벌어지기도 한다. ❼핵
✽식별 포인트 꽃/잎/수피

2005. 8. 30. 경남 남해군

2006. 9. 1. 부산시 기장군

거문도닥나무

Wikstroemia ganpi (Siebold & Zucc.) Maxim.

팥꽃나무과
THYMELAEACEAE Juss.

●**분포**
일본(혼슈 이남), 타이완, 한국
❖**국내분포/자생지** 부산시 기장군, 전남(팔영산, 거문도)의 숲 가장자리나 풀밭에 드물게 자람

●**형태**
수형 낙엽 소관목이며 높이 0.3~1.5m로 자라며, 줄기 위쪽에서 가지가 많이 갈라진다. 어린 개체는 겨울철에 줄기 일부를 제외하고는 말라 죽는다. 어린가지 백색의 누운털이 밀생한다. 잎 어긋나며 길이 2~4cm의 장타원형이다. 양 끝은 뾰족하거나 둔하고 가장자리는 밋밋하다. 뒷면은 연한 녹색이며 가장자리와 맥 위에 털이 있다. 잎자루는 길이가 2mm가량으로 짧으며 털이 밀생한다.
꽃 7~9월에 가지 끝과 잎겨드랑이에서 나온 총상꽃차례에 백색-연한 황색의 양성화가 모여 달린다. 꽃받침통은 길이 7~12mm이며, 겉에는 누운털이 밀생하고 끝이 4갈래로 갈라진다. 수술은 4개씩 2열로 배열된다. 자방은 난형이고 긴 털이 밀생한다.
열매 열매((核果)는 길이 4~5mm의 난상 타원형이며 10~11월에 익는다. 표면에는 긴 털이 밀생한다. 핵은 길이 3~4mm이고 광택이 나는 흑갈색이다.

●**참고**
1984년에 거문리(하백도)에서 최초로 발견되어 거문도닥나무라고 부른다. 산닥나무에 비해 잎이 어긋나고 꽃이 백색-연한 황색이며, 꽃받침통, 어린가지, 잎, 열매에 털이 밀생하는 점이 다르다.

❶꽃은 백색 또는 연한 황색이며 꽃받침통이 길다. ❷열매. 꽃받침통은 결실기까지 열매에 붙어 있다. ❸잎. 털이 약간 있으며 가장자리가 뒤로 살짝 말린다. ❹겨울눈은 엽흔 속에 숨어 있다. ❺❻수피의 변화 ❼핵
✽식별 포인트 수형/꽃

삼지닥나무

Edgeworthia chrysantha
Lindl.

팥꽃나무과
THYMELAEACEAE Juss.

● **분포**
중국(중남부) 원산

❖**국내분포/자생지** 제주 및 남부지방
의 정원과 공원에 간혹 식재. 산지에
야생화하여 자라기도 함.

● **형태**
수형 낙엽 관목이며 높이 1~2m로 자
라고 가지가 많이 갈라진다.
수피/어린가지/겨울눈 수피는 갈색-
적갈색이며 세로로 얕게 갈라진다. 어
린가지는 보통 3갈래로 갈라지며 어릴
때는 누운털이 있다. 겨울눈은 드러나
있으며 은백색의 긴 털이 밀생한다. 꽃
눈은 둥글고 대형이며 긴 자루 끝에 달
린다.
잎 어긋나며 길이 8~15cm의 피침형-
장타원형이고, 양 끝이 뾰족하며 가장
자리가 밋밋하다. 잎 양면에 털이 있으
며, 잎자루는 길이 5~10mm다.
꽃 3~4월에 잎이 나기 전 가지 끝에
황색의 양성화가 두상꽃차례에 모여
달린다. 꽃받침통은 길이 8~15mm이고
겉에 털이 있으며 끝은 4갈래로 갈라
진다. 수술은 4개씩 2열로 배열된다.
자방은 길이 4mm 정도의 난형이고 끝
부분에 털이 많다.
열매 열매(核果)는 길이 8mm 정도의 타
원형이고 6~7월에 익으며 표면에 긴
털이 밀생한다. 꽃받침통은 마른 채로
열매가 익을 때까지 남는다. 핵은 길이
4~5mm의 난형-장난형이며 광택이 나
는 흑색이다.

● **참고**
가지가 보통 3갈래로 갈라지는 특징
때문에 삼지(三枝)닥나무라고 부른다.
팥꽃나무에 비해 꽃이 황색이고 아래
로 처지며 잎이 어긋나는 점이 다르다.

❶두상꽃차례. 꽃받침통의 바깥쪽은 부드러
운 털로 싸여 있다. ❷열매. 결실기에도 말라
붙은 꽃받침통이 그대로 붙어 있다. ❸❹잎.
표면에는 잔털이 골고루 퍼져 있다. ❺꽃눈
(초기) ❻수피 ❼핵
✱식별 포인트 꽃(개화기)/어린가지의 전개
방식(3갈래)

2004. 4. 5. 경남 거제도

466

2007. 9. 5. 대구시 경북대학교

석류나무
Punica granatum L.

석류나무과
PUNICACEAE Bercht. & J. Presl

●**분포**
유럽(동남부), 서남아시아(이란), 인도 원산으로 추정
❖**국내분포/자생지** 중부 이남에 식재
●**형태**
수형 낙엽 관목 또는 소교목이며 높이 3~6m로 자란다.
어린가지/수피 어린가지는 네모지고 털이 없으며, 짧은가지의 끝이 가시로 변한다. 수피는 황갈색이며 오래되면 불규칙하게 조각으로 벗겨진다.
잎 어긋나며 길이 2~8cm의 장타원형이다. 끝은 둥글거나 둔하고 밑은 뾰족하며, 가장자리가 밋밋하다. 양면에 털이 없으며 표면은 광택이 난다.
꽃 5~6월에 가지 끝에서 나온 꽃자루에 적자색의 양성화가 1~5개씩 모여 달린다. 꽃은 지름 3~5cm이며, 꽃잎은 6개이고 주름이 진다. 꽃받침은 육질(肉質)의 통형이며 6갈래로 갈라진다. 수술은 다수이고 암술은 1개다. 자방은 꽃받침통 기부에 붙어 있으며 상하 2단으로 되어 있다.
열매/종자 열매(石榴果)는 지름 5~12cm이며, 끝에는 꽃받침이 왕관 모양으로 남는다. 종자는 붉은색의 가종피에 싸여 있는데, 즙이 많은 가종피 부분을 식용으로 쓴다.
●**참고**
석류나무는 유럽 및 서남아시아 원산으로, 우리나라에는 고려 초기에 중국을 통해 들어왔다고 추정하고 있다. 열매 안에 많은 종자가 들어 있는 특징 때문에 예로부터 로마, 이집트 및 중국 등지에서는 다산(多産)을 상징하는 나무로 여겼다.

❶개화기의 모습 ❷꽃의 종단면. 암술대는 다수의 수술 속에 완전히 묻혀 있다. ❸열매의 종단면 ❹잎 ❺어린나무의 수피

박쥐나무

Alangium platanifolium
(Siebold & Zucc.) Harms
[*Alangium platanifolium* (Siebold
& Zucc.) Harms var. *trilobum*
(Miq.) Ohwi]

박쥐나무과 ALANGIACEAE DC.

● **분포**
중국, 일본, 타이완, 한국
❖ **국내분포/자생지** 전국의 산지
● **형태**
수형 낙엽 관목이며 높이 2~3m로 자란다.
수피/어린가지 수피는 회색이고 매끈하며 피목이 흩어져 있다. 어린가지는 회갈색이며 처음에는 짧은 털이 있으나 차츰 떨어져 없어진다.
잎 어긋나며 길이 7~20cm의 사각상 심장형 또는 원형이며, 끝에서 3~5갈래로 얕게 갈라진다. 열편 끝은 꼬리처럼 길게 뾰족하며, 잎 밑부분은 심장형이다. 표면은 황록색이고 짧은 털이 약간 있으며, 뒷면은 연녹색이고 잔털이 드문드문 있다. 잎자루는 길이 3~10mm이고 짧은 털이 밀생한다.
꽃 6월에 새가지의 잎겨드랑이에 백색의 양성화가 1~5개씩 엉성하게 모여 달린다. 꽃잎은 6개이며 길이 3~3.5cm이고 바깥쪽으로 둥글게 말린다. 수술은 8개이고 길이는 3cm 정도이며, 황색의 꽃밥은 암술대와 길이가 비슷하다.
열매 열매(核果)는 지름 7~8mm의 타원형-구형이며, 9~10월에 남색으로 익는다.

2010. 6. 17. 경기 가평군 화악산

❶꽃. 바깥쪽으로 말리는 꽃잎과 길게 늘어지는 수술이 특징이다. 향기는 그다지 좋지 않다. ❷성숙한 열매 ❸❹잎. 뒷면 맥겨드랑이에는 털이 밀생한다. ❺겨울눈은 잎자루 속에 숨어 있다(엽병내아). 인편은 긴 털에 싸여 있다. ❻어린가지에는 마디가 생기고 마디 아래쪽이 부풀어 오른다. ❼엽흔은 말굽형이다. 엽흔 바로 위쪽의 둥근 홈은 열매자루가 달린 흔적이다.

● 참고

박쥐나무에 비해 잎이 3~5갈래로 깊게 갈라지는 나무를 따로 단풍박쥐나무로 구분하는 의견도 있지만, 잎이 갈라지는 정도는 연속적인 변이를 보이므로 단풍박쥐나무는 박쥐나무와 같은 종으로 처리하였다.

❽꽃은 폭이 넓은 잎 아래쪽에 매달려 있어 위에서는 눈에 잘 띄지 않는다. ❾수형 ❿수피에는 피목이 흩어져 있다. ⓫핵 ⓬단풍박쥐나무 타입(제주)

✽식별 포인트 꽃/잎/열매/어린가지/겨울눈

469

층층나무

Cornus controversa Hemsl.

층층나무과
CORNACEAE Bercht. & J. Presl

● **분포**
동북아시아 온대 지역에 넓게 분포
❖ **국내분포/자생지** 전국의 산지

● **형태**
수형 낙엽 교목이며 높이 10~20m, 지름 50㎝까지 자란다. 가지가 수평으로 돌려나서 여러 단의 층을 이루는 독특한 수형을 보인다.

수피/어린가지/겨울눈 수피는 회갈색-짙은 회색이며 세로로 얕게 갈라진다. 어린가지는 광택이 있는 적자색이며 표면에 둥근 피목이 흩어져 있다. 겨울눈은 길이 7~9㎜의 장난형 또는 타원형이며, 광택이 나는 적자색이고 털이 거의 없다.

잎 어긋난다. 길이 6~14㎝의 타원형-광난형이며, 가지 끝에서는 모여 달린다. 끝은 길게 뾰족하고 밑부분은 넓은 쐐기형이며, 가장자리는 밋밋하다. 표면에는 털이 없지만 분백색의 뒷면에는 누운털이 있다. 측맥은 6~9쌍이고 잎끝 쪽으로 활처럼 굽는다. 잎자루는 길이 2~5㎝이고 털이 없으며 윗면에 골이 진다.

꽃 5~6월에 새가지 끝에서 나온 지름 5~14㎝의 복산방꽃차례에 백색의 양성화가 빽빽이 모여 달린다. 꽃잎은 4개이고 길이 5~6㎜의 장타원형이다. 꽃받침은 톱니 모양이며 길이 0.5㎜ 정도로 작다. 수술은 4개이고 꽃잎보다 길며, 암술대는 1개이고 길이 2~3㎜다.

열매 열매(核果)는 지름 6~7㎜의 구형이며 7~8월에 흑자색으로 익는다. 핵은 지름 5~6㎜의 구형이며 끝에 홈이 있다. 표면에는 불명확한 능선이 있고 골이 진다.

2006. 5. 20. 강원 설악산

❶꽃차례 ❷잎. 측맥은 6~9쌍이다. ❸열매.
적색→흑자색으로 익는다.

● 참고

가지가 층층으로 달리는 수형이 독특
해 공원수 및 정원수로 이용된다. 말채
나무에 비해 측맥이 6~9쌍으로 많으
며, 곰의말채나무에 비해서는 잎이 어
긋나고 가지 끝에 모여 달리는 특징으
로 쉽게 구별할 수 있다.

❹개화기에는 수형이 층을 이루는 모습이 더
욱 뚜렷하다. ❺겨울눈은 광택이 나는 적자
색이다. ❻어린나무의 수피 ❼수피는 세로로
얕게 갈라지며 갈라진 흔적이 희게 줄무늬처
럼 보인다. ❽핵. 말채나무에 비해 골이 깊게
진다. ❾핵의 비교(왼쪽부터): 층층나무/말채
나무/곰의말채 ❿열매의 비교: 층층나무(좌)
와 곰의말채나무(우). 곰의말채나무는 열매
가 더 작고 꽃자루가 녹색을 띠며 뚜렷이 골
이 진다. ⓫잎의 비교: 층층나무(좌)와 말채나
무(우). 층층나무 쪽이 엽맥 수가 더 많다.
✽식별 포인트 수형/겨울눈/잎/열매/수피

471

흰말채나무

Cornus alba L.

층층나무과
CORNACEAE Bercht. & J. Presl

●**분포**
중국(산동반도 이북), 러시아, 몽골, 한
국

✤**국내분포/자생지** 전국의 공원 및 정
원에 널리 식재

●**형태**
수형 낙엽 관목이며 높이 2~3m로 자
란다.

수피/어린가지 수피는 적자색이고 광
택이 나며 회백색의 둥근 피목이 있다.
어린가지는 각지고 짧은 털이 있으나
차츰 떨어져 없어진다.

잎 마주나며 길이 5~8cm의 타원형 또
는 광타원형이다. 측맥은 4~5쌍이며
뒷면은 흰빛이 돌고 잔털이 있다. 끝은
뾰족하고 밑부분은 쐐기형 또는 넓은
쐐기형이며, 가장자리는 밋밋하거나
약간 뒤로 젖혀진다.

꽃 5~6월에 지름 3cm 정도의 산방상
꽃차례에 백색 또는 연한 황백색의 양
성화가 모여 달린다. 꽃은 지름 6~8
mm 정도이며 꽃받침열편은 길이 0.1~
0.2mm 정도의 뾰족한 삼각형이다. 꽃
잎은 길이 3~3.8mm이고 수술은 꽃잎
보다 길고 꽃밥은 황색이다. 암술대는
길이 2~2.5mm 정도의 원통형이고 주
두는 원반 모양이다.

열매 열매(核果)는 지름 8mm 정도의 구
형이며 8~10월에 백색으로 익는다.

●**참고**
국명은 '열매가 백색인 말채나무'라는
뜻이며 줄기가 광택이 나는 적색인 것
도 주요 특징이다. 줄기가 황색인 재
배종을 노랑말채나무('Aurea')라고 부
르며 간혹 조경용으로 사용한다.

2018. 6. 19. 서울시 올림픽공원

❶꽃차례 ❷열매. 백색으로 익는다. ❸잎 ❹
수피 ❺적자색이 도는 수피와 가지는 특히
겨울철에 눈길을 끈다. ❻핵

2007. 9. 9. 경남 거제도

곰의말채나무
Cornus macrophylla Wall.

층층나무과
CORNACEAE Bercht. & J. Presl

●**분포**
중국(산둥반도 이남), 일본(혼슈 이남), 네팔, 타이완, 인도, 파키스탄, 한국
❖**국내분포/자생지** 경북(울릉도), 제주 및 남부지방의 산지

●**형태**
수형 낙엽 교목이며 높이 10~15m, 지름 30cm까지 자란다.

수피/겨울눈 수피는 회갈색 또는 짙은 회색이며 세로로 얕게 갈라진다. 겨울눈은 길이 4~5mm의 장타원형이며, 인편이 없이 드러나 있고 표면에 회갈색 털이 밀생한다.

잎 마주나며 길이 7~16cm의 타원형-광난형이다. 끝은 길게 뾰족하고 밑부분은 둥글거나 넓은 쐐기형이며, 가장자리가 밋밋하다. 양면에 짧은 누운털이 있으며 뒷면은 분백색이다. 측맥은 4~7쌍이고 잎끝 쪽으로 가면서 활처럼 굽는다. 잎자루는 길이 1.5~3cm다.

꽃 6~7월 새가지 끝의 지름 8~12cm인 산방상꽃차례에 백색 또는 연한 황백색의 양성화가 모여 달린다. 꽃잎은 4개이며 길이 3~4mm의 난상 장타원형이다. 수술은 4개이고 꽃잎과 길이가 거의 비슷하며, 암술대는 1개다.

열매 열매(核果)는 지름 5~6mm의 구형이며 8~9월에 흑자색으로 익는다. 층층나무나 말채나무에 비해 열매자루(꽃자루)가 더 길고 녹색이 돈다. 핵은 지름 3~4mm의 구형이며 표면이 매끈한 편이다.

●**참고**
말채나무에 비해 측맥이 4~7쌍으로 많으며, 층층나무에 비해서는 잎이 마주나며 개화시기가 한 달 정도 늦다.

❶꽃차례. 꽃자루가 녹색을 띠고 골이 진다. ❷잎. 층층나무나 말채나무에 비해 엽형이 길쭉한 것이 특징이다. ❸겨울눈. 인편이 없이 드러나 있으며 회갈색의 털로 덮여 있다. 겨울눈이 생기는 어린가지에는 날개 같은 능각이 뚜렷이 발달한다. ❹❺수피의 변화. 어린나무(❹)와 성목(❺). ❻핵 ❼수형
✽식별 포인트 잎/겨울눈/열매

말채나무
Cornus walteri Wangerin

충충나무과
CORNACEAE Bercht. & J. Presl

● **분포**
동북아시아 온대 지역에 넓게 분포
❖ **국내분포/자생지** 전국의 산지

● **형태**
수형 낙엽 교목이며 높이 10~15m까지 자란다.

수피/겨울눈 수피는 짙은 회색이며 그물 모양으로 깊게 갈라진다. 겨울눈은 인편이 없이 드러나 있으며, 표면에 백색 털이 밀생한다.

잎 마주나며 길이 5~10㎝의 타원형-광난형이다. 끝은 길게 뾰족하고 밑부분은 둥글거나 넓은 쐐기형이며, 가장자리가 밋밋하다. 표면에는 짧은 누운 털이 있으며, 뒷면은 분백색이 돌고 억센 누운털이 있다. 측맥은 3~4쌍이며 잎끝 쪽으로 활처럼 굽는다. 잎자루는 길이 1~3㎝다.

꽃 5~6월에 새가지 끝에 나온 지름 7~10㎝의 산방상꽃차례에 백색 또는 연한 황백색의 양성화가 모여 달린다. 꽃잎은 4개이며 길이 4~6mm의 피침형이다. 수술은 4개이고 꽃잎보다 길며, 암술대는 1개이고 길이가 3.5mm 정도다.

열매 열매(核果)는 지름 6~7mm의 구형이며 9~10월에 흑색으로 익는다. 핵은 지름 5mm 정도의 구형-편구형이다.

● **참고**
그물 모양으로 거칠게 갈라지는 수피가 특징적이며 잎이 마주 달리고 측맥이 3~4쌍인 특징으로 충충나무와 쉽게 구별할 수 있다. 국명은 가지가 잘 부러지지 않아 '말채찍으로 사용하는 나무'라는 뜻에서 유래했다.

2007. 6. 6. 강원 영월군 동강

❶꽃차례 ❷열매 ❸잎 ❹백색 털로 덮인 겨울눈. 겨울눈이 생기는 가지에 능각이 있으나 곰의말채나무만큼 뚜렷하지는 않다. ❺수피. 마치 파충류의 비늘처럼 갈라지는 모습이 특징이다. ❻당산목으로 모신 말채나무 거목(강원 정선군) ❼핵
❊식별 포인트 수피/잎/겨울눈

2001. 10. 23. 경북 경주시

산수유
Cornus officinalis Siebold & Zucc.

층층나무과
CORNACEAE Bercht. & J. Presl

● **분포**
중국(산둥반도 이남) 원산
❖ **국내분포/자생지** 중부 이남에 널리
식재

● **형태**
수형 낙엽 소교목이며 높이 4~8m로
자란다.

수피/겨울눈 수피는 연한 갈색 또는
회갈색이며 얇은 조각으로 불규칙하
게 떨어진다. 꽃눈은 길이 4mm 정도의
구형이며, 잎눈은 길이 2.5~4mm의 장
타원형으로 가늘고 길다.

잎 마주나며 길이 4~12cm의 난형-광
난형이다. 끝은 꼬리처럼 뾰족하고 밑
부분은 둥글며, 가장자리가 밋밋하다.
뒷면은 분백색이고 누운털이 있으며
맥겨드랑이에는 갈색 털이 밀생한다.
측맥은 4~7쌍이고 잎끝 쪽으로 가면
서 활처럼 굽는다. 잎자루는 길이 5~
10mm다.

꽃 3~4월에 잎이 나오기 전 산형꽃차
례에 황색의 양성화가 20~30개씩 달
린다. 꽃잎은 4개이며 길이 2.5~3.3
mm의 선상 피침형이고 뒤로 젖혀진다.
수술 역시 4개이고 꽃잎보다 짧으며,
암술대는 1개다.

열매 열매(核果)는 지름 1.2~2cm의 타
원형이며 9~10월에 적색으로 익어서
한겨울까지 나무에 달려 있다. 핵은 지
름 8~12mm의 타원형이며 표면이 매끈
하고 중앙에 세로로 능선이 있다.

● **참고**
국명은 '산에서 자라며 수유가 달리는
나무'라는 뜻이지만, 중국에서 수유(茱
萸)라고 부르는 약재의 기원식물은 다
르다. 개화기에 멀리서 보면 생강나무
와 혼동할 수 있으나 작은꽃자루가 더
길며 꽃잎이 뒤로 젖혀져 다르다.

❶꽃차례. 작은꽃자루가 매우 길다. ❷❸잎.
잎 앞면과 뒷면. 전체에 짧은 백색 털이 퍼져
있으며, 특히 뒷면의 맥겨드랑이와 맥을 따
라 갈색 털이 밀생한다. ❹꽃눈. 인편은 2개
이며 표면에 누운털이 밀생한다. ❺수피 ❻
수형(개화기) ❼핵
❖**식별 포인트** 꽃(개화기)/열매/수피/잎

산딸나무

Cornus kousa F. Buerger ex
Miq.

충충나무과
CORNACEAE Bercht. & J. Presl

● **분포**
일본(혼슈 이남), 한국
❖**국내분포/자생지** 중부 이남의 산지
● **형태**
수형 낙엽 소교목 또는 교목이며 높이
6~10m까지 자란다.
수피/겨울눈 수피는 짙은 적갈색이며
오래되면 불규칙하게 조각으로 벗겨
져 떨어진다. 겨울눈(잎눈)은 길이 6mm
가량의 원추형이며 암갈색의 누운털
이 밀생한다.
잎 마주나며 길이 4~12cm의 난형 또
는 광난형이다. 끝은 꼬리처럼 뾰족하
고 밑부분은 둥글며, 가장자리는 밋밋
하거나 물결 모양으로 주름이 진다. 뒷
면은 연한 녹색이고 맥겨드랑이에는
갈색 털이 밀생한다. 측맥은 4~5쌍이
며 잎끝으로 가면서 활처럼 굽는다. 잎
자루는 길이 3~7mm다.
꽃 5~7월 두상꽃차례에 백색 또는 연
한 황백색의 작은 양성화가 20~30개
씩 빽빽하게 모여 달린다. 백색 총포
(總苞)는 마치 꽃잎처럼 보이며 길이 3
~8cm의 좁은 난형이다. 꽃잎과 수술
은 각각 4개이고 암술대는 1개다.
열매 열매(集合核果)는 지름 1.5~2cm
의 구형이며 9~10월에 적색으로 익는
다. 핵은 크기와 모양이 다양하다.

2002. 6. 14. 경기 수원시 광교산

❶개화 직전의 꽃차례. 꽃잎처럼 보이는 것
은 총포며 그 속에 다수의 작은 꽃들이 두
상으로 모여 있다. ❷꽃(개화기) ❸잎 ❹잎눈
(좌우)과 꽃눈(중앙부)

● 참고

국명은 '열매가 산딸기와 유사한 나무'
라는 의미에서 유래했다. 북아메리카
원산의 서양산딸나무(*C. florida* L.)는
총포편이 백색, 녹황색, 또는 분홍색
이고 끝이 깊게 파이며 열매(核果)가
집합핵과가 아니라 낱개로 분리되어
있다. 간혹 공원이나 정원에 식재하고
있다.

❺결실기의 모습. 붉게 익는 열매는 식용할
수 있다. ❻수피. 노목이 되면 껍질이 불규
칙하게 조각이 되어 떨어진다. ❼수형 ❽핵
❾총포가 다소 작고 녹백색을 띠는 타입(제
주 한라산) ❿-⓭서양산딸나무 ❿꽃 ⓫꽃눈
⓬잎눈 ⓭열매
✽식별 포인트 꽃/수피/겨울눈/열매

식나무
Aucuba japonica Thunb.

식나무과 AUCUBACEAE J. Agardh

● **분포**
중국(저장성), 일본(홋카이도 남부 이남), 타이완, 한국
❖ **국내분포/자생지** 경북(울릉도), 전남, 제주의 산지 숲속

● **형태**
수형 상록 관목이며 높이 1~3m로 자란다.

수피/어린가지/겨울눈 수피는 녹색-회갈색이고 세로로 긴 피목이 흩어져 있으며 오래되면 세로로 얕게 갈라진다. 어린가지는 녹색을 띠며 광택이 난다. 겨울눈은 길이 2cm 정도의 장난형이며 털이 없다.

잎 마주나며 길이 8~25cm의 장타원형 또는 난상 장타원형이고, 가지 끝에 모여 달린다. 끝은 뾰족하고 밑부분은 넓은 쐐기형이며, 가장자리 상반부에는 성글게 톱니가 있다. 양면에 모두 털이 없으며 마르면 흑색으로 변한다. 잎자루는 길이 1~6cm이며 윗면에 골이 진다.

꽃 암수딴그루(간혹 암수한그루)이며, 3~4월 2년지 끝의 원추꽃차례에 자갈색 꽃이 풍성하게 달린다(특히 수꽃차례). 꽃은 지름 1cm 정도이며, 꽃잎은 4개이고 장타원상 난형이다. 수술은 길이 1~2.5mm이며, 자방은 타원형이고 털이 약간 있다.

열매 열매(核果)는 길이 1.5~2cm의 타원형이며 11~12월에 적색으로 익는다.

● **참고**
가지와 잎이 사시사철 푸르러 '청목(靑木)'이라 부르기도 한다. 가지가 굵고 녹색이며 잎에 황색의 반점이 있는 품종을 금식나무[f. *variegata* (Dombrain) Rehder]라고 부르며 남부지방에서 조경용으로 식재하고 있다.

2012. 3. 10. 경북 울릉도

❶수꽃차례 ❷암꽃차례 ❸잎. 광택이 나며 가장자리 상반부에는 성긴 톱니가 있다. ❹겨울눈 ❺수피 ❻핵 ❼수형
✽식별 포인트 잎/열매

2002. 4. 26. 전남 신안군 홍도

동백나무겨우살이
Korthalsella japonica (Thunb.) Engl.

단향과 SANTALACEAE R. Br.

●분포
중국(중남부), 일본(혼슈 이남), 타이완, 동남아시아, 오스트레일리아 등에 광범위하게 분포

❖**국내분포/자생지** 경남과 전남의 도서, 제주 일대의 상록수 또는 낙엽활엽수에 기생

●형태
수형 반기생성 상록 소관목이며 높이 5~30cm로 자란다. 전체가 녹색이며 가지가 많이 갈라진다.

가지/줄기 가지는 보통 마주 달리며 녹색 또는 황록색을 띤다. 줄기는 납작하며 중간중간 마디가 있다. 마디와 마디 사이는 7~17mm다.

잎 퇴화되어 돌기 모양이며 마디 사이에서 돌려난다.

꽃 암수한그루다. 7~8월에 마디 측면에서 나온 꽃차례에 녹색 또는 황록색의 꽃이 3~6개씩 모여 달린다. 꽃은 지름 1mm 정도이며, 화피는 3갈래로 갈라지고 화피편은 삼각형이다.

열매/종자 열매(漿果)는 지름 2mm가량의 구형이며 이듬해 6~11월에 등황색(적황색)으로 익는다. 종자는 길이 1mm 정도의 타원형이며 점액질의 과육에 싸여 있다.

●참고
국명은 '동백나무에 기생하는 겨우살이'라는 의미이지만 광나무, 사스레피나무, 감탕나무, 육박나무, 비쭈기나무, 때죽나무 등에 자라는 것으로 보아 기주특이성(host specificity) 없이 다양한 상록수(간혹 낙엽수)에 기생하는 것으로 보인다. 개화기와 결실기가 겹치므로 꽃이 필 무렵 익어가는 열매를 동시에 관찰할 수 있다. 최근 남채로 인해 수난을 당하고 있다.

❶꽃. 크기가 지름 1mm 내외로 눈에 잘 띄지 않는다. ❷완숙 직전의 열매. 열매는 줄기의 마디에 달린다. ❸겨울눈. 꽃눈은 지름 0.5mm 정도의 아구형이다. ❹종자 ❺동백나무에 왕성하게 기생한 동백나무겨우살이. 동백나무는 수세가 약해져 잎이 많이 나지 않는다.
✱식별 포인트 수형

겨우살이

Viscum coloratum (Kom.)
Nakai
[*Viscum album* L. var. *coloratum*
(Kom.) Ohwi]

단향과 SANTALACEAE R. Br.

2020. 2. 26. 전북 무주군

● **분포**

중국, 일본, 타이완, 한국

❖ **국내분포/자생지** 전국의 산지 및 마을 숲

● **형태**

수형 반기생성 상록 소관목이며 높이 30~80㎝로 자란다.

가지/겨울눈 가지는 녹색 또는 황록색이며 차상으로 분지해 새둥지처럼 둥근 수형을 이룬다. 가지의 마디 간격은 5~10㎝이며 마디 부위가 다소 부풀어 있다. 겨울눈은 마디 사이에서 난다.

잎 마주나며 길이 3~7㎝의 타원형-장타원상 피침형이다. 끝은 둥글고 밑부분은 차츰 좁아져 잎자루에 붙으며, 가장자리가 밋밋하다. 두꺼운 가죽질이며 양면에 모두 털이 없다.

꽃 암수딴그루이며, 3~4월에 가지 끝에 황색의 꽃이 몇 개씩 모여 달린다. 두꺼운 화피는 4갈래로 갈라지며 화피편은 삼각형이다. 수꽃은 길이 2.5~3㎜이고 보통 3개씩 달린다. 암꽃은 지름 1.5~2㎜로 수꽃보다 약간 작으며 3(~5)개씩 모여 달린다.

열매/종자 열매(漿果)는 지름 6~8㎜의 구형이며 10~11월에 밝은 황색으로 익는다. 종자는 길이 5~6㎜의 납작한 타원형-난형이며 점액질의 과육에 싸여 있다.

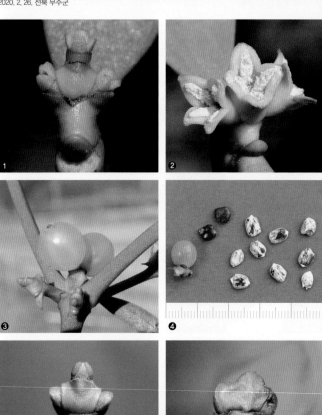

❶암꽃. 수꽃보다 약간 작다. 꽃의 구조는 매우 단순해 중앙에 짧고 둥근 암술대만 있다. ❷수꽃. 꽃밥은 화피편 안쪽 면에 합착되어 있다. ❸열매. 모양이 둥글며, 익으면 광택이 나는 황색을 띤다. ❹종자. 납작한 타원형이며 표면에 백색 무늬가 있다. ❺암꽃눈 ❻수꽃눈

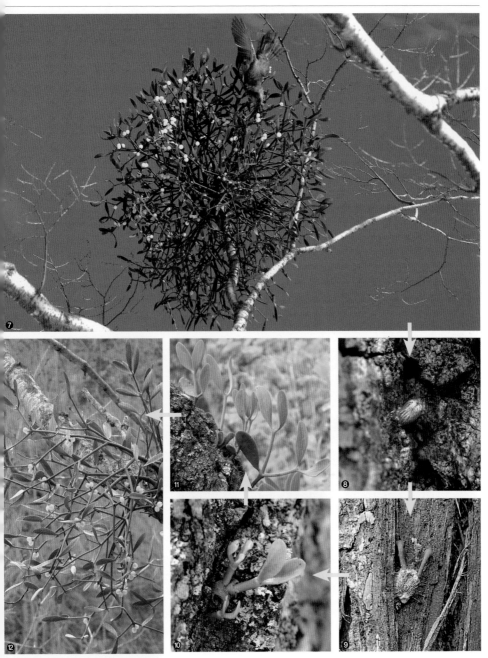

●참고

겨우살이는 주로 참나무류, 팽나무류, 느릅나무류, 오리나무류, 박달나무류에 기생하지만 드물게 야광나무, 산사나무, 사시나무에도 기생한다. 새가 겨우살이의 끈끈한 과육을 먹다가 부리에 달라붙은 종자를 주변의 나뭇가지에 닦아내거나, 열매를 먹고 다른 나무로 날아간 새가 소화되지 않은 종자를 옮겨간 나무 위에 배설함으로써 종자가 다른 곳으로 전파된다. 열매가 붉은색으로 익는 나무를 붉은겨우살이[f. *rubroauranticum* (Makino) Ohwi]라는 품종으로 구분하기도 하는데, 간혹 한곳에서 겨우살이와 섞여서 자란다.

❼겨우살이의 열매를 먹고 있는 직박구리(2012. 1. 25.) ❽-❿겨우살이의 성장 과정 ⓭붉은겨우살이
✽식별 포인트 수형/잎/열매

꼬리겨우살이

Loranthus tanakae Franch. & Sav.

꼬리겨우살이과
LORANTHACEAE Juss.

● **분포**
중국(중북부), 일본(혼슈 일부), 한국
❖ **국내분포/자생지** 평남, 강원, 충북, 경북, 경남 산지의 낙엽활엽수에 기생

● **형태**
수형 반기생성 낙엽 소관목이며 20~40(~100)㎝로 자란다. 가지가 많이 갈라진다.

수피/겨울눈 수피는 연한 갈색 또는 암갈색이며 광택이 나고 겉에 피목이 흩어져 있다. 겨울눈은 적갈색의 광난형이며 털이 없다.

잎 마주나며 길이 2~4㎝의 타원형 또는 도란형이다. 끝은 둥글고 밑부분은 쐐기형이며, 가장자리가 밋밋하다. 양면에 모두 털이 없으며, 잎자루는 길이 3~8㎜다.

꽃 6~7월 새가지 끝에서 나온 길이 3~5㎝의 수상꽃차례에 황록색의 양성화가 10~20개 모여 달린다. 화피편은 (5~)6개로서 길이 1.5㎜ 정도의 타원형 또는 좁은 난형이다. 수술은 6개인데 수술대가 매우 짧다. 암술대는 1개이고 육각형이다.

열매/종자 열매(漿果)는 지름 6~8㎜의 구형이며 10~11월에 황색으로 익는다. 종자는 길이 4㎜ 정도의 타원형이고 점액질의 과육에 싸여 있다.

● **참고**
국명은 꽃과 열매가 '꼬리 모양으로 길게 자라는 겨우살이'라는 의미다. 전국에 널리 분포하지만 개체수가 많지 않은 희귀수종이다. 종자는 겨우살이와 동일한 방법으로 전파된다(480쪽 겨우살이 참조).

2007. 11. 16. 강원 평창군

❶꽃차례. 꽃은 좁쌀 정도의 크기이며 2개씩 마주 달린다. ❷❸열매. 과육은 다른 겨우살이류와 마찬가지로 강력한 점성이 있다. ❹ 잎. 약간 두꺼우며 3~4개의 희미한 측맥이 있다. ❺겨울눈 ❻광택이 나는 암갈색 수피 ❼종자
✻식별 포인트 열매/잎/수피

2006. 10. 10. 제주

참나무겨우살이

Taxillus yadoriki (Siebold ex Maxim.) Danser
(*Loranthus yadoriki* Siebold ex Maxim.)

꼬리겨우살이과
LORANTHACEAE Juss.

● **분포**
일본(혼슈 이남), 한국
❖ **국내분포/자생지** 제주 낮은 지대의 상록수에 기생

● **형태**
수형 반기생성 상록 소관목이며 높이 0.8~1m로 자라고 가지가 많이 갈라진다.

어린가지 적갈색의 성상모가 밀생한다. 잎 마주나며 길이 2~6cm의 광타원형-난형이다. 끝은 둥글거나 둔하고 밑부분은 둥글거나 평평하며, 가장자리가 밋밋하다. 엽질은 가죽질로 다소 두껍다. 표면은 광택이 나며 뒷면에는 적갈색 성상모가 밀생한다.

꽃 10~11월 잎겨드랑이와 줄기에 2~7개의 양성화가 모여 달린다. 화관은 길이 3cm 정도이고 약간 휘어지며, 윗부분이 4갈래로 갈라져 뒤로 젖혀진다. 화관의 바깥면에는 능각이 있으며 적갈색 성상모가 밀생한다. 수술은 화관 열편 밑부분에 붙어 있고 수술대가 매우 짧다. 적갈색의 가는 암술대는 화관 밖으로 길게 나온다.

열매/종자 열매(漿果)는 길이 8~10mm의 장타원형이며 적갈색의 성상모가 밀생한다. 월동 후(2~3월)에 황갈색으로 익는다.

● **참고**
주로 구실잣밤나무, 가마귀쪽나무, 동백나무, 후박나무, 육박나무, 생달나무, 조록나무, 삼나무 등에 기생하며, 제주 서귀포 인근 지역에서는 가로수나 정원수에 기생하는 모습도 간혹 볼 수 있다. 전체 외형(특히 잎)은 보리밥나무나 보리장나무와 닮았다. 상기생(桑寄生)은 *T. chinensis* (DC) Danser를 말한다. 국내에는 자생하지 않는다.

❶꽃 ❷열매 ❸잎. 앞면은 광택이 나는 짙은 녹색을 띠고 뒷면에는 적갈색 털이 밀생한다. ❹수형 ❺종자 ❻열매의 과육은 파스텔톤의 녹색을 띤다. ❼숙주식물에 기생뿌리를 뻗는 모습
✽식별 포인트 잎/수형/열매

사철나무
Euonymus japonicus Thunb.

노박덩굴과 CELASTRACEAE R. Br.

●**분포**
일본(홋카이도 남부 이남), 한국
❖**국내분포/자생지** 중남부지방의 바닷가 및 인근 산지

●**형태**
수형 상록 관목이며 높이 5m까지 자라고 가지가 많이 갈라진다.
잎 마주나며 길이 3~9㎝의 타원형-난형이다. 양 끝은 둥글고 가장자리에는 작고 둔한 톱니가 있다. 잎은 가죽질이고, 표면에 광택이 나며 뒷면은 연한 녹색을 띠는데 측맥은 그다지 뚜렷하지 않다. 잎자루는 길이 1㎝ 정도다.
꽃 6~7월 잎겨드랑이에서 나온 취산꽃차례에 황록색 또는 황백색의 양성화가 7~15개씩 모여 달린다. 꽃은 지름 6~7㎜이며 4수성(꽃잎, 꽃받침열편, 수술이 각각 4개)이다. 꽃잎은 거의 원형이며 꽃받침열편은 꽃잎보다 작고 끝이 둥글다. 수술은 꽃잎과 길이가 비슷하며 화반 가장자리에서 꽃잎 사이로 비스듬하게 퍼져 달린다.
열매/종자 열매(蒴果)는 지름 6~10㎜의 구형이며 10~12월에 황갈색-적갈색으로 익는다. 열매는 4갈래로 갈라지면서 속에 든 적황색의 가종피로 싸인 종자가 드러난다.

●**참고**
국명은 '사철 늘푸른나무'라는 뜻이며 '동청'(冬靑)이라 부르기도 한다. 줄사철나무에 비해 줄기가 곧추서고 수피가 매끈하다. 줄사철나무로 오동정해 동남아시아-서아시아에 분포하는 것으로 기록한 외국 문헌이 간혹 있으나, 사철나무의 분포지는 일본과 한국이며, 중국 및 타이완 등지에는 자생하지 않는 것으로 알려져 있다. 전 세계의 난·온대 지역에 가로수 및 정원수로 널리 식재하고 있다.

❶잎은 끝이 둥글고 가장자리에 둔한 톱니가 있다. ❷꽃은 4수성이다. 꽃잎은 원형에 가깝다. ❸겨울눈. 인편은 6~10개이고 광택이 난다. ❹수피 ❺열매(좌)와 가종피를 제거한 종자(우) ❻사철나무 군락(독도)
✽식별 포인트 잎/열매/겨울눈

2001. 12. 10. 경북 포항시 구룡포

2016. 11. 5. 제주 한라산

줄사철나무
(좀사철나무)
Euonymus fortunei (Turcz.) Hand.-Mazz.

노박덩굴과 CELASTRACEAE R. Br.

●**분포**

중국(랴오닝성 이남), 일본, 타이완, 동남아시아, 한국

❖**국내분포/자생지** 경북(울릉도), 울산시, 인천시, 경기(백령도, 연평도) 이남의 숲 가장자리, 산지 능선 및 바위지대

●**형태**

수형 상록 덩굴성 목본이며 높이 10m까지 자라고 가지가 많이 갈라진다. 줄기에서 기근을 내어 주변의 바위나 다른 나무를 타고 자란다.

수피/어린가지/겨울눈 수피는 암갈색이다. 어린가지는 둥글고 보통 녹색 또는 녹갈색을 띤다. 겨울눈은 난형이며 인편이 다수이고 광택이 난다.

잎 마주나며 길이 2~6cm의 장타원형-난형이다. 끝은 뾰족하거나 둔하며, 가장자리에 둔한 톱니가 있다. 잎은 가죽질이며 양면에 털이 없다. 잎자루는 길이 2~9mm이며 털이 없다.

꽃 6~7월 잎겨드랑이에서 나온 취산꽃차례에 황록색 또는 황백색의 양성화가 7~15개씩 모여 달린다. 꽃은 지름 5~6mm이며 4수성이다. 꽃잎은 거의 원형에 가깝고 수술은 꽃잎과 길이가 비슷하다.

열매/종자 열매(蒴果)는 지름 6~7mm의 구형이며 10~12월에 연한 홍색-적갈색으로 익는다. 열매는 4갈래로 갈라지며 속에서 적황색의 가종피로 싸인 종자가 나온다.

●**참고**

줄기에서 기근을 내어 다른 물체를 타고 자란다. 사철나무에 비해 잎, 꽃, 열매의 크기가 상대적으로 작아 '좀사철나무'라고 부르기도 한다.

❶꽃 ❷열매 ❸어린 잎. 어린나무의 잎은 엽맥을 따라 흰빛이 돌기도 한다. ❹겨울눈 ❺수피(좌) ❻수형 ❼가종피를 제거한 종자
✽식별 포인트 잎/열매/수형

섬회나무

Euonymus nitidus Benth.
(*Euonymus chibai* Makino)

노박덩굴과 CELASTRACEAE R. Br.

2010. 6. 11. 전남 여수시

● **분포**

중국, 일본(혼슈 남부 이남), 베트남, 캄보디아, 방글라데시, 한국

❖**국내분포/자생지** 전남 여수시 인근 도서의 해안가 산지

● **형태**

수형 상록 관목 또는 소교목이며 높이 2~10m로 자란다.

잎 마주나며 길이 3~10(~15)cm의 타원형-장타원형이다. 끝은 뾰족하거나 짧은 꼬리처럼 뾰족하고 밑부분은 둥글거나 쐐기형이며, 가장자리는 밋밋하거나 얕은 톱니가 있다. 엽질은 가죽질이며 털이 없다. 측맥은 7~9쌍이지만 뚜렷하지 않다.

꽃 6월 새가지 잎겨드랑이에서 나온 취산꽃차례에 황록색의 양성화가 1~여러 개씩 모여 달린다. 꽃은 지름 6~7mm이며 4수성(꽃잎, 꽃받침열편, 수술이 각각 4개)이다. 꽃잎은 원형에 가깝고 꽃받침열편은 난형 또는 원형으로 꽃잎보다 작다. 수술은 아주 짧고 밀선반(蜜腺盤) 가장자리에 달리며 암술대는 1개다.

열매/종자 열매(蒴果)는 길이 1.5~1.7cm의 각진 도란상 구형이며 12월~이듬해 1월에 진한 황색 또는 연한 황갈색으로 익는다. 열매는 4갈래로 갈라지며 속에서 적황색의 가종피로 싸인 종자가 나온다.

● **참고**

국명은 '섬에서 발견된 회나무'라는 의미이며, 여수시 인근 도서에 소수 개체가 생육하고 있다. 어린가지가 각지고 수술이 매우 짧으며, 열매가 크고 다소 각지는 것이 사철나무와 다른 점이다.

❶꽃은 4수성이다. 수술대가 매우 짧다. ❷열매. 국내 자생하는 *Euonymus*속의 식물들 중에서 가장 대형이다. ❸❹잎 앞면과 뒷면. 가장자리에는 얕은 톱니가 있고, 뒷면은 연한 녹색을 띤다. 동백나무의 잎과 닮았다. ❺❻수피의 변화. 어린나무(❺)와 성목(❻). ❼수형 ❽종자. 미백색이고 광택이 나지만 차츰 갈색으로 변한다.

✽식별 포인트 꽃/열매/어린가지/수피

2017. 6. 10. 강원 평창군

회목나무
Euonymus verrucosus Scop.
(*Euonymus pauciflorus* Maxim.)

노박덩굴과 CELASTRACEAE R. Br.

● **분포**

중국(북부-동북부), 러시아(동부-서부), 한국

❖ **국내분포/자생지** 전국의 높은 산지 사면 및 능선부

● **형태**

수형 낙엽 관목이며 높이 3m까지 자란다.

가지 회녹색-회갈색이며, 적갈색의 사마귀 같은 돌기와 세로 방향으로 긴 피목이 발달한다.

잎 마주나며 길이 5~7cm의 장타원형-난상 타원형이다. 끝은 길게 뾰족하고 밑부분은 쐐기형 또는 넓은 쐐기형이며, 가장자리에는 둔한 잔톱니가 있다. 뒷면에는 잔털이 흩어져 있으며, 잎자루가 매우 짧고 털이 있다.

꽃 6~7월 잎겨드랑이에서 나온 꽃차례에 광택이 있는 적갈색의 양성화가 1~3개씩 모여 달린다. 꽃자루는 가늘고 길어서 잎 위로 드리워져 주맥에 거의 맞닿아 있다. 꽃은 지름 7~10mm다. 꽃잎은 4개이며 거의 원형에 가깝다. 꽃받침열편과 수술은 4개씩이다. 암술대는 1개이고 매우 짧다.

열매/종자 열매(蒴果)는 지름 8mm 정도이고 3~4개의 능선이 있으며 9~10월에 적색으로 익는다. 종자는 흑갈색의 난형인데, 일부분만 밝은 적색의 가종피에 싸여 있다.

● **참고**

줄기에 사마귀 같은 돌기가 발달하는 것이 특징이며, 꽃이 잎 표면의 주맥 위에 인접해 핀다.

❶꽃. 마치 조화(造花)처럼 생긴 꽃이 잎 위에 얹히듯 배열되는 독특한 모습이다. ❷열매 ❸잎 ❹수피 ❺가종피를 제거한 종자 ❻겨울눈. 가지에는 적갈색의 돌기가 발달한다.
✼식별 포인트 어린가지/겨울눈/꽃/열매

화살나무
(회잎나무)

Euonymus alatus (Thunb.)
Siebold

노박덩굴과 CELASTRACEAE R. Br.

●**분포**
중국(주로 중부 이북), 일본, 러시아(동부), 한국

❖**국내분포/자생지** 전국의 산지 숲속에 흔하게 자람

●**형태**
수형 낙엽 관목이며 높이 1~4m로 자란다.

가지/겨울눈 가지에는 흔히 2~4줄로 코르크질의 날개가 발달한다. 겨울눈은 길이 3~5mm의 장난형이며 끝이 뾰족하다.

잎 마주나며 길이 4~10cm의 도란상 타원형-도란형이다. 끝이 뾰족하거나 길게 뾰족하고 밑부분은 쐐기형이며, 가장자리에는 뾰족한 잔톱니가 있다. 양면에 모두 털이 없으며, 뒷면은 연한 녹색이고 측맥 사이의 그물맥이 뚜렷하다. 잎자루는 길이 1~3mm로 짧다.

꽃 5~6월 2년지에서 나온 취산꽃차례에 황록색의 양성화가 모여 달린다. 꽃은 지름 6~8mm이고 4수성(꽃잎, 꽃받침열편, 수술이 각각 4개)이며, 꽃잎은 광난형 또는 아원형이다. 수술은 밀선반 가장자리에 달리며 암술대는 1개다.

열매/종자 열매(蒴果)는 1~2개의 분과(分果)로 나누어지며 9~10월에 적색으로 익는다. 분과는 길이 5~8mm이고 타원형-도란형이다. 종자는 밝은 적색의 가종피로 싸여 있다.

●**참고**
국명은 '줄기가 화살의 날개와 닮은 나무'라는 의미다. 가지에 코르크질의 날개가 없는 나무를 회잎나무[f. *ciliato-dentatus* (Franch. & Sav.) Hiyama]라는 품종으로 따로 구분하기도 하지만 최근에는 통합하는 추세다.

❶꽃은 4수성이다. ❷열매 ❸잎. 가을단풍이 대단히 곱다. ❹겨울눈 ❺가지에 발달하는 코르크질의 날개 ❻수형 ❼가종피를 제거한 종자. 길이는 3~5mm다.
✿식별 포인트 가지의 날개/열매/겨울눈

2005. 5. 12. 강원 영월군

2003. 6. 29. 강원 태백시 금대봉

참빗살나무
Euonymus hamiltonianus Wall.
(*Euonymus sieboldianus* Blume)

노박덩굴과 CELASTRACEAE R. Br.

●**분포**
중국(중남부), 일본, 러시아(동부), 미얀마, 인도(서남부), 타이, 히말라야, 한국
❖**국내분포/자생지** 중부 이남 산지의 숲 가장자리, 능선 및 바위지대

●**형태**
수형 낙엽 소교목이며 높이 3~8(~15)m로 자란다.

수피/겨울눈 수피는 회갈색이고 매끈하지만 오래되면 불규칙하게 갈라진다. 겨울눈은 길이 3~6mm의 장타원상 난형-난형이며 인편은 6~10개이고 털이 없다.

잎 마주나며 길이 11~13cm의 장타원형-난상 타원형이다. 끝은 길게 뾰족하고 밑부분은 좁아져 잎자루와 연결되며, 가장자리에는 잔톱니가 있다. 양면에 털이 없으며 잎자루는 길이 5~20mm다.

꽃 5~6월 새가지 아랫부분에 연한 녹색 또는 녹백색의 양성화가 모여 달린다. 꽃은 지름 1cm 정도이고 4수성인데, 단주화(短柱花)와 장주화(長柱花)의 2종류가 있다. 꽃잎은 장타원형 또는 타원형이고 옆으로 퍼져 달린다. 수술은 밀선반에서 나오고 꽃밥은 적색이며 암술대는 끝에서 얕게 2갈래로 갈라진다.

열매/종자 열매(蒴果)는 지름 1cm 정도이고 4갈래로 갈라지며, 10~11월에 연한 적자색으로 익는다. 종자는 연한 갈색의 타원형인데 주홍색의 가종피에 싸여 있다.

●**참고**
좁은잎참빗살나무에 비해 잎이 크고 엽질이 더 두툼한 편이며, 표면이 짙은 녹색인 점이 다르다. 남방계 식물로서 주로 전북, 경북 이남의 산지에 자라지만 강원에서도 간혹 볼 수 있다.

❶장주화. 암술대가 수술보다 길다. ❷단주화. 암술대가 수술보다 짧다. ❸잎. 엽질이 두툼하다. ❹열매 ❺겨울눈 ❻수피. 오래된 나무의 수피는 그물처럼 갈라진다. ❼가종피를 제거한 종자
✽식별 포인트 열매/잎/수피

좁은잎참빗살나무
(좀참빗살나무)

Euonymus maackii Rupr.
(*Euonymus bungeanus* Maxim.)

노박덩굴과 CELASTRACEAE R. Br.

● 분포
중국, 일본, 러시아(동부), 한국
❖ 국내분포/자생지 전국의 숲 가장자
리, 메마른 산지 및 풀밭
● 형태
수형 낙엽 소교목이며 높이 3~5(~
10)m로 자란다.
수피 회갈색이며 오래되면 세로로 얕
게 갈라진다.
잎 마주나며 길이 5~10cm의 타원상
난형-난형이다. 끝은 길게 뾰족하고
밑부분은 넓은 쐐기형이며, 가장자리
에는 잔톱니가 있다. 양면에 모두 털이
없으며 잎자루는 길이 1~2.5cm다.
꽃 5~6월 새가지 밑부분 또는 잎겨드
랑이에 연한 황록색 또는 연한 녹색의
양성화가 모여 달린다. 꽃은 단주화와
장주화 2종류가 있다. 꽃은 지름 8~9
mm이며, 꽃잎은 4개이고 장타원형이
다. 수술은 4개이고 암술대는 1개다.
열매/종자 열매(蒴果)는 지름 8~9mm
이고 4갈래로 깊게 갈라지며 10~11월
에 황갈색-적갈색으로 익는다. 종자는
타원형-구형이며 적색의 가종피에 싸
여 있다.

2007. 5. 28. 제주

❶ 장주화. 암술대가 수술보다 길다. ❷ 단주
화. 암술대가 수술보다 짧다. ❸❹ 열매. 참빗
살나무보다 열매 표면의 골이 깊으며 가종피
의 색도 더 붉다. ❺❻ 열매의 비교: 참빗살나
무(❺)와 좁은잎참빗살나무(❻)

●참고

내륙에서는 경북, 강원 이북의 메마른 산지 및 숲 가장자리에 비교적 드물게 자라며 제주에는 비교적 흔하다. 동북아시아 지역의 *Euonymus*속 중 가장 광범위하게 분포하는 종이며, 자생지의 환경에 따라 다양한 형태적 변이를 보이는 것으로 알려져 있다. 열매의 날개가 크고 잎이 장타원형 또는 난상 장타원형인 나무를 버들회나무(*E. trapococcus* Nakai)로 구분하기도 하지만 분류학적 재검토가 필요할 것 같다.

❼잎의 폭이 좁고 잎자루가 짧은 타입(중국 지린성 룽징) ❽❾잎. 끝이 꼬리처럼 길어진다. 엽질은 참빗살나무보다 얇다. ❿겨울눈 ⓫수형 ⓬수피 ⓭가종피를 제거한 종자 ✽식별 포인트 잎/열매

491

참회나무
Euonymus oxyphyllus Miq.

노박덩굴과 CELASTRACEAE R. Br.

● **분포**
중국(동북부 해안), 일본, 러시아(사할린), 한국

✿ **국내분포/자생지** 전국의 산지

● **형태**
수형 낙엽 관목 또는 소교목이며 높이 1~4m로 자란다.

수피/어린가지/겨울눈 수피는 회색 또는 회갈색이며 매끈하다. 어린가지는 녹색이고 단면이 둥글다. 겨울눈은 길이 6~15mm의 피침형이고 끝이 뾰족하다. 인편은 6~10개이고 광택이 난다. 잎 마주나며 길이 2~10cm의 난상 피침형-난상 타원형이다. 끝은 길게 뾰족하고 밑부분은 넓은 쐐기형이며, 가장자리에는 둔한 잔톱니가 있다. 양면에 모두 털이 없으며, 잎자루는 길이 3~10mm이고 역시 털이 없다.

꽃 5~6월 새가지의 잎겨드랑이에서 나온 취산꽃차례에 황록색 또는 연한 자색의 양성화가 모여 달린다. 꽃은 5수성(간혹 4수성)이며 지름 6~8mm이고, 꽃잎은 광난형 또는 아원형이다. 수술은 아주 짧고 밀선반 가장자리에 달리며 암술대는 1개다.

열매/종자 열매(蒴果)는 지름 1~1.2cm의 구형이며 표면에 날개가 없다. 9~10월에 적갈색으로 익으며 (4~)5갈래로 갈라져 벌어진다. 종자는 길이 5~6mm의 타원형이며, 밝은 적색의 가종피에 싸여 있다.

● **참고**
꽃은 주로 5수성(꽃잎, 꽃받침열편, 수술이 각각 5개)이며, 열매에 날개가 전혀 발달하지 않고 5갈래로 갈라지는 것이 특징이다.

❶ 꽃. 보통 5수성이다. ❷ 열매 표면에는 날개가 전혀 없다. ❸❹ 잎면과 뒷면 ❺ 겨울눈은 뾰족한 피침형이다. ❻❼ 수피. 회나무보다 다소 색이 어두운 편이다. ❽ 잎 뒷면의 비교: 참회나무(좌)와 회나무(우). 회나무에 비해 참회나무 잎이 측맥이 다소 희미하고 광택이 약간 더 나는 편이나 구별하기 쉽지 않다.
✽ 식별 포인트 열매/잎(뒷면)

2011. 10. 5. 전남 해남군

492

2018. 5. 9. 강원 인제군 방태산

회나무

Euonymus sachalinensis (F. Schmidt) Maxim.
(*Euonymus planipes* Koehne)

노박덩굴과 CELASTRACEAE R. Br.

● **분포**
중국(동북부), 일본(혼슈 이북), 러시아 (사할린), 한국
✤ **국내분포/자생지** 전국의 산지에 비교적 드물게 자람
● **형태**
수형 낙엽 관목 또는 소교목이며 높이 2~3(~5)m로 자란다.
겨울눈 길이 1.4~2cm의 피침형이며, 인편은 6~10개이고 보통 적갈색이다.
잎 마주나며 길이 3~10cm의 난상 피침형-난상 타원형이다. 끝은 꼬리처럼 길게 뾰족하고 밑부분은 둥글거나 넓은 쐐기형이며, 가장자리에는 잔톱니가 있고 양면에 모두 털이 없다. 잎자루는 길이 3~10mm이고 털이 없다.
꽃 5~6월 새가지의 잎겨드랑이에서 나온 취산꽃차례에 황록색 또는 연한 자색의 양성화가 모여 달린다. 꽃은 5수성(간혹 4수성)이며 지름 7~9mm다. 꽃잎은 광난형 또는 아원형이다. 수술과 암술은 밀선반에 달리는데, 중앙에 1개의 암술대가 있고 주위에 매우 짧은 수술들이 있다.
열매/종자 열매(蒴果)는 지름 1.2~1.5cm의 구형이며 표면에 작고 둔한 5개(간혹 4개)의 날개가 있다. 9~10월에 적자색 또는 적갈색으로 익으며 5갈래로 갈라져 벌어진다. 종자는 타원형이며 밝은 적색의 가종피에 싸여 있다.
● **참고**
참회나무와 잎과 꽃이 비슷하지만, 열매에 작은 날개가 있는 것으로 구별할 수 있다. 겨울눈만으로는 참회나무와 구분이 어렵다.

❶꽃. 주로 5수성이다. ❷열매. 표면에 작은 날개가 생기는 점이 참회나무와 다르다. ❸❹ 잎 앞면과 뒷면 ❺겨울눈. 피침형이며 인편은 6~10개다. ❻수피. 회색-회갈색이며 표면이 매끈하다. ❼수형
✤식별 포인트 열매/잎

나래회나무

Euonymus macropterus Rupr.

노박덩굴과 CELASTRACEAE R. Br.

● **분포**

중국(동북부), 일본(혼슈 이북), 러시아 (사할린), 한국

❖ **국내분포/자생지** 전국의 산지

● **형태**

수형 낙엽 관목 또는 소교목이며 높이 2~3(~6)m로 자란다.

수피/겨울눈 수피는 회색~회갈색이고 매끈하다. 겨울눈은 길이 1.5~2.5cm의 피침형이며, 인편은 8~12개이고 붉은 빛이 돈다.

잎 마주나며 길이 3~12cm의 타원형 또는 도란상 타원형이다. 끝은 꼬리처럼 길게 뾰족하고 밑부분은 둥글거나 넓은 쐐기형이며, 가장자리에는 둔한 잔톱니가 있다. 양면에 모두 털이 없고 잎자루는 길이 1cm 이하이다. 참회나무나 회나무에 비해 뒷면의 엽맥이 뚜렷하게 돌출한다.

꽃 5~6월에 새가지의 잎겨드랑이에서 나온 취산꽃차례에 황록색의 양성화가 모여 달린다. 꽃은 4수성이며 지름 6~7mm이고, 꽃잎은 광난형 또는 아원형이다. 수술은 매우 짧으며 암술대는 1개다.

열매/종자 열매(蒴果)는 지름 8~10mm (날개 포함하면 2~2.5cm)의 구형이며 표면에 4개의 길고 뾰족한 날개가 있다. 9~10월에 적색 또는 적자색으로 익으며 4갈래로 갈라져 벌어진다. 종자는 타원형이며 밝은 적색의 가종피에 싸여 있다.

● **참고**

참회나무나 회나무에 비해 꽃이 4수성이며 열매에 4개의 긴 날개가 있는 것이 특징이다. 잎 뒷면의 엽맥도 훨씬 뚜렷하며 겨울눈(끝눈)도 대형이다.

❶❷꽃은 참회나무나 회나무와 달리 4수성이며 더 풍성하게 핀다. ❸열매. 표면에 긴 날개가 발달한다. ❹❺잎 앞면과 뒷면. 회나무나 참회나무에 비해 뒷면의 엽맥이 두드러지고 돌출한다. ❻겨울눈. 꽃과 잎이 함께 들어 있는 끝눈(頂芽)은 회나무나 참회나무보다 훨씬 대형이다. ❼수피 ❽수형
✽식별 포인트 열매/겨울눈/꽃/잎

2006. 5. 20. 강원 인제군 설악산

2004. 7. 5. 경기 포천시 광릉

푼지나무
Celastrus flagellaris Rupr.

노박덩굴과 CELASTRACEAE R. Br.

●분포
중국(동북부), 일본(혼슈 이남), 러시아
(아무르), 한국

❖국내분포/자생지 전국의 낮은 산지

●형태
수형 낙엽 덩굴성 목본이며 길이 10m
이상 자란다. 줄기에서 기근이 나와 다
른 나무 또는 바위를 타고 자란다.

잎 어긋나며 길이 2~5cm의 난상 타원
형-아원형이다. 끝은 둥글거나 급격히
뾰족해지고 밑부분은 쐐기형이며, 가
장자리에는 바늘 모양의 잔톱니가 촘
촘히 있다. 뒷면 맥 위에는 돌기 모양
의 털이 있다. 잎자루는 길이 1~2cm이
며 아래쪽에 탁엽이 변한 2개의 날카
로운 가시가 있다.

꽃 암수딴그루이며, 5~6월에 잎겨드
랑이에 황록색의 꽃이 모여 달린다. 꽃
은 지름 6mm가량이며, 꽃잎은 장타원
형이고 가장자리에 털 모양의 미세한
톱니가 있다. 수술은 5개씩 있으며 수
꽃의 수술은 화관보다 약간 더 길고 암
꽃의 수술은 퇴화했다. 암꽃의 꽃받침
열편은 삼각상 피침형이며 가장자리
에 털 모양의 톱니가 있다. 자방은 둥
글며 암술머리는 3갈래로 갈라진다.

열매/종자 열매(蒴果)는 지름 6~7mm
의 구형이고, 9~10월에 녹황색으로 익
으며 3갈래로 갈라진다. 종자는 타원형
이며 밝은 적색의 가종피에 싸여 있다.

●참고
노박덩굴과 유사하지만 줄기에 기근
이 발달하고 어린가지의 잎자루 밑에
2개의 갈고리 같은 가시가 있으며, 잎
의 가장자리에 침상의 톱니가 촘촘히
있는 점이 다르다.

❶암꽃. 수술은 퇴화했다. ❷수꽃차례 ❸열
매 ❹잎 ❺❻잎의 비교: 노박덩굴(❺)과 푼지
나무(❻). 푼지나무가 노박덩굴보다 가장자
리의 톱니가 더 날카롭다. ❼겨울눈. 바깥쪽
의 인편은 가시처럼 발달한다. ❽가종피를
제거한 종자
✽식별 포인트 열매/잎(가장자리의 톱니)/
가시

노박덩굴
Celastrus orbiculatus Thunb.

노박덩굴과 CELASTRACEAE R. Br.

●**분포**
중국, 일본, 러시아(아무르), 한국
❖**국내분포/자생지** 전국의 산야에 흔하게 자람
●**형태**
수형 낙엽 덩굴성 목본이며 다른 나무 또는 바위를 감고 길게 자란다.
수피/겨울눈 수피는 회색이며 얕게 갈라진다. 겨울눈은 길이 2~4mm의 구형-난형이며 끝이 둥글다.
잎 어긋나며 길이 4~10cm의 장타원형-아원형이다. 끝은 둥글거나 급하게 뾰족해지고 밑부분은 넓은 쐐기형이며, 가장자리에는 얕은 톱니가 있다. 양면에 모두 털이 없거나 뒷면 맥 위에 잔털 또는 돌기 모양의 털이 있다. 잎자루는 길이 1~2cm다.
꽃 암수딴그루이며, 5~6월에 잎겨드랑이에 황록색의 꽃이 1~7(암꽃은 1~4)개씩 모여 달린다. 꽃은 지름 6~8mm이며, 꽃차례와 작은꽃자루에는 털이 없다. 작은꽃자루는 중앙부 이하에 관절이 있다. 꽃받침열편, 꽃잎, 수술은 각각 5개씩이다. 수꽃의 수술은 길이 2~3mm이며, 암꽃은 수술이 퇴화한 헛수술이 있고 자방이 둥글다.
열매/종자 열매(蒴果)는 지름 8~13mm의 구형이고 9~10월에 황색으로 익으며 3갈래로 갈라진다. 종자는 길이 4~5mm의 타원형이며, 밝은 적색의 가종피에 싸여 있다.
●**참고**
털노박덩굴에 비해 잎이 작고 뒷면 맥 위에 돌기 모양의 털이 생기기도 하며, 가지와 꽃차례에 털이 없고 꽃잎이 옆으로 활짝 벌어지는 점이 다르다.

❶암꽃차례. 암꽃은 1~2(~4)개로 수꽃보다 적은 수가 달린다. ❷수꽃차례 ❸잎: 뒷면 엽맥에 돌기와 돌기 모양의 털이 있는 타입 ❹잎: 뒷면에 털이 없는 타입 ❺열매 ❻겨울눈. 잎눈은 작고 둥글며, 바깥쪽 인편이 가시처럼 뾰족하다. ❼수피 ❽가종피를 제거한 종자
✽식별 포인트 열매/잎(가장자리의 톱니)

2009. 5. 19. 경남 양산시 정족산

털노박덩굴
Celastrus stephanotifolius
(Makino) Makino

노박덩굴과 CELASTRACEAE R. Br.

2008. 9. 28. 경남 양산시 정족산

● **분포**

일본(혼슈 남부 이남), 한국

❖ **국내분포/자생지** 강원(삼척시, 영월군 등), 경기(포천시 등), 충청, 경상, 전라 등지의 산지에 전국적으로 자람

● **형태**

수형 낙엽 덩굴성 목본이며 다른 나무를 감고 길게 자란다.

잎 어긋나며 길이 6~12cm의 광타원형-아원형이다. 끝은 둥글거나 급하게 뾰족해지고 밑부분은 넓은 쐐기형이며, 가장자리에는 얕고 둔한 톱니가 있다. 표면에는 털이 없으며, 뒷면에는 맥 가장자리를 따라 백색의 굽은 털이 밀생한다. 잎자루는 길이 1~2cm다.

꽃 암수딴그루이며, 5~6월에 새가지 아랫부분 및 잎겨드랑이에 황록색의 꽃이 1~5(암꽃은 1~3)개씩 모여 달린다. 꽃은 지름 3~4mm이며, 꽃잎은 장타원형이다. 꽃차례와 작은꽃자루에는 백색의 굽은 털이 밀생한다. 꽃받침열편과 꽃잎, 수술은 각각 5개씩이다. 암꽃에는 헛수술이 있으며 자방이 둥글고 암술머리는 3~4갈래로 갈라진다.

열매/종자 열매(蒴果)는 지름 1~1.3cm의 구형이고, 10~11월에 밝은 황색으로 익으며 3갈래로 갈라진다.

● **참고**

잎 뒷면 맥 가장자리, 꽃차례, 꽃자루에 백색의 굽은 털이 밀생하며 꽃잎이 옆으로 활짝 벌어지지 않는 점이 노박덩굴과 다르다. 열매의 색상도 더 밝은 황색이다.

❶암꽃차례. 암술대가 꽃잎 밖으로 돌출한다. 암·수꽃 모두 꽃잎이 벌어지지 않는다. ❷수꽃차례. 수꽃에도 암술의 흔적이 남아 있다. ❸열매. 과피는 노박덩굴보다 더 밝은 황색을 띤다. 열매자루에는 털이 밀생한다. ❹잎. 노박덩굴에 비해 잎이 더 크고 짙은 녹색이 돈다. 뒷면은 맥을 따라 백색 털이 밀생한다. ❺겨울눈 ❻수피 ❼가종피를 제거하면 올록볼록하고 두툼한 내과피에 싸인 타원형의 종자가 나온다.

❈식별 포인트 잎(뒷면의 털)/열매/꽃/종자

497

미역줄나무
(메역순나무)

Tripterygium regelii Sprague & Takeda
[*Tripterygium wilfordii* Hook. f. var. *regelii* (Sprague & Takeda) Makino]

노박덩굴과 CELASTRACEAE R. Br.

● **분포**
중국(만주), 일본(혼슈 이남), 러시아(아무르), 한국
✤ **국내분포/자생지** 전국의 산지에 비교적 흔하게 자람

● **형태**
수형 낙엽 덩굴성 목본이며, 다른 나무를 감고 올라가기도 하지만 흔히 덤불 형태로 자란다.

수피/어린가지/겨울눈 수피는 회색이며 어린가지는 황갈색-적갈색을 띠고 불분명한 능각이 있다. 겨울눈은 삼각형이며, 인편이 4~6개이고 털이 없다. 잎 어긋나며 길이 5~15cm의 타원형-광난형이다. 끝은 뾰족하고 밑부분은 넓은 쐐기형-얕은 심장형이며, 가장자리에는 얕은 톱니가 있다. 양면에 모두 털이 없으며 표면은 맥이 함몰되어 있어 다소 주름져 보인다. 잎자루는 길이 1~4cm다.

꽃 수꽃양성화한그루(웅성양성동주)이며, 6~7월에 새가지 끝에서 나온 원추꽃차례에 녹백색의 꽃이 모여 달린다. 꽃은 지름 5~6mm이며, 꽃잎은 5개이고 타원상이다. 수술은 5개이고 밀선반 가장자리에서 꽃잎 사이로 벌어지며 달린다. 자방은 세모꼴이며 암술대는 1개다.

열매/종자 열매(翅果)는 길이 8~12mm이고 3개의 넓은 날개가 있으며, 9~10월에 녹색 또는 녹갈색으로 익는다. 종자는 길이 4~5mm의 삼각상 타원형이며 흑갈색을 띤다.

● **참고**
덩굴성이며, 꽃이 원추꽃차례에 달리고 열매에 3개의 넓은 날개가 발달하는 것이 특징이다.

❶꽃차례. 수꽃과 양성화가 섞여 핀다. ❷열매. 3개의 날개가 있고 결실 초기에는 붉은색을 띠는 경우가 많다. ❸잎. 맥이 함몰되어 마치 주름이 진 것처럼 보인다. ❹겨울눈. 어린 가지에는 능각이 있다. ❺노목의 수피 ❻종자. 삼각상 타원형이다.
✻식별 포인트 수형/잎/열매

2002. 7. 2. 강원 삼척시

2002. 9. 18. 경남 양산시 정족산

대팻집나무
Ilex macropoda Miq.

감탕나무과
AQUIFOLIACEAE Bercht. & J. Presl

● **분포**
중국(중남부), 일본, 한국
❖ **국내분포/자생지** 경북(팔공산) 및 충북(월악산) 이남의 산지
● **형태**
수형 낙엽 교목이며 높이 15m, 지름 60cm까지 자란다.
가지/겨울눈 짧은가지가 발달한다. 겨울눈은 길이 2~3mm의 원추형으로, 끝이 둔하고 인편은 6~8개다.
잎 어긋나지만 짧은가지에서는 모여나며, 길이 3~8cm의 타원형-광난형이다. 가장자리에 뾰족한 잔톱니가 있으며 뒷면 맥 위에는 털이 밀생한다.
꽃 암수딴그루이며, 5~6월에 짧은가지 끝에 녹백색의 꽃이 모여 달린다. 꽃은 지름 4mm 정도이며, 꽃받침열편과 꽃잎은 각각 4~5개다. 수꽃은 다수가 모여나는데, 수술은 4~5개로 꽃잎보다 약간 짧다. 암꽃은 소수가 모여나며, 꽃잎보다 길이가 짧은 불임성의 헛수술이 4~5개 있다. 자방은 길이 1.7mm 정도의 난형이고 털이 없으며, 암술머리는 두툼한 원반 모양이다.
열매 열매(核果)는 지름 6~7mm의 구형이며 9~10월에 적색으로 익는다. 핵은 길이 5mm가량의 삼각상 타원형이며, 표면에 세로줄이 뚜렷하다.
● **참고**
국내에 자생하는 감탕나무속(*Ilex*) 식물 중에서 유일하게 낙엽성이며, 줄기에 짧은가지가 발달하는 것이 특징이다. 이름은 목재가 단단하고 치밀해 '대팻집을 만드는 데 사용하는 나무'라는 뜻에서 유래했다.

❶암꽃차례. 암꽃에는 불임성의 헛수술이 있다. ❷수꽃차례 ❸열매. 가을에 붉게 익으며 낙엽이 진 다음에도 가지에 계속 달려 있다. ❹잎 ❺겨울눈 ❻짧은가지 ❼수피. 짙은 회색 바탕에 회백색 얼룩과 피목이 있다. ❽핵. 세로로 홈이 있다.
✽식별 포인트 잎/열매/수피/짧은가지

꽝꽝나무

Ilex crenata Thunb. **f.** *crenata*

감탕나무과
AQUIFOLIACEAE Bercht. & J. Presl

2001. 10. 26. 제주

● **분포**
중국(산둥반도 이남) 일본(혼슈 이남),
한국

❖ **국내분포/자생지** 경남, 전남, 전북
(변산반도), 제주의 산지 숲속

● **형태**
수형 상록 관목 또는 소교목이며 높이
2~6(~10)m, 지름 15㎝까지 자란다.
잎 어긋나며 길이 1~3㎝의 장타원형
또는 타원형이다. 엽질이 가죽질로 다
소 두꺼우며 가장자리에는 얕고 둔한
톱니가 있다. 양면에 모두 털이 없으며
뒷면 맥에는 선점이 있다. 측맥은 희미
하다.
꽃 암수딴그루이며, 5~6월에 새가지
밑부분 및 잎겨드랑이에 녹백색 또는
황록색의 꽃이 모여 달린다. 꽃은 지름
4~5㎜이며, 꽃받침열편과 꽃잎은 4
개씩이다. 수꽃은 2~6개씩 모여나며,
수술은 4개이고 꽃잎보다 약간 짧다.
암꽃은 1(~2)개씩 달리며, 꽃잎보다
짧은 불임성의 헛수술이 4개 있다. 자
방은 길이 2㎜ 정도의 난형으로 털이
없으며, 암술머리는 두툼한 원반 모양
이고 4갈래로 갈라진다.
열매 열매(核果)는 지름 6~8㎜의 구형
이며 9~10월에 흑색으로 익는다. 핵은
길이 4㎜ 정도의 난상 타원형이다.

● **참고**
회양목과 외형이 유사하지만, 잎이 어
긋나게 달리며 가장자리에 둔한 톱니
가 있어 쉽게 구별할 수 있다. 꽝꽝나
무에 비해 잎이 볼록하고 가장자리가
뒤로 약간 말리는 품종을 일본꽝꽝나
무[f. *convexa* (Makino) Rehder]라고
하며, 일본에서 도입되어 남부지방에
간혹 식재하고 있다.

❶암꽃차례 ❷수꽃차례 ❸열매 ❹잎(앞면과
뒷면의 비교: 꽝꽝나무(좌)와 일본꽝꽝나무
(우) ❺수형(제주 한라산) ❻수피, 회색이며
표면에 피목이 흩어져 있다. ❼핵, 보통 5개
의 세로줄이 있다.
❖식별 포인트 잎/열매

2007. 1. 23. 전남 광주시

호랑가시나무
Ilex cornuta Lindl. & Paxton

감탕나무과
AQUIFOLIACEAE Bercht. & J. Presl

●**분포**

중국(중부 이남), 한국

❖**국내분포/자생지** 전남(완도군, 나주시), 전북(변산반도), 제주의 바닷가 가까운 산지

●**형태**

수형 상록 관목이며 높이 1~3m로 자라고 가지가 무성하게 나온다.

잎 어긋나며 길이 4~10㎝의 타원상 육각형이다. 밑부분은 둥글거나 평평하며, 가장자리에는 1~2쌍의 날카로운 가시가 있다. 엽질은 딱딱한 가죽질이며, 표면은 광택이 나고 뒷면은 황록색이다. 잎자루는 길이 4~8mm이며 표면에 얕은 골이 있다.

꽃 암수딴그루이며, 4~5월에 2년지의 잎겨드랑이에 녹백색의 꽃이 모여 달린다. 꽃은 지름 7mm 정도이며, 꽃받침열편과 꽃잎은 4개씩이다. 수꽃은 꽃잎보다 약간 긴 수술이 4개 있고, 자방과 암술대는 퇴화되어 있다. 암꽃은 꽃잎보다 약간 짧은 불임성의 헛수술이 4개 있다. 자방은 지름 2mm 정도의 난형이며 암술머리는 두툼한 원반 모양으로 미세하게 4갈래로 갈라진다.

열매 열매(核果)는 길이 8~10mm의 구형이며 9~10월에 적색으로 익는다. 핵은 길이 7~8mm의 삼각상 타원형인데, 표면은 주름지고 보통 1개의 세로줄이 있다.

●**참고**

국명은 '잎의 가시가 호랑이 발톱과 비슷하다'라는 뜻에서 유래했다. 감탕나무와의 자연교잡종을 완도호랑가시나무(*Ilex × wandoensis* C. F. Miller)라고 하는데, 잎의 모양이 두 종의 중간 형태를 보인다.

❶암꽃차례 ❷수꽃차례 ❸잎. 뻣뻣한 가죽질이며 표면에 광택이 있고 1~2쌍의 가시가 있다. ❹수피. 회백색이며 피목이 흩어져 있다. ❺핵은 표면이 주름지며 보통 1개의 세로줄이 있다. ❻수형 ❼완도호랑가시나무

✿**식별 포인트** 잎/열매

감탕나무
Ilex integra Thunb.

감탕나무과
AQUIFOLIACEAE Bercht. & J. Presl

●**분포**
중국(저장성), 일본(혼슈 남부 이남),
타이완, 한국
❖**국내분포/자생지** 경북(울릉도), 제
주 및 남해(경남, 전남) 도서의 바닷가
가까운 산지

●**형태**
수형 상록 소교목 또는 교목이며 높이
6~10m, 지름 30cm까지 자란다.
잎 어긋나며 길이 4~8cm의 타원형-
도란상 타원형이다. 끝은 둥글거나 짧
은 꼬리처럼 뾰족하고 밑부분은 쐐기
형이며, 가장자리가 밋밋하다(어릴 때
는 톱니 있음). 엽질은 가죽질이며 뒷
면은 황록색을 띠고 측맥이 희미하다.
잎자루는 길이 4~8mm다.
꽃 암수딴그루이며, 3~5월에 2년지
잎겨드랑이에 황록색의 꽃이 모여 달
린다. 꽃은 지름 8mm 정도이며, 꽃받침
열편과 꽃잎은 각각 4개다. 수꽃은 2
~15개씩 모여나며 꽃잎과 길이가 비
슷한 수술이 4개 있다. 암꽃에는 꽃잎
보다 짧은 불임성의 헛수술이 4개 있
다. 자방은 지름 2~3mm의 원통형이며
털이 없다. 암술머리는 두툼한 원반 모
양이며 미세하게 4갈래로 갈라진다.
열매 열매(核果)는 길이 1~1.2cm의
구형이며 10~12월에 적색으로 익는
다. 핵은 길이 7~8mm의 삼각상 타원
형이다.

●**참고**
먼나무에 비해 잎자루가 짧으며 2년지
의 잎겨드랑이에서 꽃이 황록색으로 피
는 것이 다르다. 감탕(甘湯)은 새를 잡
거나 나무를 붙이는 데 사용한 끈끈이
를 말하는데, 감탕나무의 줄기에서 끈
끈한 점성의 수액을 추출했다고 한다.

❶암꽃차례. 암꽃에는 꽃잎보다 짧은 헛수
술이 4개 있다. ❷수꽃차례 ❸잎 ❹암꽃눈
❺수꽃눈. 암꽃눈보다 크기가 크고 더 많이
달린다. ❻수피. 표면이 매끈하며 겉에 작은
피목이 생긴다. ❼수형 ❽핵의 표면은 주름
진다.
❖식별 포인트 잎/열매

2008. 12. 21. 전남 완도군 구계등

2008. 3. 20. 제주

먼나무
Ilex rotunda Thunb.

감탕나무과
AQUIFOLIACEAE Bercht. & J. Presl

●**분포**
중국(중남부), 일본(혼슈 남부 이남), 베트남, 한국
❖**국내분포/자생지** 전남(보길도), 제주의 산지 숲속 및 계곡부

●**형태**
수형 상록 교목이며 높이 10~20m, 지름 1m까지 자란다.
수피 회백색-짙은 회색이며, 매끈하고 작은 피목이 발달한다.
잎 어긋나며 길이 4~9cm의 타원형-장타원상 난형이다. 끝은 둥글거나 짧게 뾰족하고 밑부분은 쐐기형이며, 가장자리가 밋밋하다. 잎은 가죽질이며 뒷면은 황록색을 띠고 측맥이 희미하다. 잎자루는 길이 8~18mm이며 적색을 띤다.
꽃 암수딴그루이며, 6월에 새가지의 잎겨드랑이에 백색 또는 연한 자색의 꽃이 산형으로 모여 달린다. 꽃은 지름 4~5mm이며, 꽃받침열편과 꽃잎은 각각 4~6개씩이다. 수꽃은 꽃잎보다 긴 수술이 4~6개 있고 꽃잎이 뒤로 완전히 젖혀진다. 암꽃은 꽃잎보다 짧은 불임성의 헛수술이 4~6개 있다. 자방은 길이 1.5mm 정도의 난형이고 털이 없으며, 암술머리는 두툼한 원반 모양이다.
열매 열매(核果)는 길이 4~6mm의 구형이며 11~12월에 적색으로 익는다. 핵은 길이 4mm 전후의 삼각상 장타원형이다.

●**참고**
국명은 '열매와 잎이 멋있다'라는 뜻의 '멋나무'에서 유래했다는 설과 '가지가 검은 나무'라는 의미의 제주 방언인 '먹낭'에서 유래했다는 설 두 가지가 있다.

❶암꽃차례. 꽃잎보다 짧은 헛수술이 4~6개 있다. ❷수꽃차례 ❸열매. 감탕나무보다 크기가 작다. ❹잎. 감탕나무보다 잎자루가 길다. ❺겨울눈. 길이 1~2mm의 원뿔형이다. ❻수형 ❼핵. 길이 4mm 정도다.
❉식별 포인트 잎/열매차례(새가지)

503

낙상홍
Ilex serrata Thunb.

감탕나무과
AQUIFOLIACEAE Bercht. & J. Presl

2018. 10. 4. 서울시 여의도공원

● **분포**
일본(혼슈 이남의 산지 습지) 원산
❖ **국내분포/자생지** 조경수 및 공원수
로 전국에 식재
● **형태**
수형 낙엽 관목이며 높이 2~3m로 자
란다.
잎 어긋나며 길이 3~8cm의 타원형-
난상 장타원형이다. 양 끝은 뾰족하며
가장자리에는 잔톱니가 촘촘히 있다.
표면에는 짧은 털이 흩어져 있으며, 뒷
면에는 맥 위에 털이 밀생한다.
꽃 암수딴그루이며, 5~6월에 잎겨드
랑이에 연한 자색의 꽃이 모여 달린다.
꽃은 지름 3~4mm이며, 꽃받침열편과
꽃잎은 각각 4~5개다. 수꽃은 5~20
개씩 모여나는데, 수술은 4개이고 꽃
잎보다 약간 짧다. 암꽃은 1~4개씩 모
여나며, 꽃잎 ½ 정도 길이의 불임성
헛수술이 4~5개 있다. 자방은 지름
1.5mm 정도의 난형이고 털이 없으며,
암술머리는 두툼한 원반 모양이다.
열매 열매(核果)는 지름 5mm의 구형이
며 9~10월에 적색으로 익는다. 핵은
길이 2~2.5mm의 삼각상 장타원형이
며 표면이 매끄럽다.
● **참고**
국명은 '잎이 떨어지고 서리가 내릴 때
까지 붉은 열매가 달려 있다'라는 의미
의 중국명(落霜紅)에서 유래했다. 미국
낙상홍과 비교해 꽃잎, 꽃받침열편, 수
술이 4~5개이며, 잎 가장자리에 날카롭
고 뾰족한 톱니가 있는 것이 특징이다.

❶암꽃. 잎겨드랑이에 흔히 1~4개씩 모여
달린다. ❷수꽃. 잎겨드랑이에 5~20개씩
모여 달린다. 꽃잎과 수술은 4~5개다. ❸열
매. 지름 5mm 정도의 구형이고 붉게 익는다.
❹잎. 가장자리에 뾰족한 잔톱니가 있다. ❺
겨울눈. 길이 1~1.5mm의 반원형이다. 겨울눈
과 엽흔 사이에 길이가 겨울눈의 ½ 정도 되
는 부아(副芽)가 있다. ❻수피. 회색·회갈색
이고 매끈하며 작은 피목이 흩어져 있다. ❼
핵. 길이 2~2.5mm의 삼각상 장타원형-광타
원형이고 능각이 있으며 약간 광택이 난다.
❖**식별 포인트** 꽃/겨울눈

2016. 5. 31. 서울시

미국낙상홍
Ilex verticillata (L.) A. Gray

감탕나무과
AQUIFOLIACEAE Bercht. & J. Presl

● **분포**
북아메리카(동부)

❖ **국내분포/자생지** 전국 각지에 조경수 및 공원수로 식재

● **형태**

수형 낙엽 관목이며 높이 1~5m로 자란다.

수피/어린가지/겨울눈 수피는 어두운 회색이고 표면에 피목이 발달한다. 어린가지는 적갈색이며 표면에 피목이 있다. 겨울눈은 반구형이다.

잎 어긋나며 길이 3.5~9cm의 타원형-난상 장타원형이다. 끝이 뾰족하며 가장자리에는 둔한 톱니가 있다.

꽃 암수딴그루이며, 5~6월에 잎겨드랑이에 백색의 꽃이 모여 달린다. 꽃은 지름 5mm가량이며, 꽃잎은 5~8개다. 수꽃은 5~20개씩 모여나며, 수술은 5~8개이고 꽃잎보다 약간 짧다. 암꽃은 2~4개씩 모여나며, 불임성 헛수술이 6개 있다. 헛수술의 길이는 꽃잎 길이의 ½ 정도다. 자방은 지름 1.5mm가량의 난형이고 털이 없으며, 암술머리는 두툼한 원반 모양이다.

열매 열매(核果)는 지름 5mm 정도의 구형이며 9~10월에 적색으로 익는다. 핵은 길이 2.5~3mm의 삼각상 장타원형이며 표면이 매끈하다.

● **참고**

겨울까지 붉은 열매가 달려 있어 정원 조경수로 사용하거나 또는 열매 달린 가지를 꽃꽂이 재료로 사용한다. 미국 원주민들은 열매를 해열제로 사용하였다.

❶암꽃 ❷수꽃 ❸열매 ❹❺수피의 변화 ❻겨울눈 ❼핵
✱식별 포인트 잎/열매

회양목
(좀회양목, 섬회양목)

Buxus microphylla Siebold & Zucc.

회양목과 BUXACEAE Dumort.

● **분포**

일본(혼슈 남부 이남), 한국

❖ **국내분포/자생지** 제주, 남해 도서 지역의 산간 바위지대 및 내륙의 바위 지대, 특히 석회암지대에 흔히 자람

● **형태**

수형 상록 관목 또는 소교목이며 높이 2~3(~9)m, 지름 50㎝까지 자란다.

잎 마주나며 길이 1~3㎝의 장타원형-도란형이다. 끝은 둥글거나 오목하고 밑부분은 쐐기형이며, 가장자리는 밋밋하면서 뒤로 살짝 젖혀진다. 엽질은 가죽질로 다소 두껍다.

꽃 암수한그루이며, 3~4월에 잎겨드랑이에 연한 황색의 꽃이 모여 달린다. 꽃차례의 중앙에 암꽃이 있고, 그 주위를 수꽃들이 둘러싸고 있다. 암꽃, 수꽃 모두 꽃잎이 없다. 수꽃은 꽃받침열편이 4개이며, 수술은 1~4개이고 길이는 6~7㎜다. 암꽃은 꽃받침열편이 6개이며, 자방은 삼각형이고 암술머리가 3갈래로 갈라진다.

열매/종자 열매(蒴果)는 길이 1㎝ 정도의 도란형으로 끝부분에는 암술대가 변한 뿔 모양의 돌기가 있으며 6~7월에 익는다. 종자는 길이 6㎜가량의 장타원형이며 광택이 나는 흑색이다.

● **참고**

국명은 '잎이 황색이면서 버드나무(楊)를 닮은 나무'라는 뜻의 황양목(黃楊木)에서 유래했다. 목재가 치밀하고 단단해 예전에는 도장의 재료로 많이 이용한 까닭에 '도장목' 또는 '도장나무'라고 부르기도 한다.

2008. 8. 13. 강원 영월군

❶꽃. 중앙부에 있는 1개의 암꽃을 여러 개의 수꽃이 둘러싸고 있다. ❷잎과 잎눈 ❸꽃눈 ❹결실 과정(아래부터 위로) ❺수피는 회백색-회갈색이며 오래되면 불규칙한 조각으로 갈라진다. ❻종자 ❼수형(경기 여주시, 천연기념물 제459호) ❽자생지의 풍경. 석회암지대에서는 큰 집단을 이루며 자라기도 한다.

✽식별 포인트 잎/열매

2010. 8. 2. 강원 홍천군

광대싸리
Flueggea suffruticosa (Pall.) Baill.
[*Securinega suffruticosa* (Pall.) Rehder; *S. suffruticosa* (Pall.) Rehder var. *japonica* (Miq.) Hurus.]

대극과 EUPHORBIACEAE Juss.

● 분포
동아시아에 광범위하게 분포
❖ 국내분포/자생지 전국의 산야에 흔하게 자람
● 형태
수형 낙엽 관목이며 높이 1~3m로 자란다. 가지가 많이 갈라지며 끝이 아래로 처진다.
수피 회색-회갈색이며 오래되면 불규칙한 조각으로 갈라진다.
잎 어긋나며 길이 2~7㎝의 타원형-장타원형이다. 양 끝이 뾰족하며 가장자리는 밋밋하다. 양면에 모두 털이 없으며 뒷면은 흰빛이 약간 돈다. 잎자루는 길이 2~8mm다.
꽃 암수딴그루이며, 6~8월에 잎겨드랑이에 연한 황색-황록색의 꽃이 모여 달린다. 꽃은 지름 2~3mm이며, 꽃잎과 꽃받침열편은 5개씩이다. 수꽃은 자루가 짧고 다수가 빽빽이 모여 달리며 수술은 5개다. 암꽃은 길이 1㎝가량의 꽃자루가 있고 잎겨드랑이에 1~5개가 달린다. 암꽃의 자방은 편구형이고 3갈래로 갈라진 암술대는 Y자 모양을 이룬다.
열매/종자 열매(蒴果)는 지름 4~5mm의 편구형이고 3갈래의 얕은 골이 있으며, 10~11월에 황갈색으로 익는다. 종자는 길이 2~3mm이고 갈색을 띤다.
● 참고
수형과 잎이 싸리와 닮았다고 하여 이름에 '싸리'가 들어 있으나 광대싸리는 콩과가 아닌 대극과 식물이다. 중국에서는 일엽추(一葉萩)라고 부르며, 예로부터 잎과 꽃을 소아마비, 신경쇠약증, 안면마비의 치료에 이용해왔다.

❶암꽃차례 ❷수꽃차례. 수꽃은 암꽃보다 훨씬 풍성하게 달린다. 한 나무 안에서도 꽃이 한꺼번에 모두 개화하지는 않는다. ❸열매. 3개의 얕은 골이 있다. 익으면 "탁" 하고 터져서 종자가 튀어 나간다. ❹수피. 회색-회갈색이며 얕게 갈라진다. ❺겨울눈 ❻수형 ❼종자
✽식별 포인트 열매/꽃/수형

예덕나무

Mallotus japonicus (L.f.) Müll. Arg.

대극과 EUPHORBIACEAE Juss.

● **분포**

중국(저장성 일부), 일본(혼슈 이남), 타이완, 한국

❖ **국내분포/자생지** 서남해 도서(경남, 전남, 전북, 충남) 및 제주의 산지

● **형태**

수형 낙엽 관목이며 높이 2~6m로 자란다.

잎 어긋나며 길이 7~20cm의 도란상 원형-광난형이다. 끝은 길게 뾰족하고 밑부분은 쐐기형-얕은 심장형이며, 가장자리가 밋밋하지만 3갈래로 얕게 갈라지기도 한다. 잎 표면에는 성상모가 있고 밑부분에 밀선이 2개 있으며 뒷면에는 황갈색 선점이 밀생한다. 잎자루는 길이 5~20mm이고 붉은색을 띤다.

꽃 암수딴그루이며, 6~7월에 새가지 끝에서 나온 길이 7~20cm의 원추꽃차례에 연한 황색의 꽃이 모여 달린다. 수꽃의 꽃받침은 연한 황색이고 3~4갈래로 갈라진다. 수술은 다수(50~80개)이고 수술대 길이는 3mm 정도다. 암꽃의 꽃받침은 2~3갈래로 갈라지며, 자방에는 가시 같은 돌기가 있고 적색 성상모와 백색 선점이 밀생한다.

열매/종자 열매(蒴果)는 지름 8mm가량의 편구형이고 8~9월에 갈색으로 익는다. 겉에는 가시 같은 돌기가 밀생한다. 종자는 지름 4mm가량의 구형이며 갈색 또는 흑색을 띤다.

● **참고**

황무지, 개간지, 숲 가장자리 등 햇볕이 잘 드는 곳에 군락을 이루어 자라는 경우가 많다. 꽃잎이 없고 수술이 다수이며, 잎과 어린가지에 갈색의 성상모가 밀생하는 것이 특징이다.

2004. 6. 27. 전남 목포시 유달산

❶암꽃차례 ❷수꽃차례 ❸열매 ❹어린잎은 선홍색을 띤다. 다 자란 잎은 잎자루가 길고 3출맥이 뚜렷하다. ❺겨울눈. 인편 없이 드러나 있으며 성상모에 싸여 있다. ❻수피. 회갈색이고 세로로 얕게 갈라진다. ❼종자
✿식별 포인트 잎/겨울눈/수피/열매

2007. 7. 27. 제주 한라수목원

오구나무
(조구나무)

Triadica sebifera (L.) Small

대극과 EUPHORBIACEAE Juss.

●**분포**

중국, 베트남 원산

❖**국내분포/자생지** 전남, 충남, 제주에 드물게 식재

●**형태**

수형 낙엽 교목이며 높이 15m, 지름 35cm까지 자란다. 가지를 꺾으면 백색 유액이 나온다.

수피/어린가지 수피는 처음에는 짙은 녹색이고 매끈하지만, 오래되면 세로로 거칠게 갈라진다. 어린가지는 녹색이고 피목이 있다.

잎 어긋나며, 길이 3~13cm의 마름모꼴 난형 또는 광난형이고 끝이 꼬리처럼 뾰족하다. 잎자루는 길이 2.5~6cm이며 앞쪽 끝에 2개의 선점이 있다.

꽃 암수한그루이며, 7~8월에 가지 끝에서 나온 총상꽃차례에 황록색의 꽃이 모여 달린다. 꽃차례의 위쪽에는 다수의 수꽃이 촘촘히 달리며, 아래쪽에는 소수의 암꽃이 달린다.

열매 열매(蒴果)는 지름 1.5cm 정도의 편구형이고 10~11월에 갈색으로 익는다.

●**참고**

국명은 중국명인 오구(烏桕)에서 유래했다. 과거에는 종자를 양초와 비누 제작의 원료로 이용하였으며, 뿌리는 뱀에게 물렸을 때 해독제로 이용하였다.

❶열매 ❷잎. 기부에는 2개의 밀선이 있다. ❸겨울눈 ❹❺수피의 변화. 오래되면 거칠게 갈라진다. ❻종자 ❼유동나무[*Vernicia fordii* (Hemsl.) Airy Shaw]. 중국(중남부), 베트남 원산이다. 전남과 제주에 간혹 식재한다. 낙엽 교목이며 높이 10m 정도로 자란다. 잎은 어긋나며 길이 20cm 정도의 심장형이다. 잎 끝이 뾰족하고 밑부분에 2개의 밀선이 있다. 암수한그루이며, 5월에 가지 끝에서 나온 원추꽃차례에 백색의 꽃이 모여 달린다. 열매(堅果)는 지름 3~4.5cm의 구형이며 끝이 돌기처럼 뾰족하다. 유동(油桐, 기름을 얻는 오동이라는 뜻)나무는 과거에는 기름을 얻기 위해 전 세계 난대 지역에서 널리 재배했다. 가구에 칠을 하는 용도로도 사용했으며 이를 동유(桐油)라고 칭했다.

사람주나무

Neoshirakia japonica (Siebold & Zucc.) Esser

대극과 EUPHORBIACEAE Juss.

● **분포**

중국, 일본, 한국

❖ **국내분포/자생지** 해안을 따라 강원(설악산), 인천(백령도)까지 자라며, 내륙으로는 경북(운문산), 전북 이남의 숲속 및 계곡에 주로 자람

● **형태**

수형 낙엽 소교목이며 높이 4~6(~8) m로 자란다.

잎 어긋나며 길이 7~16cm의 타원형-난형이다. 끝은 길게 뾰족하고 밑부분은 원형-얕은 심장형이며, 가장자리가 밋밋하다. 표면의 밑부분과 뒷면 측맥의 끝부분에 선점이 있으며 뒷면은 흰빛이 돈다.

꽃 암수한그루이며, 5~7월에 새가지 끝에서 나온 길이 6~10cm의 총상꽃차례에 황록색의 꽃이 모여 달린다. 꽃차례의 위쪽에는 다수의 수꽃이 촘촘히 달리며, 아래쪽에는 소수(0~5개)의 암꽃이 달린다. 수꽃은 수술이 2~3개이고 길이 2~3mm로 꽃받침보다 길다. 암꽃은 길이 7mm가량이며, 자방은 난형이고 암술머리는 3갈래로 길게 갈라져 뒤로 젖혀진다.

열매/종자 열매(蒴果)는 지름 1.2~1.8 cm의 삼각상 구형이며 10~11월에 녹갈색으로 익는다. 결실기에도 끝에 암술대의 흔적이 남는다. 종자는 지름 6~9mm의 난상 구형이며 표면에 흑갈색의 무늬가 있다.

● **참고**

수피가 회백색이어서 백색 가루가 묻은 것 같다고 하여 백목(白木)이라고도 하며, 가지 또는 잎에 상처를 내면 백색 유액이 나온다.

❶꽃차례. 위쪽에 다수의 수꽃이 피고 아래쪽에 소수의 암꽃이 달린다. 수꽃자루의 기부에는 황색의 선체가 붙어 있다. ❷열매는 3갈래로 골이 진다. ❸잎. 뒷면은 흰빛이 돈다. ❹겨울눈. 길이 3~5mm의 삼각형이며 인편은 2개다. ❺수피. 광택이 나는 회백색이며 세로로 가늘게 갈라진다. ❻수형. 가을단풍이 대단히 곱다. ❼종자

✿식별 포인트 수피/열매

2009. 6. 6. 경남 거제도

510

2008. 9. 28. 전남 진도군

조도만두나무

Glochidion chodoense J. S. Lee & H. T. Im

대극과 EUPHORBIACEAE Juss.

●**분포**

한국(한반도 고유종)

❖**국내분포/자생지** 전남(조도, 상조도, 관사도, 진도)의 밭둑, 풀밭 및 숲 가장자리

●**형태**

수형 낙엽 관목이며 높이 2~3(~5)m 까지 자란다.

수피 회색-회갈색이며 불규칙하게 갈라진다.

잎 어긋나며 길이 5~8cm의 장타원형 또는 타원형이다. 끝은 둔하거나 뾰족하고 밑부분은 쐐기형이며, 가장자리가 밋밋하다. 양면에 털이 많으며 뒷면은 연한 녹색이고 특히 맥 위에 털이 많다. 잎자루는 길이 1~2mm이고 털이 밀생한다.

꽃 암수한그루이며, 7~8월에 잎겨드랑이에 녹백색-황록색의 꽃이 모여 달린다. 수꽃은 꽃자루가 길이 7~9mm로 길며, 꽃잎은 6개로, 길이 2mm 정도의 좁은 도란형이다. 암꽃은 꽃자루가 길이 1mm 이하로 짧으며, 꽃잎은 6개이고 길이 1mm 정도의 타원형-도란형이다. 암술머리는 6개 이상이며 자방에는 백색 털이 밀생한다.

열매 열매(蒴果)는 편구형이고 보통 6갈래로 갈라지며 9~10월에 익는다.

●**참고**

전남 조도에서 최초로 발견되어 1994년에 학계에 보고된 한반도 고유종이다. 7~8월에 다수의 꽃이 잎겨드랑이에서 모여나며, 어린가지, 꽃받침열편, 자방에 털이 밀생한다. 조도만두나무의 자생지는 만두나무속(*Glochidion*) 식물의 분포역에서 가장 북쪽에 위치한다.

❶꽃. 수꽃(좌)은 암꽃(우)보다 꽃자루가 길다. 암꽃의 자방에는 털이 많다. ❷열매의 모양 때문에 '만두나무'라는 이름이 붙었다. ❸잎. 앞면은 광택이 있고 양면 모두 털이 많다. ❹겨울눈 ❺수피 ❻수형. 가지가 많이 갈라진다. ❼가종피를 제거한 종자
✱식별 포인트 열매/잎

511

묏대추나무

Ziziphus jujuba Mill. **var.**
spinosa (Bunge) Hu ex H. F.
Chow

갈매나무과 RHAMNACEAE Juss.

● **분포**
중국(북부), 한국
❖ **국내분포/자생지** 전국의 메마른 산지(주로 충북, 강원의 석회암지대 및 경남, 경북의 이암지대) 바위지대 및 풀밭
● **형태**
수형 낙엽 관목 또는 소교목이며 높이 2~4(~10)m 정도로 자란다.
어린가지 탁엽이 변한 길이 3cm가량의 가시가 있다.
잎 어긋나며 길이 3~7cm의 난상 타원형-난형이다. 끝은 둔하거나 뾰족하고 밑부분은 둥글며, 가장자리에 둔한 톱니가 있다. 밑부분에 3주맥이 발달하며 양면에 모두 털이 없다.
꽃 6~7월 잎겨드랑이에 황록색의 양성화가 모여 달린다. 꽃은 지름 5~6mm이며, 꽃잎, 꽃받침열편, 수술은 각각 5개씩이다. 꽃잎은 주걱상 도란형이며 수술과 길이가 비슷하다. 암술대는 중간까지 2갈래로 갈라진다.
열매 열매(核果)는 길이 2~3.5cm의 광타원형-구형이며, 9~10월에 짙은 적갈색으로 익는다. 핵은 길이 1cm가량의 타원형-광타원형으로 양 끝이 둔하거나 뾰족하며, 일반적으로 대추만큼 길쭉해지지는 않는다.

2007. 9. 28. 경북 의성군 금성면

❶꽃. 대추나무와 같은 모양이지만 크기가 약간 작다. ❷잎 ❸탁엽이 변한 가시 ❹수피 ❺수형 ❻핵. 대추나무에 비해 둥근꼴이다.

2007. 9. 19. 경북 안동시 풍천면

●참고

묏대추나무는 과실수로 재배하는 대
추나무(*Z. jujuba* Mill. var. *jujuba*)에
비해 탁엽이 변한 가시가 발달하며 열
매가 둥글고 핵의 양 끝이 가시처럼 뾰
족해지지 않는 점이 다르다. 묏대추나
무의 실체가 재배하던 대추나무가 야
생화한 것인지, 아니면 원래 자생하는
야생종인지를 판단하기 위해서는 정
밀한 연구가 필요하다.

❼-❹대추나무 ❼결실기의 대추나무 ❽❾꽃
❿잎 ⓫겨울눈 ⓬수피는 거칠게 세로로 갈라
진다. ⓭핵. 양 끝이 가시처럼 길게 뾰족하
다. ⓮대추나무(상)와 묏대추나무(하)의 크기
비교
✿식별 포인트 잎/가시/열매

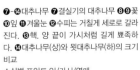

갯대추

Paliurus ramosissimus (Lour.) Poir.

갈매나무과 RHAMNACEAE Juss.

● **분포**

중국(중남부), 일본(혼슈 이남), 타이완, 한국

❖ **국내분포/자생지** 제주 바닷가의 습지나 도로 주변

● **형태**

수형 낙엽 관목이며 높이 2~3(~6)m까지 자라고 가지를 무성하게 친다.

수피/겨울눈 수피는 회색으로 매끈하며, 가지의 마디에는 탁엽이 변한 길이 5~15mm의 가시가 2개씩 난다. 겨울눈은 광난형이며 크기가 소형이다.

잎 어긋나며 길이 3~6cm의 타원형-광난형이다. 끝은 둔하고 가장자리에 둔한 잔톱니가 있다. 잎은 밑에서 갈라진 3주맥이 발달하며, 뒷면 맥 위에는 부드러운 털이 있다.

꽃 7~9월에 잎겨드랑이에 황록색의 양성화가 모여 달린다. 꽃은 지름 5~6mm이며, 꽃잎은 주걱형이고 꽃받침열편보다 짧다. 꽃받침열편은 길이 2mm 정도의 광난형이며, 꽃잎, 꽃받침열편, 수술은 각 5개다.

열매 열매(核果)는 지름 1~2cm의 도원추형(컵 모양)이고, 겉에 연한 갈색의 짧은 털이 밀생한다. 결실기는 9~10월이다. 핵은 길이 3~4mm의 광난형이며, 적갈색이고 광택이 있다.

● **참고**

자생지 및 개체수가 매우 적다. 주로 바닷가에 인접해 자라는데, 해안도로의 건설과 농가의 소각행위로 말미암아 자생지가 지속적으로 감소하는 추세다. 일본에서도 자생지가 10여 곳 정도밖에 남지 않은 멸종위기종으로 알려져 있다.

2004. 8. 17. 제주

❶꽃 ❷열매. 3갈래로 얇게 갈라진 코르크질의 날개가 있다. ❸잎. 광난형이며 광택이 있다. ❹겨울눈 ❺수피. 식물체 전체에 억센 가시가 많다. ❻자생지의 풍경. 주로 해안가의 습지 주변에 자란다. ❼핵
✿식별 포인트 잎/열매

2017. 10. 17. 전북 익산시

헛개나무
Hovenia dulcis Thunb.

갈매나무과 RHAMNACEAE Juss.

● **분포**
중국(산둥반도 이남), 일본(혼슈 이남), 타이, 한국

❖ **국내분포/자생지** 황해도 및 경기 이남의 산지

● **형태**
수형 낙엽 교목이며 높이 15m, 지름 1m까지 자란다.

겨울눈 길이 1.5~2.5mm의 난형이며 갈색의 털이 밀생한다.

잎 어긋나며 길이 7~17cm의 넓은 장타원형-타원상 난형이다. 끝은 길게 뾰족하고 밑부분은 둥글거나 평평하며, 가장자리에는 불규칙한 잔톱니가 있다.

꽃 6~7월에 가지 끝 또는 잎겨드랑이에서 나온 취산꽃차례에 백색-연한 황록색의 양성화가 모여 달린다. 꽃은 지름 6~8mm이며, 꽃잎은 주걱형이고 꽃받침열편과 길이가 비슷하다. 꽃받침열편은 길이 2.2~2.5mm이고 난상 삼각형이며, 꽃잎, 꽃받침열편, 수술은 각각 5개다. 자방은 구형이며 암술대가 짧고 3갈래로 갈라진다.

열매 열매(核果)는 지름 7~10mm의 구형이며 9~10월에 자갈색으로 익는다. 꽃차례의 축과 꽃자루는 열매가 익을 무렵에 육질화되며 단맛이 난다. 핵은 지름 4~5mm의 납작한 원형이며 광택이 나는 흑갈색을 띤다.

● **참고**
분포역이 넓지만 내륙 산지에서는 드물게 자라며, 울릉도에서는 비교적 흔하다. 자루에 달린 열매나 핵을 지구자(枳椇子)라고 하여 숙취해소를 위한 음료 및 차를 만드는 데 이용하고 있다.

❶꽃. 꽃잎이 말려서 수술을 감싸고 있는 특이한 형태다. ❷열매. 열매가 달리는 축과 자루는 결실기에 통통하게 부풀어 오른다. ❸잎. 밑부분부터 갈라지는 3개의 맥이 특징적이다. 뒷면에는 맥을 따라 잔털이 나기도 한다. ❹겨울눈 ❺❻어린나무(❺)와 성목(❻)의 수피. 성목의 수피는 느릅나무나 말채나무와 흡사하다. ❼핵

✿식별 포인트 잎/수피/열매

515

상동나무

Sageretia thea [Osbeck] M. C. Johnst.

갈매나무과 RHAMNACEAE Juss.

●**분포**
중국(중부 이남), 일본(시코쿠 이남의 일부), 타이완, 베트남, 인도, 타이, 한국
❖**국내분포/자생지** 제주, 남해안 및 인근 산지

●**형태**
수형 낙엽 또는 반상록 관목이며 보통은 높이 2m까지 자라지만, 드물게 나무를 타고 훨씬 높이 올라가기도 한다. 수피/어린가지 수피는 회갈색이고 매끈하다. 어린가지에는 갈색 잔털이 밀생하며, 흔히 가지 끝이 가시로 변한다. 잎 어긋나며(거의 마주나는 것처럼 보임) 길이 1~3cm의 타원형-광난형이다. 끝은 둔하고 밑부분은 둥글며, 가장자리에는 물결 모양의 잔톱니가 있다. 잎자루는 길이 2~4mm이고 짧은 털이 있다.
꽃 10~11월에 가지 끝 또는 잎겨드랑이에서 나온 수상꽃차례에 황색 양성화가 모여 달린다. 꽃은 지름 3.5mm가량이며, 꽃잎은 주걱형이고 꽃받침열편보다 짧다. 작은꽃자루는 거의 없으며, 꽃잎, 꽃받침열편, 수술은 각각 5개다. 꽃받침열편은 길이 1mm 정도의 삼각형이며, 꽃의 암술대가 매우 짧고 암술머리는 3갈래로 갈라진다.
열매 열매(核果)는 지름 5mm 정도의 구형-도란형이며 이듬해 4~5월에 흑자색으로 익는다. 핵은 길이 3~4mm의 납작한 난형 또는 광난형이며 광택이 나는 갈색이다.

●**참고**
국명은 겨울에도 잎이 살아 있다는 뜻의 생동목(生冬木)에서 유래한 것으로 추측하고 있다. 다른 활엽수들은 낙엽이 지는 가을에 꽃이 피고, 잎이 나는 봄에 열매가 흑색으로 익는다.

❶꽃차례는 다수의 자잘한 꽃들이 모여 달리며, 향기가 대단히 좋다. ❷열매 ❸잎은 표면에 광택이 있다. ❹겨울눈 ❺핵 ❻상동나무 군락(전남 완도군 구계등)
✴식별 포인트 수형/잎/열매

2001. 10. 26. 제주

2008. 10. 2. 제주

까마귀베개
Rhamnella franguloides
(Maxim.) Weberb.

갈매나무과 RHAMNACEAE Juss.

●**분포**
중국(중남부), 일본(혼슈 이남), 한국
❖**국내분포/자생지** 주로 제주, 전남, 전북, 충남(안면도) 등지의 숲 가장자리에 자람
●**형태**
수형 낙엽 소교목이며 높이 5~8m까지 자란다.
수피 흑갈색-회갈색이며 매끈하고 피목이 발달한다. 오래되면 세로로 불규칙하게 갈라진다.
잎 어긋나며 길이 5~13cm의 도란상 장타원형-장타원형이다. 끝은 꼬리처럼 길게 뾰족하고 밑부분은 둥글거나 쐐기형이며, 가장자리에는 뾰족한 잔톱니가 촘촘히 있다. 뒷면은 연한 황록색이며 맥 위에는 부드러운 털이 있다. 잎자루는 길이 2~6mm이고 짧은 털이 밀생한다.
꽃 6~7월에 잎겨드랑이에서 나온 취산꽃차례에 황록색의 양성화가 6~18개씩 모여 달린다. 꽃은 지름 3.5mm 정도이며, 꽃잎은 넓은 도란형이고 꽃받침열편보다 짧다. 꽃잎, 꽃받침열편, 수술은 각각 5개씩이다. 꽃받침열편은 삼각상 난형이며 가장자리에 잔털이 약간 있다. 자방에는 털이 없으며 암술대는 길이 1~2mm로 매우 짧다.
열매 열매(核果)는 길이 7~10mm의 타원형이며 9~10월에 흑색으로 익는다. 핵은 지름 3~4mm의 평평한 난형-광난형이며, 끝에 홈이 파여 있고 연한 갈색을 띤다.
●**참고**
중국에서는 타원형의 열매가 고양이 젖꼭지를 닮았다고 해서 '묘유'(猫乳)라고 부른다.

❶꽃 ❷열매는 황색→적색→흑자색→흑색으로 익는다. 결실기에는 다양한 색상의 열매들이 함께 달린 모습을 볼 수 있다. ❸잎. 끝이 꼬리처럼 길어진다. 표면에는 광택이 있고 뒷면은 맥을 따라 털이 있다. ❹겨울눈 ❺수피. 흑갈색이고 마름모꼴 피목이 발달한다. ❻수형 ❼핵
✳식별 포인트 잎/열매/수피

먹넌출

Berchemia floribunda (Wall.)
Brongn.
(*Berchemia racemosa* Siebold &
Zucc. var. *magna* Makino)

갈매나무과 RHAMNACEAE Juss.

●**분포**
중국(중남부), 일본(홋카이도 이남), 네
팔, 베트남, 부탄, 인도, 타이, 한국
❖**국내분포/자생지** 충남(안면도)의 산
지에 드물게 자람

●**형태**
수형 낙엽 덩굴성 목본이며 다른 나무
를 타고 높이 5~7m로 자란다.
수피 녹갈색-자갈색을 띠고 매끈하다.
잎 어긋나며 길이 4~9cm의 타원형-
난형이다. 밑부분은 둥글며 가장자리
가 밋밋하다. 측맥은 9~13쌍 정도이
며 양면에 모두 털이 없고 뒷면은 분백
색이 돈다. 잎자루는 길이 7~15mm다.
꽃 7~10월에 황록색의 양성화가 가지
끝 또는 잎겨드랑이에서 나온 원추꽃
차례에 모여 달린다. 꽃은 지름 3mm가
량으로 작으며, 주걱형의 꽃잎은 가장
자리가 말려서 수술을 감싼다. 꽃받침
열편은 좁은 삼각형이며 꽃잎, 꽃받침
열편, 수술은 각 5개씩이다. 암술대는
길이 1~2mm의 원통형이며, 암술머리
는 2~3갈래로 갈라진다.
열매 열매(核果)는 길이 5~7mm의 장
타원형이며 이듬해 6~7월에 적색→
흑색으로 익는다. 핵은 지름 4mm가량
의 타원형이고 황갈색을 띤다.

2006. 6. 29. 충남 태안군 안면도

❶❷꽃차례 ❸열매. 이듬해의 개화기에 익으
므로 같은 시기에 꽃과 열매를 함께 볼 수도
있다. ❹겨울눈. 녹색의 어린가지에 바짝 붙
어 있다. ❺수피

● 참고
식물지리학적으로 매우 특이하게도
먹넌출은 국내에서는 안면도에만 분
포한다. 먹넌출에 비해 잎이 작고 꽃차
례가 2차 분지(分枝)하지 않는 나무를
청사조(*B. racemosa* Siebold &
Zucc.)라고 하는데, 최근에는 먹넌출
에 통합하는 추세다.

❻수형. 다른 나무를 감고 올라가며 자란다.
❼가을철의 잎 ❽핵 ❾-⓫청사조 ❾꽃차례.
먹넌출에 비해 꽃차례가 덜 갈라진다. ⓫핵.
먹넌출에 비해 다소 길이가 짧고 통통하다.
⓫먹넌출(좌)과 청사조(우)의 잎 비교. 먹넌
출이 보다 대형이고 측맥 수도 더 많다.
✱식별 포인트 잎/수형/열매/겨울눈/수피

망개나무

Berchemia berchemiifolia
(Makino) Koidz.

갈매나무과 RHAMNACEAE Juss.

2009. 8. 19. 충북 괴산군 사담리

● **분포**

중국, 일본(혼슈 이남에 드물게 자생), 한국

❖ **국내분포/자생지** 충북(월악산, 군자산, 속리산), 경북(군위군, 주왕산, 보현산, 내연산, 경주시 안강읍) 등의 계곡가 및 산지 사면

● **형태**

수형 낙엽 교목이며 높이 12m, 지름 30(~100)cm까지 자란다.

수피 그물맥 같은 회색이며, 세로로 깊게 갈라져 골이 생긴다.

잎 어긋나며 길이 6~13cm의 난상 장타원형-장타원형이다. 끝은 꼬리처럼 길게 뾰족하고, 가장자리는 물결 모양이다. 양면에 모두 털이 없고 뒷면은 분백색이 돈다.

꽃 6~7월에 가지 끝 또는 잎겨드랑이에서 나온 취산(원추)꽃차례에 황록색의 양성화가 모여 달린다. 꽃은 지름 3~4mm이며, 꽃잎은 가장자리가 말려서 수술을 감싼다. 꽃잎, 꽃받침열편, 수술은 각 5개씩이다. 꽃받침열편은 삼각형이며, 안쪽 면의 중앙에 돌기가 있다. 암술대는 길이 1~2mm이고 암술머리는 2~3갈래로 갈라진다.

열매 열매(核果)는 길이 7~8mm의 장타원형-난형이며 8월에 적색으로 익는다. 핵은 지름 5~7mm의 장난형이다.

● **참고**

충매화임에도 불구하고 우리나라 망개나무 집단의 유전적인 다양성이 클론(유전적으로 동일한 개체군) 수준으로 매우 낮다고 알려져 있다. 보은군 속리산(제207호)과 괴산군 사담리(제266호)의 군락지 및 제천시 송계리(제337호)의 노목을 천연기념물로 지정·보호하고 있다.

❶꽃차례 ❷열매 ❸❹잎 앞면과 뒷면. 측맥은 가장자리 끝까지 이어지고, 가장자리는 물결 모양이다. 가을에 황색으로 단풍이 든다. ❺수피. 그물처럼 갈라진다. ❻겨울눈은 돌출한 엽흔 속에 숨어 있다. ❼수형 ❽핵

✿식별 포인트 잎/수피/열매/겨울눈

520

2017. 6. 12. 전남 여수시

산황나무
Rhamnus crenata Siebold & Zucc.

갈매나무과 RHAMNACEAE Juss.

●**분포**
중국(중남부), 일본(혼슈 이남), 타이완, 라오스, 베트남, 캄보디아, 타이, 한국
❖**국내분포/자생지** 전남 일부 지역의 산지에 매우 드물게 자람
●**형태**
수형 낙엽 관목이며 높이 2~4m까지 자란다.
수피 회갈색이며 세로로 얕게 갈라진다.
잎 어긋나며 길이 5~14cm의 장타원형-도란상 타원형이다. 끝은 짧게 꼬리처럼 뾰족하고 밑부분은 둔하거나 둥글며, 가장자리에는 얕은 잔톱니가 있다. 표면은 털이 없고 광택이 나며, 뒷면 맥 위에 잔털이 있다. 잎자루는 길이 4~10mm이고 털이 밀생한다.
꽃 6월 새가지 끝의 잎겨드랑이에 황백색의 양성화가 모여 달린다. 꽃은 지름 4~5mm이며, 꽃잎이 꽃받침열편보다 짧다. 좁은 삼각형의 꽃받침열편은 곧추서며, 뒷면에는 갈색 털이 있다. 수술은 5개다. 자방은 구형이고 암술대는 원통형이며, 암술머리는 머리 모양으로 3갈래로 갈라진다.
열매 열매(核果)는 지름 6mm가량의 구형이며 9~10월에 적색→흑자색으로 익는다. 핵은 지름 4~6mm의 난형이며 자갈색을 띤다.
●**참고**
제주와 더불어 내륙에서는 서해안을 따라 인천까지 분포하는 것으로 기록에 나와 있지만 실제로는 확인되지 않는다. 잎만 보면 까마귀베개와 유사하지만, 겨울눈이 털로 싸여 있고 열매가 둥근 점이 다르다. 뿌리와 수피는 유독성이다.

❶꽃. 산형으로 달리며 꽃받침열편은 직립한다. ❷열매는 구형이다. ❸❹잎. 잎자루와 주로 뒷면 맥을 따라 털이 있다. ❺겨울눈은 인편이 없이 드러나 있으며 긴 털에 싸여 있다. ❻❼수피의 변화. 어린나무(❻)의 수피에는 피목이 발달한다. ❽핵
★식별 포인트 잎/열매/겨울눈

돌갈매나무
Rhamnus parvifolia Bunge

갈매나무과 RHAMNACEAE Juss.

● **분포**
중국(중북부), 타이완, 러시아(동부), 한국

❖ **국내분포/자생지** 함남, 평남의 산지에 자라는 것으로 알려져 왔으나 강원 및 경북의 석회암지대에도 드물게 자람

● **형태**
수형 낙엽 관목이며 높이 1.5~2m로 자란다.

수피 회갈색이며 광택이 약간 난다. 오래되면 종잇장처럼 약간 벗겨진다.

잎 마주나지만 짧은가지에서는 모여 달린다. 길이 1.2~3cm의 광타원형-도란형-아원형이다. 끝은 둥글거나 짧게 뾰족하고 밑부분은 둥글며, 가장자리에는 둔한 톱니가 있다. 양면 맥 위에 털이 약간 있으며 측맥은 2~4쌍이다. 잎자루는 길이 4~15mm이고 윗면에 털이 약간 있다.

꽃 암수딴그루이며, 5~6월 짧은가지에 연한 황록색의 꽃이 모여 달린다. 꽃은 지름 3~4mm이며, 꽃잎과 꽃받침 열편은 각각 4개씩이다. 수꽃은 꽃자루가 짧고 수술이 4개 있으며, 암꽃은 꽃자루가 길고 암술대가 중간까지 2갈래로 갈라진다.

열매 열매(核果)는 지름 5~7mm의 도란상 구형이며 9~10월에 흑색으로 익는다. 핵은 지름 4~6mm의 타원형이다.

● **참고**
삼척시 및 태백시 석회암지대에는 비교적 개체수가 많다. 짝자래나무와 유사하지만, 잎이 보통 마주나며 잎 크기가 더 작고(길이 3cm 이하, 측맥은 2~4쌍) 엽질이 다소 두꺼운 점이 다르다.

2018. 6. 14. 강원 강릉시

❶ 암꽃차례 ❷ 수꽃차례 ❸ 성숙한 열매 ❹ 잎. 다소 두껍고 가장자리에 둔한 톱니가 있다. ❺ 겨울눈, 2~3mm의 난형이며 황갈색을 띤다. ❻ 어린가지의 가시 ❼ 수피 ❽ 핵
✿ 식별 포인트 잎

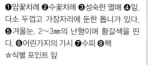

2010. 8. 14. 강원 태백시

❶암꽃차례 ❷수꽃차례 ❸열매. 과육은 녹갈색이며 냄새가 그다지 자극적이지 않다. ❹겨울눈은 참갈매나무에 비해 크기가 훨씬 크다. ❺수피는 오래되면 거칠게 벗겨진다. ❻수형 ❼핵은 황갈색이고 다소 각지며, 참갈매나무의 핵에 비해서 표면이 고르지 않은 편이다. ❈식별 포인트 어린가지 끝(겨울눈)/잎/열매(과육의 색깔)/핵

갈매나무
Rhamnus davurica Pall. var. *nipponica* Makino

갈매나무과 RHAMNACEAE Juss.

●분포
중국(동북부-북부), 러시아(동부), 몽골, 한국
❖국내분포/자생지 중부지방에서는 주로 아고산대 능선
●형태
수형 낙엽 관목 또는 소교목으로 흔히 높이 3~4m까지 자란다.
가지 어린가지의 끝에는 주로 겨울눈이 발달하지만 간혹 가지 끝이 굵은 가시로 변하기도 한다.
잎 마주나거나 거의 마주나지만, 짧은 가지에서는 모여 달린다. 길이 4~13cm의 좁은 타원형, 난형 또는 도피침상 타원형이다. 밑부분은 쐐기형, 원형 또는 얕은 심장형(간혹 비대칭)이며, 가장자리에는 둔한 잔톱니가 있다.
꽃 암수딴그루이며, 5~6월에 짧은가지 또는 잎겨드랑이에 연한 황록색이 꽃이 모여 달린다. 꽃은 길이 7~8mm, 지름 4~5mm이며, 꽃잎과 꽃받침열편은 4개씩이다. 수꽃은 꽃받침통이 좁고 수술이 4개이며, 암꽃의 암술대는 중간까지 2(~3)갈래로 갈라져 벌어진다.
열매 열매(核果)는 지름 6~8mm의 구형이며 9~10월에 흑색으로 익는다. 핵은 지름 5~6mm 정도의 다소 각진 난형-난상 구형이고 뒷면에는 좁고 긴 골이 있다.
●참고
낮은 산지에 자라는 참갈매나무와 유사하지만, 가지 끝에 가시가 거의 생기지 않고(굵은 가시가 드물게 생김) 큼직한 겨울눈이 달리는 점이 가장 큰 특징이다. 참갈매나무와는 잎 모양도 다르다.

참갈매나무

Rhamnus ussuriensis J. J. Vassil.

갈매나무과 RHAMNACEAE Juss.

● **분포**

중국(동북부), 일본(혼슈 이북), 러시아(동부), 몽골, 한국

❖ **국내분포/자생지** 지리산 이북의 숲 가장자리, 산지 능선 및 계곡가

● **형태**

수형 낙엽 관목이며 높이 2~4m로 자란다.

가지 어린가지의 끝은 뾰족한 가시로 변한다.

잎 마주나거나 거의 마주나지만, 짧은 가지에서는 모여 달린다. 길이 3~11cm의 좁은 타원형 또는 좁은 장타원형(간혹 피침상 타원형 또는 타원형)이다. 끝은 짧게 뾰족하거나 차츰 좁아져 꼬리처럼 뾰족하고 밑부분은 쐐기형-원형이며, 가장자리에는 뾰족한 잔톱니가 있다.

꽃 암수딴그루이며, 5~6월 짧은가지 또는 잎겨드랑이에 연한 황록색의 꽃이 모여 달린다. 꽃은 지름 4~5mm이며, 꽃잎과 꽃받침열편은 4개씩이다. 수꽃은 꽃받침통이 좁고 수술이 4개이며, 암꽃의 암술대는 2(~3)갈래로 갈라지면서 벌어진다.

열매 열매(核果)는 지름 5~7mm의 구형 또는 도란상 구형이며 9~10월에 흑색으로 익는다. 핵은 지름 4~5mm가량의 난형-난상 구형이고 흑갈색을 띤다.

● **참고**

주로 지리산 이북의 낮은 산지 숲 가장자리에 자라며, 갈매나무로 오동정하는 경우가 빈번하다. 아고산대 능선에 자라는 갈매나무에 비해 저지대 산지에 자라고 어린가지의 끝에 가시가 있으며, 잎이 더 좁고 끝이 길게 뾰족한 것이 다르다.

❶암꽃차례 ❷수꽃차례 ❸열매. 과육은 짙은 황색이며 자극적인 냄새가 강하게 난다. ❹잎. 사진처럼 좁은 장타원형의 잎이 많지만, 같은 나무 안에서도 잎의 형태가 다양하다. ❺수피 ❻❼겨울눈 ❽핵의 비교: 참갈매나무(좌)와 갈매나무(우)

✽식별 포인트 어린가지 끝(가시)/잎/열매(과육의 색깔과 냄새)/핵

2009. 6. 25. 경북 의성군 금성면

2008. 8. 16. 제주 한라산

좀갈매나무
Rhamnus taquetii (H. Lév.) H. Lév.

갈매나무과 RHAMNACEAE Juss.

● **분포**

한국(제주 고유종)

❖ **국내분포/자생지** 제주(한라산) 해발 고도 1,000m 이상의 숲 가장자리 및 초지

● **형태**

수형 낙엽 관목이며 높이 1m 전후로 자란다.

수피/겨울눈 수피는 회갈색이며 매끈 하고, 광택이 약간 난다. 오래되면 거 칠게 벗겨지기도 한다. 겨울눈은 길이 2mm 정도의 난형이며 황갈색이다.

잎 어긋나지만 짧은가지에서는 모여 달리며, 길이 1~2cm 정도의 도란상 원 형이다. 양 끝은 둥글며 가장자리에 둔 한 톱니가 있다. 뒷면에는 털이 약간 있으며 측맥은 2~3쌍이다. 잎자루는 길이 7~10mm다.

꽃 암수딴그루이며, 5~6월 짧은가지 에 연한 황록색의 꽃이 모여 달린다. 꽃은 지름 3.5~4.5mm이며, 꽃잎과 꽃 받침열편은 4개씩이다. 수꽃은 꽃자루 가 짧고 수술이 4개이며, 암꽃은 꽃자 루가 길고 암술대가 중간까지 2갈래로 갈라진다.

열매 열매(核果)는 지름 5~6mm의 도란 상 구형이며 9~10월에 흑색으로 익는 다. 핵은 지름 4~5mm의 타원형-난형 이며 뒷면 밑부분에 길쭉한 홈이 있다.

● **참고**

잎이 작고 둥글며 어긋나게 달리는 특 징에 의거해서 지금껏 독립된 종으로 처리해왔으나, 형태적으로 돌갈매나 무와 매우 유사하다. 두 종에 대한 면 밀한 비교·검토가 필요할 것으로 판단 된다.

❶암꽃차례 ❷수꽃차례 ❸열매. 흑색으로 익 는다. ❹잎. 작고 끝이 둥글며 가장자리에 둔 한 톱니가 있다. ❺겨울눈 ❻수피. 오래되면 거칠게 벗겨진다. ❼핵 ❽수형

✽식별 포인트 잎/수형/자생지

짝자래나무

Rhamnus yoshinoi Makino
(*Rhamnus schneideri* H. Lév. &
Vaniot)

갈매나무과 RHAMNACEAE Juss.

● **분포**

중국(동북부), 일본(혼슈 중부 이남),
한국

❖ **국내분포/자생지** 제주를 제외한 전
국의 산지

● **형태**

수형 낙엽 관목이며 높이 2~3m로 자
란다.

수피/겨울눈 수피는 회갈색-황갈색이
며 피목이 발달한다. 긴가지 끝은 흔히
가시로 변한다. 겨울눈은 장난형이고
끝이 뾰족하며 인편 가장자리에 털이
약간 있다.

잎 어긋나지만 짧은가지에서는 모여
달린다. 잎은 길이 3~8cm의 도란형-
도란상 타원형이다. 끝은 짧게 꼬리처
럼 뾰족하거나 둥글고, 밑부분은 넓은
쐐기형이거나 둥글다. 가장자리에는
촘촘하게 잔톱니가 있다. 잎자루는 길
이 5~12mm다.

꽃 암수딴그루이며, 4~5월에 짧은가
지 또는 새가지 아래쪽의 잎겨드랑이
에 연한 황록색의 꽃이 모여 달린다.
꽃은 지름 4~5mm이며, 꽃잎과 꽃받침
열편은 4개씩이다. 수꽃은 꽃자루가
암꽃보다 길고 수술이 4개이며, 암꽃
은 꽃자루가 짧고 암술대가 중간까지
2갈래로 갈라진다.

열매 열매(核果)는 지름 6~7mm의 도
란상 구형이며 9~10월에 흑색으로 익
는다. 핵은 지름 5~6mm의 난상 타원형
이다. 돌갈매나무의 핵에 비해 다소 통
통하다.

● **참고**

잎이 어긋나며 작고 도란형인 점이 갈
매나무와 다르다. 서남해 도서 지역에
서 강원의 아고산대 능선에 걸쳐 광범
위하게 분포하며, 생육지에 따라 잎 모
양의 변화가 다양한 편이다.

❶암꽃차례 ❷수꽃차례 ❸열매. 과육은 자주
색이고 냄새가 그다지 강하지 않다. ❹겨울
눈 ❺수피 ❻핵 ❼핵은 얇은 내과피에 싸여
있다. ❽서남해 도서 지역에서 자라는 나무
들은 잎이 주걱형인 경우가 많다.

✿식별 포인트 잎(어긋나기)/열매(과육의 색깔)

2002. 5. 22. 강원 인제군 설악산

2005. 7. 5. 강원 영월군 동강

왕머루
***Vitis amurensis* Rupr.**

포도과 VITACEAE Juss.

●**분포**
중국(중북부), 일본, 러시아(아무르), 한국
❖**국내분포/자생지** 전국의 산지

●**형태**
수형 낙엽 덩굴성 목본이며 다른 나무를 타고 길이 10m 이상까지 자란다.
수피 짙은 갈색 또는 적갈색이며, 오래되면 세로로 갈라져 얇고 긴 조각으로 벗겨진다.
잎 어긋나며 길이 8~15cm의 광난형이다. 끝은 뾰족하고 밑부분은 심장형이며, 가장자리는 흔히 3~5갈래로 얕게 갈라지고 치아상의 톱니가 있다. 어릴 때에는 뒷면에 거미줄 같은 털이 있으나 차츰 없어진다. 잎자루는 길이 4~14cm다.
꽃 수꽃양성화딴그루(웅성양성이주)다. 6~7월 잎과 마주나는 길이 5~13cm의 원추꽃차례에 연한 황록색의 꽃이 모여 달린다. 꽃잎과 꽃받침열편, 수술은 5개씩이다. 꽃잎은 끝부분이 합착되어 있어서 꽃이 필 때 뚜껑처럼 벗겨져 떨어진다. 수꽃은 수술이 길고 암술이 퇴화되어 있으며, 양성화는 수술이 매우 짧다. 자방은 원추상이다.
열매/종자 열매(漿果)는 지름 8~12mm의 구형이며 8~9월에 흑색으로 익는다. 종자는 도란형으로 끝이 둔하고, 밑부분은 좁아져 부리 모양이 된다. 뒷면 중앙에는 홈이 있다.

●**참고**
머루에 비해 잎 뒷면에 거미줄 같은 갈색 털이 거의 없는 점이 다르다.

❶양성꽃차례 ❷수꽃차례 ❸열매 ❹잎 뒷면. 머루에 비해 거미줄 같은 털이 적다. ❺겨울눈은 도란형으로 끝이 둥글다. ❻수피 ❼수형 ❽종자의 비교(왼쪽 위부터 시계 방향): 새머루/까마귀머루/왕머루/개머루
❖식별 포인트 잎(뒷면)/수형

머루

Vitis coignetiae Pulliat ex Planch.

포도과 VITACEAE Juss.

● **분포**

일본, 러시아(사할린), 한국

❖ **국내분포/자생지** 경북(울릉도), 전남(신안군), 제주의 숲 가장자리 및 바닷가

● **형태**

수형 낙엽 덩굴성 목본이며 다른 나무를 타고 길이 10m 이상 자란다.

수피/겨울눈 수피는 회갈색-연한 갈색이며, 오래되면 세로로 갈라져 얇은 조각으로 벗겨진다. 겨울눈은 길이 5~9mm의 난형인데, 끝이 뾰족하고 줄기와 거의 직각으로 달린다.

잎 어긋나며 길이 10~30cm의 오각상 심장형이다. 끝은 뾰족하고 밑부분은 심장형으로 깊게 파이며, 가장자리는 흔히 3갈래로 얕게 갈라지고 불규칙한 치아상의 톱니가 있다. 표면은 맥이 뚜렷이 들어가며 뒷면에는 연한 갈색 털이 밀생한다.

꽃 수꽃양성화딴그루(웅성양성이주)다. 6~7월 잎과 마주나는 길이 20cm 정도의 원추꽃차례에 연한 황록색의 꽃이 모여 달린다. 꽃잎과 꽃받침열편, 수술은 5개씩이다. 꽃잎은 끝부분이 합착되어 있어 꽃이 필 때 뚜껑처럼 벗겨져 떨어진다. 수꽃은 수술이 길고 암술이 퇴화되어 있으며, 양성화는 수술이 짧다. 자방은 원추형이다.

열매/종자 열매(漿果)는 지름 8mm 정도의 구형이며 9~10월에 흑색으로 익는다. 종자는 길이 5mm 정도의 도란형이다.

● **참고**

왕머루에 비해 잎 뒷면과 꽃차례의 축, 줄기까지 거미줄 같은 연한 갈색의 털이 밀생하는 점이 다르다.

❶양성꽃차례. 양성화는 수꽃보다 수술이 짧다. ❷수꽃차례. 수꽃의 암술대는 퇴화해 있다. ❸열매 ❹잎. 왕머루에 비해 잎 뒷면 전체에 갈색의 털이 거미줄처럼 퍼져 있다. 갈색 털은 잎자루와 꽃자루, 줄기까지 퍼져 있다. ❺줄기 ❻수피 ❼종자

✽식별 포인트 잎(뒷면)/줄기(털)/자생지

2007. 9. 11. 경북 울릉도

'017. 6. 22. 제주 한라산

새머루
Vitis flexuosa Thunb.

포도과 VITACEAE Juss.

●**분포**
중국(산둥반도 이남), 일본(혼슈 이남),
타이완, 네팔, 인도, 동남아시아, 한국
❖**국내분포/자생지** 중부 이남의 산야
●**형태**
수형 낙엽 덩굴성 목본이며 다른 나무
를 타고 길이 10m 이상 자란다.
겨울눈 길이 1~3㎜의 난상 삼각형이
며 끝이 둥글다.
잎 어긋나며 길이 4~12㎝의 심장형-
난상 삼각형이다. 끝은 꼬리처럼 길게
뾰족하고 밑부분은 얕은 심장형이며,
가장자리에는 불규칙한 치아상의 톱
니가 있다. 표면에는 털이 없으며, 뒷
면 맥 위에 짧은 털이 있다. 잎자루는
길이 2~7㎝다.
꽃 수꽃양성화딴그루(웅성양성이주)
다. 5~6월 잎과 마주나는 길이 4~9
㎝의 원추꽃차례에 연한 황록색의 꽃
이 모여 달린다. 꽃잎은 끝부분이 합착
되어 있어 꽃이 필 때 뚜껑처럼 벗겨져
떨어진다. 수꽃은 수술이 길고 암술은
퇴화되어 있으며, 양성화는 수술이 짧
막하다. 자방은 난형이다.
열매/종자 열매(漿果)는 지름 7~10㎜
의 구형이며 8~9월에 흑색으로 익는
다. 갈색의 종자는 길이 3~4㎜의 도
란형이며 표면에 광택이 난다.

●**참고**
왕머루와 머루에 비해 잎이 작고 결각
이 없으며 끝이 꼬리처럼 길게 뾰족한
것이 특징이다. 중부지방에도 간혹 자
라지만, 남부지방에서 더 흔하게 볼 수
있다.

❶양성꽃차례. 양성화는 수꽃보다 수술이 짧
다. ❷수꽃차례. 수꽃은 수술이 길다. ❸열매
❹잎. 결각이 없으며 끝이 꼬리처럼 뾰족하
다. ❺겨울눈 ❻종자 ❼수형
✽식별 포인트 잎

가마귀머루
(까마귀머루)

Vitis heyneana (Roem. &
Schult.) **subsp.** *ficifolia* (Bunge)
C. L. Li
[*Vitis ficifolia* Bunge; *Vitis
ficifolia* Bunge var. *sinuata*
(Regel) H. Hara]

포도과 VITACEAE Juss.

● **분포**
중국(중남부), 일본(혼슈 이남), 한국
❖ **국내분포/자생지** 충남(안면도), 경
남 및 전북 이남의 숲 가장자리, 풀밭,
돌담

● **형태**
수형 낙엽 덩굴성 목본이며 다른 나무
또는 바위를 타고 자란다.
겨울눈 길이 1.5~2㎜의 타원형-도란
형이며 끝이 둥글다.
잎 어긋나며 길이 4~12㎝의 난형-난
상 삼각형이며, 가장자리는 보통 3갈
래로 갈라진다. 표면은 털이 있다가 차
츰 없어져 광택이 나며, 뒷면에는 회색
또는 갈색 털이 밀생한다.
꽃 수꽃양성화딴그루(웅성양성이주)
다. 5~7월 잎과 마주나는 원추꽃차례
에 연한 황록색의 꽃이 모여 달린다.
꽃차례에는 거미줄 같은 회갈색의 털
이 밀생한다. 수꽃은 수술이 길고 암술
이 퇴화되어 있으며, 양성화는 수술이
짧다. 자방은 난형이다.
열매 열매(漿果)는 지름 1~1.3㎝의 구
형이며 9~10월에 흑색으로 익는다.

● **참고**
동일 개체 내에서도 잎 모양의 변이가
심하다. 잎 뒷면의 회색 또는 갈색 털
이 결실기까지 떨어지지 않고 밀생하
는 것이 특징이다.

2008. 7. 6. 전남 진도군

❶양성꽃차례. 양성화는 수꽃보다 수술이 짧
다. 꽃차례에는 거미줄 같은 털이 많다. ❷수
꽃차례. 암술이 퇴화되어 있다. ❸열매 ❹잎
앞면(좌)과 뒷면(우). 뒷면에 털이 밀생한다.
❺종자. 길이 3~4㎜의 도란형이며 갈색을
띤다. ❻포도(*Vitis vinifera* L.). 서아시아 원
산으로 전국적으로 널리 재배하고 있다.
❖식별 포인트 잎/열매

2011. 9. 6. 경기 가평군

개머루

Ampelopsis glandulosa var.
heterophylla (Thunb.) Momiy.
[*Ampelopsis glandulosa*
(Wall.) Momiy. var.
brevipedunculata (Maxim.)
Momiy.]

포도과 VITACEAE Juss.

●**분포**
중국, 일본, 한국
❖**국내분포/자생지** 전국의 숲 가장자
리, 계곡가, 풀밭, 민가 주변
●**형태**
수형 낙엽 덩굴성 목본이며 주로 작은
나무나 바위를 타고 자란다.
줄기 겨울이 되면 지상부의 대부분이
말라 죽으며 밑부분은 목질화되어 지
름 4cm 정도까지 자란다.
잎 어긋나며 길이 5~11cm의 난상 원
형이고, 가장자리는 보통 3~5갈래로
얕게 또는 깊게 갈라진다. 끝은 뾰족하
고 밑부분은 심장형이며, 가장자리에
는 뾰족한 톱니가 불규칙하게 있다. 뒷
면 맥겨드랑이에는 털이 밀생한다. 잎
자루는 길이 1~7cm이고 거미줄 같은
털이 밀생한다. 덩굴손은 잎과 마주나
며 끝이 2~3갈래로 갈라진다.
꽃 7~8월 잎과 마주나는 취산꽃차례
에 황록색의 양성화가 모여 핀다. 꽃잎
은 길이 1~2mm의 난상 타원형이다. 자
방은 난형이고 털이 없으며 암술대가
짧다.
열매/종자 열매(漿果)는 지름 5~8mm
의 구형이며 9~11월에 자주색-벽색으
로 익는다. 종자는 길이 3~5mm의 난
상 구형이다.
●**참고**
국명은 '못 먹는(쓸모없는) 머루' 또는
'머루와 닮았다'라는 의미다. 꽃이 양
성화이고 꽃잎은 합착하지 않고 옆으
로 펼쳐져서 피며, 열매가 벽색으로 익
는 것이 다른 자생 포도속(*Vitis*) 식물
들과 다르다. 열매처럼 생겼지만 크기
가 유독 큰 것은 열매가 아니라 곤충이
산란해 비대해진 충영이다.

❶꽃차례 ❷열매 ❸잎 ❹잎의 결각이 깊이
지는 유형을 가새잎개머루(f. *citrulloides*)라
는 품종으로 구분하자는 견해도 있으나 별
의미는 없다. ❺겨울눈 ❻종자
❊식별 포인트 잎/열매/꽃

가회톱

Ampelopsis japonica (Thunb.) Makino

포도과 VITACEAE Juss.

● **분포**
중국(동부 - 동북부), 한국

❖ **국내분포/자생지** 중부(황해도) 이북의 풀밭, 하천가 및 숲 가장자리

● **형태**
수형 낙엽 덩굴성 목본이며 길이 2~3m까지 자란다.

줄기 둥글며 희미한 세로 능각이 있고 털이 없다.

잎 어긋나며 3~5개의 작은잎으로 이루어진 장상복엽이다. 작은잎의 끝은 뾰족하거나 길게 뾰족하며, 가장자리는 우상으로 깊게 갈라지거나 큰 톱니가 있다. 중앙부의 작은잎은 흔히 우상으로 완전히 갈라지며, 작은잎의 축에 너비 2~6㎜인 잎 모양의 날개가 발달한다. 잎자루는 길이 1~4㎝이고 털이 없다. 덩굴손은 잎과 마주나며, 보통 가지가 갈라지지 않는다.

꽃 5~6월 잎과 마주나는 지름 1~2㎝의 취산꽃차례에 연한 황색-황록색의 양성화가 모여 달린다. 꽃줄기는 길이 1.5~5㎝이고 덩굴손과 유사하다. 꽃자루는 매우 짧거나 거의 없다. 꽃잎은 길이 1.2~2.2㎜의 난형이고 5개다. 수술은 5개이고, 꽃밥은 네모진 난형이다. 자방의 밑부분은 화반에 합착되어 있으며, 암술대는 짧은 곤봉상이다.

열매 열매(漿果)는 지름 8~10㎜의 구형이며, (백색→)자주색 또는 청색으로 익는다.

● **참고**
개머루에 비해 잎이 장상으로 갈라지며, 가운데 작은잎의 축에 잎 모양 날개가 발달하는 것이 특징이다.

2013. 9. 23. 중국 지린성

❶꽃. 꽃차례는 잎과 마주 달리며 꽃잎은 5개이고 뒤로 말리듯이 젖혀진다. ❷열매. 자주색-청색으로 익으며, 표면에 작은 반점이 흩어져 있다. 열매 1개당 1~3개의 종자가 들어 있다. ❸잎. 중앙부 열편의 축에는 잎 모양 날개가 발달한다. ❹❺줄기

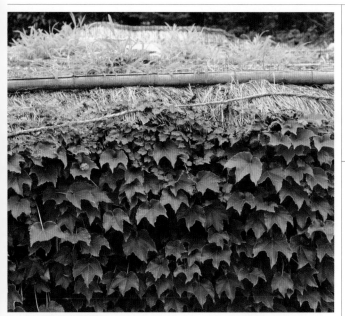

2007. 8. 11. 전남 순천시 낙안읍성

담쟁이덩굴

Parthenocissus tricuspidata
(Siebold & Zucc.) Planch.

포도과 VITACEAE Juss.

● **분포**
중국(동부-동북부), 일본, 러시아(동부), 한국

❖ **국내분포/자생지** 전국의 산지

● **형태**
수형 낙엽 덩굴성 목본이며 나무 또는 바위를 타고 높이 10m 이상 자란다.

줄기/겨울눈 줄기는 오래되면 세로로 갈라지며 다른 물체와 닿는 부위에는 기근이 발달한다. 겨울눈은 길이 2~3mm의 도란상 타원형이며 끝이 둥글다. 잎 어긋나며 길이 4.5~17cm의 도란형이다. 짧은가지의 잎은 보통 1~3갈래로 갈라지며(간혹 3출엽), 긴가지의 잎은 크기가 작고 갈라지지 않는다. 끝은 뾰족하고 밑부분은 심장형이며, 가장자리에는 둥글거나 둔한 톱니가 불규칙하게 있다.

꽃 6~7월 짧은가지에서 나온 취산꽃차례에 연한 녹색의 양성화가 모여 달린다. 꽃은 지름 2~3mm이며, 꽃잎은 5개이고 타원형이다. 수술대는 길이 1.5~2.4mm이며, 자방은 난형이고 암술대가 짧다.

열매/종자 열매(漿果)는 지름 1~1.5cm의 구형이며 9~10월에 남흑색으로 익는다. 종자는 길이 4~5mm의 도란형인데, 끝이 뾰족하고 광택이 난다.

● **참고**
담쟁이덩굴과 비교해 잎이 작은잎 5개로 된 장상복엽인 북아메리카 원산의 식물을 미국담쟁이덩굴[*P. quinquefolia* (L.) Planch.]이라고 하며, 전국에 식재하고 있다.

❶꽃차례. 꽃은 연한 녹색이다. ❷성숙기의 열매 ❸짧은가지 끝의 겨울눈 ❹수피 ❺덩굴손 말단부의 흡착판. 흡착판 덕분에 매끈한 건물 벽이나 유리창도 타고 올라갈 수 있다. ❻종자 ❼가을에는 붉게 단풍이 든다. ❽자생지의 풍경. 주변 나무를 타고 오르거나 땅을 기며 자란다.
✽식별 포인트 잎/열매

미국담쟁이덩굴

Parthenocissus quinquefolia
[L.] Planch.

포도과 VITACEAE Juss.

2016. 6. 27. 경기 김포시

● **분포**
북아메리카 중부와 동부, 중앙아메리카 일부 지역

❖ **국내분포/자생지** 전국 각지에 조경용으로 식재

● **형태**
수형 낙엽 덩굴성 목본이며, 나무 또는 바위를 타고 높이 20~30m까지 자란다.

줄기 줄기는 오래되면 세로로 갈라지며, 덩굴손의 끝에는 흡착판이 발달한다.

잎 작은잎 5장이 모여 달리는 장상복엽이다. 작은잎은 길이 3~20cm에 이르며, 끝이 점차 뾰족해지고 가장자리의 상반부에 둔한 톱니가 불규칙하게 생긴다. 뒷면에는 짧은 털이 흩어져 있다.

꽃 6월 짧은가지에서 나온 취산꽃차례에 연한 녹색의 양성화가 모여 달린다. 꽃은 지름 5mm가량이며, 꽃잎은 5개이고 타원형이다.

열매/종자 열매(漿果)는 지름 5~7mm의 구형이며 9~10월에 남흑색으로 익는다. 표면은 흰색의 분(粉)으로 덮여 있다. 종자는 길이 4~5mm의 도란형이며, 끝이 뾰족하고 광택이 난다.

● **참고**
미국담쟁이는 개화기 초기에는 꽃차례 속의 일부만 꽃이 피고 차후에 나머지 꽃들이 개화한다. 열매는 옥살산(oxalic acid)을 함유하고 있어 사람에게는 유독하지만, 겨울나기를 하는 새들에게는 귀중한 식량원이다. *P. vitacea* (Knerr) Hitchc.는 미국담쟁이와 닮았지만, 덩굴손의 끝에 흡착판이 없고 꽃차례가 차상분지를 하듯이 성기다.

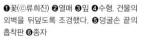
❶꽃(ⓒ류희진) ❷열매 ❸잎 ❹수형. 건물의 외벽을 뒤덮도록 조경했다. ❺덩굴손 끝의 흡착판 ❻종자
✽식별 포인트 작은잎(5장)/흡착판/수형

534

2005. 9. 26, 제주

말오줌때
Euscaphis japonica (Thunb.)
Kanitz

고추나무과
STAPHYLEACEAE Martinov

●**분포**

중국, 일본(혼슈 이남), 타이완, 베트남, 한국

❖**국내분포/자생지** 제주 및 서남해(경남, 전남, 전북) 도서 지역

●**형태**

수형 낙엽 관목 또는 소교목이며 높이 3~8m로 자란다.

수피/겨울눈 수피는 회갈색으로 매끈하며, 오래되면 세로로 얕게 갈라진다. 겨울눈은 적색의 난형인데, 2~4개의 인편에 싸여 있고 털이 없다.

잎 마주나며 작은잎 2~5쌍으로 이루어진 우상복엽이고 길이 10~30㎝ 정도다. 작은잎은 길이 5~9㎝의 좁은 난형이며, 끝이 길게 뾰족하고 밑부분은 쐐기형이다. 표면은 광택이 있는 짙은 녹색이며, 뒷면은 연한 녹색이고 맥 위에 털이 있다. 잎자루는 길이 3~10㎝다.

꽃 5~6월에 새가지 끝에서 나온 길이 15~20㎝의 원추꽃차례에 황백색의 양성화가 모여 달린다. 꽃은 지름 4~5㎜이며, 꽃잎은 도란형으로 꽃받침열편보다 약간 더 길다. 꽃받침열편은 5개이고 길이 2㎜ 정도의 난형이다. 수술은 꽃잎보다 짧고, 암술이 1개 있으며 암술대는 3갈래로 얕게 갈라진다.

열매/종자 열매(蓇葖果)는 길이 1㎝가량의 반원형이며, 종자는 육질의 두꺼운 껍질에 싸여 있다. 9~11월에 적색으로 익으면서 가장자리가 갈라져 열린다. 종자는 지름 5㎜ 정도의 구형인데, 광택이 나는 흑색이다.

●**참고**

고추나무와 비교해 잎이 우상복엽이며 종자가 육질의 종의(種衣)에 싸여 있는 점이 다르다.

❶꽃차례 ❷잎은 광택이 있는 가죽질이며 가장자리에는 잔톱니가 있다. ❸겨울눈 ❹❺수피의 변화. 어린나무의 수피(❹)는 붉은색이 돈다. ❻수형 ❼종자
✱식별 포인트 잎/열매/겨울눈/수피

고추나무
Staphylea bumalda DC.

고추나무과
STAPHYLEACEAE Martinov

2015. 5. 20. 경기(ⓒ윤연순)

● 분포
중국(중부-동북부), 일본, 한국
✿국내분포/자생지 전국의 산지
● 형태
수형 낙엽 관목이며 높이 2~3(~5)m
까지 자란다.
수피/겨울눈 수피는 진한 적색 또는
회갈색이며 세로로 얕게 갈라진다. 겨
울눈은 길이 3~4mm 정도의 난상 구형
이며 인편이 2개이고 털이 없다.
잎 마주나며 3출엽이다. 작은잎은 길
이 4~10cm의 타원형-난형이다. 끝은
짧게 꼬리처럼 길어지고 가장자리에
는 잔톱니가 있다. 잎자루는 길이 2.5
~4cm다.
꽃 5월에 길이 7~8mm인 백색의 양성
화가 핀다. 꽃잎은 도란형-타원형이
며, 꽃받침열편은 밝은 황색의 타원형
이다. 수술은 5개이고 꽃잎과 길이가
비슷하다. 암술은 윗부분에서 2개로
갈라지며 각각 1개의 암술대가 있다.
열매/종자 열매(蒴果)는 너비 1.5~2.5
cm의 납작한 풍선 모양이며 좌우 양 끝
이 뾰족하다. 9~11월에 갈색으로 익
으며 2실 자방에는 각각 1~2개의 종
자가 들어 있다. 종자는 길이 5mm 정도
의 도란형 또는 약간 찌그러진 구형이
고 연한 황색을 띠고 있다.
● 참고
국명은 잎이 고춧잎과 닮았다는 데서
유래했으며, 풍선 모양의 열매가 달리
는 것이 특징이다.

❶꽃. 향기가 좋다. ❷열매. 가운데가 갈라진
풍선 모양이며, 속에 1~2개의 종자가 들어
있다. ❸잎이 고춧잎을 닮았다 하여 고추나
무라는 이름이 생겼다. ❹겨울눈. 인편은 2
개이며 털이 없다. ❺노목의 수피 ❻종자는
광택이 나는 연한 황색의 구형이다. ❼애기
풀(*Polygala japonica* Houtt., 원지과, 대구
시 산성산). 초본성 반관목이며 높이 10~20
cm다. 4~6월에 자주색의 꽃이 핀다. 꽃잎은
3개이며, 바깥쪽 꽃잎은 길이가 6mm 정도이
고 안쪽 밑부분에 긴 털이 밀생한다. 열매(蒴
果)는 지름 6mm가량이고 9~10월에 익는다.
✻식별 포인트 잎/열매/꽃/겨울눈/수형

2007. 7. 26. 제주 서귀포시

무환자나무
***Sapindus saponaria* L.**
(*Sapindus mukorossi* Gaertn.)

무환자나무과 SAPINDACEAE Juss.

● **분포**
중국(중남부), 미얀마, 베트남, 인도네시아, 타이, 일본(불명확), 한국
❖ **국내분포/자생지** 경북-전북 이남의 사찰 및 민가 주변에 식재, 제주
● **형태**
수형 낙엽 교목이며 높이 15(~20)m, 지름 50㎝까지 자란다.
잎 어긋나며 작은잎 4~6쌍으로 이루어진 길이 30~70㎝의 우상복엽이다. 작은잎은 길이 7~15㎝의 좁은 장타원형이다. 끝은 길게 뾰족하고 밑부분은 좌우비대칭의 쐐기형이며, 가장자리가 밋밋하다.
꽃 수꽃양성화한그루(웅성양성동주)다. 6~7월 새가지 끝에서 나온 길이 20~30㎝의 원추꽃차례에 황백색의 꽃이 모여 달린다. 꽃은 지름 4~5mm이며, 꽃잎과 꽃받침열편은 각각 5개다. 꽃받침열편은 길이 2mm 정도이며 바깥쪽 밑부분에 털이 밀생한다. 수꽃의 수술은 8~10개이고 중간 이하 하단부에 긴 털이 밀생한다. 양성화는 수술이 짧고, 자방은 녹색이며 털이 없다.
열매 열매(核果)는 지름 2~3㎝의 구형이며 10~11월에 황색으로 익는다. 광택이 나는 흑색의 핵은 지름 1㎝가량이고, 아랫부분에 연한 갈색의 털이 뭉쳐 있다.
● **참고**
국명은 중국명(無患子)과 동일하며, 귀신이 무서워하는 나무라서 뜰에 심으면 집안에 화가 미치지 않는다는 의미다. 제주 곶자왈지대의 숲속 또는 숲 가장자리에 자생한다.

❶꽃차례 ❷양성화(상)와 수꽃(하). 대부분이 수꽃이며 소수의 양성화가 섞여 달린다. 양성화는 수꽃보다 수술이 짧다.(ⓒ고익진) ❸황색의 열매는 표면에 주름이 있고 잎이 떨어진 다음까지 남아 있다. ❹겨울눈은 반구형이고 바로 위에 약간 더 큰 덧눈(副芽)이 생긴다. ❺수피 ❻수형 ❼핵
✽식별 포인트 잎(복엽)/열매/수피

모감주나무
Koelreuteria paniculata Laxm.

무환자나무과 SAPINDACEAE Juss.

● **분포**

중국(서남부, 동부). 일본(혼슈 일부), 한국

❖ **국내분포/자생지** 황해도, 강원 이남의 해안가, 강가 및 인근 산지

● **형태**

수형 낙엽 소교목이며 높이 3∼6m로 자란다.

잎 어긋나며 작은잎 3∼8쌍으로 이루어진 우상복엽이다. 작은잎은 길이 5∼10cm가량의 좁은 난형-난형이며, 가장자리에는 둔한 톱니가 불규칙하게 있고 흔히 결각상으로 깊게 갈라진다.

꽃 수꽃양성한그루(웅성양성동주)다. 6∼7월에 새가지 끝에서 나온 길이 15∼40cm의 원추꽃차례에 황색의 꽃이 모여 달린다. 꽃잎은 4개로 길이 5∼9mm의 선상 장타원형이며 뒤로 살짝 젖혀진다. 꽃잎은 밑부분에 돌기상의 부속체가 있는데, 시간이 경과하면서 황색에서 적색으로 변한다. 수술은 8개이고 길이 7∼9mm(양성화 4∼5mm)이며, 중간 이하에 긴 털이 밀생한다.

열매/종자 열매(蒴果)는 길이 4∼5cm인 난형의 풍선 모양(꽈리 열매 모양)이며 10월에 갈색으로 익는다. 종자는 지름 7mm가량의 구형이며, 광택이 나는 흑색을 띤다.

● **참고**

종자가 해류(海流)에 의해 전파되는 것으로 알려져 있으며 국내에서는 서남해 도서의 해안가, 강원의 바다 가까운 하천의 가장자리 및 경북의 강변 절벽지대에 군락을 이루어 자란다. 종자로 염주를 만들기도 한다.

2005. 7. 25. 강원 삼척시

❶꽃차례 ❷양성화 ❸수꽃 ❹열매가 풍선처럼 부풀어 오르는 것도 특징이다. 해류를 타고 이동하기에 적합하도록 진화한 형태일 것이다. ❺잎. 뒷면 맥 위에는 털이 있다. ❻겨울눈. 삼각상 난형이며 끝이 둔하다. ❼수형 ❽종자

✿식별 포인트 잎/열매/꽃

007. 5. 11. 서울시 광화문

칠엽수
(일본칠엽수)
Aesculus turbinata Blume

칠엽수과
HIPPOCASTANACEAE A. Rich.

●분포
일본(홋카이도 남부 이남) 원산
❖**국내분포/자생지** 가로수 및 공원수로 전국에 식재

●형태
수형 낙엽 교목이며 높이 20~30m, 지름 2m까지 자란다.

수피 회갈색-흑갈색이며 세로로 얕게 갈라진다.

잎 마주나며 작은잎 5~9개로 이루어진 장상복엽이다. 작은잎은 길이 13~30cm의 좁은 도란형-도피침형이며, 끝이 길게 뾰족하고 가장자리에는 얕은 톱니가 있다.

꽃 수꽃양성화한그루(웅성양성동주)다. 꽃은 대부분이 수꽃이고 꽃차례 아래쪽에 적은 수의 양성화가 달린다. 4~5월에 새가지 끝에서 나온 길이 15~25cm의 원추꽃차례에 백색 또는 연한 황색의 꽃이 모여 달린다. 꽃잎은 4개이며, 수술은 7개로 위를 향해 살짝 휜다. 수꽃에는 암술이 퇴화되어 있으며, 양성화에는 1개의 긴 암술대가 있다.

열매 열매(蒴果)는 지름 3~5cm의 도란상 구형이며 표면에 미세한 돌기가 많다. 9~10월에 갈색으로 익는다.

●참고
해거리를 하기 때문에 열매의 결실률이 해마다 다르다. 종자가 익어서 땅에 떨어지면 설치류를 비롯한 작은 동물들이 가져가서 땅속에 저장한다고 한다. 마로니에와 유사하지만, 열매의 표면에 가시가 없고 잎의 톱니 모양과 잎 뒷면의 털 색깔에도 차이가 있다.

❶꽃차례. 같은 꽃차례 안에 양성화와 수꽃이 핀다. 양성화는 수가 적으며 긴 암술대가 있어 구별된다(540쪽 마로니에 참조). ❷열매 ❸잎. 마로니에와 비교하면 잎끝이 뾰족하다. 뒷면의 맥 위에는 약간의 갈색 털과 함께 주로 백색 털이 밀생한다. ❹겨울눈. 인편은 수지에 싸여 있어 끈적거린다. ❺수피 ❻수형 ❼열매 속에는 지름 2~3cm의 밤을 닮은 종자가 1~2개씩 들어 있다.
✽식별 포인트 잎/열매

마로니에
(서양칠엽수, 가시칠엽수)

Aesculus hippocastanum L.

칠엽수과
HIPPOCASTANACEAE A. Rich.

● **분포**

유럽 동남부(알바니아, 불가리아, 그리스, 슬로베니아, 마케도니아) 원산

❖**국내분포/자생지** 가로수 및 공원수로 전국에 간혹 식재

● **형태**

수형 낙엽 교목이며 높이 30m, 지름 2m까지 자란다.

잎 마주나며 작은잎 5~7개로 이루어진 장상복엽이다. 작은잎은 길이 10~25㎝의 좁은 도란형-도피침형이다. 끝은 갑자기 뾰족해져 짧은 꼬리처럼 되고 가장자리에는 불규칙한 겹톱니가 있다. 표면에는 털이 없으며, 뒷면 밑부분과 맥 위, 잎자루 윗부분에 갈색 털이 밀생한다.

꽃 수꽃양성화한그루(웅성양성동주)다. 4~5월에 새가지 끝에서 나온 길이 10~15㎝의 원추꽃차례에 백색의 꽃이 모여 달린다. 꽃은 대부분이 수꽃이고 꽃차례 아래쪽에 적은 수의 양성화가 달린다. 꽃잎은 4개이며, 개화가 진행되면서 꽃잎의 무늬가 연한 황색에서 적색으로 변한다. 수술은 5~8개이고 위를 향해 다소 휜다. 수꽃에는 암술이 퇴화되어 있으며, 양성화에는 1개의 긴 암술대가 있다.

열매/종자 열매(蒴果)는 지름 2.5~6㎝의 구형이며 표면에 짧은 가시가 밀생한다. 9~10월에 갈색으로 익는다. 종자는 지름 2~4㎝의 난상 구형이며 광택이 있는 밤갈색이다.

2007. 5. 11. 서울시 덕수궁

❶꽃차례. 다수의 수꽃과 소수의 양성화가 섞여 핀다. ❷양성화(화살표는 암술대) ❸개화기가 지난 수꽃 ❹잎 뒷면. 맥을 따라 갈색 털이 밀생한다. ❺겨울눈

● 참고

칠엽수와 비교해 열매 표면에 짧은 가시가 밀생하며, 전반적으로 잎과 꽃차례가 조금 작고 잎 가장자리에 겹톱니가 있는 점이 다르다.

구분	잎 가장자리의 톱니	잎 뒷면 맥 위	열매 표면
칠엽수	작고 규칙적	주로 백색 털이 밀생	매끈하고 잔 돌기가 있다
마로니에	겹톱니이며 불규칙적	갈색 털이 밀생	날카로운 가시가 있다

❻수형(독일 베를린) ❼노목의 수피. 불규칙한 조각으로 갈라져서 떨어진다. ❽종자 ❾
❿칠엽수(좌)와 마로니에(우)의 비교 ❾열매의 비교 ❿잎의 비교
✽식별 포인트 잎(잎끝의 톱니, 뒷면의 털)/열매(가시)

신나무

Acer tataricum L. subsp.
ginnala (Maxim.) Wesm.
(*Acer ginnala* Maxim.)

단풍나무과 ACERACEAE Juss.

● **분포**
중국(중북부), 일본, 러시아(동부), 몽골, 한국

❖ **국내분포/자생지** 전국의 낮은 지대 습한 곳

● **형태**
수형 낙엽 소교목이며 높이 5~8m까지 자란다.

겨울눈 길이 2~3mm의 난형이며, 인편은 7~10쌍이고 가장자리에 약간의 털이 있다.

잎 마주나며 길이 4~10cm의 삼각상 난형-난형이다. 흔히 밑부분에서 3갈래로 갈라진다. 끝은 꼬리처럼 길게 뾰족하며 가장자리에는 불규칙한 톱니와 얕은 결각이 있다. 뒷면 맥 위에는 연한 갈색의 부드러운 털이 있다.

꽃 수꽃만 피는 꽃차례와 수꽃과 양성화가 섞여 있는 꽃차례가 함께 있는 수꽃양성화한그루(웅성양성동주)다. 5~6월에 새가지 끝에서 나온 길이 10~15cm의 원추꽃차례에 황록색의 꽃이 모여 달린다. 꽃받침열편과 꽃잎은 각각 5개이며, 꽃받침열편은 길이 1.5~2mm의 난형이고 가장자리에 털이 있다. 수술은 8개이며 자방에는 털이 약간 있다. 암술대는 2갈래로 깊게 갈라진다.

열매 열매(分裂果)는 2(~3)개의 시과가 붙은 형태이며 9~10월에 익는다. 시과는 90° 이하로 벌어지며, 날개를 포함한 길이가 2.5~3cm이고 털이 없다.

● **참고**
서남아시아, 동유럽에 분포하는 기본종(subsp. *tataricum* L.)은 잎이 결각 없는 장타원형이며 뒷면에 털이 밀생한다.

2008. 5. 7. 경기 가평군 화야산

❶양성화+수꽃차례. 수꽃만 피는 꽃차례도 있다. ❷양성화와 수꽃 ❸열매 ❹잎. 표면은 털이 없고 광택이 난다. ❺겨울눈 ❻수피. 매끈하지만 오래되면 세로로 갈라진다. ❼수형
✱식별 포인트 잎/열매/수피/겨울눈

2004. 6. 27. 전남 해남군 대흥사

단풍나무
Acer palmatum Thunb.

단풍나무과 ACERACEAE Juss.

●**분포**
일본(혼슈 이남), 한국
❖**국내분포/자생지** 경남, 경북(청도군 남산), 전남, 전북, 제주의 산지
●**형태**
수형 낙엽 교목이며 높이 10~15m까지 자란다.
겨울눈 좁은 난형이고 붉은색을 띤다. 인편은 4쌍이고 밑부분에 긴 털이 줄지어 있다.
잎 마주나며 길이 3~7cm의 장상이다. 각 열편의 끝은 꼬리처럼 길게 뾰족하고 밑부분은 평평하거나 얕은 심장형이며, 가장자리에는 불규칙한 겹톱니가 있다. 뒷면 맥겨드랑이에는 연한 갈색 털이 있으며, 잎자루는 길이 2~6cm다.
꽃 수꽃만 피는 꽃차례와 수꽃과 양성화가 섞여 있는 꽃차례가 함께 있는 수꽃양성화한그루(웅성양성동주)다. 4~5월에 새가지 끝에 황록색의 꽃이 모여 달린다. 꽃은 지름 4~6mm이며, 꽃받침열편과 꽃잎은 각각 5개다. 꽃받침열편은 길이 3mm 정도의 난형으로 붉은색을 띠고 가장자리에 털이 있다. 수술은 8개이며, 자방에는 털이 없고 암술대는 2갈래로 깊게 갈라진다.
열매 열매(分裂果)는 2개의 시과로 이루어져 있으며 7~9월에 익는다. 시과는 거의 수평으로 벌어지며 날개를 포함한 길이가 1.5~2cm이고 털이 없다.
●**참고**
당단풍나무에 비해 잎이 작고 열편이 가늘며 잎자루, 꽃차례, 꽃자루, 열매에 털이 없는 것으로 쉽게 구별할 수 있다.

❶양성화+수꽃차례 ❷수꽃차례 ❸잎. 열편은 5~7개가량이다. ❹겨울눈 ❺수피. 연한 회갈색이며 세로로 얕게 갈라진다. ❻수형
✽식별 포인트 잎/열매/겨울눈

당단풍나무
(산단풍나무)

Acer pseudosieboldianum
(Pax) Kom.
[*Acer takesimense* Nakai]

단풍나무과 ACERACEAE Juss.

●**분포**
중국(동북부), 러시아(동부), 한국
❖**국내분포/자생지** 전국의 산지
●**형태**
수형 낙엽 소교목이며 높이 8m까지 자란다.
겨울눈 적갈색의 난형이며 인편 가장자리에 털이 있다.
잎 마주나며 길이 5~8㎝의 원형이다. 장상이고 7~11(~13)갈래로 갈라진다. 각 열편의 끝은 꼬리처럼 길게 뾰족하며 가장자리에는 불규칙한 겹톱니가 있다. 뒷면은 연한 녹색이고 백색 털이 밀생한다.
꽃 수꽃만 피는 꽃차례와 수꽃과 양성화가 섞여 있는 꽃차례(간혹 양성화만 달리는 꽃차례도 있음)가 함께 있는 수꽃양성화한그루(웅성양성동주)다. 4~5월에 새가지 끝에 홍자색의 꽃이 모여 달린다. 꽃잎은 길이 4㎜ 정도의 도란형이고 백색-연한 홍색이다. 꽃받침 열편은 적색의 피침형이며, 길이가 꽃잎보다 길다. 꽃받침열편과 꽃잎은 각각 5개다. 수술은 8개이며, 자방에는 약간의 털이 있고 암술머리는 길이 1㎜ 정도다.
열매 열매(分裂果)는 2개의 시과로 이루어져 있고 8~10월에 익는다. 시과는 거의 수평으로 벌어지며 날개를 포함한 길이가 1.5~2.5㎝다.

2015. 8. 28. 경기 가평군

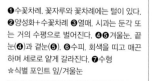

❶수꽃차례. 꽃자루와 꽃차례에는 털이 있다.
❷양성화+수꽃차례 ❸열매. 시과는 둔각 또는 거의 수평으로 벌어진다. ❹❺겨울눈. 끝눈(❹)과 곁눈(❺). ❻수피. 회색을 띠고 매끈하며 세로로 얕게 갈라진다. ❼수형
✻식별 포인트 잎/겨울눈

544

양성화

●참고

울릉도에 자생하고 잎이 11~13갈래로 갈라지는 나무를 예전에는 섬단풍나무(*A. takesimense* Nakai)로 따로 구분했으나, 잎 모양이 당단풍나무와 연속적인 변이를 보이고 있이 최근에는 당단풍나무와 동일종으로 처리하는 추세다.

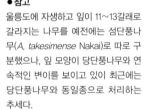

❽-⓬섬단풍나무 ❽가을의 섬단풍나무(경북 울릉도) ❾양성화+수꽃차례 ❿수꽃차례 ⓫ 잎. 잎의 열편은 보통 11~13개다. ⓬열매 ⓭ 잎의 비교(왼쪽부터): 당단풍나무/단풍나무/섬단풍나무
✽식별 포인트 잎/자생지

545

고로쇠나무

Acer pictum* Thunb. var. *mono
(Maxim.) Maxim. ex Franch.
(*Acer mono* Maxim.)

단풍나무과 ACERACEAE Juss.

● **분포**
중국(남부를 제외한 전 지역), 일본(혼슈 이북), 한국

❖**국내분포/자생지** 전국의 산지

● **형태**
수형 낙엽 교목이며 높이 20m까지 자란다.

잎 마주나며 길이 7~15㎝의 편원형이고 장상으로 얕게 5~7(~9)갈래로 갈라진다. 각 열편의 끝은 꼬리처럼 길게 뾰족하고 가장자리는 보통 밋밋하지만 1~2개의 큰 톱니가 생기기도 한다.

꽃 수꽃양성화한그루(웅성양성동주)다. 4~5월에 새가지 끝에 황록색의 꽃이 모여 달린다. 꽃받침열편은 길이 1.5~2mm의 타원형이며, 꽃잎은 길이 3~3.5mm가량의 도란상 장타원형이고 연한 녹황색이다. 꽃받침열편과 꽃잎은 각각 5개다. 수술은 8개이고 꽃잎보다 약간 짧으며, 자방은 털이 없고 암술대는 2갈래로 깊게 갈라진다.

열매/종자 열매(分裂果)는 2개의 시과로 이루어져 있으며 9~10월에 익는다. 시과는 보통 90° 이하로 벌어져 달리지만 변이가 있다.

● **참고**
고로쇠나무는 지역별로 형태 변이가 아주 심한데, 학자에 따라 이런 지역적 변이를 종 및 종 이하 분류군으로 세분하기도 한다. 울릉도에 자생하는 고로쇠나무는 내륙의 나무보다 잎과 열매가 크다는 특징이 있어 예전에는 우산고로쇠(A. okamotoanum Nakai, 사진 ❼ 참조)로 구분했으나 최근에는 고로쇠나무와 동일종으로 처리한다.

2010. 5. 16. 강원 삼척시

❶양성화+수꽃차례 ❷수꽃차례 ❸열매 ❹겨울눈: 흑갈색의 인편이 3~4쌍 있고 가장자리에는 갈색 털이 밀생한다. ❺수피. 회색이며 세로로 얕게 갈라진다. V 자 상처는 옛날 방식으로 수액을 채취한 흔적이다. ❻수형 ❼우산고로쇠 유형의 열매(경북 울릉도)
✽식별 포인트 잎/겨울눈/수피

2008. 5. 1. 서울시 올림픽공원

중국단풍
Acer buergerianum Miq.

단풍나무과 ACERACEAE Juss.

● **분포**
중국, 타이완 원산
❖ **국내분포/자생지** 가로수 및 공원수
로 전국에 식재

● **형태**
수형 낙엽 교목이며 높이 20m까지 자
란다.
겨울눈 길이 2~3mm의 타원형이며 끝
이 뾰족하다. 인편은 6~12쌍이고 가
장자리에 회색 털이 있다.
잎 마주나며 길이 6~10㎝의 도란형-
원형이며 3갈래로 갈라진다. 끝이 뾰
족하고 밑부분은 둥글거나 쐐기형이
며, 가장자리가 밋밋하다. 뒷면은 청록
색이 돌고 맥 위에 약간의 털이 있다.
잎자루는 길이 2~6(~8)㎝이고 털이
없다.
꽃 수꽃만 피는 꽃차례와 수꽃과 양성
화가 섞여 있는 꽃차례가 함께 있는 수
꽃양성화한그루(웅성양성동주)다. 4~
5월에 새가지 끝에 황록색의 꽃이 모
여 달린다. 꽃받침열편과 꽃잎은 각각
5개이며, 꽃잎은 길이 2㎜ 정도의 주걱
상 피침형-좁은 피침형이다. 수술은 8
개다. 자방에는 백색 털이 밀생하며 암
술대는 2갈래로 깊게 갈라져 뒤로 젖
혀진다.
열매 열매(分裂果)는 2개의 시과로 이
루어져 있으며 9~10월에 익는다. 시
과는 보통 90° 이하로 벌어지며(변이
가 큼), 날개를 포함한 길이는 2㎝ 정
도다.

● **참고**
잎이 손 모양으로 3갈래로 얕게 갈라
지며 가장자리가 밋밋한 것이 특징이
다. 잎이 오리의 발과 비슷하다고 해서
중국에서는 '압각수'(鴨脚樹)라고 부
르기도 한다.

❶❷양성화+수꽃차례. 암술대가 심하게 휜
다. ❸열매 ❹잎. 뚜렷하게 3출맥이다. ❺겨
울눈 ❻노목의 수피. 불규칙하게 껍질이 벗
겨져 얼룩무늬가 생긴다. ❼수형
✽식별 포인트 잎/수피

부게꽃나무

Acer ukurunduense Trautv. &
C. A. Mey.
[*Acer caudatum* Wall. subsp.
ukurunduense (Trautv. & C. A.
Mey.) A. E. Murray]

단풍나무과 ACERACEAE Juss.

● **분포**
중국(동북부), 일본(혼슈 이북), 러시아
(동부), 한국
❖ **국내분포/자생지** 지리산 이북의 높
은 산지 능선 및 정상부
● **형태**
수형 낙엽 소교목 또는 교목이며 높이
4~8(~15)m까지 자란다.
겨울눈 좁은 난형-난형이며, 인편은 2
~3쌍이고 황백색 털이 밀생한다.
잎 마주나며 길이 8~15cm의 아원형
이다. 장상이며 5~7갈래로 갈라진다.
끝은 길게 뾰족하며 가장자리에는 뾰
족한 톱니가 불규칙하게 있다. 뒷면의
맥겨드랑이와 맥 위에 털이 밀생한다.
꽃 수꽃차례와 수꽃, 양성화가 섞여
피는 꽃차례가 함께 있는 수꽃양성화
한그루(웅성양성동주)이지만, 간혹 수
꽃만 피는 개체도 있다. 5~6월에 길
이 10~20cm의 곧추선 원추꽃차례에
황록색의 꽃이 모여 달린다. 꽃받침열
편과 꽃잎은 각각 5개이며 꽃잎은 길
이 3mm 정도의 선상 도피침형이다. 수
꽃의 수술은 (1~)5~8개이고 꽃잎보
다 길며, 암술은 퇴화되어 있다. 양성
화의 자방에는 백색 털이 밀생하며 암
술대는 2갈래로 갈라진다.
열매 열매(分裂果)는 2개의 시과로 이
루어져 있으며 9~10월에 익는다. 시
과는 보통 직각으로 벌어지며 날개를
포함한 길이가 1.5~2.5cm다.
● **참고**
잎 뒷면에 털이 밀생하며, 길게 곧추선
원추꽃차례에 많은 꽃이 모여 피는 것
이 특징이다.

2005. 6. 10. 강원 평창군 발왕산

❶마치 촛대를 연상시키는 꽃차례 ❷양성화
❸수꽃 ❹열매와 잎 ❺겨울눈 ❻수피. 광택
이 있고 껍질이 세로로 벗겨지며 종잇장처럼
일어난다. ❼수형
✽식별 포인트 수피/겨울눈/잎/꽃(개화기)

2005. 6. 23. 강원 삼척시 덕항산

청시닥나무
Acer barbinerve Maxim.

단풍나무과 ACERACEAE Juss.

● **분포**

중국(동북부), 러시아(동부), 한국

❖ **국내분포/자생지** 지리산 이북의 높은 산지 능선 및 정상부

● **형태**

수형 낙엽 소교목이며 높이 3~7(~10)m까지 자란다.

잎 마주나며 길이 5~10cm의 난형-아원형이다. 장상이며 5갈래로 갈라진다. 끝은 꼬리처럼 길게 뾰족하고 가장자리에는 뾰족한 겹톱니가 있다.

꽃 암수딴그루이며 5~6월에 잎과 함께 나오는 총상꽃차례에 황록색의 꽃이 모여 달린다. 수꽃은 길이 5mm가량의 장타원형 꽃받침열편이 수술을 감싼다. 수술은 꽃받침보다 길며 암술은 퇴화되어 있다. 암꽃은 꽃잎이 도란형이고 꽃받침열편보다 약간 짧다. 암꽃의 수술은 퇴화되어 있고 자방에는 털이 없으며, 암술대는 길이 2mm 정도이고 끝이 2갈래로 갈라진다.

열매 열매(分裂果)는 2개의 시과로 이루어져 있으며 9~10월에 익는다. 시과는 보통 직각 또는 90° 이상으로 벌어지며 날개를 포함한 길이가 3~3.5cm다.

● **참고**

시닥나무와 잎 모양이 유사하지만 잎의 열편 끝에 톱니가 없는 특징으로 쉽게 구별할 수 있다. 또한 꽃받침열편은 보트 모양의 장타원형이고, 수술을 감싸며 옆으로 활짝 펴지지 않고, 수술이 4개인 점이 시닥나무와 다르다. 어린가지의 색깔도 시닥나무만큼 선명한 적색이 아니다.

❶암꽃차례. 길이 4cm 정도로 수꽃차례보다 길다. ❷수꽃차례 ❸열매 ❹❺잎. 잎의 열편 끝까지 톱니가 이어지지 않는다. 뒷면 맥 위에는 털이 밀생한다. ❻겨울눈. 어린가지의 색깔은 황적색이다. ❼어린나무의 수피는 녹색을 띠지만 노목이 되면 녹색이 점차 옅어진다.

✻식별 포인트 잎(잎끝)/어린가지(색깔)/겨울눈/열매/수피

549

시닥나무

Acer komarovii Pojark.
(*Acer tschonoskii* Maxim. var.
rubripes Kom.)

단풍나무과 ACERACEAE Juss.

●**분포**
중국(동북부), 러시아(동부), 한국
❖**국내분포/자생지** 주로 지리산 이북
의 높은 산지(전남 백운산에도 분포)
●**형태**
수형 낙엽 소교목이며 높이 4~8(~
10)m까지 자란다.
겨울눈 길이 4~6mm의 난상 장타원형
이며, 적색-적자색의 인편이 2개 있고
털이 없다.
잎 마주나며 길이 5~10cm의 난상 삼
각형 또는 난형이고, 장상으로 3~5갈
래로 갈라진다. 끝은 꼬리처럼 길게 뾰
족하며 가장자리에는 뾰족한 톱니와
겹톱니가 있다. 뒷면 맥겨드랑이 및 맥
위에 적갈색의 털이 밀생한다.
꽃 암수딴그루이지만 간혹 수그루에
양성화가 섞여 피기도 한다. 5~6월에
길이 2~5cm의 총상꽃차례에 황록색
의 꽃이 5~7(~10)개씩 모여 달린다.
꽃은 지름 8~10mm. 꽃잎은 5개이고
난상 도피침형-주걱형이며, 꽃받침열
편보다 약간 짧다. 꽃받침열편은 5개
이며 가는 도피침형이다. 수술은 8개
이며, 자방에는 털이 없고 암술대는 2
갈래로 갈라진다.
열매 열매(分裂果)는 2개의 시과로 이
루어져 있으며 9~10월에 익는다. 시
과는 보통 90° 이상으로 벌어지며 날
개를 포함한 길이가 2~2.5cm다.
●**참고**
청시닥나무와 유사하지만 잎의 열편
끝까지 톱니가 촘촘히 있는 점, 꽃잎이
주걱상이고 옆으로 활짝 벌어지는 점
이 다르다.

2006. 5. 19. 강원 양양군 설악산

❶암꽃차례 ❷수꽃차례 ❸열매 ❹잎은 열편
끝까지 톱니가 있고 잎자루가 붉다. ❺겨울
눈. 어린가지는 청시닥나무에 비해 선명한
붉은색을 띤다. ❻수피는 회색-회갈색이고
오래되면 불규칙하게 갈라진다. ❼수형
❖식별 포인트 잎(잎끝)/어린가지(색깔)/꽃/
겨울눈

2007. 6. 26. 백두산

산겨릅나무
Acer tegmentosum Maxim.

단풍나무과 ACERACEAE Juss.

● **분포**

중국(동북부), 러시아(동부), 한국

❖ **국내분포/자생지** 지리산 이북의 산
지에 비교적 드물게 자람

● **형태**

수형 낙엽 교목이며 높이 15m까지 자
란다.

수피/겨울눈 수피는 녹색-회갈색이고
매끈하며 가로로 긴 피목과 세로로 짙
은 회색의 줄무늬가 있다. 겨울눈은 장
타원형으로 자루가 있으며, 황적색-적
갈색의 인편이 2개 있다.

잎 마주나며 길이 10~12cm의 난형-아
원형이고 3(~5)갈래로 얕게 갈라진
다. 끝은 꼬리처럼 길게 뾰족하고 밑부
분은 심장형이며, 가장자리에는 겹톱
니가 있다. 뒷면 맥겨드랑이에는 황색
털이 있다.

꽃 암수딴그루이지만 간혹 수그루에
양성화가 섞여 피기도 한다. 5~6월에
연한 녹색-황록색의 꽃이 아래로 늘어
지는 총상꽃차례에 모여 달린다. 꽃잎
과 꽃받침열편은 각각 5개이며, 꽃잎
은 도란형이고 꽃받침열편은 장타원
형이다. 수술은 8개이며, 자방에는 털
이 없고 암술대는 2갈래로 갈라져 뒤
로 젖혀진다.

열매 열매(分裂果)는 2개의 시과로 이
루어져 있으며 9~10월에 익는다. 시
과는 90° 이상-수평으로 벌어지며 날
개를 포함한 길이가 2.5~3cm다.

● **참고**

어린줄기가 녹색이며 광난형의 잎이 3
~5갈래로 얕게 갈라지고, 꽃차례가
아래로 늘어지는 것이 특징이다. 겨울
눈의 생김새가 매우 독특해 식별하는
데 별다른 어려움이 없다.

❶암꽃차례 ❷❸수꽃차례 ❹열매 ❺겨울눈
에는 굵은 자루가 있다. ❻❼수피의 변화. 어
린나무의 수피(❻)는 초록색을 띠다가 자라
면서 차츰 초록색이 옅어진다.

✽식별 포인트 겨울눈/잎/수피/열매

은단풍
Acer saccharinum L.

단풍나무과 ACERACEAE Juss.

● **분포**
북아메리카 원산
❖ **국내분포/자생지** 공원수 및 가로수로 전국에 식재
● **형태**
수형 낙엽 교목이며 높이 25m까지 자란다.

겨울눈 잎눈은 길이 3~5㎜의 난형이며, 인편은 가장자리에 털이 있다. 꽃눈은 구형이고 모여 달린다.

잎 마주나며 길이 8~16㎝의 난형-아원형이고, 장상이며 5갈래로 깊게 갈라진다. 끝은 꼬리처럼 길게 뾰족하며 가장자리에는 뾰족한 톱니가 불규칙하게 있다. 뒷면은 은백색을 띠고, 처음에는 털이 있다가 차츰 없어진다. 잎자루는 길이 6~12㎝다.

꽃 암꽃, 수꽃, 양성화가 딴그루에 피는 암꽃수꽃양성화딴그루(잡성이주)이지만, 개체에 따라 성별이 매년 일정하지는 않은 것으로 알려져 있다. 2~3월에 잎이 나오기 전 짧은 원추(거의 두상)꽃차례에 꽃이 모여 핀다. 황록색의 수꽃은 수술이 4~6개이고 수술의 길이는 4~6㎜다. 암꽃의 암술대는 길이 2~3㎜이며 적자색을 띠고 2갈래로 깊게 갈라진다.

열매 열매(分裂果)는 2개의 시과로 이루어져 있으며 4~5월에 익는다. 시과는 90° 이하로 벌어지며 날개를 포함해 길이 3~5.5㎝다.

● **참고**
잎 뒷면이 은색을 띠어 은단풍이라고 부르며, 북아메리카에서 가장 흔히 볼 수 있는 수종 중 하나다. 참고로 캐나다 국기에 있는 나뭇잎은 설탕단풍(*A. saccharum* Marsh.)의 잎인데, 은단풍과 비교해 가장자리가 밋밋하거나 치아상의 톱니가 있다.

❶양성꽃차례. 암술과 수술은 시간을 달리해 나온다(heterodichogamy). ❷암꽃차례 ❸수꽃차례 ❹열매 ❺잎 ❻수피. 연한 적갈색-회색이고 오래되면 긴 조각으로 벗겨진다.
✿식별 포인트 잎

2008. 7. 13. 강원 영월군

❼ 개화기의 모습 ❽ 수형 ❾ 꽃눈 ❿ 잎눈 ⓫
종자 ⓬ ~ ⓯ 설탕단풍(ⓒ윤경란) ⓬ 잎 ⓭ 꽃 ⓮
시과 ⓯ 수형

복자기
(나도박달)
Acer triflorum Kom.

단풍나무과 ACERACEAE Juss.

● **분포**
중국(동북부), 한국
❖ **국내분포/자생지** 중부 이북의 산지

● **형태**
수형 낙엽 교목이며 높이 15~20m까지 자란다.

잎 마주나며 3출엽이다. 작은잎은 길이 4~9㎝의 장타원상 도란형-도란상 피침형이다. 끝은 꼬리처럼 길게 뾰족하고 밑부분은 좌우비대칭의 넓은 쐐기형이며, 가장자리에는 2~4개의 톱니가 있다. 맥 위에는 털이 밀생한다. 잎자루는 길이 2.5~6㎝이고 털이 밀생한다.

꽃 양성화와 수꽃이 딴그루에 피는 수꽃양성화딴그루(웅성양성이주)이지만, 간혹 웅성양성동주인 개체도 보인다. 4~5월에 잎이 나면서 새가지 끝에서 함께 나온 산방꽃차례에 황록색의 꽃이 3개씩 모여 달린다. 꽃자루에는 황백색의 털이 밀생한다. 꽃받침열편과 꽃잎은 각각 5개다. 수술은 10개로, 꽃잎보다 길다. 자방에는 털이 밀생하고 암술대는 2갈래로 갈라진다.

열매 열매(分裂果)는 2개의 시과로 이루어져 있으며 9~10월에 익는다. 시과는 평행 또는 90° 이하로 벌어지며 날개를 포함한 길이가 3.5~4.5㎝다.

● **참고**
복장나무와 유사하지만 잎 가장자리가 밋밋하거나 2~4개의 큰 톱니가 있는 점, 잎자루와 열매 표면에 털이 밀생하는 점이 다르다. 종소명 *triflorum*은 한 송이에 '3개(*tri*)의 꽃(*florum*)이 핀다'라는 뜻이다.

❶양성꽃차례 ❷수꽃차례. 꽃은 한군데에서 3개씩 핀다. ❸열매. 기부에 털이 밀생한다. ❹잎은 엽축을 기준으로 심하게 좌우비대칭이며 가장자리에 큰 톱니가 몇 개 있고 털이 많다. ❺겨울눈 ❻수피. 세로로 거칠게 벗겨진다. ❼수형. 복자기는 가을단풍이 대단히 곱다.
✲식별 포인트 잎/수피/열매/겨울눈

2010. 7. 4. 강원 삼척시

2015. 6. 23. 경기 가평군 화악산

복장나무
Acer mandshuricum Maxim.

단풍나무과 ACERACEAE Juss.

● **분포**
중국(동북부), 러시아(동부), 한국
❖ **국내분포/자생지** 주로 지리산 이북
의 높은 산지

● **형태**
수형 낙엽 교목이며 높이 10~15(~
30)m까지 자란다.

수피/겨울눈 수피는 회색-회갈색이고
매끈하다. 겨울눈은 길이 5㎜ 정도의
피침상 장난형이며 끝이 뾰족하다.

잎 마주나며 3출엽이다. 작은잎은 길
이 5~10㎝의 장타원상 피침형-피침
형이다. 끝은 꼬리처럼 길게 뾰족하며
가장자리에는 다소 둔한 톱니가 있다.
뒷면은 회색빛이 돌고 맥 위에 털이 있
다. 잎자루는 길이 7~10㎝이고 털이
없다.

꽃 양성화와 수꽃이 딴그루에 피는 수
꽃양성화딴그루(웅성양성이주)이지만,
간혹 웅성양성농주인 개체도 관찰된
다. 5~6월에 새가지 끝에서 나온 꽃차
례에 황록색의 꽃이 3~5개씩 모여 달
린다. 꽃받침열편과 꽃잎은 5개씩이며,
꽃받침열편은 난형이고 꽃잎은 도란형
이다. 수술은 8개이고 꽃잎보다 약간
길다. 암술대는 2갈래로 깊게 갈라진
다.

열매 열매(分裂果)는 2개의 시과로 이
루어져 있으며 9~10월에 익는다. 시
과는 직각 또는 90° 이하로 벌어지며
(변이가 심함) 날개를 포함한 길이가 3
~3.5㎝이고 표면에 털이 없다.

● **참고**
복자기와 유사하지만, 수피가 매끈하
며 잎 가장자리에 잔톱니가 많고 잎자
루와 열매 표면에 털이 없는 점이 다
르다.

❶양성꽃차례 ❷수꽃차례 ❸열매. 복자기와
는 달리 열매 표면에 털이 없다. ❹잎은 복자
기에 비해 비대칭이 심하지 않으며 톱니도
작다. 뒷면 주맥 위에만 약간의 털이 있다. ❺
겨울눈 ❻수피 ❼수형
✽식별 포인트 잎/열매/겨울눈/수피

네군도단풍

Acer negundo L.

단풍나무과 ACERACEAE Juss.

● 분포

북아메리카 원산

❖국내분포/자생지 공원수 및 가로수로 전국에 널리 식재

● 형태

수형 낙엽 교목이며 높이 15~20m, 지름 1m까지 자란다.

수피/겨울눈 수피는 황갈색-회갈색이며 세로로 갈라진다. 겨울눈은 길이 4~6mm의 장난형이며, 인편은 2~3쌍이 있고 가장자리에 약간의 털이 있다.

잎 마주나며 3~7(~9)개의 작은잎으로 구성된 우상복엽이다. 작은잎은 길이 5~10cm의 타원상 피침형-난형이며, 끝은 뾰족하고 가장자리에는 3~5개의 불규칙한 결각이 있다. 잎 뒷면의 맥겨드랑이와 맥 위에는 짧은 털이 밀생한다. 잎자루는 길이 5~8cm다.

꽃 암수딴그루이며, 3~4월 잎이 나올 때 동시에 황록색의 꽃이 핀다. 수꽃은 산방꽃차례에 15~50개가 모여 달리는데, 꽃자루가 실처럼 길게 늘어지고 긴 털이 밀생한다. 수술은 4~6개다. 암꽃은 총상꽃차례에 5~15개의 꽃이 모여 달리며, 암술대가 2갈래로 갈라진다.

열매 열매(分裂果)는 2개의 시과로 이루어져 있으며 9~10월에 익는다. 시과는 직각 또는 90° 이하로 벌어지며 날개를 포함한 길이가 3~3.5cm다.

● 참고

작은잎이 3~7개이고 잎 가장자리에 불규칙적인 결각이 있으며, 수꽃의 꽃자루가 실 모양으로 길게 늘어지는 것이 특징이다.

2005. 5. 29. 강원 설악산 소공원

❶수꽃차례. 꽃자루가 실 모양으로 길다. ❷암꽃차례 ❸열매 ❹잎 뒷면. 잎은 복엽이며 작은잎의 결각은 형태 변화가 심하다. ❺수피. 세로로 길게 갈라진다. ❻수형
✽식별 포인트 잎/열매/꽃

단풍나무류의 시과(翅果)

신나무

당단풍나무

단풍나무

고로쇠나무

고로쇠나무(우산고로쇠)

중국단풍

부게꽃나무

청시닥나무

시닥나무

산겨릅나무

은단풍

복자기

복장나무

네군도단풍

붉나무

Rhus javanica L.
[*Rhus chinensis* Mill.; *R. chinensis* Mill. var. *roxburghii* (DC.) Rehder]

옻나무과 ANACARDIACEAE R. Br.

● **분포**
중국, 일본, 타이완, 동남아시아(북부), 한국
❖ **국내분포/자생지** 전국의 해발고도가 낮은 산야
● **형태**
수형 낙엽 소교목이며 높이 5~10m까지 자란다.

잎 어긋나며 7~13개의 작은잎으로 구성된 우상복엽으로, 엽축에 잎 모양의 날개가 발달한다. 작은잎은 길이 6~12cm의 장타원형-난형이며 가장자리에 둔한 톱니가 있다. 뒷면은 회녹색이고 황백색의 털이 밀생한다.

꽃 암수딴그루이며, 8~9월에 새가지 끝의 원추상꽃차례에 백색의 꽃이 모여 달린다. 수꽃차례는 길이 30~40cm로 암꽃차례보다 다소 크고 꽃도 많이 달린다. 꽃받침열편, 꽃잎, 수술은 각각 5개씩이다. 수꽃의 꽃잎은 길이 2mm 정도의 도란형-장타원형이며 뒤로 젖혀진다. 수술은 길이 2.5~3.5mm이고 꽃받침통 밖으로 길게 나온다. 암꽃의 꽃잎은 길이 1.5~1.7mm의 타원형-난형이며 뒤로 젖혀지지 않는다. 자방은 길이 1mm 정도의 난형이고 털이 밀생하며 암술대는 3갈래로 갈라진다.

열매 열매(核果)는 지름 4~5mm의 편구형이며 표면에 다갈색 털과 샘털이 밀생한다. 10~11월에 황적색으로 익는다.

2007. 8. 20. 경남 거제도 노자산

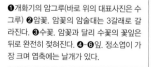

❶개화기의 암그루(바로 위의 대표사진은 수그루) ❷암꽃. 암꽃의 암술대는 3갈래로 갈라진다. ❸수꽃. 암꽃과 달리 수꽃의 꽃잎은 뒤로 완전히 젖혀진다. ❹-❻잎. 정소엽이 가장 크며 엽축에는 날개가 있다.

❼결실기의 열매. 표면에 시고 짠맛이 나는 백색 분비물이 생긴다. 예전에는 이것을 소금 대용품으로 이용하기도 했다. ❽열매는 겨울에도 떨어지지 않고 가지에 남아 있다. ❾겨울눈. 반구형이며 황갈색의 부드러운 털이 밀생한다. ❿수피. 회색-회갈색이며 작은 피목이 발달한다. ⓫수형 ⓬핵은 흑갈색의 편구형이다. ⓭오배자 ⓮적색의 단풍이 매우 곱다.

✳식별 포인트 잎(엽축의 날개)/열매/겨울눈/오배자

개옻나무

Toxicodendron trichocarpum
(Miq.) Kuntze
(*Rhus trichocarpa* Miq.)

옻나무과 ANACARDIACEAE R. Br.

●**분포**
중국(중남부), 일본, 러시아(사할린), 한국

❖**국내분포/자생지** 전국의 산야

●**형태**
수형 낙엽 관목 또는 소교목이며 높이 3~7m 정도로 자란다.

잎 어긋나며 9~17개의 작은잎들로 구성된 우상복엽이다. 작은잎의 끝은 급격히 꼬리처럼 뾰족해지고, 가장자리는 밋밋하지만 간혹 결각상 톱니가 생기기도 한다. 뒷면 맥 위에는 부드러운 털이 밀생한다. 잎자루는 길이 5~7mm이고 황갈색 털이 밀생한다.

꽃 암수딴그루이며, 5~6월에 줄기 끝의 잎겨드랑이에서 나온 원추상꽃차례에 황록색의 꽃이 모여 달린다. 꽃차례는 길이 15~30cm이고 황갈색 털이 밀생한다. 꽃받침열편은 5개이며 길이 0.8mm 정도의 좁은 삼각형이다. 꽃잎은 5개이며 길이 2mm 정도의 좁은 타원형이고 뒤로 젖혀진다. 수꽃은 길이 2.5~3.5mm인 수술이 5개이며 꽃 바깥으로 길게 나온다. 암꽃의 자방에는 가시 같은 털이 밀생하며 암술머리는 3갈래로 갈라진다.

열매 열매(核果)는 지름 5~6mm의 편구형이며 9~10월에 황갈색으로 익는다. 외과피의 표면에는 가시 같은 털이 밀생한다. 외과피 속에는 세로줄이 있는 백색 왁스층으로 이루어진 중과피가 있다.

2016. 5. 21. 강원 양양군 설악산

❶❷암꽃차례 ❸❹수꽃차례 ❺열매. 열매의 표면은 가시 같은 털로 덮여 있다(❼ 참조). 열매는 낙엽이 진 뒤에도 오랫동안 가지에 달려 있다.

●참고
산검양옻나무와 유사하지만, 수피가
회백색이고 작은잎에 간혹 결각상의
톱니가 있으며 외과피 표면에 가시 같
은 털이 밀생하는 점이 다르다.

❻수형. 붉은색 또는 노란색의 가을단풍이
매우 아름답다. ❼열매의 중과피는 백색의
왁스층이며 줄무늬가 있다. ❽❾잎. 엽축은
붉은색이 돌며 잎 가장자리에는 간혹 큼직한
톱니가 생기기도 한다. 잎은 좌우비대칭이
다. ❿수피. 회백색이며 세로로 얕게 갈라져
갈색의 골이 생긴다. ⓫겨울눈. 인편 없이 드
러나 있고, 겉은 갈색의 털로 덮여 있다. ⓬
핵은 황갈색을 띠며 지름 4~5㎜다.
✱식별 포인트 열매/잎/겨울눈

산검양옻나무

Toxicodendron sylvestre
(Siebold & Zucc.) Kuntze
(*Rhus sylvestris* Siebold & Zucc.)

옻나무과 ANACARDIACEAE R. Br.

● **분포**
중국(중남부), 일본(혼슈 이남), 타이완, 한국

❖ **국내분포/자생지** 제주, 경남, 전남의 산지(숲 가장자리)에 흔하게 자라며 충남, 충북, 경기, 황해도에도 분포

● **형태**
수형 낙엽 소교목이며 높이 4~7(~10)m까지 자란다.

잎 어긋나며 7~15개의 작은잎으로 구성된 우상복엽이다. 적색이 도는 엽축에는 갈색의 부드러운 털이 밀생한다. 작은잎은 길이 4~10cm의 장타원형-난형이며 작은잎은 복엽의 끝쪽으로 갈수록 크기가 커진다. 끝은 길게 뾰족하고 가장자리는 밋밋하다. 표면에는 누운털이 흩어져 있으며, 뒷면에는 부드러운 털이 밀생한다.

꽃 암수딴그루이며, 5~6월에 줄기 끝의 잎겨드랑이에서 나온 원추상꽃차례에 황록색의 꽃이 모여 달린다. 꽃차례는 길이 8~15cm이고 축에는 퍼진 털이 밀생한다. 꽃잎은 5개이며 길이 1.6mm가량의 타원형이고 뒤로 젖혀진다. 꽃받침열편은 5개이며 길이 0.8mm가량의 난형이다. 수꽃의 수술은 5개이며 길이는 2mm 정도이고, 꽃 바깥으로 길게 나온다. 암꽃에는 5개의 퇴화된 수술이 있으며, 자방에 털이 없고 암술머리는 3갈래로 갈라진다.

열매 열매(核果)는 지름 7~8mm의 편구형이며 표면에 털이 없이 매끈하다. 10~11월에 황갈색으로 익는다. 백색의 왁스층으로 된 중과피에는 갈색의 세로줄이 있다.

2007. 5. 26. 제주 제주시

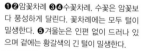

❶❷암꽃차례 ❸❹수꽃차례. 수꽃은 암꽃보다 풍성하게 달린다. 꽃차례에는 모두 털이 밀생한다. ❺겨울눈은 인편 없이 드러나 있으며 겉에는 황갈색의 긴 털이 밀생한다.

●참고

옻나무와 비교해 작은잎이 소형이고 양면에 털이 있으며, 측맥이 다소 직각으로 뻗는 점이 다르다. 검양옻나무에 비해서는 잎이 훨씬 얇고 잎 앞뒷면에 털이 있으며 겨울눈에 인편이 없는 점이 다르다.

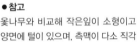

❻열매의 표면은 털이 없고 광택이 난다. ❼❽잎은 얇은 초질(草質)이며 표면과 뒷면 맥 위에 털이 많다. ❾❿수피의 변화. 수피는 갈색-회색이고 적갈색의 피목이 뚜렷하며 오래되면 세로로 길게 갈라져서 떨어진다. ⓫핵. 지름 6~7㎜이며 황갈색이다. ⓬열매의 비교: 산검양옻나무(좌)와 검양옻나무(우). 산검양옻나무는 열매자루에 털이 있고 열매가 약간 더 납작하다. ⓭핵의 비교(왼쪽 위부터 시계 방향): 검양옻나무/산검양옻나무/옻나무/붉나무/덩굴옻나무/개옻나무

✽식별 포인트 잎/열매(자루와 축에 털이 있음)/겨울눈/수피

검양옻나무

Toxicodendron succedaneum
(L.) Kuntze
(*Rhus succedanea L.*)

옻나무과 ANACARDIACEAE R. Br.

2008. 6. 10. 제주

● 분포
중국(중남부), 일본(혼슈 이남), 타이완, 라오스, 베트남, 인도, 캄보디아, 한국
❖ 국내분포/자생지 전남(흑산도, 홍도) 및 제주의 낮은 지대 숲속에 매우 드물게 자람

● 형태
수형 낙엽 소교목 또는 교목이며 높이 5~12m까지 자란다.
잎 어긋나고 5~15개의 작은잎으로 구성된 우상복엽이다. 작은잎은 길이 5~12cm의 넓은 피침형-장타원형이다. 끝은 꼬리처럼 길게 뾰족하고 밑부분은 좌우비대칭의 쐐기형이며, 가장자리가 밋밋하다. 뒷면은 분백색이 돈다.
꽃 암수딴그루이며, 5~6월에 줄기 끝의 잎겨드랑이에서 나온 원추상꽃차례에 녹백색의 꽃이 모여 달린다. 꽃받침열편은 5개이며 길이 1mm 정도의 광난형이다. 꽃잎은 5개이고 길이 2mm가량의 장타원형이다. 수꽃은 수술이 5개이며 길이는 3mm 정도이고 꽃 바깥으로 길게 나온다. 암꽃은 5개의 짧은 수술이 있으며, 자방에 털이 없고 암술머리는 3갈래로 갈라진다.
열매 열매(核果)는 지름 8~12mm의 편구형이며 9~10월에 연한 갈색으로 익는다. 표면은 털이 없이 매끈하고 백색의 왁스층으로 된 중과피에는 갈색의 세로줄이 있다.

❶❷암꽃차례. 꽃차례는 털이 없고 가지를 많이 친다. ❸❹수꽃차례. 꽃잎은 뒤로 완전히 젖혀진다. ❺성숙 중인 열매. 산검양옻나무에 비해 다소 통통하다.

564

● 참고

산검양옻나무와 비교해 식물체 전체에
털이 없고 잎끝이 꼬리처럼 길게 뾰족
해지며, 겨울눈이 털 없이 인편으로 싸
여 있고 열매가 좀 더 크고 통통한 점
이 다르다. 엽질도 초질(草質)인 산검
양옻나무와는 달리 가죽질(革質)이다.

❻가을의 검양옻나무. 단풍이 매우 곱다. ❼
❽잎. 엽질이 가죽질이고 털이 없으며 끝이
꼬리처럼 뾰족해진다. ❾❿수피의 변화. 회
색-회갈색으로 매끈하며 오래되면 세로로 길
게 갈라진다. ⓫겨울눈은 끝이 뾰족한 난형
이며, 적갈색의 인편에는 털이 전혀 없다. ⓬
수형. 조건이 좋으면 교목으로 크게 자란다.
⓭황갈색의 핵은 지름 7〜8㎜다.
✽식별 포인트 잎/겨울눈/열매(자루와 축에
털 없음)

옻나무

Toxicodendron verniciflumm
(Stokes) F. A. Barkley
(*Rhus verniciflua* Stokes)

옻나무과 ANACARDIACEAE R. Br.

● **분포**
중국, 인도 원산
❖ **국내분포/자생지** 전국(강원 원주시, 충북 옥천군, 경남 함양군)에서 재배

● **형태**
수형 낙엽 교목이며 높이 20m, 지름 30cm까지 자란다.
잎 어긋나며 7~17개의 작은잎으로 구성된 우상복엽이다. 작은잎은 길이 6~13cm의 난상 타원형-장타원형이다. 끝은 길게 뾰족하고 밑부분은 둥글거나 넓은 쐐기형이며, 가장자리가 밋밋하다. 표면에는 맥 위에 털이 약간 있으며 엽축과 뒷면 전체에 황색 털이 있다.
꽃 암수딴그루이며, 5월에 줄기 끝의 잎겨드랑이에서 나온 원추상꽃차례에 황록색의 꽃이 모여 달린다. 꽃차례는 길이 15~30cm이고 축에는 황회색의 짧은 털이 있다. 꽃받침열편은 5개이며 길이 0.8mm 정도의 난형이다. 꽃잎은 5개이며 길이 2.5mm 정도의 장타원형이고 약간 뒤로 젖혀진다. 수꽃의 수술은 5개이며 길이 2.5~3mm이고, 꽃 바깥으로 길게 나온다. 암꽃은 5개의 짧은 수술이 있으며, 자방에는 털이 없고 암술머리는 3갈래로 갈라진다.
열매 열매(核果)는 지름 6~8mm의 편구형이며 8~9월에 연한 황색으로 익는다. 표면은 털이 없이 매끈하고 백색의 왁스층으로 된 중과피에는 갈색의 세로줄이 있다.

2008. 5. 25. 충북 옥천군

❶암꽃. 꽃차례에는 누운털이 밀생한다(바로 위의 대표사진은 암그루). ❷수꽃 ❸수꽃차례. 수꽃의 수술은 꽃 밖으로 길게 나온다. ❹❺열매. 표면은 털이 없이 매끈하다. 열매는 잎이 떨어진 후에도 오랫동안 가지에 달려 있다.

● 참고

개옻나무에 비해 교목상으로 자라고 어린가지와 엽축에 붉은빛이 돌지 않으며, 잎 가장자리에 결각이 없고 열매 표면이 매끄러운 점이 다르다.

❻잎. 7~13장의 우상복엽이다. ❼잎의 엽축과 뒷면 맥을 따라 황색 털이 밀생하는 것도 구별 포인트다. ❽겨울눈. 인편 없이 드러나 있으며, 연한 갈색의 부드러운 털이 밀생한다. ❾❿수피의 변화. 어릴 때는 회색이며 오래되면 세로로 조각처럼 갈라진다. ⓫국내 최고령으로 추정되는 노거수의 수형(충북 옥천군) ⓬핵. 지름 5~6㎜이며 밝은 황갈색을 띤다.

✿식별 포인트 잎(털)/겨울눈

덩굴옻나무

Toxicodendron radicans (L.)
Kuntze **subsp.** *hispidum* (Engl.)
Gillis
[*Rhus ambigua* H. Lév; *R. orientalis* (Greene) C. K. Schneid.; *Toxicodendron orientale* (Thunb.) Makino]

옻나무과 ANACARDIACEAE R. Br.

● **분포**
일본, 러시아(사할린), 한국
❖ **국내분포/자생지** 전남 여수 인근의 도서(광도, 손죽도, 백도 등)에 자생
● **형태**
수형 낙엽 덩굴성 목본이며 높이 10m까지 자란다. 줄기에서 기근을 내어 바위나 다른 나무의 수간을 타고 올라가면서 수관부를 넓게 덮는다.
수피/어린가지 수피는 회갈색이며, 어린가지에는 갈색의 털이 밀생한다.
잎 어긋나며 3출엽이다. 작은잎은 길이 5~15cm의 타원형-난형이며 좌우 비대칭이다. 끝은 뾰족하고 가장자리에는 둔한 톱니가 있다. 표면은 털이 없고 광택이 나며, 뒷면은 측맥 기부와 맥겨드랑이에 갈색 털이 밀생한다.
꽃 암수딴그루이며, 5월에 잎겨드랑이에서 나온 길이 3~5cm의 총상꽃차례에 황록색의 꽃이 모여 달린다. 꽃잎은 5개이며 길이 3mm 정도의 장타원형이고 뒤로 젖혀진다. 수꽃의 수술은 5개이며, 암꽃은 암술이 1개이고 암술대가 3갈래로 갈라진다.
열매 열매(核果)는 지름 5~6mm의 편구형이며 8~9월에 황갈색으로 익는다. 외과피의 표면은 세로로 골이 지며 짧은 털이 밀생한다.
● **참고**
3출엽인 점이 가장 두드러지는 특징이다. 국내에서는 매우 드물지만, 일본에서는 낙엽수림지대에 넓게 분포한다. 숲속에 자라기도 하지만 주로 바위지대나 전석지대, 능선부와 같이 햇볕이 잘 드는 곳에 자란다. 적색의 가을단풍이 대단히 아름답다.

❶암꽃차례 ❷수꽃차례(ⓒ주경숙) ❸미성숙한 열매 ❹잎은 3출엽이며 좌우비대칭이다. 표면은 광택이 난다. ❺겨울눈. 인편 없이 드러나 있으며 겉에 갈색 털이 밀생한다. ❻노목의 수피는 껍질이 얇게 벗겨진다. ❼황갈색의 핵은 지름 4~5mm다. 표면에 굴곡이 많다.
✽식별 포인트 수형/잎

2011. 5. 14. 전남 여수시 광도

2009. 6. 26. 전남 목포시 유달산

소태나무
Picrasma quassioides (D. Don) Benn.

소태나무과 SIMAROUBACEAE DC.

●분포
중국, 일본, 네팔, 타이완, 부탄, 스리랑카, 인도, 한국
❖국내분포/자생지 전국의 산지

●형태
수형 낙엽 교목이며 높이 10~15m, 지름 40cm까지 자란다.

겨울눈 겨울눈(頂芽)은 길이 6~8mm의 난형이며, 인편 없이 드러나 있고 겉에는 부드러운 갈색 털이 밀생한다.

잎 어긋나며 9~13개의 작은잎으로 구성된 우상복엽이다. 작은잎은 길이 4~8cm의 난상 타원형-장타원형이다. 끝은 꼬리처럼 길게 뾰족하고 밑부분은 좌우비대칭의 넓은 쐐기형이며, 가장자리에는 얕은 톱니가 있다.

꽃 암수딴그루이며, 5~6월에 새가지의 잎겨드랑이에서 나온 취산꽃차례에 녹황색의 꽃이 모여 달린다. 꽃차례는 길이 5~10cm이고 황갈색의 털이 밀생한다. 수꽃차례는 암꽃차례보다 크고 꽃도 풍성하게 달린다. 꽃잎은 4~5개이며 길이 2~3mm의 삼각상 난형이다. 수꽃은 자방이 퇴화되어 있으며, 수술은 4~5개이고 기부에 털이 밀생한다. 암꽃은 4~5개의 짧고 빈약한 수술이 있으며, 심피가 4~5갈래로 갈라지고 암술대 끝은 4갈래로 갈라진다.

열매 열매(核果)는 지름 6mm가량의 광타원형으로 표면이 매끈하며, 9~10월에 흑록색-흑자색으로 익는다.

●참고
수피, 가지, 잎 등에서 매우 쓴맛이 난다. 국명은 '소태처럼 쓴맛이 나는 나무'라는 뜻이다.

❶암꽃차례 ❷수꽃차례 ❸열매 ❹작은잎은 밑부분이 좌우비대칭이다. ❺겨울눈은 인편 없이 나출되어 있고 겉에 부드러운 갈색 털이 밀생한다. ❻수피. 적갈색을 띠고 세로로 갈라진다. ❼핵. 지름 5~6mm의 광타원형이며 겉에 적갈색 무늬가 있다.
✱식별 포인트 잎/수피/겨울눈/열매

가죽나무
(가중나무)

Ailanthus altissima (Mill.)
Swingle

소태나무과 SIMAROUBACEAE DC.

● **분포**

중국(남부와 북부 일부를 제외한 전 지역) 원산

❖ **국내분포/자생지** 전국의 도로변, 철도변 및 민가 인근에 야생화되어 자람

● **형태**

수형 낙엽 교목이며 높이 25m, 지름 1m까지 자란다.

겨울눈 길이 3~6mm의 편구형이며 2~3개의 인편으로 싸여 있다.

잎 어긋나며 13~27개의 작은잎으로 이루어진 우상복엽이다. 작은잎은 길이 8~10cm의 난상 피침형이며, 끝은 꼬리처럼 길게 뾰족하고 밑부분은 좌우비대칭이다. 뒷면은 회녹색이며 맥 위에 짧은 털이 밀생한다.

꽃 암수딴그루이며, 5~6월에 가지 끝에서 나온 길이 10~20cm의 원추꽃차례에 녹백색의 꽃이 모여 달린다. 꽃받침열편과 꽃잎은 각각 5개다. 꽃잎은 길이 3mm 정도의 장타원형인데, 아랫부분은 안으로 약간 말리고 백색 털이 밀생한다. 수꽃은 수술이 10개로 꽃잎보다 길며, 수술대 중간 이하에 긴 털이 밀생한다. 암꽃은 수술이 꽃잎보다 약간 짧으며, 5개의 심피 끝에서 나온 암술대는 윗부분에서 합착되어 있다.

열매/종자 열매(翅果)는 길이 3~4.5cm의 좁은 타원형이며 9~10월에 황갈색-황적색으로 익는다. 중앙부에 지름 5mm 정도의 납작한 삼각상 난형-원형의 종자가 들어 있다.

● **참고**

작은잎의 기부에 1~2쌍의 선점이 있는 것이 특징이며, 잎을 문지르면 다소 역한 냄새가 난다. 충청과 경상의 일부 지방에서 멀구슬나무과의 참죽나무를 '가죽나무'라고 부르는 경우가 있어 명칭상의 혼란을 유발하기도 한다.

❶암꽃차례 ❷암꽃의 암술은 5개의 심피로 분리되어 있다. ❸수꽃차례 ❹수꽃은 수술이 길고 수술대의 ½ 이하에 긴 털이 밀생한다. ❺겨울눈. 하트 모양의 큼직한 엽흔 바로 위에 달린다. ❻❼수피의 변화. 어린나무(❻)와 노목(❼). 오래되면 세로로 갈라진다.

2001. 5. 20. 대구시 금호강

❽가죽나무의 시과 ❾❿우상복엽은 홀수다. 잎의 기부에는 둔한 톱니가 1~2쌍 있고, 그 끝에 돌기 같은 선점이 있다.(화살표) ⓫가 죽나무 가로수. 이제는 볼 수 없는 모습이다. (2004. 6. 서울시 경복궁) ⓬종자

✽식별 포인트 잎(선점)/열매/수피/겨울눈

멀구슬나무

Melia azedarach L.

멀구슬나무과 MELIACEAE Juss.

2005. 5. 23. 전남 해남군

● **분포**

중국, 네팔, 동남아, 타이완, 오스트레일리아(북부), 인도, 태평양 도서, 파푸아뉴기니, 말레이반도 원산

❖ **국내분포/자생지** 전남, 경남 및 제주의 민가 주변에 야생화되어 자람

● **형태**

수형 낙엽 교목이며 높이 10m까지 자란다.

겨울눈 둥글며, 인편은 갈색이고 연한 갈색의 성상모가 밀생한다.

잎 어긋나며 길이 20~50cm의 2~3회 우상복엽이다. 작은잎은 길이 3~7cm의 피침형-난형이다. 끝은 길게 뾰족하고 밑부분은 좌우비대칭이고 넓은 쐐기형이며, 가장자리에는 결각 또는 둔한 톱니가 있다.

꽃 5~6월에 길이 10~15cm의 원추상 꽃차례에 연한 자주색의 양성화가 모여 달린다. 꽃받침열편은 5~6개이며, 길이 2mm가량의 난상 타원형이고 바깥면에 털이 있다. 꽃잎은 길이 9~13mm의 장타원형-주걱상 도피침형이다. 수술은 10개가 합착되어 길이 7~8mm의 자주색 수술통(staminal tube)을 이룬다. 수술통의 바깥쪽 면은 세로줄이 있으며 안쪽 면은 백색의 긴 털이 밀생한다. 암술은 수술통보다 짧으며, 암술대는 원추상이고 암술머리가 얕게 5갈래로 갈라진다.

열매 열매(核果)는 길이 1.5~2cm의 타원형이며 10~12월에 황색-황갈색으로 익는다.

● **참고**

분포역의 경계에 있는 한국이나 일본의 경우에는 자생종인지 도입종인지가 명확하지 않다. 전라도에서는 '고랭댕나무', '고롱골나무' 등의 이름으로 부르고, 제주에서는 '멀구실낭'이라고 한다.

❶❷꽃. 수술이 합착되어 통처럼 되는 점이 독특하다. ❸미성숙한 열매 ❹잎은 2~3회 우상복엽이다(사진은 작은잎 일부).

572

⑤황색의 성숙한 열매는 겨울이 지나도록 떨어지지 않는다. ⑥⑦겨울눈. 구형이며 갈색 성상모로 덮여 있다. ⑧어린나무의 수피. 암녹색이고 매끈하며 피목이 발달한다. ⑨노목의 수피는 세로로 불규칙하게 갈라진다. ⑩단풍철의 수형. 잎이 노란색으로 물든다. ⑪과피를 제거한 핵. 길이 1~2cm의 장타원형이며 세로로 골이 진다. ⑫핵 속에는 선상 장타원형의 적갈색 종자가 몇 개씩 들어 있다.
✽식별 포인트 잎/열매/겨울눈/꽃(개화기)

참죽나무
(참중나무)

Toona sinensis (A. Juss.) M.
Roem.
(*Cedrela sinensis* A. Juss.)

멀구슬나무과 MELIACEAE Juss.

● **분포**
중국(산둥반도 이남), 동남아시아, 네
팔, 부탄, 인도 원산
❖ **국내분포/자생지** 전국의 민가 주변
에 식재
● **형태**
수형 낙엽 교목이며 높이 20m까지 자
란다.
잎 어긋나며 10~22개의 작은잎으로
이루어진 우상복엽이다. 작은잎은 길
이 8~15cm의 피침형-장타원형이며,
끝이 길게 뾰족하고 가장자리에는 얕
은 톱니가 성글게 있거나 밋밋하다. 뒷
면은 맥 위와 맥겨드랑이에 갈색 털이
있다.
꽃 암수한그루이며, 6월에 40(~100)
cm의 원추꽃차례에 백색의 꽃이 모여
달린다. 꽃은 길이 3.5~4.5mm이며, 꽃
받침열편과 꽃잎은 각각 5개다. 꽃잎
은 길이 2.8~4.2mm의 삼각상 난형이
며 꽃받침열편보다 길다. 실 모양의 헛
수술은 (1~)5개다. 수꽃의 수술대는
길이가 1.3~1.8mm(암꽃의 수술대는 길
이 1~1.5mm)다. 암꽃의 화반은 황색이
며, 자방은 지름 1.6~2.3mm이고 털이
없다. 암술대는 길이 0.5~0.8mm(수꽃
의 암술대는 1.1~1.5mm)다.
열매 열매(蒴果)는 길이 1.5~3cm의 도
란상 원형이며 5갈래로 갈라진다. 10
~11월에 익는다.

2008. 6. 14. 강원 인제군

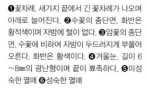

❶꽃차례. 새가지 끝에서 긴 꽃차례가 나오며
아래로 늘어진다. ❷수꽃의 종단면. 화반은
황적색이며 자방에 털이 없다. ❸암꽃의 종단
면. 수꽃에 비하여 자방이 두드러지게 부풀어
오른다. 화반은 황색이다. ❹겨울눈. 길이 6
~8mm의 광난형이며 끝이 뾰족하다. ❺미성
숙한 열매 ❻성숙한 열매

●참고

멀구슬나무과 식물 중에서 내한성이
가장 강한 수종으로, 유럽(북부)의 여
러 나라에서 가로수 및 공원수로 식재
하고 있다. 참죽나무 새순은 장아찌를
담그는 식재료로 이용하는데, 경상도
에서는 이를 '가죽장아찌'라고 부른다.
이로 인해 소태나무과의 가죽나무와
혼동을 일으키기도 한다.

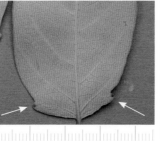

❼수형. 곧고 훤칠하게 자란다. 목재는 조각
재나 가구재로 사용한다. ❽❾수피. 세로로
불규칙하게 벗겨진다. ❿종자. 장타원형이며
한쪽 면 전체에 날개가 있다. ⓫우상복엽. 작
은잎은 짝수다. 가죽나무와 달리 작은잎 아래
에 돌기 같은 선점이 없다. 봄에 나는 새잎은
식용 가능하다. 참죽나무의 새잎으로 담근 장
아찌를 일부 지역에서는 가죽장아찌라고 부
르는 탓에 혼동을 초래하기도 한다. ⓬잎 뒷
면 ⓭가죽나무의 잎 뒷면. 기부에 돌기 같은
선점이 있다(화살표).
✿식별 포인트 수피/수형/열매/겨울눈

왕초피

Zanthoxylum simulans Hance
(*Zanthoxylum coreanum* Nakai)

운향과 RUTACEAE Juss.

2002. 5. 17. 제주

● **분포**
중국(중남부), 타이완, 한국
❖ **국내분포/자생지** 제주 낮은 지대의
숲 가장자리

● **형태**
수형 낙엽 관목이며 높이 2~4m로 자란다.

수피 회색-황회색이고 표면에 가시가
많으며, 오래되면 울퉁불퉁한 코르크
층이 발달한다.

잎 어긋나며 7~13개의 작은잎으로 이
루어진 우상복엽이다. 작은잎은 길이
2.5~5cm의 장난형-난형이다. 끝은 뾰
족하고 밑부분은 좌우비대칭의 쐐기
형-넓은 쐐기형이며, 가장자리에는 물
결 모양의 둔한 톱니와 더불어 투명한
선점이 있다. 엽축에는 잎 모양의 좁은
날개가 있으며 흔히 짧은 가시가 있다.

꽃 암수딴그루이며, 4~5월 새가지 끝
에서 나온 길이 4~8cm의 원추꽃차례
에 연한 황록색의 꽃이 모여 달린다.
꽃받침열편은 5~8개로, 길이 1~2mm
의 피침형-삼각형이다. 수꽃은 수술이
5~8개이며 암술은 퇴화되어 있다. 암
꽃의 암술은 3~5개의 심피가 2(~3)
갈래로 갈라져 있고, 암술대는 자방보
다 약간 짧다.

열매/종자 열매(蒴果)는 2개의 분과
(分果)로 갈라지며 9~10월에 적갈색-
적색으로 익는다. 분과는 지름 4~5mm
의 구형이며, 표면에 선점이 있다. 종
자는 길이 3~4mm의 타원상 구형이며
광택이 나는 흑색을 띤다.

● **참고**
초피나무와 유사하지만, 왕초피는 작
은잎의 수가 더 적고 크기는 오히려 크
며(길이 2.5cm 이상), 잎에서 향기가 나
지 않는 점이 다르다.

❶암꽃차례 ❷수꽃차례 ❸열매 ❹잎의 표면
에는 억센 가시 같은 털이 있고 엽축에는 날
개가 생긴다. ❺겨울눈. 모양이 둥글고 인편
없이 드러나 있으며 황갈색의 누운털로 덮여
있다. ❻수피. 오래된 수피는 가시의 끝이 뭉
뚝해져 돌기처럼 된다. ❼종자
✽식별 포인트 잎/수피

2009. 7. 11. 경남 산청군

❶암꽃차례 ❷수꽃차례. 암·수꽃 모두 꽃잎이 없다. ❸열매. 잎과 함께 향신료로 이용한다. ❹잎 가장자리에는 물결 모양의 톱니가 있다. 잎은 비비면 강한 향기가 난다. ❺겨울눈 ❻수피 ❼종자
✿식별 포인트 잎/가시(마주나기)

초피나무
Zanthoxylum piperitum (L.) DC.

운향과 RUTACEAE Juss.

●**분포**
일본, 한국

❖**국내분포/자생지** 황해도 이남의 낮은 산지 숲 가장자리, 건조한 풀밭 및 너덜지대 주변

●**형태**
수형 낙엽 관목이며 높이 1~5m, 지름 15cm까지 자란다.

수피/겨울눈 수피는 회갈색이고 가시와 더불어 피목이 흩어져 있으며, 오래되면 가시가 떨어지고 울퉁불퉁한 코르크질의 돌기가 발달한다. 겨울눈은 길이 1.5~3mm의 구형이며, 겉에 드러나 있고 황갈색의 누운털이 밀생한다. 잎 어긋나며 9~19개의 작은잎으로 이루어진 우상복엽이다. 작은잎은 길이 1~3.5cm의 넓은 피침형-난형이며, 가장자리에 물결 모양의 톱니와 더불어 선점이 있다. 엽축에는 잎 모양의 좁은 날개가 있으며 흔히 짧은 가시가 있다. 꽃 암수딴그루이며, 4~5월에 새가지 끝에서 나온 길이 2~5cm의 원추꽃차례에 연한 황록색의 꽃이 모여 달린다. 꽃에는 꽃잎이 없다. 수꽃의 수술은 4~8개이고 꽃받침열편보다 길며, 암꽃의 암술은 2(~3)개의 심피로 갈라진다.

열매/종자 열매(蒴果)는 2개의 분과로 갈라지며, 9~10월에 적갈색-적색으로 익는다. 분과는 지름 5mm 정도의 구형이며 표면에 선점이 있다. 종자는 길이 3~4mm의 타원상 구형이며 광택이 나는 흑색을 띤다.

●**참고**
산초나무에 비해 가지의 가시가 마주나고 꽃이 원추꽃차례에 달리며, 꽃잎이 없는 점이 특징이다. 지방에 따라 '진피', '제피'라는 이름을 쓰기도 한다.

577

개산초

Zanthoxylum armatum DC.
[*Zanthoxylum armatum* DC. var.
subtrifoliatum (Franch.) Kitam.;
Z. planispinum Siebold & Zucc.]

운향과 RUTACEAE Juss.

●**분포**
중국(산둥반도 이남), 일본(혼슈 이남),
타이완(북부), 동남아시아, 부탄, 인도,
한국
❖**국내분포/자생지** 경남, 전남과 전북
이남 및 강원(삼척시), 경북(울진군)의
해안 가까운 산지
●**형태**
수형 상록 관목이며 높이 1~5m까지
자란다.
어린가지 잎자루 아래에 길이 6~15mm
의 가시가 마주난다.
잎 어긋나며 3~7개의 작은잎으로 이
루어진 우상복엽이다. 작은잎은 길이
3~12cm의 장타원형-넓은 피침형이
며, 끝이 뾰족하고 가장자리에는 얕은
잔톱니가 있다.
꽃 암수딴그루이며, 4~5월에 짧은가
지 또는 잎겨드랑이에서 나온 길이 1
~6cm의 원추꽃차례에 황록색의 꽃이
모여 달린다. 꽃받침열편은 8개이고
길이 0.3~1.5mm로 작다. 암꽃의 암술
은 2(~3)개의 심피로 갈라지며 밑부
분이 합착되어 있다.
열매/종자 열매(蒴果)는 2개의 분과로
갈라지며 8~9월에 적갈색-적색으로
익는다. 분과는 지름 3.5~4.5mm의 구
형이다. 종자는 길이 3~3.5mm의 타원
상 구형이며 광택이 나는 흑색을 띤다.
●**참고**
산초나무에 비해 잎이 상록성이며 소
엽이 3~7개이고, 잎자루와 엽축에 날
개가 있는 점이 특징이다. 일본에 자생
하는 개산초는 모두 암그루이고 수그
루는 보이지 않는 것으로 알려져 있는
데, 국내에서도 수그루는 찾아보기 어
렵다.

❶암꽃차례. 암수딴그루라고 하지만 수그루
는 보이지 않는다. ❷열매. 잘 익은 열매는
껍질에서 달콤하면서도 상큼한 향기가 강하
게 난다. ❸잎의 엽축에 날개가 있고 흔히 엽
축 위에도 가시가 난다. ❹구형의 겨울눈은
인편 없이 드러나 있다. ❺수피. 회색-짙은
회색이다. ❻종자 ❼수형
✻식별 포인트 잎

2002. 4. 25. 전남 목포시 유달산

2010. 7. 30. 충북 제천시 월악산

산초나무
Zanthoxylum schinifolium
Siebold & Zucc.

운향과 RUTACEAE Juss.

●**분포**
중국(중북부), 일본(남부 일부), 한국
❖**국내분포/자생지** 전국의 산지
●**형태**
수형 낙엽 관목이며 높이 1~3m까지
자란다.
수피/겨울눈 수피는 회갈색-갈색이며
세로로 얕게 갈라지며 밑부분에 코르
크질의 크고 작은 가시가 드문드문 있
다. 겨울눈은 길이 1~2mm로 작고 끝이
둥글다.
잎 어긋나며 7~19개의 작은잎으로 이
루어진 우상복엽이다. 작은잎은 길이
5~15mm의 피침형-광난형이며, 가장
자리에는 얕은 톱니가 있다. 엽축에는
잎 모양의 좁은 날개가 있으며 흔히 짧
은 가시가 있다.
꽃 암수딴그루(간혹 수그루에 소수의
암꽃이 혼생, subandroecious)이며, 7
~8월에 새가지 끝의 산방꽃차례에 황
록색의 꽃이 모여 달린다. 5개의 꽃잎
은 길이 2mm 정도의 장타원형이다. 수
꽃은 수술이 5개이고 퇴화된 암술이
있다. 암꽃은 수술이 퇴화되어 있으며
암술은 3~5개의 심피로 갈라진다. 암
술머리는 원반형이다.
열매/종자 열매(蒴果)는 2~3개의 분
과로 갈라지며 10~11월에 적갈색-적
색으로 익는다. 종자는 길이 3~4mm의
타원상 구형이며 광택이 나는 흑색을
띤다.
●**참고**
초피나무에 비해 가지의 가시가 어긋나
게 나고 꽃이 산방꽃차례에 달리며, 길
이 2mm 정도의 꽃잎이 있는 점이 다르
다. 개화 말기에는 수꽃차례에도 소수
의 암꽃이 피고 결실을 하는 경우
(subandroecy)가 있기 때문에 이를 암
그루로 오인하기 쉽다.

❶암꽃차례 ❷수꽃차례 ❸열매 ❹잎 ❺겨울
눈(©최동기) ❻수피 ❼종자. 종자를 압착하
여 얻는 기름은 민간 상비약 또는 고급 식재
료로 이용한다.
❖**식별 포인트** 잎/가시(어긋나기)

머귀나무

Zanthoxylum ailanthoides
Siebold & Zucc.

운향과 RUTACEAE Juss.

● **분포**

중국(중남부), 일본(혼슈 이남), 타이완, 필리핀, 한국

❖ **국내분포/자생지** 경북(울릉도), 경남, 전남, 전북 및 제주의 바다 가까운 산지

● **형태**

수형 낙엽 교목이며 높이 15m까지 자라고 수관 윗부분이 납작해진다.

수피 회갈색이며 큰 가시와 사마귀 같은 돌기가 있다.

잎 잎은 우상복엽으로 어긋나며 가지 끝에 모여 달린다. 작은잎은 길이 3~8cm의 장타원형-피침형이다. 끝은 꼬리처럼 길게 뾰족하고, 가장자리에는 얕고 둔한 톱니가 있다.

꽃 암수딴그루이며, 8~9월에 새가지 끝에서 나온 길이 13~20cm의 산방꽃차례에 황백색의 꽃이 모여 달린다. 꽃받침열편과 꽃잎은 각각 5개다. 꽃받침열편은 길이 0.8mm 정도의 넓은 삼각형이며, 꽃잎은 길이 2.5mm 정도의 장타원형이다. 수꽃의 수술은 5개이고 꽃잎보다 약간 길며, 암술은 퇴화되어 있다. 암꽃의 암술은 3(~4)개의 심피로 갈라져 있다. 암술대는 짧고 암술머리는 원반형이다.

열매 열매(蒴果)는 3개의 분과로 분리되며 11~12월에 황갈색으로 익는다. 분과는 지름 3~5mm의 약간 납작한 구형이다.

2007. 8. 15. 경남 거제도

❶암꽃차례 ❷수꽃차례 ❸열매. 표면에 회갈색의 선점이 밀생한다. ❹❺잎. 끝이 꼬리처럼 길쭉해지고 기부가 좌우비대칭이다. 뒷면 전체에 선점이 있다(사진 속의 백색 반점).

●참고

잎과 작은잎이 왜소한 타입을 좀머귀나무[Z. *fauriei* (Nakai) Ohwi]라고 하는데, 머귀나무와 산초나무의 자연교잡종으로 추정하고 있다. 좀머귀나무의 국내 자생지에 대한 정보는 명확하지 않다.

❻수형. 수관의 윗부분이 납작하다. ❼겨울눈. 길이 4~8mm의 반구형-구형이며 인편에 털이 없다. ❽❾수피의 변화. 오래되면 가시가 돌기처럼 변한다. ❿종자. 길이 3~4mm의 구형이며 흑색이고 광택이 있다.
＊식별 포인트 잎/수피/수형

황벽나무
Phellodendron amurense
Rupr.

운향과 RUTACEAE Juss.

●**분포**
중국(동부-북부), 일본, 러시아(동부),
한국

✣**국내분포/자생지** 전남을 제외한 전
국의 산지

●**형태**
수형 낙엽 교목이며 높이 10~20(~
30)m, 지름 1m까지 자란다.

겨울눈 길이 2~4mm의 반구형이며, 잎
자루 속에 숨어 있어 가을에 잎이 떨어
진 다음에야 볼 수 있다.

잎 마주나며 7~13개의 작은잎으로 이
루어진 우상복엽이고 길이는 20~40
cm다. 작은잎은 길이 5~10cm의 난상
타원형이며, 끝이 꼬리처럼 길게 뾰족
하고 가장자리에는 밋밋하거나 얕게
둔한 톱니가 있다. 뒷면은 연한 녹색이
고 주맥의 기부에는 백색의 긴 털이 밀
생한다.

꽃 암수딴그루이며, 6~7월에 새가지
끝에서 나온 원추꽃차례에 황록색의
꽃이 모여 달린다. 꽃잎과 꽃받침열편
은 각각 5개다. 꽃잎은 길이 4mm 정도
의 장타원형이고 꽃이 필 때 옆으로 벌
어지지 않으며, 안쪽 면에는 털이 있
다. 수꽃에는 꽃잎보다 긴 수술이 5개
있으며 암술은 퇴화되어 있다. 암꽃의
자방은 녹색으로 털이 없으며, 암술대
는 짧고 암술머리는 원반형이다.

열매 열매(核果)는 지름 1cm 정도의 구
형이며 11~12월에 흑색으로 익는다.

2008. 6. 28. 경기 연천군 고대산

❶❷암꽃차례 ❸❹수꽃차례 ❺미성숙한 열
매. 결실기에는 흑색으로 익는다.

● 참고

국명은 수피의 내피가 황색이라는 의미
이며 '황경피나무'라고 부르기도 한다.
황색의 내피는 베르베린(berberine)이
라는 물질을 함유하고 있어 약용한다.
내피를 한약재로 쓸 때 황백(黃柏)이라
고 부른다.

❻신엽의 전개(5월) ❼❽잎 앞면과 뒷면. 뒷
면 기부에 백색 털이 밀생한다. ❾❿수피는
연한 코르크층이 발달한다. 황색의 내피는
약용한다. ⓫겨울눈. 반구형이며 잎자루 속
에 숨어 있다가 잎이 떨어진 다음에야 모습
을 드러낸다. ⓬핵. 길이 5~6㎜의 타원형이
며 표면에 미세한 돌기가 있다. 열매 1개에 5
~6개씩 들어 있다. ⓭수형
✻식별 포인트 수피/잎/겨울눈

쉬나무

Tetradium daniellii (Benn.) T. G. Hartley
[*Euodia daniellii* (Benn.) Hemsl.]

운향과 RUTACEAE Juss.

● **분포**

중국, 한국

❖ **국내분포/자생지** 전국의 해발고도
가 낮은 건조한 산지 및 민가 주변

● **형태**

수형 낙엽 소교목 또는 교목이며 높이
7(~20)m까지 자란다.

수피/겨울눈 수피는 회색-짙은 회색
이고 매끈하며, 작은 피목이 발달한다.
겨울눈은 길이 6~8mm의 난형이며, 인
편 없이 드러나 있고 겉에 회갈색 털이
밀생한다.

잎 마주나며 7~11개의 작은잎으로 구
성된 우상복엽으로서 길이는 15~30
cm다. 작은잎은 길이 5~12cm의 피침
형-광난형이며, 끝이 꼬리처럼 뾰족하
고 가장자리는 밋밋하거나 자잘한 톱
니가 생기기도 한다.

꽃 암수딴그루이지만 종종 암그루의 꽃
차례에 소수의 수꽃이 섞여 피거나 수
그루의 꽃차례에 소수의 암꽃이 섞여
피는 현상을 보인다(polygamodioe-
cious). 7~8월에 새가지 끝에서 나온
산방꽃차례에 백색의 꽃이 모여 달린
다. 꽃잎과 꽃받침열편은 각각 4~5개
이며 꽃잎은 옆으로 벌어지지 않는다.
수꽃은 안쪽 면에 털이 많으며 암꽃의
자방과 주두는 5갈래로 골이 진다.

열매/종자 열매(蒴果)는 4~5개의 분
과로 이루어지며 9~10월에 익는다. 분
과는 지름 5~11mm의 구형-피라미드형
이다. 종자는 길이 2~4mm의 타원형-
난형이며, 광택이 있는 흑색을 띤다.

● **참고** 영어명(bee-bee tree)에서 미
루어 짐작할 수 있듯이 세계적으로 인
정받는 밀원식물이다.

2002. 8. 3. 경북 칠곡군 팔공산

❶암꽃차례 ❷수꽃차례 ❸열매 ❹❺복엽과
잎 뒷면. 잎 뒷면은 회녹색이 돌고 주맥을 따
라 맥겨드랑이에 백색 털이 있다. ❻겨울눈 ❼
수피 ❽종자

✻식별 포인트 잎/수피/겨울눈/꽃(개화기)

2009. 4. 12. 제주

탱자나무
Citrus trifoliata L.
(*Poncirus trifoliata* (L.) Raf.)

운향과 RUTACEAE Juss.

● **분포**
중국(중남부) 원산
❖ **국내분포/자생지** 민가, 경작지 주변
에 울타리용으로 식재
● **형태**
수형 낙엽 관목이며 높이 1~8m로 자
란다.
어린가지/겨울눈 어린가지는 녹색이
고 다소 납작하며 길이 1~4cm의 가시
가 있다. 겨울눈은 길이 2~3mm의 반
구형인데, 가시의 하단에 생긴다.
잎 3출엽으로 어긋나며, 잎자루에는
잎 모양의 좁은 날개가 있다. 작은잎은
길이 2~5cm의 장타원형-도란형이다.
끝은 둔하고 밑부분은 쐐기형이며, 가
장자리가 밋밋하다. 어린잎은 뒷면 주
맥 위에 짧은 털이 있으나 차츰 없어
진다.
꽃 4~5월 잎이 나기 전에 백색의 양
성화가 핀다. 꽃은 지름 3~5(~8)cm
이고 향기가 있다. 꽃잎은 길이 1.5~3
cm의 도란형이며 꽃잎 사이가 서로 떨
어져 있다. 꽃받침열편은 5~7개다.
수술은 보통 20개 정도이며 길이가 제
각각이다. 자방에는 털이 밀생하며, 암
술대가 짧고 암술머리는 곤봉상이다.
열매/종자 열매(柑果)는 지름 3~5cm
의 구형이며 9~10월에 황색으로 익는
다. 종자는 길이 1~1.2cm의 난형이며,
광택이 나고 황백색을 띤다.
● **참고**
*Citrus*속 식물 중에서 내한성이 가장
강한 편인데, 강화도가 탱자나무 생육
범위의 북한계선으로 알려져 있다. 강
화도에는 천연기념물 제78호(갑곶리)
와 제79호(사기리)로 지정된 탱자나무
가 있다.

❶꽃 ❷열매 ❸잎은 3출엽이고 엽축에는 날
개가 있다. 종소명도 잎이 3개라는 뜻이다.
❹겨울눈 ❺노목의 수피 ❻종자 ❼탱자나무
노거수(경북 포항시 보경사 경내). 2005년
태풍으로 훼손되어 이제는 볼 수 없는 모습
이다.
✽식별 포인트 잎/열매

귤나무
(감귤)

Citrus reticulata Blanco
[*Citrus unshiu* Marcov.]

운향과 RUTACEAE Juss.

● **분포**
타이완, 중국(남부), 일본(류큐제도)
원산

❖ **국내분포/자생지** 주로 제주에서 과
실수로 재배

● **형태**
수형 상록 관목으로 높이 3~5m로 자
란다.
잎 어긋나며 길이 5~8cm의 장타원형-
난상 타원형이다. 잎자루에는 잎 모양
의 날개가 있다.
꽃 수꽃양성화한그루(웅성양성동주)
다. 5~6월에 잎겨드랑이에서 백색의
꽃이 1~3개씩 모여난다. 꽃받침은 불
규칙하게 3~5갈래로 갈라지며 꽃잎
은 길이 1.5cm 정도의 장타원형이다.
수술은 20~25개이며, 암술대가 길고
암술머리는 곤봉상으로 부풀어 있다.
열매/종자 열매(柑果)는 지름 4~8cm
의 편구형이며 11~12월에 연한 황색
으로 익는다. 종자는 보통 난형이고 끝
이 뾰족하다.

● **참고**
중국 남부 지역인 저장성의 원저우(溫
州, 온주)에서 처음 재배해 온주밀감
(溫州蜜柑)이라고도 한다. 귤나무와
매우 유사한 야생종으로서 열매가 지
름 2~3cm로 작고 종자가 많은 식물을
홍귤나무[*C. tachibana* (Makino) Yu.
Tanaka]라고 하며, 국내에서는 유일
하게 제주 연안의 섬섬에 자생하고 있
다. 유자나무(*Citrus* x *junos* Siebold
ex Tanaka)는 중국(중남부) 원산이며
우리나라에서는 주로 제주 및 남해 지
역(고흥군, 남해군, 완도군 등)에서 재
배한다. 4~5월에 백색의 꽃이 피며,
열매(柑果)는 지름 4~10cm의 편구형
이고 10~11월에 연한 황색으로 익는
다. *C. cavalieriei*와 *C. reticulata* 사이
의 교잡종이다.

❶양성화 ❷홍귤나무 ❸-❺유자나무 ❸수형
❹열매 ❺잎. 잎자루에 넓은 날개가 있고 잎
과 잎자루의 경계에는 관절이 있다.

2001. 11. 24. 제주

586

2004. 6. 7. 전북 고창군 선운산

상산
Orixa japonica Thunb.

운향과 RUTACEAE Juss.

●**분포**
중국(남부), 일본(혼슈 이남), 한국
❖**국내분포/자생지** 경기(주로 해안),
충남, 경남, 전남, 전북 및 제주의 산지
●**형태**
수형 낙엽 관목이며 높이 1~5m로 자
란다.
잎 2장씩 어긋나며 길이 5~12cm의 도
란상 타원형-마름모꼴 난형이다. 끝은
짧게 뾰족하고 밑부분은 쐐기형이며,
가장자리는 밋밋하거나 미세한 톱니
가 있다.
꽃 암수딴그루이며, 4~5월에 2년지에
연한 황록색의 꽃이 달린다. 수꽃은 길
이 2.5~5cm의 총상꽃차례에 10개 정
도 모여 달리며, 길이 1~2cm의 암꽃은
꽃차례에 1~2개씩 달린다. 꽃의 지름
은 7~10mm이며, 4개의 장타원형 꽃잎
이 있다. 수꽃의 수술은 4개다. 암꽃은
자방이 녹색이고 4개의 심피로 갈라지
며, 암술머리도 4갈래로 갈라진다.
열매/종자 열매(蒴果)는 3~4개의 분
과로 갈라지며 10~11월에 황갈색으로
익는다. 분과는 길이 8~10mm의 일그
러진 타원형이다. 종자는 길이 4~5mm
의 난형-구형이며, 광택이 나는 흑갈
색을 띤다.
●**참고**
잎은 단엽이며 특이하게 가지 좌우로
2장씩 번갈아 어긋나기를 한다. 국명
은 중국명(臭常山, 취상산)에서 유래
했는데, 실제로 잎과 줄기에서 자극적
인 강한 냄새가 난다. 일본명(小臭木)
역시 '냄새가 나는 작은 나무'라는 의
미다.

❶수꽃차례. 암그루보다 꽃이 풍성하게 달린
다. ❷암꽃에는 굵은 자루가 있다. ❸열매 ❹
겨울눈 ❺수피. 회색-회갈색이며 작은 피목
이 발달한다. ❻수형 ❼결실기가 되면 과피
의 수분이 마르면서 열매가 벌어지고, 안쪽에
있는 황백색의 매끈한 내과피가 용수철처럼
작용하여 속에 든 종자가 "탁" 하고 튀어 나
간다. 종자가 튀어 나간 뒤 갈색 과피는 다시
오므라든다.
❋식별 포인트 잎(2장씩 어긋남)/열매/향기

송악

Hedera rhombea (Miq.) Bean

두릅나무과 ARALIACEAE Juss.

2002. 4. 27. 전남 신안군 홍도

● **분포**
일본(혼슈 이남), 한국

❖ **국내분포/자생지** 충남, 경남, 경북
(울릉도), 전남, 전북 및 제주의 산지

● **형태**
수형 상록 덩굴성 목본이며 줄기에서
기근을 내어 바위나 나무를 타고 길이
10m 이상 자란다.

잎 어긋나며 길이 3~7cm의 마름모형-
마름모꼴 난형이다. 끝이 뾰족하고 밑
부분은 넓은 쐐기형-얕은 심장형이며,
가장자리가 밋밋하다. 어린가지의 잎
은 삼각형-오각형이며, 보통 얕게 3~
5갈래로 갈라진다. 엽질은 가죽질로,
표면은 광택이 있는 짙은 녹색이고 뒷
면은 연한 녹색이다. 어릴 때 성상모가
있으나 차츰 없어진다.

꽃 수꽃양성화한그루(웅성양성동주)
다. 9~11월에 가지 끝에서 나온 지름
2.5~3cm의 둥근 산형꽃차례에 황록
색의 양성화가 모여 달린다. 양성화는
수술기→암술기로 변해간다. 꽃은 지
름 1cm 정도이며, 꽃잎은 길이 3~4mm
의 장난형이고 뒤로 젖혀진다. 화반은
연녹색이며 수술은 5개다. 개화 말기
에는 수꽃차례의 수꽃이 핀다.

열매/종자 열매(核果)는 지름 8~10mm
의 구형이며, 이듬해 3~6월에 흑자색
으로 익는다. 열매 끝에는 화반과 암술
대의 흔적이 남는다. 핵은 지름 5mm 정
도의 편구형이며 표면에 희미한 무늬
가 있다.

● **참고**
남부지방에서는 소가 잘 먹는다 하여
'소밥나무'라고 부르며, 제주에서는
'소왁낭'이라고 부른다.

❶양성화(수술기). 암술기가 되면 꽃잎과 수
술이 떨어진다. ❷열매의 윗부분에는 화반과
암술대 흔적이 남는다. ❸잎. 꽃이 달리지 않
는 가지의 잎은 결각이 생기기도 한다. ❹노
목의 수피 ❺송악 노거수(전북 고창군 선운
사, 천연기념물 제367호) ❻핵

❈식별 포인트 수형/잎

2007. 10. 11. 전남 여수시

① ② ③ ④ ⑤ ⑥ ⑦

황칠나무
Dendropanax trifidus (Thunb.)
Makino ex H. Hara

두릅나무과 ARALIACEAE Juss.

●분포
일본(혼슈 이남), 타이완, 한국
❖**국내분포/자생지** 전남, 전북의 도서
지역 및 제주의 산지

●형태
수형 상록 소교목 또는 교목이며 보통
높이 3~8m까지 자란다.
잎 어긋나며 줄기 윗부분에서는 모여
달린다. 길이 7~12cm의 타원상 난형-
광난형이며, 끝이 뾰족하고 가장자리
가 밋밋하다. 엽질은 가죽질이고 양면
모두 털이 없고 엽맥이 돌출해 있다.
어린가지의 잎은 흔히 3~5갈래로 얕
게 또는 깊게 갈라진 포크 모양이다.
잎자루는 길이 3~13cm다.
꽃 수꽃양성화한그루(웅성양성동주)
다. 7~8월 가지 끝에서 나온 지름 1.5
~2cm의 산형꽃차례에 황록색의 꽃이
모여 달린다. 꽃차례는 1개 또는 3~5
개씩 달린다. 꽃잎은 길이 2~3mm의
삼각상 난형이며, 꽃받침은 작은 톱니
모양이고 5갈래로 갈라진다. 수술은 5
개이며 암술대는 4~5개가 합착되어
있다.
열매/종자 열매(核果)는 지름 6~8mm
의 구형이며 10~11월에 흑색으로 익는
데, 결실기에도 암술대의 흔적이 남는
다. 핵은 길이 6~7mm의 납작한 장타원
형이며 윗면에 3개의 능선이 있다.

●참고
줄기에서 나온 수액을 황칠(黃漆)이라
하여, 예로부터 황금색을 내는 염료,
도료로 사용했다.

❶꽃차례. 한 나무에 '양성화만 피는 꽃차례'
와 '양성화와 수꽃이 섞여 피는 꽃차례'가 함
께 있다. ❷열매 ❸잎. 가죽질의 잎은 결각의
변화가 심하다. 성목이 되면 결각이 없어진
다. ❹겨울눈은 삼각형이다. ❺수피. 표면은
매끄럽고 광택이 있으나 피목이 많이 생긴
다. ❻수형(일본 쓰시마섬) ❼핵. 표면에 골
이 진다.
❖**식별 포인트** 잎/열매

팔손이
Fatsia japonica (Thunb.)
Decne. & Planch.

두릅나무과 ARALIACEAE Juss.

2007. 11. 24. 전남 진도군

● **분포**
일본, 한국

❖**국내분포/자생지** 경남(비진도), 전남(광도) 및 제주에 드물게 자람

● **형태**
수형 상록 관목이며 높이 1~3m로 자란다.

잎 어긋나며 줄기 끝에는 모여 달린다. 잎은 길이 20~40㎝의 원형이며, 손 모양으로 깊게 7~9갈래로 갈라진다. 열편의 끝은 길게 뾰족하고 밑부분은 얕은 심장형이며, 가장자리에는 톱니가 있다. 표면에는 털이 없고 광택이 나며, 뒷면은 갈색의 부드러운 털이 엽맥 주변에 난다. 잎자루는 길이 10~30㎝다.

꽃 수꽃양성화한그루(웅성양성동주)다. 11~12월에 가지 끝에서 나온 구형의 산형꽃차례에 백색의 꽃이 모여 달린다. 산형꽃차례는 원추상으로 달리는데, 위쪽의 꽃차례에는 주로 양성화가 핀다. 꽃잎은 5개이며 길이 3~4mm의 난형이다. 수술은 5개이고 꽃밥은 백색이며, 암술대 역시 5개이고 길이가 1~1.5mm로 짧다. 양성화는 수술기가 지나면 꽃잎과 수술이 떨어진다(암술기). 개화 말기가 되면 수꽃차례의 수꽃이 핀다.

열매 열매(核果)는 지름 6~8mm의 구형이며 이듬해 4~5월에 흑색으로 익는다. 결실기에도 암술대의 흔적이 남는다.

● **참고**
국명은 8갈래로 갈라진 잎이 손 모양과 닮았다는 의미다. 팔손이 자생지의 북한계에 해당하는 경남 통영시 비진도의 자생지는 천연기념물 제63호로 지정되어 있다.

❶암술기(좌)와 수술기(우)의 양성화. 양성꽃차례보다 아래쪽에 크기가 작은 수꽃차례가 달린다. ❷열매. 익으면 열매차례가 아래쪽으로 늘어진다. ❸잎. 대형이며 7~9갈래로 갈라진다. ❹겨울눈. 난형이고 끝이 뾰족하다. ❺핵. 길이 5~7mm의 장타원형이다.
✽식별 포인트 잎

2015. 9. 29. 제주 서귀포시

통탈목
Tetrapanax papyrifer (Hook.) K. Koch

두릅나무과 ARALIACEAE Juss.

●분포
타이완 원산
❖국내분포/자생지 제주의 민가에서 재배하던 것이 퍼져서 인근 산지에서 야생

●형태
수형 상록 또는 낙엽 관목이며 높이 2~4m, 지름 9㎝까지 자란다.
잎 어긋나며 가지 끝에서는 모여 달린다. 지름 50~75㎝의 타원상 난형-원형이며 손 모양처럼 7~12갈래로 갈라진다. 열편 끝은 뾰족하고 밑부분은 심장형으로 깊게 들어가며, 가장자리에는 물결 모양의 얕은 톱니가 있다. 엽질은 두꺼운 가죽질이며, 뒷면에는 백색의 성상모가 밀생한다. 잎자루는 길이 20~50㎝까지 길어지고, 연한 갈색의 미세한 털이 밀생한다.
꽃 11~1월에 가지 끝에서 나온 취산상 꽃차례를 이루는 지름 1~2㎝인 다수의 산형꽃차례에 연한 황백색의 양성화가 모여 달린다. 꽃차례와 꽃자루에는 갈색의 부드러운 털이 밀생한다. 꽃잎과 수술은 각각 4개이며 수술이 꽃잎보다 길다. 암술대는 2개다.
열매 열매(核果)는 지름 4~5mm의 구형이며 2~3월에 짙은 흑자색으로 익는다.

●참고
국명은 중국명인 통탈목(通脫木)을 그대로 차용했으며, 줄기를 자르면 나오는 백색의 수(髓, pith)를 예로부터 한약재(通草)뿐만 아니라 장식 재료나 신발 깔창으로 사용해왔다(rice paper). 학명을 *Tetrapanax papyriferus*로 잘못 사용하는 경우가 빈번했다.

❶❷꽃 ❸열매. 끝에 2개의 암술대 흔적이 남는다. ❹수피. 연한 갈색이고 세로로 긴 홈이 생긴다. ❺줄기 속에 있는 백색의 수를 '통초'라 하여 한약재로 사용한다. ❻핵
✹식별 포인트 잎/수형

음나무

Kalopanax septemlobus
(Thunb.) Koidz.

두릅나무과 ARALIACEAE Juss.

● **분포**

중국(중북부), 일본, 러시아(동부), 한국

❖**국내분포/자생지** 전국의 산지

● **형태**

수형 낙엽 교목이며 높이 25m, 지름 1m까지 자란다.

잎 어긋나지만 가지 끝에서는 모여난다. 길이 10~30㎝의 원형이며, 보통 5~9갈래로 깊게 갈라진다. 열편의 끝은 길게 뾰족하고 밑부분은 얕은 심장형이며, 가장자리에는 잔톱니가 있다.

꽃 수꽃양성화한그루(웅성양성동주)다. 7~8월에 가지 끝에서 나온 산방상 취산꽃차례 속의 산형꽃차례에 백색의 꽃이 모여 달린다. 산방상 취산꽃차례의 중앙에 있는 산형꽃차례에 양성화가 피며, 그 주위의 산형꽃차례에는 수꽃이 핀다. 꽃잎은 5개이며 길이 2~3mm의 삼각상 난형이다. 수술은 5개이고 암술대는 끝이 2갈래로 갈라진다.

열매/종자 열매(核果)는 지름 4~5mm의 구형이며 9~11월에 흑색으로 익는다. 핵은 길이 3~4mm의 타원형-반원형이다.

● **참고**

집 안에 심으면 귀신(나쁜 기운)이 범접하지 못한다 하여 예로부터 마당에 심어 기르거나, 문설주에 억센 가시가 돋아난 음나무 가지를 걸기도 했다. 예전에는 잎이 깊게 갈라지고 열편의 폭이 좁은 나무를 가는잎음나무(var. *maximowiczii*), 잎 뒷면에 털이 밀생하는 나무를 털음나무(var. *magnificus*)로 구분하기도 했지만, 근래에는 모두 음나무로 통합하는 추세다.

❶꽃차례. 중앙에 양성꽃차례(사진은 암술기의 모습). 주위에 여러 개의 수꽃차례가 달린다. ❷열매 ❸잎. 결각의 깊이에는 정도의 차이가 있다. 어린잎은 가늘게 갈라진다. ❹❺수피의 변화. 어릴 때는 회백색이다가 크면 짙은 흑회색이 되면서 세로로 깊게 갈라진다. ❻겨울눈. 광택이 있는 붉은색 인편으로 덮여 있다. ❼핵 ❽수형

✽식별 포인트 잎/가시/수피

2007. 7. 20. 강원 태백시

2007. 6. 10. 강원 태백시

땃두릅나무

Oplopanax elatus (Nakai)
Nakai
(***Echinopanax elatus*** Nakai)

두릅나무과 ARALIACEAE Juss.

●**분포**
중국(백두산 일대), 러시아(동부), 한국
❖**국내분포/자생지** 지리산 이북 높은 산지의 숲속 및 능선부에 드물게 자람

●**형태**
수형 낙엽 관목이며 높이 1~3m로 자라고 가지는 거의 갈라지지 않는다.

줄기/겨울눈 줄기는 황갈색이고, 가늘고 길며 날카로운 가시가 밀생한다. 겨울눈은 가늘고 긴 가시가 감싸고 있으며, 가장자리에 뻣뻣한 긴 털이 있는 V자형의 대형 엽흔이 특징적이다.

잎 어긋나며 지름 15~30(~44)cm의 아원형 또는 원형이고 5~7갈래로 얕게 갈라진다. 양면에 억센 털이 밀생하며 맥 위에는 가시가 많다. 잎자루는 길이 3~10cm이며 가시가 밀생한다.

꽃 암꽃과 양성화가 한 나무에 섞여 피는 암꽃양성화한그루(gynomono-ecious)로 추정한다. 양성화는 수술기→암술기로 변해간다. 6월에 줄기 끝의 잎겨드랑이에서 나온 길이 8~25cm의 원추꽃차례에 황록색의 꽃이 모여 달린다. 꽃차례 전체에는 갈색의 뻣뻣한 털이 밀생한다. 꽃잎은 5개이고 삼각상 난형이다. 수술은 꽃잎보다 길며 꽃밥은 황색이다. 암술대는 중간까지 깊게 2갈래로 갈라진다.

열매/종자 열매(核果)는 지름 5~8mm의 다소 납작한 구형이며 8~9월에 적색으로 익는다. 핵은 길이 4~5mm의 납작한 반원형이다.

●**참고**
최근 과도한 채취로 말미암아 국내에서는 개체수가 급감하고 있다. 중국에서도 매우 국지적으로 분포하는 희귀 수목이다.

❶❷양성화 ❶수술기의 꽃 ❷암술기의 꽃 ❸암꽃 ❹양성꽃차례 ❺겨울눈. 긴 가시가 겨울눈을 감싸고 있다. V자형의 엽흔이 특이하다. ❻성숙한 열매 ❼수피. 나이가 들면서 가시가 차츰 없어진다. ❽핵
✽식별 포인트 잎/수형/겨울눈

가시오갈피나무

Eleutherococcus senticosus
(Rupr. & Maxim.) Maxim.

두릅나무과 ARALIACEAE Juss.

● **분포**
중국(중부-동북부), 일본(홋카이도), 러시아, 한국

❖ **국내분포/자생지** 지리산 이북의 심산 지역에 드물게 자람

● **형태**
수형 낙엽 관목이며 높이 2~3(~6)m까지 자란다.

줄기/겨울눈 줄기는 회백색이고 바늘 같은 가시가 밀생한다.

잎 어긋나며 작은잎 3~5개로 이루어진 장상복엽이다. 작은잎은 길이 5~13cm의 타원상 난형-장타원형이다. 끝은 뾰족하고 밑부분은 쐐기형-넓은 쐐기형이며, 가장자리에 뾰족한 겹톱니가 있다. 양면에 털이 있으며, 특히 뒷면 맥 위와 작은잎자루에 털이 밀생한다. 잎자루는 길이 3~12cm이며 가시가 밀생한다.

꽃 수꽃양성화한그루(웅성양성동주)다. 7월에 줄기 끝에서 나온 2~6개의 산형꽃차례에 연한 황백색 또는 백색의 꽃이 모여 달린다. 양성꽃차례를 중심으로, 그 아래쪽 주위에 다소 빈약한 수꽃차례가 위치한다. 꽃잎은 5개이며 길이 2mm 정도의 삼각상 난형이다. 수꽃의 수술은 5개이며 꽃잎보다 훨씬 길다. 암술대는 짧고 굵으며, 끝이 4~5갈래로 얕게 갈라진다.

열매 열매(核果)는 지름 8~10mm 정도의 난상 구형이며 9~10월에 흑색으로 익는다.

● **참고**
오갈피나무에 비해 작은꽃자루가 길며, 줄기에 바늘 같은 가시가 밀생하는 점이 다르다.

---

❶꽃차례. 상단과 하단 꽃차례의 개화시기는 2~3주 정도 차이가 난다. ❷열매 ❸잎. 5장씩 돌려나는 잎은 인삼(*Panax ginseng* C. A. Mey.)과도 흡사하지만, 인삼은 초본이며 잎자루가 더 짧고 털이 없다. ❹❺수피. 가늘고 긴 가시가 아래쪽으로 비스듬히 난다. ❻수형 ❼겨울눈 ❽핵

✽**식별 포인트** 수피(가시)/겨울눈

2008. 7. 23. 강원 태백시

2009. 8. 3. 서울시 올림픽공원

오갈피나무
Eleutherococcus sessiliflorus
(Rupr. & Maxim.) S. Y. Hu

두릅나무과 ARALIACEAE Juss.

● **분포**
중국(동북부), 일본, 한국, 러시아
❖ **국내분포/자생지** 중부 이남의 산지
에 매우 드물게 자라며 농가에서 약용
식물로 흔히 재배

● **형태**
수형 낙엽 관목이며 높이 1~3(~5)m
로 자란다.
어린가지 연한 갈색의 털이 밀생하다
가 차츰 떨어져 없어지며, 굵은 가시가
드물게 난다.
잎 어긋나며 두꺼운 초질의 작은잎 3
~5개로 이루어진 장상복엽이다.
꽃 8~9월에 줄기 끝에서 나온 3~6
개의 산형꽃차례에 자주색의 양성화
가 모여 달린다. 중앙에 위치한 꽃차례
의 꽃이 가장 먼저 핀다. 작은꽃자루는
매우 짧으며(길이 1.2㎜ 내외) 꽃이 촘
촘히 달려서 두상(머리 모양)을 이룬
다. 꽃잎은 5개이며 길이 2㎜ 정도의
삼각상 난형이다. 수술은 5개로 꽃잎
보다 훨씬 길다. 암술대는 끝이 2갈래
로 얕게 갈라진다.
열매 열매(核果)는 지름 1~1.5㎝가량
의 도란상 구형이고 다소 납작하며 9
~10월에 흑색으로 익는다.

● **참고**
학명의 종소명은 '자루가 없는(*sessili*)
꽃(*florus*)'이라는 뜻으로, 작은꽃자루
가 매우 짧고 꽃이 촘촘하게 두상으로
달리는 것이 특징이다. 꽃은 양성화이
며, 수술이 먼저 성숙한 다음 순차적으
로(1~2주일 후) 암술이 성숙한다.

❶❷수술기(❶)와 암술기(❷)의 꽃차례. 자루
가 짧은 꽃이 산형꽃차례에 빽빽이 모여 마
치 두상꽃차례처럼 보인다. ❸열매 ❹잎. 5
개씩 돌려난다. 뒷면 맥을 따라 백색 털과 굽
은 가시가 있다. ❺갈색을 띤 난형의 겨울눈.
소형이다. ❻수형 ❼수피. 회갈색이며 장타
원형의 작은 피목이 흩어져 있다. ❽핵. 길이
5~6㎜의 장타원상 반원형이다.
❖**식별 포인트** 잎(뒷면의 털과 가시)/꽃(자루
의 길이)/수피

털오갈피나무
(개가시오갈피나무)
Eleutherococcus divaricatus
(Siebold & Zucc.) S. Y. Hu

두릅나무과 ARALIACEAE Juss.

●**분포**

중국(불명확), 한국

❖**국내분포/자생지** 전국의 산지에 매우 드물게 자람

●**형태**

수형 낙엽 관목이며 높이 2~3(~5)m까지 자란다.

어린가지 가시가 없으나 오래된 가지에는 간혹 큰 가시가 발달한다.

잎 어긋나며 작은잎 3~5개로 이루어진 장상복엽이다. 원래 잎의 질감이 부드러운 초질이지만 햇볕을 많이 받으면 뻣뻣하게 변한다. 작은잎은 길이 3~10cm의 좁고 긴 타원형 또는 긴 도란상 타원형이다. 끝은 뾰족하거나 길게 뾰족하고, 가장자리에 뾰족한 겹톱니가 있다. 잎자루는 길이 3~7cm이며 털과 가시가 있다.

꽃 수꽃양성화한그루(웅성양성동주)다. 7~8월에 줄기 끝에서 나온 3~7개의 산형꽃차례에 연한 황백색의 꽃이 모여 달린다. 중앙에 있는 꽃차례의 꽃이 가장 먼저 핀다. 작은꽃자루가 길며(길이 6~18mm) 꽃이 촘촘히 달려서 머리 모양을 이룬다. 꽃잎은 5개이며 길이 2mm가량의 삼각상 난형이다. 수술은 5개로 꽃잎보다 약간 길다. 암술대는 끝이 2갈래로 얕게 갈라진다. 양성화는 수술기가 지나면 꽃잎과 수술이 떨어진다.

열매 열매(核果)는 길이 6mm의 타원형이며 10월에 적색→흑색으로 익는다.

●**참고**

오갈피나무에 비해 잎 뒷면에 가시와 함께 잔털이 많으며, 작은꽃자루가 길이 6~18mm가량으로 긴 것이 특징이다.

2010. 8. 9. 경북 의성군

❶양성꽃차례(수술기). 정상부의 꽃차례와 기부의 꽃차례는 개화기가 3주 이상 차이 난다. ❷열매 ❸잎. 앞면 맥을 따라 잔털이 있고, 뒷면 맥을 따라 잔털과 가시가 있으나 차츰 없어진다. ❹겨울눈 ❺수피. 어린 개체는 밑동에 가시가 나기도 하나 크면서 차츰 없어지고 세로로 껍질이 벗겨진다. ❻수형. 아래쪽부터 가지가 많이 갈라진다. ❼핵

❖식별 포인트 잎/꽃

2010. 5. 9. 제주시 한림읍

❶암꽃차례 **❷**양성화(또는 수꽃차례) **❸**열매 **❹**잎 뒷면. 맥겨드랑이에는 막질의 부속체가 있다. **❺**수피에는 아래쪽으로 굽은 억센 가시가 있다. **❻**수형 **❼**핵

섬오갈피나무

Eleutherococcus gracilistylus
(W. W. Sm.) S. Y. Hu
[*Eleutherococcus koreanum* Nakai]

두릅나무과 ARALIACEAE Juss.

●**분포**
중국(중남부), 타이완, 한국
❖**국내분포/자생지** 제주 및 인근 도서의 계곡과 숲속에 드물게 자람
●**형태**
수형 낙엽 관목이며 높이 1~3m로 자라고 가지는 비스듬히 서거나 덩굴처럼 자란다.
수피/어린가지 수피는 갈색-회갈색이며 타원형의 피목이 발달한다. 어린가지는 녹색-적갈색을 띠며 타원형의 피목과 더불어 크고 납작한 가시가 발달한다.
잎 어긋나며 (3~)5개의 작은잎으로 이루어진 장상복엽이다. 작은잎은 길이 3~8cm의 도란형-도피침형이다. 끝은 뾰족하고 밑부분은 쐐기형이며, 가장자리에 뾰족한 톱니가 있다. 양면에 털이 거의 없으나 뒷면 맥겨드랑이에 갈색 털이 밀생하기도 한다. 잎자루는 길이 3~8cm이며, 털이 없고 흔히 작은 가시가 있다.
꽃 암꽃양성화딴그루(자성양성이주)이며, 양성화가 피는 나무는 양성화 중 일부만 결실한다. 5~6월에 짧은가지의 잎겨드랑이에서 나온 1(~3)개의 산형꽃차례에 녹백색-황록색의 꽃이 모여 달린다. 꽃자루는 길이 1~4cm이며, 작은꽃자루는 길이 6~10mm로 다소 길다. 꽃잎과 수술은 각각 5개이며, 길이가 2mm가량인 암술대는 기부에서 2갈래로 갈라진다.
열매/종자 열매(核果)는 지름 6mm가량의 구형이며 10~12월에 흑색으로 익는다. 핵은 길이 4~5mm의 납작한 반원형이다.
●**참고**
줄기에 삼각형의 납작한 가시가 있으며, 잎 뒷면 맥겨드랑이에 갈색 털이 생기는 것이 특징이다.

❶암꽃차례 ❷양성화(또는 수꽃차례) ❸열매 ❹잎 뒷면. 맥겨드랑이에는 막질의 부속체가 있다. ❺수피에는 아래쪽으로 굽은 억센 가시가 있다. ❻수형 ❼핵
✻식별 포인트 잎/수피(가시)/수형

오가나무
Eleutherococcus sieboldianus
(Makino) Koidz.

두릅나무과 ARALIACEAE Juss.

● **분포**
중국 원산
❖**국내분포/자생지** 전국의 공원이나
식물원에 간혹 식재
● **형태**
수형 낙엽 관목이며 높이 1~2m로 자
라고 가지를 많이 내어 덤불을 이룬다.
수피/겨울눈 수피는 회갈색이고 피목
이 발달한다. 겨울눈은 길이 2~3mm의
원추형인데, 인편이 황갈색이고 가장
자리에 털이 밀생한다. 엽흔 아래에는
길이 4~7mm가량의 가시가 있다.
잎 어긋나지만 짧은가지에서는 모여
나며, (3~)5개의 작은잎으로 이루어
진 장상복엽이다. 작은잎은 길이 2~7
cm의 도란상 피침형 또는 도란형이다.
끝은 뾰족하고 밑부분은 쐐기형이며,
가장자리에는 뾰족한 톱니가 있다. 뒷
면은 광택이 나며 양면에 모두 털이 없
지만, 간혹 맥겨드랑이에 갈색 털이 약
간 모여나기도 한다. 잎자루는 길이 3
~10cm다.
꽃 암수딴그루이며, 5~6월에 짧은가
지 끝에서 나온 산형꽃차례에 황록색
의 꽃이 모여 달린다. 꽃자루는 길이 5
~10cm이며, 꽃잎은 5개로 길이 2mm
정도의 장난형이다. 수술은 5개이며,
암술대는 5갈래로 갈라진다.
열매 열매(核果)는 지름 6~8mm의 약
간 납작한 구형이며 10~11월에 흑자
색으로 익는다.
● **참고**
뿌리의 껍질을 오가피(五加皮)라고 하
여 약용한다. 오갈피나무와의 혼동을
피하고자 오가나무라고 부르게 되었다.

2001. 5. 14. 대구시 경북대학교

❶열매 ❷❸잎. 작은잎은 5개이며, 뒷면 맥
겨드랑이에는 막질의 부속체와 갈색 털이 있
다. ❹겨울눈. 엽흔 아래에는 길이 4~7mm가
량의 가시가 있다. ❺줄기. 아래쪽으로 굽은
가시가 있다. ❻수피는 회갈색이며 피목이
발달한다.
✳**식별 포인트** 겨울눈(가시)/열매

2001. 7. 22. 대구시 용제봉

두릅나무
Aralia elata (Miq.) Seem.

두릅나무과 ARALIACEAE Juss.

● **분포**
중국, 일본, 러시아(동부), 한국
❖ **국내분포/자생지** 전국의 하천가 및 산지 개활지

● **형태**
수형 낙엽 관목 또는 소교목이며 보통 높이 2~5(~10)m, 지름 10㎝로 자란다.
수피/겨울눈 수피는 회갈색이고 날카로운 가시가 많으며 피목이 발달한다. 겨울눈(頂芽)은 길이 1~1.5㎝의 원추형이다.
잎 어긋나며 가지 끝에서는 모여 달린다. 길이 0.5~1m의 2회우상복엽이며, 엽축과 작은잎에 가시가 생긴다. 작은잎은 길이 5~12㎝의 타원상 난형-난형이며, 끝이 뾰족하고 가장자리에 불규칙한 톱니가 있다. 표면은 짙은 녹색이며, 뒷면은 회색이고 맥 위에 털이 있다.
꽃 수꽃과 양성화가 섞여 있는 꽃차례를 갖는 수꽃양성화한그루(웅성양성동주)다. 꽃차례의 위쪽에 양성화가 달리고 아래쪽에 수꽃이 달린다. 7~9월에 줄기 끝에서 나온 길이 30~50㎝인 대형 복산형꽃차례에 연한 녹백색의 꽃이 모여 달린다. 꽃은 지름 3㎜ 정도이며, 꽃잎은 5개로 삼각상 난형이다. 수술과 암술대는 각각 5개씩이다.
열매/종자 열매(漿果)는 지름 3~4㎜의 구형이며 9~10월에 흑색으로 익는다. 핵은 길이 2㎜가량의 장타원형이다.

● **참고**
새순을 나물로 식용한다. 참고로 개두릅은 음나무의 새순을 일컫는 말이다.

❶❷수술기(❶)와 암술기(❷)의 양성꽃차례. 양성화가 개화 말기에 접어들 무렵 수꽃이 개화한다. ❸열매 ❹잎은 2회우상복엽이다. 엽축에는 위쪽을 향해 가시가 나는 경우가 흔하다. ❺수형 ❻겨울눈 ❼핵의 표면은 부드러운 털 같은 돌기로 덮여 있다.
✻식별 포인트 잎/수피

피자
식물문

MAGNOLIOPHYTA

목련강
MAGNOLIOPSIDA

국화아강
ASTERIDAE

마전과 LOGANIACEAE
협죽도과 APOCYNACEAE
가지과 SOLANACEAE
지치과 BORAGINACEAE
마편초과 VERBENACEAE
꿀풀과 LAMIACEAE
물푸레나무과 OLEACEAE
현삼과 SCROPHULARIACEAE
능소화과 BIGNONIACEAE
꼭두서니과 RUBIACEAE
린네풀과 LINNAEACEAE
병꽃나무과 DIERVILLACEAE
인동과 CAPRIFOLIACEAE
산분꽃나무과 VIBURNACEAE
연복초과 ADOXACEAE
국화과 ASTERACEAE

영주치자
(금오치자)

Gardneria nutans Siebold & Zucc.
(*Gardneria insularis* Nakai)

마전과
LOGANIACEAE R. Br. ex Mart.

● **분포**
중국(남부), 일본(혼슈 이남), 타이완, 한국

❖ **국내분포/자생지** 전남(흑산도, 홍도, 완도, 보길도 등), 제주의 낮은 산지

● **형태**
수형 상록 덩굴성 목본이며 높이 4~6m로 자란다.

어린가지/겨울눈 어린가지는 녹색이고 둥글며 털이 없다. 겨울눈은 길이 1.5mm가량의 난형이며 적갈색이다.

잎 마주나며 길이 6~11cm의 난상 타원형-난상 피침형이다. 밑부분은 둥글거나 쐐기형이며, 가장자리가 밋밋하다. 양면에 모두 털이 없으며, 뒷면은 밝은 녹색이고 측맥이 희미하다. 잎자루는 길이 7~15mm이고 털이 없다.

꽃 6~7월 새가지의 잎겨드랑이에 백색의 양성화가 1~2개씩 달린다. 꽃받침열편은 길이 1mm 정도의 광난형이며 털이 있다. 화관은 (4~)5갈래로 깊게 갈라져 뒤로 젖혀지며, 안쪽 면에는 털이 있다. 수술은 화관통부의 안쪽 면에 붙어 있으며, 꽃밥의 길이는 5mm 정도다. 암술대는 수술대보다 길고, 암술머리의 끝이 2갈래로 얕게 갈라진다.

열매 열매(漿果)는 지름 1cm 정도의 구형-난형이며 12~이듬해 1월에 적색으로 익는다.

● **참고**
국명은 '한라산(영주산)에서 자라는 치자나무와 비슷한 나무'라는 의미다. 한반도 고유종(*G. insularis* Nakai)으로 보는 견해도 있지만, 관련 연구결과에 따라 *G. nutans*로 통합시키기로 한다.

❶꽃. 백색으로 피지만 곧 연한 황색으로 변한다. ❷열매. 황적색→적색으로 익는다. ❸잎. 뒷면은 밝은 녹색이고 측맥이 희미하다. 타원형 또는 피침형이다. ❹어린 개체의 잎은 폭이 좁고 끝이 길게 뾰족하다. ❺겨울눈 ❻종자. 안쪽이 접시처럼 오목하게 들어간 특이한 생김새다.
✽식별 포인트 잎/수피/열매

2008. 1. 26. 전남 완도군

2006. 6. 28. 전남 완도군 보길도

마삭줄
Trachelospermum asiaticum
(Siebold & Zucc.) Nakai

협죽도과 APOCYNACEAE Juss.

●**분포**
중국(중남부), 일본(혼슈 이남), 인도, 타이, 한국
❖**국내분포/자생지** 경북, 전북 이남 및 서해 도서 지역의 산지, 제주
●**형태**
수형 상록 덩굴성 목본이며 줄기에서 기근을 내어서 나무나 바위를 타고 자란다.
어린가지 보통 털이 없다(간혹 있음).
잎 마주나며 길이 3~9cm의 좁은 타원형-난형이다. 표면은 진한 녹색이고 광택이 나며, 뒷면은 연한 녹색이다. 잎자루는 길이 2~10mm이고, 대개 털이 없다.
꽃 5~6월 새가지의 끝 또는 잎겨드랑이에 백색의 양성화가 모여 달린다. 꽃받침열편은 길이 1.5~3mm이고 화관통부에 바짝 붙어 있다. 화관은 지름 2~3cm의 바람개비 모양이며, 통부는 길이 7~8mm이고 끝이 5갈래로 갈라진다. 수술은 5개이고 화관통부 안쪽 면의 윗부분에 붙어 있으며 끝이 화관 밖으로 살짝 돌출한다. 암술대는 1개이며, 꽃받침보다 2배 정도 길다.
열매/종자 열매(蓇葖果)는 길이 10~20cm의 선형이며 10~11월에 적갈색으로 익는다. 종자는 길이 1~1.5cm의 장타원형이며, 끝에 길이 1.5~3.5cm 가량의 백색 관모가 붙어 있다.
●**참고**
잎 형태는 식물체의 수령 및 자생지 환경조건에 따라 변이가 매우 크다. 식물체 전체가 유독성이지만, 꽃은 향기가 좋아서 향수의 원료로 이용하기도 한다. 줄기는 외상(外傷) 및 관절염 치료에 사용했다는 기록이 있다.

❶꽃은 향기가 대단히 좋다. ❷꽃의 종단면. 수술이 화관통부 밖으로 돌출한다. 꽃받침열편은 소형이고 뒤로 젖혀지지 않는다. ❸수형 ❹어린가지에는 대개 털이 없다. ❺잎(뒷면), 양면에 털이 없고 뻣뻣하다. ❻충영 ❼열매와 종자. 긴 관모가 달린 종자는 바람에 잘 날린다.
❖식별 포인트 수형/꽃/열매

털마삭줄

Trachelospermum jasminoides
(Lindl.) Lem.
[*Trachelospermum jasminoides*
(Lindl.) Lem. var. *pubescens*
Makino]

협죽도과 APOCYNACEAE Juss.

● **분포**
중국(중남부), 일본(혼슈 이남), 타이완, 베트남, 한국

❖ **국내분포/자생지** 경남, 전남, 전북, 제주의 바닷가 및 인근 산지

● **형태**
수형 상록 덩굴성 목본이며, 줄기에서 기근을 내어 나무 및 바위를 타고 자란다.

잎 마주나며 길이 2~10cm의 좁은 타원형-난형이다. 표면은 녹색이고, 뒷면은 연한 녹색이다. 뒷면에 털이 있으나 아주 적거나 없는 경우도 있다.

꽃 5~6월에 새가지의 끝 또는 잎겨드랑이에 백색의 양성화가 모여 달린다. 꽃받침열편은 길이 2~5mm의 좁은 장타원형이고 겉에 털이 있으며 옆으로 벌어지거나 뒤로 젖혀진다. 화관은 지름 2~3cm의 바람개비 모양이며 끝이 5갈래로 갈라진다. 수술은 5개이고 화관통부 안쪽 면의 중간 지점에 붙어 있으며 화관 밖으로 돌출하지 않는다. 암술대는 1개이며, 자방에는 털이 없다.

열매/종자 열매(蓇葖果)는 길이 10~20cm의 선형이며 10~12월에 적갈색으로 익는다. 종자는 길이 1.5~2cm의 장타원형이며, 끝에 길이 1.5~4cm의 백색 관모가 붙어 있다.

● **참고**
마삭줄에 비해 꽃자루, 어린가지, 잎 뒷면에 털이 많으며, 꽃받침열편이 엽상(葉狀)으로 큰 것이 특징이다. 수술이 화관통부 중간에 붙어 있으며 화관 밖으로 돌출하지 않는 것도 중요한 식별 형질이다.

❶❷꽃. 마삭줄보다 개화기가 다소 빠르다. ❸꽃자루. 털이 있다. ❹겨울눈 ❺잎 뒷면. 전체에 털이 있으며 마삭줄에 비해 엽질이 좀 더 얇다. ❻열매 ❼협죽도(*Nerium oleander* L.). 인도 및 유럽 동부 원산이며 남부지방에 간혹 식재하고 있다. 꽃은 봄부터 가을까지 피고 국내에서는 열매를 거의 볼 수 없지만 드물게 결실하는 경우도 있다.

✿식별 포인트 수형/꽃(화관, 꽃받침열편, 수술)/줄기(털 있음)

2011. 6. 11. 경남 남해시

구기자나무
Lycium chinense Mill.

가지과 SOLANACEAE Juss.

●분포
중국, 일본(혼슈 이남), 네팔, 타이, 파키스탄, 한국

❖국내분포/자생지 전국 산야의 개활지 및 민가 주변

●형태
수형 낙엽 관목이며 높이 1~2m로 자란다. 줄기가 길게 자라 활처럼 굽거나 아래로 처진다.

가지 가지는 회갈색이며 능선이 있어 각이 진다. 잎겨드랑이와 가지 끝에는 가시가 있다.

잎 어긋나지만 짧은가지에서는 보통 모여난다. 잎은 길이 2~5cm의 피침형-광난형이며 양면에 털이 없다. 끝은 둔하고 밑부분은 점점 좁아져 잎자루와 연결되며, 가장자리가 밋밋하다. 잎자루는 짧고 털이 있다.

꽃 7~10월 짧은가지에 1~3개씩 연한 자색의 양성화가 모여 달린다. 꽃받침은 길이 3~4mm의 종 모양인데, 끝이 3~5갈래로 갈라지고 털이 밀생한다. 화관은 깔때기 모양이고 통부는 길이 9~12mm이며, 열편은 5갈래로 갈라진다. 수술은 5개이고 화관통부보다 길다.

열매/종자 열매(漿果)는 길이 8~15mm의 타원형-난형이며 9~11월에 적색으로 익는다. 황색의 종자는 길이 2.5~3mm로 납작한 원형에 가깝다. 열매 1개당 10~20개의 종자가 들어 있다.

●참고
국명은 중국명(枸杞) 및 한약재명(拘杞子)에서 유래한다. 구기자나무를 한반도 자생식물이 아니라 외국에서 도입해 재배하던 식물이 야생화된 것으로 보는 견해도 있다.

2001. 9. 21. 경북 울진군 왕피천

❶꽃. 개화 말기에는 꽃잎이 갈색으로 변한다. ❷잎 ❸겨울눈 ❹수피 ❺수형 ❻종자
✱식별 포인트 열매/꽃/수형

송양나무

Ehretia acuminata R. Br.
[*Ehretia acuminata* R. Br. var.
obovata (Lindl.) I. M. Johnst.; *E.*
obovata Hassk.]

지치과 BORAGINACEAE Juss.

2010. 7. 1. 전남 여수시

● **분포**
중국(중남부), 일본(혼슈 이남), 타이완, 베트남, 부탄, 오스트레일리아, 인도, 인도네시아, 한국

❖ **국내분포/자생지** 전남(연안 도서),
제주(불분명) 산지에 매우 드물게 자람

● **형태**
수형 낙엽 교목(소교목)이며 높이 10~15m, 지름 20~30cm까지 자란다.

수피 수피는 황갈색-회갈색이며, 세로로 갈라지고 오래되면 작은 조각으로 벗겨져 떨어진다.

잎 어긋나며 길이 5~20cm의 도란형-도란상 장타원형이다. 끝은 뾰족하고 밑부분은 넓은 쐐기형이며, 가장자리에는 잔톱니가 촘촘히 있다. 표면에는 회백색의 짧은 털이 흩어져 있으며, 뒷면 맥겨드랑이에 다갈색의 털이 있다. 잎자루는 길이 1.5~2.5cm다.

꽃 6~7월 가지 끝에서 나온 길이 8~15cm의 원추꽃차례에 백색의 양성화가 모여 달린다. 꽃받침은 길이 1.5~2mm이며, 열편은 난형이고 털이 있다. 지름 5mm가량인 화관은 5갈래로 갈라지며, 열편은 장타원형으로 통부와 길이가 비슷하다. 수술은 5개이며 화관열편보다 약간 짧다. 암술대는 길이 1.2~2.5mm이며 끝에서 2갈래로 갈라진다.

열매 열매(核果)는 지름 4~5mm의 구형이며 8~9월에 연한 황색→적색으로 익는다.

● **참고**
동북아시아, 동남아시아, 오스트레일리아 등에 광범위하게 분포하는 종으로 형태적으로 변이가 심해 다양한 변종으로 나누기도 한다.

❶꽃. 좋은 향기가 난다. ❷얕게 5갈래로 갈라진 녹색의 꽃받침은 결실기까지 남는다. ❸❹열매. 암술대와 접시처럼 생긴 꽃받침의 흔적이 계속 남는다. ❺잎(뒷면). 언뜻 보면 감나무 잎과 닮았지만 가장자리에 잔톱니가 있다. ❻겨울눈 ❼수피 ❽핵. 한쪽 면이 납작한 원형이고 표면에 돌기가 있다. ❾수형. 환경이 적합하면 교목으로 자랄 수 있지만, 국내에서는 그다지 크게 자라지 않는다.

✱식별 포인트 수피/겨울눈/잎/꽃/열매

2016. 9. 16. 경북 영천시

❶

❷

❸

❹

❺

층꽃나무
(층꽃풀)

Caryopteris incana (Thunb. ex Houtt.) Miq.

마편초과 VERBENACEAE J. St.-Hil.

● **분포**

중국(중남부), 일본(혼슈 이남), 타이완, 한국

❖ **국내분포/자생지** 주로 경남, 전남의 해안가에 자라지만, 경북에도 분포

● **형태**

수형 낙엽 반관목(또는 다년초)이며 높이 30~60㎝로 자란다.

줄기/겨울눈 줄기에 황갈색 잔털이 밀생하며 밑부분은 목질화한다. 겨울눈은 길이 1~2mm의 납작한 광난형이며 털이 밀생한다.

잎 마주나며 길이 1.5~9cm의 좁은 피침형-난형이다. 끝은 뾰족하거나 둔하고 밑부분은 넓은 쐐기형이며, 가장자리에 큰 톱니가 있다. 뒷면은 회백색을 띠고 털이 밀생한다. 잎자루는 길이 0.3~1.7mm다.

꽃 7~9월 가지 끝과 잎겨드랑이에 계단상으로 보라색의 양성화가 모여 달린다. 꽃받침은 컵 모양이며 5갈래로 깊게 갈라진다. 화관통부는 길이 3.5mm 정도이며, 끝이 5갈래로 갈라지고 꽃받침열편은 피침형이다. 수술과 암술대는 화관 밖으로 길게 나오며, 자방에는 털이 밀생한다.

열매 지름 2.5mm가량의 열매(小堅果)가 계속 남아 있는 꽃받침 안에 4개씩 모여 달리며 10~11월에 익는다. 소견과의 표면에는 털이 있고 가장자리에 작은 날개가 발달한다.

● **참고**

자색의 꽃이 계단상으로 층층이 달리며 전체에 잔털이 밀생하는 것이 특징이다. 주로 남부 지역 바다 가까운 산지에 자라지만 경북의 내륙(청도군, 영천시)에도 자란다.

❶꽃차례. 잎겨드랑이에서 계단상으로 모여 달린다. ❷열매 ❸잎. 뒷면에 털이 밀생한다. ❹겨울눈 ❺소견과. 표면의 한쪽 가장자리에는 억센 털이 나 있다.
❖식별 포인트 수형/잎

작살나무

Callicarpa japonica Thunb.
var. *japonica*

마편초과 VERBENACEAE J. St.-Hil.

●분포
중국(중북부), 일본, 타이완, 한국
❖국내분포/자생지 전국의 산지

●형태
수형 낙엽 관목이며 높이 1~2m로 자란다.

어린가지/겨울눈 어린가지는 둥글고 타원형의 피목이 발달하며, 어릴 때는 갈색의 성상모가 밀생한다. 겨울눈(頂芽)은 길이 1~1.4cm이며 인편 없이 드러나 있다.

잎 마주나며 길이 6~13cm의 장타원형-난형이다. 끝은 꼬리처럼 길게 뾰족하고 밑부분은 쐐기형이며, 가장자리에는 뾰족한 톱니가 있다. 양면에 털이 없으며, 뒷면에는 연한 황색의 선점이 흩어져 있다.

꽃 6~8월에 잎겨드랑이에서 나온 취산꽃차례에 연한 자색-자색의 양성화가 모여 달린다. 꽃받침은 길이 1mm 미만의 컵 모양이며 꽃받침열편은 삼각상 톱니 모양이다. 화관은 길이 3~5mm이고 윗부분에서 4갈래로 갈라진다. 수술은 4개이고 화관 밖으로 길게 나오며 암술은 1개다.

열매 열매(核果)는 지름 2~3mm의 구형이며 9~10월에 자색으로 익는다. 핵은 길이 2mm 정도이고, 한쪽 면이 오목한 도란형이다.

2010. 6. 29. 강원 삼척시

❶꽃차례. 잎자루 가까이에 달린다. ❷열매 ❸잎 ❹수피 ❺겨울눈. 인편 없이 드러나 있다. ❻수형 ❼핵
✿식별 포인트 열매/잎/겨울눈/어린가지의 전개 방식(마주나기)

●참고

작살나무의 국명은 나무의 줄기가 마주 보며 갈라지는 모양이 작살과 닮았다는 데서 유래했다. 식물체가 더 대형이고 꽃자루가 잎자루보다 짧으며 꽃이 복취산꽃차례에 달리는 나무를 왕작살나무(var. *luxurians* Rehder)라고 하며, 울릉도 및 서남해 도서에 자생한다.

❽-❺왕작살나무 ❽왕작살나무(경북 울릉도) ❾꽃. 꽃차례가 작살나무보다 대형이다. ❿열매 ⓫잎. 끝이 꼬리처럼 급격히 길어지는 경향이 있다. ⓬수피 ⓭겨울눈. 꽃눈(상)과 잎눈(하). 작살나무와 흡사하다. ⓮수형 ⓯핵

✱식별 포인트 잎/꽃차례/자생지

좀작살나무

Callicarpa dichotoma (Lour.)
K. Koch f. *dichotoma*

마편초과 VERBENACEAE J. St.-Hil.

● **분포**

중국(중남부), 일본(혼슈 이남), 타이완, 베트남, 한국(불분명)

❖ **국내분포/자생지** 경기, 충남 이남에 자란다는 기록은 있으나, 자생지가 불분명하다.

● **형태**

수형 낙엽 관목이며 높이 1~2m로 자란다.

잎 마주나며 길이 3~7cm의 피침형-도란형이다. 끝은 꼬리처럼 길게 뾰족하고 밑부분은 쐐기형이며, 대개 가장자리의 상반부에 톱니가 있다. 양면 모두 털이 없으며 뒷면에는 선점이 많다.

꽃 7~8월 잎겨드랑이에서 위쪽으로 길게 나온 취산꽃차례에 연한 자색의 양성화가 모여 달린다. 꽃받침은 길이 1mm 미만의 컵 모양이며, 꽃받침열편은 톱니 모양이고 바깥면에는 샘털이 약간 있다. 화관은 꽃받침통부보다 2배 정도 길다. 수술은 4개이고 화관 밖으로 길게 나오며 암술은 1개다.

열매 열매(核果)는 지름 2~3mm의 구형이며 9~10월에 자색으로 익는다. 핵은 길이 2mm가량의 한쪽 면이 오목한 도란형이다.

● **참고**

작살나무와 유사하지만 좀작살나무는 어린가지가 약간 각지고 겨울눈이 구형이며, 대개 잎의 상반부에만 톱니가 있고 꽃차례가 잎겨드랑이 위쪽에 약간 떨어져서 달리는 점 등이 다르다. 꽃과 열매가 백색인 품종을 흰좀작살나무(f. *albifructa* Moldenke)라고 하며, 좀작살나무와 함께 조경용으로 식재하고 있다.

❶꽃차례. 다양한 색상의 품종이 있다. ❷잎. 톱니는 주로 상반부에만 있으나 일정하지 않다. ❸꽃차례는 잎자루에서 길이 5~10mm가량 떨어진 곳에서 나온다(화살표). ❹겨울눈은 구형이며 인편은 2~3쌍이다(작살나무와 다른 점). ❺핵 ❻❼흰좀작살나무
✻식별 포인트 겨울눈(구형)/꽃차례의 위치/열매/어린가지

2003. 10. 10. 경기 포천시 광릉

2010. 10. 6. 제주 서귀포시

새비나무
Callicarpa mollis Siebold & Zucc.

마편초과 VERBENACEAE J. St.-Hil.

● **분포**
일본(혼슈 이남), 한국

❖ **국내분포/자생지** 전남, 전북 및 제주의 산지

● **형태**
수형 낙엽 관목이며 높이 1~2m로 자라고 가지가 많이 갈라진다.

잎 마주나며 길이 5~10cm의 타원형-광난형이다. 끝은 꼬리처럼 길게 뾰족하고 밑부분은 둥글며, 가장자리에는 뾰족한 톱니가 있다. 표면에는 짧은 털이 흩어져 있으며, 뒷면은 흰빛이 돌고 백색의 성상모가 밀생한다. 잎자루는 길이 5~7mm다.

꽃 6~7월 잎겨드랑이에서 나온 취산꽃차례에 연한 자색-자색의 양성화가 모여 달리는데, 보통 잎 뒤쪽에서 나온다. 꽃받침은 컵 모양으로 끝이 4갈래로 갈라지며, 꽃받침열편은 길이 2mm 정도의 삼각상 난형이고 겉에 백색의 부드러운 털과 성상모가 밀생한다. 화관은 길이 4~5mm이며, 윗부분에서 4갈래로 갈라진다. 수술은 4개이고 화관 밖으로 길게 나오며 암술은 1개다.

열매 열매(核果)는 지름 3~4mm의 구형이며 크기와 모양이 고르지 않다. 9~10월에 자색으로 익는다. 핵은 길이 3mm 정도의 한쪽 면이 오목한 도란형이다.

● **참고**
새비나무는 줄기, 잎 뒷면과 꽃받침 뒷면에 성상모가 밀생하는 것이 특징이다. 잎 길이가 3cm 이하로 작은 타입을 좀새비나무[f. *ramosissima* (Nakai) W. T. Lee]라는 품종으로 구분하자는 의견도 있다.

❶꽃. 꽃차례 전체와 꽃받침에 성상모가 밀생한다. ❷열매. 꽃받침에 밀생하는 털이 보인다. ❸잎 앞면과 뒷면에 부드러운 털이 많아 촉감이 매우 부드럽다. ❹겨울눈. 인편 없이 드러나 있다. ❺수피는 회갈색으로 매끈하나 오래되면 세로로 갈라진다. ❻핵 ❼좀새비나무 타입
✽식별 포인트 잎(촉감)/꽃차례(성상모 밀생)/열매(형태)

누리장나무

Clerodendrum trichotomum
Thunb.

마편초과 VERBENACEAE J. St.-Hil.

● **분포**
중국, 일본, 타이완, 인도, 필리핀(북부), 한국

❖ **국내분포/자생지** 중부 이남 산지의 숲 가장자리, 계곡부, 길가

● **형태**
수형 낙엽 관목 또는 소교목이며 높이 2~5(~8)m로 자란다.

겨울눈 드러나 있고 자갈색의 부드러운 털이 밀생한다.

잎 마주나며 길이 6~15cm의 삼각상 난형 또는 난형이다. 끝은 꼬리처럼 뾰족하고 밑부분은 평평하거나 넓은 쐐기형이며, 가장자리는 밋밋하거나 얕은 물결 모양이다. 양면에 짧은 털이 퍼져 있으며, 뒷면에는 크고 작은 선점이 있다. 잎자루는 길이 2~8cm이고 부드러운 털이 있다

꽃 7~8월 가지 끝과 윗부분의 잎겨드랑이에서 나온 취산꽃차례에 백색의 양성화가 모여 달린다. 꽃받침은 녹색에서 차츰 적자색으로 변하며, 끝이 5갈래로 갈라지고 꽃받침열편은 삼각상이다. 화관은 5갈래로 갈라지며, 열편은 길이 1.1~1.3cm의 장타원형이다. 수술과 암술은 화관 밖으로 길게 나오며 암술대가 수술보다 짧다.

열매 열매(核果)는 지름 6~8mm의 편구형 또는 구형이며 10~11월에 광택이 나는 짙은 남색으로 익는다. 핵은 타원상 구형이며 표면에 그물 모양의 무늬가 뚜렷하다.

● **참고**
국명은 전체에서 다소 '역한 냄새(누린내)가 나무'라는 의미다. 새순을 나물로 먹기도 한다.

❶꽃차례. 수술기에는 꽃의 암술대가 아래로 숙였다가(중앙), 수술이 시들고 암술기가 되면 암술대가 위로 들린다(좌, 우). ❷열매 ❸잎 뒷면. 맥을 따라 굽은 털이 밀생한다. 기부에는 선점이 있다. ❹겨울눈, 엽흔과 곁눈이 가지 끝으로 가면서 90°씩 방향을 트는 것도 특징이다. ❺수피에는 피목이 많이 생긴다. ❻수형 ❼핵
✱식별 포인트 냄새/열매/겨울눈

2007. 8. 11. 전남 순천시 낙안읍성

2011. 7. 13. 제주 서귀포시

순비기나무
Vitex rotundifolia L. f.

마편초과 VERBENACEAE J. St.-Hil.

● **분포**

중국(산둥반도 이남), 일본(혼슈 이남), 타이완, 말레이시아, 오스트레일리아, 인도네시아, 한국

❖ **국내분포/자생지** 중부 이남의 해안가

● **형태**

수형 낙엽 관목이며 줄기가 해안가 모래밭이나 자갈 위로 길게 뻗으며 자란다. 어린가지 네모지며 어릴 때는 짧은 털이 밀생한다.

잎 마주나며 길이 3~6cm의 난상 타원형 또는 광난형이다. 양 끝은 둥글며 가장자리가 밋밋하다. 양면에 모두 미세한 털이 흩어져 있으며, 뒷면은 회백색을 띤다. 잎자루는 길이 5~10mm다.

꽃 7~10월에 가지 끝에서 나온 길이 4~6cm의 원추꽃차례에 보라색의 양성화가 모여 달린다. 꽃차례의 축에는 회백색의 털이 밀생한다. 꽃받침은 길이 4~5mm의 컵 모양이고 끝이 5갈래로 얕게 갈라지며, 겉에는 부드러운 털과 샘털이 있다. 화관은 5갈래로 갈라지는데, 아래쪽의 열편(순판)이 가장 크고 넓다. 또한 화관통부의 겉에는 부드러운 털이 밀생한다. 수술과 암술은 화관 밖으로 나오며, 자방은 구형이고 털이 없다.

열매 열매(核果)는 지름 6~7mm의 구형이고 밑부분이 꽃받침에 싸여 있으며 9~11월에 짙은 갈색으로 익는다. 핵은 지름 5mm가량의 구형이고 흑갈색을 띠며, 윗부분에 4개의 얕은 골이 있다.

● **참고**

순비기나무의 잎과 가지는 특유의 향기를 지니고 있어 목욕제나 방향제로 이용하기도 한다.

❶꽃차례 ❷미성숙한 열매 ❸❹잎. 뒷면은 백색의 털이 밀생해 하얗게 보인다. ❺수피. 회갈색이며 작은 피목이 발달한다. ❻핵 ❼수형. 마치 초록빛 양탄자를 펼친 것처럼 해안 모래밭을 덮는다.
✻식별 포인트 수형/잎/꽃

좀목형

Vitex negundo L. var.
heterophylla (Franch.) Rehder
[*Vitex negundo* L. var. *incisa*
(Lam.) C. B. Clarke]

마편초과 VERBENACEAE J. St.-Hil.

● **분포**
중국(중북부 이남), 인도, 동남아시아,
한국
❖ **국내분포/자생지** 경기 및 경남, 경
북, 충북의 숲 가장자리, 바위지대, 하
천가, 길가, 철도변
● **형태**
수형 낙엽 관목이며 높이 1~3m로 자
란다.
어린가지 살짝 네모지고 회색 털이 밀
생한다.
잎 마주나며 작은잎 3~7개로 이루어
진 장상복엽이다. 작은잎은 길이 2~8
㎝의 피침형-장타원형이다. 잎끝이 뾰
족하며, 가장자리는 뾰족한 톱니가 있
거나 결각상이다. 뒷면은 회백색을 띠
며 털이 밀생한다.
꽃 6~8월에 가지 끝 또는 끝부분의
잎겨드랑이에서 나온 원추꽃차례에
연한 자색의 양성화가 모여 달린다. 꽃
받침은 컵 모양이고 끝이 5갈래로 얕
게 갈라지며 꽃받침열편은 삼각상이
다. 입술 모양의 화관은 2갈래로 갈라
진 다음 위쪽 열편은 2갈래, 아래쪽 열
편은 3갈래로 재차 갈라진다. 4개의
수술은 화관 밖으로 나오며 자방에는
털이 없다.
열매 열매(核果)는 지름 2.5~3.5㎜의
구형이며 9~11월에 흑갈색으로 익는다.
● **참고**
잎에 톱니가 분명하며, 뒷면에 회색 털
이 밀생하는 것이 특징이다. 좀목형에
비해 식물체가 더 대형이고 작은잎 뒷
면에 털이 적은 나무를 목형[*V.
negundo* L. var. *cannabifolia*
(Siebold & Zucc.) Hand.-Mazz.]이라
고 하는데, 국내에는 자생하지 않는다.

❶꽃 ❷열매 ❸잎은 사진처럼 결각이 심하
게 지기도 한다. ❹겨울눈. 둥글고 갈색 털
이 밀생한다. ❺수피. 회백색이고 매끈하다.
❻핵 ❼목형(중국 항저우)
✽식별 포인트 잎/수형

2000. 7. 6. 경북 영천시 화북면

001. 7. 17. 경남 합천군 가야산

백리향

Thymus quinquecostatus
Čelak.
[*Thymus serphyllum* L.
subsp. *quinquecostatus*
(Čelak.) Kitam.]

꿀풀과 LAMIACEAE Martinov

● 분포

중국(중북부), 일본, 러시아(동부), 한국
❖ 국내분포/자생지 강원, 경남, 경북
의 산지 바위지대에 분포하며, 특히 석
회암지대에 비교적 흔하게 자람

● 형태

수형 낙엽 소관목이며 가지가 많이 갈
라지고 땅 위를 기며 자란다.

잎 마주나며 길이 1~2cm의 타원형 또
는 광타원형이다. 끝은 뾰족하거나 둔
하고 밑부분은 차츰 좁아져 잎자루와
연결되며, 가장자리에는 밋밋하거나
미세한 톱니가 있다. 잎 양면에 선점이
많이 있어 강렬한 방향을 풍긴다.

꽃 6~8월에 연한 자색-홍자색의 양
성화가 가지 끝에 머리 모양으로 모여
달린다. 꽃받침은 길이 5~6mm이고 끝
이 2갈래로 갈라진 입술 모양이며, 기
부와 꽃받침열편 가장자리에는 긴 털
이 있다. 꽃받침의 위쪽 열편 3갈래는
삼각상, 아래쪽 열편 2갈래는 선상으
로 다시 갈라진다. 화관은 길이 6.5~9
mm의 입술 모양이며 겉에 잔털이 있다.
수술은 4개이며 화관 밖으로 길게 나
온다.

열매 열매(小堅果)는 지름 1mm 정도의
구형이며 7~9월에 암갈색으로 익는다.

● 참고

국명(百里香)은 '잎과 줄기에서 나는
강한 향기가 백리를 간다'라는 의미다.
울릉도에 자라며 잎의 길이가 1.5cm,
화관의 길이가 1cm 정도로 백리향보다
다소 큰 타입을 예전에는 섬백리향
(var. *japonicus* H. Hara)으로 구분하
기도 했으나, 최근에는 백리향으로 통
합하는 견해가 우세하다.

❶ 꽃. 하순(下脣)은 3갈래로 깊게 갈라진다.
❷ 열매 ❸ 잎에는 선점이 밀생해 잎을 건드리
기만 해도 강한 방향을 맡을 수 있다. ❹ 겨울
눈 ❺ 소견과. 표면에는 미세한 돌기가 있다.
❻ 섬백리향 타입(울릉도). 잎과 꽃이 내륙의
백리향보다 약간 더 크다.
✽ 식별 포인트 수형/잎(향기)

개나리

Forsythia viridissima Lindl.
var. koreana Rehder
[*Forsythia koreana* [Rehder]
Nakai]

물푸레나무과
OLEACEAE Hoffmanns. & Link

● **분포**
한국(한반도 고유종, 자생지 미상)
❖ **국내분포/자생지** 전국의 공원 및 정
원에 널리 식재

● **형태**
수형 낙엽 관목이며 높이 2~3m로 자
란다. 가지가 길게 자라 끝이 활처럼
아래쪽으로 굽는다.
잎 마주나며 길이 5~10㎝의 피침형-
난상 장타원형이다. 끝은 뾰족하고 밑
부분은 쐐기형이며, 가장자리는 기부
에서 ⅓ 지점 이상 상단부에 뾰족한
톱니가 있다.
꽃 양성화이며, 3~4월 잎이 나기 전
잎겨드랑이에 황색의 양성화가 1~3개
씩 모여 달린다. 화관은 지름 3㎝ 정도
의 깔때기 모양이고 4갈래로 깊게 갈
라지며 열편은 장타원형이다. 꽃은 암
술이 수술보다 짧은 단주화(수꽃 역할)
와 암술이 수술보다 긴 장주화(암꽃 역
할)의 2가지 형태가 있지만, 흔히 보이
는 것은 단주화이며 장주화는 상대적
으로 드물다. 장주화의 암술은 길이
5.5~7mm(단주화는 길이 3~4mm)다.
열매 열매(蒴果)는 길이 1.5㎝ 정도의
난형이며 10~11월에 익는다.

● **참고**
개나리에 비해 잎이 다소 두꺼운 가죽
질의 피침형이고, 가장자리가 밋밋하
거나 상반부에만 톱니가 약간 있는 나
무를 의성개나리(*F. viridissima* Lindl.
var. *viridissima*)라고 한다. 경북 의성
군을 비롯한 전국에 약용 및 관상용으
로 드물게 식재되어 있다(617쪽 참조).

❶장주화 ❷단주화. 주로 장주화가 암꽃, 단
주화가 수꽃 역할을 하지만 드물게 단주화가
피는 그루에 열매가 생기기도 한다. ❸열매.
장주화와 단주화가 함께 식재된 곳에서 볼 수
있다. ❹겨울눈은 길이 3~5mm의 장난형이
다. ❺수피. 회색-회갈색이며 둥근 피목이 발
달한다. ❻잎 ❼종자. 4~5mm의 장타원형이
고 표면에 미세한 돌기가 있다. ❽영춘화
(*Jasminum nudiflorum* Lindl.). 중국 원산의
낙엽 관목으로 이른 봄에 꽃을 피운다.
✱식별 포인트 꽃/잎/수형

2001. 3. 23. 대구시 경북대학교

산개나리
Forsythia saxatilis Nakai

물푸레나무과
OLEACEAE Hoffmanns. & Link

● **분포**
한국(한반도 고유종)
❖ **국내분포/자생지** 강원, 경기, 경북, 전북의 산지 절벽 및 석회암지대

● **형태**
수형 낙엽 관목이며 높이 1.5~2.5m로 자란다.
수피 회색-회갈색이고 사마귀 같은 피목이 뚜렷하다.
잎 마주나며 길이 3~8cm의 피침형-난상 장타원형이다. 끝은 뾰족하고 밑부분은 쐐기형-넓은 쐐기형이며, 가장자리에는 뾰족한 톱니가 있다. 표면의 엽맥은 움푹하며 뒷면의 엽맥은 돌출하고 간혹 부드러운 털이 밀생하는 경우도 있다. 잎자루는 길이 2~10mm다.
꽃 양성화이며, 3~4월 잎이 나기 전 잎겨드랑이에 황색의 양성화가 1개씩 달린다. 화관은 지름 2.5~3cm의 깔때기 모양으로 4갈래로 깊게 갈라지며, 열편은 길이 1.5~1.8cm의 좁은 장타원형이다. 꽃은 암술이 수술보다 짧은 단주화(수꽃 역할)와 암술이 수술보다 긴 장주화(암꽃 역할)의 2가지 형태가 있다.
열매/종자 열매(蒴果)는 길이 7~12mm의 끝이 뾰족한 난형이며 겉에 피목이 있다. 9~10월에 익는다. 종자는 길이 4~5mm의 장타원형이다.

● **참고**
만리화에 비해 잎이 피침형-장타원상 난형으로 좁으며, 꽃이 약간 더 크고 화관 열편이 가늘고 길다. 산개나리는 꽃과 잎의 형태적 변이가 심해 만리화나 장수만리화와 명확히 구분되지 않는다. 장수만리화나 산개나리를 만리화에 통합 처리하는 견해도 있다.

❶❷장주화(❶)와 단주화(❷). 만리화에 비해 화관이 깊고 가늘게 갈라지는 편이다. ❸잎 ❹-❽의성개나리(*F. viridissima* Lindl. var. *viridissima*) ❹꽃 ❺열매 ❻겨울눈 ❼잎. 개나리와 비교하면 잎이 두껍고 폭이 좁으며 톱니가 거의 없다. ❽종자
✿**식별 포인트** 산개나리: 잎/꽃(화관열편). 의성개나리: 잎

2007. 4. 3. 경북 의성군 단촌면

만리화
Forsythia ovata Nakai

물푸레나무과
OLEACEAE Hoffmanns. & Link

2006. 4. 14. 강원 삼척시 덕항산

●분포
한국(한반도 고유종)

❖**국내분포/자생지** 강원(설악산, 덕항산, 자병산 등), 경북(봉화군)의 높은 산지 바위지대 및 석회암지대

●형태
수형 낙엽 관목이며 높이 1.5~2.5m로 자란다.

잎 마주나며 길이 5~7㎝의 장타원상 난형-광난형이다. 끝은 꼬리처럼 급히 뾰족해지고 밑부분은 둥글거나 넓은 쐐기형이며, 가장자리에는 뾰족한 톱니가 있다.

꽃 양성화이며, 3~4월 잎이 나기 전 잎겨드랑이에 황색의 양성화가 1개씩 달린다. 화관은 지름 2.5㎝가량의 깔때기 모양이고 4갈래로 깊게 갈라지며, 열편은 길이 1.5㎝ 정도의 장타원형이다. 꽃은 단주화와 장주화의 2가지 형태가 있다. 단주화는 수술의 길이가 5~6mm이고 암술대는 길이 1.5~2mm다. 장주화는 수술의 길이가 2.5~3mm이고 암술대는 6~7mm다.

열매 열매(蒴果)는 길이 7~12mm가량의 끝이 뾰족한 난형이고, 표면에 피목이 있으며 9~10월에 익는다.

●참고
산개나리에 비해 잎이 난상이며 화관이 넓게 벌어지고 화관열편이 짧은 것이 특징이긴 하지만, 두 종이 명확하게 구분되지는 않는다. 산개나리(*F. saxatilis* Nakai)를 비롯해, 형태적으로 매우 유사한 *F. japonica* Makino(일본 혼슈의 석회암지대 분포)와 *F. mandschurica* Uyeki(중국 랴오닝성 분포)와의 비교·검토가 필요하다.

❶단주화 ❷장주화 ❸열매 ❹잎은 형태적 변이가 크고 뒷면에 털이 밀생하는 타입도 있다. ❺겨울눈 ❻수피 ❼종자
✿식별 포인트 잎/꽃(화관과 화관열편)

미선나무
Abeliophyllum distichum
Nakai

물푸레나무과
OLEACEAE Hoffmanns. & Link

●**분포**
한국(한반도 고유종)

❖**국내분포/자생지** 전북(변산면), 충북(괴산군, 영동군 등), 경기(북한산)의 숲 가장자리 및 바위지대 등 개활지

●**형태**
수형 낙엽 관목이며 높이 1~2m로 자란다.

수피 회백색-회색이고 매끈하지만, 오래되면 불규칙한 조각으로 갈라진다.

잎 마주나며 길이 3~8cm의 타원상 난형-난형이다. 끝은 뾰족하고 밑부분이 둥글며, 가장자리가 밋밋하다. 양면에 잔털이 흩어져 있으며, 잎자루는 길이 2~5mm다.

꽃 양성화이며, 3~4월 잎이 나기 전 잎겨드랑이에 백색, 연한 황백색 또는 연홍색의 양성화가 모여 달린다. 화관은 지름 1.5~2.5cm의 깔때기 모양이며 4갈래로 깊게 갈라진다. 열편은 길이 8~15mm의 좁은 장타원형이다. 꽃은 단주화(수꽃 역할)와 장주화(암꽃 역할)의 2가지 형태가 있다. 장주화는 길이 1~2mm의 퇴화된 수술 2개와 길이 3~4mm의 암술대가 있으며, 단주화는 길이 3~4mm의 수술 2개와 1~2mm의 암술대가 있다.

열매 열매(翅果)는 지름 2.5cm가량의 원형-타원상 원형이며 9~10월에 황갈색으로 익는다.

●**참고**
국명은 미선(尾扇: 부채의 일종)을 닮은 열매 모양에서 유래한 이름이다. 꽃색에 따라 상아미선(연한 황백색), 분홍미선(연한 홍색) 등의 품종으로 구분하는 견해도 있다.

2006. 4. 1. 충북 괴산군 장연면

❶장주화 ❷단주화 ❸둥근 부채처럼 생긴 열매 ❹잎 ❺꽃눈. 구형의 꽃눈은 여러 개가 모여 달린다. 어린가지는 황갈색이고 각이 진다. ❻수피 ❼종자. 날개 속에 1~2개(보통 1개)의 종자가 들어 있다.
❖**식별 포인트** 꽃(개화기)/열매

619

개회나무

Syringa reticulata (Blume) H. Hara
[*Syringa reticulata* (Blume) H. Hara var. *mandshurica* (Maxim.) H. Hara]

물푸레나무과
OLEACEAE Hoffmanns. & Link

●**분포**
중국(동북부), 일본, 러시아(동부), 한국
❖**국내분포/자생지** 주로 지리산 이북의 높은 산지(전남 백운산에도 분포)

●**형태**
수형 낙엽 소교목이며 높이 4~10m까지 자란다.

수피/겨울눈 수피는 회갈색-회백색이고 가로로 긴 피목이 발달하며 오래되면 불규칙하게 갈라진다. 겨울눈은 길이 2~4mm의 광난형이며 인편은 4~6쌍이다.

잎 마주나며 길이 5~12cm의 난형 또는 광난형(간혹 피침형)이다. 끝은 길게 뾰족하고 밑부분은 둥글거나 넓은 쐐기형이며, 가장자리가 밋밋하다. 양면에 털이 없으며, 잎자루는 길이 1~2cm다.

꽃 6~7월에 2년지 끝에서 나온 길이 10~25cm의 원추꽃차례에 백색의 양성화가 모여 달린다. 꽃받침은 길이 1.5~2mm이며 끝이 4갈래로 갈라진다. 화관은 길이 4~5mm이고 끝이 4갈래로 갈라지는데, 열편이 화관통부보다 길다. 수술은 2개, 암술은 1개이고 자방은 2실이다.

열매/종자 열매(蒴果)는 길이 1.5~2.5cm의 피침형-장타원형이며 끝이 뾰족하다. 9~10월에 녹갈색-갈색으로 익는다. 종자는 길이 1.3~1.7cm의 장타원형이다.

●**참고**
꽃개회나무와 비교해 백색의 꽃이 2년지 끝에 달리며, 잎 모양이 난형-광난형으로 폭이 더 넓다. 꽃은 향기가 좋아 향수의 재료로 이용하기도 한다.

❶꽃차례 ❷열매. 표면에는 피목이 있다. ❸잎. 맥 위에 약간의 털이 있다. 잎의 유형은 폭이 좁고 긴 형태도 있다. ❹겨울눈 ❺수피 ❻종자는 가장자리에 날개가 있다. ❼열매의 비교(왼쪽부터): 개회나무/버들개회나무/털개회나무
✽식별 포인트 꽃/열매/잎/겨울눈

2007. 6. 9. 강원 삼척시

008. 6. 6. 강원 정선군

버들개회나무
Syringa fauriei H. Lév.

물푸레나무과
OLEACEAE Hoffmanns. & Link

●**분포**
중국(불명확), 한국
❖**국내분포/자생지** 강원(계방산, 정선군)의 계곡 및 숲 가장자리에 매우 드물게 자람
●**형태**
수형 낙엽 관목 또는 소교목이며 높이 2~6m까지 자란다.
수피/어린가지/겨울눈 수피는 회색-짙은 회색이고, 대개 매끈하지만 오래되면 불규칙하게 갈라진다. 2년지는 갈색이고 작은 피목이 흩어져 있다. 겨울눈은 길이 2~3mm의 광난형이며 털이 없다.
잎 마주나며 길이 3~9cm의 좁은 피침형-장타원형이다. 끝은 꼬리처럼 길게 뾰족하고 밑부분은 쐐기형이며, 가장자리가 밋밋하다. 표면의 주맥에 털이 약간 있으며 뒷면 맥 위에는 백색 털이 밀생한다. 잎자루는 길이 5~15mm다.
꽃 5~6월 2년지 끝에서 나온 원추꽃차례에 백색의 양성화가 모여 달린다. 꽃받침은 길이 1.5~2mm이며 끝이 4갈래로 갈라진다. 화관은 길이 4~5mm이고 끝이 4갈래로 갈라지며, 열편은 화관통부와 길이가 같거나 더 길다. 수술은 2개, 암술은 1개이고 자방은 2실이다. 암술머리는 납작한 세모꼴이다.
열매/종자 열매(蒴果)는 길이 8~13mm의 장타원형이며, 끝이 둔하고 표면이 매끈하다. 9~10월에 녹갈색-갈색으로 익으며 종자는 길이 7~11mm의 장타원형이다.
●**참고**
국내 분포역이 매우 국지적인 희귀식물이다. 동일 지역의 개회나무보다 개화기가 2주 정도 빠르다.

❶꽃차례 ❷열매. 개회나무보다 크기가 다소 작고 표면에 피목이 없다. 결실이 빈약하다. ❸잎. 끝이 꼬리처럼 길어진다. ❹겨울눈. 어린가지는 깊게 골이 진다. ❺노목의 수피 ❻종자 ❼수형
❖식별 포인트 잎/어린가지/겨울눈/열매/꽃

구분	꽃	잎	열매	비고
개회나무	·꽃받침통은 백색이고, 가장자리에 결각이 거의 없다 ·암술머리는 뭉뚝한 몽둥이 모양	다소 두툼하다	크고 피목이 있다	버들개회나무는 작은꽃자루가 아주 짧아 개회나무보다 꽃이 더 촘촘하게 붙는다. 겨울눈의 생김새도 서로 다르다.
버들개회나무	·꽃받침통은 녹백색이고, 가장자리에 몇 개의 결각이 있다 ·암술머리는 납작한 세모꼴 ·동일 지역의 개회나무보다 개화기가 다소 빠르다	다소 얇고 잎끝이 꼬리처럼 길어진다	·작고 피목이 없다 ·결실률 낮다	

꽃개회나무
Syringa wolfii C. K. Schneid.

물푸레나무과
OLEACEAE Hoffmanns. & Link

2005. 6. 19. 강원 태백시 태백산

● **분포**
중국(동북부), 러시아(동부), 한국
❖ **국내분포/자생지** 지리산 이북의 산
지 능선 및 정상부

● **형태**
수형 낙엽 관목 또는 소교목이며 높이
3~5m까지 자란다.

수피/어린가지/겨울눈 수피는 짙은
회색이며 사마귀 같은 둥근 피목이 흩
어져 있다. 어린가지는 녹색이다가 차
츰 회색으로 변한다. 겨울눈은 길이 4
~5mm의 난형이다.

잎 마주나며 길이 3~15cm의 장타원형
또는 광타원형이다. 끝은 뾰족하거나
꼬리처럼 길게 뾰족하고 밑부분은 쐐
기형 또는 넓은 쐐기형이며, 가장자리
에는 밋밋하고 부드러운 털이 있다. 뒷
면 전체 또는 맥 위에 잔털이 있으며
잎자루는 길이 1~1.5cm다.

꽃 6~7월 새가지 끝에서 나온 길이
10~30cm의 원추꽃차례에 연한 홍자
색의 양성화가 모여 달린다. 꽃받침은
길이 2~3.5mm이며 끝이 4갈래로 얕
게 갈라지고 털이 있다. 화관은 길이
1.2~1.8cm이고 끝이 4갈래로 갈라지
며, 열편은 난상 장타원형 또는 난형
이다. 수술은 2개이고 화관통부 속에
위치한다.

열매/종자 열매(蒴果)는 길이 1~1.5cm
의 장타원형이며 표면이 매끈하다. 9
~10월에 녹갈색-갈색으로 익는다. 종
자는 길이 8~13mm의 장타원형이다.

● **참고**
개회나무에 비해 꽃이 연한 홍자색이
며, 털개회나무와 비교하면 꽃차례가
새가지 끝에 생기는 점이 다르다.

❶꽃차례는 새가지에 달린다. ❷열매. 장타
원형이며 표면이 매끈하다. ❸잎. 털개회나무
에 비해 잎 표면의 엽맥이 두드러지게 함몰되
어 표면이 주름져 보인다. ❹겨울눈 ❺수피
에는 사마귀 같은 둥근 피목이 있다. ❻종자
✽식별 포인트 꽃차례 위치(새가지)/잎/열매
(피목 없음)

라일락
(서양수수꽃다리)
Syringa vulgaris L.

물푸레나무과
OLEACEAE Hoffmanns. & Link

● **분포**
동유럽(불가리아, 헝가리) 원산
❖ **국내분포/자생지** 전국의 공원 및 정원에 널리 식재
● **형태**
수형 낙엽 관목이며 높이 2~4m까지 자란다.
어린가지/겨울눈 어린가지는 녹색에서 차츰 회갈색으로 변하며 표면에 작은 피목이 발달한다. 겨울눈은 길이 2~4mm의 난형-난상 구형이고 끝이 뾰족하다. 인편은 2~4쌍이고 털이 없다.
잎 마주나며 길이 4~10cm의 난형-광난형이다. 끝은 뾰족하고 밑부분은 평평하거나 얕은 심장형이며, 가장자리가 밋밋하다. 양면에 모두 털이 없으며, 잎자루는 길이 1.5~4cm다.
꽃 4~5월 2년지 끝에서 나온 길이 10~20cm의 원추꽃차례에 연한 홍자색-백색의 양성화가 모여 달린다. 화관은 끝에서 4갈래로 갈라지며, 가는 화관통부는 길이 1cm 정도다.
열매/종자 열매(蒴果)는 길이 1~1.5cm의 난상 타원형이며, 끝이 뾰족하고 표면은 보통 매끈하다. 9~10월에 갈색으로 익으며, 종자는 길이 8~12mm의 장타원형이다.
● **참고**
꽃에서 강한 향기가 나며, 다양한 재배종이 있다. 라일락에 비해 화관통부가 길이 1.5~2cm로 길고 열매가 장타원형으로 좁은 나무를 수수꽃다리[*S. oblata* Lindl. var. *dilatata* (Nakai) Rehder]라고 한다.

2001. 4. 3. 대구시 경북대학교

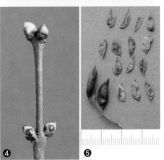

❶꽃의 종단면. 수술은 화관통부의 위쪽에 붙어 있다. ❷열매는 표면이 매끈한 경우가 보통이다. ❸잎 ❹겨울눈. 둥글고 광택이 난다. ❺종자 ❻수수꽃다리(좌)와 라일락(우)의 비교. 수수꽃다리의 꽃이 통부가 훨씬 길다. ❼수수꽃다리의 꽃
❋식별 포인트 꽃/열매/겨울눈

털개회나무
(정향나무)

Syringa patula (Palib.) Nakai
var. *patula*
[*Syringa pubescens* Turcz.
subsp. *patula* (Palib.) M. C
Chang & X. L. Chen; *S. velutina*
Kom.

물푸레나무과
OLEACEAE Hoffmanns. & Link

● **분포**
중국(동북부), 한국
❖**국내분포/자생지** 전국의 산지 숲 가
장자리 및 개활지

● **형태**
수형 낙엽 관목이며 높이 2~4m까지
자란다.
어린가지/겨울눈 어린가지는 회갈색
이고 둥글거나 약간 네모지며, 털이 없
는 경우가 더 많다. 겨울눈은 삼각상
난형 또는 난형이고 털이 없다.
잎 마주나며 길이 3~10㎝의 타원형-
난상 타원형-도란상 원형이다. 끝은
뾰족하고 밑부분은 넓은 쐐기형-얕은
심장형이며, 가장자리가 밋밋하다. 잎
양면의 털의 유무 및 밀도에는 변이가
심하다. 잎자루는 길이 5~15㎜다.
꽃 4~5월에 2년지 끝에서 나온 길이
5~16㎝의 원추꽃차례에 백색-연한
자색의 양성화가 모여 달린다. 꽃받침
은 길이 1.5~2㎜이며 4갈래로 갈라진
다. 화관은 끝에서 4갈래로 갈라지며,
화관통부는 길이 6~17㎜이고 가늘다.
열편은 장타원형 또는 난형이며, 2개
의 수술은 화관통부 속에 위치한다.
열매 열매(蒴果)는 길이 1~2㎝의 장
타원형이며, 표면에는 사마귀 같은 작
은 피목이 많이 발달한다. 9~10월에
갈색으로 익는다.

● **참고**
털개회나무와 비교해 가지, 잎자루, 꽃
받침에 털이 없으며 표면의 엽맥이 들
어가고 뒷면은 현저하게 튀어 나오는
나무를 섬개회나무로 구분하자는 의
견도 있다. 섬개회나무는 울릉도의 해
안가 바위지대에 자생한다.

❶꽃차례. 꽃은 2년지 끝에 핀다. ❷열매. 표면
에 피목이 많이 생기는 것이 특징이다. ❸잎.
형태적 변이가 심한 편이다. ❹겨울눈 ❺회색
의 수피에는 둥근 피목이 있다. ❻종자 ❼섬개
회나무 타입(경북 울릉도)
❖식별 포인트 꽃차례 위치(2년지)/열매(피
목 많음)

2007. 5. 15. 전남 구례군 지리산

2007. 7. 20. 전북 무주군 덕유산

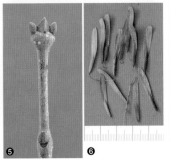

쇠물푸레
Fraxinus sieboldiana Blume

물푸레나무과
OLEACEAE Hoffmanns. & Link

●분포
중국(중부), 일본, 한국
❖국내분포/자생지 강원 및 황해도 이남의 산지

●형태
수형 낙엽 소관목 또는 교목이며 높이 5~15m까지 자란다.
잎 마주나며 작은잎 3~7개로 이루어진 우상복엽이다. 작은잎은 길이 5~10㎝의 난상 타원형-난형이다. 끝이 길게 뾰족하고, 가장자리는 밋밋하지만 간혹 잔톱니가 생기기도 한다.
꽃 수꽃양성화딴그루(웅성양성이주)다. 4~5월 새가지 끝에서 나온 원추꽃차례에 백색의 꽃이 모여 달린다. 수꽃은 꽃받침이 뚜렷하지 않으며, 화관은 4갈래로 깊게 갈라진다. 열편은 길이 6~7㎜의 선상 피침형이며 끝이 뾰족하다. 수술은 2개다. 양성화는 화관 열편이 좀 더 짧으며, 짧은 수술이 2개, 암술이 1개 있다.
열매 열매(翅果)는 길이 2~2.7㎝의 도피침형이고 흔히 적갈색을 띠며 8~9월에 익는다.

●참고
물푸레나무에 비해 잎이 작고 뒷면에 갈색 털이 밀생하지 않으며, 4갈래로 갈라진 백색의 화관이 있는 점이 다르다. 쇠물푸레는 소관목상으로 자라는 개체가 많이 보이지만, 큰 산의 계곡부에서는 훤칠한 교목으로 자라기도 한다.

❶양성꽃차례. 양성화의 수술은 수꽃의 수술보다 길이가 짧다. ❷❸수꽃차례. 수꽃의 화관열편은 양성화보다 다소 긴 편이다. ❹잎. 뒷면 맥 위에 백색 털이 나기도 하고 가장자리에 잔톱니가 생기기도 하는데, 이에 따라 종을 세분하는 의견도 있다. ❺겨울눈. 인편은 회색이며 측면에 덧눈(副芽)이 있다. ❻시과. 종자는 날개에 싸여 있다. 국내 자생하는 *Fraxinus*속 식물 중에서 시과의 크기가 가장 작다.
✱식별 포인트 열매/잎/겨울눈

물푸레나무

Fraxinus rhynchophylla Hance
[*Fraxinus chinensis* Roxb. subsp.
rhynchophylla (Hance) E.
Murray; *F. japonica* Blume ex K.
Koch]

물푸레나무과
OLEACEAE Hoffmanns. & Link

2009. 9. 1. 강원 양양군 설악산

● **분포**
중국(동북부), 일본(혼슈 일부), 한국
❖ **국내분포/자생지** 전국의 산지

● **형태**
수형 낙엽 교목이며 높이 15m, 지름
60㎝까지 자란다.
겨울눈 광난형이다. 인편은 2쌍인데 바
깥쪽의 1쌍이 뒤로 약간 젖혀져 있다.
잎 마주나며 작은잎 (3~)5~7개로 이
루어진 우상복엽이다. 작은잎은 길이
5~15㎝의 피침형-광난형이다. 끝은
뾰족하거나 둥글고 밑부분은 쐐기형-
넓은 쐐기형이며, 가장자리에는 물결
모양의 얕은 톱니가 있다. 표면에는 털
이 없고 뒷면 맥 위(특히 주맥)에 백색
털과 갈색 털이 밀생한다.
꽃 수꽃양성화딴그루(웅성양성이주)
다. 4~5월 새가지 끝에서 나온 길이
5~10㎝의 원추꽃차례에 꽃이 모여
달린다. 꽃에는 꽃잎이 없으며, 꽃받침
은 길이 2~3㎜의 컵 모양이며 꽃받침
열편은 삼각형이다. 수꽃은 수술이 2
개이며 양성화는 2개의 짧은 수술과 1
개의 암술대가 있다. 암술머리는 얕게
2(~3)갈래로 갈라진다.
열매/종자 열매(翅果)는 길이 2.5~4
㎝의 도피침형-장타원형이며 8~9월
에 익는다. 종자는 길이 1.2~1.5㎝의
장타원형이다.

❶❷양성꽃차례. 암술머리는 2(~3)갈래로
갈라지며 심장형이다. ❸개화 직전의 수꽃차
례 ❹개화기의 수꽃차례 ❺미성숙한 열매 ❻
결실기의 열매

● 참고

들메나무와 비교해 작은잎의 수가 적고 뒷면의 주맥을 따라 갈색 털이 밀생하며, 겨울눈의 인편이 회색이고 끝이 뒤로 젖혀지며 꽃차례가 새가지에 달리는 점이 다르다. 물푸레나무는 잎 모양이 다양하므로 엽형만으로는 들메나무와 구별하기 쉽지 않다.

❼개화기의 수그루 ❽엽축이 잎자루와 만나는 지점에는 대개 갈색 털이 있다. ❾잎 뒷면. 맥 위에 털이 밀생한다. ❿종자 ⓫겨울눈. 바깥쪽 인편이 뒤로 살짝 젖혀진다. ⓬⓭수피의 변화. 어린나무의 수피는 짙은 회색이고 매끈하며 백색 얼룩이 있지만, 오래되면 얼룩이 차츰 없어지고 세로로 불규칙하게 갈라진다. ⓮수형
✽식별 포인트 겨울눈(인편의 형태와 색깔)/잎(엽축)/꽃/열매

들메나무

Fraxinus mandshurica Rupr.
[*Fraxinus mandshurica* (Rupr.)
var. *japonica* Maxim.; *F. nigra*
(Marshall) var. *mandshurica*
(Rupr.) Lingelsh.]

물푸레나무과
OLEACEAE Hoffmanns. & Link

● **분포**
중국(동북부), 일본(혼슈 이북), 러시아
(동부), 한국
❖**국내분포/자생지** 경북, 전북 이북의
산지 계곡부

● **형태**
수형 낙엽 교목이며 높이 30m, 지름
2m까지 자란다.
겨울눈 겨울눈(頂芽)은 길이 5~8mm의
원추형이다. 인편은 2쌍이고 흑갈색을
띤다.
잎 마주나며 작은잎 (3~)9~11(~17)
개로 이루어진 우상복엽이다. 작은잎
의 잎자루 부근에는 대개 황갈색의 굽
은 털이 밀생한다. 작은잎은 길이 6~
15cm의 장타원형-난상 장타원형으로
끝이 꼬리처럼 길게 뾰족하고 가장자
리에는 잔톱니가 촘촘이 있다. 뒷면의
맥을 따라 백색의 짧은 털이 있다.
꽃 암수딴그루. 꽃은 잎이 나오기 전
인 4~5월에 2년지에서 나온 원추꽃
차례에 모여 달린다. 꽃에는 꽃잎과 꽃
받침이 없다. 수꽃은 수술이 2개이며
꽃밥은 연한 홍색-황색이다. 암꽃은
붉은빛이 돌며 자방의 기부에 2개의
수술 흔적이 남아 있고 1개의 암술대
가 있으며, 암술머리는 2갈래로 갈라
진다.
열매/종자 열매(翅果)는 길이 3~3.5
cm의 도피침형-장타원형이며 8~9월
에 익는다. 종자는 길이 1.3~1.5cm의
장타원형이다.

2009. 6. 28. 강원 인제군 설악산

❶암꽃차례. 자방의 기부에 퇴화된 2개의 수
술 흔적이 보인다. ❷❸수꽃차례. 꽃은 잎이
나기 전에 개화한다. ❹❺열매. 날개는 종자
부위와 길이가 비슷하다.

●참고
겨울눈의 인편이 없는 물들메나무에
비해 겨울눈에 흑갈색의 인편이 있으
며 작은잎 수가 더 많고 엽축과 작은잎
자루가 민나는 지점에 갈색 털이 밀생
하는 점이 다르다. 꽃에 꽃받침이 없는
것도 다른 점이다.

❻신엽의 전개(5월 초순) ❼잎. 표면에 털이
없고 보통 뒷면 맥 위에 백색 털이 있다. ❽엽
축. 작은잎자루와 엽축이 만나는 지점에는
보통 갈색 털이 밀생한다. ❾겨울눈. 흑갈색
의 인편이 2쌍 있다. ❿⓫수피의 변화. 어릴
때는 회백색~회색이고 매끈하지만 오래되면
세로로 깊게 갈라진다. ⓬수형(설악산 백담
사) ⓭종자
✿식별 포인트 겨울눈(인편의 유무와 색깔,
형태)/잎/꽃(꽃잎과 꽃받침이 없음)/열매(날
개 길이)

물들메나무
Fraxinus chiisanensis Nakai

물푸레나무과
OLEACEAE Hoffmanns. & Link

●**분포**
한국(한반도 고유종)
❖**국내분포/자생지** 경남(가야산, 천황산), 전북(내장산, 무등산, 덕유산), 전남(백운산, 지리산), 충북(민주지산), 경북(금오산)의 산지
●**형태**
수형 낙엽 교목이며 높이 30m, 지름 1m까지 자란다.
겨울눈 겨울눈(頂芽)은 인편 없이 드러나 있으며 표면에 갈색의 성상모가 있다.
잎 마주나며 작은잎 (3~)5~7(~9)개로 이루어진 우상복엽이다. 작은잎은 길이 6~20cm의 장타원형-난상 장타원형이며, 끝이 꼬리처럼 길게 뾰족하고 가장자리에는 잔톱니가 촘촘히 있다. 잎 뒷면 맥 기부에 약간의 갈색 털이 있다.
꽃 수꽃양성화딴그루(웅성양성이주)다. 꽃은 4~5월에 잎이 나면서 동시에 2년지에서 나온 원추꽃차례에 모여 달린다. 꽃잎은 없고 꽃받침은 작은 톱니 모양으로 갈라진다. 수꽃은 수술이 2개이며, 양성화는 짧은 수술 2개와 암술대가 1개 있다. 암술머리는 선형이고 끝이 2갈래로 깊게 갈라진다.
열매/종자 열매(翅果)는 길이 3.5~4cm의 도피침형-장타원형이며 8~9월에 익는다. 종자는 길이 1.2~1.5cm의 장타원형이다.

2007. 6. 4. 경남 함양군 지리산

❶❷양성꽃차례. 꽃잎이 없고(꽃받침 있음) 짧은 수술이 2개 있으며 암술머리는 선형으로 깊게 갈라진다. ❸수꽃차례 ❹열매 ❺종자

●참고

예전에는 물들메나무를 들메나무와 물푸레나무의 자연교잡종으로 추정했지만, 관련 연구결과에 따라 물들메나무를 한반도 숭남부지방에 국시적으로 분포하는 독립된 종으로 보는 편이 타당하다.

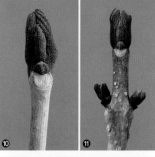

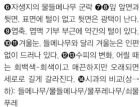

❻자생지의 물들메나무 군락 ❼❽잎 앞면과 뒷면. 표면에 털이 없고 뒷면은 광택이 난다. ❾엽축. 엽맥 기부 부근에 약간의 털이 있다. ❿⓫겨울눈. 들메나무와 달리 겨울눈은 인편 없이 드러나 있다. ⓬⓭수피의 변화. 어릴 때는 회백색–회색이고 매끈하지만 오래되면 세로로 길게 갈라진다. ⓮시과의 비교(상→하): 들메나무/물들메나무/물푸레나무/쇠물푸레

✲식별 포인트 겨울눈/잎/꽃(꽃받침 있음)

이팝나무
Chionanthus retusus Lindl. & Paxton

물푸레나무과
OLEACEAE Hoffmanns. & Link

2008. 5. 10. 경남 함양군

●**분포**
중국(중남부), 일본(홋카이도와 규슈 일부, 쓰시마섬), 타이완, 한국
❖**국내분포/자생지** 중부 이남의 산야에 드물게 자람

●**형태**
수형 낙엽 교목이며 높이 20m, 지름 70cm까지 자란다.

어린가지/겨울눈 어린가지는 회갈색이며 종잇장처럼 벗겨진다. 겨울눈은 길이 3~7mm의 삼각상 난형이며, 끝이 뾰족하며 인편에는 짧은 털이 있다.

잎 마주나며 길이 4~12cm의 장타원형-광난형이다. 끝은 둔하거나 뾰족하고, 밑부분은 넓은 쐐기형-얕은 심장형이다. 가장자리는 밋밋하지만 어릴 때는 잔톱니가 있다. 잎은 얇은 가죽질이며 뒷면 맥 가장자리에 털이 밀생한다. 잎자루는 길이 5~20mm이며 굽은 털이 있다.

꽃 수꽃양성화딴그루이며, 5월에 2년지 끝에서 나온 길이 3~12cm의 원추꽃차례에 백색의 꽃이 모여 달린다. 꽃받침은 길이 1~3mm이며, 꽃받침열편은 길이 0.5~2mm의 좁은 피침형이다. 화관은 4갈래로 깊게 갈라지며, 화관열편은 길이 1.5~2.5cm의 선상 도피침형이다.

열매 열매(核果)는 길이 1.5~2cm의 광타원형-난형이며 10~11월에 벽흑색-흑색으로 익는다. 핵은 길이 1~1.5cm의 장타원형-타원형이며 표면에 그물무늬가 있다.

●**참고**
국명은 백색 꽃이 흐드러지게 피는 개화기의 모습이 '쌀밥(이밥)'과 닮은 나무'라는 의미다.

❶양성화(좌)와 수꽃(우)의 종단면 비교. 양성화가 약간 더 크고 꽃의 기부가 통통하다. ❷열매 ❸잎. 뒷면은 주맥 가장자리를 따라 백색 털이 밀생한다. ❹겨울눈 ❺수피. 짙은 회색이고 매끈하지만 오래되면 세로로 길게 갈라진다. ❻수형 ❼핵
✱식별 포인트 열매/수피/겨울눈/꽃(개화기)

012. 11. 11. 경남 양산시

구골나무
Osmanthus heterophyllus (G. Don) P. S. Green

물푸레나무과
OLEACEAE Hoffmanns. & Link

● **분포**
일본(혼슈 이남), 타이완 원산
❖ **국내분포/자생지** 남부지방의 공원
및 정원에 식재
● **형태**
수형 상록 소교목이며 높이 4~8m까
지 자란다.
잎 마주나며 길이 4~7cm의 타원형이
다. 잎은 끝이 뾰족하고 밑부분은 쐐기
형이며, 가장자리가 밋밋하다. 잎자루
는 길이 5~10mm다. 어린나무의 잎 가
장자리에는 2~5쌍의 가시같이 날카
로운 톱니가 발달한다.
꽃 암수딴그루이며, 11~12월에 잎겨
드랑이에 백색의 꽃이 모여 달린다. 화
관은 지름 5mm 정도이고 4갈래로 갈라
진다.
열매 열매(核果)는 길이 1.2~1.5cm의
타원형이며 이듬해 6~7월에 벽흑색
으로 익는다.
● **참고**
남부지방의 공원 및 정원에 간혹 식재
되어 있는데, 대부분이 수그루로서 열
매를 맺지 않는다. 구골나무와 유사한
목서(*O. fragrans* Lour.)는 중국 원산
의 상록 관목으로 구골나무보다는 드
물게 식재한다. 중국 신화 속의 '달나
라 계수나무'는 목서를 두고 하는 말이
다. 목서의 변종으로 황색 꽃이 피는
나무를 금목서(*O. fragrans* Lour. var.
aurantiacus Makino)라고 하는데, 간
혹 남부지방에 식재한 나무를 볼 수 있
다. 한편, 목서와 구골나무 사이의 교
잡종을 은목서(*Osmanthus* x *fortunei*
Carrière)라고 하며 구골나무보다 더
흔하게 볼 수 있다.

❶암꽃 ❷수꽃 ❸목서(ⓒ이웅) ❹금목서 ❺
❻은목서(ⓒ이웅)
✲식별 포인트 잎/꽃(개화기)

633

박달목서
Osmanthus insularis Koidz.

물푸레나무과
OLEACEAE Hoffmanns. & Link

● **분포**
일본(혼슈 이남), 타이완, 한국
❖ **국내분포/자생지** 전남(가거도, 거문도), 제주(범섬, 절부암)에 매우 드물게 자람

● **형태**
수형 상록 교목이며 높이 15m, 지름 1m까지 자란다.

수피/겨울눈 수피는 회색-짙은 회색이고 피목이 발달한다. 겨울눈은 황록색의 난형이며 짧은 자루가 있고 끝이 뾰족하다.

잎 마주나며 길이 7~11cm의 장타원형이다. 끝은 꼬리처럼 길게 뾰족하고 밑부분은 쐐기형이며 가장자리가 밋밋하지만, 어린나무의 잎 가장자리에는 날카로운 톱니가 있다. 양면에 모두 털이 없으며 뒷면은 연한 녹색이다. 잎자루는 길이 1~2cm다.

꽃 암수딴그루이며, 10~11월 잎겨드랑이에 백색의 꽃이 산형꽃차례에 모여 달린다. 화관은 지름 5~6mm이고 4갈래로 갈라지며, 열편은 길이 2~3mm다. 꽃받침열편은 길이 1~1.5mm다. 수술은 2개이고 화관열편과 길이가 비슷하며, 수꽃에는 암술이 퇴화되어 있다. 꽃에서 라일락과 유사한 진하고 좋은 향기가 난다.

열매 열매(核果)는 길이 1.5~2.5cm의 타원형이며 이듬해 5~6월에 벽흑색으로 익는다. 핵은 길이 1~1.7cm의 장타원형이며 표면에 세로줄이 있다.

2007. 10. 11. 전남 여수시 거문도

❶❷암꽃차례. 암꽃은 자방에 털이 없고 암술대가 1개다. ❸수꽃차례. 수꽃의 중앙에 퇴화된 암술이 있다. ❹열매. 타원상이며 벽흑색으로 익는다. ❺❻잎 앞면과 뒷면. 양면 모두 털이 없다.

● 참고

거문도 일대가 박달목서 분포의 북한
계선에 해당한다. 박달목서는 환경부
가 멸종위기야생동식물로 지정(2011년
기준)해 법적 보호를 받았다가 2012년
에 지정이 해제되었다. 그렇다고 해서
서식 환경이 특별히 더 나아졌다거나
멸종 위협이 감소했다고는 볼 수 없다.
개화기에는 그윽한 꽃향기가 사방에
퍼진다.

❼박달목서는 상록 교목이다. ❽어린나무의
잎 가장자리에 톱니가 있다. ❾꽃눈 ❿잎눈
⓫⓬수피의 변화 ⓭핵 ⓮자생지의 풍광(제
주 절부암). 절부암에는 원래 수그루들만 잔
존해 있었다. 현재 이곳에 있는 암그루들은
1995년 거문도로부터 이식한 나무다.
✱식별 포인트 잎/열매/겨울눈

635

광나무

Ligustrum japonicum Thunb.

물푸레나무과
OLEACEAE Hoffmanns. & Link

2005. 6. 25. 전남 진도군

● **분포**
일본(혼슈 이남), 한국

❖ **국내분포/자생지** 경남, 전남 및 제
주의 해안 가까운 산지

● **형태**
수형 상록 소교목이며 높이 5m까지
자라고 가지가 많이 갈라진다.
수피/겨울눈 수피는 회갈색이고 피목
이 발달한다. 겨울눈은 타원상 난형이
며 인편이 5~6쌍 있고 광택이 난다.
잎 마주나며 길이 4~8cm의 타원형 또
는 광타원형이다. 끝은 뾰족하고 밑부
분은 둥글거나 넓은 쐐기형이며, 가장
자리가 밋밋하다. 엽질은 가죽질이며
양면에 털이 없다. 표면은 광택이 나며
뒷면은 연한 녹색이고 측맥이 희미하
다. 잎자루는 길이 5~12mm다.
꽃 6~7월에 새가지 끝에서 나온 길이
5~12cm의 원추꽃차례에 백색의 양성
화가 모여 달린다. 화관은 지름 5~6
mm이고 4갈래로 갈라지며, 열편은 길
이 2~2.5mm이고 옆으로 벌어진다. 꽃
받침은 길이 1~1.5mm이고 끝이 둔한
톱니 모양이다. 수술은 2개인데 화관
밖으로 길게 나오며, 암술은 1개로 화
관통부 속에 숨어 있다.
열매/종자 열매(核果)는 길이 8~10mm
의 타원형이며 10~11월에 벽흑색으로
익는다. 핵은 길이 8mm가량의 장타원
형이며 표면에 미세한 돌기가 있다.

● **참고**
'광나무'라는 이름은 제주 방언 '꽝낭'
이 기원이다. 백랍(白蠟)을 채취할 때
쥐똥밀깍지벌레(白蠟蟲) 분비물이 가
지를 덮은 모습이 '꽝'(뼈/응어리)을 연
상시켰을 수도 있다. '잎이 광(光)-윤
기가 나는 나무'라는 견해는 어원의 의
미에 부합하지 않으며, 여러 상록수 중
에서 유독 광나무의 잎만 광택이 난다
고 보기도 어렵다.

❶꽃차례. 꽃은 6월에 원추꽃차례에 달리며
당광나무보다 더 일찍 개화한다. ❷열매 ❸
❹잎. 중앙부의 폭이 가장 넓으며 뒷면(❹)
의 맥은 아주 희미하다. ❺수피 ❻수형 ❼핵
✽**식별 포인트** 잎(뒷면)/꽃(개화기)/열매

당광나무
(제주광나무)
Ligustrum lucidum W. T. Aiton

물푸레나무과
OLEACEAE Hoffmanns. & Link

● **분포**

중국(중남부), 한국(제주)

❖ **국내분포/자생지** 제주의 낮은 산지에 드물게 야생 상태의 나무가 있다. 흔히 남부지방에서 조경용으로 식재

● **형태**

수형 상록 교목이며 높이 25m까지 자란다.

잎 마주나며 길이 6~17cm의 타원형-난형이다. 끝은 뾰족하고 밑부분은 둥글거나 넓은 쐐기형이며, 가장자리가 밋밋하다. 표면은 짙은 녹색이고 광택이 있으며, 뒷면은 연한 녹색이고 측맥이 뚜렷하다.

꽃 7월에 새가지 끝에서 나온 길이 10~20cm의 큰 원추꽃차례에 백색의 양성화가 모여 달린다. 화관은 길이 4~5mm이고 4갈래로 갈라지며, 열편은 통부와 길이가 비슷하고 옆으로 벌어지거나 뒤로 젖혀진다. 수술은 2개이고 화관 밖으로 길게 나오며, 암술은 1개이고 화관통부 속에 숨어 있다.

열매/종자 열매(核果)는 길이 8~10mm의 타원형이며 11~12월에 진한 벽흑색-흑자색으로 익는다. 핵은 길이 5~6mm의 장타원형이고 표면에 골이 진다.

● **참고**

광나무와 유사하지만 꽃차례와 잎이 더 크고 잎 뒷면의 맥이 뚜렷하며, 개화기가 한 달가량 늦다. 당광나무와 근연식물의 열매를 '여정실'(女貞實, 여자의 정절을 지키는 열매)이라는 이름의 한약재로 쓴다.

2008. 12. 3. 제주 서귀포시

❶❷꽃차례. 광나무보다 대형이며 꽃의 화관이 더 깊게 갈라진다(화관통부가 짧음). ❸잎의 비교: 광나무(좌)와 당광나무(우). 광나무에 비해 중앙부 하단의 폭이 제일 넓고 뒷면의 엽맥도 선명하다. ❹잎 뒷면. 광나무와는 달리 햇볕에 비춰보면 측맥이 뚜렷하게 보인다. ❺수형 ❻수피 ❼핵. 외과피와 과육을 제거하면 회백색의 두꺼운 내과피(왼쪽 아래)에 싸인 핵이 들어 있다.

✽식별 포인트 잎(뒷면)/꽃(화관통부, 개화기)/열매/핵(내과피)

상동잎쥐똥나무

Ligustrum quihoui Carrière
(*Ligustrum quihoui* Carrière var. *latifolium* Nakai)

물푸레나무과
OLEACEAE Hoffmanns. & Link

● **분포**
중국(산둥반도 이남), 한국
❖ **국내분포/자생지** 전남(완도, 진도)의 해안 및 인근 산야에 드물게 자람
● **형태**
수형 반상록 관목이며 높이 1~3m로 자라고 가지가 많이 갈라진다.
겨울눈 뾰족한 난형이며 인편은 황갈색이다.
잎 마주나며 길이 1~4cm의 타원형-도란형이다. 끝은 둔하거나 뾰족하고 밑부분은 좁아져 잎자루와 연결되며, 가장자리가 밋밋하다. 잎자루는 길이 1~3mm다.
꽃 6월 말~7월 초 새가지 끝에서 나온 길이 5~15(~20)cm의 좁고 긴 원추꽃차례에 백색의 양성화가 모여 달린다. 꽃받침은 길이 1.5~2mm이며 털이 없다. 화관은 길이 4~5mm 정도이고 4갈래로 갈라지며, 열편은 통부와 길이가 비슷하고 옆으로 퍼진다. 수술은 2개이고 화관 밖으로 길게 나오며, 꽃밥은 길이 1.5mm 정도다. 암술은 1개이고 화관통부와 길이가 비슷하다.
열매/종자 열매(核果)는 길이 6~8mm의 난상 구형이며 10~11월에 흑자색으로 익는다. 핵은 길이 5~6mm의 장타원형인데, 연한 갈색의 내과피에 싸여 있고 표면에 골이 진다.
● **참고**
왕쥐똥나무에 비해 잎이 작고 꽃차례가 긴 원추상이며, 화관통부가 짧고 종자가 두꺼운 내과피에 싸여 있는 점이 다르다. 국명은 '상동나무와 잎이 닮은 쥐똥나무'라는 의미이며, 실제로 잎과 꽃차례가 닮은 면이 있다.

❶꽃차례가 긴 원추상이 되는 것이 특징이다. 꽃의 화관열편은 통부와 길이가 비슷하다. ❷잎은 반상록성이다. ❸겨울눈 ❹열매 ❺수형. 상동나무처럼 덤불을 이룬다. ❻핵은 연한 갈색의 두꺼운 내과피(왼쪽 아래)에 싸여 있다.
✻식별 포인트 꽃(긴 원추꽃차례)/핵(내과피의 색깔)

2008. 7. 5. 전남 완도군

638

2009. 6. 11. 제주

왕쥐똥나무
Ligustrum ovalifolium Hassk.

물푸레나무과
OLEACEAE Hoffmanns. & Link

● **분포**
일본(혼슈 이남), 한국
❖ **국내분포/자생지** 전남, 제주의 산지에 비교적 드물게 자람
● **형태**
수형 반상록 관목 또는 소교목이며 높이 2~6m까지 자란다.
수피/겨울눈 수피는 회갈색이고 사마귀 같은 작은 피목이 발달한다. 겨울눈은 뾰족한 난형이며, 인편은 황갈색이고 털이 없다.
잎 마주나며 길이 4~10cm의 타원형-도란형이다. 밑부분은 점차 좁아져 잎자루와 연결되며, 가장자리가 밋밋하다. 뒷면은 연한 녹색이고 광택이 난다. 잎자루는 길이 3~5mm다.
꽃 6~7월에 새가지 끝에서 나온 넓은 원추꽃차례에 백색의 양성화가 모여 달린다. 화관은 길이 7~8mm의 깔때기 모양이고 끝이 4갈래로 갈라지며, 열편의 길이는 통부의 ½ 정도다. 수술은 2개이고 화관 밖으로 나온다. 암술은 1개이고 화관 밖으로 살짝 돌출한다.
열매/종자 열매(核果)는 길이 7~8mm의 난상 구형-구형이며 10~11월에 흑자색으로 익는다. 핵은 길이 5~8mm의 장타원형이다.
● **참고**
가로수 및 정원수로 드물지 않게 식재하고 있으나 자생지에는 의외로 개체수가 많지 않다. 외형상으로는 산동쥐똥나무, 상동잎쥐똥나무, 섬쥐똥나무와 혼동할 수 있으나, 잎이 크고 반상록성이며 꽃차례(넓은 원추상)가 크고 핵이 두꺼운 내과피에 싸여 있지 않은 특징으로 구별할 수 있다.

❶❷꽃차례. 꽃의 화관열편은 길이가 통부의 절반 정도다. ❸미성숙한 열매 ❹잎. 흔히 도란상이다. ❺겨울눈 ❻수형. 국내 자생하는 다른 쥐똥나무류에 비해 상대적으로 크게 자란다. ❼핵
❖식별 포인트 잎/꽃차례(넓은 원추상)/열매(두꺼운 내과피 없음)/겨울눈

섬쥐똥나무
Ligustrum foliosum Nakai

물푸레나무과
OLEACEAE Hoffmanns. & Link

2004. 10. 24. 경북 울릉도

● **분포**
한국(울릉도 고유종)
❖ **국내분포/자생지** 울릉도의 산지
● **형태**
수형 낙엽 관목이며 높이 1~3m로 자라며 가지가 많이 갈라진다.
수피/겨울눈 수피는 회색이며 사마귀 같은 작은 피목이 발달한다. 겨울눈은 뾰족한 난형으로 인편이 황갈색이고 털이 없다.
잎 마주나며 길이 2~5cm의 장타원형-난형이다. 끝은 다소 뾰족하고 밑부분은 쐐기형이며, 가장자리가 밋밋하다. 뒷면은 연한 녹색이고 맥 위에 잔털이 있다. 잎자루는 길이 2~5mm다.
꽃 6~9월에 새가지 끝에서 나온 길이 5~10cm의 원추꽃차례에 백색의 양성화가 모여 달린다. 꽃받침은 길이 1.5~2mm이고 끝이 얕은 톱니 모양이다. 화관은 길이 6~7mm의 깔때기 모양이고 끝이 4갈래로 갈라지며, 피침형의 열편은 통부보다 약간 짧다. 수술은 2개이고 화관 밖으로 나오며 암술은 1개이고 화관통부 속에 있다.
열매/종자 열매(核果)는 길이 7~8mm의 난상 구형-구형이며 9~11월에 흑자색으로 익는다. 핵은 길이 5~7mm의 타원형-장타원형이며 세로로 얕게 골이 진다.
● **참고**
쥐똥나무에 비해 잎이 약간 크고 끝이 뾰족하며, 꽃이 원추꽃차례에 달리는 점이 특징이다. 일본과 러시아(사할린)에 분포하는 *L. tschonoskii* Decne.와 매우 흡사하다.

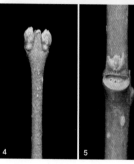

❶❷꽃차례. 원추꽃차례에 꽃이 달린다. 화관통부는 쥐똥나무에 비해 약간 짧다. ❸잎. 끝이 뾰족한 편이다. ❹❺겨울눈과 엽흔 ❻핵
✽**식별 포인트** 꽃(원추꽃차례, 화관통부)/잎(낙엽성)/자생지

2007. 6. 9. 강원 영월군

쥐똥나무
Ligustrum obtusifolium
Siebold & Zucc.

물푸레나무과
OLEACEAE Hoffmanns. & Link

●분포
중국(동부 및 동북부), 일본, 한국
❖국내분포/자생지 전국의 낮은 산지
●형태
수형 낙엽 관목이며 높이 1~2(~4)m
로 자란다.
수피/겨울눈 수피는 회색-회갈색이고
피목이 흩어져 있다. 겨울눈은 길이 2
~3mm의 난형이다.
잎 마주나며 길이 2~6cm의 장타원
형-도란상 타원형이다. 끝은 흔히 둥
글고 밑부분은 쐐기형이며, 가장자리
가 밋밋하다. 뒷면 맥 위에는 잔털이
있다. 잎자루는 길이 1~3mm다.
꽃 5~6월에 새가지 끝에서 나온 길이
2~4cm의 총상꽃차례(간혹 좁은 원추
상)에 백색의 양성화가 모여 달린다.
화관은 길이 6~9mm의 깔때기 모양이
고 끝이 4갈래로 갈라지며, 통부는 열
편보다 1.5~2배 정도 길다. 수술은 2
개이고 화관 밖으로 약간 나오며, 암술
은 1개이고 화관통부 속에 있다.
열매/종자 열매(核果)는 길이 5~8mm
의 광타원형-난상 구형이며 10~11월
에 흑자색으로 익는다. 핵은 길이 4~
6mm의 장타원형-타원형이며 세로로
얕게 골이 진다.
●참고
국명은 열매의 모양이 '쥐똥과 닮은 나
무'라는 뜻이다. 섬쥐똥나무, 산동쥐똥
나무에 비해 총상(또는 좁은 원추상)
꽃차례가 많이 갈라지지 않는 것이 특
징이다. 종소명 *obtusifolium*은 '잎끝
이 둥글다'라는 의미다.

❶꽃. 흔히 총상꽃차례에 달리며 꽃차례가
빈약하다. 꽃은 화관통부가 길다. ❷열매. 흑
자색으로 익는다. 그다지 풍성하게 달리지
않는다. ❸잎. 잎끝이 둥근 형태가 흔하다.
❹겨울눈 ❺수피 ❻쥐똥나무 당산목(경북
경산시) ❼핵. 막질의 내과피에 싸여 있다.
✽식별 포인트 꽃(화관통부)/잎(끝)/열매(내
과피)

산동쥐똥나무
Ligustrum acutissimum
Koehne

물푸레나무과
OLEACEAE Hoffmanns. & Link

●**분포**
중국(중남부), 한국
❖**국내분포/자생지** 전남(가거도, 거문도 등) 및 제주의 산야
●**형태**
수형 낙엽 관목이며 높이 1~2m로 자라고 가지가 많이 갈라진다.
수피/어린가지/겨울눈 수피는 회색-회갈색이고 피목이 흩어져 있다. 어린가지에는 잔털이 밀생한다. 겨울눈은 길이 2~3mm의 난형이며 끝이 뾰족하다. 잎 마주나며 길이 3~6(~10)cm의 피침형-타원상 난형이다. 끝은 뾰족하고 밑부분은 쐐기형-넓은 쐐기형이며, 가장자리가 밋밋하다. 뒷면은 연한 녹색이고 잔털이 있다.
꽃 5월 말~6월 초 새가지 끝에서 나온 길이 2~5cm의 원추꽃차례에 백색의 양성화가 모여 달린다. 화관은 길이 7~8mm의 깔때기 모양이고 끝이 4갈래로 갈라지며, 통부는 열편보다 2배가량 길다. 수술은 2개이고 화관 밖으로 약간 나오며, 암술은 1개이고 화관통부 속에 위치한다.
열매/종자 열매(核果)는 길이 6~9mm의 광타원형-난상 구형이며 10~11월에 벽흑색-흑자색으로 익는다. 핵은 길이 5~6mm의 장타원형-타원형이며 표면은 세로로 골이 진다. 핵은 막질의 내과피에 싸여 있다.
●**참고**
쥐똥나무와 매우 유사하지만 잎의 끝이 뾰족하고 식물체가 더 대형이며, 꽃차례가 풍성한 원추상인 점이 다르다. 종소명 *acutissimum*은 '잎끝이 뾰족하다'라는 의미이다.

❶꽃 ❷꽃차례. 쥐똥나무와 비교해 보다 큰 원추상이다. 화축은 보통 붉은색이 돌고 긴 털이 밀생한다. ❸잎은 보통 끝이 뾰족하다. ❹겨울눈 ❺수피 ❻열매. 쥐똥나무에 비해 풍성하게 달린다. ❼수형 ❽핵. 막질의 내과피에 싸여 있고 쥐똥나무보다 표면의 골이 좀 더 뚜렷한 편이다.
❖식별 포인트 꽃(꽃차례)/어린가지(털이 많음)/잎

2018. 5. 18. 제주

2009. 7. 31. 경기 남양주시 천마산

참오동나무
(오동나무)

Paulownia tomentosa (Thunb.) Steudel

현삼과
SCROPHULARIACEAE Juss.

● **분포**
중국(중북부) 원산

✤ **국내분포/자생지** 전국의 산야나 개활지에 야생화되어 자람

● **형태**
수형 낙엽 교목이며 높이 20m까지 자란다.

잎 마주나며 길이 15~30cm의 삼각상 오각형-광난형이며, 3~5갈래로 얕게 갈라지기도 한다. 끝은 뾰족하고 밑부분은 심장형이며, 가장자리가 밋밋하다. 양면에 모두 털이 있으며, 특히 뒷면 맥 위에 샘털이 밀생한다.

꽃 4~5월에 가지 끝에서 나온 길이 30~40cm의 원추상꽃차례에 연한 홍자색의 양성화가 모여 달린다. 꽃받침은 길이 1.5cm 정도의 좁은 종형인데 5갈래로 갈라지며, 겉에는 황갈색 털이 밀생한다. 화관은 길이 5~7.5cm의 깔때기 모양이며 겉에 짧은 털과 샘털이 있다. 화관 끝은 5갈래로 갈라지며, 아래쪽 열편 안쪽에는 흔히 진한 자주색의 줄무늬가 있다. 수술은 길이 2.5cm 가량이며, 자방은 난형이고 암술대는 수술보다 짧다.

열매/종자 열매(蒴果)는 길이 3~4.5cm의 난형이며, 겉에 끈적끈적한 샘털이 밀생한다. 종자는 길이 2.5~4mm(날개 포함)다.

● **참고**
잎 뒷면에 갈색 털이 있고 꽃의 화관 아래쪽 열편 안쪽에 자주색 줄무늬가 없는 타입을 오동나무(*P. coreana* Uyeki)로 따로 구분하기도 하지만, 이 책에서는 참오동나무와 동일종으로 보는 견해를 따른다.

❶꽃차례. 화관 아래쪽 열편 안쪽 면에 자주색 줄무늬가 있다. ❷열매. 크기가 작은 다량의 종자를 생산한다. ❸꽃눈. 표면에는 갈색 털이 밀생한다. ❹수피. 회갈색이며 피목이 발달한다. ❺수형 ❻종자. 가장자리에 막질의 넓은 날개가 있다. ❼오동나무 타입. 화관 열편 안쪽 면에 자주색 줄무늬가 없다.
✤식별 포인트 잎/꽃/열매/겨울눈(꽃눈)

개오동

Catalpa ovata G. Don

능소화과 BIGNONIACEAE Juss.

●분포
중국(중북부) 원산

❖**국내분포/자생지** 전국의 공원 및 정원, 주택 마당에 간혹 식재

●형태
수형 낙엽 교목이며 높이 15m까지 자란다.

겨울눈 잎눈은 길이 2~3mm의 반구형이며 인편은 8~12개다.

잎 마주나며(간혹 돌려남) 길이 10~25cm의 광난형이고, 3~5갈래로 얕게 갈라진다. 끝은 길게 뾰족하고 밑부분은 심장형이며, 가장자리가 밋밋하다. 표면은 맥 위에 짧은 털이 있으며, 뒷면은 측맥 기부에 부드러운 털이 밀생한다.

꽃 6~7월 가지 끝에서 나온 길이 12~28cm의 원추상꽃차례에 황백색 양성화가 모여 달린다. 꽃받침은 길이 6~8mm의 입술 모양이며 2갈래로 갈라진다. 화관은 길이 2~3cm의 넓은 깔때기 모양인데 끝이 5갈래로 갈라지고 안쪽 면 통부 입구에 황색 줄무늬와 암자색 반점이 있다. 수술은 5개인데, 아래쪽의 2개는 꽃밥이 퇴화되어 있다. 암술대는 수술과 길이가 같으며 암술머리는 2갈래로 갈라진다.

열매/종자 9~10월에 익는 열매(蒴果)는 길이 20~30cm의 선형이며 아래로 늘어지며 달린다. 종자는 길이 7~10mm의 납작한 장타원형이며, 양 끝에 긴 털이 밀생한다.

●참고
꽃개오동에 비해 꽃이 연한 황백색이고 꽃차례, 열매, 종자의 크기도 다소 작다.

❶꽃차례. 꽃개오동보다 약간 소형이다. ❷연한 황백색의 꽃 ❸열매 ❹잎 ❺겨울눈. 인편이 살짝 벌어져 마치 왕관처럼 보인다. 겨울눈은 3개씩 돌려나거나 2개씩 마주난다. ❻수피. 회갈색이며 세로로 갈라진다. ❼종자. 양 끝에 긴 털이 밀생한다.

✽식별 포인트 꽃/열매/겨울눈/잎

2007. 7. 8. 강원 인제군

꽃개오동
Catalpa bignonioides Walter

능소화과 BIGNONIACEAE Juss.

● **분포**

미국(중부-남부) 원산

❖ **국내분포/자생지** 전국의 공원 또는 고궁에 드물게 식재

● **형태**

수형 낙엽 교목이며 높이 15~18m까지 자란다.

겨울눈 잎눈은 길이 2~3mm의 반구형이며 인편은 8~12개다.

잎 잎은 마주나고 길이 10~20cm의 광난형이며 끝이 뾰족하다. 주맥을 따라 분비샘이 분포한다.

꽃 6월에 길이 20~35cm의 원추꽃차례에 백색의 양성화가 풍성하게 달린다. 화관은 길이 3cm 가량의 넓은 깔때기 모양이며 안쪽 면의 통부 입구에 황색의 반점과 어두운 자주색 줄무늬가 있다.

열매/종자 열매(蒴果)는 길이 20~40cm, 지름 8~10mm의 선형이다. 종자는 납작한 장타원형이며, 양 끝에 긴 털이 밀생한다.

● **참고**

개오동에 비해 꽃이 흰색이고 꽃차례, 열매, 종자의 크기도 약간 더 크다. 미국개오동[*C. speciosa* (Warder ex Barney) Warder ex Engelm.]은 꽃개오동과 닮았지만 꽃과 잎, 열매의 크기가 좀 더 크고 꽃은 상대적으로 성기게 달린다. 꽃의 통부 안쪽의 줄무늬도 꽃개오동에 비해 붉은 색조가 강하다.

❶ 열매는 길쭉한 선형이다. ❷ 겨울눈 ❸ 수피 ❹ 수형 ❺ 종자의 비교(왼쪽 상단부터 시계 방향): 개오동/꽃개오동/미국개오동 ❻❼ 미국개오동. 꽃개오동보다 꽃이 성기게 달린다. ❖식별 포인트 꽃

017. 6. 11. 서울시 경복궁

능소화
Campsis grandiflora (Thunb.) K. Schum.

능소화과 BIGNONIACEAE Juss.

2010. 7. 23. 전남 해남군

● **분포**
중국(중부) 원산
❖**국내분포** 전국에 널리 식재
● **형태**
수형 낙엽 덩굴성 목본이다.
잎 마주나며 우상복엽이다. 작은잎은
길이 3~7㎝의 장난형-난형이다.
꽃 7~8월 가지 끝에서 나온 대형 원추
상꽃차례에 황적색의 양성화가 모여
달린다.
열매 국내에서는 열매(蒴果)를 잘 맺
지 않는다.

❶꽃. 2갈래로 갈라진 납작한 암술대의 주두
는 접촉(진동)에 반응하는 경성(傾性, nasty)
운동을 한다(傾震性). ❷잎에 털이 없고 표면
은 광택이 난다. ❸겨울눈. 난상 구형이다.
❹노목의 수피
✻식별 포인트 꽃/잎

미국능소화
Campsis radicans (L.) Seem.

능소화과 BIGNONIACEAE Juss.

● **분포**
북아메리카(동부) 원산
❖**국내분포** 전국의 정원 및 공원에 널
리 식재
● **형태**
수형 낙엽 덩굴성 목본이다.
잎 마주나며 우상복엽이다.
꽃 7~8월 가지 끝에서 나온 대형 원추
상꽃차례에 적색의 양성화가 4~12개
모여 달린다.
● **참고**
능소화와 더불어 관상용으로 많이 심
는다. 능소화보다 꽃색이 더 붉고 화통
의 폭이 좀 더 좁은 점이 다르다.

❶꽃 ❷열매. 배봉선을 따라 날개가 돌출해
있다. ❸종자. 막질의 날개에는 갈색 줄무늬
가 있다. ❹수형(독일 프랑크푸르트)
✻식별 포인트 꽃

2005. 8. 8. 제주

구슬꽃나무
(중대가리나무,
머리꽃나무)

Adina rubella Hance

꼭두서니과 RUBIACEAE Juss.

●**분포**

중국(중남부), 한국

❖**국내분포/자생지** 제주(남제주) 해발고도 400m 이하의 햇볕이 잘 드는 계곡가

●**형태**

수형 낙엽 관목이며 높이 1~3m로 자라고 가지가 많이 갈라진다.

수피/어린가지/겨울눈 황갈색-짙은 회색이며 오래되면 얕게 갈라진다. 어린가지는 적갈색이고 짧은 털이 밀생한다. 겨울눈은 길이 2mm의 반원형이며, 황갈색 또는 갈색을 띠고 털이 밀생한다.

잎 마주나며 길이 2.5~4cm의 난상 피침형-장타원상 난형이다. 끝은 뾰족하고 밑부분은 둥글며, 가장자리가 밋밋하다. 양면 맥 위에는 잔털이 있으며 표면은 광택이 난다. 잎자루는 거의 없다.

꽃 7~8월에 가지 끝과 잎겨드랑이에서 나온 두상꽃차례에 황적색 또는 백색의 양성화가 모여 달린다. 꽃차례는 지름 1.5~2cm이고, 꽃자루는 길이 3~4cm이며 털이 있다. 화관은 5갈래로 갈라지며 통부는 길이가 2~3mm다. 암술대는 화관 밖으로 길게 나오고 수술은 4개다.

열매/종자 열매(蒴果)는 도란상 장타원형이며 10~12월에 익는다. 종자는 길이 1~1.5mm의 난상 피침형이며, 양 끝에 불규칙하게 갈라진 막질의 날개가 있다.

●**참고**

국명은 '구슬을 닮은 꽃이 피는 나무'라는 의미이며, 꽃이 마치 삭발한 머리를 닮았다는 뜻으로 '중대가리나무' 또는 '머리꽃나무'로 부르기도 한다. 계류(溪流)를 따라 종자가 전파된다.

❶꽃차례. 꽃은 구슬 모양의 두상꽃차례에 밀집해서 핀다. 암술대는 화관 밖으로 길게 나온다. ❷열매 ❸잎. 표면은 광택이 난다. ❹겨울눈 ❺수피 ❻수형 ❼종자. 마치 오징어를 연상시키는 특이한 생김새다.

❋**식별 포인트** 잎/꽃/수형/종자

치자나무

Gardenia jasminoides J. Ellis
var. *jasminoides*
[*Gardenia augusta* (L.) Merr.]

꼭두서니과 RUBIACEAE Juss.

2004. 6. 18. 경남 거제시 하청면

●분포
중국(산둥반도 이남), 일본(혼슈 이남), 타이완

❖**국내분포/자생지** 남부지방에서 재배

●형태
수형 상록 관목이며 높이 1~3m로 자란다.

수피/어린가지/겨울눈 수피는 회갈색이며, 어린가지는 녹색-회색이 돌고 미세한 털이 밀생한다. 겨울눈은 피침형이고 탁엽에 덮여 있으며 미세한 털이 있다.

잎 마주나거나 3개씩 돌려나며 길이 5~12cm의 장타원형-도란형이다. 끝은 길게 뾰족하고 밑부분은 쐐기형이며, 가장자리가 밋밋하다. 엽질은 가죽질이며 양면에 모두 털이 없고 표면은 광택이 난다. 잎자루는 길이 2~10mm다.

꽃 6~7월 가지 끝에 백색의 양성화가 1개씩 달린다. 꽃받침은 돌출된 능선이 있고 끝에서 5~7갈래로 갈라지며, 꽃받침열편은 길이 1~3cm의 피침형 또는 선상 피침형인데 열매가 익을 때까지 남는다. 화관은 지름 5~6cm이며 6~7갈래로 갈라진다. 수술은 화관열편 사이에 1개씩 달린다. 수술대는 짧고 꽃밥은 길이 1.5cm 정도다.

열매/종자 장타원형의 열매(漿果)는 세로로 6~7개의 돌출된 능선이 있으며 9~10월에 황적색으로 익는다. 종자는 길이 3.5mm가량인데 모양이 납작하고 둥글다.

●참고
꽃에서 강한 향기가 난다. 치자나무 중에서 겹꽃이 피는 변종을 겹치자나무 [var. *fortuniana* (Lindl.) H. Hara.]라고 한다.

❶꽃. 진하고 좋은 향기가 난다. ❷잎은 가죽질이며 표면은 광택이 난다. ❸열매. 황적색으로 익으며, 염료로 이용한다. ❹종자 ❺겹치자나무

✱식별 포인트 꽃/열매

2006. 2. 21. 제주

호자나무
Damnacanthus indicus C. F.
Gaertn. **subsp.** *indicus*

꼭두서니과 RUBIACEAE Juss.

● **분포**
중국(중남부), 일본(혼슈 이남), 타이완, 인도(북부), 한국
✿ **국내분포/자생지** 제주의 숲속, 계곡 주변

● **형태**
수형 상록 관목이며 높이 30~60cm로 자란다. 위로 갈수록 가지가 옆으로 퍼진다.
어린가지 녹색의 미세한 굽은 털이 밀생하며 길이 4~20mm의 바늘처럼 긴 가시가 있다.
잎 마주나며 길이 1~2.5cm의 난형 또는 광난형이다. 끝은 뾰족하고 밑부분은 둥글며, 가장자리가 밋밋하다. 뒷면 맥 위를 제외하고는 양면에 모두 털이 없다. 잎자루는 길이 1~3mm로 짧다.
꽃 4~5월 잎겨드랑이에 백색의 양성화가 1~2개씩 달린다. 꽃받침은 길이 1.5~2mm의 종형이며, 끝이 4갈래로 갈라진다. 화관은 길이 1~1.5cm의 깔때기 모양이며 안쪽에는 긴 털이 밀생한다. 끝은 4갈래로 갈라지고 열편은 길이 3~4mm의 난상 삼각형이다. 수술은 4개인데, 화관통부의 위쪽에 붙어 있다. 암술대는 끝이 4갈래로 갈라진다.
열매 열매(核果)는 지름 5~10mm의 구형이며 겨울에 적색으로 익는다. 끝에 꽃받침이 남는다.

● **참고**
수정목에 비해 잎이 광난형인데다 비교적 소형이며, 가시와 잎의 길이가 비슷한 점이 특징이다. 국명은 '호랑이의 발톱처럼 날카로운 가시를 가진 나무'라는 뜻이다.

❶꽃 ❷열매 ❸잎. 수정목에 비해 잎이 좀 더 둥글고 가시가 더 길다. ❹가시 ❺수피. 회색이며 표면이 매끈한 편이다. ❻핵. 삼각상이면서 다소 각진 광난형-원형이다.
✱**식별 포인트** 잎/가시(길이)

수정목

Damnacanthus indicus C. F.
Gaertn. **subsp.** *major* [Siebold &
Zucc.) T. Yamaz.
[*Damnacanthus major* Siebold &
Zucc.]

꼭두서니과 RUBIACEAE Juss.

●**분포**
중국(동부 일부), 일본(혼슈 이남), 한국
❖**국내분포/자생지** 전남(홍도, 가거
도) 및 제주의 숲속

●**형태**
수형 상록 관목이며 높이 30~70cm로
자란다.

어린가지 녹색이고 미세한 굽은 털이
밀생하며 길이 2~15mm의 바늘처럼 긴
가시가 있다.

잎 마주나며 길이 2~6cm의 타원상 난
형-난형이다. 끝은 뾰족하고 밑부분은
둥글며, 가장자리가 밋밋하다.

꽃 4~5월 잎겨드랑이에 백색의 양성
화가 1~2개씩 달린다. 화관은 길이 1
~1.5cm의 깔때기 모양이며 안쪽에 긴
털이 밀생한다. 화관의 끝은 4갈래로
갈라지며 열편은 길이 3~4mm의 난상
삼각형이다. 수술은 4개로 화관통부의
윗부분에 붙어 있으며, 암술대는 끝이
4갈래로 갈라진다.

열매 열매(核果)는 지름 5~10mm의 구
형이며 겨울에 적색으로 익는다. 끝에
는 꽃받침이 계속 남는다.

●**참고**
호자나무에 비해 잎이 좀 더 크고 길
며, 가시의 길이가 잎 길이의 절반 이
하로 짧은 점이 특징이다. 수정목이나
호자나무는 빛이 잘 들어오지 않는 어
두운 상록수림 속에서도 자란다.

2005. 10. 31. 전남 신안군

❶꽃은 호자나무와 흡사하다. ❷잎. 큰잎과
작은잎이 번갈아 난다. 가시의 길이는 잎 길
이의 절반 이하이다. ❸수피 ❹열매 ❺핵. 호자
나무와 흡사하다. ❻❼백정화[*Serissa
japonica* (Thunb.) Thunb.]는 중국(중남부),
베트남 원산이며, 국내에서는 남부지방에 간
혹 식재한다. 잎은 마주나며 길이 6~20mm이
고 장타원형-도피침형이다. 5~6월에 짧은
가지에 백색의 양성화가 1~2개씩 달린다.
❻수형 ❼꽃
✴식별 포인트 잎/가시

650

2010. 8. 10. 경남 양산시

계요등

Paederia foetida L.
[*Paederia scandens* (Lour.)
Merr.]

꼭두서니과 RUBIACEAE Juss.

● **분포**

아시아에 넓게 분포

❖ **국내분포/자생지** 경기 및 충북 지역
에도 자라지만 주로 남부지방에 흔하
게 자람

● **형태**

수형 낙엽 덩굴성 목본이며 길이 5~
7m로 자란다.

잎 마주나며 길이 5~9cm의 난상 피침
형-난형이다. 끝은 뾰족하고 밑부분은
평평하거나 얕은 심장형이며, 가장자
리가 밋밋하다.

꽃 7~8월에 가지 끝 또는 잎겨드랑이
에서 나온 원추상꽃차례에 백색의 양
성화가 모여 달린다. 꽃받침은 길이 1
~1.5mm의 종형이며 끝이 5갈래로 얕
게 갈라진다. 화관은 길이 7~12mm의
원통형이며, 통부 입구와 안쪽은 사주
색이고 백색의 긴 털이 밀생한다. 끝은
5갈래로 갈라지고 화관열편은 약간 뒤
로 젖혀진다.

열매 열매(核果)는 지름 5~7mm의 구
형이며 9~10월에 광택이 나는 황갈색
으로 익는다. 핵은 흑갈색이며 길이 3
~4mm의 렌즈 모양이다.

● **참고**

잎 뒷면에 털이 밀생하는 타입을 털계
요등, 잎이 선상 피침형이고 폭이 1cm
이하인 타입을 좁은잎계요등으로 구
분하는 의견도 있지만, 넓은 의미에서
는 모두 같은 종으로 본다. 국명은 잎
과 줄기에서 '닭의 배설물 냄새가 나는
덩굴식물'이라는 뜻이다. 잎을 뜯으면
이름대로 곤충들이 싫어하는 악취가
나기 때문에 계요등유리나방(*Nokona
pernix* L.)의 애벌레를 비롯한 극소수
의 곤충들만 계요등을 먹이로 삼는다.

❶꽃. 화관의 입구와 안쪽에는 마치 유리섬유
같은 털이 밀생한다. 기능은 확실히 알려져
있지 않다. ❷열매. 광택이 나는 황갈색으로
익는다. ❸겨울눈. 길이 1~2mm로 작으며 끝
이 둥글다. ❹핵 ❺수형. 지상부는 대부분 겨
울에 고사한다. ❻좁은잎계요등 타입 ❼털계
요등 타입

✽식별 포인트 꽃/열매/잎

무주나무

Lasianthus japonicus Miq.

꼭두서니과 RUBIACEAE Juss.

●분포
중국(중남부), 일본(혼슈 이남), 인도
(동북부), 타이완, 한국
❖국내분포/자생지 제주(남부)의 계곡
가장자리에 매우 드물게 자람
●형태
잎 마주나며 길이 7~15cm의 장타원형
이다. 가장자리가 밋밋하다.
꽃 5~6월 잎겨드랑이에 백색의 양성
화가 2~4개씩 모여 달린다.
열매 열매(核果)는 지름 5~7mm의 구
형이며 11월에 남색으로 익는다.
● 참고
국내에서는 제주 남쪽의 계곡에서 소
수만 발견된 희귀식물이다. 국명 무주
(無珠)나무는 수정목과 비슷하지만
'뿌리가 염주같이 굵어지지 않는 나무'
라는 뜻이다.

❶❷꽃. 화관 안쪽에는 털이 밀생하고 암술
머리는 3갈래로 갈라진다. ❸미성숙한 열매.
익으면 밝은 남색을 띤다. ❹수형 ❺수피. 녹
색이며 마디가 생긴다. ❻핵. 각이 진 반달형
이다.
✿식별 포인트 잎/어린가지

2009. 5. 12. 제주

린네풀

Linnaea borealis L.

린네풀과 LINNAEACEAE Backlund

●분포
북반구의 한대 지역에 넓게 분포
●형태
잎 마주나며 길이 4~12mm의 광타원
형-난상 원형이다.
꽃 6~7월에 긴 자루 끝에서 백색-연
한 홍색의 꽃이 2개씩 아래를 향해 달
린다.
열매 열매(蒴果)는 구형이며 9~10월
에 황색으로 익는다.

❶린네풀(2007. 6. 26. 백두산)

2010. 6. 2. 강원 영월군

댕강나무
(줄댕강나무)

Abelia tyaihyonii Nakai
[*Abelia mosanensis* T. H. Chung
ex Nakai; *Zabelia tyaihyonii*
(T. H. Chung ex Nakai) Hisauchi
& H. Hara]

린네풀과 LINNAEACEAE Backlund

● **분포**
한국(한반도 고유종)

❖ **국내분포/자생지** 강원(영월군), 충
북(단양군, 제천시), 평북의 석회암지
대에 드물게 자람

● **형태**
수형 낙엽 관목이며 높이 1~2m로 자
란다.
잎 마주나며 길이 3~6cm의 피침형-
타원상 난형이다. 끝은 뾰족하고 밑부
분은 쐐기형이며, 가장자리가 밋밋하
다. 양면에 털이 드문드문 있으며 잎자
루는 길이 1~4mm이다.
꽃 5~6월에 새가지 끝에서 나온 두상
꽃차례에 연한 홍색의 양성화가 모여
달린다. 꽃받침은 5(간혹 3~4)갈래로
갈라지며 꽃받침열편은 길이 3~4mm
의 피침형이다. 화관은 길이 1.5~2.2
cm의 긴 깔때기 모양인데 끝이 5갈래
로 갈라지고 겉에 짧은 털이 있다. 화
관열편은 난상 원형이고 크기가 서로
다르며, 화관통부 안쪽에 털이 있다.
수술은 4개이고 수술대에 털이 있으
며, 암술대는 화관통부와 길이가 비슷
하다.
열매/종자 장타원형의 열매(瘦果)는
겉에 털이 밀생하며 9~10월에 익는다.
종자는 길이 2~3mm의 타원상 난형이
다. 결실률이 매우 낮다.

● **참고**
털댕강나무에 비해 꽃이 줄기 끝에 모
여 달리는 점이 특징이다. 종소명 *tyai-*
*hyonii*는 식물학자 고(故) 정태현 박사
를 기려 명명된 것이다. 정명의 종소명
을 *tyaihyoni*로 쓰는 경우가 많지만, 국
제조류균류식물명명규약(ICN)에 따라
*tyaihyonii*로 표기해야 옳다.

❶열매. 열매의 끝에는 5갈래의 꽃받침이 계
속 남는다. ❷잎 ❸수형 ❹겨울눈. 엽병의 기
부 속에 숨어 있는 삼각상 난형의 은아(隱
芽). ❺수피. 황갈색이며 세로로 6줄 정도의
깊은 홈이 있다. ❻종자(화살표). 열매 표면
에는 억센 털이 있다.
❖식별 포인트 꽃(차례)/열매(꽃받침열편의
개수)

털댕강나무

Abelia biflora Turcz.
[*Abelia coreana* Nakai; *Zabelia*
biflora (Turcz.) Makino]

린네풀과 LINNAEACEAE Backlund

● **분포**
중국(황허강 북부), 러시아(동부), 한국
❖**국내분포/자생지** 강원, 경기, 경북,
충북의 높은 산지 능선부 및 석회암지
대

● **형태**
수형 낙엽 관목이며 높이 2~3m로 자
라고 가지가 많이 갈라진다.
어린가지 털이 없고 적갈색을 띠지만
차츰 회색으로 변한다.
잎 마주나며 길이 3~6cm의 피침형-
좁은 난형이다. 끝은 뾰족하고 밑부분
은 쐐기형이며, 가장자리는 밋밋하거
나 1~6쌍의 큰 톱니가 있다. 표면은
녹색이고 털이 약간 있으며, 뒷면은 연
한 녹색이고 맥 위와 가장자리에 털이
있다. 잎자루는 길이 4~7mm다.
꽃 5~6월 가지 끝에 연한 홍색 또는
백색의 양성화가 (1~)2개씩 달린다.
꽃받침은 4갈래로 갈라지며, 꽃받침열
편은 길이 5~9mm의 도피침형이다. 화
관은 길이 8~12mm의 원통형이고 겉에
짧은 털이 있으며, 끝이 4갈래로 갈라
진다. 수술은 4개이며, 암술대는 화관
통부와 길이가 비슷하고 암술머리가
둥글다.
열매 열매(瘦果)는 길이 1~1.5cm의 선
상 장타원형이며 겉에 긴 털이 있다.
9~10월에 익으며 꽃받침이 계속 남
는다.

2010. 6. 2. 강원 영월군

❶❷꽃은 연한 홍색 또는 백색이다. ❸열매.
끝에 4갈래의 꽃받침이 계속 남는다. 결실률
이 매우 낮다. ❹잎. 보통 몇 개의 둔한 톱니
가 있으나 아예 없는 잎도 있다. ❺❻겨울눈
은 엽흔 속에 묻혀 있다가 완연한 봄이 되어
서야 터져 나온다 ❼수피. 세로로 길게 깊은
홈이 있다.

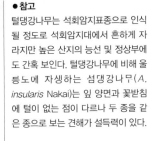

●참고

털댕강나무는 석회암지표종으로 인식될 정도로 석회암지대에서 흔하게 자라지만 높은 산지의 능선 및 정상부에도 간혹 보인다. 털댕강나무에 비해 울릉도에 자생하는 섬댕강나무(*A. insularis* Nakai)는 잎 양면과 꽃받침에 털이 없는 점이 다르나 두 종을 같은 종으로 보는 견해가 설득력이 있다.

❽수형 ❾털댕강나무는 결실이 잘되지 않으며 종자보다는 땅속줄기를 통해 주변으로 퍼져나간다. ❿종자(화살표) ⓫⓬섬댕강나무(경북 울릉도) ⓫개화기의 모습 ⓬섬댕강나무의 잎에는 털이 없다. ⓭중국 원산의 꽃댕강나무[*Abelia* x *grandiflora* (Rovelli ex André) Rehder]는 주로 남부지방과 제주 등지에서 조경용으로 식재하고 있다. 중부지방에서도 공원에 식재한 나무를 간혹 볼 수 있다.

✻식별 포인트 잎(털)/열매(꽃받침열편의 개수)/어린가지/꽃

655

주걱댕강나무

Abelia spathulata Siebold & Zucc.

린네풀과 LINNAEACEAE Backlund

●**분포**
중국 남부(저장성 원저우), 일본(혼슈 이남), 한국

✤**국내분포/자생지** 경남 양산시(천성 산)의 산지 사면, 능선 및 바위지대

●**형태**
수형 낙엽 관목이며 높이 2~3m까지 자란다.

겨울눈 길이 2~3mm의 타원상 난형이 며 인편은 6쌍이다.

잎 마주나며 길이 2~6cm의 타원상 난 형-난형이다. 끝은 꼬리처럼 길게 뾰 족하고 가장자리에는 불규칙한 톱니 가 있다. 뒷면 기부의 맥 위에는 백색 의 짧은 털이 밀생한다. 잎자루는 길이 1~3mm이며 털이 있다.

꽃 5~6월에 가지 끝에 연한 황색-미 백색의 양성화가 2개씩 달린다. 꽃받 침은 5갈래로 갈라지며, 꽃받침열편은 길이 5~12mm의 도피침형-장타원형이 다. 화관은 길이 2~3cm의 깔때기 모 양이며 끝은 입술 모양이다. 화관의 위 쪽은 2갈래, 아래쪽은 3갈래로 갈라진 다. 화관통부 안쪽 하단에는 대개 주황 색의 무늬가 있고 긴 털이 밀생한다. 수술은 4개이며, 암술대는 1개이고 암 술은 화관통부 밖으로 약간 나온다.

열매 열매(瘦果)는 길이 8~14mm의 선 형이며 긴 털이 드문드문 있다. 9~10 월에 익으며 꽃받침이 끝까지 남는다.

●**참고**
일본 고유종 좀댕강나무(*A. serrata* Siebold & Zucc.)에 비해 꽃받침열편 이 5개이며 잎 가장자리에 불규칙한 톱니가 있는 점이 특징이다.

2006. 5. 18. 경남 양산시 천성산

❶❷꽃. 화관 안쪽에 주황색의 무늬가 없는 미백색의 꽃도 있다. 꽃받침은 5수성이다. ❸열매. 결실률이 매우 낮다. ❹잎에는 털이 없고 뒷면 주맥의 기부에만 백색 털이 모여 있다. ❺겨울눈. 털이 밀생한다. ❻수피 ❼ 수형
✱식별 포인트 꽃(꽃받침열편)/잎/열매

2010. 5. 12. 경기 남양주시 천마산

병꽃나무
Weigela subsessilis (Nakai) L.
H. Bailey

병꽃나무과 DIERVILLACEAE Pyck

● 분포

한국(한반도 고유종)

❖국내분포/자생지 전국의 산지

● 형태

수형 낙엽 관목이며 높이 2~3m까지 자라고 밑동에서 가지가 많이 갈라진다.

수피/어린가지/겨울눈 수피는 회백색-회갈색이고 피목이 발달하며, 오래되면 조각상으로 갈라진다. 어린가지는 연한 갈색이 돌고 잔털이 있다. 겨울눈은 길이 3~5mm의 좁은 난형이며 끝이 뾰족하고 인편이 4~5쌍이다.

잎 마주나며 길이 3~7cm의 타원상 난형-난형이다. 끝은 급히 뾰족하거나 둥글고 밑부분은 쐐기형이며, 가장자리에는 뾰족한 톱니가 있다. 양면에 모두 털이 있으며, 특히 뒷면 맥 위에 퍼진 털이 있다. 잎자루는 거의 없다.

꽃 5~6월 잎겨드랑이에 양성화가 1~2개씩 달린다. 꽃은 처음에는 황록색이다가 수분이 된 다음에는 차츰 적색으로 변한다. 꽃받침은 기부까지 깊게 갈라지며, 선형의 꽃받침열편은 5갈래이고 털이 밀생한다. 화관은 길이 2.5~3.5cm의 끝이 넓은 깔때기 모양이며, 끝이 얇게 5갈래로 갈라지고 겉에 굽은 털이 밀생한다. 수술은 5개이며, 가는 암술대가 화관 밖으로 약간 나온다.

열매 열매(蒴果)는 길이 1.5~2cm의 선상 원통형이고 표면에 긴 털이 밀생하며 10~11월에 익는다.

● 참고

붉은병꽃나무에 비해 식물체 전체에 털이 많으며, 꽃이 황록색으로 피고 꽃받침이 기부까지 깊게 갈라지는 점이 다르다.

❶꽃차례. 개화기가 끝날 무렵이면 화관 안쪽이 붉게 변색한다. 꽃받침은 가늘고 깊게 갈라진다. ❷열매. 표면에 털이 밀생하는 점이 붉은병꽃나무와 다르다. ❸잎. 잎과 어린가지에도 털이 많다. ❹겨울눈. 좁은 난형이며 인편은 4~5쌍이다. ❺수피 ❻수형 ❼종자
❖식별 포인트 열매(털)/잎/꽃

붉은병꽃나무
Weigela florida (Bunge) A. DC.

병꽃나무과 DIERVILLACEAE Pyck

● 분포
중국(산둥반도 이북), 일본, 러시아(동부), 한국
❖ 국내분포/자생지 전국의 산지

● 형태
수형 낙엽 관목이며 높이 2~3m로 자란다.

수피/겨울눈 수피는 회갈색-회색이고 피목이 발달하며, 오래되면 세로로 갈라져서 조각으로 떨어진다. 겨울눈은 길이 4~6mm의 좁은 난형이고 끝이 뾰족하며, 인편은 4~5쌍이다.

잎 마주나며 길이 4~10cm의 타원형-난상 타원형이다. 끝은 꼬리처럼 길게 뾰족하고 밑부분은 둥글거나 쐐기형이며, 가장자리에는 얕은 톱니가 있다. 표면에는 털이 적고 뒷면은 털이 밀생한다. 잎자루는 매우 짧다.

꽃 5~6월 잎겨드랑이에 붉은색의 양성화가 1~3개씩 달린다. 꽃받침은 좁은 원통형이고, 겉에 털이 있으며 중간까지 5갈래로 갈라진다. 화관은 길이 3~4cm의 깔때기 모양이고 끝이 5갈래로 갈라지며, 겉에 털이 약간 있다. 수술은 5개다. 자방 윗부분에 황록색의 선점이 있으며, 암술대는 가늘고 화관 밖으로 나온다.

열매 열매(蒴果)는 길이 1.5~2.5cm의 선상 원통형이며, 털이 거의 없다. 10~11월에 익는다.

● 참고
병꽃나무에 비해 식물체 전체에 털이 적으며, 꽃이 붉은색으로 피고 꽃받침이 중간까지만 갈라지는 점이 특징이다. 간혹 낮은 지대에도 자라지만, 주로 높은 산지에 자란다.

2005. 6. 6. 제주

❶꽃 ❷꽃받침의 비교: 병꽃나무(좌)와 붉은병꽃나무(우). 붉은병꽃나무는 꽃받침이 깊게 갈라지지 않는다. ❸열매. 표면에 털이 거의 없다. ❹잎. 병꽃나무에 비해 표면에 털이 적다. ❺겨울눈 ❻수피 ❼종자
✿식별 포인트 열매/잎/꽃(꽃받침)

'2009. 5. 23. 충남 태안군 안면도

골병꽃나무
***Weigela hortensis* C. A. Mey**

병꽃나무과 DIERVILLACEAE Pyck

●**분포**
일본(홋카이도 및 혼슈 서부) 원산
❖**국내분포/자생지** 전국의 공원 및 정원에 간혹 식재
●**형태**
수형 낙엽 관목 또는 소교목이며 높이 5m까지 자란다.
잎 마주나며 길이 4~10cm의 난상 타원형이다. 끝은 꼬리처럼 길게 뾰족하고, 기부는 둥글거나 넓은 쐐기형이며, 가장자리에는 얕은 톱니가 있다. 표면은 맥 위에만 털이 있으며 뒷면 전체는 백색 털이 밀생한다. 잎자루는 길이 3~10mm로 털이 있고 붉은색을 띤다.
꽃 5~6월 가지 끝의 잎겨드랑이에 홍색의 양성화가 2~3개씩 모여 달린다. 꽃받침은 기부까지 갈라지며 긴 털이 밀생한다. 화관은 길이 2.5~3.5cm의 깔때기 모양이다. 수술은 5개이며 화관통부와 길이가 같다. 암술대는 가늘며 화관 밖으로 약간 삐져나오고, 암술머리는 머리 모양이다.
열매 열매(蒴果)는 길이 1.2~1.8cm의 선상 원통형이다.
●**참고**
붉은병꽃나무와 닮았지만 꽃받침이 기부까지 갈라지고 긴 털이 밀생하는 점이 다르다. 일본병꽃나무(*W. coraeensis* Thunb.)는 일본(홋카이도 남부 이남) 원산이며, 국내에는 각지의 공원에 드물게 식재되어 있다. 잎은 마주나며, 길이 6~16cm이고 장타원형-광난형이다. 꽃이 백색으로 피었다가 붉은색으로 변하고(실체가 없는 삼색병꽃나무로 오동정하는 경우가 많음), 꽃받침이 5갈래로 끝까지 갈라지며 화관통부가 급격히 넓어지는 점이 특징이다.

❶꽃은 홍색이다. 꽃받침은 끝까지 갈라지고 긴 털이 밀생한다. ❷잎의 맥 위에는 털이 드물게 있다. ❸-❻일본병꽃나무 ❸꽃 ❹열매에는 털이 없다. ❺잎. 표면은 털이 없고 광택이 난다. ❻수피. 회갈색이고 세로로 갈라지며 오래되면 조각으로 떨어진다.
❋**식별 포인트** 꽃(꽃받침)/잎/열매

인동

Lonicera japonica Thunb.

인동과 CAPRIFOLIACEAE Juss.

2016. 5. 31. 서울시

● **분포**

중국, 일본(홋카이도 남부 이남), 타이완, 한국

❖ **국내분포/자생지** 전국의 숲 가장자리, 풀밭 및 길가

● **형태**

수형 반상록 덩굴성 목본이며 가지가 많이 갈라져 무성하게 자란다.

잎 마주나며 길이 3~7cm의 장타원형-장난형이다. 가장자리는 밋밋하지만 어린나무의 잎은 결각상으로 깊게 갈라진다. 표면에는 털이 흩어져 있으며, 뒷면에는 선점이 흩어져 있고 털이 밀생한다. 잎자루는 길이 3~7mm이고 털이 밀생한다.

꽃 5~6월 가지 끝의 잎겨드랑이에 백색의 양성화가 2개씩 모여 달린다. 꽃받침은 길이 2mm가량이고 털이 없으며, 끝이 5갈래로 갈라지고 꽃받침열편은 삼각형이다. 화관은 길이 3~4cm의 깔때기 모양이며, 끝이 입술 모양으로 깊게 2갈래로 갈라진다. 위쪽 열편은 다시 4갈래로 얕게 갈라지며 아래쪽 열편은 넓은 선형이다. 화관통부의 겉에는 뻣뻣한 털과 샘털이 밀생한다. 수술은 5개이며, 암술대는 1개이고 화관통부 밖으로 길게 나온다.

열매 열매(漿果)는 지름 6~7mm의 구형이며 10~11월에 흑색으로 익는다.

● **참고**

국명 인동(忍冬)은 '겨울을 참고 견뎌내는 식물'이라는 뜻이며, 반상록성으로 겨울에도 잎의 일부가 남는다. 꽃은 개화 초기에는 백색이다가 곧 황색으로 변하는데, 마치 백색 꽃과 황색 꽃이 섞여 피는 것처럼 보여 '금은화'(金銀花)라고 부르기도 한다.

❶꽃은 백색→황색으로 변한다. ❷열매. 흑색으로 익는다. ❸잎 양면에 털이 많다. ❹겨울눈. 좁은 난형이며 인편은 적갈색이다. 어린가지는 황갈색의 뻣뻣한 긴 털과 샘털이 섞여 난다. ❺종자. 난형이며 흑갈색이다.

✱식별 포인트 수형/꽃

붉은인동
Lonicera × heckrottii Rehder

인동과 CAPRIFOLIACEAE Juss.

●분포
세계 각지에서 관상용으로 식재
❖국내분포/자생지 전국 각지의 공원
과 주택 등지에 관상용으로 식재
●형태
수형 낙엽 덩굴성 목본이며 가지가 많
이 갈라져 무성하게 자란다. 줄기는 붉
은색을 띤다.
잎 마주나며 길이 3~7㎝의 장타원형-
장난형이다. 가장자리는 밋밋하지만
어린나무의 잎은 결각상으로 깊게 갈
라지기도 한다. 뒷면은 분백색을 띤다.
꽃 5~6(~7)월 가지 끝의 잎겨드랑이
에 분홍색의 양성화가 여러 개씩 모여
달린다. 꽃받침은 길이 2㎜ 정도이고
털이 없으며, 끝이 5갈래로 갈라지고
열편은 삼각형이다. 화관은 길이 3~4
㎝ 정도의 깔때기 모양이며, 끝이 입술
모양으로 깊게 2갈래로 갈라진다. 위
쪽 열편은 다시 4갈래로 얕게 갈라지
며 아래쪽 열편은 넓은 선형이다. 화관
안쪽은 노란색이 돈다. 수술은 5개이
며, 암술대는 1개이고 화관통부 밖으
로 길게 나온다.
열매 열매(漿果)는 가을에 적색으로
익지만 결실률이 낮아서 결실하는 모
습을 보기 어렵다.
●참고
Lonicera × americana (Mill.) K. Koch
와 *L. sempervirens* L.을 교배한 교잡
종이다. *Lonicera × heckrottii* Rehder
'Gold Flame'이라는 재배종이 유명
하다.

❶개화기의 모습 ❷꽃 ❸꽃이 지고 난 후 종
자로 결실하는 모습은 보기 어렵다. ❹잎 앞
면 ❺잎 뒷면 ❻겨울눈
✿식별 포인트 수형/꽃

'014. 5. 14. 서울시

괴불나무

Lonicera maackii (Rupr.) Maxim.

인동과 CAPRIFOLIACEAE Juss.

●분포

중국(중북부), 일본(혼슈 일부), 러시아(동부), 한국

❖국내분포/자생지 전국의 숲 가장자리 및 계곡 부근

●형태

수형 낙엽 관목이며 높이 2~6m로 자란다.

가지/겨울눈 가지의 속이 비어 있다. 겨울눈은 끝이 둔한 난형이고 인편이 5~6쌍 있다. 인편의 가장자리에는 털이 있다.

잎 마주나며 길이 5~8cm의 난상 타원형-난상 피침형이고, 끝이 꼬리처럼 길게 뾰족하다. 표면은 맥 위에 굽은 털이 있고 뒷면 전체에 짧은 털이 밀생한다.

꽃 5~6월 잎겨드랑이에서 나온 길이 2~4mm의 꽃자루에 백색의 양성화가 2개씩 달린다. 포는 길이 3~5mm의 선상 피침형이며 금방 떨어진다. 꽃받침은 길이 2~3mm이고 끝이 5갈래로 갈라지며 꽃받침열편은 피침형이다. 화관은 길이 2cm 정도이며, 끝이 입술 모양으로 2갈래로 깊게 갈라진 깔때기 모양이다. 위쪽 열편은 다시 4갈래로 얕게 갈라지며, 아래쪽 열편은 주걱상 도피침형이다. 수술은 5개다. 암술대는 1개이며 화관 길이의 ⅔ 정도이고 화관통부 밖으로 길게 나온다. 수술대와 암술대에는 털이 있다.

열매 열매(漿果)는 지름 5~6mm의 구형이며 9~10월에 적색으로 익는다.

●참고

국명은 꽃이 '괴불(통통한 세모 모양의 조그만 노리개)을 닮은 나무'라는 의미다.

❶열매. 보통 한곳에 2개씩 달리며 서로 합착하지 않는다. ❷잎 전체에 털이 많다. ❸겨울눈. 끝이 뾰족하지 않은 것이 특징이다. ❹꽃차례. 꽃자루가 짧아 가지에 꽃이 바로 붙은 것처럼 보인다. ❺괴불나무 노목. 개화기에는 나무를 뒤덮듯이 풍성하게 꽃을 피운다. ❻수피는 오래되면 세로로 벗겨진다. ❼종자

❋식별 포인트 겨울눈/잎/종자/꽃

2003. 5. 24. 강원 평창군 백덕산

2004. 6. 6. 강원 태백시

각시괴불나무

Lonicera chrysantha Turcz. ex Ledeb.

인동과 CAPRIFOLIACEAE Juss.

●**분포**

중국(동북부), 일본(홋카이도 동부), 러시아(동부), 한국

❖**국내분포/자생지** 중부 이북의 산지

●**형태**

수형 낙엽 관목이며 높이 2~4m로 자란다.

어린가지 뻣뻣한 털이 밀생하며 가지의 속은 비어 있다.

잎 마주나며 길이 4~10cm이고 넓은 피침형-마름모꼴 난형이다. 끝이 꼬리처럼 길게 뾰족해진다. 양면에 뻣뻣한 털이 있으며, 특히 맥 위에 털이 밀생한다.

꽃 5~6월 가지 끝의 잎겨드랑이에서 나온 길이 1.5~3.5cm의 자루에 백색(→황색)의 꽃이 2개씩 곧추서서 달린다. 꽃자루에는 긴 털이 밀생한다. 포는 길이 2.5(~8)mm 정도의 선상 피침형이며 열매가 익을 무렵에 떨어진다. 꽃받침열편은 끝이 둥글다. 화관은 길이 1.2~1.5cm이며 겉에 뻣뻣한 긴 털이 밀생한다. 위쪽 열편은 다시 4갈래로 얕게 갈라지며 아래쪽 열편은 선형이다. 수술은 5개이며, 암술대는 1개이고 화관통부 밖으로 길게 나온다. 수술대와 암술대에는 털이 있다.

열매 열매(漿果)는 지름 5mm의 구형이며 9~10월에 적색으로 익는다. 독성이 있다.

●**참고**

가지의 속이 비어 있고 꽃자루가 길며 잎의 끝이 꼬리처럼 길게 뾰족해지고 양면에 털이 밀생하는 점이 특징이다.

❶꽃. 긴 꽃자루 끝에 백색(연한 황색)의 꽃이 위로 곧추서서 핀다. ❷열매. 보통 2개씩 달리며 서로 합착하지 않는다. 자루에 털이 있다. ❸잎. 끝이 꼬리처럼 길어지고 양면, 특히 뒷면 맥 위에 털이 많다. 잎의 폭은 변이가 심하다. ❹겨울눈. 길고 뾰족하며 인편에 긴 백색 털이 나 있는 것이 특징이다. ❺수형. 주로 덤불처럼 자라며 모양이 단정치 못하다. ❻수피 ❼종자

✽식별 포인트 겨울눈/꽃(꽃자루)/열매(종자)/잎

663

물앵도나무
Lonicera ruprechtiana Regel

인동과 CAPRIFOLIACEAE Juss.

●**분포**
중국(동북부), 러시아(동부), 한국
❖**국내분포/자생지** 평안 및 함경의 산야

●**형태**
수형 낙엽 관목이며 높이 2~3m로 자란다.
잎 마주나며 길이 2~8cm의 장타원상 피침형 또는 난상 장타원형이다. 표면에는 털이 약간 있거나 없으며 뒷면에는 털이 있다. 끝은 뾰족하거나 길게 뾰족하고 밑부분은 쐐기형이거나 원형이다. 가장자리는 대체로 밋밋하지만 간혹 굵은 톱니가 생기기도 한다. 잎자루는 길이 3~8mm이고 털이 있다.
꽃 5~6월 가지 끝의 잎겨드랑이에서 나온 길이 1~2cm의 자루에 백색(→황색)의 꽃이 2개씩 곧추서서 달린다. 꽃자루에는 잔털이 밀생하며, 포는 길이 1~12mm 정도의 선형이고 털이 있다. 꽃받침열편은 길이 1mm 정도의 삼각상 피침형이다. 화관은 길이 1.2~1.8cm이며 겉에 털이 없다. 위쪽 열편은 다시 4갈래로 갈라지며 아래쪽 열편은 좁은 선형이다. 통부는 길이 4~5mm로 짧고 안쪽에 긴 털이 밀생한다. 수술은 5개이며, 암술대는 1개이고 화관통부 밖으로 길게 나온다. 암술대는 전체에 털이 있고 암술머리는 두상의 큼직한 원반 모양이다.
열매 열매(漿果)는 지름 5~7mm의 구형이며 7~8월에 황색, 황적색 또는 적색으로 익는다.

●**참고**
가지 속이 비어 있고, 잎 표면에 털이 적으며 화관 겉과 자방에 털이 없는 점이 특징이다. 두만강 유역의 낮은 산지와 들판에 비교적 흔하게 자란다.

2011. 6. 2. 두만강 유역

❶꽃. 백색에서 황색으로 변한다. ❷열매. 열매는 2개씩 달리며 서로 합착하지 않는다. 표면에는 털이 없다. ❸잎 앞면. 털이 거의 없거나 짧은 털이 흩어져 있다. ❹잎 뒷면. 털이 있다. ❺수피 ❻수형 ❼종자
❖식별 포인트 줄기(단면)/꽃/열매/잎

섬괴불나무

Lonicera morrowii A. Gray
(*Lonicera insularis* Nakai)

인동과 CAPRIFOLIACEAE Juss.

●**분포**
일본(홋카이도 서남부, 혼슈 동북부),
한국
❖**국내분포/자생지** 울릉도의 해안가
및 인근 산지
●**형태**
수형 낙엽 관목이며 높이 1~2m로 자
란다.
어린가지 부드러운 털이 밀생하며, 줄
기 단면의 속이 비어 있다.
잎 마주나며 길이 4~8cm의 장타원
형-난형이고 다소 두껍다. 양면에 모
두 털이 있으며, 표면의 맥은 골이 지
며 뒷면 전체에 선점이 흩어져 있다.
잎자루는 길이 2~5mm이고 부드러운
털이 밀생한다.
꽃 5~6월에 가지 끝의 잎겨드랑이에
서 나온 길이 5~15mm의 자루에 백색
(→황백색)의 양성화가 2개씩 달린다.
꽃자루에는 부드러운 털이 밀생한다.
포는 길이 3~5mm의 선상 피침형이디.
화관의 길이는 2~2.5cm이며, 입술 모
양으로 2갈래로 깊게 갈라진 깔때기
모양이다. 위쪽 열편은 다시 4갈래로
갈라지며, 아래쪽 열편은 주걱상 피침
형이고 아래로 젖혀진다. 수술은 5개
이며, 암술대는 1개이고 화관통부 밖
으로 길게 나온다. 암술대와 수술대 기
부에는 긴 털이 밀생한다.
열매 열매(漿果)는 지름 6~8mm의 구
형이고 2개씩 나란히 달리며 기부에서
서로 합착한다. 6~8월에 적색으로 익
으며 과육에는 독성이 있다.
●**참고**
일본에 자생하는 섬괴불나무와는 꽃의
크기와 모양에서 차이를 보이므로 보
다 정밀한 비교·검토가 필요하다.

❶꽃. 화관의 위쪽 열편이 갈라지는 정도는
변이가 심하다. ❷열매. 적색으로 익고 열매
끼리 기부가 합착한다. ❸잎 ❹수피. 회갈색
이며 세로로 갈라진다. ❺겨울눈은 끝이 뾰족
한 삼각상 난형이며 연한 갈색 털이 밀생한
다. ❻수형 ❼종자. 난상 원형이며 납작하다.
❖**식별 포인트** 잎/열매(종자)

2005. 5. 8. 경북 울릉도

댕댕이나무

Lonicera caerulea L. subsp.
edulis (Turcz. ex Herder) Hultén

인동과 CAPRIFOLIACEAE Juss.

2003. 5. 26. 강원 양양군 설악산

● **분포**
중국(서남부 고산지대 및 동북부), 일본(혼슈 중부 이북), 러시아(동부), 몽골, 유럽, 북아메리카, 한국
❖**국내분포/자생지** 제주(한라산) 및 강원(계방산, 설악산, 점봉산, 대암산 등) 이북의 산지 능선 및 정상부
● **형태**
수형 낙엽 관목이며 높이 1m 전후로 자란다.
어린가지/겨울눈 어린가지는 갈색-적갈색을 띠고 긴 털이 밀생하며, 가지의 속이 차 있다. 겨울눈은 삼각상 난형이고 끝이 뾰족하다. 겨울눈의 인편은 2개이고 털이 없다.
잎 마주나며 길이 2~5cm의 장타원형-난상 타원형이다. 양면에 모두 털이 있다. 잎자루는 길이 1~2mm로 짧으며, 맹아지의 탁엽은 합착하여 방패 모양이 된다.
꽃 5~6월에 가지 끝의 잎겨드랑이에 황백색의 양성화가 2개씩 달린다. 포는 길이 3~8mm의 선형이며 꽃받침통부보다 길다. 화관은 길이 1~1.5cm의 깔때기 모양이며, 끝이 5갈래로 갈라지고 겉에 긴 털이 있다. 수술은 5개이며, 암술대는 1개이고 화관 밖으로 나온다.
열매 열매(漿果)는 지름 1.2~1.5cm의 타원형이며 7~8월에 흑자색으로 익는다. 겉에는 백색 분이 생긴다.
● **참고**
겨울눈의 인편이 2개이고 맹아지의 잎자루 기부에 방패 모양의 탁엽이 발달하며, 열매가 흑자색으로 익는 점이 특징이다.

❶꽃차례. 보통 한곳에서 2개씩 황백색의 꽃을 피운다. ❷열매. 흑자색이고 표면에 백색의 분이 생긴다. ❸잎. 탁엽이 날개처럼 줄기를 감싸는 것이 독특하다. ❹겨울눈. 아래쪽에 탁엽의 흔적이 남고 위쪽에는 덧눈이 있다. ❺수피. 세로로 갈라져 벗겨진다. ❻종자. 길이 2mm 정도의 타원형이다.
✱식별 포인트 잎(탁엽)/열매/꽃/겨울눈

2010. 4. 11. 강원 정선군

올괴불나무
Lonicera praeflorens Batalin

인동과 CAPRIFOLIACEAE Juss.

●**분포**
중국(동북부), 일본(혼슈), 러시아(동부), 한국
❖**국내분포/자생지** 제주를 제외한 전국의 산지

●**형태**
수형 낙엽 관목이며 높이 2m까지 자란다.
어린가지/겨울눈 뻣뻣한 털이 약간 있으며, 가지의 속이 차 있다. 겨울눈은 난형이고 끝이 둔하며, 인편은 3~4쌍이다.
잎 마주나며 길이 3~7cm의 난상 타원형-광난형이다. 끝은 뾰족하고 밑부분은 둥글거나 넓은 쐐기형이며, 가장자리가 밋밋하다. 양면에 모두 털이 밀생하며 뒷면은 회백색 또는 녹백색을 띤다. 잎자루는 길이 3~5mm다.
꽃 3~4월 잎이 나기 전 잎겨드랑이에서 나온 짧은 자루에 연한 홍색의 양성화가 2개씩 달린다. 포는 길이 5~7mm의 넓은 피침형-좁은 난형이며, 붉은 빛이 돌고 가장자리에 뻣뻣한 털과 샘털이 있다. 화관은 길이 1cm가량의 깔때기 모양이며, 끝이 5갈래로 갈라진다. 화관열편은 길이 6~7mm의 장타원형이며 뒤로 젖혀진다. 수술은 5개이며, 암술대는 1개이고 화관통부 밖으로 길게 나온다.
열매 열매(漿果)는 지름 6~7mm의 구형이며 5~6월에 적색으로 익는다.

●**참고**
국명은 '일찍 꽃이 피는 괴불나무'라는 뜻이며, 국내 자생 낙엽활엽수 중 봄에 꽃이 가장 일찍 피는 축에 속한다.

❶꽃차례. 초봄에 잎이 나기 전에 꽃을 피운다. 꽃에는 아주 좋은 향기가 난다. ❷열매. 1~2개씩 달리며 서로 합착하지 않는다. ❸잎. 살짝 각이 져서 마름모꼴처럼 보이기도 한다. 양면에 털이 많아 촉감이 매우 부드럽다. ❹꽃눈은 끝이 둔한 것이 특징이다. ❺잎눈 ❻수피 ❼종자. 황갈색을 띠며 표면에 광택이 있다.
✿식별 포인트 꽃(개화기)/잎(촉감과 형태)/겨울눈/종자

길마가지나무
(숫명다래나무)

Lonicera harae Makino
(*Lonicera coreana* Nakai)

인동과 CAPRIFOLIACEAE Juss.

2014. 3. 27. 전남 완도군

● **분포**

중국(동북부), 일본(쓰시마섬), 한국

❖**국내분포/자생지** 함남, 황해도 이남
의 산지에 분포하며 남부지방에서 보
다 흔하게 자람

● **형태**

수형 낙엽 관목이며 높이 1~2m로 자
란다.

잎 마주나며 길이 3~7cm의 타원형-
난상 타원형이다. 양면 맥 위에 털이
있으며 뒷면은 연한 녹색이다.

꽃 1~4월에 잎이 나오면서 동시에 피
며, 가지 끝 또는 새가지의 밑에서 나
온 짧은 자루에 백색이나 연한 홍색의
꽃이 2개씩 달린다. 포는 길이 8~10
mm의 선상 피침형이며 가장자리에 털
이 있다. 화관은 길이 1~1.5cm이며, 끝
이 입술 모양으로 깊게 2갈래로 갈라
지는 깔때기 모양이다. 위쪽 열편은 다
시 3(~4)갈래로 얇게 갈라지며, 아래
쪽 열편은 주걱상 피침형이고 아래로
젖혀진다. 수술은 5개이며, 암술대는 1
개이고 화관통부 밖으로 길게 나온다.

열매 열매(漿果)는 2개의 열매가 ½ 이
상 합착한 길이 8~14mm의 심장형(또
는 반바지 모양)이며 5~6월에 적색으
로 익는다.

● **참고**

이른 봄에 잎이 나면서 동시에 꽃이 피
며, 어린가지에 가시 같은 강모(剛毛)
가 있는 경우가 대부분이다. 주 분포역
이 한반도(남부)인 식물로서 일본(쓰
시마섬)과 중국에서는 드물게 자란다.
털괴불나무(*L. subhispida* Nakai)와의
면밀한 비교·검토가 필요하다.

❶꽃차례. 꽃봉오리는 바나나처럼 휜다. 향
기가 아주 좋다. ❷열매. 2개의 열매 기부가
절반쯤 합착한 특이한 끌이다. ❸잎(뒷면).
어린가지와 잎 뒷면의 맥 위에는 대개 억센
털이 있으나 간혹 없는 경우도 있다. ❹생육
기의 모습. ❺겨울눈. 끝이 뾰족하다. ❻수
피. 오래되면 조각으로 벗겨진다. ❼종자. 타
원상이며 연한 갈색을 띤다.
✿식별 포인트 열매/꽃/어린가지/잎

2001. 6. 14. 강원 태백시 두문동재

구슬댕댕이
Lonicera ferdinandii Franch.
(*Lonicera vesicaria* Kom.)

인동과 CAPRIFOLIACEAE Juss.

●**분포**
중국(중북부), 한국
❖**국내분포/자생지** 강원, 경기, 경북
의 높은 산지 능선부 및 석회암지대
●**형태**
수형 낙엽 관목이며 높이 3m까지 자
란다.
어린가지 가시 같은 긴 털과 적갈색 샘
털이 밀생하며, 가지의 속이 차 있다.
잎 마주나며 길이 3~10cm의 난상 피
침형-타원형 난형이다. 끝은 길게 뾰
족하고 밑부분은 원형-얕은 심장형이
며, 가장자리가 밋밋하며 잔털이 밀생
한다. 양면에 털이 밀생하며 뒷면은 회
녹색을 띤다.
꽃 5~6월에 가지 끝 잎겨드랑이에서
나온 매우 짧은 자루에 백색(→황백
색)의 양성화가 2개씩 달린다. 포는 길
이 1.5cm 정도의 피침형-난형으로 잎
모양이다. 화관은 길이 1.5~2cm이며,
끝이 입술 모양으로 깊게 2갈래로 갈
라진 깔때기 모양이고 화관의 겉에는
샘털과 잔털이 밀생한다. 위쪽 열편은
다시 4갈래로 얕게 갈라지며, 아래쪽
열편은 주걱상 피침형이고 아래로 젖
혀진다. 수술은 5개이며, 암술대는 1개
이고 화관통부 밖으로 길게 나온다. 암
술대는 윗부분에 털이 밀생한다.
열매 열매(漿果)는 지름 1cm 정도의 구
형이고 2개가 반쯤 합착하며, 9~10월
에 적색으로 익는다.
●**참고**
꽃과 열매가 잎 모양의 포에 싸여 가지
끝에서 송이를 이루며 달리는 점이 특
징이다.

❶꽃. 백색으로 피었다가 차츰 황백색으로
변한다. ❷열매. 반쯤 합착하며 국내 자생하
는 여타 괴불나무류보다 크기가 커서 아주
탐스럽다. 열매는 포에 반쯤 싸여 있다. ❸잎
❹겨울눈(곁눈). 뾰족한 피침형이며 끝이 바
깥쪽으로 살짝 벌어진다. ❺수피. 오래되면
긴 조각으로 벗겨진다. ❻종자. 표면에는 그
물 같은 홈이 있다. 끈끈한 점액질의 과육은
종자에서 잘 분리되지 않는다.
❖식별 포인트 열매/종자/겨울눈

왕괴불나무
Lonicera vidalii Franch. & Sav.

인동과 CAPRIFOLIACEAE Juss.

●**분포**

일본(혼슈 일부), 한국

❖**국내분포/자생지** 강원(계방산, 오대산, 청태산, 치악산), 전북(덕유산, 지리산), 제주의 산지에 드물게 자람

●**형태**

수형 낙엽 관목이며 높이 3~5m까지 자란다.

어린가지 미세한 선점이 밀생하며, 가지의 속이 차 있다.

잎 마주나며 길이 3~9cm의 장타원형-난형이다. 끝은 길게 뾰족하고 밑부분은 둥글거나 넓은 쐐기형이며, 가장자리가 밋밋하다. 뒷면은 연한 녹색이며 전체에 미세한 선점이 있고 맥 위에는 털이 밀생한다.

꽃 5~6월에 새가지 밑부분의 잎겨드랑이에서 나온 길이 1~2cm의 자루에 백색(→연한 황색)의 꽃이 2개씩 달린다. 포는 길이 2~4mm의 선형이다. 화관은 길이 1.3~1.4cm이며, 끝이 입술 모양으로 깊게 2갈래로 갈라진 깔때기 모양이다. 위쪽 열편은 다시 4갈래로 얕게 갈라지며, 아래쪽 열편은 주걱상 피침형이고 아래로 젖혀진다. 수술은 5개이며, 암술대는 1개이고 화관통부 밖으로 길게 나온다.

열매 열매(漿果)는 지름 7~11mm의 구형이고 2개가 절반 이상 합착하며, 7~8월에 적색으로 익는다.

●**참고**

국내 분포역이 특이한 식물로서 전북과 강원 지역에 불연속적으로 분포하며, 일본에서는 혼슈의 일부 지역에만 분포한다.

❶꽃. 긴 꽃자루 끝에 붉은빛이 살짝 도는 미백색의 꽃이 달린다. ❷열매. 2개가 합착해 마치 하나의 열매처럼 보인다. ❸잎. 뒷면의 맥을 따라 약간의 털이 있다. ❹겨울눈. 인편은 털이 없고 끝이 뾰족하다. ❺❻수피의 변화. 오래되면 긴 조각으로 벗겨져 매끈해진다. ❼수형 ❽종자. 통통한 난상 원형이며 밝은 황색-황갈색을 띤다.

✿**식별 포인트** 열매/수피/겨울눈/어린가지의 색깔/종자

2007. 5. 20. 전북 무주군 덕유산

2006. 6. 6. 강원 삼척시

청괴불나무
Lonicera subsessilis Rehder

인동과 CAPRIFOLIACEAE Juss.

●**분포**
한국(한반도 고유종)

❖**국내분포/자생지** 평남, 황해도 이남
의 산지

●**형태**
수형 낙엽 관목이며 높이 1~2m로 자
란다.

어린가지/겨울눈 어린가지는 갈색-적
갈색을 띠고 털이 없으며, 가지의 속
이 차 있다. 겨울눈(곁눈)은 길이 7~
10mm의 각진 피침형이며 바깥쪽으로
벌어진다. 인편은 7~8쌍이다.

잎 마주나며 길이 3~5.5cm의 타원형-
도란형이다. 끝은 뾰족하고 밑부분은
둥글거나 넓은 쐐기형이며, 가장자리
가 밋밋하다. 대개 잎 양면 모두 털이
없으며 표면은 짙은 녹색을 띤다. 잎자
루는 길이 2~5mm이고 역시 털이 없다.

꽃 5~6월 새가지의 잎겨드랑이에서
나온 길이 4~5mm의 자루에 백색(→연
한 황색)의 양성화가 1~2개씩 달린다.
포는 길이 5~10mm의 선형이다. 화관
은 길이 1.5~2cm이며, 끝이 입술 모양
이고 깊게 2갈래로 갈라진 깔때기 모
양이다. 위쪽 열편은 다시 3갈래로 얕
게 갈라지며, 아래쪽 열편은 주걱상 피
침형이고 아래로 젖혀진다. 수술은 4
개이며, 암술대는 1개이고 화관통부
밖으로 길게 나온다.

열매 열매(漿果)는 2개가 거의 완전히
합착한 길이 8~12mm의 도란상 구형-
구형이며, 8~9월에 적색으로 익는다.

●**참고**
잎의 표면이 광택이 나는 짙은 녹색이
고 양면에 털이 거의 없으며, 2개의 열
매가 거의 합착하는 점이 특징이다.

❶**꽃차례. 새가지는 붉은빛이 돈다.** ❷**열매
는 2개가 거의 하나로 합착하며, 그다지 풍성
하게 달리지는 않는다.** ❸**잎. 털이 거의 없고
표면에 광택이 있다.** ❹**겨울눈(끝눈). 어린가
지에는 털이 없다. 겨울눈은 각지고 뾰족하
다.** ❺**겨울눈(곁눈)** ❻**수피** ❼**종자**
❋**식별 포인트** 잎/새가지(붉은색)/겨울눈/
종자

흰괴불나무

Lonicera tatarinowii Maxim.
[*Lonicera tatarinowii* Maxim. var.
leptantha (Rehder) Nakai]

인동과 CAPRIFOLIACEAE Juss.

● **분포**
중국(중북부), 한국

❖**국내분포/자생지** 제주(한라산) 및
강원(오대산, 태백산 등) 이북에 드물
게 자람

● **형태**
수형 낙엽 관목이며 높이 1~2m로 자
란다.

잎 마주나며 길이 3~7㎝의 장타원상
피침형-장타원형이다. 끝은 뾰족하고
밑부분은 평평하거나 둥글며, 가장자
리가 밋밋하다. 표면은 털이 없고 약간
광택이 나며, 뒷면은 맥 위를 제외한
전체에 백색 털이 있어 회백색을 띤다.
잎자루는 길이 2~5㎜다.

꽃 5~6월 새가지의 잎겨드랑이에서
나온 길이 1.5~2.5㎝의 긴 자루에 흑
자색의 양성화가 2개씩 달린다. 꽃은
흔히 잎 뒷면에 근접해 달린다. 포는
삼각상 피침형이고 길이는 꽃받침통
부의 ½ 정도다. 화관은 길이 1㎝ 정도
이며, 끝이 입술 모양으로 깊게 2갈래
로 갈라진 깔때기 모양이다. 위쪽 열편
은 다시 3~4갈래로 얕게 갈라지며,
아래쪽 열편은 장타원형이고 아래로
젖혀진다. 수술은 5개이며, 암술대는 1
개이고 화관통부 밖으로 길게 나온다.

열매 열매(漿果)는 2개가 완전히 합착
한 지름 6~8㎜의 구형이며, 7~8월에
적색으로 익는다.

● **참고**
국명은 '잎 뒷면이 흰색인 괴불나무'라
는 뜻이다. 홍괴불나무에 비해 잎 뒷면
이 회백색이고 털이 밀생하며, 흑자색
꽃이 긴 꽃자루 끝에 달리는 점이 특징
이다.

2017. 5. 27. 강원 평창군

❶꽃차례. 홍괴불나무에 비해 꽃자루가 매우
길고 꽃의 크기가 더 작다. 꽃은 흑자색이다.
❷열매는 완전히 합착한다. ❸잎. 폭이 좁은
타원형이며 뒷면은 털이 밀생해 흰빛이 돈다.
❹겨울눈. 피침형이고 바깥쪽으로 살짝 벌어
져 달린다. ❺수형 ❻종자. 납작한 장타원형-
난상 원형이며 표면에는 잔돌기가 있다.
✱식별 포인트 잎(뒷면)/열매/꽃

2010. 6. 17. 강원 인제군 방태산

홍괴불나무
Lonicera maximowiczii (Rupr.)
Regel
[*Lonicera maximowiczii* (Rupr.)
Regel var. *sachalinensis* Fr.
Schmidt; *L. sachalinensis* (Fr.
Schmidt) Nakai]

인동과 CAPRIFOLIACEAE Juss.

● **분포**

중국(동북부), 일본(홋카이도), 러시아
(동부), 한국

❖**국내분포/자생지** 지리산 이북의 높
은 산지 능선 및 정상부

● **형태**

수형 낙엽 관목이며 높이 1~2m로 자
란다.

어린가지 연한 갈색-적갈색이며, 가지
의 속이 차 있다.

잎 마주나며 길이 4~10cm의 난상 피
침형-난형이다. 끝은 길게 뾰족하고
밑부분은 쐐기형-원형-아심장형이다.
표면에는 털이 흩어져 있으며, 뒷면은
연한 녹색이고 백색의 털이 밀생한다.
잎자루는 길이 4~7mm다.

꽃 5~6월 새가지의 잎겨드랑이에서
나온 길이 1~2cm의 자루에 연한 홍자
색-홍자색의 양성화가 2개씩 달린다.
포는 선형이며 꽃받침통부 길이의 ⅓
정도로 아주 작다. 화관은 길이 1cm 정
도이며, 끝이 입술 모양으로 깊게 2갈
래로 갈라진 깔때기 모양이다. 위쪽 열
편은 다시 3~4갈래로 얕게 갈라지며,
아래쪽 열편은 장타원형이고 뒤로 젖
혀진다. 수술은 5개이며, 암술대는 1개
이고 화관통부 밖으로 길게 나온다. 화
관통부의 안쪽 면과 암술대에는 긴 털
이 밀생한다.

열매 열매(漿果)는 2개의 열매가 거의
완전히 합착한 지름 8~10mm의 난상
구형이며, 7~8월에 적색으로 익는다.

● **참고**

자생지 환경이나 개체에 따라 연한 홍
자색에서 짙은 홍자색까지 꽃색이 다
양하다. 꽃자루의 길이와 잎 모양에서
도 폭넓은 변이를 보인다.

❶꽃. 연한 홍자색-짙은 홍자색을 띤다. ❷열
매는 완전히 합착한다. ❸잎은 가장자리까지
도 털이 밀생해 마치 가시처럼 보인다. ❹겨
울눈. 삼각상 피침형이고 끝이 뾰족하며 바
깥쪽으로 살짝 벌어져 달린다. ❺수형 ❻종
자. 황갈색의 납작한 장타원형이고 표면에는
잔돌기가 있다.

✿**식별 포인트** 잎/열매/꽃/겨울눈

분단나무

Viburnum furcatum Blume ex Maxim.

산분꽃나무과 VIBURNACEAE Ref.

● **분포**

일본, 한국

❖ **국내분포/자생지** 경북(울릉도), 제주(한라산), 강원(자병산)의 산지

● **형태**

수형 낙엽 관목 또는 소교목이며 높이 3~6m까지 자란다.

수피/겨울눈 수피는 짙은 회갈색이며, 오래되면 조각으로 갈라진다. 겨울눈은 인편이 겨울에 떨어져 겉에 드러나며, 표면에는 갈색 성상모가 밀생한다. 잎 마주나며 지름 6~20cm의 광난형-원형이다. 끝은 급격히 뾰족해지고 밑부분은 심장형이며, 가장자리에는 뾰족한 잔톱니가 있다. 잎자루는 길이 1.5~4cm다.

꽃 4~5월 가지에서 나온 지름 6~14cm의 산방상 취산꽃차례에 백색의 꽃이 모여 달린다. 꽃차례의 중앙부에는 양성화가 피고 가장자리에는 장식화(무성화)가 달린다. 양성화는 지름 5~8mm이며, 꽃잎과 수술이 각각 5개이고 암술은 1개다. 장식화는 지름 2~3cm이며 끝이 5갈래로 깊게 갈라지고 퇴화된 암술과 수술이 있다.

열매 열매(核果)는 지름 8~10mm의 난상 타원형-난상 구형이며 8~10월에 흑색으로 익는다. 핵은 길이 6~7mm의 다소 납작한 타원형-난형이며 중앙에 세로로 골이 진다.

● **참고**

2008년에 석회암지대인 강원 자병산에서도 발견되었다. 가막살나무에 비해 잎이 원형이고 밑부분은 심장형이며, 꽃차례의 가장자리에 장식화가 달리는 점이 다르다.

❶꽃차례. 양성화 주위를 5수성의 장식화가 둘러싸고 있다. ❷열매. 적색~흑색으로 익는다. ❸새순의 전개. 모양이 매우 독특하다. ❹잎 뒷면. 거의 원형에 가까우며 기부가 심장형이다. 뒷면 맥 위에는 갈색의 성상모가 있다. ❺겨울눈(잎눈). 성상모가 밀생한다. ❻짧은 가지에 생기는 겨울눈 ❼노목의 수피 ❽핵. 아왜나무의 핵과 생김새가 흡사하다.

✽식별 포인트 잎/겨울눈/열매/꽃

2008. 8. 16. 제주 한라산

2011. 6. 4. 중국 지린성

산분꽃나무

***Viburnum burejaeticum* Regel & Herd.**

산분꽃나무과 VIBURNACEAE Ref.

● **분포**

중국(동북부), 러시아(동부), 몽골, 한국

❖ **국내분포/자생지** 경기(연천군), 강원(설악산, 평창군) 이북의 산지

● **형태**

수형 낙엽 관목이며 높이 2~4m 정도로 자란다.

겨울눈 인편 없이 드러나 있으며, 성상모가 밀생한다.

잎 마주나며 길이 4~6(~10)cm의 장타원형-난형이다. 끝은 뾰족하고 밑부분은 둥글며, 가장자리에는 뾰족한 잔톱니가 촘촘히 있다. 표면은 녹색이고 짧은 털과 성상모가 약간 있으며, 뒷면은 연한 녹색을 띠고 성상모가 밀생한다. 잎자루는 길이 5~12mm다.

꽃 5~6월에 가지 끝에서 나온 지름 4~5cm의 산형상 취산꽃차례에 백색의 양성화가 모여 달린다. 꽃받침은 길이 3~4mm이고 털이 없으며, 꽃받침열편은 삼각상이다. 화관은 지름 7mm 정도이며, 통부는 길이 1~2mm로 아주 짧고 열편은 길이 2.5~3mm의 광난형이다. 수술은 5개이며 화관통부 밖으로 길게 나온다.

열매 열매(核果)는 길이 1cm 정도의 장타원형-타원형이며 9~10월에 (적색→)흑색으로 익는다. 핵은 길이 9~10mm의 납작한 장타원형이다.

● **참고**

남한에서는 경기 연천군의 계곡 가장자리와 강원 설악산 등지에 소수의 개체가 자라고 있다. 분꽃나무에 비해 흔히 잎이 장타원형이고 가장자리에 잔톱니가 촘촘히 있으며, 꽃이 백색이면서 화관통부가 매우 짧은 점이 특징이다.

❶❷꽃. 분꽃나무에 비해 화관통부가 매우 짧다. 꽃자루에는 털(성상모)이 많다. ❸미성숙한 열매 ❹잎 뒷면. 성상모가 밀생한다. ❺수형 ❻핵

✽식별 포인트 꽃(화관통부, 꽃색)/잎

분꽃나무
(섬분꽃나무)

Viburnum carlesii Hemsl.
[*Viburnum carlesii* Hemsl. var. *bitchiuense* (Makino) Nakai]

산분꽃나무과 VIBURNACEAE Ref.

● **분포**
중국 중부(안후이성), 일본(혼슈 이남), 한국

❖ **국내분포/자생지** 전국의 햇볕이 잘 드는 낮은 산지

● **형태**
수형 낙엽 관목이며 높이 2~3m까지 자란다.

겨울눈 길이 4~8mm의 장타원형이며, 표면에 황갈색의 성상모가 밀생한다. 꽃눈은 둥근꼴이고 가지 끝에 달린다. 잎 마주나며 길이 3~10cm의 타원형-광난형이다. 끝은 뾰족하고 밑부분은 둥글거나 얕은 심장형이며, 가장자리에는 치아상의 톱니가 성글게 있다. 잎자루는 길이 3~9mm다.

꽃 4~5월에 가지 끝에서 나온 지름 5~6cm의 산형상 취산꽃차례에 백색-연한 홍색의 꽃이 모여 달린다. 화관은 지름 1cm 정도의 깔때기 모양이고 끝이 5갈래로 갈라지며, 통부는 길이가 8~10mm다. 수술은 5개이며, 화관통부의 중앙 이하 하단부에 붙어 있고 화관 밖으로 돌출하지 않는다.

열매 열매(核果)는 길이 8~10mm의 타원형이며 9~10월에 (적색→)흑색으로 익는다.

● **참고**
중국이나 일본에서는 매우 국지적으로 분포해, 희귀수종으로 분류하고 있다. 잎이 광난형-원형이고 밑부분이 심장형이며 가장자리에 톱니가 많은 도서형을 분꽃나무(var. *carlesii*), 잎이 타원상 난형-난형인 내륙형을 섬분꽃나무(var. *bitchiuense*)로 따로 구분하는 견해도 있다.

❶꽃차례. 꽃은 화관통부가 길며 향기가 매우 강하다. 왼쪽은 도서형. 오른쪽은 내륙형. ❷열매. 적색→흑색으로 익는다. ❸잎. 밑부분이 흔히 심장형이고 가장자리에 톱니가 많다. ❹겨울눈. 중앙부는 꽃눈, 좌우측은 잎눈이다. ❺핵. 납작한 타원상이며 2~3개의 골이 진다. 길이는 5~8mm다. ❻❼내륙형. 도서형에 비해 꽃의 통부가 상대적으로 길고 잎이 타원상 난형이다.

2005. 4. 18. 경북 울릉도

009. 9. 26. 제주

아왜나무

Viburnum odoratissimum Ker Gawl. **var. *awabuki*** (K. Koch) Zabel ex Rümpler (*Viburnum awabuki* K. Koch)

산분꽃나무과 VIBURNACEAE Ref.

● **분포**
중국(남부), 일본, 타이완, 베트남, 인도(동부), 타이, 필리핀, 한국
❖ **국내분포/자생지** 경남(불명확) 및 제주의 낮은 지대 숲속

● **형태**
수형 상록 소교목 또는 교목이며 높이 5~10m까지 자란다.

수피/겨울눈 수피는 회백색-회갈색을 띠고 매끈하며 작은 피목이 발달한다. 겨울눈은 길이 8~17㎜의 난상 피침형이며, 인편이 2~3쌍이고 털이 없다.

잎 마주나며 길이 7~20㎝의 장타원형-도란형이다. 끝은 뾰족하고 밑부분은 쐐기형-넓은 쐐기형이며, 가장자리는 밋밋하거나 물결 모양의 얕은 톱니가 있다. 뒷면은 연한 녹색이고 전체에 미세한 선점이 있다. 잎자루는 길이 1~2㎝다.

꽃 6~7월 가지 끝에서 나온 길이 5~16㎝의 원추꽃차례에 백색의 양성화가 모여 달린다. 화관은 지름 7㎜가량이고 통부는 길이 2㎜가량으로, 화관열편은 둥글고 뒤로 젖혀진다. 수술은 5개이고 화관통부 밖으로 길게 나오며, 암술은 통부 밖으로 돌출하지 않는다.

열매 열매(核果)는 길이 7~9㎜의 타원형-난형이며 8~9월에 적색→흑색으로 익는다.

● **참고**
국명은 나도밤나무의 일본명 '아와부키'(アワブキ)에서 유래했다. 적색 열매가 아름다워 일본에서는 조경수 및 가로수로 널리 식재하고 있다. 상록성이며 꽃이 원추꽃차례에 피는 점이 특징이다.

❶❷꽃차례. 원추꽃차례다. ❸잎은 가죽질이며 표면에 광택이 있다. ❹겨울눈(끝눈과 곁눈). 인편은 광택이 난다. ❺수피에는 갈색의 피목이 있다. ❻수형. 가지가 많이 갈라진다. ❼핵. 세로로 홈이 있으며, 분단나무의 핵과 모양이 흡사하다.
✽식별 포인트 잎/열매/겨울눈/핵

백당나무

Viburnum opulus L. var.
calvescens [Rehder] H. Hara

산분꽃나무과 VIBURNACEAE Ref.

● **분포**
중국(중북부), 일본(혼슈 이북), 러시아, 몽골, 한국
✤ **국내분포/자생지** 전국의 산지

● **형태**
수형 낙엽 관목이며 높이 2~4m까지 자란다.

수피/겨울눈 수피는 회색-짙은 회갈색으로 사마귀 같은 피목이 발달하며, 오래되면 불규칙하게 갈라지면서 코르크층이 발달한다. 겨울눈은 길이 5~8mm의 장난형이며, 인편이 2쌍이고 털이 없다.

잎 마주나며 길이 4~12cm의 광난형이다. 끝이 뾰족하고 밑부분은 원형-넓은 쐐기형이다. 가장자리에는 큰 톱니가 불규칙하게 있으며, 상반부는 흔히 3갈래로 갈라진다. 잎자루는 길이 1~2cm이며, 위쪽 끝에 2개의 원반 모양 밀선이 있다.

꽃 5~6월에 가지 끝에서 나온 지름 6~12cm의 산방꽃차례에 백색의 꽃이 모여 달린다. 꽃차례의 중앙부에는 양성화가 피고 가장자리에 장식화가 달린다. 양성화는 지름 4~5mm이며, 꽃잎과 수술이 각각 5개이고 암술은 1개다. 장식화는 지름 2~3cm이고 끝이 5갈래로 깊게 갈라지며, 열편은 넓은 도란형이고 끝이 둥글다. 수술과 암술은 퇴화해 있다.

열매 열매(核果)는 길이 7~9mm의 구형이며 8~9월에 적색으로 익는다.

● **참고**
꽃차례의 꽃이 모두 장식화만 피는 품종을 불두화(f. *sterile*)라고 하여 절이나 공원에 식재하고 있다.

2002. 6. 16. 강원 인제군 설악산

❶열매 ❷❸잎. 보통 3갈래로 갈라지지만 형태에 변이가 많다. 잎자루의 기부에는 1쌍의 밀선이 있다. ❹겨울눈. 바깥쪽 인편의 기부는 서로 합착한다. ❺핵. 납작한 심장형-원형이며 골이 지지 않는다. ❻수형 ❼불두화. 결실이 되지 않는다.
✱식별 포인트 잎/겨울눈/열매/꽃

2007. 6. 25. 백두산

배암나무
Viburnum koreanum Nakai

산분꽃나무과 VIBURNACEAE Ref.

● **분포**

중국(지린성), 일본(훗카이도), 한국

❖**국내분포/자생지** 강원(설악산) 이북
의 높은 산지

● **형태**

수형 낙엽 관목이며 높이 1~2m 정도
로 자란다.

수피/겨울눈 수피는 회색-짙은 회색
이며 사마귀 같은 피목이 발달한다. 겨
울눈은 길이 4~6mm의 장난형인데, 인
편은 1쌍이고 털이 없다.

잎 마주나며 길이 6~13cm의 광난형-
아원형이다. 끝은 꼬리처럼 뾰족하며,
밑부분은 원형-심장형이고 잎자루와
접하는 부분에는 밀선이 있다. 가장자
리에는 불규칙한 잔톱니가 있으며, 흔
히 상반부에서 2~3갈래로 갈라진다.
뒷면 맥 위와 맥겨드랑이에는 백색 털
이 있다. 잎자루는 길이 5~20mm이며,
선형의 탁엽이 2개 있다.

꽃 6~7월에 가지 끝에서 나온 지름 2
~4cm의 산형상 취산꽃차례에 백색의
양성화가 모여 달린다. 화관은 지름 6
~8mm이며, 끝부분이 5갈래로 갈라지
고 화관열편은 광타원형이다. 수술은
5개이고 화관보다 짧다.

열매 열매(核果)는 길이 7~11mm의 타
원형-광타원형이며 8~9월에 적색으
로 익는다. 핵은 지름 7mm가량의 납작
한 난상 타원형이며, 표면에 1~2개의
얕은 골이 있다.

● **참고**

배암나무는 종소명 *koreanum*에서 알
수 있듯이 주로 한반도에 분포하는 종
이며, 중국 일부(백두산 일대)와 일본
훗카이도에도 드물게 자란다.

❶꽃차례에 장식화가 없이 양성화만 있는 것
이 특징이다. ❷열매 ❸❹잎. 백당나무에 비
해 끝이 뾰족해진다. 뒷면 맥겨드랑이에 백
색 털이 있으며, 잎 기부에는 밀선이 있다.
❺겨울눈. 인편은 1쌍이고 광택이 난다. ❻수
피에는 사마귀 같은 피목이 있다. ❼핵
✱식별 포인트 꽃/잎/종자

679

덜꿩나무
(가새덜꿩나무,
개덜꿩나무)

***Viburnum erosum* Thunb.**
(*Viburnum erosum* Thunb. var.
punctatum Franch.)

산분꽃나무과 VIBURNACEAE Ref.

● **분포**
중국(산둥반도 이남), 일본(혼슈 이남),
타이완, 한국
❖ **국내분포/자생지** 경기 이남의 낮은
산지
● **형태**
수형 낙엽 관목이며 높이 2~3m까지
자란다.
겨울눈 길이 4~5mm의 난형인데, 인편
이 2쌍이고 털이 밀생한다.
잎 마주나며 길이 4~9cm의 타원상 피
침형-난형이다. 끝은 길게 뾰족하고
밑부분은 쐐기형-원형이며, 가장자리
에는 뾰족한 치아상의 톱니가 있다. 양
면에 모두 성상모가 있으며, 뒷면 맥
가장자리에는 긴 털이 있다. 잎자루는
길이 2~6mm이고 성상모가 밀생한다.
2개의 탁엽은 선형이며, 오랫동안 남
는다.
꽃 4~5월 새가지 끝에서 나온 지름 3
~7cm의 산형상 취산꽃차례에 백색의
양성화가 모여 달린다. 화관은 지름 5
~6mm이고 5갈래로 갈라지며, 화관열
편은 길이 2mm 정도의 난상 원형이다.
수술은 5개이고 화관보다 길다.
열매 열매(核果)는 길이 6~7mm의 광난
형이며 9~10월에 적색으로 익는다. 핵
은 지름 5~7mm의 납작한 타원상 난형-
난형이며, 표면이 울퉁불퉁하고 앞면
에 3개, 뒷면에 2개의 세로줄이 있다.
● **참고**
어린나무의 잎은 가장자리가 결각상
으로 갈라지기도 한다. 가막살나무에
비해 잎이 작고 잎자루가 짧으며, 탁엽
이 오랫동안 남는다. 어린가지와 꽃자
루에 짧은 털이 있어 촉감이 다소 까칠
한 점도 다르다.

❶꽃차례 ❷열매. 적색으로 풍성하게 익는
다. ❸잎. 가막살나무에 비해 작고 폭이 좁
으며 잎자루가 짧다. ❹겨울눈. 털이 밀생한
다. ❺수피. 회갈색이며 피목이 흩어져 있
다. ❻수형 ❼핵. 가막살나무에 비해 밑부분
이 둥근 편이다.
✿식별 포인트 잎/열매

2006. 4. 30. 전남 완도군 정도리

010. 10. 5. 제주 서귀포시

가막살나무
Viburnum dilatatum Thunb.

산분꽃나무과 VIBURNACEAE Ref.

● **분포**
중국(중남부), 일본(홋카이도 남부 이남), 타이완, 한국
❖ **국내분포/자생지** 주로 남부지방의 산지

● **형태**
수형 낙엽 관목이며 높이 2~3m까지 자란다.
겨울눈 길이 3~5mm의 난형이며, 인편은 2쌍이고 긴 털이 밀생한다.
잎 마주나며 길이 5~14cm의 넓은 도란형-원형이다. 끝은 뾰족하거나 급히 뾰족해지고 밑부분은 넓은 쐐기형-심장형이며, 가장자리에는 치아상의 얕은 톱니가 있다. 양면에 모두 성상모가 있으며, 특히 맥 위에 밀생한다. 뒷면은 전체에 미세한 선점이 있으며, 기부에는 2~3개의 큰 선점이 있다. 잎자루는 길이 5~20mm이며 탁엽이 없다.
꽃 5~6월 새가지 끝에서 나온 지름 6~10cm의 산형상 취산꽃차례에 백색의 양성화가 모여 달린다. 화관은 지름 5mm 정도이고 5갈래로 갈라지며, 화관 열편은 난상 원형이다. 수술은 5개다. 수술의 길이는 화관보다 길며, 암술대는 꽃받침통부와 길이가 비슷하다.
열매 열매(核果)는 길이 7~8mm의 난상 타원형-구형이며 9~10월에 적색으로 익는다. 핵은 지름 6~7mm의 납작한 난형-광난형인데, 표면이 다소 울퉁불퉁하고 앞면에 3개, 뒷면에 2개의 세로줄이 있다.

● **참고**
산가막살나무에 비해 전체에 갈색의 긴 털과 성상모가 많으며, 잎이 더 둥글고 흔히 밑부분이 심장형인 점이 특징이다.

❶꽃차례 ❷열매 ❸-❺잎. 양면에 모두 털이 있어 촉감이 거칠다. 잎자루에도 짧은 털과 성상모가 밀생한다. ❻겨울눈. 인편과 어린 가지에는 황갈색의 긴 털과 성상모가 밀생한다. ❼수피. 회갈색이며 피목이 흩어져 있다.
❽핵
✱식별 포인트 잎

산가막살나무
Viburnum wrightii Miq.

산분꽃나무과 VIBURNACEAE Ref.

●**분포**
일본, 러시아(사할린), 한국

❖**국내분포/자생지** 전국의 높은 산지
에 비교적 드물게 자람

●**형태**
수형 낙엽 관목이며 높이 2～3(～5)m
까지 자란다.

수피/겨울눈 수피는 회색-회갈색이며
피목이 흩어져 있다. 겨울눈은 길이 5
～7mm의 난형인데, 인편이 2쌍이고 대
체로 털이 없으나 간혹 긴 털이 밀생하
기도 한다.

잎 마주나며 길이 6～14cm의 도란형-
넓은 도란형이다. 끝은 꼬리처럼 뾰족
하고 밑부분은 쐐기형-원형이며, 가장
자리에는 치아상의 얕은 톱니가 있다.
양면에 털이 거의 없으나 간혹 긴 털이
있는 경우도 있다. 뒷면 전체에 희미한
선점이 있다. 잎자루는 길이 9～20mm
이며 탁엽이 없다.

꽃 5～6월 새가지 끝에서 나온 지름 6
～10cm의 산형상 취산꽃차례에 백색
의 양성화가 모여 달린다. 화관은 지름
5mm 정도이고 5갈래로 갈라지며, 화관
열편은 난상 원형이다. 수술은 5개다.
수술의 길이는 화관보다 길며, 암술대
는 꽃받침통부와 길이가 비슷하다.

열매 열매(核果)는 길이 6～9mm의 광
난형-구형이며 9～10월에 적색으로
익는다. 핵은 지름 4～6mm의 납작한 난
형-광난형이며, 앞면에 3개, 뒷면에 2
개의 세로줄이 있다.

●**참고**
가막살나무에 비해 식물체 전체에 털
이 거의 없으며, 잎이 도란형이면서 밑
부분이 쐐기형-원형인 점이 다르다.

❶꽃차례 ❷열매 ❸잎 뒷면. 가막살나무에
비해 잎끝이 꼬리처럼 길어진다. 양면에 털
이 거의 없고 뒷면은 보통 광택이 있다. ❹수
피 ❺❻겨울눈(끝눈과 곁눈). 인편은 광택이
나며 끝에 털이 약간 있다. ❼핵. 가막살나무
만큼 세로줄이 뚜렷하지는 않다.
✽식별 포인트 잎(형태, 뒷면)/겨울눈

2018. 9. 8. 강원 태백시

푸른가막살

Viburnum japonicum (Thunb.) Spreng.

산분꽃나무과 VIBURNACEAE Ref.

● **분포**

일본(혼슈, 규슈, 류큐제도), 한국

✿**국내분포/자생지** 전남(가거도 독실산)의 산지 사면에 비교적 드물게 자람

● **형태**

수형 상록 관목이며 높이 2~4(~6)m로 자란다.

겨울눈 길이 7~14mm의 장타원상 피침형인데, 인편이 2쌍이고 털이 없다.

잎 마주나며 길이 5~20cm의 마름모꼴 난형-마름모꼴 도란형이다. 끝은 짧게 뾰족하거나 둔하고 밑부분은 넓은 쐐기형이며, 가장자리에는 얕고 둔한 톱니가 있다. 엽질은 광택이 나는 가죽질이며, 양면에 털이 없고 뒷면 전체에 미세한 선점이 밀생한다. 잎자루는 길이 2~3cm이며 붉은빛을 띠고 털이 없다.

꽃 4~5월에 새가지 끝에서 나온 지름 6·~15cm의 산형상 취산꽃차례에 백색의 양성화가 모여 달린다. 화관은 지름 5~8mm이고 5갈래로 갈라지며, 열편은 길이 2~3mm의 난형-타원형이다. 수술은 5개이고 화관보다 약간 짧으며, 암술대는 1개이고 길이가 매우 짧다.

열매 열매(核果)는 길이 7~9mm의 광타원형-구형이며, 11~12월에 적색으로 익는다. 핵은 지름 7mm가량의 납작한 광타원형-난상 원형이며, 앞면에 3개, 뒷면에 2개의 세로줄이 있다.

● **참고**

국명은 '상록성의 가막살나무'라는 뜻이다. 가거도의 독실산 정상 아래쪽 산지 사면 및 숲 가장자리에 자란다.

2007. 10. 15. 전남 신안군 가거도

❶꽃차례에는 털이 없다. 수술은 화관보다 짧다. ❷꽃눈 ❸잎눈 ❹❺잎 앞면과 뒷면. 잎은 상록성이며 표면에 광택이 있다. 잎 뒷면 기부에는 홈처럼 파인 몇 개의 큼직한 선점이 있다. ❻수피. 백색의 작은 피목이 흩어져 있다. ❼핵

✱식별 포인트 잎/꽃(수술)

덧나무

Sambucus racemosa L. **subsp.**
sieboldiana (Blume ex Miq.) H.
Hara
[*Sambucus sieboldiana* (Miq.)
Blume ex Schwer.]

연복초과 ADOXACEAE E. Mey.

●**분포**
일본(혼슈 이남), 한국
❖**국내분포/자생지** 제주의 산야
●**형태**
수형 낙엽 관목 또는 소교목이며 높이
2~6m로 자란다.
겨울눈 겨울눈(잎눈)은 길이 6~10㎜
의 장난형-난형이며, 인편은 4~6쌍
이고 털이 없다.
잎 마주나며 작은잎 5~7개로 이루어
진 우상복엽이다. 작은잎은 길이 4~6
㎝의 피침형-장타원형이며, 양 끝이
뾰족하고 가장자리에는 안으로 굽은
뾰족한 톱니가 있다. 흔히 표면 맥 위
와 뒷면 전체에 털이 있으나 털의 유무
및 밀도는 변이가 심하다.
꽃 4~5월에 새가지 끝에서 나온 지름
3~10㎝의 원추꽃차례에 황백색의 양
성화가 모여 달린다. 화관통부가 매우
좁으며, 화관열편은 5개이고 뒤로 젖
혀진다. 수술은 5개이며 화관열편의
길이와 비슷하다. 암술대는 짧으며, 암
술머리가 적색이고 3갈래로 갈라진다.
열매 열매(核果)는 길이 3~5㎜의 난상
구형이며 6~7월에 적색으로 익는다.

2016. 3. 30. 제주

❶꽃. 꽃차례는 자루가 짧고 꽃이 조밀하게
달린다. 암술머리는 적색이다. ❷열매. 적색
으로 익는다. ❸잎 ❹수피. 세로로 불규칙하
게 갈라지며 사마귀 같은 피목이 발달한다.
❺핵. 표면에 미세한 주름이 있다. ❻수형

●참고

딱총나무속은 잎의 모양, 털의 유무와
밀도, 꽃차례의 크기와 달리는 모양에
서 큰 폭의 변이를 보이고 있어 정확하
게 동정하기가 쉽지 않다. 덧나무에 비
해 꽃차례가 크고 털이 없으면서 아래
로 처지는 나무를 말오줌나무[*S.
racemosa* L. subsp. *pendula* (Nakai)
H. I. Lim & C. S. Chang]라고 하며, 울
릉도에 분포한다.

❼-❽말오줌나무 ❼결실기의 말오줌나무(경
북 울릉도) ❽꽃. 꽃차례는 대형이고 아래로
처진다. 암술머리는 적색 또는 황색이다. ❾
열매. 성숙한 열매는 보통 적색이지만, 드물
게 사진처럼 황색으로 익는 개체도 있다. ❿
겨울눈. 끝이 둥글고 털이 없다. ⓫수피. 오
래되면 코르크질이 발달한다. ⓬핵 ⓭수형

딱총나무
(지렁쿠나무, 넓은잎딱총나무)

Sambucus racemosa L. subsp.
kamtschatica (E. Wolf) Hultén
(*Sambucus latipinna* Nakai;
S. coreana (Nakai) Kom. & Aliss.;
S. kamtschatica E. Wolf)

연복초과 ADOXACEAE E. Mey.

●**분포**
중국(동북부), 일본(혼슈 이북), 러시아
(동부), 몽골, 한국
❖**국내분포/자생지** 전국의 산지
●**형태**
수형 낙엽 관목 또는 소교목이며 높이
2~6m로 자란다.
수피 회갈색-적갈색이고 타원형의 피
목이 있으며, 오래되면 코르크질이 발
달한다.
잎 마주나며 작은잎 3~5개로 이루어
진 우상복엽이다. 작은잎은 길이 5~
10㎝의 장타원형-난형이다. 끝은 꼬리
처럼 길게 뾰족하고 밑부분은 쐐기형-
넓은 쐐기형이며, 가장자리에는 뾰족
한 톱니가 있다. 뒷면 맥 위에 털이 있
으며 전체에 털이 밀생하기도 한다.
꽃 4~5월에 새가지 끝에서 나온 원추
꽃차례에 황백색-황록색의 꽃이 빽빽
이 모여 달린다. 꽃차례는 다소 좁은
편이며 뾰족한 털이 밀생한다. 화관은
지름 5~7㎜이며, 화관열편은 5개이
고 뒤로 젖혀진다. 수술은 5개이며 화
관열편과 길이가 비슷하다. 암술대는
짧으며, 암술머리가 황색이고 3갈래로
갈라진다.
열매 열매(核果)는 길이 3.5~5㎜의
난상 구형이며 6~7월에 적색으로 익
는다.

2009. 5. 31. 강원 인제군 설악산

❶겨울눈 ❷수피 ❸핵 ❹-❻미국딱총나무
❹열매 ❺잎 ❻핵

686

다양한 형태의 딱총나무

작은잎의 폭이 좁고 엽축과 잎 뒷면에 털이 없는 유형	작은잎의 폭이 넓고 엽축과 잎 뒷면에 털이 밀생하는 유형	작은잎의 폭이 넓고 엽축과 잎 뒷면에 털이 없는 유형

●참고

국내 자생하는 딱총나무류(덧나무, 딱총나무, 지렁쿠나무, 넓은잎딱총나무)는 잎의 모양, 잎 뒷면 털의 유무와 밀도, 꽃차례의 크기와 달리는 모양에서 연속적인 변이를 보이고 있어 정확한 동정이 어렵다. 이 책에서는 형태적으로 구분이 모호한 *S. williamsii* Hance를 딱총나무와 동일한 분류군으로 우선 처리하였지만, *S. williamsii*가 잎과 꽃차례에 털이 거의 없고 잎에서 특유의 악취를 낸다는 외국 문헌의 기록도 있어 국내 자생종들과는 보다 정밀하게 비교·연구를 해봐야 할 것으로 판단한다. 꽃이 산방꽃차례에 달리며 열매가 흑색으로 익는 북아메리카 원산의 나무를 미국딱총나무(*S. canadensis* L.)라고 하는데, 약용식물로 재배하던 것이 길가나 민가 주변에 야생화되어 자라기도 한다.

더위지기

Artemisia gmelinii Weber ex Stechm. **var. gmelinii**
(*Artemisia iwayomogi* Kitam.)

국화과
ASTERACEAE Bercht. & J. Presl

● **분포**

중앙아시아-동북아시아에 걸쳐 넓게 분포

❖**국내분포/자생지** 제주를 제외한 전국의 산야

● **형태**

수형 낙엽 반관목이며 높이 50~100 cm로 자란다. 밑동과 뿌리줄기가 목질화된다.

가지 줄기는 모여나며 윗부분에서 가지가 많이 갈라진다.

잎 어긋나며 줄기의 중간 잎은 길이 7~8cm의 삼각상 난형-타원상 난형이고 2회 우상(깃털 모양)으로 깊게 갈라진다. 잎 양면에는 처음에 거미줄 같은 털이 있다가 차츰 없어진다. 뒷면은 연한 녹색을 띠고 선점이 있다. 잎은 줄기 위쪽으로 갈수록 점차 작아지며, 줄기 위쪽의 잎과 잎 모양의 포는 깃털 모양으로 깊게 갈라지거나 밋밋하다. 잎자루는 길이 1~5cm다.

꽃 7~8월에 황색의 꽃이 두상꽃차례에 모여 핀다. 두상꽃차례는 줄기의 끝에서는 원추상으로 달린다. 꽃차례는 지름 2~3.5(~5)mm의 구형이며 아래를 향해 달린다.

열매 열매(瘦果)는 길이 1.5mm 정도의 타원상 난형 또는 타원상 원추형이다.

● **참고**

잎이 2회 우상으로 깊게 갈라지며 꽃이 아래를 향한다. 이름은 '열을 이겨내는 효용이 있다'라는 뜻에서 유래한 것 같다. 일제강점기 당시의 국내 약재 시장에서 더위지기(*A. gmelinii*)를 茵蔯(인진)으로 호칭한 기록이 있지만, 현재 국내 한의학계에서는 더위지기를 茵蔯蒿(사철쑥, *A. capillaris*)와 구별하여 별개의 약재로 취급한다.

❶❷꽃차례. 하나의 꽃송이처럼 보이는 두상꽃차례가 아래를 향해 달린다(❶은 암꽃만 있는 꽃차례). ❸열매 ❹잎. 깃털 모양으로 깊게 갈라진다. ❺수피와 겨울눈. 겨울눈에는 털이 밀생한다. ❻종자. 표면에 희미한 줄이 있다.

✽식별 포인트 잎/수형

2007. 5. 10. 강원 태백시 검룡소

2013. 9. 12. 러시아 프리모르스키주

털산쑥

Artemisia gmelinii Weber ex
Stechm. **var. *messerschmidiana***
(Besser) Poljakov
[*A. gmelinii* Weber ex Stechm.
var. *discolor* (Kom.) Nakai; *A.
sacrorum* Ledeb.]

국화과
ASTERACEAE Bercht. **& J. Presl**

● **분포**
중앙아시아-동북아시아
❖ **국내분포/자생지** 북부지방 산지의
바위지대, 풀밭 및 숲 가장자리
● **형태**
수형 낙엽 반관목이며 높이 40~100
cm로 자란다. 밑동과 뿌리줄기가 목질
화된다.
줄기/가지 줄기는 모여나며 윗부분에
서 가지가 많이 갈라진다. 줄기와 가지
에 털이 있다.
잎 마주나며 줄기 중간부의 잎은 길이
4~7cm의 타원상 난형-삼각상 난형이
고 2회 우상(깃털 모양)으로 깊게 갈라
진다. 표면에 백색의 털과 샘털이 약간
있고 뒷면에는 백색의 거미줄 같은 털
이 밀생한다. 잎은 줄기 위쪽으로 갈수
록 점차 작아지며, 줄기 위쪽의 잎과
잎 모양의 포는 깃털 모양으로 깊게 갈
라지거나 밋밋하다. 잎자루는 길이
1.5~2.5cm다.
꽃 8~9월에 연한 황색의 꽃이 두상꽃
차례에 모여 핀다. 두상꽃차례는 지름
2~3mm의 구형이며, 줄기의 끝에서 원
추상으로 달린다.
열매 열매(瘦果)는 길이 1.5mm의 타원
상 난형 또는 타원상 원추형이다.
● **참고**
더위지기에 비해 전체가 작은 편이며
잎의 양면(특히 뒷면)에 털이 밀생하
는 것이 특징이다.

❶꽃차례. 두상꽃차례는 줄기의 끝부분에 원
추상으로 모여 달린다. ❷두상꽃차례 ❸잎
앞면. 잎은 흔히 2회 우상으로 갈라진다. ❹
잎 뒷면. 백색의 누운털이 밀생한다. ❺뿌리
부근의 줄기. 밑부분 또는 땅속줄기는 목질
화된다. 겨울이 되면, 대부분의 지상줄기가
말라 죽는다. ❻줄기. 털이 많다.
❖식별 포인트 수형/잎

피자
식물문

MAGNOLIOPHYTA

백합 강
LILIOPSIDA

백합아강
LILIIDAE

청미래덩굴과 MILACACEAE

청미래덩굴
Smilax china L.

청미래덩굴과 SMILACACEAE Vent.

● **분포**
중국(산둥반도 이남), 일본, 타이완, 베트남, 타이, 필리핀, 한국
❖ **국내분포/자생지** 함남, 평남 이남에 분포하지만 주로 남부지방에서 흔하게 자람

● **형태**
수형 낙엽 덩굴성 목본이며 길이 1~5m로 자란다.
가지 둥글고 마디가 굽어서 지그재그형이 되며 갈고리 같은 단단한 가시가 있다.
잎 어긋나며 길이 3~12㎝의 타원형-원형이다. 끝은 짧게 뾰족하거나 오목하게 들어가고, 밑부분은 원형-얕은 심장형이다. 엽질은 뻣뻣한 가죽질이며, 양면에 모두 털이 없고 표면에는 광택이 있다. 잎자루는 길이 5~15㎜이며 좁은 날개가 있다. 잎겨드랑이에는 탁엽이 변한 2개의 덩굴손이 있다.
꽃 암수딴그루이며, 4~5월 새가지의 잎겨드랑이에서 나온 산형꽃차례에 황록색의 꽃이 10~25개씩 모여 달린다. 꽃차례자루는 길이 1~2㎝다. 화피편은 6개이며 길이 4㎜가량의 장타원형이고 뒤로 젖혀진다. 수꽃의 수술은 6개이며 길이는 3~4㎜다. 암꽃은 퇴화된 수술이 6개 있으며, 자방은 난형이다.
열매 열매(漿果)는 지름 7~15㎜의 구형이며 10~11월에 적색으로 익는다.

● **참고**
청가시덩굴에 비해 잎이 두껍고 연한 녹색을 띠고 줄기에는 갈고리 같은 가시가 있으며, 열매가 적색으로 익는 점이 특징이다. 지역에 따라 '망개나무' 또는 '맹감나무'라고 부르기도 한다.

❶암꽃차례. 암술대는 3갈래로 갈라진다.
❷수꽃차례. 수술은 6개다. ❸열매 ❹잎. 연한 녹색-황록색이며 광택이 난다. ❺긴 삼각형 꼴의 겨울눈은 잎자루의 기부에 싸여서 보이지 않는다(사진은 잎자루를 벗겨낸 모습). ❻종자는 적갈색을 띠고 광택이 있다.
❖식별 포인트 잎/열매/줄기(가시)

2001. 9. 3. 제주

692

2018. 6. 22. 전남 암태도

청가시덩굴
Smilax sieboldii Miq.

청미래덩굴과 SMILACACEAE Vent.

● **분포**
중국, 일본, 타이완, 한국

❖ **국내분포/자생지** 전국의 산야

● **형태**
수형 낙엽 덩굴성 목본이며 길이 1~3m로 자란다.

가지/겨울눈 가지는 녹색-짙은 녹색이며 바늘 같은 단단한 가시가 발달한다. 겨울눈은 삼각상 피침형이며 1개의 인편에 싸여 있다.

잎 어긋나며 길이 3~9cm의 난형-광난형이다. 끝은 뾰족하고 밑부분은 심장형이다. 가장자리에는 작은 돌기상의 희미한 톱니가 물결 모양으로 있다. 잎에는 털이 없으며 5개의 맥이 뚜렷하게 발달한다. 잎자루는 길이 1~2cm이며 윗부분에 미미하게 날개가 발달한다. 탁엽이 변한 2개의 덩굴손이 있다.

꽃 암수딴그루이며, 5~6월 새가지의 잎겨드랑이에서 나온 산형꽃차례에 황록색의 꽃이 모여 달린다. 꽃차례자루는 길이 1~2.5cm다. 화피편은 6개이며 길이 4~5mm의 장타원형인데 뒤로 젖혀진다. 수꽃의 수술은 6개이고 길이는 2~3mm다. 암꽃은 화피편이 수꽃보다 작으며 퇴화된 수술이 6개 있다. 자방은 타원상 난형이며 암술대가 갈라지지 않는다.

열매 열매(漿果)는 지름 6~7mm의 구형이며, 9~10월에 남흑색-흑벽색으로 익는다.

● **참고**
국명은 '줄기에 푸른 가시가 있는 덩굴'이라는 의미다. 청미래덩굴에 비해 엽질이 얇고 줄기에 바늘 모양의 가는 가시가 있으며, 열매가 남흑색으로 익는 점이 다르다.

❶암꽃차례 ❷수꽃차례. 수술은 6개다. ❸열매. 남흑색이다. ❹잎. 털이 없으며 5개의 맥이 발달한다. ❺겨울눈. 잎자루의 밑부분에 싸여 있다. ❻수형 ❼종자. 적색의 난형-구형이다.

❖**식별 포인트** 잎/수형/열매/종자

참고문헌

강기호·장진성(1998),「국내 수수꽃다리속 식물의
분류학적 연구: 외부형태를 중심으로」,
『한국식물분류학회지』28: 249~279.

국립수목원(2010), 국가표준식물목록(http://
www.nature.go.kr/kpni/).

김무열(1996),「형태학적 형질에 의한 한국산
느릅나무과의 분류학적 연구」,
『한국식물분류학회지』26: 163~181.

김무열(2004),『한국의 특산식물』, 솔과학.

김진석·정재민·이병천·박재홍(2006),「한반도
풍혈지의 종조성과 식물지리학적 중요성」,
『한국식물분류학회지』36: 61~89.

김진석·정재민·김상용·박재홍(2009),「바위종덩굴:
한국에서 발견된 으아리속 자주종덩굴절의 1신종」,
『한국식물분류학회지』39: 1~3.

김찬수·정진현·문명옥·김수영·한심희·김진·송관필,
김주환(2007),『제주지역의 임목유전자원』,
국립산림과학원.

김찬수·고정군·문명옥·송관필·김수영·김진·김대신·
도재화·송국만(2008),『제주지역의 희귀식물』,
국립산림과학원.

김태진·선병윤(1996),「한국산 조팝나무속 식물의
분류학적 연구」,『한국식물분류학회지』26:
191~212.

김휘(2003),「한국산 말발도리속의 형태분류와
유전다양성」, 서울대학교 박사학위논문.

문명옥·강영제·김철환·김찬수(2005),「한국미기록식물
성널수국(수국과)」,『한국식물분류학회지』34:
1~7.

문명옥·도재화·김철환·김찬수·김문홍(2006),「한국
미기록 식물 빌레나무(빌레나무과)와 꼬마냉이
(십자화과)」,『한국식물분류학회지』36: 153~161.

민웅기·전정일·장진성(2001),「물들메나무(Fraxinus
chiisanensis)의 분류학적 재고」,『한국임학회지』
90: 266~276.

박하늘·김휘·이흥수·장진성(2005),「고광나무
분류군(Philadelphus schrenkii complex)의
실체에 대한 형태 고찰」,『한국식물분류학회지』35:
247~273.

선병윤·정영호(1998),「한국산 녹나무과 식물의
종속지적 연구」,『한국식물분류학회지』18:
133~151.

성은숙(2017),『수목의 이해』, 전북대학교출판문화원.

송홍선(2004),『한반도자생 상록활엽수도감』,
풀꽃나무.

양영환·박수현·길지현·김문홍(2002),「제주 미기록
귀화식물(II)」,『한국자원식물학회지』15: 81~88.

이상태(1997),『한국식물검색집』, 아카데미서적.

이우철(1996),『원색한국기준식물도감』,
아카데미서적.

_____(1996),『한국식물명고』, 아카데미서적.

이유성(1997),『현대식물형태학』, 우성출판사.

이정석·임형탁(1994),「조도만두나무, 만두나무속의
일신종」,『한국식물분류학회지』24: 13~17.

이창복(1980),『대한식물도감』, 향문사.

이창복(1996),『겨울철 낙엽수의 식별』, 임업연구원
중부임업시험장.

임효인·장계선·이흥수·장진성·김휘(2009),「울릉도
말오줌나무의 실체」,『한국식물분류학회지』39:
181~192.

장진성(2010), 목본식물의 학명 리스트(http://
plaza.snu.ac.kr/~quercus1/
woodyplants3.html).

장진성·김휘·길희영(2012),『한반도수목 필드가이드』,
디자인포스트.

장진성·최호·장계선(2004),「형태형질을 근간으로 한
산벚나무분류군(Prunus sargentii complex)의
재고: 산벚나무와 섬벚나무 실체」,
『한국식물분류학회지』34: 221~244.

정보섭·신민교(1990),『향약대사전: 식물 편』, 영림사.

정재민(1994),「한국산 옻나무과의 분류학적 연구」,
경상대학교 박사학위논문.

정태현(1965),『한국동식물도감 제5권 식물 편
(목초본류)』, 문교부.

홍행화·임형탁(2003),「푸른가막살(인동과): 우리나라
미기록종」,『한국식물분류학회지』33: 271~278.

홍행화·김원기·임형탁(2006),「복사앵도나무 학명의 정당공표」,『한국식물분류학회지』36: 257~263.

Allaby, M.(1998), *A dictionary of plant science*, Oxford University Press.

Coombes, A. J.(2000), *Trees*, Dorling Kindersley.

Flora of China Editorial Committee(2010), *Flora of China*.

Flora of Korea Editorial Committee(2007), *The genera of vascular plants of Korea*, Academy Publishing Co.: Seoul.

Harrison, R. D., N. Yamamura(2003), *A few more hypotheses for the evolution of dioecy in figs(Ficus, MORACEAE)*, Oikos 100: 628~635.

Chung, K.-F., W.-H. Kuo, Y.-H. Hsu, Y.-H. Li, R. R. Rubite, W.-B. Xu(2017), Molecular recircumscription of *Broussonetia*(Moraceae) and the identity and taxonomic status of *B. kaempferi* var. *australis*, Botanical Studies 58: 11.

Chang, K. S., H. S. Lee, C.-S. Chang(2009), 'The importance of using correct names in taxonomy: A case study of the genera of vascular plants of Korea and other recent published literature in Korea', *J. Korean Forestry Society* 98: 524~530.

Coder, K. D.(2008), 'Tree Sex: Gender & Reproductive Strategies', Warnell School of Forestry & Natural Resources, University of Georgia.

Jousselin, E., J.-Y. Rasplus, F. Kjellberg(2003), 'Convergence and coevolution in a mutualism: Evidence from a molecular phylogeny of *ficus*', *Evolution* 57: 1255~1269

Kawagoe, T., N. Suzuki(2004), 'Cryptic dioecy in *Actinidia polygama*: a test of the pollinator attraction hypothesis', *Canadian Journal of Botany* 82: 214~218.

Kim, C. H., B. Y. Sun(2004), 'New taxa and combinations in *Eleutherococcus* (Araliaceae)

from eastern Asia', *Novon* 10: 209~214.

Kim, C. H., B. Y. Sun(2004), 'Infrageneric classification of the genus *Eleutherococcus* Maxim. (Araliaceae) with a new section *Cissifolius*', *Journal of Plant Biology* 47: 282~288.

Kim, Moo-Sung, et al.(2020), *Two chalcidoid wasps associated with fruits of Ficus erecta (Moraceae), a Korean native fig.* 2020 Spring International Conference of KSAE.

Landrein, S., G. Prenner, M. W. Chase, J. J. Clarkson(2012), '*Abelia* and relatives: phylogenetics of Linnaeeae (Dipsacales-Caprifoliaceae s.l.) and a new interpretation of their inflorescence morphology', *Botanical Journal of the Linnean Society* 169: 692-713.

Ohwi, J.(1965), *Flora of Japan*, Smithsonian Institution: Washington D. C.

Renner, S. S, L. Beenken, G. W. Grimm, A. Kocyan, R. E. Ricklefs(2007), 'The evolution of dioecy, heterodichogamy, and labile sex expression in *Acer*', *Evolution* 61: 2701~2719.

Skvortsov, A. K.(1999), '*Betulaceae*' Flora of China vol.4: 286~313.

Takahashi H., T. Kastsuyama(2000), *Woody plants of Japan: Choripetalae* vol. 1~2, Yama-Kei Publishers: Tokyo. (in Japanese)

Takahashi H., T. Kastsuyama(2001), *Woody plants of Japan: Gamopetalae, Monocotyledoneae, and Gymnospermae*, Yama-Kei Publishers: Tokyo. (in Japanese)

Yokoyama, J.(2003), 'Cospeciation of figs and fig-wasps: A case study of endemic species pairs in the Ogasawara Islands', *Popul. Ecol.* 45: 249~256.

WON, H.(2019), Test of the hybrid origin of *Broussonetia* × *kazinoki* (Moraceae) in Korea using molecular markers, *Korean Journal of Plant Taxonomy* 49: 282~293.

찾아보기 | 학명

학명 중 정명이 아닌 이명은 흰색으로 표기했다.